当代科学中心

〔加〕伯纳德·希尔　〔英〕　埃姆林·科斯特　**编著**

徐善衍　欧建成　石顺科　尹　霖　李　曦　**译**

俞启宇　**审校**

中国科学技术出版社

·北　京·

图书在版编目(CIP)数据

当代科学中心/(加)希尔,(英)科斯特编著;徐善衍等译. —北京:
中国科学技术出版社,2007.9
ISBN 978-7-5046-4807-5

Ⅰ.当… Ⅱ.①希… ②科… ③徐… Ⅲ.科学学-研究 Ⅳ.G301

中国版本图书馆 CIP 数据核字(2007)第 133094 号

自 2006 年 4 月起本社图书封面均贴有防伪标志,未贴防伪标志的为盗版图书。

著作权合同登记:01－2007－3785

Copyright © Editions MultiMondes

This translation of *Science Centers for This Century*,

originally published in English in 2000, is published by arrangement with
Editions MultiMondes

中国科学技术出版社出版

北京市海淀区中关村南大街 16 号 邮政编码:100081

电话:010-62103210 传真:010-62183872

http://www.kjpbooks.com.cn

科学普及出版社发行部发行

中科印刷有限公司印刷

*

开本:787 毫米×1092 毫米 1/16 印张:29.25 字数:500 千字

2007 年 9 月第 1 版 2007 年 9 月第 1 次印刷

ISBN 978-7-5046-4807-5/G·461

印数:1—2000 册 定价:59.00 元

中译者序

　　翻译这样一本大部头的研究类书籍本身并不是容易的事情,加之其语言的辗转(原始版本是法文,我们使用的是英译本),着实给翻译工作带来了困难。不过,文集的价值让翻译工作变得激动人心,特别是当前面临我国科技类博物馆的快速发展以及对这方面理论探索的急迫需求,使得译者们深切感觉到尽快完成译文的必要和责任。因此历经全体译者半年多时间的努力,这本体现当代科学博物馆领域的高水准论著终于呈现在了国内读者面前。

　　就像其名字所展示的那样,这本文集囊括了对20世纪西方科学博物馆发展的重要思考。尽管出自不同国家的科技传播专家之手,但是这些文章都有一个或明或暗的共同关注,那就是:从历史发展的背景来思考科学博物馆建设所出现的和可能出现的问题——尤其是,在新的世纪里、在新的科技发展背景和社会文化背景下,为了更好地发挥科学博物馆的功能而遇到的问题,可能的解决方法以及一些科技类博物馆的实践案例。此外,正是由于这些作者来自不同的西方国家,他们的思考因此不是局部的、褊狭的,而是具有一定的代表性。

　　在这个主题下,本文集的研究论文分成三个部分、17章,内容涵盖了科学博物馆建设的各个方面。第一部分通过结合具体的项目来展示科学博物馆领域所进行的创新,这种创新是在强调科学博物馆的非正规教育功能这个理念下进行的。因此,对非正规科学教育的探讨也在本书中得到一并关注,包括非正规教育科学传播的构建和制度化,非正规教育科学传播的重要性、教学计划等。第二部分的讨论致力于介绍科学博物馆学本身的新方式:一方面,对科学博物馆在全球化背景下如何维系和推进其传播科技的功能给出了论述;另一方面,从博物馆的阐释、观众的概念、儿童博物馆学和参观的进行来思考如何使博物馆体现其应有的功能。最后一个部分是科学博物馆和它的社会、政治背景之间的关系问题,试图揭示出政治、社会制度对科学博物馆运作所带来的影响。

可以看到,这些探讨尽管极具理论深度、甚至有点抽象意味,但是绝非远离现实:它们要么是围绕具体的博物馆案例而展开的,要么是针对具体的问题而提出的。因此总体而言,这本文集对于国内研究科学博物馆的学者、从事科学博物馆活动的工作者以及科学博物馆的管理者来说都是难得一见的好书。简单地说,其价值体现在以下三个层面上。

首先,本书是对国外科学博物馆学发展现状的介绍,提供了一个机会来让国内的同行们了解这些新的争论、新的思考、新的观点,在最小的意义上,这是一种知识上的"进补",一种学识上的熏陶。

其次,我们相信,这本文集将为国内科学博物馆的研究和建设开拓思路、启迪思维(不仅是观念上的,也是方法上的)。而且,它还将为国内科学博物馆的研究营造良好气氛,因为正如本书的序言谈到的,"……我们既无意维护也不想发展一种观点或某个特定的思想学派。相反,我们把本书设计成古希腊市民辩论会场,以一个讨论城市的各种问题的公众场所的形象出现。"这样,当我们在这个"公众场所"中流连、聆听智者们的辩论时,毫无疑问,除了受到启发之外,我们也会受到感染和触动,从而引发自己的思考。这一点可能是尤为重要的,因为现成的观点和成果尽管具有看得见的借鉴价值,但是思考方式、探索精神则更为根本,具有更为长远的意义。

最后可以说,这本文集在一定程度上将为国内科学博物馆的研究和建设提供一个可以借鉴的方向。长期以来,我们国家的科学博物馆建设虽然积累了一定的经验、也取得了长足的进步,但是总体上看仍然缺乏成熟、先进理念的指导。因此,我们希望这本文集中的观点可以弥补这样的缺陷。当然,观点的引入不能代替自己原创的思考。科学博物馆的建设与研究任重道远,我们希望,这本文集的引入只是一个开始,更多的工作,需要我们自己去做。

徐善衍

2007 年 8 月 20 日,于北京

中文版序

科学博物馆是一个"知识空间"。如此而言,我们该如何描述它的特征呢?胡尔格·瓦根斯伯格(Jorge Wagensberg)写道:

科学博物馆是一个致力于为每一位公民提供有助于传扬科学知识、科学方法和科学见解的激励的空间,这种激励首先是科学博物馆通过在自身对话和与观众对话中使用现实手段(真实的物体和现象)来实现的。[i]

由此,参观者需要开始一场持续而内容丰富的与这些现实手段的对话。将于 2009 年 9 月开馆的未来北京的科学博物馆、中国科学技术博物馆新馆,将向人们展示的就是这样一个充满激励的空间。它的四个建馆动机是:提供科学体验、启发创新、服务大众,以及促进和谐。它的总体目标不仅是要向人们展示处于生产力核心的科学与技术在决定着我们当今的时代,还在于要尽可能地激起公众对科学的兴趣,激励个人对知识的追求。

步入 21 世纪伊始,这项博物馆工程不过是一系列举措中的一个组成部分,这些举措都是由一个普遍的愿望所引发,那就是在全体国民当中促进和发展高水平的科学素质。它是中国科学技术协会及其下属分会,乃至中国科普研究所共同拥有的愿望。它们携手并进,为科学和文化的发展而共同努力。

我们期待,本书的中文版(本书已有法文版和英文版)将进一步激发当前中国关于科学技术博物馆重要作用的讨论,帮助人们加深对科学与社会之间关系的理解,并将有助于营造科学与社会间更好的和谐统一。因为,就根本而言,科学与技术是每一个人关心的对象。传播科学和技术并非易事:它实在是一项需要拥有耐心和毅力的工作。这项教育工作,伴随博物馆工作人员开馆迎接参观者时所表现出的热情和信心,每天都会揭开新的一页。

我们要着重感谢中国人民政治协商会议教科文卫体委员会副主任、

中国科学技术协会原驻会副主席徐善衍教授,感谢他带头翻译此书,并承担其中的协调工作,直至本书中文版的顺利出版。这是一项耗费时日的艰苦工作,需要对异国语言和文化的熟练掌握,而这些能力正是在我们的交流中徐教授一再证明了的。我们还要感谢中国科学技术馆欧建成副教授,中国科普研究所石顺科副教授、尹霖博士和李曦博士,他们协助徐教授完成了本书的翻译,对他们的优雅才华我们深表赞赏。此外,我们还要特别感谢中国科学技术馆馆长徐延豪博士和中国科普研究所副所长雷绮虹女士,他们为各自的参与人员投入本书的翻译提供了保障。最后,我们向所有参与此项工作的人员表示感谢。在此谨向本书的原作者们致以衷心的感谢,正因为有了你们才有了本书的成功。

伯纳德·希尔,博士
加拿大蒙特利尔魁北克大学博物馆研究国际博士生项目负责人
埃姆林·科斯特,博士
美国新泽西州泽西城自由科学中心主席,首席执行官

伯纳德·希尔,博士,加拿大蒙特利尔魁北克大学博物馆研究国际博士生项目负责人;蒙特利尔魁北克大学科学技术校际研究中心研究员,传播系传播学教授,蒙特利尔魁北克大学、蒙特利尔大学和肯考迪娅大学传播学博士生联合培训项目教授。在北美、欧洲和亚洲频繁讲学。多年来他一直从事科学技术的社会传播工作,曾主持多项此方面的加拿大和国际间的联合研究项目。目前从事的研究工作涉及博物馆和媒体在科学和文化信息传播中的影响和作用。近年来关注的焦点集中在科学博物馆研究方面。现任若干加拿大国内及国际委员会委员,政府机构和公众组织的科学文化事务常务顾问。他还是公众科学技术传播(PCST)网络组织的创建人之一,是该组织科学委员会的现任委员(如他曾参与策划 2006 年首尔第 9 届国际公众科技传播大会(全球公民的科学文化),正在参与策划 2008 年厄勒海峡(Φresund)第 10 届国际公众科技传播大会。希尔博士目前担任中国科学技术馆新馆(2009年对外开放)国际科学顾问委员会主席。

埃姆林·科斯特,博士,出生于埃及苏伊士地区,获英国谢菲尔德大

学和加拿大渥太华大学地质学理学士和博士学位。埃姆林·科斯特的职业生涯始于大学教席和研究机构任职。自 1986 年历任皇家蒂雷尔古生物学博物馆馆长,加拿大安大略科学中心馆长;1996 年始任纽约地区自由科学中心主席。近来,自由科学中心进行了 1 亿美元的扩建与翻新,对此类机构如何满足地区需求进行了重新定位。埃姆林·科斯特博士游历广泛,是博物馆领域涉外职责的出色撰稿者和国际发言人。他通过开办终身科学教育来致力于促进人类与环境事务的发展。其志愿担任过的职务包括加拿大地质协会主席,美国博物馆协会博物馆国际理事会成员,美国科促会公众理解科学技术委员会委员,巨幕剧院协会主席,学习创新研究所副所长,美国联合国协会国家理事会成员。

---

i Terradas, Robert, Esteve Terradas, Marc Arnal, Kees-Jan Van Gorsel, and Jorge Wagensberg (2006) Cosmocaixa——通过建筑师与博物馆学家间的对话构建整体博物馆,Barcelona:Sacyr.

Preface to the Chinese edition

Since the science museum is a "space devoted to knowledge", how shall we characterize it? "A museum of science", Jorge Wagensberg writes,

is a space devoted to providing stimuli, for any citizen whatsoever, in favour of scientific knowledge, scientific method and scientific opinion, which is achieved by firstly using reality (real object and phenomena) in conversation with itself and with the visitors[i].

Visitors, then, need to embark on an ongoing and enriching conversation with reality. It is precisely such a Space, abounding in stimuli, that is promised by Beijing's future science and technology museum, the New China Science and Technology Museum (CSTM), scheduled to open in the fall of 2009. Its four propelling motives are to provide experiences with science, to inspire innovation, to serve the general public, and to promote harmony. The overall objective is as much to raise public interest in science and to inspire a personal pursuit of knowledge as it is to show that science and technology, at the heart of productive forces, define today's modernity.

But here at the beginning of the 21st century, this museum project is itself part of a series of initiatives spurred by a general will to promote and develop a high level of science literacy throughout an entire population. This is an aspiration shared by CAST (China Association for Science and Technology) and its affiliated bodies throughout China, and by CSTM and CRISP (China Research Institute for Science Popularization). These associations are closely linked in their efforts for scientific and cultural development.

We hope that the Chinese edition of this work, one already available in French and English, will further stimulate the current discussion in China on the importance of the role of science and technology museums; that it will help deepen understanding of the relationships between science and society; and that it will help to create a better harmony between science and society because science and technology are ultimately everyone's concern. It is not easy to communicate science and technology: indeed it is the work that demands patience and persistence. This educational work begins anew each day with the passion and conviction shown by museum staff as they greet visitors.

We wish to thank most particularly Professor Xu Shanyan, Vice Chairman of the Subcommitte of Education, Science, Culture, Health and Sports of the National Committee of CPPCC and Executive Vice Chairman of CAST, for taking the initiative to translate this work, and for coordinating and ultimately completing it. This was a long and arduous task that drew on a mastery of the reference languages and cultures, qualities so assuredly demonstrated by Professor Xu throughout all our exchanges. Our further thanks go to Professor Ou Jiancheng of CSTM, and to Professors Shi Shunke, Yin Lin and Li Xi of CRISP who assisted Professor Xu in this translation and whose graceful talents we so admire. Our special thanks also go to the Director General of CSTM, Dr. Xu Yanhao, and to the Deputy Director of CRISP, Professor Lei Qihong, for enabling their collaborators to devote themselves to this translation. We also gratefully acknowledge all those who contributed to this work. To the authors we express our heartfelt thanks, for to you we owe the success of this work.

Bernard Schiele, Ph. D.

Head, International Ph. D. Program in Museums Studies, University of Québec at Montréal, Canada

Emlyn H. Koster, Ph. D.

President and CEO, Liberty Science Center, Jersey, New Jersey, USA

Bernard Schiele, Ph. D. , is Head of the International Ph. D. Program in Museum Studies at the University of Québec at Montréal, Canada; Researcher at the Interuniversity Research Centre on Science and Technology at UQAM, and Professor of Communications at the Faculty of Communication, and for the Joint Doctoral Program in Communications at UQAM, the University of Montreal and Concordia University. He frequently teaches and lectures in North America, Europe and Asia. He has been working for a number of years on the socio-dissemination of science and technology, and has directed various national and international research programs on these questions.

His ongoing research work concerns the role and impact of museums and media on the dissemination of science and culture information. His specific focus in recent years has been the study of science museums. He is a member of several national and international committees and is a regular consultant on scientific culture matters to governmental bodies and public organizations. He is also a founding member and current member of the Scientific Committee of the PCST Network. (As such he was involved in the last *PCST-9 2006 Seoul International Conference* (*Scientific Culture for Global Citizenship*), and is in the next *PCST-10 2008 Øresund.*). At the moment he chairs the *International Scientific Advisory Committee* for the New China Science and Technology Museum (opening 2009).

Emlyn H. Koster, Ph. D. , born in Egypt's Suez region and with BSc and PhD degrees in geology from the University of Sheffield in the UK and the University of Ottawa in Canada, Emlyn Koster's career began with university faculty and research agency appointments. Since 1986 he has been at the helm of three museums—the Royal Tyrrell Museum of Palaeontology and Ontario Science Centre in Canada, and, since 1996, Liberty Science Center in the New York area. Liberty Science Center has recently undergone a $100+ million expansion and renewal, redefining how this type of institution can be responsive to regional needs. Widely traveled, and a prominent author and international speaker about the external responsibilities of the museum field, he is dedicated to improving human and environmental affairs through lifelong science education. His volunteer roles have included President of the Geological Association of Canada, the International Council of Museums Board of the American Association of Museums, Committee on Public Understanding of Science and Technology of the American Association for the Advancement of Science, President of the Giant Screen Theater Association, Vice-Chair of the Institute for Learning Innovation, and membership on the National Council of the United Nations Association of the USA.

---

[i] Terradas, Robert, Esteve Terradas, Marc Amal, Kees-Jan Van Gorsel, and Jorge Wagensberg (2006) Cosmocaixa—The Total Museum through Conversation between Architects and Museologists, Barcelona: Sacyr.

序

　　这本来自不同国家的论文集,其广泛的主题使我们深切地感受到科学中心已经处于它自身发展的历史关键时期。

　　科学中心的宗旨、价值、自身发展、社会联系、资金来源、观众、展教技巧的运用以及适应社会主要发展潮流的情况,反映了整个博物馆领域的变化和发展趋势。在世界各地,我们越来越多地看到一些新一代的科学中心(如阿姆斯特丹、堪培拉、香港、洛杉矶和多伦多),它们形式多样、色彩纷呈,并有别于以收藏为主的传统科技博物馆(如芝加哥、伦敦、慕尼黑、费城和东京)。从另一角度看,虽然随着现代多媒体在展教现场和因特网上的应用,科学中心的展教形式丰富多彩,但是观众参与型的展教内容仍然不同于其他类型的博物馆。诚然,动手型的展教内容仍然是作为科技中心学会的正式成员的资格标准之一。当然,我们看到自然史博物馆、动物园、水族馆和艺术馆也在积极提高参观者的互动式体验。这些共同点说明,本论文集不只是论及科学中心,事实上,文中内容也适用整个博物馆界。

　　本书由三部分构成。然而,整书按顺序排列,包括简介、主要部分的17 个章节和后记,可以把它看作一个连续的思想,从一些特选的内容到一些前沿的变化。所以,三个部分的分界最好视为虚线,而不是完全的分离开来。另外,三部分的标题也画龙点睛地概括了当代博物馆在科学、技术与社会(STS)问题上的走势与变化。三个题目是:新的课题,新的探讨,新的问题。这里重复用了"新"字在于强调科技博物馆正在发生着变化。三部分中的每部分有 5～7 篇论文。每部分开头都有一篇概述性文章,三篇简要的引言如同引人入胜的三重奏逐一响起:"课题"、"探讨"、"问题"。①

---

　　① 本书于 1998 年首次用法文出版以来,重要的是使广大读者了解到有关博物馆业变革的最新情况。有几篇文章是值得注意的,一篇是 1998 年出自英国,两篇是 1999 年出自美国,还有一篇是 2000 年 1 月也是出自美国。第一篇文章的作者是蒂姆·卡尔顿(Tim Carlton),题目为"动手型博物馆:管理互动式博物馆和科学中心",并由劳特利奇(Routledge)出版社分别在伦敦和纽约出版。另外两篇文章的题目分别是"动脑:博物馆和学习精神",由邦尼·皮特曼(Bonnie Pitman)编辑并由美国博物馆协会和美国艺术和科学研究院学报"美国的博物馆"出版和发表(美国艺术与科学研究院学报 128 卷第 3 期)。另一篇文章的题目是"当博物馆信息和万维网相遇时",刊登在美国信息科学学会(JASIS)特刊第 51(1)卷上。上述文章的发表都表明了当今来自业内和广大公众中的读者对博物馆界的注意。

我们知道,博物馆界,包括科学中心和其他场馆,所面临的挑战是如何能就重大展教题目创造能激发人们兴趣的体验,而其采取的方式如何能吸引社会认同博物馆是人们终身学习的最有吸引力的资源。①这就是本书的结论。也许有的博物馆财力充足,它可以延续其以自身兴趣为中心的价值观。但对于大多数寻求更多资助的博物馆来说,去寻求社会的广泛支持,无疑将会成效显著。不管博物馆是否认为这条道路是可供选择的或可取的,我们认为随着21世纪具有积极的批判性思想的人越来越多,他们会对包括博物馆(也许是最主要的)在内的公共机构提出更高的责任标准。考虑到科学和技术议题的规模和紧迫性所意味的21世纪全社会面临的重大机遇或挑战,科学中心似乎明显有责任以最可行的步伐进行创新、评估和再创新,以走向科学中心的新范式。

---

　　① 见于埃姆林·H.科斯特(Emlyn H. Kostor,1999)发表的"寻求实用性:科学中心作为博物馆演进中的创新者"。Daedalus,128(3),pp. 227-296.

目　录

概　　述

　　科学博物馆需要不断寻求新的思路——使参观者更了解学科的原理,使他们熟悉技术,把他们领入研究领域,使他们了解工业的应用,而且,从更广泛的意义上说,去促使他们理解科学和技术,这是我们现代化的核心,它将加速我们社会的环境的转变速率,并深刻地影响着我们的集体和个人的未来。展览、演示、报告会、研讨会以及重大活动,简而言之,所有这些每天向前来参观的人们提供的活动都应当经常更新。所有科技博物馆拥有的大量展教项目,不管是正在策划的或已在运行中的,还是正在加以磨砺、提高的,那是一个卓越的富有持续发明创造力的地方。

　　筹划新的活动并确保提供的项目平稳运行,以便保持作为当代科学博物馆的特色的高水平的多渠道感应、多渠道沟通的模拟能力,要求博物馆资源的极大动员和协同。然而,最重要的对作为服务对象的公众的回应要有很强的敏感性,这是当前博物馆项目的中心焦点。如何有一个比较好的更富有表现力的展览? 如何使展教内容更能激发参观者的兴趣? 即将对公众展出的展览应该确定什么样的主题? 如何使活动或互动装置调试到最佳使用状态? 尽管有如此之多的问题需要解决,但不能迷失的是我们的方向,这就是沟通,这是衡量成功的尺度。因此,各地博物馆都十分关注其他馆的项目实施情况、业已克服的困难,以便将其成果适应于自身的需要、自身的手段、自身的公众以及需要吸引的观众。在留神观察创新的同时,他们也提高警惕以免重复他人的错误,而尽可能利用别人的成功经验。就这样,他们迅速前进,不断修正,变革,适应,重新制定,转换,也多少不乏模仿。

　　一个博物馆这种稳步的循序渐进的创新过程,使博物馆不致出现倒退,由于这是全面发展进程中的一部分,各自也为整体事业做出了一份贡献,同时了解了自己的历史。但是,在这个过程中却很少有人过问自己是怎样被历史所塑造,又是怎样为历史作出贡献的。我们有太多的事情要做,也有太多具体的、紧迫的问题要解决,以致无暇操心这一欢腾前进的走势将引向何方。

　　这里有一种异议,就是每个馆都力求标新立异,成为博物馆领域中有别于其他馆的一部分,创立自己的品牌。但是,具体情况又是怎样的呢? 我们不妨看一下其他博物馆以往走过的道路,是相互对等地掂量各自的引进借鉴,要走"中庸"之道呢? 还是要激发一种领略和认知科学和技术的新模式? 要设计另一种逻辑或昭示这个世界的独特的对重大事件感兴趣的性质？这个问题理应由博物馆考虑，因为博物馆所做的远远不止于启发参观者和使参观者对事物更敏感。他们使参观者参与对我们社会的未来的争论并建议思考和行动的路径。通过改变我们对世界和人类的概念，科学和技术奉献于转变我们和世界的关系以及和他人的关系。我们现代社会的日益复杂的程度要求每个人，作为一名公民，应理解我们面对的问题和议题。在被召唤去对科学和技术问题表明态度和权衡其后果之际，博物馆应给自身一个回旋余地，停下来反躬自省他们能如何承担这一责任。

　　本书的目的是作为对科学博物馆学的一点贡献，这是零星的自我发明式的，时作时辍，有时跳跃向前，有时突发灵感，提出观点，总结经验，制订计划，回顾成就和进行分析等。然而，我们希望报告一下当前的状况，在尊重博物馆界的异彩纷呈的性质的同时，我们既无意维护也不想发展一种观点或某个特定的思想学派。相反，我们把本书设计成古希腊的市民辩论会场，以一个讨论城市的各种问题的公共场所的形象出现。这是因为只有通过观点的竞争才能产生远远优胜的效果。据此，我们征求的稿件都反映了盛行于博物馆界的实践和论述，根据的标准有二：那些涉及正在实施的项目的和那些检验博物馆如何展示科学和技术的。最后，我们希望这里收集的观点将对更新正在界定的基本运动、博物馆机构自身的演进，以及对认识和实行科技博物馆学的方式的变化的影响方面有所贡献。

伯纳德·希尔

埃姆林·科斯特

第一部分　新的课题

就像概述中介绍的那样,科学博物馆学是一个需要不断创新的领域。

首先,正在运行的三个杰出的项目正反映了这种创新:巴黎工艺和技术行业博物馆(Musée des Arts en Métiers)的革新,最近开幕的新大都会博物馆(阿姆斯特丹),富兰克林研究院(费城)科学博物馆当地通信网络的建立,它们拥有着共同的信念目标去建造一种与科学技术的亲善关系,并探索传播的方式去帮助建立和增强这种关系。它们的每一个实践,都基于非正规传播科学教育的理念。

由费里奥特(Ferriot)和杰科米(Jacomy)所展示的巴黎工艺和技术行业博物馆的革新,其前提是基于三个积极的教育理念:试验的重要性、实物的作用和对历史的贡献。这个"新博物馆理念是植根于按照主题和年代序列"布展的工作场所并"体现技术实物环境的开放"。既然这些实物是对历史的描述,它们必须作为当时科技的一部分的描述向公众进行展示。因此技术演进可被理解为一个发展的过程。收藏品的丰富使得这一历史的描述得以具备一定的准确性,在主要的步骤之间标出参照点。这一想法是要赋予历史以全球的特点,给展示的全程赋予一种综合的视野。

布拉德伯恩(Bradburne)研究大众痴迷电子游戏和家庭电脑快速发展的趋势,他认为这种倾向是广大青少年公众对科学中心兴趣下降和参与互动式展教活动减弱的原因之一。有关设施和游戏在家庭中出现,以一种非正规的传播方式替代了在科技馆里的活动。他建议要重新思考参观者和科学中心的关系,要了解"怎样给参观者带来最充分的多样性的体验又能保持和有效学习的协调一致"。他也建议将参观者——实际已成为使用者——引导到这样一种境界里,把他们的现有能力调动起来,用以发展他们对世界的理论认识。"新大都会"将提高参观者的能力,"从而使科学中心的作用成为创造一种环境,以便参观者能在这一环境中积极主动地修正他们和科学技术之间的关系。路径应由参观者自己决定:学习,应根据一种上升的模式,由他们自己掌握"。为了充分展开关于"全球性质问题"的对话——环境、人口增长、经济全球化、通信网络全球化——新大都会博物馆将成为一个社会和文化的交叉路口。人们,无论个人或群体,可以在此和来自这一地区、这一国家、以至全世界各地的其他人进行沟通。因此,新大都会博物馆的高明之处在于其调动参观者的技能的意愿并注重使其与参观体验的"社会维度"相结合。

博物馆不能对通信技术的发展所带来的潜在的教育层面漠不关心。富兰克林科学博物馆和其他博物馆通过因特网与学校密切合作形成了广泛的教育计划,重塑了博物馆的实践活动。虚拟展览的概念,虚拟藏品的形成,在线教育节目的发展等,这些正成为适应多种试验的新途径。因特网开辟了一条在线博物馆的道路,并扩展到了所有的家庭和其他博物馆。博物馆机构的任务和活动领域被深刻地改变了。但是,正如海尔弗里克(Helfrich)所展示的那样,一个本地网络的实施必须谨慎进行,循序渐进,其进度要与本地博物馆文化创新的自身觉悟相适应。

因为博物馆拥有学校不具备的自由度,可以充分作为测试适于向其他领域推广的传播形式的基准来加以设计。还有体现博物馆领域重大创新的第二项行动,就是当前对非正规科学传播的构建和制度化过程,这正是本书所要解决的问题。同样,作为一个专门学科以及有关的专门培训而建立一种非正规学习的教育学的需要已经成为当务之急,并且已通过一些项目和成就得到表现。

弗莱德曼(Friedman),在对非正规科学传播这一业界的重要性以及对集中围绕非正规学习的研究范围进行探究时,根据有效性的研究,把研究和培训中心的实施问题作为研究案例,这一培训中心除了开展足够数量的活动这一目的以外,还要组建一支能够发挥领导作用的专业工作班子。在描述完这样一个中心的特征后,他概括提出了整个教学计划的要点,并由此展开了讨论。

沿着同样的脉络,但以更实际的方式,伯立安特(Bryant)和高尔(Gore)报告了第一次实施非正规教育培训计划获得的成果。他们注意到这一培训项目是建立在以下事实的观察之上,即许多政治决策均依赖于科学,而作为其必然结果,对政治进程的真正参与也就要求对科学的一定理解,因而他们坚持有必要培训科学的传播者。国立澳大利亚大学 1988 年开始向已经完成科学知识培训的学生提供一种硕士生教育计划,它侧重于学习面向孩子们以及成年人进行科学传播的原理和实践技巧。经过 12 年的历程,他们对该项目给予的积极评价以及项目本身的有效影响范围也印证了当初的期望。

第一章　巴黎工艺和技术行业博物馆的变革(1998～2000)

巴黎工艺和技术行业博物馆(Musée des Arts et Métiers)是一座具有200年历史的展馆。该博物馆于1794年,在修道院长亨利·格雷戈尔(Henri Grégoire)的要求下,以"繁荣民族产业"为宗旨,由国会始建。"在巴黎,以巴黎工艺储藏馆的名义,并在农业和工艺委员会的监督下,创建一所收集存放来自所有门类工艺和行业的机器、模型、工具、图样以及图书的储藏馆。发明或改进的仪器和机器的原件应储藏于该储藏馆。……工艺和技术行业储藏馆应包含三名示范人和一名绘图人员。"(摘自1794年10月10日颁布的法令)

1798年,在圣·马丁(Saint Martin des Champs)修道院建筑里建立了新的机构,这一机构的选址享有处于巴黎这一熙熙攘攘的工匠们和小手工业者聚居的地区的独有的好处。迄今散落在各处的收藏品被逐步搜集到了展览陈列馆并很快向公众开放。绘图人员利用安装阶段的绝大部分时间把各类机器的"内脏"都复制下来并对其机械原理进行了仔细的研究。

这段历史有益于提醒我们,在21世纪开始的时候,巴黎工艺和技术行业博物馆进入了面向未来的转变:博物馆的改造涉及多达8万件藏品、1.5万件图样和有关的技术设计,这些藏品的展出年限已相当悠久,使得相当多的观众将其列入"博物馆的博物馆"的行列。无论它享有多广泛的声誉,但已不是一个受到人们踊跃参观的场所(Mironer et al.,1995),而且正慢慢消亡;在这个当代科学技术培训不断发展的社会里,由于其上级机构不理解收藏现已成为历史的机械的价值,因而遭到漠视。

巴黎工艺和技术行业博物馆的更新计划,作为国家公共事业项目的"宏大的培训"(Grands Travaux)计划的一个关键内容,是基于三点考虑。第一,高等学校的学生、工程师、研究人员参加科学技术文化实验和培训的重要性;第二,尽管视听设备具有多种功能,文字教材具有极大重要性,但是实物教学如工具的演示在教学中的积极作用是不可替代的;第三,为了促进技术创新和知识发展,对于历史的贡献应当有更好的理解。考虑到这些因素,新博物馆的布展设计是按照不同的主题和年代序列进行的,常设展示部分由在七个主要展区建造的工作场所构成,每个展厅都是可以进行实际操作的展教现场。并且设置了"服务亭"这样的空间,使技术实物的日常环境得以向观众开放,它将各个主题与培训、专门职业以及博物馆的工业和研究领域的合作伙伴联系起来。

然而,在博物馆中向公众展示的内容仅是冰山的一角。在现场的背后还有更多的内容,是展教系统的心脏,是展教藏品的集成,也是这一机构的合法权威和内容的丰富性的关键。不是所有的团组都能接触到"保护性藏品"的——那构成博物馆的核心部分,换句话讲,可参观保护性藏品的是从事项目研究的人。这是巴黎工艺和技术行业博物馆更新的第一步。

第一节　可供参观的保护藏品

参观者能进入做梦也想不到的博物馆保护收藏品处所会有多么好奇啊!这里经常被想象成一个浪漫的发明家半身塑像、被遗忘的设备和众多历史足迹——有时是古董——的杂陈。这种形象和现实并不一致。因为博物馆研究员都是一些专业人员,他们从事的就是把保护的藏品加以分类、组合和排比。巴黎工艺和技术行业博物馆的计算机化的藏品清单是博物馆项目设计的基础。它使博物馆有可能用一种有序的方式及时将这些物件传送到圣·丹尼斯(Saint Denis)的新的藏品储存所(距离在巴黎的圣·马丁博物馆展出地 5 千米)。这个建筑由建筑师弗兰科斯·德兰吉斯(Francois Deslaugiers)设计,整体分为两部分:一部分是两层放置在一排排架板上的标有适当标签的木制"箱子",箱内是收藏的物件;另一部分是"活体"建筑,包含一座钢壳,含有复原和摄影车间隔离室,以及为授权在储存所工作的研究人员保留的研究办公室。

特殊公众可以参观的这一储藏所有高大通风的场地,提供研究的单件藏品或各种系列藏品清晰可见。由于可在事前利用博物馆藏品的数据而使研究工作获得便利,这些数据可通过进入因特网而轻易获得(网址:http://www.cnam.fr/museum/),这些数据还列入了各种出版物,特别值得注意的介绍博物馆的光盘(L'Album①),通过这一光盘可以浏览到 400 件收藏品,其中包括文档和实物动画。

"总之,展品的极大世界所展露的是比展品本身内容更为丰富的思想"②,哲学家弗兰科斯·达戈奈特(Francois Dagognet)的这一评论是实现对沉积在

---

① Arts et Métiers, the Museum, CD-Rom Mac-PC, Musée des Arts et Métiers Productions La Forêt, 1995.

② "与弗兰科斯·达戈奈特的一次面谈"("An interview with François Dagognet", Le Monde, 1993 年 11 月 2 日 P.2).

巴黎工艺储藏所 200 年之久的人类不同时期的物品的深入探究的关键。在全世界,巴黎工艺和技术行业博物馆的收藏是独一无二的,其中包括建立现代实验科学的一些机器和仪器设备,它包括在 18 世纪的物理柜中就有的拉沃斯特(Lavoisier)、福菲因(Fortin)和穆斯尼奈斯(Meusnier)制作并在进行水的合成和金属的熔化试验中使用的天平称、气压表、热压计;第一台汽车或飞行器,包括库格诺特(Cugnot)的法迪尔(Fardier)车,埃德(Ader)的飞机,火车模型,脚踏车;第一台程序处理机[帕斯卡尔(Pascal)的计算器、霍勒瑞斯(Hollerith)的机器、第一台计算机];后来,标志性的展品被复制到了所有的科技博物馆(如傅科钟摆、发电机、留声机等)。从这些文物和文物的配件(度量衡、电池、蒸汽机模型、玻璃和制陶术等)的收集中,选择"旗舰"类的人类创造和特别具有代表性的将在公众中展示。目前收藏中的十分之九被保留在备展库中,这些收藏品是见证当代技术不可或缺的遗产。

这一点,我们从 1994 年 9 月国立工艺博物馆(CNAM)成功组织的"博物馆的储藏品"专题研讨会上很容易得到理解。储藏所起着极其重要的作用,它相当于博物馆的"肺",它是与工业和研究领域进行十分必要的合作的焦点所在,它也是保护好越来越活跃的"记忆"的中心。但是,什么应当被保护下来?保护的目的何在?用什么手段来保护?这些几乎每天都被博物馆研究员提出的问题对于科技博物馆尤显必要,这是因为社会的制作品快速地被废弃,储存的藏品用旧了、破损了或转移了,很难再派上用场。因此,科技博物馆的未来在很大程度上要依靠他们的能力去使保护仓库成为一个活生生的场所并向研究者开放,同时还要保持自身作为保护、复原和维修中心,配备各种最新水平的工具以及对有效管理至为重要的保护措施。

巴黎工艺和技术行业博物馆的革新在善于利用保护仓库方面和即将向公众展出的新展览的预期成功一样受到好评。

第二节　展览:技术创新的足迹

经历了 200 年博物馆的更新与建造一个全新的博物馆甚少共同之处。因为在项目的全面设计,特别是制定未来博物馆的总体组织蓝图时,必须考虑现存的要素,即那些能见证场地和收藏的历史的要素。

博物馆作为历史的一部分

就巴黎工艺和技术行业博物馆的情况来说,上述制约在项目启动时就已十分清楚,体现在三个主要的层面:藏品、场地和技术的演进。这些收藏之所以如此特殊,是在于这些建立在18世纪中叶沃坎逊(Vaucanson)的机械制造学专柜基础之上的收藏尽可能准确地记述了各个有关时期当时的技术科学。在以储藏馆为基础的环境内,这些收藏反映了一种压倒一切的愿望,即将这一场所置于新生的产业革命的经济环境内。这就要求将有利于技术创新的机器、工具和仪器进行复制,无论是按原件的尺寸或采取模型的形式。不列颠的纺织机器、新的机床和新工艺流程的图样的复制品都旨在启迪当时新创建的储藏馆面向的公众,那些工匠、技术员以及好奇观众,让他们跟上这些原创的解决方法,并在更广泛的层次上去掌握技术文化,这也是我们要用以激发今天的参观者的目标。

第二个极受制约的要素是场地。经过一段时间以后,倾注精力于收藏、展示和传授技术现代化文化的机构转变为博物馆,频繁接待的是熟悉技术科学或对久被遗忘的工业遗产充满激情的人们。不仅是藏品,即便是陈列的箱柜、教堂以至修道院的大墙都成为这个真正独一无二的场所的活跃因素。当经过更新的公开展出面世时这些东西都不能忽略。

第三个关键因素就是技术科学的演进。上面提出的两种制约对展览设计提出了一个棘手的问题:作为呈现当年技术创新的初衷的直接结果,这块场地已经成为当年过往技术的至尊庙宇,如何保持忠实于原来呈现技术创新的初衷?这第三个制约只能使问题更加复杂化。在过去200多年时间里,藏品和围墙还依然如故,收藏已经积累起来,机构已成为博物馆兼高等教育机构。而与此相平行的是,世界已经大变。

在18世纪蒸汽机的发明带动了工业革命以后,其他方面相继发生了巨大的变化:那些由电开始引起的变化,随后是,电子理论和计算技术、人工合成材料、钢筋混凝土、电视和核能等。在19世纪20年代,储藏馆逐步明确了其自身的职能,即聚焦于促进各项工作的高等教育机构,此时,博物馆的发展迟缓了,几乎一时冻结了,只剩下展示那些距离当今现实的技术创新越来越远的无价之宝了。

几乎过了半个世纪,博物馆的几个管理人员试图更新展室,如利用部分空间致力于视听技术和与日常生活相联系的展示。但是,除所涉及的结构性问题外,特别是机构对其历史收藏缺乏兴趣,事实是那些技术本身已变得越来越非物质化。除织布机和各类运载车辆等至今还可以被有效地用于展示,要用动画表现的机器和模型来解释20世纪的新技术则是越来越困难了。如何能够表现一个无线电接收器、一个雷达、一台计算机,甚至一架喷气式飞机的正常运行?如果没有基本的蓝图,这一切将成为虚拟的模型。

在项目更新中,必须考虑"现代"技术的演进。皮格纳尼尔(Pierre

Piganiol,1989)曾在撰写的指导报告中清楚地讲道:毫无疑义,要弥补从两次世界大战之间的年月到今天在收藏品方面所存在的"裂缝"。显而易见,作为振兴技术文化总体政策的一部分,要重建一座博物馆,其展示要停止在消费社会开始之日—— 就许多技术科学领域而言——是不可思议的。

因此,未来展览设计的确定,不能不取决于现有的实际情况,这是一个完全受限制的条件,并由此确定将博物馆的展区组织划分为七个主要部分。实际上,现在的一些展览分区已逐渐超过了这个数字,多达25个以上,均对应某个学科(如光学、声学),技术领域(如机械学、电学)或工业方面(如交通、钟表制造业),这既不符合20世纪后期技术科学的状态,也不符合全球对西方社会技术科学演进的合乎逻辑的理解。

其结果是,我们需要,首先,让观众在许多根本不同的收藏品之间获得一种协调一致的新意识。其次,帮助那些一般缺乏技术科学历史知识的普通公众获得一些基本的知识以及必不可少的指导思想以掌握理解世界的关键要素。

选择"主要部门"

因此,常设展览的新结构是上述所有这些制约的产物;构成这些展览的组成部分,有的是经典的,有的是原创性的。

有三个部门是过去已有的类别,是历史延续的一部分,它们是交通运输、机械学和能源。在巴黎工艺和技术行业储藏馆的历史上,这些领域已声誉卓著,在对技术博物馆的"经典"参观中这是必不可少的部分。这些展品在其他绝大多数博物馆也有,通常比储藏馆的藏品更近代一些,都产生于19世纪的重大转变时期。

• 能源,工业革命的基础之一。这部分的内容主要是能源"转换器"的展示,如蒸汽机、发电机和电动机、内燃机等;

• 机械学部分以沃坎逊在莫尔塔涅大厦(Hôtel de Mortagne)的机器柜把我们带回到了最初的藏品。从某种意义上说,这一部分是博物馆的支柱。

• 交通运输——以大量壮观的展品为特点,如从库格诺特的法迪尔车到涡轮式喷气机——表明这些技术在我们日常生活中不可思议的影响,从铁路的运营到对空间的征服。

其他四部门,与上述三方面不一样,对博物馆来说都是崭新的内容,它们或代表整个一个新领域的发展,或代表致力于展现某些至今一直被忽略的藏品的亮点。建筑就是其中的一部分。

那些涉及土木工程技术、公路以及公用事业等的收藏品对于许多参观者来说是完全不熟悉的,其中包括博物馆的一些"经常"观众。而且这些展品中包含一批质量罕见的实物。我们选择了重点突出这一侧面,一方面是因为这些收藏品更多地展示了建设施工技术而非建筑艺术,例如结构、计算和架板等,通常被称为"建筑技术"。从另一方面说,在法国面向公众的展示中,我们没有这一类型的收藏品。这些内容的一部分被放在了巴黎公用事业博物馆,或是转借给国外的一些博物馆,这类博物馆都把这一主题放到了比较重要的位置,其中引人注目的慕尼黑的德国博物馆就是这样。在法国,有一个较大的缺口有待填补,特别是有关通过追溯铁、玻璃和混凝土在日常生活中的应用来展示建筑技术的演进。

有别于建筑部门,通信部门展示的大部分收藏品是在博物馆的老房间里展出的,就这一广阔的领域来说,主要的问题是如何确定其界限。结果是,博物馆最大的空间之一,即沃坎逊侧翼楼一层,被选中用来展出各种形式的通信设备(当然交通运输除外),从打字机到远程信号处理等。在 20 世纪初,例如在几个分别独立的房间里展示影像、声音、电话和收音机还是完全可以理解的。然而,进入 21 世纪,由于自两次世界大战之间以来在这一部门发生的异乎寻常的巨变,这种做法已经完全不能想象了。

例如,如果不从历史和全球的角度把广阔的通信领域加以覆盖,我们如何能够向参观者传达作为电子技术发展的结果,特别是自三极管发明以来,电信与信息技术之间深刻的相互交织又相互促进的关系。和其他部门的情况一样,这不可避免地涉及相互重复和时常是令人揪心的抉择,特别是在处理本章节有关信息科学的技术(硬件和软件)时所涉及的计算机的情况,计算机的使用情况在说明当代许多其他部门的情况时也会引起。

科学仪器和材料——自然是新的部门中最富有原创性的——整合了以前散布在整个博物馆的很多部分的,如光学、物理学和声学(仪器),或是多年来在公开展览中缺位的,如工业化工或冶金(材料)。

以"科学仪器"的名义,收集并组合应用于科学发展的各类仪器仪表的观念立即得到了负责博物馆更新工作的科学委员会,尤其是国外同行的赞同,这是由于我们的科学藏品的无可估量的丰富性已声名远扬国外。创造一股贯穿目前在一般中学和大学的课程设置中分隔在不同学科中的全球和历史的"动力流"将促进对三百多年以来的科学发展的更好的理解,也将促进对仪表化,当然也包括仪表的设计和制作人,在科学进步中的重要性的理解。

最后,把整个一个部门归入材料技术是服从于涉及的当代技术状态,也是决定于它在近代工业革命这一环境中的重要性。近代工业革命产生于 18 世纪的不列颠,其显著的特点是在能源和材料领域内的深刻转变。其结果是,专用于能源和蒸汽机的展厅将占突出的位置。继水磨之后,蒸汽机不仅在现有动力上有量的增长,而且引起了工业生产中心地理上的重新分布。的确,有关材料的部门在制造业方面有着广泛的发展:例如铁和玻璃,以及工业化工。最后做出的决定是将所有这些材料放在一组里进行展示,因为经过18～19世纪以及两次世界大战以来的这一阶段,这些材料都紧密相连。所谓"材料的过细选择"就是对应于合成材料、生物、化学、冶金材料,以及木材和陶瓷材料的处理之间的内在联系,这里仅举数例。只要观察一下一辆现代汽车的制造方式就可以估量出过去一个世纪在材料领域取得的进步。

跟踪时间的足迹

自博物馆被定义为建立在记忆基础上的机构,时间就是决定性的因素。然而,我们不能不注意到,时间介入的方式因为博物馆的类型不同而有很大的差异。在人种学博物馆中,不同的地域构成了不同人种的基本框架,而时间的作用是很小的。在艺术博物馆,雕刻、绘图和素描等这些艺术作品,它们所使用的材料和介质都与不同的历史时期密切相关,如史前史、古埃及、中世纪雕刻、浪漫主义等。通过展示,使我们看到了历史无所不在地体现在了艺术发展的过程之中。

在科学或技术博物馆中,基本上是不按照年代顺序布展的,其原因有两点。对于自然历史博物馆来说,是按照不同学科来展示的,如:矿物学、植物学或古生物学。而时间的因素关系到了物种、岩层或地球,跨越了极其漫长的历史时期,因此,在自然历史博物馆中,时间因素处于次要地位,至少直到最近在巴黎自然历史博物馆创建的主展厅,由于在最近更新的空间里进化是基本的原则。

技术类博物馆就其自身说,趋于把时间的维度放到第二位。这是因为它们一般被设计为最新水平的博物馆,就像祖先对待他们当时的博物馆一样,如巴黎工艺和技术行业储藏馆。虽然他们逐步吸收了历史的藏品,但是,涉及机器和设备系统如何工作的技术展示,长期以来成为这类博物馆的主要任务。

随着岁月的流逝,这种最原始的蓄意把历史放到一边的做法被看做是失败的。有些博物馆已经通过重新引入对技术的历史呈现对此进行了弥补,从而为公众提供了更感到熟悉的参照点。伦敦的科学博物馆就是一个例证,他们设计了一个常设的展览空间,定名为"博物馆介绍摘要",作为参观博物馆各个不同主题部分的序幕。

在艺术博物馆,自从艺术史被传统的历史教育所覆盖以来(虽然只是在有限的范围内),对大部分参观者来说,时间的参照是模糊的,但这的确还是存在的,因为艺术史是被传统的历史教育所覆盖的,尽管只是在有限的范围内。但这种情况并没有出现在技术科学或工艺和技术行业展出中。几乎很少有人了解在我们的社会历史中技术创新的重要性。鉴于这种情况,新的巴黎工艺和技术行业博物馆是按照年代顺序框架向参观者提供展示的,以帮助他们将所展示的技术定位在他们自己认知的历史参照点上。因此,在这个博物馆七个部分中的每一部分都将是按年代顺序排列,参观者可以从起点到今天,或者从今天到起点选择时间倒序的方式进行参观。这个编年史框架和整体主题蓝图一起,将首次在博物馆的历史上提供对技术变化的动力的理解,例如,由于蒸汽机、米制和电子管的出现所产生的巨变,以及在一定时期某些领域的流行趋势,例如18世纪在科学仪器领域出现的物理柜或在通信领域内有声电影的诞生。

然而,这就引出了一个问题。每当我们试图"讲述"任何一个故事的时候,如介绍西方社会的技术,就不可避免地暴露出参照点的问题,就像由几个章节构成的一本书,或是被分为几个时期的展览。因此,我们在这里遇到的主要障碍就是在设计每一部分展示内容中对日期和事件的选定。

由于我们决定创建一个既协调一致又独具特色而不是由七个各自独立的单元组成的博物馆,我们就为所有的这七个部分选择了相同的参照点。毋庸置疑,科学仪器发展历史上的标志性事件不可能与能源或机械部门的那些代表性标志相一致,而且,技术史上的一些关键日期,一般说,很少与政治、经济、社会和艺术史中的历史事件相一致。在博物馆内、在科学委员会中以及在为这一史诗般的更新项目所打断的各种会议上,这个问题无数次成为争论的话题。最后,被采纳的解决方案是利用一个"约数"参照点,一些容易记忆的日期,如1750年、1850年和1950年,尽管这些日期在某些情况下并非必然的,有可能和一些重大事件相对应,对此就不在这里详述了。

这些日期把每个部分分割成四个时期,虽然每个时期之间不存在一个完全割离的界线,但是近似的界限仍然标示出"前沿区域"。

总之,未来博物馆的理论框架结构,能够通过由许多主题和时期组成的概要性表格表达出来,以便参观者在馆内无论走到哪里,也能明确自己在总体计划中所占的方位。

"开放的空间":技术的展望

把博物馆分为七个独立的部分,似乎是有悖于从全球的眼光描述历史。这一矛盾是必然存在的,但是,巴黎工艺和技术行业博物馆所涉及的知识领域实在太宽泛,无法把它们集成在一起纳入一个独特的历史框架之中。为解决这个问题,设计了一些中间性的空间,这些空间位于主要场馆的交叉联结处,被称为法式"街道"或"广场",它们类似于城市中由一条街道到另一条街道、从一个社区到另一个社区转换中所要穿越的广场:一个有长椅可供休息的地方,一块拥有树木、喷泉令人驻足轻松呼吸的空间,一个借助地图寻找通路的地方,最后,这也是一个聚会和漫步穿越的地方。

在未来的博物馆中,由于场地的特定布局配置,开放的空间将不会有如此多的功能,因此,上面的比喻只能取其部分内容。然而,它们将起到两个主要的作用:在两个可能是兴趣的中心点大不相同的展区之间设置的一个过渡或歇息的区域;尤其是对分配到七个展区的各个主题进行展望的场所。

这些开放的空间将显示,在各个技术和工业部门之外,还存在一些历史的常数,能把明显不相连接的世界用强有力的纽带联系起来。例如,故障和事故将作为五个开放空间设计的主题之一。借助于很少的实物和很短的视听讲解,参观者能够认识到故障和事故在历史上的所有阶段,对经济、技术和工业部门造成的重要影响。技术的进步是一个从失败和错误中不断学习的过程,这些失败和错误有时会酿成事故,如锅炉爆炸、汽车肇事、计算机病毒,每一个技术系统都存在着自身功能上的欠缺,工程技术人员必须有能力解决这些问题。

文艺复兴时期是一段在机械、能源以及建筑等领域创新特别多产的时期,在博物馆开放空间里所展示的文艺复兴的内容向全世界提供了科学和技术发展的视野。在这里,展示了这个时期的精致的绘图和模型,揭示了再现过时的机器的过程:从工程师的笔记本到工业制图,从动画模型到虚拟模型制作。

沿着参观路线,一共分布了五个这样的开放空间,由于开放空间的作用之一是提供一个缓冲的地方,因此,十分重要的是,这些中间的横切的区域在展览设计上要和展厅本身的风格有鲜明的对照。例如,这样的设计必须让参观者们清楚地感觉到,他们刚刚离开了建筑展厅,而即将进入的是通信展厅。虽然展厅的地形受限于通往博物馆各处的直线通道,但是这一点也有效地避开了在博物馆或科学中心里的混杂的路线,会引导参观者不知不觉地从一个空间转到了另一个空间,从一个主题展厅又来到了另一个主题展厅。

博物馆中每个展厅的设计主要是基于实物展品,然而,在开放的空间里设计强调的是讲解或交谈。在一种情况下,参观者在看到人工制造的展品后,他就去寻找想得到的相关信息;而在另外一种情况下,有的参观者看到一段展示,激发了他的好奇心,然后就去寻找展出的实物,以便作为他刚刚看到的演示的一个例证。虽然这些开放空间的地面面积十分有限(约50～80平方米),但是它们的紧凑的讲解方式使开放空间成为展览设计中的创新元素。

在 1994 年 10 月和 1995 年 1 月,博物馆的教堂回廊里展出的机器人展项中安排了一段 8 分钟的题为"沃坎逊的梦幻"的视听演示,从而在结束这一参观时把观众投入了自动化的创造者和机器人的制作者的世界,同时也激励他们对人造机器人的思考。这个展项是由伯纳德·萨纳尔(Bernard Szajner)设计,融合了实物(一个车床、一个织布机以及各式的沃坎逊机器)与虚拟的形象,同时应用了最新水平的视听系统和多媒体技术。

"沃坎逊的梦幻"不同于"开放的空间",但是这个展示却给参观者留下了强烈的印象,同时也很清晰地突出了这个临时展厅的主题(Gottesdiener & Davallon,1995),他们关于展览设计方法的新思路是在这个领域中的一个发展。

一条优选路线

"开放的空间"和"主要展示部分",这是我们进行博物馆设计时把握的两个关键因素,它开创了一种贯穿整个路线的首尾一贯的方式。因此,参观整个博物馆——如果只花费一个合理的时段,只能是浮光掠影式的——应该按以下顺序。从接待大厅参观者可以乘坐电梯直达二层,进入科学仪器展示部分。在这里,他们会发现一些最古老、有些也是最著名的仪器和设备,直到现在,在这个顶部区域仍然存放着一些保护的收藏品,这是参观者不能接近的。让公众体验在一个精美的木"匣子"里发现这些收藏带来的乐趣这一点子是由安德烈亚·布鲁诺(Andrea Bruno)创始的,他是一名被选为设计更新的博物馆的建筑师。他的目的是想让观众分享他自己在第一次参观储藏馆时那种强烈的情绪。

在二层继续向前,便进入了曾展示 19 世纪的各种度量衡器具的展室,自此以后,就一直被作为储藏室。目前,这一展区包括了科学仪器的收藏展示,与其相邻的是有关文艺复兴内容的开放空间以及材料展厅。步入一段楼梯便可下到一层,在那里,观众可信步通过沃坎逊庭院并会有一个又一个的发现:首先可以参观到"制图和模型"开放空间,之后依次进入建筑、通信、能源以及机械等各类展厅。分布在这些展厅间的开放空间分别定名为"欧洲之外的科技"、"游戏与技术",最后是以"事故与事件"的开放空间结束。

通过主楼梯,观众便可以回到底层。他们在那里可以参观交通运输部分,最后在小教堂结束参观,现在那里正在展示的是"奇妙之地"(Place of Wonder)。在交通运输部分中,主要展示的是运输设备,这些设备的体积大部分都很大,包括飞机、公交车以及其他各种汽车等。

在引导观众参观时,一般情况下是将上述的基本路线推荐给观众,但也有一些"球窝联结"的自由选择的余地。例如,一条为年轻人准备的快速通道,只包括参观能源、机械、运输部分以及小教堂,这些具有特色和充满生机和活力的展示区域,都是年轻观众经常要求去的地方。对他们可采用不同的方式,有可能在第一层走一个小环路,仅参观科学仪器、材料和交通运输部分。但无论采用什么样的参观路线,小教堂这个博物馆历史的心脏,它极具声望的教堂中殿以及对现场历史的生动讲解,总是能够用一种优美的引人入胜的特别方式将参观者从接待大厅吸引到这里。

分层次展示

和实物相比,"开放空间"更重视的是讲解和交谈这一要素,而博物馆的绝大部分,90％以上的展区面积,都是以收藏品为优先的。然而即使殚精竭虑,展室的实物还是难以使人接近。比如,在一间展示古老的物理学的房间里,如何使某些最具代表性的精品,如像奈恩(Nairne)的静电发生器或最早的库伦天平能够在数百件一排排类似的展项中引人注目? 如果没有讲解员或专家的帮助,博物馆的参观者就不可能在众多的藏品中发现特别感兴趣的展品。假定更新的博物馆的宗旨不应是面向一批由历史学家或收藏家构成的有选择的公众,那就必须找到一种"分层次"展示的办法,以便在丰富的藏品中给参观者以引导。

博物馆可以安排两种不同层次的参观,并且当参观者一来到博物馆就向他们加以说明。

一种是"精选路线",由一些有代表性的精品组成,每一件展品的展示都有相关的信息以突出其在技术科学演进中的重要性及其社会价值。事先准备好有关展区主题的充分说明,帮助参观者得到更清晰的理解。

另一种为"全集路线",提供对展区的综合性参观,使参观者沉浸在丰富的收藏品的海洋里,特点是将大量的展品分类摆放在各个主题单元之中,这是对"精品展"的一个补充,也是使观众对该部分展览的主题有一个更为深刻和广泛的理解。

在整个参观路线中,精选展品用一些特殊的符号标明,在一个立架上提供了比周围其他展品更为详细的说明。这使观众既可以在不同精品之间进行快速的提纲挈领式的参观,从一项精品到另一项精品,或尽情欣赏丰富多样的各类藏品,也可以按着各自的兴趣爱好和时间漫步穿行在不同展品之中。

在博物馆的展示中,有一类特殊的物品无论选取何种展览层面都是要展示出来的,那就是"系列性"展品,这类展品对我们理解事物的演进和与时俱进的技术思潮是至关重要的。这些展品包括系列电池、齿轮系统以及电子管等,它们都是按照一定的逻辑序列进行排列组合,这类展出方案的设计用意是使参观者意识到:针对同一问题,可以想象出不同的技术解决方案;或是针对同一类技术产品,在创造它的过程中存在着不同的发展阶段,其经历的过程或长或短(瓦特蒸汽机经过了一个世纪的试验以及失败才获得成功;现代自行车的发展仅用了 20 年的时间)。"系列"这个概念,在这里仅作为一个特殊的方式去展示科技产品,为参观者理解机器发展的原理提供一种基础。

获取信息的方式

鉴于实物总是被置于优先地位,观众显然希望能够获取这些实物是如何工作的,它们的历史以及在我们社会历史中的地位等信息。

在整个展览中,相关信息是用两种方式传递给观众的。第一种方式就是演示,这种源于博物馆创立之初一以贯之的传统做法,至今还是传播技术知识最合适的方式。演示者在现场要么让展柜里的展品处于动作状态,要么组成临时的现场研讨会。每一个展区都有这样的可以直接掌控的以动态模型为特色的教育"终端",还拥有直接与博物馆数据库互联的计算机工作站,运用这种方式,参观者通过浏览各种文本和静态或动态的画面,可以咨询到有关这一部门所有收藏品的问题。在这里,演示者可以对各类机械设备和仪器的原理、功能以及蕴藏在其中的动态的历史内涵给予恰当的说明。

另外,在参观路线的沿途还有特定的工作站能够提供信息"自助服务",它就设在每个房间的外缘。在工作站里存放的被喻为"影集"的本子,可供参观者翻阅,其内容往往是基于这部分展品的某个历史事件[如苏伊士运河的挖掘,卢米埃尔(Lumière)兄弟的第一次电影聚会等],反映了那个时代广为关注的政治、经济或与艺术相关的内容。被称为"历史的驿站"(postes histoires)的大触摸屏,通过推出在某一领域或与两个分别的领域相关的历史上反复出现的主题而使这样的亮点更加突出。借助于超级文档的引领,参观者会通过可操作的文档页面、动画图解和阶段性的影片发现 19 世纪、20 世纪一个又一个科学仪器制造者的作用或是一种又一种材料在交通运输部门中的作用。

最后,"名人舞台"(postes personnages),将提供对在重大事件和历史进程中发挥了重要作用的人物的深入了解的途径。有关发明家和技术大师们(对一般大众来讲熟悉他们名字的并不太多)的许多语录和评论会有助于完成各该领域的全球性视角,并提高有关展出的实物的知识。"历史的驿站"和"影集"(平均每个展厅约有三套)被安置在靠近窗户的位置,使参观者坐在长凳上即能查阅,而"名人舞台"则位于展厅演示现场的附近,作为核心的展示教育结构的有益补充。

这些为公众使用的特殊设施,还有在参观过程中有时遇到的提供各种服务的"服务亭",都代表了这一类型博物馆的实质性的设计改革。这些人性化设施的引入和展示信息的工具的匠心设计,维护了广大参观者心向往之的巴黎工艺和技术行业博物馆的形象,同时,也向他们提供了他们所希望得到的信息。

第三节 知识网络

无论有多大的雄心,博物馆不能、也不应该成为知识链上的其他环节如学校、媒体和职业环境的替代品。

巴黎工艺和技术行业博物馆处于博物馆和技术文化中心的核心地位,它的常设展览内容中七个主题展厅都被选定为一些专业、培训、公司企业和研究实验室提供信息参考服务。"服务亭"就是面向社会开放的见证,也体现了博物馆与工业和研究领域积极合作的需求。"服务亭"是一个可清晰辨认的空间。它位于每个相对应的主题展厅的第四部分或该厅展出当代内容的地方。它提供了对外界工作世界、对有兴趣的地方、对其他博物馆陈列的藏品的开放窗口。例如,在机械展厅就有一项有关某一主要行业的专门职业的建议;在科学仪器展厅展示了访问可资参考的有关博物馆的路程表:佛罗伦萨、莱德、卡塞尔、牛津和剑桥;而建筑展厅的空间就是围绕法国近年来的主要建筑项目布局的。"服务亭"还可帮助一般公众查询文档中心,该中心包含对研究或信息有用的材料,可作为参观常设展览后的跟踪的补充。

临时展览项目也能帮助支持博物馆与其周围环境的交流。得益于在当代技术遗产的关键要素的获取和保护方面的理性和深思熟虑的政策,临时展览将使藏品来源更为丰富。由于涵盖的领域无比宽泛,博物馆研究员需要得到广泛的忠告和指导。例如,应当用什么方式保护软件?没有软件,由机器设备构成的越来越密集的计算机网络将失去"灵魂"。临时展览区位于主要接待大厅的附近,有分别的入口。临时展览的展品通常与外部合作伙伴共同制作,这些合作伙伴主要是公司企业和其他艺术和技术类博物馆。它们为保存一些展品供保护仓库展示提供了机会,同时也激励博物馆获取适合进入馆藏的仪器或机器设备。

处在一个巨大的教学和研究机构之中(巴黎工艺和技术行业博物馆现在每年大约培训 10 万人),巴黎工艺和技术行业博物馆是教育系统中重要的核心。虽然,从数量上看,在每一年龄段里它只能接待有限比例的人群,但在促进一种聚焦于对技术物体的灵敏和严谨的探究的学习方法方面,它起到了示范的作用。位于展示邻近的"教学作坊"将让成人或儿童的小组建造他们自己的机器或演示模型。让人们获得实验、操作和创造是这种作坊的目的,他们可以把这作为参观的一种补充或以一种更独立身份来参与其中。博物馆出版的卡耐基教学法(Carnets pédagogiques)系列"教学笔记"已经为实现作坊类型的资源铺平了道路,以便把物体重新放置到它们原来的环境之中以便解释它们是用什么样的可能的方式制作出来的(例如"福柯的钟摆")。

博物馆是一个"回忆和学习"的地方,也是一个交流的场所,这得益于信息网络中全球范围内因特网的发展。这些"屏幕上的知识"并不是博物馆的竞争者。相反,得益于它的图像库、实物和图样收藏以及文档,它是对博物馆事业发展的促进和提升。这一虚拟的博物馆创造了比真实博物馆更丰富的视野,如果人们要持久地看到真实博物馆的原貌,就必须借助于它的站址、存储和演示。在更新工作期间,巴黎工艺和技术行业博物馆选择了一项雄心勃勃的编辑政策,特别是创办一个季刊以专注于技术历史和博物馆学研究,用光盘展现丰富多彩的藏品、通过影集展示技术的历史进程,并倡导在因特网上访问博物馆,使人们能看到超过80000件藏品的整个"实物库"。这一虚拟和交互式的访问为其在2000年探索新展览空间开辟了一条道路。这必然会使博物馆有更多的选择,而负责更新项目的藏品保护团组也必须衡量和担负起挑选的责任。

"在一定意义上讲,精心设计建立的图书馆和博物馆是人类思想的作坊。"(Abbé Grégoire,1794)作为一个作坊式的博物馆,更新的巴黎工艺和技术行业博物馆希望尽可能地接近人民群众以及他们的创造力。从这一方面讲,它很好地坚持了它的初衷,将隐藏在机械装置、机器中的智慧之光展现出来。

即使现在那些"机械装置"已经变成了非物质的了,对其内涵的把握还是需要的。软件产业在创造着新技术的前沿,也创造人类和机器的新型关系。博物馆远没有失去存在的理由,它仍然是也必须是灵感的源泉和新技术交相媲美之地。修道院院长亨利·格雷戈尔(Henri Grégoire)在200年前这样写道:"所有的艺术都有互动点。"作为一个世界性博物馆——巴黎工艺和技术行业博物馆,迄今拥有200年的历史,正在将其创新工作引向使这座博物馆成为一个历史与当代、艺术与科学、记忆与想象交相呼应之地。

多米尼奎·费里奥特和布鲁诺·雅各米　著

(Dominique Ferriot and Bruno Jacomy)

徐善衍　译

参考文献

1794. *L'Abbé Grégoire et la Création du Conservatoire National des Arts et Métiers*. Paris：Musée national des Techniques. 1989.

"An interview with François Dagognet", *Le Monde*, November 2,1993, p. 2.

Gottesdiener(H.),Davallon(J.). 1995. "'L' Homme Machine', une exposition,des publics". *Musée des Arts et Métiers：La Revue*,11, June 1995,pp. 13-19.

Mironer(L.),Mengin(Aymard de), Suillerot (Agnès). 1995. *Fréquentation, notoriété et attraction de sept établisssements culturels parisiens*. Paris：La cité des sciences et de l'Industrie/Mission Musées.

Piganiol(P.). 1989. *Le Musée du Conservatoire national des arts et arts et métiers, sa renaissance, pourquoi? comment?* Report. Paris：Conservatoire national des Arts et Métiers.

Reserve Collection in Museums(The). 1994. Proceedings from international symposium, Paris, September 19-20,1994. Paris：Musée national des Techniques.

第二章　寻找我们的道路:适应21世纪的博物馆学战略

挑战

在 20 世纪 60 年代后期令人兴奋的日子里,传统博物馆的世界,那个充满灰尘、墨守成规、展品陈旧以及硫酸在杯子里沉默的时候似乎已经成为过去,而那些无藏品的博物馆的提倡者和令人振奋、可以互动的展品在预告着博物馆业光明的未来。散发着霉湿气味的科学博物馆将被善于教诲的科学中心所替代,并且新生的一代儿童将会通过"真实"现象的即时体验领略科学的奇妙。在 17 世纪后期的乐观主义教育观点即学习应是一种乐趣又得到一次重演。现在,在这个世纪的最后几年,科学中心面临着一系列严峻的挑战。如果遭遇失败,可能意味着目前形式的科学中心的终结;而要取得成功,就要发起一场彻底而又深远的机制变革以适应新的要求、新的技术。当一些最主要的科学中心出现下滑迹象的时候,这将不是一个夸大其词的说法:在进入下一个千年的门槛的时刻,这类机构正处于危机之中。

第一节　将博物馆交给使用者

对科学博物馆的疑问

当广泛、民主地参与文化资本的呼声成为被剥夺公民权民众代表的迫切要求时,博物馆作为一个现代机构在法国大革命之前的动荡年代就已扎根。法兰西的第一个现代博物馆——自然科学历史博物馆和法国工艺和技术行业博物馆就是 1793 年革命政府的直接产物。诚然,在较早的美国独立战争的情况下,文化和经济资本分散的效益很大部分都转移到了中产阶级的身上,而在原则上可以参与的社会底层人群却被资本和文化机器同样从事实上拒之门外。社会上部分人不得不等上一个世纪才获得公共教育、缩短工作时间和挣到足以允许进入伟大的文化殿堂的工资的有限利益。

在 20 世纪早期,博物馆研究开始关注参观者的体验和理解。在 1939 年纽约世界博览会举行后不久,"故事情节式"的理念开始主导博物馆的设计思想。"故事情节式"理念是指每一个展点在介绍的时候都必须具有内在的故事叙述的连贯性,支持该理念的设计者代表了公众的愿望,即需要中介/解说。据说,仅靠馆物馆研究员们是无法将他们的专门知识传播给博物馆的新观众的。

在 20 世纪 30 年代以及后来的 60 年代,社会的动荡和激烈的争辩与 1973 年的国民大会相差无几,随之而来的是人们要求文化、社会和经济方面的福利惠及更广泛的群体。博物馆离向更广大的群众开放,包括工人阶级、农民还很远。

特别是科学博物馆,曾经被指责为只为受过高等教育的少数人所保留,于是在本世纪(20 世纪——译者注)的前几十年,所看到的新的科技馆的设计都有意打破这种传统的阻碍,如慕尼黑的新德国博物馆(1925)、巴黎的发现宫(1937)以及美国芝加哥的科学工业博物馆(1939)。这些尝试曾一度在第二次世界大战期间中断,但后来又在 20 世纪六七十年代重新恢复,这在以"动手型"这一吸引人的触觉形式为科学传播的原则奉献的科学中心中得到了体现。美国旧金山探索馆、安大略科学中心以及科学和工业城和它们在全世界范围内的数量庞大的支持者一起,证明了博物馆革新运动的生命力,博物馆的专业人员摆脱了以实物藏品为基础的博物馆经验,转向了保证使科学技术文化越来越为更广大的公众所接近。

然而,尽管科学中心的这场革新运动获得了显而易见的成功,也受到了一些来自教育界和来自科学中心运动本身的批评。1987 年在《自然》杂志上发表的一篇有争议的文章中,来自牛津大学的迈克尔·肖特兰德(Michael Shortland)质问科学中心:"如果现在的博物馆与以前有所改变的话,那么,孩子在那里能学到什么?"(Shortland,1987)不久之后,加拿大展览设计者德鲁·安·韦克(Drew Ann Wake)和笔者在报纸发表的文章中,我们实事求是地研究了对科学中心的展览提出的诉求,提出了我们认为的几点明显不足。

第一,我们的许多展品传播的只是原理,而不是过程。这些展品是立体的物理教材,它们鼓励参观者从规范的科学层面去思考科学法则的问题。每一个展品呈现一个单独的实验往往是一次演示,通常来讲,这种示范性的实验必定是每一次都会得到同样的结果。这些展品中教育意义最小的是自动装置,在这样的装置面前参观者只要按一下按钮就算参与了。

第二,我们的许多展览都没能传达出科学思想的结构。这些展品关注的是结论,缺乏过程。参观者看不到虚假的线索、幻想的破灭和失败。对科学事业的真实性质,这些展品向公众传达了错误的信息,使他们以为假设和结果之间只是简单的一对一的关系。

第三,我们的科学展品都趋向于掩盖科学与技术之间的复杂关系。就拿柏努利鼓风机(Bernouilli Blower)来说,具有代表性的科学中心都会有这种鼓风机(实际上,楼下就有一台)。人们都喜欢观赏沙滩球(一种充气球)在喷射的空气中飘动的情景,然而却很少有人明白这样一个展示其中所蕴含的科学原理。在一些博物馆中,在沙滩球旁边也确实安装了一个波音 747 飞机的模型,但我敢说在 1000 个参观者中你找不到第二个能够弄明白它们之间关系的人。

基于上述三方面原因,科技展览的设计者们往往令观众失望。整个展览都是建立在设定的正确答案上,使参观者无法构想出他们自己的问题或者构建能寻求他们自身的答案的手段。这是一种常见的现象,科学展品把参观者定位在科学思想的接受者,而不是创造者的角色上。当然,观众也确实参与进来了,他们推呀、拉呀、吹呀、吼呀,但就是很少能让他们研究一个自己感兴趣的问题。这对公众所传递的潜在信息就是,只有设计者才能界定科学的题材。这就完全剥夺了观众在体验科学行为中最让人心醉的一个侧面——找到问题新答案的喜悦。

这里,我们还遇到一个问题,这就是在下一个 5 年过程中我们的展览将如何发展的问题,"如果我们相信科学是一个过程,而不是一连串的结果和演示的话,我们会制作出什么样的展品?"[1]

在随后的 8 年时间里,在大部分科学中心领域,这些问题会扩展为更深远的关注,涉及把我们机构本身的重心从机构本身转移出去,即从科学家、博物馆研究员、学术研究人员、设计者转移到展品的使用者手里。我们如何才能在保留参观者有效学习的必要的条理性、连贯性的同时,又能最大限度地带给他们多样化的各种体验?我们如何为参观者创造一个非正规学习环境、但又能做到自我构建,自我持续?我们怎么样才能提供对那种希克森米海依(Cziksentmihalyi)称之为"忘我"的体验的支持条件?[2] 我们怎么才能把重心从以自身为目的的展品转移到以展品作为人的活动——讨论、对话、辩论——的支撑条件?

---

① 《失落的佯谬,重新发现科学的创造力》(Paradox Lost: Rediscovering Scientific Creativity),最初在 1990 年伦敦科学博物馆举行的"公众理解科学"大会上首次发表,随后在该年冬天以 Découvrir le Plaisir de la science 的书名再次出版发行。

② 引自希克森米海依 Cziksentmihalyi,1990)。他将"忘我"(flow)定义为当人们完全专心于某种事物的时候,那种废寝忘食、不知疲倦、心无旁骛的主观状态。

自下而上——博物馆学探讨的两个方面

在两个多世纪的时间里,作为非正规学习的公共机构的博物馆以及随后的科学中心的变革,可以归结为至少始于 19 世纪末叶的一种趋势的结果,这种趋势是要创造一种非正规的环境,在这一环境中可以赋予范围广泛的使用者以更大的自主权和能动作用。这一趋势可从最初对参观者行为的研究中看到,它也体现在战后的公共机构中,这些机构越来越认识到鼓励有代表性的民众参与其中的重要性。这种为所有各种不同背景的所有民众提供服务的雄心,被专家主导模式和使用者主导模式之间的紧张关系而变得复杂化,这如同展览馆与图书馆之间的关系一样。图书馆是一种资源,它的着重点在使用,特别是以读者自己为主导的使用,图书馆机构就是一种供使用的功能。然而,对于收集的展品来讲,无论它是美术馆的书画还是科学中心反映一般科学原理的展品,它们的目的在于展示,而且它们如何展示是由博物馆研究员和设计者决定的。展览机构的功能就是要传达组织者和设计者所要传递的一种信息。图书馆首先考虑的是读者,而展览藏品首先考虑的是参观者。图书馆可以满足各种各样读者的不同需求,而且不同读者和图书馆之间的约定服务的连续性和差异性潜力是很大的。但对藏品展览来说,它依赖于它的观众类型,因此,不同的展品体现着不同类型的功能。以上情况也可描述为“自上而下”和“自下而上”这两种方式之间的区别。自上而下,就是假设公众是无知的,知识要由学识渊博的专家传递给无知的外行公众;自下而上,就是假设公众不仅仅有能力接受新知识,而且有能力创造新知识。在过去的 15 年时间里,越来越多的博物馆学专家,特别是在非正规学习领域的专家,都一直在寻求各种途径,让理论变为现实。

19 世纪 80 年代末和 90 年代初,由德鲁·安·韦克(Drew Ann Wake)和笔者合作在加拿大的温哥华开发的艾伯塔科学基金会和科学世界的采矿游戏,这两个首创性项目都能够看到关于给使用者以发言权和尊重其合法权利的要求,即自下而上的要求的两个突出的侧面,这可以看成是对那些有关非正规学习的议程是从上面规定的批评的一种答复。① 这些首创性项目反映了“自下而上”的战略的两个特点:一是探索科学交流的技巧能够被非专业人士掌握的方式,使那些对科学感兴趣的民众能设计出他们各自的科学学习日程——

---

① 从 1976 年开始,笔者就和德鲁·安·韦克一起从事同一示范项目的工作,从 1989 年到 1994 年,我们以韦克/布拉德伯雷(Wake/Bradburme)的伙伴关系完成了一些国际项目,包括在本文中提到的那些项目。1994 年,德鲁·安·维克在加拿大大温哥华成立了她自己的咨询公司——活跃线路(Live Wires)设计公司,而笔者则在荷兰阿姆斯特丹担任新大都会(New Metropolis)的设计主管工作。

成为科学和技术信息的创造者,而不仅仅是一个接受者。二是探索参与到这种模式活动的观众能够积极、主动地提出问题并找到答案的方式,参与讨论的话题是与当代科技密切相关的社会、经济、政治等方面一些比较深层次的问题,而不单纯是科学中心所展示的一般科学话题。

1989 年,笔者和德鲁·安·韦克应邀与库珀(Coopers)和布兰德(Lybrand)合作,从事一项位于加拿大艾伯塔的非正规科学网络项目的可行性研究工作①。为了更好地理解艾伯塔科学基金会的演进历程,我们需要从一段简短的历史说起。艾伯塔科学基金会开始的时候,将基金会的首要任务设定为筹集资金并把资金用于省内主要博物馆和科学中心,然后由这些博物馆和科学中心筹划制作展览内容并分送到较多的社区展出。

显然,这是一种自上而下的策略,但这种做法并没有走得太远。在可行性研究工作开始不久,德鲁·安·韦克和基金董事会的成员走访了省内的一些社区。在德拉姆黑勒(Drumheller),一群市民愤怒地拒绝拟议的网络,因为这将使他们沦为大城市科技馆发展理念和项目的被动接受者。

相反,他们建议一种艾伯塔的任何团体和机构都能够申请基金开发其自身的展览或项目的网络,而基金会应负责将这些展览或节目输送到大城市博物馆机构。

这个提议就是要建立一个明确的自下而上的网络,它的思想基础就是基金会只能从最有价值的原则出发分派资金。实际上,艾伯塔这个小城镇是要和省里最大的博物馆和科学中心一决雌雄。

艾尔塔科学基金会的理事会认真考虑了这个建议,并重新审视了基金会的出发点。基金会最开始的想法就是要在艾伯塔创建有广泛民众基础的科学文化,他们认识到,这种自下而上的结构很可能就是发展 21 世纪科学教育模式的关键。但他们面临的挑战是:怎么能够建立一个催化社区首创行动的基金会?理事会走访了整个艾伯塔的一些基层社区,并发展了具有如下特征的一套战略。

首先,由于网络是使接近科技展览项目的机会分散化的,因此,农村和小

---

① 在 1989~1992 年间,德鲁·安·韦克在加拿大卡尔伽里的艾伯塔科学基金会工作。在由笔者和德鲁·安·韦克共同撰写的以下三篇文献中,有关于艾伯塔科学基金会及其项目的更为详细的描述:

La transhumance de la science: Le développement d'un réseau des expositions itinérantes

Conference Proceedings of the PRELUDE conference, 1990, Namur

"Au-delà de L'oeil nu " Alliage NO. 15. Nice, 1992"

"Science des Villes, sciece des champs". AMCSTI/Infos, Spring 1993

"Priming the Pump: Building a Science Network in Aberta". in La Science en Scène, PENS, Paris 1996.

城镇的居民应享有平等的机会接近激励人心的观念。

其次，由于工作网络是按照非职业化要求开发各类展品和解说项目的，所以更多的公民应能有机会为此做出一份贡献。

最后，网络是使科学知识的传播成为非制度化的一项工作，它应将知识传播的一部分职责从大型博物馆或大型科学中心转移到那些乐意在公众知识传播事业中出一份力的个人和社区身上。

在大多数情况下，像博物馆和科学中心这样的机构，都把参观者纳入科学体验的接受者的范畴。艾伯塔科学基金会则面对这种传统观念发起挑战，它鼓励市民成为这种体验的创造者。

基金会还采取了两个互补性措施来支持这个"自下而上"的网络。一是特别行动项目，是为那些以前没有参与过科学解说的人设计的，目的是向他们示范传授对展示项目的解说技巧；二是奖励计划，用来鼓励来自各行各业的艾伯塔人提出他们自己的科学项目。通过这两方面的措施，基金会希望能够鼓励吸引艾伯塔各界人士——不管是乡下的或城里的，无论男女老幼——都能充分参与到科学文化创建过程中来。①

自下而上的战略不仅仅是限于用在社区发展，从展览的层面上讲，将工作重点从博物馆机构转移到参观者身上同样是一项有力的战略。从展览的层面上说，"自下而上"意味着从观众真正关心的问题出发去设计展览，在展品制作中还观众一个真实的角色，并给使用者以真正的手段去表达他们的意见。这样一来，展馆从原来的客观真理的提供者变成了多种观点百家争鸣的论坛，在这种模式里，科学不再仅仅是一种供人们学习的实体，而更是一个争辩、讨论和深入思考的过程。

1991 年，在布拉格发表的文章里笔者指出，现代科学中心的一个关键作用是"利用它作为一个公共空间的优势，重新回归到科学实践活动所固有的开放性，并将这种挑战、质疑和发现的精神交到参观者手中，以便成为一个用科学本身的方式对科学，对科学的益处，职责及其对现代社会所起作用进行争辩探讨的场所，从而不仅为博物馆，而且为争辩和民主树立一个模式，这是我们正在接近的一个排除对争辩和民主排斥的世界"（Bradburne & Wake，1993b）。

作为公共教育体系中的一个独特机构，科学中心给社区群众提供了一个

---

① 引自《博物馆研究员的新装：重新塑造博物馆工作者的角色》(Curator's New Clothes：Re-inventing the role of the Museum Professional)，*Muse* 杂志特刊 1993 年秋，英法文版，详细请参看 Bradburne&Wake，1993a.

可选择的讨论科技效果的论坛。其原因有三:第一,多数市民认为,科学中心如同一个中立性的地方,在这里,科学技术的讨论不带有任何政治偏见。第二,在科学中心,实实在在的展品能够为人们讨论和交流科学问题提供很强的实际内容。第三,科学中心拥有训练有素的工作人员,他们能够设计出相应的程序和项目为参观者的讨论和争辩提供指导。

1992 年,在克拉阔特·松德(Clayoquot Sound)的森林开发冲突和塔森士尼(Tatshenshini)铜矿项目被取消不久,笔者和德鲁·安·韦克再次以伙伴合作的关系应邀设计"科学世界"的新展馆,这是坐落在温哥华市区内的一个大型科学中心。[①]

我们首先想到的是对付这个题目有两条明明白白的路可走。一条路是按照传统的科学中心的模式,照地球科学的路子来设计。参观者可以学习到有关地质年代、岩石形成、地质断层以及大陆漂移等知识。参照已有的科学中心的经验,我们可以用一些能够引起人们兴趣的具有新闻价值的地质事件来贯穿整个地质这个主题,如火山和地震。由于把地球科学看做是地球物理学的一部分,我们可以遵循传统的处理方法:把科学事实与人类社会现实分离开来。我们可以把地球科学设计成崇高的、孤立的、不为生存关注所污染的。[②]

选择另一条路就十分具有挑战性。我们要变换一个角度,不是去设计一个地球科学的展览,而是建议把注意力放在地质科学是如何被应用到政治和经济环境中的。简单地说,我们提议设计一个矿业展览,这一展览被定名为"采矿游戏",内容将围绕目前哥伦比亚省内与矿产业相关的,也是在各大报纸、电视媒体和国会、民众议论中日渐升温的话题。

这个从地球科学到"采矿游戏"的看似简单的转变,却需要对一种全新的展览方式的筹划与设计的彻底的再检验。通过采矿展览,我们可以发起一场本省未来发展的讨论,引导社会各方面的参观者就众多的具有竞争地位的方案评估其科学定位。这个展览将唤起人们思考科学中心在社区生活中应该扮演的角色,建议科学中心的作用应该为参观者即将要参与他们所在社区的社会和政治生活而做准备。

---

① 英属哥伦比亚的经济,很大程度依赖于资源产业,如渔业、矿业和木材业等,与资源开发相关的冲突与摩擦已有一段历史。有关克拉阔特·松德的情况是:当时环境保护主义者认为,要开发的原始森林资源是位于夏洛特皇后湾(Queen Charlotte)岛上的生态敏感区域,所以他们反对开发该资源。同时,省政府部门同意有选择地开发的决定也引起了来自世界各地环保组织的强烈反对。最后,政府决定取消了这个位于省内偏远北部塔森士尼河流域的世界上最大的铜矿投资项目,并且将当地的整个区域都列为保护区。这个决定打乱了矿业财团原定的新矿开发计划,激起了他们的愤怒,他们威胁说要停止在英属哥伦比亚投资而转向如智利这样的其他国家。

② 这类展览方法的代表例子是 1996 年夏天开放的位于伦敦的自然历史博物馆的地球分馆。

如果展览取得成功,"科学世界"无疑会是一场独特的社会实验,并成为人们关注的焦点。参观者在这里有机会了解到广泛的科学信息,而且这些信息不是全部都是互相一致的。他们被邀请参与其中,通过讨论探究这些信息并发展它们的能力,以帮助他们运用这样的能力去理解、去改变省里的政治进程。

我们展览战略的中心是创建一个以电子技术支撑、多媒体互动的场所,亦即一个公众能够探讨采矿业对本省发展的作用的论坛。由于有关英属哥伦比亚采矿业的议题同时具有科学、社会、经济和政治的意义,对我们来说,互动式平台似乎是一个理想的载体以迎接把科学中心办成争辩的论坛的挑战。当我们开始设计采矿游戏展览时,对交互式平台我们确定了两个出发点。首先,我们不会采用那种只限观众对问题回答"是"或"否"的系统。其次,我们必须试图寻找新的途径授权给参观者,让他们去认识到自己的能力并鼓励他们参与到活动中来,让他们在一定程度上对希望他们吸取的知识信息掌握应有的控制。交互式平台是这样一种能让参观者重新获得信息控制权的形式。

如果我们的非正规科学机构的目的是给予市民部分权力的话,那我们只要充分考虑到这些市民的意愿就可以了。然而,当今的世界越来越受技术主导,并且越来越受直接掌握或控制技术的人主导,科学中心必须要在公众理解科学方面有所作为,要表明尽管目前靠技术来解决一切问题的势头越来越强,但是许多问题并不都是属于技术问题,而是社会问题,社会上的公民是有能力理解这些问题的。而且,公众也有责任介入这些重要问题,参与有关科学技术在当代社会中的使用的广泛议论。"采矿游戏"的演示,使观众进入了关于科技应用问题的社会讨论之中,这些观众似乎有所准备,乐意并且能够负起责任。在强调科学讨论和社会争辩之间的复杂关系时,采矿游戏展览将科学中心推上了民主进程的中心,从而勾画出科学中心未来的新任务。①

第二节 新大都会——21 世纪世界科技博物馆的雏形

前面提到我们所关注的许多问题以及解决这些问题的发展策略,最后都体现在 1997 年 6 月开馆的荷兰新的国家科学和技术中心——新大都

---

① 有关采矿游戏展的描述都是引自文献《采矿游戏》(Mine Games),发表于法文版的《工艺和技术行业博物馆评论》杂志,法国艺术工作者第 10 卷,1995 年 3 月。参看 Bradburne & Wake,1995。

会(New Metropolis)里。①

新大都会的前身是一个以劳动为主题的小博物馆。② 在 1923 年,荷兰画家赫曼·海杰布罗克(Herman Heijenbrock)创办了劳动博物馆(Van den Arbeid),奉献给对工业劳动的纪念,工业劳动铺设了 20 世纪的航向。赫曼·海杰布罗克(1871~1948)的绘画生涯大部分是以沙丘、郁金香、牧歌式村落的风景画为主,直到 1899 年他迁到比利时的一个矿区为止。

"开始的时候,我被那么多的贫穷和痛苦吓坏了,但我渐渐地意识到将成千上万的人集中在一起劳动是多么伟大的一种思想。没有人会知道这些劳动者的名字,他们的生活陷入到了一种不能不进行的单调的旋律之中……大工业生产抓住了我,她不让我离去,我年复一年地在工厂和车间去寻求我工作的题目。"从那个时候开始,单纯的绘画已不能再使海杰布罗克满足了。他想要清楚地知道每一项工作是怎样组合在一起的,他开始从车间里收集工具和产品,并经常把一些样品带回家就近审视。

海杰布罗克的收集品越来越多,于是在 1922 年,他在阿姆斯特丹的斯泰戴里克(Stedelijk)博物馆举办了他的第一个展览会,展览的标题是:"作为工业原材料的动物"。展览的内容是从他收藏品中挑选出来的工具、产品和原材料,还有一部分是他自己的绘画。一年之后,海杰布罗克在阿姆斯特丹的维里海兹(Veiligheids)博物馆的顶楼里展出了他的全部收藏,并成立了劳动博物馆协会。为了寻求资金的支持,协会对政府部门以及它自身所包括的荷兰工业界一些有代表性的企业在内的协会成员开展了工作。

不久之后,协会的呼求有了结果,申请到了位于阿姆斯特丹市中心附近的罗森格雷奇(Rozengracht)的一所闲置的校舍作为展览场所。1929 年 2 月 2 日,劳动博物馆正式对公众开放。"这个博物馆的使命就是要唤起全社会对那些成千上万默默无闻的劳动者的感激之情,引起大人和孩子们对劳动的重视,使他们进一步理解他们的同胞,增进对他们的同胞的热爱。"为了达到这个目的,展览的内容都是"按照追溯过去的顺序摆放的,最先展示的是工业成品,然后再回到为工业生产这些产品提供的最原始的材料和自然资源(如动物、植物和矿物等),作为工业产品的供应者。"海杰布罗克在对事物彼此之间相互作用

---

① 在过去的五年时间里,阿姆斯特丹的新科技中心项目曾几次更改名称。1992 年,它被命名为国家科学和技术中心(National Centrum voor Wetenschap en Techniek,NCWT)。1993 年改名为 IMPULS 科技中心,到 1996 年 12 月 10 日,它又再次命名为新大都会科学中心。由于这些更改不会影响到项目本身的内容和发展,所以以下文提及这个科技中心的时候,都用新大都会一词代替。

② 有关新大都会的大部分历史是和芭芭拉·里吉(Barbara Regeer)(大都会设计和研究部主任助理)一起记载下来的,以上都摘自 1996 年夏写就的内部文献"面对奠基石"(Na de eerste Paal)。

的问题上有着独特和深刻的见解,他对劳动所体现出的魅力的钟情,也体现在了他认识问题的方法。他说:"自然,是屈从于技术的……母牛是炸药的供应者,大山是玻璃的生产者。"

收藏品的数量稳定地增长着,几年之后,博物馆已经收藏了 27 种类别 5000 多件物品,还有海杰布罗克自己亲手画的 600 多幅作为插图说明的油画和蜡笔画,而且这里的收藏还在继续增加。然而在第二次世界大战之后,博物馆遇到了一些财政上的问题。工业的资助没有了,同时,政府在 20 世纪 50 年代初也取消了补贴拨款。逐渐地,收藏品变得陈旧不堪,博物馆所占用的校舍也年久失修。然而,在 1952 年协会还是决定要求工业界再次与他们合作,尽管不是没有认识到需要有所改变。工业界对博物馆重新给予了资金上的支持,在对所有的收藏品进行了大幅的重新整编分类和对建筑物进行翻修以后,博物馆在 1954 年 5 月 21 日重新对外开放。新博物馆的名字叫荷兰科技中心(NINT,Nederlands Instituut voor Nijverheid en Techniek)。海杰布罗克的大部分收藏品都分送到了不同的库房和其他的博物馆,只有约 300 幅蜡笔画和油画留在了 NINT。幸运的是,海杰布罗克并没有亲眼目睹劳动博物馆的解体,他于 1948 年去世。

一种理念的诞生

重新对外开放的博物馆的宗旨是"在最广泛的意义上引起工业界劳动者和相关群体的关注,特别是对职业选择和职业教育提供帮助。"在新的展示内容里,对荷兰工业界的代表性企业给予了更多的重视,而且展示的内容主要是按着不同的专业划分展区的,这种划分方法一直沿用到 20 世纪 70 年代。1960 年的一张海报将 NINT 比喻为"联结年轻一代和工业界的纽带。"当时博物馆展示的是与石油、冶金、电子、玻璃、陶瓷、纺织和服装相关的内容。NINT 希望借此"帮助选择职业,它也让年轻的一代了解到将在不同的工业行业里从事什么样的工作。"后来,博物馆展出的内容是与原子、电信、能源、气象、影像和合成材料相关的内容。

在 1979 年,展览的宗旨被赋予了"现代的诠释"。"展览的目的是要激发人们对自然科学的基本原理和技术应用的兴趣,并使他们清楚地了解自己在其中的作用,特别要给予他们有关专业的信息。"依照这个认识和新的发展方向,在 1980 年,NINT 主任和国家教育部的领导访问了美国和加拿大的科学中心,但是带回来的却是模棱两可的观点:"我们意识到类似于美国的科学中心在荷兰这样较小的国家里未必可行,但是我们坚信,对于技术博物馆,除了展示现代技术外,展示科学和工业的发展也是必要和可能的。"

为应对当时的失业和教育与工业脱节的社会问题，NINT 在 1981 年决定设置一个为职业定向服务的部门。"面向职业定位并进行相关教育，这是选择职业过程中必不可少的内容。"这个新设的研究和就业信息中心收到了很多来自教育界的积极回应。同时 20 世纪 80 年代初，位于罗森格雷奇劳动博物馆的校舍决定要拆除。经过一段时间的选址调查，NINT 最后将新址选在位于托尔斯塔（Tolstraat）的以前曾是阿斯切尔（Asscher）钻石加工厂的地方。1983 年，NINT 搬到了新址，使原展览得到了更新并增加了不少新的展示内容。根据 1983 年度报告，展馆在原来各工业部门展区的基础上，增加了有关物理学基本原理的展区，并赋予了一个新的名字——"科技乐园"。

考察科学中心的北美之行已经过去若干年了，但是科学中心的思想理念却一直没有被人淡忘。1988 年，位于加拿大多伦多的安大略科学中心提出了阿姆斯特丹伊普西兰（Ypsilon）科学中心的可行性研究。该可行性研究一开始就在概述中明确提出寻找一位"具有必要的知识涉及面和战略眼光的科学中心负责人"是十分必要的。人们认真地考虑了这个提议。在那一年，NINT 内部进行了较大的组织调整，既有工作班子也有董事会的变动。在 1988 年底，朱斯特·杜马（Joost Douma）成为 NINT 的新主管。不久之后，科学中心的项目被纳入到了市议会的"IJ 银行（IJ-banks）启动发展要点通告"之中，并且位列 IJ 隧道（IJ-tunnel）项目的头条。到 1990 年，NINT 获得了来自阿姆斯特丹市议会的资金支持承诺，还有来自荷兰主要企业的支持声明。从此以后，为了做好伊普西兰试点项目，NINT 开始更新它所收集的展品，1990 年，NINT 的常设展览焕然一新。在这些变化中有一个"探索馆"，在那里，观众可以对展项自己动手进行实际操作。在轻松愉快的气氛中去发现自然力和自然现象的奥秘。这个项目是受到世界著名的旧金山探索馆的启发后完成的。

1991 年，在一定程度上是由于科技和人文公共信息基金会敦促的结果，国家经济事务部和教育科技委员会承诺如果荷兰工业能够提供主要捐款的话，它们会做出必要的财政预算支持科学中心的项目的建设。在当时经济环境困难的条件下，朱斯特·杜马紧接着进行的强有力的筹款活动被证明是成功的。荷兰的许多企业都深信政府会愿意出资支持解决科学中心的建筑项目和基础设施。

1992 年，意大利建筑师伦索·皮阿诺（Renzo Piano）被选定为 NINT 新馆建筑设计的总设计师，负责根据 1988 年由森山（Moriyama）和他的同事在其可行性研究中提到的项目要求进行总体设计。伦索·皮阿诺曾经设计过一些享誉国际的公共项目，其中包括巴黎的蓬皮杜（Pompidou）中心，休斯敦的德·梅斯尼尔（De Mesnil）艺术馆，还有大阪的关西国际机场等。在担负科学中心设计任务过程中,皮阿诺又被选择监督柏林波茨坦大厦(Potsdammer Platz)的改造翻新工作。1998 年,他获得普里塔克(Pritaker)奖,以表彰他在建筑设计方面的杰出贡献。

1994 年,当科学中心的主体建筑已进入施工阶段的时候,NINT 的馆长朱斯特·杜马写出了《论 21 世纪科学中心雏形》(Prototyping for the 21st Century——A discourse)一书,发表了他和副馆长海因·威廉斯(Hein Willems)博士对科学中心理念共同研究的成果。他在前言里写道:"写这本书的目的主要是要探求一个指导我们建设新馆的理念,使我们确信我们不可能在没有认真考虑好一座科学中心在目前和今后的社会中应该和能够起到什么作用的情况下,就简单地把它建起来。科学中心和博物馆都应该永远是他们的时代的孩子,而我们的这一婴儿也应能够尽可能长久地参与到社会生活中来。"

在他的著述中,朱斯特·杜马从历史和未来几十年社会经济文化的时代背景下,对新建的科学中心给予定位。通过分析不久将来的相关形势发展情况以及回顾科技博物馆和科学中心走过的历程。他认定科学中心应被视为一支独立的力量,应在社会中发挥其自身的作用,而不应仅仅是为科学家、正规教育家、政客、技术人员以及实业家服务。此外,他还强调科学中心应该以如下的方式帮助引导当前的知识革命,那就是使尽可能多的人从中有所获益,使他们的生活质量不会下降,而是有所改善。

当杜马的著作还在撰写的时候,NINT 的新的展览的开发以及为新馆准备的内容都是沿着和大多数类似项目的常规轨迹进行的。有关新馆建筑的要求的计划已经就绪,公共展览空间的总面积已暂时确定下来。关键工业赞助人已敲定并取得联系。已征求了世界各地的专家的咨询意见,并就展览主题进行了最终的讨论。对工作人员的需求已经确定,并且积极启动了荷兰年轻人才的招募计划。尽管如此,整个项目还缺少一种清晰的理念,一种使整个项目显得首尾一贯、协调一致,使它区别于过去 20 年时间里在欧洲和北美的林林总总的科学中心项目的东西。正是杜马的著作使新大都会显得与众不同——它把一个以一座大楼为中心的城市更新项目转变为创建一个完全新型的非正规教育机构的雏形的工程。以这本著作为指导,项目的开发有了十分明确的重点,同时在分析下个世纪社会发展要求的基础上得出的一种全新的发展观念也得到了完美的诠释。这部文献事关社会变革,并为发展新型机构奠定了基础。

本书一开始,就着眼于瞬息万变的当今世界,并指出新技能、新技巧对适应社会变化的挑战的重要性。与它的先驱者劳动博物馆和 NINT 一样,作为新大都会的中心关注点是劳动的变化性质,以及为新的一代准备去迎接劳动场所的新挑战。杜马写道:"众所周知,我们正从规模型经济的时代快速地进入一个高附加值的、量身定做的生产时代……它使我们认识到,一度强有力的跨国集团已不再能在就业和利润方面取得增长,它们正在分解为半独立的国际网络,要求其劳动人口具备新的技能,这种技能正是科学中心多年来引为重点的。"

由此杜马认为,我们正从一个生产者和消费者的社会进入一个职业掌控者和职业选择者的社会。在这样的社会里,科学中心应当被看成是一个独立的,而非衍生的媒介,一个支持质疑性、求知性和创造性思维的媒介。他接着写道:"长期以来,科学中心/博物馆是运行在其他早已彰显于社会的团体组织,如科学家、正规教育家、政客、技术人员和企业家的影子下的。这并不是说我们不能为这些学科服务,我们当然仍要继续这样做,因为这已经被历史证明是成功的。问题是科学博物馆/科学中心不应当成为仅仅是解决一些在它们自身直接影响之外的问题的衍生物。我们不可能通过一两个小时的家访就能治愈一个科盲(无论是什么样的科盲)。我们也不可能解决正规教育体系内的认同危机的问题,比较而言,一个孩子每年要在学校里呆上 1600 个小时;而在科学中心里只有 5 个小时……但是科学中心/博物馆能够让人们看到过去200 多年的科技发展和经验,曾是大批观众接待单位,是传播的媒介。科学中心/博物馆在承担中介、阐释者的任务中积累了可观的专业知识,并且作为非正规学习环境营造了科学、技术和工业一方面与外行公众另一方面与学校之间的平衡"。

杜马将他的著述中的主要论点归结为独立:"科学中心/博物馆已经获得了自己的身份,并且作为一个公共机构完好地装备起来以便在即将到来的新时代发挥其独立的作用。"由此,新时代的科学中心可以定义为一个"讨论的论坛"。杜马强调说,科学、技术和经济的发展在社会中已经造就了一些新的社会经济部门,而且也产生了一大批新型的职业和工作,以及由此而形成的人们在经济收入和对生活的看法上的巨大差别。对于这些发展变化,对于我们的城市和正规教育系统历经的主要危机,21 世纪的科学中心必须给予回应。

根据以上对即将来临的新时代的预测,21 世纪的科学中心应该做些什么呢?按照书中的观点,科学中心应该着力提高参观者的能力。在今天,"提高能力"意味着要给以机会去掌握知识工具和抽象概括、系统思维、实验和写作等基本的知识技能。这更意味着把重点放在过程上,而非内容上,并要改变科学素质的常规含义。最后这本著作是以一个乐观的音符结尾的——这是对处于阿姆斯特丹历史中心的新的博物馆机构发出的号角:"世界正日趋成熟地走入地球村,而我们就处于它的中心。"

1994 年 12 月,新大都会到了一个重大的转折点。科学中心有为时两年的规划阶段,在这段时间里,工作人员探索了各种战略和一系列设计公共教育的方法。有一些探索取得了成功,有一些失败了。可以明显看到的一点是,新大都会已经拥有了一批具有创造力的员工,还有体现在杜马的著作中那种新颖、协调一致的观点。目前所急需的是找到一种合适的途径把朱斯特·杜马和海因·威廉斯的想法变为现实的展教内容,以及使这一新的机构变为大都会想要建设成的机构。这需要搭建一座桥,即通过一种方式使杜马著作中的观点成为可实现的展览战略。笔者于 1994 年 11 月加入到了新大都会项目中,并看到这个项目可以继续试验他的新想法——将设计的立足点从专家主导模式变为使用者主导模式。这正好是以往笔者和德鲁·安·韦克共同合作的标志,那一雄心与杜马为新大都会所确定的目标不谋而合。为了应对杜马在其著作中所提出的战略构想的挑战,笔者为《21 世纪科学中心雏形》的有关设计工作编写了一份声明式的文件以供科学中心设计组参考。声明中以批判的眼光回顾了过去 30 年科技展馆设计的历史,作为从过去的失败中吸取教训的结果,对新馆做出新的定位。

在杜马的著作中,针对他自己确定的要将新大都会建设成为《21 世纪科学中心雏形》的目标,他提出的问题是:"我们能预期下一个世纪的世界将会是什么样子的? 每个家庭都有电脑、调制解调器和互动式电视,商业则迎合日益增长的对游戏、光盘和互动视频的需要。对于这样一个 21 世纪的家庭来说,科学中心能起到什么作用? 对此又会带来新的关注:我们的新一代观众对科学中心所承担的非正规教育将会提出什么新要求? 更重要的一点是,这对展览设计意味着什么?"

设计战略

为了回答这个问题,我们首先以批判的眼光回顾一下科学中心作为一个 20 世纪的机构的历史。为回应科学中心的传统,我们要就科学技术及其观众之间的某些普通的假设以及由此引申出的展览设计战略提出一些质疑(有时,这只是一种修辞说法)。由于争论的出发点落在展览设计方法的核心上,我们把新大都会的展览设计放在传统的科学中心的背景下以及传统科学中心所根据的那些假设之上。为了理解科学中心这一机构及其展览的设计,我们以较长的篇幅从《21 世纪科学中心雏形》的设计声明中引述以下内容:

"北美的经验似乎表明,虽然几乎每座主要城市都有一个科学中心,但去每个科学中心的人次在逐渐减少。这种下降的趋势有一部分是来自大环境的原因,如城市郊区化的出现。然而,一个主要的原因可能在家庭中接触到非正规教育的机会越来越多。由于个人电脑和电脑游戏的广泛应用和普及,因特网应用的飞速发展,以及在不久的将来可预期的交互式电视的真正投入使用,使人们参观科学中心的欲望不断减弱。"

"由于展览机构将自己看成科学原理传播的教学辅助工具,以及仅仅为单一使用者设计孤立展品,因而参观科学中心人次下降的趋势更加严重。科学中心的社会实用性受到了质疑,而且对单一展品的支配地位和用于开放的地面空间的格局,在一些科学中心被戏称为'弹球戏'行为。现在,那种'动手型'的新鲜感已经过时了。以目前的情况看,北美的科学中心很快就必须为自己的生存或至少为吸引它的参观者而战了。"

1."传统的"科学中心

"自从 20 世纪 60 年代末规划探索馆项目以来,科学中心已经确立了自己作为独立的非正规教育机构的地位。在这里,参观者的学习是自主的,而不是强迫被动的,也无须参加考试。弗兰克·奥本海默(Frank Oppenheimer)在为探索馆作为靠课程表运转的正规教育体系的真正替代进行辩护时曾说:'无人能使博物馆失败。'尽管如此,对科学中心不断存在着争议,其中不乏反对的提法。由此教育往往被置于一端,而娱乐则被置于另一端。认知被置于感情的对立面,而理性则被置于情感的对立面。科学中心就是在这样的对立色彩中规划、设计和实现的,并且创建了我们称之为传统的动手型科学中心。而且,这种看得见的两极对立也深深地影响着科学中心领域里的人使用'学习'和'教育'这两个词的方式,以至很多科学中心的专业人员对使用它们都感到紧张。"

"回顾这 25 年多的历程,我们可以坦诚的说,传统科学中心的成功也是成败相间的,我们可以辨清其中某些有碍于完全成功的障碍。"

"单独交流的神话。一个个被设计成独立的展品,每个工作人员演示一个孤立的科学原理或科学现象,一个讲解员对应一个参观者进行认真的交流。这些都时常是互不关联的活动,参观者很少有机会去与之分享观点或交流信息。互动式展品通常是适应一名单独的参观者设计的,其他的参观者很难参与进来。展品之间的联系,即使还有一点的话,也时常是一个挨一个的排列,要么是分组摆放,没有更多地去考虑展教内容、展览策略或参观者活动之间的联系。"

"纯科学交流的神话。很多博物馆工作人员相信科技馆的作用是向参观者讲述科学事实。例如,水的沸点是 100℃。这些科学中心经常会避开公众感兴趣的题目,包括那些科学技术与社会、政治和道德因素相结合的话题。他们害怕如果将科学中心开放为交流和讨论的场所,就会失去科学的权威和科学中心自命为真理传播者的身份。这种不愿从参观者的关注出发的态度——因为这往往无法用'纯'科学的方式来界定——表明参观者的关注是第二位的,它们往好处说是一块白板,而往坏处说,就被当成愚昧无知的了。"

"诱骗观众的需要。很多科学中心的设计者都意识到他们有必要把展品设计得更有趣,于是刻意增加一些不必要的互动,用大众通俗文化的色彩包装常规的展品,或为使用新技术而使用新技术。通常这些做法无疑是尝试去弥补那些显而易见乏味的题目,这些题目都是科学或学术界,如地质学、物理学、数学等界定的,也是在学校里教过的,教师讲过的。这种方法背离了科学中心的基本宗旨,科学中心成了裹着糖衣的学校,其目的是诱使参观者进入乏味的学习。"

"自上而下的学习策略。在许多科学展览里,展品只是课本知识的再现。这些科学中心都制作了大量的'动手型'展品,以推演出一些具体的科学现象或演示一定的众所周知的原理。然而,即使强调了'互动性',但它们所展示的仅仅是设计者的意图所在,而排除了除此以外的内容。它们具有内植的'正确'答案,一旦发现了正确答案,就消失了参观者深入互动的潜力。这种类型的展览反映出正规教育体系中那种自上而下的学习策略,并且再一次证明了非正规教育的科学中心只不过是一所装扮过的学校而已。"

"所有这些问题的出现,在一定程度上是源于一个预设的前提,即所有的教育都是正规的,以学校为基础的教育,同时所有的学习都是强制的、自上而下的学习方式。其结果就造就了正规教育策略与非正规学习环境的一场不愉快的联姻。"

"新科学中心的发展,特别是如此规模和范围的新科学中心的发展,给予了新大都会一个归纳总结前几年经验教训的机会。显然,先不用论及对错,这种传统的科学中心通常所遵循的战略已经与杜马在其著作中提出的观点不相一致了。新大都会需要做出哪些改变?这意味着在设计战略上要做出一种什么样的选择?在新大都会里,参观者被视为有能力而且已经能够积极地初步构建关于世界的理论观点,而不是传统科学中心所预想的那种天真无知的对象。以下便是新大都会设计战略的中心内容。"

2.面向未来

"为了使科学中心能够适应 21 世纪参观者的需要,我们必须以新的方式来看待科学中心。首先,不应该再将教育和娱乐、认知和感情看成是互相排斥的,而应当把它们看成是互补的(当然,以正规教育为一方,以非正规教育为另一方,两者还存在着对立)。我们应该如何发掘科学中心作为非正规学习机构的具体特征,从而把它建设成为 21 世纪科技科学中心的雏形呢?"

以下的观察就是新大都会设计战略的一些中心思想:

"参观者是以群体的形式来访的。单独的参观者很少。我们的观众通常都不会独自前来,而是结伴而行——与他们的家里人,与他们的朋友或是与他们的学校。他们来探寻新的材料,会出现错误,又在共享经验中学习。参观者在科学中心展厅里的兴趣是与展教内容相关的。参观者聚在一起学习,他们通过交谈学习,他们一起拿点子、形象、事实逗着玩,并且相互影响彼此的意见。和任何其他单独的因素相比,体验的社会性给了情感以动力。社会性的东西是带有情感的,而我们在科学中心要寻找的'乐趣'与我们参加其他群体活动,如一起去参加体育活动、看电影以及参加音乐会等那种乐趣是异曲同工的。"

"科学和文化一样是混杂的。科学从来就不是纯粹的。科学不仅仅是一连串的事实,还是一整套思想、行为和技巧,要求发挥多方面的能力。人们极少能够像那些杰出的、训练有素的科学家一样看待科学,他们只会把科学和技术看成是广泛意义上的社会、政治和伦理问题中的固有一部分。这些问题触及他们各自的生活,也关系到他们家庭的生活以及他们身边的世界。把参观者的真正兴趣作为出发点,科学中心就能扮演一个主要角色,成为公众的科学与技术的论坛。它能够提供信息,提供学习新技能的机会,提供一个探讨科学技术对我们以及后代生活所能产生的影响的地方。"

"真实才是最根本的。真正的科学不是学校里的科学。从事科学工作本身就是一项具有真正价值的活动,它能激励一些人把科学作为自己的终身事业。我们从科学工作者能够在科学工作中获得真正的乐趣这一点出发,科技展览更应该是令人信服和使人愉悦的。在科学中心,参观者应该能够体验到科学工作者在从事科学工作中获得的那种满足——确定问题、检验假设、找到暂时的解决方案。只有这种让参观者探索真正科学乐趣的做法,才能让他们体会到科学在社会中所起的作用,以及让他们去选择自己在科学事业中能够扮演的角色。"

"自下而上的学习策略。我们的参观者是有能力的。他们中的许多人都已经是某些事物的专家,而且,通常他们知道的东西比他们所能表达的东西要多。参观者形成他们自己的理解,科学中心要给他们提供机会使他们在参观期间或参观以后学到新知识。我们不能总是坚持否认他们能够创造一些具体的新知识,如同在学校教室里能够做到的一样。科学中心的作用就是要营造一种环境,在这里,参观者能够探索出一条主动改变他自己与科学技术之间关系的路径。在科学中心,参观者是自主的,并依照个人的意愿决定活动的内容，因此，这样的学习是自下而上的。"

明确了以上的设计战略，现在就能谈谈新大都会究竟能成为怎样的科技馆。

新大都会将是怎样的科技馆？

"根据朱斯特·杜马的著作，我们能够有信心说，今后几十年将以全球化的问题为主导——全球环境的变化、全球人口的增长、全球资本的流动，更重要的是全球信息网络化。在西方工业化国家，全球化已经开始影响到人们的工作、娱乐和学习的方式，原来那种工作现场集中化的重要性也日渐降低。"

"我们的各类科技展览机构如何应对这些变化呢？现在我们再不能总是仅仅展示一些科学技术的成果，我们必须积极主动地传递技术文化的技能：一方面要理解和领会已有知识；另一方面要增强创造力。参观者在离开科学中心的时候都应当有新的能力——新的技能和理解的深化。在科学中心里，参观者是知识创造活动的积极参与者，而不仅仅是接受者。"

"在这样一个来自世界各个角落的信息很快就能通过家里的电脑、传真机和电视接收的信息时代里，全国科学中心的作用是什么？在21世纪，吸引人们走入科学中心的动力又是什么？"

"科学中心将会越来越多地为人们提供一个在家里所不能体会到的社会氛围和体验。它将是人们聚会、交流讨论以及分享思想和信息的地方，它将是一个开放的场所、群众的论坛、人们自由往来的广场。由于科学中心完全融入了全球的信息网络之中，它也将会是一个社会和文化的集合点，在这里人们可以单独或结伴与来自当地、全国或全世界的其他人进行交流。从最广泛的意义上来讲，正是这种社会层面的因素使得科学中心有别于城市里的其他什么单位或地方。这种社会因素将赋予科学中心相对于其他非正规教育的形式如广播媒体、科学新闻报刊、远程学习等更宜于群众性的学习。科学中心将成为人们学习、体验、漫游之处。在这里，你将体验到一些做你喜欢做而不是非做不可的事情的乐趣。"

1. 展馆策略

"根据上述观点以及杜马书中提到的目标，新大都会的展馆策略可定义为如下内容："一个开放的场所。新大都会必须适应各年龄段不同兴趣的需求，它应当是一个好客、诱人的地方，在这里所有的参观者都应感到无拘无束、自由自在。所有的展品和展项都应该是互动的。也是令人兴奋着迷的。在开馆的头几年，前来参观的人数应该达到一百万。同时，展馆应当鼓励荷兰家庭的参与，因为这部分占了参观人群的一个很大比例。最后，新大都会将会吸引青少年人群和高年级学生,因为他们正处于决定将来是否会选择在科学或技术领域从事工作的时期。"

"一个交流的论坛。新大都会将是一个社会论坛、21 世纪的广场。它是一个科学技术和文化相互交融渗透的地方。新大都会不应该回避科学与技术中的问题。它更应该成为人们讨论这些问题的中心,如同一个会场或信息中心,人们在这里可以获得可靠的信息和探索新的观念以及新的希望和可能性。新大都会是一个社会机构,服务于给来访者以机会使他能在他们自行选择的世界里扮演角色。"

"一个提高能力的场所。新大都会是一个非正规教育机构,它以促进公众终身学习为己任,使来到这里的参观者都有机会探索学习各种各样能适应瞬息万变的世界所需的新技能。在这里,参观者完全是自立的。新大都会将进一步探索新的'动手型'学习方法以及能够鼓励参观者成为科学思想的创造者以及接受者的各种新方法。展品设计的新方法将引导参观者逐渐掌握抽象化、系统思考以及团队协作和实验验证的技能。这些新方法将是新大都会为国际科学中心界做出独特贡献的一部分。"

"心系全球,立足当地。在 21 世纪,一个国家的科学中心只有漂亮的建筑和吸引人的展品是不够的,科学中心也必须加入到连接各大学、政府和企业等方面的全球实时信息网络中来。通过利用全球信息网络提供信息,开设讨论区和发展科学中心的活动,新大都会将起到积极的作用成为欧洲第一个'虚拟'科学中心。"

2. 挑战与目标

"以上提出的四点目标(一个开放的场所、交流的场所、提高能力的场所以及心系全球、立足当地),从观众策略、设计策略、展览策略以及发展策略阐明了 21 世纪科学中心面临的挑战和应对的目标。这些目标也是以后衡量新大都会和它的展教内容是否成功的尺度。"

"关于观众策略,NINT 在过去的一些年度里,已经发展一批满腔热情的基本观众。然而,新大都会的成功目标是确立在吸引更多的、不同类型的观众前来参观。现在,新大都会为实现这个目标正在争取各方面新的观众,并激励一些新的参与方式。实现这项目标已有明确的策划并已与富有创造力的员工沟通。"

3. 多样性——适应不同观众的需求

"目标一:参观总人次的增加。新大都会目前预测第一年的参观者可以达到 30 万~50 万人次。然而,如果新大都会真能成为阿姆斯特丹市各类活动的焦点的话,来这里的人数还应该进一步增加。"

"新大都会应该制定一个头五年的时间里观众每年逐步增加的计划。为了做到这一点,必须研究制定一套吸引大部分荷兰民众前来参观的展览策略。"

"目标二:鼓励重复参观——变参观者为使用者。教育家马里昂·马蒂内罗(Marion Martinello)在他的著作中说,科学的学习是通过在一段较长的时间内经常地参观科学中心得到提高的,而不是偶尔参观一次就行。因此,要视为一项战略性的计划,鼓励参观者经常来到科技馆。"

"新大都会必须为它的展项和展览内容制定出一个长期的计划。该计划应该保证展览的项目和内容是不断变化的,使当地的许多家庭都能经常地来参观,而且每一次都有新的体验。"

"目标三:使国际游客享有难得的体验。新大都会预期的观众中有相当比例是国际游客(占 15%),他们来到阿姆斯特丹参观期间希望找到一些独特的体验。而在大多数欧洲科学中心里,他们看到的展品与北美和欧洲各地的科学中心的内容大同小异。"

"让这些游客能够体验到他们在国内科学中心体验不到的东西就显得十分重要。新大都会将会立足荷兰本地的经验去探索展馆的主题——体验荷兰的贸易、开放式的讨论、实验性的和艺术的特色等,以增加旅游者在荷兰观光的兴趣。"

"目标四:针对特定的观众群体——倾听他们的需求。长期以来科学中心开发的展览内容被批评为对一定的观众来说感到乏味。在目前的参观者中青少年的比例还不高,这与其他大多数的公共设施的观众资料情况大体一致。青少年对科学中心兴趣的减弱一部分原因是他们的兴趣正在发生变化,他们认为社会交际方面(而非智力方面)的发展是高于一切、更为重要。这实在让人感到遗憾,虽然他们在比较早的时候头脑中就形成了某种科学的图像,但看来他们 10 来岁就得做出以往年轻人所做出的第一次职业的选择。"

"新大都会应当保证它的展览策略适应特定人群的需要,认真界定不同的观众群体。为了做到这一点,中心必须尝试设计多种展览风格,以弄清楚什么是最有效、最能吸引非专业观众群体的。展览风格的选择要极为慎重,因为一些专业观众更喜欢到新大都会的展厅中来,在这里他们能有提高或展示自己各种社会技能的机会。"

"没有相应的展览策略,观众策略是不可能建立起来的。新大都会的展品设计是以支持观众参与互动为目标的,展品设计的成功与否,其标准是看展品在多大程度上提供了与观众的互动的机会。因此,在新大都会将有多种多样不同的展品，以适应不同年龄段、不同兴趣和不同学习风格的人群的需要。"

4. 始终如一的目标——提高参观者的能力

"目标一：开发出有助于提高参观者抽象思维能力的展项。现代社会的关键技能之一是从数据资料中概括抽象出规律的能力。这是在数学、经济学、社会学、科学和技术中常用的技能。这种抽象的能力一般被视为受过高等教育的公认标志之一，而且也很大程度上界定了某些种类的高层次工作。"

"新大都会应当开发出一些能够鼓励观众进行抽象思维的展品，如建立模型、分析现象。这些项目可以是来源于观众自身经历和关注的，以其作为手段使观众把他们的生活和更抽象的规律联系起来。"

"目标二：开发出有助于提高参观者系统思考能力的展项。绝大部分参观者都是组成他们日常生活动态系统中的一员——每当他们碰上交通堵塞时，每当他们兑换钱币或购买衣服时，每当他们订约会时，他们都是活动在系统之中。然而，该如何应对各种不同流量的变化，如何激活混乱中的瘫痪，如何扩大或缩小带宽等，他们很少有机会去为自己探讨这些动态系统的性质。"

"新大都会应当开发出一些有助于参观者提高自己系统思考能力的展项。这些项目可以观众耳熟能详的现象为基础，如交通、通信、市场购物等。它们应当能够帮助参观者探讨动态系统运行的一些方式。并且能够启发他们自己建立交互式的动态系统。"

"目标三：开发出有利于鼓励参观者参与实验的展项，自从 17 世纪以来，实验已成为现代科学的垫脚石之一。尽管如此，最近对高中学生的一些研究表明，他们对实验的观念特别是对失败所起的作用缺乏正确的理解，并且很少将失败与科学技术的成功联系在一起。"

"新大都会应当开发出能够鼓励实验的展项。展览的内容能够引导参观者掌握仔细观察、时间和空间的量度以及变量的概念。这些展项可以引用一些荷兰自然哲学家，如赫金斯（Huyghens），所从事的生动的实验的例子，这些实验作为一种手段都曾使实验的观念在现代科学实践和荷兰文化中扎根。"

"目标四：开发倡导协作的展项。在 20 世纪末期，科学已不再是长期以来只有少数科学家从事的事业，也不能只靠个别的天才，更不是'后院发明家'闭门造车的事情，科学越来越成为大型团队集体攻关、有组织的研究计划和联合实验的产物。随着全球实时通信能力的不断提高，各个领域的团结协作将决定着 21 世纪科学发展的未来。"

"新大都会应该开发能够鼓励参观者团结协作的展项。有研究表明，绝大多数参观者都想寻找和别人一起工作、分享思想、尝试方法的机会。展览项目应当被设计成能够使参观者参与动手、动脑以及利用电子技术等多样形式的协作配合。"

"多年以来,NINT 一直在尝试着一些新的展示内容的设计方法。在 20 世纪 90 年代初,NINT 像北美和欧洲的大多数科学中心一样,研究开发了一大批孤立的展品项目,其中每一件展品都体现了单一的科学理念和原理。然而,为了让人们能体验到比在家里从日益飞速发展的个人电脑、光盘、媒体和因特网获得更好的非正规学习效果,新大都会应当研究开发新的展品项目,这样的新展品应具有如下的特征。"

5. 关联性——把科学与技术植入相关的背景之中

"目标一:使参观者具有主动性。新大都会应该使参观者能够从行为的角度、质疑的角度或动机的角度以及从塑造博物馆本身的材料的角度成为积极的行动者。新大都会的展览及展品必须鼓励参观者在学习过程中发挥积极主动的作用,让他们自己明确哪些内容是重要的,又应该怎样地去学习探讨它。"

"目标二:创建一个争论的平台。新大都会的展区设计标志着打破了一贯地用孤立的展品展示科学规律的传统做法。与传统的科学中心的展览方式和内容不同,这里将是一个观众被邀请来探讨新出现的思想观念和对立看法的场所。科学和技术应被视为进行争论和挑战的过程,在这一过程中,互相竞争的观念、理论和实践的价值需要进行比较和评估。科学、技术、经济和道德问题在新大都会都有其位置。"

"目标三:鼓励讨论。新大都会将是一个鼓励参观者积极发表自己看法的地方。工作人员应对激励参观者的讨论起到重要的作用。长远的目标是要培养能够完全胜任探讨未来科学技术的新一代。展览内容涉及的话题会从各种观点出发触及参观者的生活,同时也允许观众对这些来源于不同方面的素材进行探讨。新大都会将设立专门奖金,以奖励鼓励讨论、合作和协同配合的展品。"

"目标四:承认参观者已有的知识水平。大部分参观者都是基于'要知道'的想法来学习的,而且他们都有着强烈的兴趣、大量的经验和能力。因此,将要研发的展教内容要以参观者已有的知识水平作为他们继续探索学习的起点。按照这样的方式,新大都会的参观者已有的知识和能力才能得到认可、融合和提高。每个展区都要把科学和技术看做是它们更广泛的社会和文化范畴的一部分来进行研究分析。经济因素(如国际竞争)和社会因素(如对环境影响的关注的增长)对技术应用决策的影响,将会是许多展览内容的关键组成部分。"

为了兑现杜马在书中的承诺以及隐含在笔者的设计宣言中的意愿,新大都会必须寻找一种能研究开发出与其建筑相称,与欧洲最新科学中心这一名称相称的常设展览的方法。这一展览将会是创新的、向它周围的世界开放的，更重要的是它不会像一些临时权宜的机构那样应付一时。它将被设计成一个表现一种独一无二、协调一致、有创新性的，一个现代非正规学习机构应具有的那种远见卓识。博物馆的新建筑肯定会表现这种协调性，我们面对的挑战是我们创造的展览也必须如此。

在设计过程中依靠广泛的雏形设计为团队创造了学习环境并丰富了设计过程，其结果是为 5 个有内在联系的展区以及大都会作为一个整体形成了精细明确的设计概念。早在规划过程中很早就确定了 5 个展区的主题选择，这同时也是机构和赞助人关注的结果。尽管在设计过程中有不少变化，而且历经最初项目的启动到杜马馆长的著作撰写以后的发展，这 5 个主题都没有改变。

在新大都会里，参观者就意味着是一名探索者，我们试图使他们置身于所有新大都会的探索环境的中心。营造这种环境的核心是 5 个主题展区，在这里参观者可以探索标志着人类文化的科学和技术。在每个主题展区里，参观者是主动的，不仅仅是参观而是要参与其中。

新大都会的布展

五个主题展区是新大都会 5 个不同的世界，每个展区都有着不同的基调和不同的氛围，简言之，都有着不同的语言。每个世界都将是对技术文明一个不同方面的探索，每一个方面又都会强调为适应 21 世纪生活挑战需要的不同的技能。在每个世界里，参观者可以体验到人类社会文明的不同题材，艺术、科学和文化的内容在动手参与的展品中，在视频中、在现场演示中互相渗透和融合。

新大都会的 5 个世界分别是：

互动：沟通者——通过交流创造人类社会；

技术：工具的制造者——通过制造和使用工具来形成世界；

能源：管理者——做出抉择如何对地球上的生命提供燃料；

科学：质疑者——认知我们身边的世界；

人文：创造者——是什么使我们独一无二。

展项设计的宗旨是支持和鼓励学习，增强多方面的能力和促进讨论。展品将科学和技术置于它们的背景之下。新大都会不是一所充满考试和课程的学校，这里的展品不仅仅是为了传播科学的事实和原理，更是以一种非正规的形式让参观者更好地理解他们身边的世界。展览将面向变革和创新，并且会回应外面世界的变化。对所有的参观者来说，新大都会是一个充满机遇的地方,在这里他们会满怀信心和兴趣。新大都会的目标就是要加深每个参观者与科学技术文化之间的关系。

每个主题展区的概念均来自朱斯特·杜马的著作,体现了他的观点并把它变成了一个非正规的学习环境。每个展区都鼓励参观者去探索运用新的技能的成果,这些技能就是前面提到的系统思考、抽象概括、实验验证和团结协作的技能,这些在新的世纪里都非常重要。

五个展区的详细描述如下:

1. 互动

交流是人类形成和组织活动的手段,我们用来组织交流的策略和技术对社会总体的发展方向起着重要的作用。交流的过程对信息特别敏感,而交流的质量和性质又是受到可能利用的信息情况决定的。

互动主题展区划分为三个部分,各个部分探索了不同的交流组织方式,而且都是通过一种为少年设计的多用户交互电脑游戏实现的。每个部分都探索了交流策略以及技术对交流的质量和性质的影响方式。

这三个部分是:

电信区——信息交流。电信区是由一些电脑工作站组成的网络,每台电脑都配备了摄像头,使每位机上操作者都能实现彼此间的声像沟通。这一部分的主要特点是基于"媒体实验室"(Media Lab)开发的交互式电脑游戏,它具有动态的人机界面,能够对游戏者的选择做出反应并提示新的选项,使游戏者通过网上协议实现互相交换"卡片",从而完成不同场景的任务。

交易区——价值交换。金钱是全球经济的核心内容——挣钱、投资、消费。交易区里关注的是现代金融理财的技能,它通过一连串可以动手操作的展览项目和八台电脑联网的贸易游戏帮助参观者探讨财富创造、投资和交易的技巧。对于市场流通环节,参观者将被安排在经纪人的"鞋形"展品中去观察信息和事件是如何影响郁金香、牛、期货这三类很不相同商品的市场流通行为的。

流动区——人和物的交换。基于现存的基本设施求得最大的产出,这将是我们今后几十年面临的主要挑战之一。在流动区中将把参观者安排在司机的座位上——用可能的最有效的方式在欧洲境内运送货物。在这里,一个失误都可能使价值一百万荷兰盾的水仙花枯萎在一次严重的交通堵塞中。

2. 技术

技术展区探讨了人类作为工具制造者的本质,以及他们通过使用工具来和身边世界互动以及改造身边世界的能力。技术"使世界尽在掌握之中"——技术扩展了人的自然能力并为实现人类的最终目标和使世界适应人类的需要创造了条件。技术着眼于寻求增强人类自身能力的方式,它能使我们变得更强、更快、更准确。技术区主要是针对年轻的观众,并且展品多是大型实物,也是可以动手操作的。

技术区主要包括三方面的内容:

• 工具的世界。参观者首先找出没有辅助手段的人类自身能力的一些限制,然后考察人们是如何通过使用工具拓宽了自然人的能力局限,使我们变得更强、更快、更准确的。在展览场地的一边让参观者了解到工具是如何为增强我们的能力而设计,这些工具具体应用在机器领域。在另一边,让参观者看到现代医学技术的精密世界:显微镜、超声波、光纤——这些工具能够使参观者看到人身体内部的各组成部分。这里有一个示范表演台,让观众看到工具是怎样帮助人们把事情做得更快——一位赶时间的丈夫如何利用家用的化学反应器具在15分钟内做好家中五口人的三顿饭。

• 工厂——量身定做的生产流程和产品。通过观察不同技术复杂的结合,使参观者可以探讨为一条连续运行的生产线出产定制产品的一些有创造性的策略。不同颜色的小球在复杂的机器里来回运动——跳跃着、滚动着、下落着,参观者通过挑选、分类,把它们按照不同的组合包装起来。工厂一直在运转,参观者有许多机会在庞大而不停运动的流水线上进行他们的选择。

• 综合。在这里,通过电脑游戏程序的加速处理,参观者将会看到选择如生物技术、信息存储、遗传工程等不同技术所产生的结果,这些技术已经成为影响我们生活质量基本的、有时也是有争议的一部分。

最后,在"新闻角",参观者能够获得如化学网(Chemnet)的全球信息服务,同时也可以探讨在新闻中一些关键问题的复杂性,如有关水质问题,环境问题以及技术转让问题等。"新闻角"是用于展馆内讨论当前新闻话题的场所之一。参观者可以通过访问因特网获得最新的科学技术方面消息,并围绕一些有争议的科技问题发表自己的观点,如:如何看待艾滋病的治疗、安乐死、遗传工程等。此外,展馆还可以为参观者按照他们的搜索方式每个月更换不同的新闻话题,如被辐射污染的牛奶、酸雨、水质等。

3. 能源

没有能源就没有生命。能源以燃料的方式支撑着人类的活动。关于能源使用的抉择是关系到人们生活环境和生活水准的核心内容。能源展区通过能动手操作的展品、手工品、试验示范和电脑模拟等手段,让参观者认识到能源使用和环境保护二者之间协调发展的必要性。

展区划分成几个不同的部分,每个部分都能让参观者认识到能源问题中复杂的协调关系和决策的艰难:

- 寻找和获得能源。这部分设有一个旋转的钻头和一个野外实验室。在这里,参观者可以看到用于寻找和从地下开采化石燃料的手段。并非所有的能源都是不可再生的。在一个人造瀑布的地方,参观者就能够通过水坝、叶轮机和碾磨的实验体验到如何从水流中获取能源。参观者还可以进而试验风车,体验太阳能电池的力量,并学到生物能的知识。

- 将能源变为电力。该部分主要是一面两层楼高的墙壁,上面有大尺寸的制作模型、可动手操作的展品、投影和一个可移动的演示平台,它向参观者展示了将化石燃料和可再生能源从热能转变为电能的原理的动态工艺过程。

- 运输和配送。参观者被挑战,要求尽可能安全、迅速地把石油从一个地方运输到另一个地方。也有的年轻的参观者把洒在旁边盆子里的石油清理出去。参观者也能连接一个用于输送电力、燃气和热水的配送网络,或担当一名燃气和电力调度员的角色。

- 使用能源。要在21世纪保持高质量的生活水平,将依赖于能源使用和环境保护之间创造性的选择。从20世纪初人们使用的一些制作品到现在,参观者可以看到我们今天的能源消费社会的发展过程,可探索全球能源发展导致的环境后果,以及随之产生的相关经济、道德方面的问题。

最后,参观者能够在专用的终端机上查看到有关能源方面的最新消息并做出回应。借助这个终端,参观者也能够加入到全球学校的有关研究项目中,观看视频系统中有关当前能源问题的讨论。他们能够听取有关生态税收、温室效应、未来风能的利用等问题的不同意见并进行回应。

4.科学

科学提出了自然界中的问题,并试图回答它。这种提出问题和建构问题的方式对人类活动是带有根本意义的。自从文艺复兴以来,科学活动就是由提出问题、构建理论模型以及由独立地复制实验结果的过程和科学界的确认形成的。这个过程,就是莱布尼茨(Leibniz)称为的科学事业,也是实验证据与理论模型之间往往出现"紧张对话"的过程。这种对话,有时是讨论,有时是激烈的争论,偶尔要改变预设的模式,戏剧性地达成共识。

科学是由问题推动的。而科学探索又是由实验推动的。在这个展区,参观者可以看到产生科学成果的问题,还有提议用于解决这些问题的理论模型以及用于可以反复测验理论模型的实验。科学展区包括两个主要方面:

- 实验区。在这里,参观者就是提问者。在公共实验区的一部分,他们可以提出自己的问题和假设,并能进行他们自己的实验以检验这些问题和假设的正确性。在展区的另一部分,配有各种各样的科学仪器,参观者在馆内科学家的指导下,检验他们周围世界包括水、空气以及我们吃的食物的成分或质量等。

• 讨论区。在这里,参观者可以注视形成科学史的某一基本问题,并加入一方进行讨论。这个问题是:在关于光的本质的解释上谁是正确的? 是荷兰人赫金斯(Huyghens),还是英国人牛顿(Newton)? 你能够看到声音吗? 你能够制造出一道声音的彩虹吗? 光的功能是否声音也能体现,反之是否成立? 在这里,参观者通过探讨光和声音的本质特征来检验他们各自的观点。

5. 人文

"了解你自己"——人文科学是研究人类自身条件中独一无二的特征,它也是一门人类自己解读自己、用思想去理解大脑和进而理解思想本身的一门科学。从这点来看,人文科学是独一无二的,因为它在用自己来理解自己。人文科学中一般包括创造和毁灭两部分内容。与其他动物不同,人类会思考他们的状况,感受复杂的情绪,做出道德的选择以及创造出对他们自身条件的表达。和作为工具制造者的为功利目的所驱动相对照,在人文展区可以看到的是过去 20 个世纪里人类持久的关注——创造力、道德、人权、性等。

人文展区位于全馆建筑制高点的引人注目的地方,它的核心区主要分成了两个"环":

• 在第一个环里,参观者可加入一个大型的互动体验中来,每个人的作用都会影响到整个房间的状态。当他们进入到这里时,无论是个人还是群体,他们在房间里的行动都会直接反映到人体剪影图像的变化上来。在另一个环境里,不管你做出了什么动作,你都成为一个表演艺术家,也能成为一个用自己的形象轮廓剪影作画的画家。

• 在第二个环里,参观者能够看到体现人类心理能力的一些过程。他们通过参与一些动手、动脑的项目活动,能够发现自己的感觉、想象、学习和表达等人类应有的能力。

儿童区。在新大都会里,孩子们也拥有一个专门的空间。除了常规展览中有专为孩子们设计的部分展览项目外,专设的儿童展区在馆内第三层。这里设有专为供家长歇息的长凳,有许多专为 7 岁以下小朋友设计的"动手型"展品。这些适合孩子们的展教内容与其他熙熙攘攘的展示楼层分开,但也能让他们体验到那五个常设展览的主题内容。例如,孩子们可以穿上不同的服装和鞋子去扮演不同的角色,如机械工人、地质工作者、医生、芭蕾舞演员、科学家等,孩子们能够在电视上看到自己,能够创造一个房子、能够用光、声音、空气做实验。在儿童区里,年龄最小的参观者都能够找到适合自己的内容。同时,父母也能了解到他们的孩子是怎样学习的。

变化的世界。新大都会所以能成为人们一去再去的地方,它的核心之处是精心策划的展品内容所体现的"人性化面孔"。像其他的展馆一样,新大都会展示的内容是按照几种一定的节奏运作的——展品层面的运作是连续不断的,影院里放映的内容是按照每天预定的内容更换的,而开设的各类论坛、欢庆节日、报告会、临时展览以及表演等内容是按照周、月、年的周期安排的。

• 新大都会的生机。除了常规展览以外,新大都会还通过多种手段使参观者对科学技术能够有更深入的探索。这就需要科学中心的工作人员能够适应这样的要求。他们已经习惯了与部分或绝大部分观众进行沟通,他们也能做到了解馆内外的情况。他们的设计思想可以做到与时俱进,可就现存的展示内容创造新的视角。他们设计的展览项目可使他们身边的展品变得富有生机和活力,并与观众之间架起“一座灵活的桥梁”。专门的“重点巡回展”将普通的元素和不同展区联系起来,巡回的演示人员利用特别设计的移动演示台作为现有展品的补充,以真人出现的演示人员在能源演示平台上与录像和实物互动,以突出能源转换过程的复杂性。

• 教学实验室——创建新的教学素材。作为承诺采取新的途径传播科学技术知识的一部分,新大都会将是一个发展新型教学素材的实验室。同时作为一个非正规学习、发展科学传播新途径的公众机构,新大都会为参观者提供了一系列的学习机会,其中包括学习新技能、新方法和新信息的机会。到新大都会来学习新技能的并不只是一般的参观群体,它也应当成为教师和社会团体不断发展新教学内容的实验室。

在展馆工作人员的指导下,教学实验室可容纳多达 30 位有兴趣的公众在这里动手制作展示模型和进行其他实验活动。他们制作的这些展品能够在一层的临时展厅里进行测试,同时也能为专门参观新大都会的学校教师所利用。这些由参观者制作并测试合格的展品,也能够用于一些不同场合,以利于提高学习效果,如学校、托儿所和家庭里。周末项目可以面对一个家庭,它鼓励大人和孩子共同完成一个项目。其他的操作现场留给一些孩子们共同协作,集中完成一件较大型的艺术创作,这可能是一件雕塑、一台戏剧或一段乐曲。

作为国家委托的任务的一个重要部分,新大都会也积极走向社会开展馆外活动,如在因特网上的虚拟科学中心里、在学校教室里、在社区活动中心里。因此新大都会也开发出一些用于馆外不同方面的特殊的展教内容,如因特网网页和讨论团组、课堂活动、教师工作室以及社区居民使用的游戏和模拟程序。通过这些方式,新大都会能以将重要话题置于一定的环境中,以推动开展讨论,并扩展现存的促进公众对科技理解的载体的影响,如无线电、电视和印刷媒体等。

新大都会将于 1997 年 6 月开馆①。它面临的最大挑战仍然是如何坚持为实现它既定的目标而努力，避免在建馆后因功成名就而落入自鸣得意、故步自封的窠臼。

为了做到这一点，他们为自己设定了一系列关键性目标——一方面是能够用于评判展品和展项的标准，另一方面也是考核展出效果、业绩的标准。这些目标可以描述如下：

我们必须是一个变革的平台。开馆之日只是事业的开始，而不是结束，从开馆的那一刻开始，我们就必须为履行本馆不断地发展变化的责任而做好准备。

这意味着在开馆以后需要不断地对常设展区的内容进行更新，包括展示的内容、自动跳出的短剧、放映的影片片段、演示和实验室的内容，同时也需要为展馆的新使用者开发一些新的教学素材。在展览层面这种变化的具体体现就是现场展示内容的变化，包括演示和自动跳出的内容、讨论的话题和巡回展示的内容等。不管人们什么时候来到新大都会，他们都能看到一些新的东西。此外，新大都会也是一个论坛，在这里你可以听到每一个参观者的声音。我们还必须发展一些可支持馆外活动的新方式——支持群众性的交流和讨论，探索扩展新观众群的方法，不断提高虚拟馆在因特网上的影响力。要成为一个公众的论坛和一个不断变化的平台，不仅仅意味着为参观者经常收集有用的信息，还必须让他们的信息和看法能够畅通无阻地相互传达。

我们必须成为一个非正规教育的实验室。从本质上说，科技馆应该是一个公众探索非正规教育途径的地方，所以要认识这个部门的工作从本质上看是一个实验的过程。

这意味着我们必须不断地探索新的更好的方法去发展我们的展品和项目，要始终注重新展品的开发和对现有展品的评估。这意味着我们有责任拿出足够的时间用到展厅里，这是我们工作中必不可少的一部分，我们必须时刻关注正在进行着的"实验"。我们必须把工作的重点放在创新和实验的过程上，而不只是放在已完成的成品上。

这也意味着我们的展品和展项都是实验性的，都必须看成是雏形，包括我们工作人员和参观者在内都应该认识到，这些实验品都是需要改进和变化的。我们的展品和展览项目都是如何获取关于创造有效的非正规学习经验的新知识的一种手段。正在进行的这一过程的最具体和久远的体现之一就是实验

---

① 这篇文章写于 1996 年底，新大都会是在 1997 年 6 月 4 日开馆的。开馆第一年，新大都会就接待了超过 40 万的观众，同时它还在展示内容方面获得了一些欧洲和国际的奖项。

室,但也体现在"新闻角"内容的不断更新以及一些实验性的展示,如"电信展区"——这是正在用媒体实验室的软件进行的研究。

我们必须是一个学习者的群体。只把我们自己看成是专家和教师是不够的,我们必须把自己看成是老师和学生这个动态群体中的一部分。我们所面临的挑战是必须一贯地保持批判性和创新性。

至少从某些方面看,上述这些目标是应该被视为引导新大都会进入 21 世纪的战略。然而,新大都会并不是我们非正规学习机构变革过程中的一个句号,目前它还只是一个以刚搭建完成的形式出现的一个倡议,一个如何使一个新的机构嵌入一个城市、一个国家的生活中的假设。新大都会高层员工的思想已经超越了以上描述的将要对公众开放的那些展览。新的更加雄心勃勃的挑战已经讨论过,如何迎接这些挑战将是新大都会开馆后头三年的工作。

第三节　面向新世纪——探索的道路

本节内容以警示开始,并由此归结出具体的 21 世纪的博物馆战略作为对这一警示的回应。

科学中心的危机

以参观人次下降为信号的科学中心的危机可以概括如下:像科学中心这样的公共机构作为基本建设项目需要的投资是十分昂贵的,要聘用一个专业工作团队的费用十分昂贵,展品开发的成本以及不断更新变化的费用也十分昂贵。科学中心的阐释战略是建立在无固定收藏品基础上的,因而如果它无法对参观者的要求做出迅速的响应,就会处于危险的境地。在过去,人们会采用临时展览的方式以创造更频繁的变化。然而,随着各种新型电子媒体的广泛应用和飞速发展,如家庭电脑、光盘以及不久将会出现的交互式电视,伴随着通过因特网实现的普遍的互联互通,这将使科学中心曾一度专有的非正规学习在家庭里就能进行。因此,科学中心就开始显得不方便,花费大、缺乏吸引力并且过时落后了。

我们可以把这种危机视为一种潜在压力的信号,这种压力只能通过批判地看待我们的非正规学习机构的真实本质来解决。

这种潜在的压力可以用几种不同的方式描述。最基本的一点,这种压力产生自想要用最大的一致性体验来满足最广泛的不同使用者的愿望。然而,从传统的科学中心看,满足这种一致性的要求通常会以牺牲多样性为代价——科学家的分类、博物馆研究员的策划、设计者的叙事情节,这些都削弱了参观者根据自己的需要去获得对科学中心体验的自由权。相反,强调了多样性往往也是以牺牲一致性为代价——任凭参观者按照个人的需求和意愿各行其是,形成了全馆无序和混乱的体验活动。当我们听到科学中心受到指责、又看到它的参观人数急剧下降的时候,我们可以发现,这是对 20 世纪末的参观者既没有满足他们多样性的要求,也没有适应一致性要求的结果。各类媒体快速发展看来可以极大地同时满足两个方面的要求,因此,我们的科学中心必须以一种批判的眼光看待自己向参观者所能提供的机会。

从展览的层面上看,这种压力可以用两个例子说明。一个是参观者用事先精心准备好的造型木块按照说明的原理完美地搭建出双曲线拱桥 ——但这只能是唯一的方法;另一种情况是活动区完全开放,木块是各种各样的,参与者各自搭建的拱桥也是各式各样的。但是,这是为了什么? 我们的展品既不能创造那种为参观者自己搭建、自己独立活动,被希克森米海依称之为忘我状态的条件,也不能使参观者处于被定性为自我驱动的学习的地位。展品不可能充分满足它的用户。那么,我们应该寻求什么样的一种活动才能有效地去支持非正规学习,才能最大限度地同时满足多样性和一致性的要求? 上述两个例子告诉我们,能够实现这个要求的是语言和游戏。二者都是可自我持续的,既能体现每位参观者的主动性,同时也能最大限度地实现参观者个性化需求与公众一致性的融合。二者也可以作为成功展览设计的模式。

如上所述,我们展览机构的发展历史同样也可以从这种潜在压力的角度来看。长期以来,我们的博物馆就一直处于强调专家价值的收藏模式和鼓励使用者行为的图书馆模式两者对立的紧张局面之中。从展馆的层面而不是从展品本身的层面上讲,这可以被描述为"自上而下"的策略和"自下而上"的策略之间,或者是多样性和一致性之间相对立的矛盾和压力。所以,只要我们一直把多样性和一致性放在相互对立的位置上,那么我们的展馆建设、机构设置以及展品设计从根本上说就是有缺陷的。

科学中心——学习的工具

我们的非正规学习机构应当是怎样一种类型? 我们试图开发的展品又是怎样一种类型的? 我们的展馆也可以被看做是一个支持系统,它的展品可以看成是支持的手段,并借此实现多样性和一致性的最大化。根据其定义,如果一个支持系统除了使用者要用该系统去保持和提高其能力的愿望之外,对任何个人都开放而且不具备任何形式的事先的预设约束,那么该系统就是开放的系统。一个支持系统能够为使用者提供一种具体的使用形式,并且能够扩展它的使用功能,以一连串信息向其提供各种必要的资源,而且所有这些服务，其他的使用者都可以享用。支持系统唯一的限制就是使用者在信息流上的语言约束，而这种约束构成了支持系统的"用户语言"。支持系统能够支持源自使用者个人兴趣爱好、经验和现有能力的各种活动，它既不会强行限制某种用户类型，也不会强行限制某种活动模式而排斥使用者带来的某些变化。以这种方式运作的支持系统对使用来说能够做到多样性的最大化；同时，通过这种方式扩展和鼓励使用者的活动也使支持系统的连续运行达到最大化。这样，支持系统就成为识别、回应和提高使用者能力的一种手段（Zeeuw，1991）。从这个角度看，我们展馆的全部工作重点就可以放在用户身上，但不是预先把他们归入某种类型，而是像一个优秀图书馆那样，允许和支持无数不知名的、前途不可估量的用户的各种活动。

对科学中心这一机构的挑战是不能轻易置若罔闻的，科学中心不能够面对这样的挑战，那么它的危险将会像 20 世纪末八轨磁带盒的命运一样——那种过渡的、不完善的、注定会被新技术和新机制所代替的命运。然而令人欣慰的是，上述展览项目每一个都代表了解决潜在压力和转变展馆和使用者之间关系的一种尝试，并指向了一些面向 21 世纪关键性的策略，这些策略应将确保科学中心仍然是我们社会各类非正规学习机会中重要而不可或缺的、充满生机活力的一部分。

——倡导变化。21 世纪将会是社会快速转变的时代，这主要是由于新技术的发展。我们必须接受这些技术，真正培养好下一代掌握应对时代变化所必需的技能。科学中心必须被看成是一个接受变化的地方，它应当是每天、每周、每月地在变化，同时，它必须使用那些能够快速灵活地应对变化的技术。这将有助于激励参观者成为展馆的使用者，也能够有理由使参观者，比起访问那些不经常更换藏品（如果说还不是根本不更换）的博物馆来，更经常地前来科学中心访问。为了实现这个目标，展馆必须坚持不断地更新，包括工作方式、沟通的方式、规划的方式等，并要保持对参观者关系重大的问题的接触。即使不是大部分，但也有许多与我们的参观者——潜在的使用者——密切相关的科学技术方面的话题都可以在新闻消息中找到。东京地铁的毒气袭击、英国疯牛病的爆发、火星上的细菌生命，所有这些都能引发和促使参观者关注他们自身生活中的科学技术问题。如果科学中心要成为人们生活中富有意义的一部分，那么，它必须明显表现出他能够对这些新闻话题做出反应。

——成为一个社交的场所。人们有与别人交往的需要是无可非议的，也是我们大多数参观者到科学中心参观的主要动机。我们必须利用公众场所特殊性质所具有的优势，通过组织积极分子、展厅工作人员、辩论会、座谈讨论、专题事件报告研讨会以及各种演示活动等，连续不断地活跃参观者在科学中心的活动,以增进他们在公共场所的社会交往经验。一些非正式的学习体验往往只能在公共交流阐释的环境里得到支持。我们不会忽视这样的事实:在博物馆里的所有体验都是通过某种媒介手段实现的,因此这种体验不会比电脑游戏"真实"多少,但是在博物馆里得到的体验,如做出一件制作品或进行一次演示,或者在流水中修造一座水坝,这是无法被新的媒介手段代替的,即使想尝试这样做也办不到。无论怎样有趣的主题,现场演示所起的作用无法被17英寸电视屏幕上播放的特写头像所代替,无论它的题目多有趣。在一个公共场所里两小时的十分多样化的参观体验,人们在这里可以看看报纸、玩一玩电脑游戏、用积木搭一座独木桥梁、喝一杯咖啡、亲吻你的爱人或与朋友聊天,所有这些感受是单纯体验视屏环境所不能比拟的。不管因特网上的社交空间如何,它也不可能代替真实的、面对面的、在填字游戏、水流展览以及在发现小屋中一起探索的那种情感体验。这种面对面交流的必要性已经纳入到一些最好的基于因特网技术的项目中[譬如北美旅程(Journey North)及图书馆和信息科学 LIS 的项目]。在这些项目里,技术只是仅仅作为一系列协调的、社交的学习体验中很小的一部分。

——使用者,而非参观者。我们的非正规学习机构不能满足于偶然的来访,也不能仅仅以增加参观者人数作为单一的目标。博物馆不能只是仿效主题公园,它必须学习从图书馆吸取经验,提供使人们的兴趣和期望得到全面满足的经验。评价一个图书馆的好坏并不是靠进出人员的数量,也不是它的表现的轰动效应。科学中心应当在社区中打下基础,并与当地的社区一起去扩大和巩固这个基础,从而促进现实中或虚拟网络中的重复访问。

科学中心服务于哪些用户呢?考虑到正规教育系统的工作重点,科学中心应当成为 21 世纪要求的终身学习过程中作为公共机构的一部分,作为一个非正规学习环境的研究机构,科学中心在公民准备适应因技术发展而带来的快速变化方面应发挥关键的作用。对年轻一代来说,科学中心为他们提供了探讨新的学习技能的机会。对那些不管因为什么原因而成为正规教育系统中的失败者来说,科学中心是他们掌握新技能的第二条途径。对年长一点的人来说,科学中心为他们提供了学习新技能以提高自身在职场上就业能力的机会。总之,对社会的各方面来说,一个以增加非正规学习机会为其存在理由的机构是必不可少的。

——心系全球,立足本地。科学中心应当把重点放在它的本地特点上——这种独特性是在其他地方找不到也是做不到的。它应当弘扬本地的文化、实践和经验。科学中心不能像麦当劳一样,每个地方都是同样的菜单、同样的方法、同样的展品,它必须牢固地扎根于当地的条件,并利用这些条件建立一个为本地社区服务的设施。在过去几十年里,由于各地的展品不能有效地分享,所以不得不仿制。然而现在,新的媒体和因特网的出现使我们展馆能够把重点放在基于当地环境和文化的实物平台上,而把全球的环境和文化放在虚拟平台上。全球性网络,如美国科学中心、博物馆网络(ECSITE)、科技中心协会(ASTC)和科技工业文化发展博物馆协会(AMSTCI),是交流思想和展览的重要手段。因特网第一次使建设一个同时兼顾现实和虚拟的、面向全球开放的、能够实时参与的科学中心成为可能。这种参与不仅仅局限于网页本身,展品可以设计成全球虚拟用户和本地用户共享的活动平台,虚拟社区的参与可以积极改变本地活动状态,如同东京的地震能够撼动在纽约的市场活动。充分开拓新媒体手段的另一种结果就是科学中心的物质规模可以按照当地的实际情况而定。科学中心无须一定成为一个主要的投资项目,除非当地的情况确实需要这样做。它可以是一个租用的店面、社区的大厅或是借来的实验室,任何空间都可以成为社区所需要的那种类型的科学中心。

　　——高质量而非高数量。我们的展馆必须致力于为所有用户营造一个全方位高质量的非正规学习环境。这意味着我们要利用所有媒体的特有力量——具有即时性和特异性的真实场景、让人轻松愉快的公共空间、有能力吸引游戏爱好者的电脑、可获得全球信息和互动的因特网。像"采矿游戏"之类的演示项目表明电脑游戏是一种产生希克森米海依所说的"忘我"经历的有效方式。又如意大利的里雅斯特科学中心(Laboratorio dell'Immaginario Scientifico)那样的展览馆,体现了通过因特网创建联机群体学习活动方式的巨大潜能。还有,像"电椅"(Hotseat)那样的展品已经显示了以面对面方式与完全陌生的人讨论问题的这类展示现场的局限性,而在因特网上的讨论则被证明是保证用户之间持续不断互动交流的有效方式。新的媒体手段是完成创建社会论坛、将科学和技术置于社会背景下,促进人们高质量学习的不可或缺的工具。尽管如此,新媒体只不过是多种手段之一,只有非正规学习环境的诸多条件和途径本身才是多媒体,当然这不是计算机行业所说的那种多媒体。因此,我们只能把关注和重点放在每个参观者高质量的学习体验上,而不是参观者的数量上。

　　——支持而非展品。对科学中心来说,重要的是脱离那种仅仅是博物馆机构面向被动的参观者所进行的"展品"模式的设计,而应该转向博物馆机构鼓励讨论、交流和学习的"支持"模式的设计。具体的媒体并不是本身参与和支持参观者的活动的。例如,当巴黎的国家技术博物馆在夜间向游客开放时,游客要借助于小手电筒进行参观。那些玻璃橱窗里沉默的,在白天被人们忽视的展品,这时候却激发了人们浓厚的兴趣,因为他们都挥动着手中的手电筒去挑选和研究自己感兴趣的东西。而另一方面,假设有一个只能演示共振原理的可动手操作的展品,它会使任何试图把它转变为其他用途的参观者感到失望,这使那些对钟摆和频率不感兴趣的参观者很快离开。不是支持者本身出面支持,而是要有能力使支持被参观者所占有,用以进行探索,进行检验,提出参观者与其自身的体验和能力相关的问题。提供支持可以扩大参观者力所能及的接触范围,同时如同手电一样可以照亮和引导他们。

——使用者驱动设计。建立对用户的支持必须考虑到参观者个体,允许他们选定各自的方向,增强每个人的现有能力,扩大他们的活动范围,从而促进沟通,有利于参观的社会交往质量。在科学中心中的各项支持系统,应当看作是对参观者授权的一种方式,不仅仅是把参观者看成是参与者,更要在参与的过程中,使他们成为真正的行动者。参观者真正在意的是他们的参与应当得到应有的重视。参观者必须真正能够决定他自身的学习体验,这应该是很郑重的,而不是可有可无的。

诸如动态界面和因特网等新技术是能够让参观者主动参与塑造展教内容的特别有用的工具,只要这种持续不断的用户反馈存在下去,这本身就是一种支持。用户不需要通过专家、设计者或教育家的中介就能够直接参与展览本身的塑造。以参观者的能力和行动为出发点,现在我们开始想象设计一个展馆,在这里,无论是通过交互式电脑技术还是未经构建的开放式的展品环境,参观者都能主动地去改变或修订、调整剪裁展馆的经验以使之适应其自身的实际需要。通过这种方式,展览环境并不是用以对用户进行模式化的规范,也不是规划某种模式来约束未来的参观者,而是使每个实际的使用者都去塑造自己的体验,从而能够不只是考虑以往的观众,而且也为未来的观众考虑。

在林茨(Linz)①最近开馆的电子艺术中心(Ars Electromca)是代表未来科学中心发展方向的一个完美的例子,我相信我们的科学中心如果存下来就必须沿着这个方向发展。它不是虚拟现实洞穴,也不是一个硕大的交互式电脑集群展品。它是一个虚拟的花园。在林茨(Linz)有一个真实的花园,有真实的土壤,有生长在奥地利明媚阳光下的各类花草树木。但在电子艺术中心里这个花园有其不同之处,它是通过因特网由一群数量不断增加的虚拟园丁进行种植、灌溉和维护的。这些园丁不只是照看自己的各类植物,当然也会彼此交流并形成一个虚拟的社区。然而,这个社区和因特网上大部分社区(如新闻组)不同,这里的共同对象是真实的,也是本地的。从某种意义上讲,这个花

---

① 需要进一步获得有关电子艺术中心(Ars Electromca)的信息,请参阅 Leopoldseder & Stocker (1996)。

园是虚拟世界的真实结果,一个由一群认真工作的真实园丁塑造和维护的世界。从电子艺术中心的实际经验中不难推断出:在本地的条件环境下,要创建一个具有全球学习者社区的展示体验,各地都为此作出了贡献,同时也为他们的贡献获得了回报。这类展馆要坚持实施前面提出的一些要求——是本地的又是全球的,是使用者主导的,它把参观者变成了使用者,它扎根于社会之中又不断实现变革。朝着这个方向努力,我们的科学中心或展览机构都会在新的世纪占有一席之地,同时展馆本身将变成一个虚拟的花园,而我们都会是其中的一名园丁。

詹姆斯·M. 布拉德伯恩　著

James M. Bradburne

徐善衍　译

参考文献

Bradburne (J.), Wake (D.-A.). 1993a. "Les nouveaux habits du conservateur: réinventer le rôle des spécialistes des musées". *Muse*.

Bradburne (J.), Wake (D.-A.). 1993b. "Going Public", in *Planning Science Museums for the New Europe*, directed by Unesco/Prague National Museum of Technology. Proceedings from the Symposium: *Planning Science Museums for the New Europe*, April 8-10, 1991, Prague.

Bradburne (J.) Wake (D.-A.). 1995. "Mine Games", *Musée des Arts et Métiers: La Revue*, 10, March 1995, pp. 30-36.

Cziksentmihalyi (M.). 1990. *Flow*. New York: Harpers.

Leopoldseder (H.), Stocker (G.). 1996. *Ars Electronica Centre: Museum of the Future*. Linz: Ars Electronica Centrum.

Shortland (M.). 1987. "No business like show business". *Nature*, 328, pp. 213-214.

Zeeuw (G. de). 1991. "Introduction", p. 8 in *Collective Support Systems and their Users*, directed by G. de Zeeuw & R. Glanville. Amsterdam: OOC/Thesis.

第三章　在信息高速公路上建立入口，设计、实施并使用本地的博物馆设施

你还记得早期由丹·阿克伦和吉尔达·拉德诺一起主持的周末夜场娱乐直播节目(SATURDAY NIGHT LIVE SKIT)吗？两人用诙谐的脱口秀来宣传一个新产品——叫卖一个装生奶油大小的铁罐。吉尔达信心百倍地说这个产品是用来装"点心的调味汁"，丹反对并说应该是"地板蜡盒"。最后，两人交换了秘而不宣的眼光，宣布这个新产品既可作为点心的调味汁又可作为地板蜡的容器。这个节目片段概括表达了我的观点：即在博物馆里的信息高速公路上建立入口会产生什么影响——它提供了一套先进的技术，允许为不同的人传递不同的东西。

有人对信息高速公路的定义不甚清楚。首先要明白信息高速公路和因特网不是互相包含的，信息高速公路由多组技术组成：其中包括因特网。这些技术构成复杂的像蜘蛛网一样的通讯网络的基础，包括海底电缆、通信网络、广域计算机网(WAN)、卫星网及使用和维护它们的人员。为了条理简单（或为明智起见），本章重点关注组成信息高速公路的计算机网络部分，特别是因特网部分，以及它对博物馆的潜在影响。

博物馆初步能指望因特网对它起些什么样的作用？博物馆的不同部门根据它们各自特有的工作方式，从各种不同的角度来看待因特网的作用：教育家和培训教师指望的是获得新的资源和增强沟通能力，展品开发者考虑的是怎样制作模拟展品，市场营销人员可能会考虑网络在线的博物馆商店等。无论如何，这些传统上眼光狭窄的博物馆部门（教研部、展览部、研发部、设计部、市场部、医疗室等）都开始在这种强有力的技术面前融化——这种技术鼓励在个体之间创建网络活动，这些活动既可以在一个机构内也可以在不同的机构间进行。

通常，博物馆界在接受和应用新技术和基础设施体系上要比商界慢一拍。随着万维网的出现，因特网的引爆进入了博物馆界的视界。很多博物馆仍然在如何应对整合和支持因特网技术进入博物馆机构所带来的挑战面前畏缩不前；这一学习曲线也被认为是陡峭和昂贵的。

难道没有任何希望吗？当然有，但是决定设计、实施和采用新的基础设施很大程度上取决于博物馆为之努力的战略目标。很多博物馆正在开始将因特网纳入其现行规划里。博物馆界可以从这些项目的发展和大胆的操作运行中学习，这都是以前绝无仅有的。

科学学习网络

本文的写作源自我和一组富有才干和献身精神的同仁参与了一项名为科学学习网络(SLN)的项目。这是由富兰克林研究院科学博物馆(位于宾夕法尼亚州费城)和优利系统有限公司(位于布卢贝尔)于 1993 年开始的项目，作为试点项目持续了 3 年。由国家科学基金和优利系统有限公司资助了 600 万美元。

科学学习网络

如果没有一群富有献身精神的人们的协作，就不可能产生这一富于原创性的、令人激动的研究课题。

在宾夕法尼亚州费城富兰克林研究院科学博物馆里，以下人员在项目设计和实施方面作出了贡献：

卡伦·戈尔茨坦(Karen Goldstein)—副总裁，财务和行政管理 (karen@fi.edu)

卡罗尔·帕希能(Carol Parssinen)—副总裁，教育和项目(cparss@fi.edu)

韦恩·兰森(Wayne Ransom)—总经理，教育和项目(wransom@fi.edu)

保罗·海尔弗里奇(Paul Helfrich)—经理，交互式电脑系统(helfrich@fi.edu)

斯蒂夫·鲍曼(Steve Baumann)—经理，科学学习网络(baumann@fi.edu)

卡伦·埃里尼奇(Karen Elinich)—研究员和资源设计员(kelinich@fi.edu)

库尔特·斯塔希尼克(Kurt Starsinic)—信息系统专家(kstar@fi.edu)

肖恩·凯西(Sean Casey)—多媒体设计员(scasey@fi.edu)

马蒂·霍本(Marty Hoban)—经理，电脑程序处理中心(toons@fi.edu)

罗伯尔·库斯(Rober Kuss)—经理，工程和网络服务(rkuss@fi.edu)

卡罗尔·卡尔(Carol Carr)—经理，多媒体制作部(ccarr@fi.edu)

迈克尔·莫尔顿(Michael Moulton)—信息系统专家(moulton@fi.edu)

肖恩·伯温(Shawn Berven)—多媒体设计员(sbervern@fi.edu)

还有来自其他参加科学学习网络(SLN)的博物馆的 5 位项目经理也在他们各自的博物馆帮助设计和实施此项目：

罗伯特·森珀(Robert Semper)—SLN 项目经理，旧金山探索馆，加利福尼亚州(rob—semper@exploratorim.edu)

朱迪·布朗(Judy Brown)——SLN 项目经理,迈阿密科学博物馆,佛罗里达州(meseum7@gate.ent)

马里恩·赖斯(Marion Rice)——SLN 项目经理,俄勒冈州科学工业博物馆,波特兰(marion_rice@omsi.edu)

戴维·吉本斯(David Gibbons)——SLN 项目经理,波斯顿科学博物馆,马萨诸塞州(dgibbons@k12.oit.umass.edu)

纳撒里·腊斯克(Nathalie Rusk)——SLN 项目经理,明尼苏达州科学博物馆,圣保罗(nrusk@sci.mus.us)

布卢贝尔的优利系统有限公司(宾夕法尼亚)给科学学习网络提供了技术和资金上的支持。以下人员在项目建构和实施上提供了帮助:

戴维·柯里(David Curry)——副总裁,公共关系(currydav@po7.bb.unisys.com)

艾丽西亚·伊根(Alicia Egan)——公共关系高级代表(egan@po7.bb.unisys.com)

国家科学基金会慷慨地支持了此项目。负责基金的项目主管是阿瑟·乔治(Arthur St. George)(astgeorg@nsf.gov)

SLN 是由 6 个科学博物馆组成,它们分别和男女分校的 8 年制学校合作:

——富兰克林研究院和利弗林科学重点学校,费城学区,宾夕法尼亚州

——波士顿科学博物馆和霍斯默(HOSMER)学校,沃特敦(WATER-TOWN)学区,马萨诸塞州

——明尼苏达州科学博物馆和博物馆重点学校,圣保罗学区,明尼苏达州

——俄勒冈州科学和工业博物馆和巴克曼(BUCKMAN)学校,波特兰学区,俄勒冈州

——旧金山探索馆和罗斯(ROSS)学校,马林(MARIN)县学区,加州

——科学博物馆和鳄梨树小学,戴德(DADE)县学区,佛罗里达州

这个项目以协作的努力通过以远程信息和查询为基础的科学学习和教学促进教师的专业素养的提高。(有关这一令人振奋和富有挑战性的项目的更详细的信息见附录 A。)

开 端

为了建立一个连接因特网的本地入口,对涉及的许多问题你必须有一个全局的观点。你应该从哪里着手? 制定战略规划以整合这一技术以便使其为促进实现博物馆的使命服务是非常重要的。一个机构必须在开始时评估自身的优先次序,它的教育计划怎样与它的任务有机结合,还要在这个战略规划中

列出一个技术方案。

　　这个技术方案结果将提供能促进网络基础设施发展的全部架构。它将提供一个全面的远景和一系列实施目标。以下内容旨在为制定一套技术方案播下种子,这套技术方案所涵盖的是如何在博物馆环境里设计、实施,并促进因特网运作体系的使用。

第一节　阶段 1:设计博物馆基础设施

　　在实施和应用新技术前需要开始做计划,必须要正确回答一系列问题。虽然这也包含一个学习曲线,但实际上它是整个过程中最容易的一部分。

以任务为基础和教学法问题

　　在你连接因特网之前,除了雇用必要的员工,安装必要的线路和硬件,还需要对一些策略问题及答案予以明确:

　　1.什么类型的用户群是你的因特网资源的服务对象? 他们具有什么样的优先次序? 是一般的因特网冲浪者吗? 是博物馆以外的教师吗? 是经常把参观博物馆纳入教学里的教师吗? 是博物馆的专业人员? 常访问因特网的本地区博物馆的参观者? 其他?

　　2.你需要量身定制怎样的内容来服务这些观众?

　　6 年级? 7～12 年级? 较高水平的受教育者? 新手、中级水平者、高级水平者? 家庭组? 接受服务水平较低的人群? 区域或全球公众? 单种或多种语言?

　　3.什么是创建你第一个因特网资源的重点?

　　你要创建一个版本—— 即你的实体博物馆的模拟吗? 你要把目标集中在某个单一项目上吗(这通常是获得博物馆连接因特网的初始资金的来源)?

　　4.在创建你的因特网资源时,从教育学和技术角度分析:要使用一套什么样的方针? 在哪儿可以找到?

　　5.如何创建在线资源和活动来突出本机构的突出优势?(例如,正规和非正规的教学和学习的查询。)

　　6.在你新的因特网连接网络内,什么是运用高效率的通信功能的最好的方法? 什么是使用电子邮件的最好的方法? 什么是利用可视会议的最好的方法?

　　7.这个技术会促进什么样的合作前景? 博物馆对博物馆? 博物馆对学校? 博物馆对家庭? 博物馆对工业企业?

分析并解答完这些问题,能使你明白在开始用因特网就保持不偏离轨道的发展。但事实上不可能找到全部的答案,甚至在你读这本书的时候这些调研的问题也正在被删减和增加、修改。

涉及概念的一些问题

极为重要的是,你要明白自己将和多难缠的东西打交道,特别是当你利用有限的人力和资金涉入一个复杂的技术领域时。这时,一个顾问或者经验丰富的员工可以作为非常重要的角色来弥补你在概念上的空白,并帮助你向前发展。

1. 什么是因特网?

因特网是冷战的产物,起源于美国军事人员和研究科学家的需求(Krol,1994)。他们想要一个即使发生毁灭性的侵袭,依然能保持使分布在广阔范围内彼此分割的电脑网络相互通信的能力。因此因特网也是一个计算机的网络,是一套电脑硬件构成的集合体,有标准软件,和准许分布在全球范围内作为商务运营的数据交换的协议。这个网络能在任何指定时间投入工作,从一点到另外一点输送数据信息。它不是被任何一个组织独家垄断,维护或向其支付费用的。它能用各类电脑来登录(如苹果,WINDOWS PC,UNIX)并运转全套的软件。

2. 我们如何访问因特网?

有三种基本解决方案:

(1)最经济的方案。包括如下内容:安装专用电话线,安装一个调制解调器,再安装适当软件的电脑配置。费用包括一次性费用如电脑(约 2000 美元),工作人员花的配置设定软件的时间(约花费 1~2 个小时),电话线月租费用(约 30 美元/月——根据位置区分),和因特网提供商月租费(约 20~80 美元,取决于提供不同服务——SLIP,PPP,电子邮件,新闻组账户)。注意:本地的和区域的计费标准不同。

这个解决方案可让你使用因特网资源和发送电子邮件。但它不会使你有能力成为因特网信息的提供者。

(2)企业广域网的解决方案。按比例地比较贵,这包括直接连接于一个因特网提供商的某种类型的局域网(LAN)。这种方案在个别配置的设定上有很大的差异,因此我无从提供具体价格。只需指出,这个解决方案风险和资金投入相当大,还要提供员工备用方案来实施和维护。

(3)第三个方案是介于解决方案 1 和方案 2 之间的一种妥协方案。主要是你可以减轻一些因租用第三方网络服务器(或一些其他安排)来安装局域网产生的前期工作和成本。其好处是简化员工的支持需求(由第三方维护服务器),通过省去自身的网络服务器(你以后有需求时可以再添加)和通过降低因特网的连接成本(速度)来减少费用(你以后有需求时可以再增加速度)。

这种发展似乎不像起初那么使人气馁。很多较大型的博物馆已有局域网和因特网连接,并有负责运行维护的专业人员。科学学习网络(SLN)是由六个具有局域网和 T1(高速)连接的博物馆(还有许多其他的)组成的。如果以其作为模式来为自身复制,你能节省很多的时间和资金。

3. 安装和应用局域网络都需要做什么?

这是企业广域网的一个基本部分,它是从无数配置中选取其中之一组成。当规划、设计和安装局域网时,最好的方法是请专家参与。它能分阶段完成,通常从安装网络线路的"支柱"开始。所谓支柱是指基础线路连接到因特网组成一个强大的骨架,最终将连接网络隶属下的所有小线路。

这个局域网最基本的应用是用户—服务器处理,用户电脑通常是一个台式机例如 486 或苹果。用户电脑里被添置软件以便能访问服务器上提供的信息,可以处理和储存此信息到自己的电脑硬盘上或就地打印。

服务器通常是功能强大,能用多种途径给用户提供信息的电脑,服务器通常不是为某个人在办公时使用的,他们是为桌面电脑用户提供软件应用而创建的,服务器是你用来提供信息和资源给因特网用户的那种电脑。

最后,你的局域网需要安装一个安全系统——防火墙,这是一个有灯的黑匣子,可以阻止令人讨厌的访问者在你的电脑里破译文件或有报复性的破坏行为。防火墙在企业广局域网里是一个重要部分,包括与诸如财务、薪水册、人事、会员名单,或有价入场券等重要部分的连接。

4. 什么是一个因特网提供商?

这是近年来快速发展的行业之一,它提供实际的硬件系统从一个中心连接相关数据专线到你的博物馆大楼内,并提供和管理发送和接收的数据流。

有多样的价格套餐任你去选,选择时,你需要考虑以下因素:①路由器(负责你的内网和因特网连接与全世界其他地方的网关之间的联结的硬件)是否提供维护;②你想用的数据速率(叫带宽)。

提供维护和带宽服务是因特网提供商的主营业务,所以你要支付这些服务项目的费用(当然,这些也是博物馆赞助商的首要机会)。你可以开始先购买一个不贵的带宽(56K,128K,ISDN 或一小部分 TI)。如果用户数量扩大数据速度不足,你日后可以提速。

5. 什么是 WWW/万维网(世界宽带网)?

这是一套协议和标准(Richard,1995),为使网络中不同系统的主机能彼此进行通信而制订的网络管理规则,在前文提及过,你的员工将任何信息都按世界标准模式针对上网用户发送。这套规则提供一个标准模式,经过网络传送和以文字、图片、动画片、录像和声音等的形式接收多媒体信息。

蒂姆·伯纳斯-李(Tim Berners-Lee)和罗伯特·凯利奥(Robert Cailliau)在 1989~1990 年使上网有了新概念(Wiggins,1995),它采用一种叫超级媒体的独特手段来组织信息,改革了在网上访问通路信息(Nelson,1987)。其中在网上组织信息的主要原则之一是在一本书(取代一栋房子或展厅)里你可以通过超级链接移动任何一页。超级链接实际上就是一个地址,它包括电脑的确切位置和特定的一页所储存的具体文件夹或目录(Wiggins,1995)。令人惊异的是你可以在网上立即浏览任何一页,如果你知道它的超级链接的地址(又叫 URL,统一的资源来源定位)(Richard,1995)。万维网在设计上是固有的非层次的,这对在线资源的设计是一个挑战。

万维网,在 1999 年就存在,当时还是以文字为主要构成的媒体。当为万维网设计资源时,你务必记住:博物馆界有一个共同的观念,即没有人会读展览品的副本,这是很正常的情况(Falk 和 Dierking,1992)。虽然不是百分之百,但多种的研究显示超过 90% 的博物馆参观者不读某些或全部的展示品副本和标签(Falk 和 Dierking,1992)。必须仔细地将图片和多媒体设计元素融为一体,从而将在线浏览者的阅读时间最小化。

6. 什么是 HTML 语言?

这是你的员工需要学习的一种用于网络用户信息资源服务的标记性语言,被称为超级文本标记语言(简称 HTML)。这是一种编译方法,它使多媒体元素(如普通的文本、图表、动画、视频、声音等)能用同一种被叫做"浏览器"的软件来观看(Richard,1995)。

HTML 语言原本想作为一种统一的标准,但是它的许多特性并不是所有的浏览软件都支持。现行标准是 HTML V2.0(很快将有 V3.2),但这些标准并不能被所有的网络信息发布者完全接受、认可或实现。这个问题的产生并不是任何人的恶意行为,而是由于因特网分散不集中的自然特性所致。

7. 什么是 Mosaic,Netscape 和 Lynx?

它们是在万维网上使用最普遍也最流行的三款用于信息访问和浏览的软件。作为浏览器它们非常著名。教育及非营利组织可以免费使用这三款软件,使用者通过它们可以访问和浏览因特网或台式电脑上用 HTML 语言编译的任何信息。

这三款万维网浏览器的独特之处在于,它们都可在现有的三种电脑基本操作系统(即 windows、Mac 和 Unix)下运行,并提供了统一的操作界面,使你不用顾虑电脑操作系统的变化会给使用带来影响。①

Mosaic 和 Netscape 所运用的基本原理有别于 Lynx。前者是一种绘图用户界面,允许以多媒体的格式(如影片剪辑、图片、声音、动画,当然也包括文本)来访问信息。它们也支持以图画的格式(如图标、图片、字体等)发送电子邮件或访问因特网上的新闻组。而 Lynx 则是另一种文本浏览方式,不支持多媒体。仅能给用户提供文本访问环境,当然你也能通过 Lynx 发送电子邮件。

使用 Lynx 的优势在于任何一个使用低速率调制解调器连接(每秒信息传输 300～9600 字节)的用户都能通过因特网来访问获取用 HTML 语言编译的信息资源,但其中不包括彩铃、炫图、视频和声音等信息。

为了最大限度让不同的用户进行访问,你为上网人群所提供的任何信息,在设计时,都应该以在用上述三种浏览器显示时有较好的显示效果为前提。

8. 哪些工作人员是构建网络所必需的?

为了创建和维护一个因特网服务器,并同时提供有针对性的资源,将会有各种相关的工作需要检验和完成。下面所列的几种工作是相对独立的,但又是组建一个网络资源产品开发团队所必须具备的基础。

(1)信息系统专家(系统管理员)

对于任何博物馆工作人员来说这都是一个全新的角色。从事这项工作的人员在计算机网络方面应具备很强的技术背景。他必须有使用 Unix 的经验,因为网络服务和资源开发是在 Unix 环境下进行的。

这个人员将与其他博物馆工作人员在网络资源的设计、生产和维护方面进行协作,为他们提供技术支持,编写系统使用日志,优化系统资源,并且负责备份和整理所有的数据。他将没有时间来兼顾企业广局域网的人力和电脑硬件支持方面的工作,在这里,更不能考虑一箭双雕的可能,否则,会因过分消耗精力,而导致混乱情况的出现。

---

① 作者注:本文写于 1995 年 4 月,那时,作为浏览器的微软 Explore 还没有被广泛使用,因此这里没有提到它并不是无意中的疏漏。到了 1996 年 11 月 Explore 的普及率就已超过了 NCSA 的 Mosaic。尽管 Explore 是从 NCSA Mosaic 发展而来,并在程序的编写中使用了 Mosaic 大约 15%的源代码,但它所具有的独创特性使它日渐流行。

（2）在线资源开发人员

这项角色非常复杂，充满变动。这一特性在我所关注的一项由 6 个博物馆共同参与的"科学学习网络"项目中尤为明显。一个在线资源开发人员基本就是由展品研究与设计人员、资料分类与编写人员、教育与培训人员以及课程开发人员的综合体变化而来的。

这个人员必须具备极佳的撰写能力。这里需要注意的是，网络资源首先是基于文本资料形式的而不是多媒体形式。如果这个人员将负责用于远程教育的网络资源策划工作，那么他就必须具备实际的教学经验。

（3）多媒体设计人员

多媒体设计人员也有几种不同的职责。他必须与开发团队的其他人员一起合作来创作视频剪辑、动画、图片甚至音频剪辑等资源，用以支持在线教学。从事这项工作的人员必须有广泛技能，所以你喜欢并最终雇用的那个人，很有可能是个多面手，但他不可能做所有的工作。对于这项工作，我会推荐某个有视频制作能力的人，而不要求他具备平面设计能力。因为平面设计应被单独列出（见下文）。

（4）电脑平面设计人员

这一角色是由传统意义上为博物馆在举办展览和印刷资料时提供素材支持的那个岗位演变而来的，它对于你的在线资源从视觉效果上来看是否美观起着关键性作用。现在的平面设计人员更多的是用当前流行的软件工具，来完成对展示效果和印刷版面进行设计的工作。

（5）项目领导者

这个角色也会随着项目的进展不停地转变，期间他可能要充当部分心理学家、电脑专家、学者、网络专家以及项目管理者的角色。这是一个新的岗位，他的工作就是要确保团队所有成员按照预算及时间完成自己的工作，并最终完成项目所有资源的开发，达到博物馆的目标。担当这个角色的人员要么有很高的实践教学能力，要么有很强的展品开发能力，要么有丰富的公共项目参与背景。这里对技能的要求必须与项目的目标或者期间所涉及的特殊应用相匹配。

请允许我针对这些人员的选择发表一下见解，从事这些工作的人员对待工作必须非常专注和热情，并给予他们公平而合理的薪酬。如果他们不符合要求，那么你不仅要对其中的一些人进行培训，而且最终他们还会因高薪而跳槽。因此，在制定这些高技能岗位的薪金时，应在现行薪金制度的基础上适当给予照顾。

技术问题

这里有另一个非常重要的、直接关系到全博物馆范围内局域网设计成败的软件协议。它叫做"传输控制协议/因特网协议",或简称"TCP/IP"(Krol,1994)。TCP/IP 开发于 20 世纪 60 年代末 70 年代初,是一个即使在网络某个或多个部分被损毁时,仍能使信息送达目的地的网络系统。TCP/IP 允许单个的电脑文件(比如一个 E-mail 邮件)被分解为多个小的数据包,称为 packets,并将之发送。每个数据包都有独一无二的标志,用来识别在网络传输后它属于被传输文件的哪一部分。每个数据包都能通过单独的路径到达它们的目的地,之后再由收件电脑(即邮件服务器)重新组合成一个完整而独立的文件,也就是你所读到的这封电子信息邮件(Krol,1994)。

为了给因特网用户提供信息服务,你还需要在你的万维网服务器上运行一个叫做 HTTP(Hyper Text Transfer Protocol 超级文本传输协议)的万维网服务程序的协议(Richard,1995)。这个协议运行于 Windows、Mac 和 Unix 操作系统上。它的优势在于你不需要配备一台非常昂贵的电脑,只要一台 486 或 Power Mac 就可以运行该软件并且可以为数百个用户请求提供服务。

如果选择 UNIX 操作系统来运行你的网络服务器,会对你的工作更加有利。其中一个有利之处就是允许使用多种脚本语言(比如 PERL)或程序语言(比如 C++)。CGI(公共网关界面)编程能使你创建和管理各种巧妙的网络服务器的应用,从而给你的网站增添一些很有意义的互动性元素(例如搜索引擎,COOKIES,等)。

一个最简单的并且相当普通的 CGI 功能实施,也就是表单(Wiggins,1995)。它是一种独特的获得你的资源用户输入的方法(别忘了,它是 HTML格式)。

一个表单可以让用户输入文本信息,如它们的名字或正在进行的交互式的在线谈话。表单能够使你的网络资源实现最简单的互动。它允许使用任何新的方法进行在线互动,其演化路径是非常有趣的。而这种交互性也正是科技博物馆所要实现的重点工作(无论如何即就方法论而言)。

你可以用 CGI 脚本完成一个图像制品的放映(Wiggins,1995)。一个图像制品由超级链接的图像片断分解组成(又名在线图解),其中有预定的区域与这个图像详细链接。例如一幅分五个部分的图画,在电脑上,用户点击任意一部分,都可以跳出五个网页之一。

图像图表的另一个用处,可以在图表画面上设计阅览提示,如"主页"、"下一页"、"返回"、"帮助"等,可以设计引人注目的图示标注在你的网页上。[①]

1.一种名为 SUN MICROSYSTEMS 的程序语言已经编写完毕,用于处理小型互动节目(称为 JAVA 的程序),可运用于网页浏览器。

2.一种名为 PROG RESSIVE NET WORKS R 的语音设计软件。

3.一种名为 VDONET CORP 的软件,可以在影片下载完毕前回放录音。

4.一种名为 FROM MACROMEDIA 的压缩软件可以使相关计算机节目压缩 5~10 倍,加快下载速度。

5.一种 3D(三维)图表环境被称为虚拟模型语言,适用于 3D 空间的作品创造,还可任意移动。

上述技术以申请方式添加到网页的浏览器里,可以用不同的文件格式播放;插入键使扩展更新功能的软件的学习环境成为可能。

经济问题

如果没有适当的经济保证安装、支持和维护你的局域网时,不要轻率地涉入这个领域。拟定任何技术规划都要仔细考虑这个问题,网络需要持续的投入,就如在博物馆大厅里实物展示一样,这个投入需要足够的经费。最先要纳入计划的工作是铺线(主要涉及"支柱"线路和通向用户群的线路)、硬件设备、软件、人员配置、网络连接。慎重的话,至少要考虑五年的计划,这包括为软硬件升级和增加新用户所需的资金。

募集资金来支付这个项目能用多种方法实现(CALCART,1994),2000年,商业部和国家科学基金会在 NII 和 GII 信息学院下设几千万美金的费用来支持科技创新项目。这个想法是由克林顿和戈尔提出,并提供种子基金以支持在各州和地方建设以各种形式出现的信息高速公路(NTIA,商业部,1993)。

另一个募集资金的方法是寻找企业合作伙伴,例如"科学学习网络"项目就是费城富兰克林研究院科学博物馆和美国优利股份公司合作的结晶。从 1993~1997 年,优利公司不仅提供了 400 万美元支持发展这一远程信息项目,还慷慨地以现金、实物、服务等多种方式推动项目的发展。

政治问题

这是一个常识:在任何组织内,如果对一个技术创新项目的支撑结构的实

---

① 作者注:新技术开发的进展速度快得让人目不暇接,自从成果论文编写以来,就又有以下几个创新软件开始实施,它们对网络博物馆资源的设计和发展都卓有成效。

施维护没有得到自上而下的战略支持,那么这个技术创新项目很可能会像谚语中的葡萄藤一样枯萎掉。对于任何类似的技术创新,高层的支持介入都很关键。

持续的员工培训和技术支撑需要强有力的支持,如果因为资金的资助难以为继而又缺乏有效的办法以维持员工和设备,那就会给你带来大麻烦。

是顺利到达科技天堂还是跌落科技地域,这就要取决于你如何答复以下问题了:

(1)如何将技术基础设施的安装与博物馆的任务相契合?

部分的答案包括:行政管理、财务、观众接待、提高员工劳动效率、针对博物馆任务的项目、建立和使用用于公共项目和教师培训的电脑资源中心,提升内部和外部通信能力,提升与其他博物馆、学校、企业开展合作项目的潜力。

(2)什么用户人群将和博物馆局域网联结?什么时候?为什么?

如何安排员工和局域网的分阶段联结是和你的战略和技术方案的内容相关的。财务、行政管理和观众接待是博物馆平稳运营的关键要素,似乎应是优先考虑的候选用户。其次是从事各种有关展品工作、馆外项目和教师培训项目的工作人员。

(3)未来三年,你有足够资金支付员工工资、软硬件设施及网络连接工作的费用吗?

如果你的回答是"不",那么你应该慎重等到资金到位,或是下调你的技术方案的目标、等级。

(4)如何进行运维和调试?

创建网络资源的技术工程师将经常监视技术升级(Mosaic＋＋、HTML＋＋、CGI＋＋等的联结成本和选项,以及电子邮件的优化途径)和教育发展(其他远程电脑项目的开端、继续发展或其终结,这一切有可能提供重要的观念,以免重复发明)。

承担风险、实验和推动发展(展览项目、教学培训项目、在线栏目)是这一领域的关键因素,每3～5年对系统硬件的维护保养也很重要,随着博物馆工作人员经验的积累,与其他博物馆、学校和工业的合作伙伴关系的形成,这时你在人员和基础设施方面的投资也会相应减少。为服务付费的机会将是一种自然的演进。例如:1996～1997年,富兰克林博物馆网络信息资源中心成为费城学区12000多名教师的培训基地。

在博物馆技术计划中,MAC和WINDOWS都可以作为平台,通常难以取舍,依我的看法,在两者中取一,大多是出于宗教原因,依据的是信仰而非清晰的认知,这两个平台正在迅速融合,并越来越频繁地同时出现在学校网络中,并具备一套共同应用的坚实基础。

最后一点,在你决定启动新网络时,要准备文件备份、存档、系统恢复方案。有价值的资源的经常备份和数字化资料的外部储存,是重复备份策略的重要特点。

第二节　阶段 2:博物馆基础设施的实现

这个阶段是严峻考验的开始。当你完成了前面问题的答案,你就需要将理论付诸实施。当然,从各方面说,这都是整个过程中很有挑战性的部分,但是如果任何事都很简单,那么生命还有什么乐趣而言呢?

以任务为基础和教育学的课题

当启动一个以因特网为基础的项目时,必须要注意进行一系列人员检测和人力补充之间的平衡。尤其是在不同部门之间。获得资助的项目似乎有其自身的演进过程,结果可能会形成由马车控制马的局面。当建立项目开发团队时,由谁来决定好的设计该是什么样的呢? 应该由一个小的授权的项目团队来决定,还是一个全面的博物馆委员会来决定呢? 能不能是两者的结合?

与其在这里详加论述,不如指出科学学习网络的 6 个博物馆合作伙伴目前正在试验各种不同的资源生产和管理模式:从矩阵管理团队到本地授权团队。这反映了每个博物馆意识到要选择适合自身的管理模式。

如果一个基于网络的项目要取得成功,那么将基于查询的教育学理论与项目结合是一个关键。在富兰克林研究院,我们花费了好几个月的时间(从 1993 年末到 1994 年初)争论:我们作为在线网络资源供给者应该处于什么样的合适位置。结论是:我们将与所有其他的信息提供商竞争:如有线电视公司、在线服务公司(电脑服务公司、在线服务公司等)以及因特网等。如果我们要使自己在信息市场上增值并提供更多有价值的在线信息资源,那我们需要明白,我们所组织的资源根据的是我们对动手型查询学习的独特探索。

我坚信在科学博物馆界有一个巨大的、尚未被开发的创造能力和教学设计专门知识的源泉,这一切都可以用于开发独特的在线资源(当然,我们能否从中创造收入是另一个问题)。我们的动手型学习和教学方法是使我们区别于主题公园和其他在线服务的独到之处。我们不着眼于立即提供答案,而是利用各种以查询为基础的策略去引导发现的过程。实现这种潜在的面对面的在线资源是我们这一项目的资源生产团队当前工作所固有的义务。

技术问题

安装一个局域网要准备计划出一段充足的时间。网络的设计必须遵循一些预算约束,中枢配线的安装要使随后的配线可以到达办公室、生产设施、网络硬件,电脑要具体指定、订购、安装和配置。这往往比最初设想时要花费更长时间;墨菲方法学认为始终潜伏着下一个死角。在第一次投入这一工作时要计划好足够的时间和足够的预算资金,尤其是如果这是一个全局性的工作。这可能是显而易见的,所以这里仅仅作为一个提醒。

如果你计划应用低带宽解决方案(14.4 波特调制解调器通过电话线访问),这会相应的减少时间和金钱投入。在确定某一构造的解决方案之前,你应当考虑你所有的可选方案。最终底线当然还是美元和美分。

人员问题

雇用新员工往往看上去要花费比预期更长的时间。从你写好工作职务说明,获得人事部门批准,公布,登广告,应聘者面试,职务条件敲定,开始工作的日期确定,3 个月时间已转瞬即逝。再加上 60 天使团队工作达到正常速度,在你仅完成了项目小部分内容时已经用去了 5 个月的时间。

员工培训也是一个重要的问题。假定是按非营利领域内的正常薪水的结构给付,你雇用的人员作为新手很可能在此之前没有全面的技能。你需要提供足够的预算为你的在线开发者提供机会去在下列领域完善和加强他们的技术,如:UNIX、Mac、CGI、HTML、局域网技术和基本的 TCP/IP 协议。

经济问题

很可能网络连接所募集的初始资金是资助拨款或赞助费。这有赖于资助拨款所能支持的期限,你需要计划好在资助期限到期以后如何用其他来源支付开销。因特网连接和电脑网络属于支出项目,你应该从按人头计算的管理费用的角度去考虑,这类似于支付公用设备账单或必不可少的行政管理班子。你不可能运营一个博物馆而无须水、电或电话的支持,也不可能运营一个局域网和持续向你的因特网用户提供资源而没有基础设施和人员支持。

当你在实施一项企业规模的技术时却总想着怎么能单纯依赖赞助和资助拨款去筹款,这是毫无疑义的。你应该具有这样的观念,即一旦基础设施的筹款已经到手而且设施已经就绪,你的职责就是如何将其融入企业经营的构架中。这就意味着你要使董事会去批准资金以支持你运行基础设施的投资。

目前一套高带宽连接的一年的运行费用是 10000～12000 美元。当越来越多的宽带服务提供商互相竞争向你提供他们的服务的时候,服务费用将会减少。一次性安装费用可高达 12000～14000 美元。其他方面每年的费用包括维修合同、硬件软件升级。在网络电视方面,你可以通过购买加速器卡、RAM 以及硬件升级来代替购买新机器,从而控制投资。

最后,你还需要考虑一个 5～10 年的软件和硬件升级计划。没有比看到已经过时的、性能低下的计算机仍在实验室里运行更让人头疼的事情了。既然这种概念已一直存在于美国工业的任何一种正规计划的边缘之内,那它也就应该进入你的博物馆技术规划了。

政治问题

把一种新技术融入你的博物馆文化也可能带来问题。潜在的问题范围可能很广,从被一个小群体所控制而不能与机构内的其他部门做到资源共享,到多个部门竞争去谋求对网络服务器的访问的控制。因为这在科学学习网络博物馆还是一个新的情况,所以评判委员会还没有找到一个最好的办法来建立一个管理构架。

在富兰克林研究院,我们正试用一种矩阵式管理范式。在理论上和在通常的实践中,这种发展在线博物馆的方法允许跨领域的访问。我们感觉到把教育、节目、展品、节目支持、市场/公共关系和技术要素一体化是很关键的。事实上,我们的 SLN 项目发展小组在工作中在一定程度上是和其他部门隔绝的。这种方法很适合 SLN 这个项目本身的目标,但是却不适合整个机构的更大的目标。因此,我们目前成立了一个博物馆委员会,以便在目标的界定和内容的轻重缓急的选择上对我们的在线博物馆进行监督。

最后一个要提出的问题是要什么不要什么。因为一个网络博物馆需要分期装备,一个不可避免的结果是一些人先获得连接而其他人需要等待。如果这些事情在一个新项目的早期没有被认真处理的话,那么这个新机构在刚宣布开张时的快感很快会被怨言所代替。这种问题可以通过在全体员工大会上沟通技术计划及其实施来解决。把时间表给员工,这样可以帮助他们处理自己对将来工作的期望,同时让他们对稍后能和那些有幸先获得连接的员工(由于其工作较为重要)会合抱有朦胧的希望。

第三节　阶段 3:使用

这一部分是有挑战性的但最终也是全过程中最让人享受的一个阶段,这是真正严峻的测试。在这个阶段,你终于幸运地迎来了为你的劳动收获果实的时候。所有计划和实施的工作任务都已经完成,当然是分阶段完成的,你和你的博物馆工作人员万事俱备就等着获取加入网络社会这一收获了……我真希望它就这么简单。事实上,需要清楚的一点是设计、安装和使用博物馆的网络基础设施在一定程度上是平行的进程。

因此,我们最终遭遇了关于与因特网连接业务的先有鸡还是先有蛋的问题。那就是你能否在你的员工进入和体验到将要出版你的信息内容的媒体以前,你就把你的在线资源的内容设计好?哪个在先呢——是网络还是内容?

一旦你的员工积极地使用因特网,即使他们不是一个完全新的团队,也要花费 60～90 天的时间去探索,然后才能在这一媒体上达到一种舒适的团队合作的状态。在这个转型的某些转折点上,你需要就在线博物馆的内容和目标提出一些新的看法或澄清一些老的问题(你应该同时了解其他在线博物馆和它们那些给人带来灵感的丰富多彩的在线内容)。

概念问题

实体博物馆与在线博物馆要互相紧密结合吗?

实体博物馆和在线博物馆保持很强的联系的一个好处是你可以进行转换,由此在网上扩充你的实体博物馆的特性。这就是 6 个科学学习网络(SLN)博物馆已初步实现了它们的在线展现的主要原因。

下一个问题是:在线博物馆与实体博物馆的联系比较弱的话会出现什么潜在问题?我们培养的在线博物馆和在线观众是否被置于一个独特的独立于实体博物馆之外的环境之中?他们的存在是属于实体博物馆的外延,还是存在于在线博物馆和实体博物馆之间的某种中间地带?这些问题可能要随着在线观众的演进由他们来回答,并且可能创立一种在线付费服务的模式。

1. 在线博物馆的网络存在方式对媒体(网站)的影响是什么?

很多人还没有听说过因特网,更少有人知道万维网。既然媒体是信息,那么如果没有发送信息的媒体也就没有信息。要点是,这是一个新的领域的探索,工作刚刚开始,而且现在大多数人还没有听说过网站,更别提访问网站了。

因为网站这种不分地域、不分层次的超级媒体的结构特征,一旦用户知道了资源的地址,不论网站在哪里,他们可以快速地访问和下载网站页面上他们想要的任何信息。所以设计网站资源的时候你千万不能忽略一个简单的事实,如果在线访问者发现一些资源对他们是有价值的,他们会绕过一些无用的信息直接找到这些资源。也许也该更确切地称呼这些在线访问者为浏览者,因为浏览信息是他们在找到他们感兴趣的东西之前最主要的行为。

记住,随着信息在网站上的发布,你在全球联网的网站上可以从一个网页点击进入另一个网页,甚至包括点击在你的网页上面其他服务器的图像,电影和声音的地址！当有人进入你的服务器时,他们可以从你的服务器下载超级文本(HTML)文件,而从其他 3 个服务器下载图像、电影和声音,用这种方法他们可以在他们的电脑上生成一个单独的页面。让你同时感觉到惊奇和"酷"。

这种状况又滋生出一系列的问题和限制。你现在可以自由设计一个由科学和技术、艺术、海洋、动物、自然历史和科学以及其他特殊科目组成的全球联网的在线博物馆。因此创立你的在线博物馆的主要目标之一就应该是使它的资源和节目都与众不同,这才能让它脱颖而出。这就强化了一个观念,就是要使你的在线博物馆个性化,增加节目内容和活动,使用户的在线体验增加强烈的人性化因素。

2. 以用户为驱动的网站和无实物的信息发布的对比

全球联网的网站的两面性之一就是任何切入服务器的人都可以发布信息。好的一方面是为自由言论、表述和民主提供一个电脑空间,不好的一方面是接触到的信息并不是那么有价值。事实上,从教育角度来说,很多信息纯粹是垃圾。

网站仍然是为用户所驱动的,如果我们要创建一个以用户为驱动的环境,创造高质量的资源作为我们的博物馆的附加值,那么我们就需要更细致的工作来便利和培训新的用户,尤其跟我们一起在科学学习网络项目组里一起工作的 60~70 名教师。在一个多媒体的环境里生产资源要求一个由熟练的设计和开发人员组成的团队。如果认为每一个人都可以创造和发布设计非常好的在线资源就太天真了。

这是一个发展的过程。我们现在所处的状态就好像是桌面电脑印刷的早期,许多人都以为只要打开电脑就可以生产出高质量的印刷材料。后来很多人及时认识到设计经验或者具有设计背景对出版高质量的出版物是很必要的。换句话说,是使用这些工具的熟练的人,而不是硬件和软件,制造出了这些高质量的印刷品。这同样适用于网站资源的开发。

3. 在线博物馆怎么能提升对实体博物馆的参观?

真正的问题是,在线博物馆是否能确立它的在线地位和发展它的观众?如果全球的观众并没有对你的在线博物馆那么痴迷,那么你的观众的主要部分可能最终还是来自你的后院。

在线博物馆也可以迎合它本区域的观众,利用参观博物馆事前和事后的机会施加影响。实体博物馆里的精彩的教育节目可以得到在线的资源和节目的支持。然而,还必须做大量的工作对观众进行界定,以便设计适当的材料和员工支持的节目提供在线网络。

教师们和十二年级的学生是本地区的首要培养对象。随着在线资源和节目对最新的巡回展、穹幕电影、天文馆演示、展馆演示和会堂放映进行了补充,博物馆的参观率可得到大大提升。

4. 什么是知识产权?

虽然这些问题超出了这篇文章的范围,但我们还是要简短地提一下。当你生成数据资源的时候,根据你是否要发表它会自动生成版权。但是,当你在网络上发布你的资源的时候,你要使每一个人都能把它下载到他们的电脑里。一旦这些资源被下载到他们的电脑的内存里,他们和你这个发布者都有什么权利呢? 他们是否可以把它存在自己的硬盘里备用或者没有你的允许也可以打印出来阅读呢? 如果你对进入你的资源收费而不是免费的话又会怎么样呢?

在未来的日子里,我们在使用和重复利用在线资源上仍然会提出很多法律和道德上的问题以待解答(Risher & Casway,1994;Bnnett,1994)。另一个状况出现在参与我们的科学学习网络项目的教师当中。我们希望能够向他们提供他们自己的 T1 线和网络服务器。很快,他们将要开始创建自己的资源并在线发布。谁将拥有这些资源呢? 是学校,还是由学区提出对学生和教师的作品的版权所有权的要求? 谁将获得根据学生们最佳项目制成的光盘挣得的收入? 这一前沿的发展还有待注视。

5. 使用因特网的几个带普遍性的问题是什么?

提供一个因特网的连接可以打开一个通向全新世界的门。这里有许多新工具要去学,合适的行为(网络礼节)要去学,要去面对挑战。当我们进入到这个环境中每个人都要经历一个转变的过程。

首先一个情况就是过量的信息出现在接入因特网的用户面前。当第一次接入看到如此丰富和多样的信息时,使用者要学会如何处理无关的信息。这将会导致工作精力耗尽,所以要认真对待。

应对这一情况的一个策略就是提供员工一个培训课程。幸运的是,在富兰克林研究院科学博物馆有一个针对不同主题的全馆员工培训方案——从客户服务到如何使用优利系统(一个全馆范围的局域网涵盖后勤和各种教育项目)。当我们把这个博物馆局域网接入因特网后,就可以开始计划使用因特网为员工提供培训。它将包含基础的因特网的使用:电子邮件、邮件系统、WWW 浏览器(集成了 gopher,ftp,telnet,newsgroups)和电话会议(CU—

SeeMe)。

同样,你会很快发现系统管理员是一个非常受欢迎的人。每当一个新版本的 Netscape 和 Mosaic 出来时,一个软件应用程序就开始不正常工作,比如硬盘报错,系统管理员就成为中心人物了。找一个优秀的系统管理员可以减少你很多的麻烦,你就可以把精力放到重要的事情上来,比如创建更有质量的在线资源和节目程序。

另一个问题是从上午 9 点到下午 5 点为网络使用高峰时段。这会导致接入到某个网址并访问上面的资源十分困难。虽然基于实际因特网提供者系统的整个结构来看这是一个地区现象,但仍然值得一提。

最后,当你使用像 CU-SeeMe 这样的电话会议系统时,你的局域网络会因为数据流的过大而超负荷并严重影响到其他使用者的上网速度。如果资金上允许,可以马上去除带宽限制,升级你的网络速度。你永远都不会满足于你的带宽要求的。

6. 维护在线资源的普遍问题是什么?

维护你在线资源的现有链接是最基本的问题。当你建立资源并集成其他网络信息的超链接时,要定期检查这些超链接是否仍然有效。将来,这个过程会自动完成,但是现在不要坐着等这样的技术会在近期内出现。这将是一个你的资源开发团队的最重要的工作。对于一个在线浏览者,没有比打开一个错误的超链接更沮丧的事情了。这样的错误会让你的在线浏览者认为你没有按时更新你的信息,所以你一定要记在心上。

在线资源和节目设计策略

1. 主要步骤

(1) 第一步——概述设计和规划流程,界定你的:

——在线信息提供者的任务

——教学模式,基于博物馆的使命

——观众,按优先次序对观众群体进行排序

——创建在线资源的目标(包括商业和市场计划,像其他任何事业一样)。

(2) 第二步——创建在线资源的战略:

最开始所作的决定,即将实体的和在线的博物馆紧密结合,为实体博物馆提供自然的延伸,这是一个良好的开端。然后,你可以选择进行资源开发的主题(虚拟展品、节目、活动、收藏品等)并将其分清主次。你要把最易辨识,最被人认同的元素作为好的出发点,使你的本地观众会感觉到这是你所独有的

(虽然网页是一个以文字为主的媒体,但其嵌入图片和视频片段的能力可使其成为一个极有视觉感的文本媒体)。

　　——虚拟展品:(http://www. fi. edu/franklin/rotten. html);

　　(心脏 The Heart—http://www. fi. edu/biosci/heart. html);

　　——虚拟展品支持的一个巡回展品:

　　(http://cadett. fi. edu/~helfrich/music);

　　——学习问答区:

　　风:我们狂暴的朋友

　　(http://www. . fi. edu/tfi/units/energy/wind. html);

　　——月刊:查询年鉴 InQuiry Almanach (http://www. fi. edu/qanda. html);

　　——费城查询 The Philadelphia Inquirer:

　　(http://www. fi. edu/tfi/publications/inquirer/inq. html);

　　——画廊—/视频:

　　(http://sunsite. unc. edu. expo. deadsea. scrolls. exhibit/intro. html);

　　——电视机器人 telerobots:(http://cwis. usc. edu:80/dept/raiders/);

　　——因特网资源组合:(http://www. fi. edu/tfi/jump. html);

　　(http://www. fi. edu/tfi/hotlists/hotlists. html);

　　——虚拟互动—html,基于表单的:

　　(http://rs560. cl. msu. edu/weather/interactive. html);

　　——计算机模拟——国家海洋大气管理局允许自定义 CGI 版本进入它的数据库,让使用者搜索各种大气模型:

　　(http://feeret. wrc. noaa. gov/ferret/main—menu. html)。

　　在富兰克林研究院,我们开始用我们自己的名称开发一个虚拟展品——http://www. fi. edu/franklin/rotten. html。下一步是生成一个模拟实体博物馆的类似资源起名为 TFI 在线。这样提供了在线博物馆的框架,它本身是以(http://www. fi. edu)为基础的。然后我们生成一个虚拟的展项(http://www. fi. edu/biosci/heart. html),从而实现对一个来费城参观的人最易辨认和难以忘怀的特色之一的提升——布置在生物科学展览中的"我们可以从中走过的巨大心脏"。

　　这种选择和定制主题的方式在科学学习网络中已经屡见不鲜了。好几个科学学习网络的博物馆在它们制作虚拟展览和节目之前就已经创建好了他们在线资源的框架。有些则刚好相反,最终的结果是经过长时间逐渐形成的。先是一系列的虚拟展览,随后需要一个在线博物馆以提供一个背景框架;而一个在线博物馆也需要展品、在线节目和活动以便生存。

（3）第三步——在设计好的在线资源里添加导航帮助：

——分级的超链接，通过图示导航地图（主页、向前、退后、帮助等）组织在线展品、活动内容和其他资源，或通过平面文字。

——自定义搜索引擎——LYCOS,Yahoo,Excite 等，可以定制成为帮助搜索你的网站提供的信息和所有你的资源所指向的超链接。许多网站都在他们的资源中嵌入了引擎，使使用者更方便查找东西。

——文本栏，罗列你的在线资源的主要内容（电影、音乐、图片、超文本html文件）。

——文本栏，整理和指出其他支持你的在线资源的因特网资源。

——展品栏，突出在线展品的内容，涵盖的题目不像目录那样详尽；其遵循的概念是"最重要的点击"。

——最新栏目，展示所有你的在线支持的新的展品、节目、事件、活动。

最后的一点考虑：这些努力的双刃剑的一面是你所开发、服务和维护的资源与支持它持续演进升级的硬软件是密切联系的。当技术功能被增添，指导思想被扩展，资源本身的性质也要变化，这就如同过去 10 年里亲眼目睹的博物馆展厅里多媒体展览所发生的变化一样。

相应的计划。你可能不想让你生成的资源在往后的某个时候又要费很大力气去升级。如果你的资源是基于超级文本（HTML）规范的最低版本的普通指令，可以很容易地用 Lynx、Netscape 和 Mosaic 进行浏览，那么你最终不用费多大力气就可以将它们升级到新的版本。

2. 保持因特网冲浪量

使用什么样的策略能确保使用者再回到你的在线博物馆？（如果你创建了在线博物馆，他们会来，但来了一次还会再来吗？）

像实体博物馆一样，网络博物馆需要依靠新的展品、节目推广和其他的活动来争取因特网的回头客。网络博物馆和实体博物馆一样都是动态的。计划新的活动并发布这些活动会激励参观者不断地登录你的网络博物馆。融入人物的出现会帮助你突出你的在线博物馆的特性。目前的策略包括：

——网络讲解员通过主页、问题列表、新闻组、聊天室、电子邮件和视频会议来得到支持，可以开办一个本地的问题列表或不同主题的新闻组，为期两周的专题或持续的专题，调控的或不调控的。

——网络的指导员通过问题列表、新闻组、聊天室、电子邮件和视频会议支持。

——来客记录——网络用户通过 CGI 方式或者电子邮件登记。可以此为基础周期性地给网络成员发送邮件通报新的展品（资源）和节目。

—— 馆长邮箱——用户通过 CGI 方式或电子邮件向"领导"反馈。这样当参观者抱怨(通常)或赞扬他们参观你的网络博物馆的感受时,他们会感到被重视。这同样会添加个人感受:

——通过一个安全的网络服务器,从新的观众上创收。没有小事,事事要认真考虑。

——通过一个安全的网络服务器,创建你自己的区域性的和全球的观众。

——通过博物馆主页推广什么新的特点? ——组织和推广你可以提供的新的、酷的东西:在线活动、竞赛、在线科学展销会、在线学生展馆、实体博物馆的新展品(为区域的观众和旅游者),等等。

——月刊,或双月刊(提升的因特网)的科学杂志(另一个赞助机会)。

正如我前面所提到的,评判委员会并不参与这里面。这些建议代表了现有的试验,需要大量员工的投入,因此需要相应的计划。这些在线活动增值的部分意味着它们为你的博物馆增加了很强的人的因素,这些因素最终将会增强或拖垮你的博物馆保持自身持续发展的能力。

3. 如何来评估我们的实力和弱项?

有关评估网络资源的质量的衡量标准作为科学学习网络项目的一部分仍在发展之中。还很难客观地衡量任何教育领域内用户的认知收获(Falk 和 Dierking,1992)(Sadavage,1994)。然而,这是对任何资源的评估的一个必要部分,无论是在线或是在博物馆的展厅里。对在线访问者的形成和发展的评估对提炼和改进用于资源的持续发展的指导思想是至关重要的。

还存在什么其他确定成败的衡量标准? 对博物馆来说总有一个影响很大的底线:进入我们大门的参观者的数量。在网络博物馆现在的背景下,我不认为他们能提供一个精确的方法来统计在线使用者的数量和他们所使用的资源。事实上,他们的统计是混乱的。用很多方法可以统计网络服务器的访问数量。例如,在富兰克林的虚拟科学博物馆,我们并没有统计博物馆内部员工的访问。但是一些网站却统计了。

用单独的访问者的点击数量(HTTP 请求)来统计网站的访问量也是错误的。例如,当下载有图片的页面的时候,1995 年的版本就包括 8 次独立的 HTTP 请求,也就是相当于 8 次点击。可以想象,一个在线浏览者浏览网页 10~15 分钟的时候,他的点击数将很容易达到 50~60 次。这就意味着,我们的服务器给这个浏览者,而不是 50~60 个浏览者,发送 50~60 个单独的文件。所以我们要生成一个比例参数,通过这个比例参数来划分服务器的点击率,以便更有效地统计出浏览我们网络博物馆的人数。

还可以通过指向我们的网页的统一资源来源定位(URLs)来获得更精确

的在线访问者的数量。这也有可能是另一些人添加在他们自身的在线资源的热点关注表单和个人书签里的链接。

网络博物馆的持续发展策略

目前的形势尚未成熟到可以获得任何结论性的证据以判断我们能否使在线博物馆得以持续。但作为一名乐观主义者,我想我可以提供一些有关付费服务机会和公共关系活动的想法,这有可能有助于在线博物馆的持续。

——为教师、成年人和青年人提供因特网和万维网培训。如果你有幸有一个与因特网相连的计算机资源中心,下一步的工作就是生成一个项目来提供一系列的讲座。

——一旦你达到一定的专业水平,成为一个为外部客户提供服务的网络服务器,可以通过你的网络服务器为当地的高中或初中提供一个网络学校的机会。

——开拓一个市场营销和公共关系计划来维持你的网络观众。这将包括给合适的新闻媒体、服务群体和登记注册的使用者发送定期的通知(广告),以使其知晓你的在线资源有什么新东西值得他们光顾、搜求和购买。这里的问题是,在线群体是否会支持非营利组织通过因特网做的广告?许多新闻群体和被发送新闻的群体非常强烈地反对盈利的广告。我们怎样才能取得他们对网络博物馆的支持呢?

——为你的网站销售赞助权。探索潜在的网络广告机会而不是为你的服务向你的网络成员和访问者收费。你会注意到主页的页面下方会提及某个公司的赞助商。

——使志愿者、高中生和参加合作教育项目学生融入你的资源和节目开发团队。让饥渴的人才加入新的在线资源和节目的开发是一个非常巨大的资源。

——网络博物馆怎么帮助培养地区观众?通过表格和电子邮件发现那些进入你的主页愿意纳入你的在线成员数据库的用户,从而发掘潜在的注册用户。这可以形成发送新的在线展品和节目的特别电子邮件的基础。还可以给网络成员以通常给予博物馆成员的特殊待遇(譬如参观实体博物馆的折扣、商店打折、穹幕电影的打折入场券等)。

——组织在线活动来培养你的观众队伍。例如,组织一个最佳的在线展品的竞赛来庆祝电子数字积分计算机和计算机协会成立50周年。制定竞赛标准和给予奖励(需要一个赞助商捐献)。让学生去做未来50年的电脑计算的项目,并把它在网上发布。这里没有任何限制,一切都是可能的。

——在你本地区培养你的合作伙伴关系并在网络上展示。使用大牌（像《纽约时报》）帮助你提高你的网络资源的价值。富兰克林研究院和当地报纸《费城查询》(*Philadelphia Inquirer*)的关系就是这方面很好的例子。我们每个月两次发布来自报纸的报道，其中融入我们的活动以及其他与因特网资源相关的内容。

——培养一名在线主持，一个对用户有亲和力的全职的大使。把这个人物结合到你的邮件中，给观众回信，公布博物馆商店假期打折销售的通知等。这将为你的网络博物馆增加人性化的因素。

＊　＊　＊

这篇文章着重于网络博物馆的设计和实施，以及利用当地博物馆的基础设施来协助其创建和生存的过程。本文在多处涉及万维网及其对实现网络博物馆的潜在的影响。因特网包括各式各样的标准和协议，网站只是其中的一个子集。因特网的其他组成部分——电子邮件、新闻群发组和群发服务、文件传输协议、信息查询工具、远程访问、搜索引擎等——所有的元素的演进都在网络博物馆的发展上起到了重要的作用。

我们到达了一个在通信和博物馆的历史上美好的阶段，这是一个只要给足够的时间、资源和想法，什么事情都可能发生的时代。因特网提供给了网络博物馆进入信息高速公路的入口。我们前面究竟是一条荆棘载途的崎岖道路，还是会发现一种新的方法来发展我们通往网络世界的基于博物馆使命的活动呢？

现在不是一个听反对者喋喋不休的时候，而是一个创新、实践和一往无前的时期。在前方还会有很多挑战。因特网承诺的要开始给博物馆散发的究竟是甜点上最可口的部分，还是索然无味的地板蜡或两者兼而有之，下结论还为时过早。就看我们将怎么谱写下面的篇章——你会怎么做？

保罗·海尔弗利奇　著

(Paul M. Helfrich)

徐善衍　陈虔　译

附录 A——科学学习网络

要是没有大批人的努力,奉献这个让人兴奋的有创意的项目是不可能的。在宾夕法尼亚州费城,法兰克福科学博物馆,以下的人在设计和部署网络博物馆和 SLN 项目上面做出了杰出贡献:

卡伦·戈尔茨坦博士(Dr. Karen Goldstein)——执行副总裁,财务和行政管理(karen@fi.edu)

卡罗尔·帕希能博士(Dr. Carol Parssinen)——副总裁,教育和项目(cparss@fi.edu)

韦恩·兰森博士(Dr. Wayne Ransom)——执行主任,教育和项目部(wransom@fi.edu)

保罗·海尔弗利奇博士(Dr. Paul Helfrich)——主任,交互式信息系统部(helfrich@fi.edu)

斯蒂夫·鲍曼(Steve Baumann)——主任,科学学习网络项目部(baumann@fi.edu)

卡伦·艾里尼奇(Karen Elinich)——资源研究员和开发人(kelinich@fi.edu)

库尔特·斯塔希尼克(Kurt Starsinic)——信息系统专家(kstar@fi.edu)

肖恩·凯西(Sean Casey)——多媒体设计员(scasev@fi.edu)

马蒂·霍本(Marty Hoban)——主任,网络资源中心(toons@fi.edu)

罗伯特·库斯(Robert Kuss)——主任,工程和网络服务部(rkuss@fi.edu)

卡罗尔·卡尔(Carol Carr)——项目组长,多媒体开发组(ccarr@fi.edu)

迈克尔·莫尔顿(Michael Moulton)——信息系统专家(moulton@fi.edu)

肖恩·伯温(Shawn Berven)——多媒体设计员(sbervern@fi.edu)

来自其他 SLN 博物馆的 5 个其他项目经理在各自博物馆帮助设计和部署了此项目:

罗伯特·森珀博士(Dr. Robert Semper)——SLN 项目主任,旧金山探索馆,加州(robsemper@exploratorim.edu)

朱迪·布朗博士(Dr. Judy Brown)——SLN 项目主任,迈阿密科学博物馆,佛罗里达州(museum7@sate.edu)

马里恩·赖斯(Marion Rice)——SLN 项目主任,俄勒冈州科学工业博物馆,波特兰(marion_rice@omsi.edu)

戴维·吉本斯(David Gibbons)——SLN 项目主任,波斯顿科学博物馆,马萨诸塞州(dgibbons@k12.oit,umass.edu)

纳撒里·腊斯克(Nathalie Rusk)——SLN 项目主任，明尼苏达州科学博物馆，圣保罗(nrusk@sci.mus.us)

布卢贝尔的优利系统有限公司(宾夕法尼亚)给科学学习网络提供了技术和资金上的支持，以下人员在结构上和项目实施上提供了帮助：

戴维·柯里(David Curry)(currydac@po7.bb.unisys.com)

艾丽西亚·伊根(Alicia Egan)(egan@po7.bb.unisys.com)

国家科学基金会慷慨支持了此项目。基金会的项目主管对此项目给了大力的支持：

阿瑟·乔治博士(Dr. Arthur St. George, astgeorg@nsf.gov)

参考文献

Bennett (S.). 1994. "The copyright challenge: strengthening the public interest in the digital age". *Library Journal*, 119(19), Nov. 15, pp. 34-37.

Bernstein (S.), Huntley (M.), Newman (D.). 1993. *Toward Universal Access to Math and Science Resources (Phase 1 of a National School Network Testbed, Progress Report)*. Cambridge (MA): Bolt, Barenek and Newman.

Bernstein (S.), Huntley (M.), Newman (D.). 1994. *Toward Participation in the NII (Phase 2 of a National School Network Testbed)*. Cambridge (MA): Bolt, Barenek and Newman.

Calcari (S.). 1994. "K-12 on the Internet". *NSF Network News*, Sept.-Oct., 1(4). Madison(WI): The InterNIC.

Falk (J. H.), Dierking (L. D.). 1992. *The Museum Experience*. Washington (DC): Whalesback Books.

Hunter (B.). 1992. "Linking for learning: computer-and-communications network support for nationwide innovation in education". *Journal of Science Education and Technology*, 1(1), pp. 23-24.

Hunter (B.), Goldberg (B.). 1994. "Learning and teaching in 2004: The Big Dig", in *Education and Technology: Future Visions*. Washington (DC): US Congress Office of Technology Assessment.

Kay (A. C.). 1991. "Computers, networks and education". *Scientific American*, Sept., pp. 138-148.

Krol (E.). 1994. *The Whole Internet User's Guide & Catalog*. Spec. ed., August. Sebastopol (CA): O'Reilly & Ass.

McPartland (G.). 1994. "Evaluating Internet resources". *NSF Network News*, Sept. -Oct. , 1 (4). Madison (WI): The InterNIC.

Nelson (T.). 1987. *Computer Lib*, *Dream Machines*. Revised edition. Redmond/Washington: Microsoft Press.

NTIA. 1993. *The National Information Infrastructure*: *Agenda for Action*. Washington (DC): Department of Commerce.

OERI (Office of Educational Research and Improvement). 1993. *Using Technology to Support Education Reform*. Washington(DC): Office of Educational Research and Improvement.

Park(I.), Hannfin (M. J.). 1993. "Interactive multimedia design". *Educational Technology Research and Development*,41(3),pp,67-81.

Richard (E.). 1995. "Anatomy of the World-Wide Web", *Internet World*, Mecklermedia, April, pp, 28-30.

Risher (C. A.) & Gasaway (L. N.). 1994. "The Great Copyright Debate". *Library Journal*, 119(15),Sept. ,pp. 34-37.

Ruopp (R.). 1993. "LAbNet: toward a community of practice". *Journal of Science Education and Technology*, 2(1),pp. 305-319.

Sadavage(G.). 1994. "A framework for analyzing the alternative methodologies for investigating the effectiveness of hypermedia". *The Arachnet Electronic Journal on Virtual Culture*,2 (4),Sept. , pp. 1-16.

Serrell (B.), Raphling (B.). 1992. "Computers on the Exhibit Floor". *Curator*, American Museum of Natural History,Sept. ,pp. 181-188.

Wiggins (R. W.). 1995. "Webolution". *Internet World*,*Mecklermedia*,April,pp. 32-38.

第四章　创建一个非正规科学教育的学术之家

以"个人学习的公共机构：认识博物馆的长期影响"为题的两天研讨会清楚地表明，[1]一些大学、独立研究人员、实际工作者以及基金管理人等多方面的人士都渴望创建和开展一项非正规学习的研究议程。因此，与会者提出了各种急需解决的研究问题；提出了丰富多样的有关研究方法的建议；都企盼着能利用研究的成果；基金工作者也都有兴趣。这一切都显示出，存在一个潜在的社会共同体，这个共同体应该把行动统一起来，以开始这项重要的工作。

然而，在安纳波利斯参加会议的人员，一般都是来自于地理上和专业上都互相隔离的不同部门，多数与会者互不相识，他们各自所在的部门没有可以共享的刊物，不在同一个专业组织，也没有研究和实践的共同专业语言。

这些相互隔离的专业人士能够带着浓厚的共同兴趣聚集在一起，唯一的原因就是由于都缺少一个关于非正规科学学习方面的研究中心。大学里的院系传统上支持学术的严谨、研究的团队、学术刊物、研讨会以及其他能推动学术领域发展的工具。要使非正规科学教育成为一个学科，大概至少有必要也是众人向往的要至少创建一个学术中心。目前看来，这项功能尚未为任何一个大学所实现，起码在北美是这样。一个非正规科学学习中心能够通过为相关的学术研究和出版物提供一个联结的纽带以使对非正规科学学习的充满活力的研究得以持续，从而填补一个严重的空白。这一中心也将为博物馆、科技中心、动物园、海洋馆、社区活动中心等快速发展的领域和多媒体、大众媒体教育单位等提供培训领导者的服务。本文论述的是这样一个中心的理论依据和一些基本特征。

---

①　摘自福尔克与德京于 1995 年合著的《个人学习的公共机构》。经美国博物馆协会准许转载 Reprinted with the permission of the American Association of Musenms, Technical Information Service. 1575Eye Street, NW Washington, DC 2005 2002/289—1818。

本次会议于 1994 年在美国安纳波利斯(Annapolis, MD)举行，会议由科学学习公司的约翰·福尔克和林恩·德京发起并组织。详见福尔克—德京合著并出版发行的《个人学习的公共机构：建立一项研究的议程》。

第一节　非正规教育的兴起

有关一项新兴产业的问题

非正规科学学习是一个有 10 亿美元的产业。仅北美就有上千个科学博物馆、自然历史博物馆、动物园、海洋馆、儿童博物馆和植物园。在电视上的科学、医药和自然史节目已经打破了非商业和商业频道的界限。在天文学或生态学、地理学领域你都能够获得一枚童子军荣誉章。家庭科学现在遍布美国各地的社区活动中心。

但是在许多方面,这种学习科学的机会与在学校里的课堂上课不同。这里没有年级,也没有考试。美国探索馆的创始者弗兰克·奥本海默曾指出,没有人会在一个博物馆不及格。因为公众是否到这里来没有规定要求,而是靠博物馆的吸引力使人们主动来这里接受各种学习体验的。因此,一些非正规学习体验的地方都是灯光闪烁、令人兴奋、充满广告宣传和声音嘈杂的。

非正规科学教育的事业究竟有何成效? 创办和运营这些事业的人是否知道他们在做些什么? 他们有没有理论基础,或至少在桌子上有一份议程,以便检验一下他们在做些什么和为什么做? 这一领域的人是否有一个培训计划,以便他们一开始就能具备有关这一领域的基本知识,弄清楚关于这一领域自己知道些什么,需要学习些什么?

对所有这些问题的回答是"我们不知道"或"我们说不准",以及简单地说"不"。这类问题,在像物理学这一领域或正规学校教育中,都是由学术界来处理的。在大学里,有教授、博士后、本科生和研究生、图书、同行评议的刊物、研讨会以及博士论文。这些机制就是要保证研究和评估、理论、研究日程、富于活力的争论以及共同的知识基础都能由具备共享的知识的现存共同体来履行。

学术界是否准备给予帮助

至少在北美,还没有这样一个非正规科学教育的学术之家。当然,有那么几十位大学教师,其中有几位就参加了安纳波利斯的会议,他们试图提供这一研究事业的某些组成部分,并且做了一些重要的工作。除出席会议的成员以外,威斯康星州的钱德勒·斯克里文(Chandler Screven)、亚拉巴马州的斯蒂芬·比特古德(Stephen Bitgood)、科罗拉多的罗斯·卢米斯(Ross Loomis)都是这个领域中的著名学者。但是,目前中心还没有成立起来,也缺乏足够的有质量的活动的支持,如一份稳定的定期出版的有关非正规科学学习的可参考的刊物。

最近,布鲁斯·卢恩斯顿(Bruce Lewenstein)撰写的评论文章中讲到,[①]有一些科学传播方面的项目。但是这些项目的主要对象是新闻工作者和作家,而没有提供对博物馆、动物园、植物园或是科技中心的经常性研究。在北美,有十几所大学有博物馆的研究项目,但是它们研究的重点是艺术和历史博物馆,以及自然历史博物馆的展品收藏,而不是科学与技术的非正规学习。

在 20 世纪 70 年代的几年时间,确实存在一个非正规科学学习学术中心。它建立在加利福尼亚大学伯克利分校,被称为"芝麻"(Sesame)。这个项目提供跨学科的博士学位,有科学、工程学、认知心理学和教育学等学科的教授,要求学生有较强的科技背景。论文通常是认知理论的研究和对相关部门如博物馆、动物园和海洋馆的评估。中心举办引人入胜的系列学术研讨会,要不就是出版可供参考的刊物或至少组织一连串有关文章在各种学术刊物上发表。

在伯克利的这项事业繁荣发展约有 10 年。在这个时期的一段时间里,几位教师特别热衷于这里的非正规科学教育(较之于正规教育)。后来,这些教授有的退休了,有的转到其他大学,而今天这里的项目已专注于更传统的认知学和正规教学的研究。但在这段短暂的时光里,当它作为一个非正规科学教育的学术之家,"Sesame"及其附近的伯克利教育学院产生了这个领域里常被提到的人才的一半以上。例如:朱迪·戴蒙德(Judy Diamond)、约翰·福尔克(John Falk)、杰夫·戈特弗里德(Jeff Gottfried)、卡里·斯内德(Cary Sneider)、马克·约翰(Mark St John)和萨姆·泰勒(Sam Taylor)等,包括十几位目前科学博物馆和科技中心的馆长和高级管理人员。

在学术中心缺失以后,分散在各地继续从事非正规科学学习工作的一些学者试图创办和资助一个相关刊物,并举办了十多次专题会议,大部分都专注于访问研究。也的确出现过一些挑起争议的文章,但很少有持续很长时间足以促使某种共识产生的争论。

研究与评估的需要

缺少一个研究中心拖住了整个领域的后腿。大部分非正规教育机构都没有研究而且很少有正在进行的总结性的评估。为了应对基金会资助者的要求,如国家科学基金会,有的非正规学习机构可能会从十几位咨询顾问中雇用一位在项目结束时作一简短的评估研究。对于建立一种反思或认真的自省的

---

① "美国科技公众传播情况概述",见《Lewenstein》(1994:119—178)。

习惯来说,这种联系过于偶然,也过于外围。

对非正规科学教育研究和评估的需要也不能提出一些过分的要求。我们的确也有对个别的非正规科学学习经验的影响的研究。在由瓦莱丽·克雷恩(Valerie Crane,1994)编辑的一份出版物中,对这方面的研究成果和值得我们学习借鉴的地方提供了最有价值的总结。是的,人们在参观博物馆、看电影和参加社会活动的过程中都能学习到一些科学知识。并且我们也知道该如何促进这些方面的学习效果,尽管这方面的工作仅是初步的。其中,给人印象最深的是对非正规科学教育项目使用的形成性评估方法的有效性。这往往使项目的任何一个侧面都能得到令人瞩目的改进。

第二节　对于方法的需要

一个形成性评估研究的案例:关于人体免疫缺陷病毒(艾滋病病毒)检测的一堂计算机应用指导课

纽约科学厅研发出一个关于人类免疫系统——HIV 病毒和艾滋病计算机展示单元。参观者通过计算机屏幕上显示的人的解剖体组织构造,详细看到了各类病菌侵入体内的情况以及人体固有的令人惊奇的防护机理。每个部分的特征都有文字说明和讲解、彩色的卡通画面、动画和音响效果。

一个关键的目的是要澄清关于 HIV 形成的一个错误概念,如认为任何一种避孕措施都能防止病毒感染。一旦明白了这一病毒的感染途径的生物特征,事情就变得很明显,只有使用避孕套和杜绝不洁性行为才能避免感染。

是否对人体的高度程式化的卡通式的再现,如同用于早期人的免疫系统的再现方式,仍然适用于目前这一需要认真处理的更加聚焦的展示? 是否更真实地描绘出人体的性器官和性交的图像对于改变流传广泛,也是潜在的致命的错误观念更有必要? 那类程式化的图片是否同样适于传播并能避免观众的抱怨?

艾滋病病毒展示单元的确向公众传播了一些有关病毒的基本生物知识,但是,它最初的形式没有能够对广为流传的所有的避孕措施都能够防止疾病传播的错误概念形成影响。也曾试验过更清楚地描绘性交,虽然还没能达到和摄影一样的真实性,但这个版本已在很大程度上提高了参观者的理解程度。大约是原来的两倍的参观者在看完这个展示后,能够正确认识避孕套相对于其他避孕措施更能有效地防止病毒的传播。例如,对参观者进行了测验,能够正确回答避孕套比子宫帽作用更好的人数由 22% 提高到 45%(Falk &

Weiss,1993）。

当形成性评估模式反复产生诸如此类的有价值的效果时,累积性评估和归纳式结果的状况就不那么可靠了。即使你选择的调查对象再多,如同收看电视节目和参观展览的观众一样,从事非正规科学教育的实际工作者所面对的评估问题和正规教育面对的烦恼一样:对每个人来说对"处理"的体验都不一样;对照观众与试验观众的匹配很少令人满意;在实际工作中,对于一个项目的潜在影响,认知的和感情的,我们只检验了极小的一部分。

大量的工夫曾花费在像确定究竟是天文馆还是课堂是更好的天文学传播者的累积评估上。采用这种方法来比较有效性的问题似乎不可能求得任何普遍有用的信息。

于是,我们就可以说参加非正规科学学习的市民、工人和父母们是更有效果、更快乐的吗?我们不知道。同时,我们也不知道参加正规教育培训的市民、工人或父母们是否更有效果和更快乐。

我们对教育,尤其是对非正规教育的理解,目前正处在一个可以用天文学发展史比喻的一个阶段:这还是托勒密时期,而不是牛顿时期。我们有很多单独实体的数据(展出单位、看电视的时长、家庭学习数学的时间),但未能抽象概括出一种普遍的规则,用以指导从一个经验到下一个经验或能够指导设计出一种新型的非正规科学教育项目。我们预测一个非正规教育项目成败的实际能力是很差的。甚至更糟的是,我们不善于从错误中受到教育。我们很少能复制统一展品的新版本,或者重拍一部已有的电影。

我们应该知道关于这一事业我们还不知道什么,也应该决定我们需要了解什么。例如,在安纳波利斯大会中提出的一些问题:

在各种形式的非正规科学学习活动中,有哪些人参加,哪些人不参加,为什么?

成年人是怎样支持或阻拦孩子到博物馆学习的?

不管展示的学科有什么不同,博物馆的主要经验是什么?

当参观者来到博物馆时,他们的期待是什么,学习是否他们的期待之一?

博物馆的学习有何独特之处?

对一个人或对一个团体,对博物馆多年参观的累积效果是什么?

要开始回答这些问题,仔细持续地搜集轶事证据和进行使人确信的考察是有用的,特别是为了揭开一些需要提出的关键问题。然后,我们需要扩展我们的调查和评估研究,以涵盖更广泛的经验,而不是从项目到项目、从展品到展品、从影片到影片这些我们迄今做过的研究。

乔恩·米勒在1991年进行的纵向的人口研究是一个开始,虽然在他的著作中关于非正规教育体现得很粗略①,但他的这种研究类型应该得到支持和推广,使其能涵盖更丰富的经验和更广泛的社会面。

非正规科学教育重要吗

像纽约科学大厅这样的机构,它的目标就是要改变参观者。当参观者离开博物馆的时候,他们应该与进来时不一样。如果他们在参观的过程中学到了一些东西,这是我们感到高兴的事情;如果我们知道他们在参观以后增加了学习的欲望,想要学习更多的东西,这将是我们感到更为高兴的事情。我们可以检测观众变化的效果——对商业广告的评估不是依据有多少人看到了这则广告,也不是观众对这个产品知道了什么,而是广告播出后的几周里产品的销售情况。

弗兰克·奥本海默喜欢讲一个故事,就是一个妇女从家里打来电话说,她参观完探索馆以后,一生中第一次修理了一个台灯。奥本海默博士注意到在探索馆里没有任何一件展品直接与修理台灯有关系。但是参与一些"动手做"展品的亲身体验,让这位参观者有信心自己去试做一项技术工作(尽管在110伏电压的室内配线下工作对一个初次尝试者来说也不是很安全的)。

在纽约科学厅一个关于昆虫的临时展览展出之后的那一年,在巴恩斯和诺贝尔图书连锁店里关于昆虫方面的书籍销售量是否有变化? 在动物园里,昆虫展示的参观者是否有变化? 在纽约公立图书馆里,关于昆虫图书的借阅流转量是否有变化? 在新星(NOVA)节目上观看昆虫影片的观众是否有变化? 或在女童子军中佩戴昆虫荣誉徽章的是否有变化? 当然,还有很多的变化着的因素交织在一起,使得一个博物馆因某一件展品所带来的变化变得难以说得清楚。但是,如果研究的范围更广泛一些,包括在许多城市非正规教育所涉及的不同话题的研究,模式就可能会显露得更清晰一些。

究竟是什么改变了参观者或参与者? 项目本身可能只是体验的一小部分。人们体验的社会维度是什么——参观者与博物馆里的员工、礼品店里的物品以及其他参观者之间是怎样互动的? 是否所有不愉快的博物馆经验在某些方式上都是类似的?

非正规科学教育的长期影响,应该不只是表现在继续不断的非正规学习上,还要体现在被录取进入中级或高等教育的科学课程学习中。儿童在非正规科学学习中的成功经验,应该体现在不断增长的参与大学终生学习机会中,以及在科学和技术产业坚持继续专业培训中。

---

① 参见乔恩·米勒撰写的本书第十三章。

制订一个相当规模的研究议程不是一件容易的事情。会有失败的担心,也有随之而来的不只是用于研究,而且还要用于非正规教育事业本身的基金枯竭的问题。研究的基本设施条件不足,对于这样的研究项目,如果没有一个从事这类研究的学术中心,以及在这类中心工作的不知疲倦的研究生、相关的刊物和一系列富有挑战性的学术研讨会,是很难使这一研究项目持续的。但是,如果我们不去尝试,我们就很难继续向基金会和公众去推销我们的非正规科学教育。并且我们那些把娱乐放在第一位、把教育放在远远的第二位的竞争者,像迪斯尼和大多数的大众媒体,比我们更早地懂得如何许愿把仅有的一点点营养效益作为附带的奖励而热销自己。

领导层面培训的需求

传统上,学术中心会成为供应本领域领导层面的主要机制。对于我们那些管理非正规教育机构的人来说,他们都强烈感觉到缺少一个在这个领域里对领导者的培训中心。我们正在为纽约科学厅招聘几个高级职员,纽约科学厅和其他同类机构一样正在迅速发展中。

我们要试图挖掘那些在这个领域里其他单位熟悉业务的后备领导者。总之,在过去的 7 年时间里,我们这个小小的员工队伍就被别人挖了好几次,至少有两个博物馆馆长和某大博物馆的展览部主任都是来自我们最初的那一小部分员工。从长远看,我们意识到我们不得不聘用不熟悉科技中心领域的人,这样的人必须肩负起几百万美元项目的领导责任,而又不得不在匆忙中学习了解周围的环境和细节。

领导层面的培训工作严重到什么程度呢? 在 1971 年,当科技中心协会(ASTC)成立的时候,北美有 17 个合格的机构会员;到 1997 年,机构会员达到413 个,而且它们中的大多数都是在前几十年开馆的。[①] 最近对 ASTC 的 290个成员单位进行普查发现,这些单位已录用了 17287 名全职和 12376 名兼职员工。[②]

另一份调研统计了正在建设的和最近开馆的科学中心、自然历史博物馆、动物园、植物园、海洋馆和儿童博物馆,总数达到 199 个。[③] 这些机构正处在寻找馆长、展览部主任、教育部主任、项目经理、评估员和筹款人阶段。如果这

---

① 见《科学中心统计年报》。1997(华盛顿特区:科学技术中心协会,1997)P.1.

② Ibid,P.33.

③ 这项调研统计中的所谓"新机构"是指:"既包括处于计划阶段的,也包括开馆不超过五年时间的现有的'新'科学中心,也包括传统的博物馆转变成互动型的科学中心,还有新的动物园、海洋馆、植物园和主要体现科学内容的儿童博物馆(St. John & Grinell,1993)。"

些部门最终能有一半按照 ASTC 组织的报告中提出的全职人员平均达到 81.2％,那么,这个领域将增加 8000 名新职工。

关于为非正规科学教育培养和增加职工的考虑,并不单纯是各部门自己的人员雇用问题。科研界认为,目前公众理解科学的低水平必须引起警觉。如果非正规科学教育机构能够继续成为学校以外学习的主要来源,就必须为这些机构的职工设置并坚持质量标准和在面向公众的工作之中的科学道德。有鉴于在非正规教育界的经济潮流的影响下,正在鼓励从娱乐圈和服务业的市场营销产业招聘员工,因而受过科技传播培训的员工来源就变得更为必要。

我们不仅寻求有经验的合格人员,也愿意找到一些不同类型的员工,希望他们能成为我们很想为之服务的各类公众群体的代表。每年有 160000 个学龄儿童中的 70％参观纽约科学厅,这只是全市公民中的一小部分。因为这个领域相对年轻,发展很快,非正规科学教育应该成为一个为不同层面的人群(包括行政办公室人员)都提供看得见的平等参与机会的产业部门。但是,没有一个明确的职业途径,没有一个向年轻人介绍一些令人兴奋的职业机会的小册子,没有设在一所大学的中心里的高档次的职业培训和职业服务,非常规科学教育就表现出了一种非公开的少为人知的状态,特别是对那些属于家庭中第一代上大学的少数民族学生来说。看一下许多美国博物馆的馆长就一目了然,种族的多样性基本上是不存在的。

第三节　一个以研究和培训为主的机构

一个非常规科学学习中心的多项描述

一个满足研究和领导层培训需要的学术中心应该是什么样子? 它应该具备如下主要特征:

(1)具有交叉学科的教学班子,包含几位具有科学、心理学和教育学专门知识的全职教授,有来自商业管理、新闻学、经济发展等院系以及戏剧、电影和图像艺术等艺术方面人士定期地参与到中心的教学中来。

(2)在大学教育的整体架构之中具有得到应有尊重的基础。教育学院应该是"中心"最有价值的合作伙伴。但非正规教育中心与"硬"科学院系有时非常密切的关系以及当今 12 年制中学的科学课程的糟糕名声使纯粹隶属教育学院的项目更难以便利其毕业生就业,还不如像非正规教育中心这样的涵盖物理、化学和生物学研究的交叉学科中心。

(3)硕士和博士学位水平,或者同时具有本科水平的副修专业课目。在基本的科学技术方面坚实有力的准备应是各个学位水平的共同要求或前提要求。

（4）拥有与非正规科学教育机构紧密的纽带关系，包括几个能够提供日常研究环境和供给学生兼职打工项目的密切合作者。"真实世界"的体验、通过在这些机构的课程实习、工作实习、撰写论文，将极大提升学生的就业机会。

（5）足够的种子基金资助以支持教师的学术访问、系列讲座、出版物、各类会议以及旅行等。项目一旦得以进行并在本领域产生领导作用，那么，安置学生的机会、入学要求、来自国家科学基金会和私人基金会的资助以及提出签订咨询合同的要求等，将使这个项目成为所在大学里获得更多自助的交叉学科的项目之一。但它可能需要两年的时间和早期孵化基金使这个项目得以进行。

课程大纲

认知和学习理论与批评：派亚格特、布伦纳和卡普鲁斯的《学习循环》；加德纳的《素朴理论》。

信息理论：香农和威纳的《信号与噪音》。

研究和评估方法：形成性与累积性战略和实践技术。

历史与非正规科学教育的实践：博物馆、科技中心、电影、大众与电子媒体、社区举办的项目如《童子军4－H》。

与正规教育的关系：教师的准备和专业发展，K－12课程开发、丰富项目，项目2061课程板块。

非营利机构的资助和管理，包括董事会和政府关系。

项目发展和管理，包括伦理道德和知识产权问题。

行业特殊技能，如：展览的计划和设计，多媒体生产和在线技术。

交叉学科技能：艺术、人文和科学在创建科学公共项目中的作用。

在非正规学习机构或相关事业中的课程实习或工作实习。

会很快来到你附近的校园吗

有好几所大学正在考虑像这篇文章里所提到的项目。在许多地方，有终身制的中老年教授需要一个新的领域以便重新焕发生命力，以能一展所长。那些在其领域内与同行相比稍逊一筹的大学，正在寻找能够使它们走在世界前列的项目。即使那些项目规模不大，它也可使其在大学声望的阶梯上得以攀升，从而在某些领域获得无可争辩的领先地位，而不像物理和文学这些根深蒂固的学科，都是些难啃的骨头。

需要的是几个学术"明星",从一开始就给新的事业带来尊敬,以及几个"散财天使"或强有力的高级官员以便资助启动资金。没有成功的保障,但新的产业正在寻求领导。有的是需要答复的重要问题,民主体制如何能为其参与者、为科技时代的来临做好准备。总有人会成为非正规科学学习领域内的牛顿。

艾伦·弗里德曼　著

（Alan J. Friedman）

徐善衍　译

致　谢

作者感谢帕姆·阿布德（Pam Abder）、杰克·克罗（Jack Crow）、弗洛拉·卡普兰（Flora Kaplan）、锡德·卡茨（Sid Katz）和塞西莉·塞尔比（Cecily Selby）在这个问题上所给予的有益的讨论和批评。

本文于 1994 年 2 月最初由作者发表在旧金山召开的美国科学促进协会大会上,并经修改后于 1994 年 4 月在蒙特利尔召开的"当科学成为文化"专题研讨会上再次宣读。

本文的不同版本曾发表在由约翰·H. 福尔克（John H. Falk）和林恩·D. 戴尔肯（Lynn D. Dierking）编辑（华盛顿:美国博物馆协会,1995）出版的《个人学习的公共机构》第 135～140 页和《博物馆研究员》第 38 卷第 4 期（1995）第 214～220 页。

参考文献

Crane (V.). 1994. *Informal Science Learning: What the Research Says About Television, Science Museums, and Community-Based Projects*. Dedham (MA): Research Communications Inc.

Falk (J. H.), Dierking (L. D.) (directed by). 1995. *Public Institutions for Personal Learning: Establishing a Research Agenda*. Washington (DC): American Association of Museums.

Falk (J. H.), Weiss (M.). 1993. "Utilizing museums to promote public understanding of science: Early adolescent misconceptions about AIDS prevention", pp. 165-191 in *Visitor Studies: Theory, Research and Practice*. Jacksonville (AL): Visitor Studies Association.

Lewenstein (B. V.). 1994. "A survey of public communication of science and technology activities in the United States", pp. 119-178 in *When Science Becomes Culture*, directed by B. Schiele. Boucherville (QC): University of Ottawa Press.

Miller (J. D.). 1991. "Public Scientific Literacy and Attitudes Towards Science and Technology", pp. 98-105 in *Science & Engineering Indicators—1991*, directed by the National Science Board. Washington (DC): US Goverment Printing Office.

St. John (M.), Grinell (S.). 1993. *Vision to Reality: Critical Dimensions in Science Center Development*. Washington (DC): Association of Science-Technology Centers.

第五章 公众理解科学中心的演进：
对澳大利亚国立大学经验的一些思考

我们生活在一个往往忽视科学而又受迷信思想支配的社会里,因为人们总是倾向于忽视那些他们不理解或害怕的事情。科学的发展进入到了为学科愈来愈细化的由专业科学家掌控的领域,他们几乎与世隔绝,把自己封闭在实验室里,只有在经费紧张为争得支持的时候,他们才出面向社会宣布所谓取得了又一个突破性的成果。这种状况腐蚀了广大公众对科学事业真实本质的认识和了解。如果澳大利亚人认为科学是他们生活之外的事情,并如果把这种想法延伸到政界、司法界、商界、工会组织和工业界,那就不奇怪为什么这些领域对科学政策缺乏重视了。

因此,科学技术的未来取决于社会赋予它的价值。这是创造澳大利亚经济财富的关键所在,如果每一个人对科学技术的兴趣像他们对政治、体育和艺术的兴趣一样,那么"聪明的国家"就能成为一种现实。我们一直在争取实现一种共识,即科学是高级文化的一部分,对科学的追求无论是为我们自己,或是对人类文明的进步都是值得的。

澳大利亚需要有一些为科学事业奉献的传播者,因为科学在政府的许多决策中都起到支撑性的作用。要有效地参与到各项政治进程之中,对科学的了解是必不可少的,然而,这往往又是缺乏的。凡是一项成功的科学政策,都是源于与科学家的有效沟通。

引　言

1996 年,我们当中的一员布赖恩特(Bryant)写完了这些文字,作为刚刚成立的公众理解科学中心的宣言,来说明我们对科学传播的承诺并表明我们要做什么。但是,我们这个中心如何达到预期的目标? 10 年前,我们起步时所持的见解是值得赞赏的吗? 我们是否义无反顾地奋斗了那么些年,跟我们假想的敌人战斗,披荆斩棘而把种种可能的异见都扫到一边?

那么,我们是怎样走到今天的?

第一节　项目在澳大利亚国立大学起步

在过去的 20 年时间,我们在澳大利亚国立大学(ANU)发展了一套独有的教育设施。开始,是由一位高级物理讲师迈克尔·戈尔(Michael Gore)博士受旧金山探索馆的启发而点燃了这份创业的热情。在 20 世纪 70 年代早期,戈尔访问了这个馆,他回到澳大利亚国立大学以后,在物理系的一个废旧储藏室复制了这样一个微型的探索馆。少数学校团体曾被邀请到这里来参观,并与戈尔一手建造的展品互动。随之而来的是引发了很多关于是否有一天可以建立一个真正的科学中心的可能性的讨论。于是在 1980 年,由澳大利亚国立大学赞助,建立在以试验为基础上的澳大利亚第一个交互式的科学中心——Questacon(堪培拉国家科学探索中心,以下简称科学中心)出现在堪培拉。这个中心建立在一座已经废弃的旧教学楼内,它力求在其参观者中激励起探索和了解自然界的欲望。

就像探索馆一样,初建的科学中心向广大公众敞开了大门,尽管只有少量的展品,以及从澳大利亚国立大学的本科生中招募的一个小小的但有奉献精神的讲解员队伍。不久以后,南半球的第一个羽翼未丰的交互式科学中心就出现了观众爆满的现象。在科学中心倡导的"动手做"原则如同在美国人那儿受欢迎一样,也受到澳大利亚人的喜爱。开始,戈尔为了争取疏导拥挤的参观者,他开始做一些现在为全世界所熟悉的短时间的科学演示。实践证明,这是大受欢迎的一种方式。于是他又征召了一些澳大利亚国立大学的本科生和他一起向观众做讲解演示工作。

过后看来,当初征召澳大利亚国立大学的在校生作为志愿者的决定正是公众理解科学中心的起源。戈尔惊奇地发现了那些担当这项新任务学生们的热情和他们快速为担当这项工作而建立起来的自信。他们的表现技能提高到如此的程度,就像戈尔向当时在澳大利亚国立大学担任理学院院长的布赖恩特建议的那样,科学传播培训——当时还是很不正规的——应该正规化,成为正式认证的研究生科学传播课程。后来确实这样做了。在澳大利亚国立大学的支持下,Questacon 科学中心和科学"马戏团"(Circus)得到了财政拨款,同时也允许收取很有限的门票费,所有这些收入都存入到由澳大利亚国立大学负责的信托基金里。我们决定用信托基金的利息向 9 名学生提供一笔适度的奖学金,他们愿意成为第一批获得毕业证书的讲解员。

目前,科学中心已赢得国家和全世界的声誉。澳大利亚联邦政府看到 Questacon 声望和影响日趋扩大,开始意识到让越来越多的公众了解科学的必要性,决定建立一个全国性的公共科学技术中心,作为 1988 年澳大利亚成立 200 周年的庆典献礼之一。于是,澳大利亚国家科技中心即于 1986 年开建。

在 1988 年,Questacon——国家科学技术中心,由戈尔担任创始馆长,第一次打开了它位于议会三角区的声誉卓著的新建筑的大门。在科技中心的简介里包含它的扩大的外围项目。作为王冠上的宝石,这些外围项目的最大亮点是壳牌(Shell)科学"马戏团"。科学"马戏团"是几年前设计的小型流动展览,它同样由来自澳大利亚国立大学的那些大学生自愿组成,他们的信心得到演示科学展出的激励,他们作为讲解员随流动展览巡回。这一流动展览的名称借自安大略科学马戏团。选择这一名称是因为小型的巡回马戏是旧日的一个优良传统,"马戏团"隐含着一种整体合作努力的意义,如赤背的骑手要打扫马厩,高空表演艺术家要参与搭建马戏表演大篷(Bryant & Gore,1991)。

在 Questacon 之前加上"壳牌"这个前缀,是为了纪念一个扩展的外围项目与工业赞助者之间的很独特的关系。在早期,每当科技"马戏团"要计划出发时,就要作费用预算并由戈尔寻求外面的资助以添补经费的不足。澳大利亚壳牌公司是最早接触的公司,而且证明是非常慷慨地支持了流动科技中心的连续展示。随着科学中心的根基不断稳固,与澳大利亚国立大学的关系得以加强,澳大利亚壳牌公司同意提供为期 5 年的广泛的资助计划,这一合作关系如此成功,使赞助延长 5 年的计划得以批准。澳大利亚壳牌公司的教育项目主任在他退休后写道:"在我就职于壳牌公司的生涯之中,无论是在公司层面还是在个人层面上讲,科学中心和壳牌的合作关系都是我最有价值的事业之一。两个组织之间包括彼此间的许多人员之间的关系都得到了发展。它证明,公司对外的赞助应该是——为值得投身的确有价值的事业的合作努力,以及实行这一合作努力的专业精神。"(Adair,1996:Personal Communication)。

那时科学传播的政治现实与现在很不相同。那时候,科学传播还不是一句可以保证立即得到赞同的口号。确实有很多障碍要去克服。这表现在种种态度上,从"这不是澳大利亚国立大学应该做的事"到"这对澳大利亚国立大学有什么好处?"由于发起者的相对资深地位,这前一种看法销声匿迹了,后一种看法则更难以克服,但近年来由于联邦政府对增加大学的社会关联度的关注,已经使这种反对的观点蒸发了。然而,争议还是在所难免,诸如,这一课程会促进澳大利亚国立大学在教育界的形象的看法即令人痛苦地受到了挫折,而扩展外围项目应是大学的受欢迎的活动这一倡议距离实现之日虽不能说还没有出现在地平线上,也只能是遥遥无期,至于有关澳大利亚国立大学应招收一些这方面的高才生以增加学生团体的吸引力的建议则尚未破冰。的确,大学当局有一位高级学术委员曾提议为科技中心教育大学在校生的特权而向科技中心收费!这可能会成为撞沉泰坦尼克号的那座冰山了。幸亏有来自注册主任助理简·弗莱克诺夫人(Mrs Jane Flecknoe)的帮助,这位有远见和巧于应对的弗莱克诺夫人想办法跟自己的大学谈判,争取到唯一的收费仅止于簿记的收费。

第二节　毕业证书与毕业文凭

当我们最初拟订的可以获得毕业证书的计划得到批准的时候,我们就像凯撒的妻子确信自己开始孕育着成功一样兴奋并相信自己有着不容怀疑的未来。相应的,我们设立了严格的入学标准。多年来,也始终坚持了学生申请一份科学传播专业奖学金应具备的基本条件,这主要是奖学金的获得者必须具有很好的科学学位(因为这毕竟是一项奖学金课程),并且能够证明他们善于运用生动而有效的方式与别人沟通。需要说明的是,有很少几次,由于当时认为的并无不当的理由,我们曾对上述两条标准中的某一条有所违背,而相关的学生也就出现过问题。

在最初的几年,录取学生是采取面试的方式。但实践证明,这种做法既耗时又花费较高的旅行费用。因此,现在改为发布招生广告的做法,号召表达自身的兴趣。通常,送来申请表和个人公开资料的应招者达数百人,对那些有兴趣的就会为其送去申请表格和宣传材料。会有多达100份正式申请表返回,管理委员会将根据学术要求,从中选取一份较长的备选名单。管理委员会由大学的学术和行政人员,以及科技中心的主任和适当人员组成。然后要求表上的备选申请人准备一套科学展示的短录像带,并为此向他们送去有关指示和脚本。这样他们就要准备在面试时呈现自己;到这一步这一课程已成为科学版的国家戏剧艺术学院了!大概会收到40多套录像带。管理委员会要再度在一天里准备出一份最后的短名单,这是很艰巨的,但也让人兴奋不已,因为申请人表现了种种奇思妙想。

从一开始,那些学员都是手选的,具有高水准的。例如,在1995年录取的15名学员中,入学以后有9名获得了一等荣誉、两名获得大学奖章。其他学员中,一名取得了博士学位,还有一位暂时停止了读博的课程而参与一个项目的工作。

在1988年1月,第一批参加研究生毕业证书班的9名学员开始了他们的研究生课程,并跟随科技"马戏团"进入到澳大利亚的农村开展工作。在出发前,学员们受到了来自科学中心专业人员关于如何展现科学的全面强化培训,这些训练包括公众演讲、表演技巧、科学展示的开发、如何"沿街卖艺"以及传授展品背后的科学。这些学员的全年发展都被科学中心和 ANU 专职人员所监控。

以我们的有限的经验以及完全缺乏任何地方的先例,这不足为奇——在四月份就有学生感到不如意,并有一名代表来找我们。他们用一种非常诚恳友善的方式向我们提出,他们是在没能得到更为广泛深入的科学传播理论和实践的正式培训情况下为我们所用,派他们跟着"马戏团"出外的。我们担心的是学习负担过重;为了留有余地,显然我们没能给他们带来应有的变化。我们抓紧调整了课程,根据学员们的意见,在教学中加入了一些必要的理论和实践内容。

两年的研究生认证课程结束以后,又有学生代表来找我们。看来,我们已把工作负担调整得较为合适,尽管分量还是较重的,但回报并不适当。学员们认为在学术的流通货币中,研究生毕业证书仅仅是一枚小硬币,只能证实有的人在研究生课程期间的人身参与。因此,1990 年末,我们与当时的理学院院长探讨他是否能支持将这一课程升格为可获研究生毕业文凭的课程。他同意了,前提是课程的学术内容要进一步加强。和朱迪·斯利(Judy Slee)博士及安杰拉·德尔夫斯(Angela Delves)博士(两人分别是心理学和生物化学以及分子生物学的高级讲师)一起拟定一份向研究生学位委员会(GDC)的报告,并被接受了。这样,科学传播专业研究生学位文凭的课程开始启动了,按照GDC 的要求,在 1991 年暂时试行一年。相应的教学工作在 1991 年试行一年,于 1992 年初,适时地提交了学位委员会要求的正式报告并得到了科学系的批准,GDC 决定该专业的硕士毕业文凭项目可以继续。关于迄今为止的课程描述见表 5-1。

表 5-1 科学传播(硕士)毕业文凭

设立科学传播专业(硕士)毕业文凭是为向学员提供有效的科学传播所需的基本知识,以及运用各种媒体在各种环境中向儿童和成人传播科学概念和科学观点所必须具备的实际技能。

对所接受的学员的最起码的要求,应是来自被认定的高等院校新近毕业的科学专业的学士。另一个选择的标准就是要具有在一定范围内能够面向公众传播有关科学知识的口头表达和写作技能。

全部课程要求在全日制学习的基础上完成。其中包括:课程、校外实践/工作实习以及项目研究。

1.课程

课程包括三个独立的模块:

印刷和电子媒体 SCOM8001

应用项目 SCOM8002

科学与社会 SCOM8003

续表

2.校外工作现场实习 SCOM8004

校外实习的目的是为了在科学"马戏团"和科学中心以及更广泛的层面上,拓展学员从事科学传播所需要的知识,增强相应的实践技能。它包括在展览讲解、现场演示、选择演示道具并说明它的特性、与科技"马戏团"直接接触以及参与其他大众(印刷或电子的)媒体相关活动内容方面进行一段时间的定位定向的实际培训。它也包括在科学传播和普及中有关团队动力以及培养有效团队等方面的内容介绍。

3.研究项目 SCOM8005

研究项目是针对科学传播的某些专题提出的。它是为准备设计和完成某个科学传播项目提供一套方法所进行的短时间培训。

(澳大利亚国立大学研究生学院手册,1996)

什么是科学传播者

科学传播的内涵是丰富的,形式是多样的。在我们这个项目开始时,我们曾极力要给出一个和学术性的定义相对、有用的定义,但没有成功。我们的结论是让学员们自己去定义"科学传播"是最有效的办法。因此,我们面向范围更广的各个方位的科学和科学政策,让学员们尽可能开阔其接触面。要看到,在核心课程之外,学员们对很多不同领域都有感兴趣的课题,如哲学、科学伦理、科学中的隐喻、科学政策的制定、传播理论以及一些当代问题等。然而,对于这些要拿到毕业证书或学历文凭的学员来说,这些兴趣必须要和一年中 6 个月的运行"壳牌"科学中心科学"马戏团"的任务和实际的科学传播活动放在同样重要的地位。正如在别处描述的那样(Bryant & Gore,1991),科技"马戏团"最强调的是团队的协作和配合,参与实习的每个学员都要轮流在从最琐碎乏味的到最露脸的各种岗位上经受锻炼。

我们希望大家都能明白课程学习的效果取决于相互的信任和共同的探讨与学习。学生在管理委员会中有一票的表决权,研究理事会是该委员会的顾问。管理委员会向科学系、研究生院和科技中心报告。除了偶尔研究涉及个人隐私问题需要保密外,所有学生都欢迎列席管理委员会会议。这种坦诚开放式的讨论获得了回报。第一年运行实践的结果表明,我们加给学员们的压力过大了。所以在第二年,我们把获得奖学金的人数增加到了 10 个。在第三年,我们又增加到了 12 个,现在获得奖学金的名额达到了 15 个,并且在每一次 10 人团队小组参加科学"马戏团"工作时,留下的人就集中时间和精力于学术方面的研究。

虽然我们有时会从科学系和澳大利亚国立大学的其他部门以及科学中心

得到一些专项资助,现在,我们正着手寻求一种更系统的支持和帮助。对此,教学岗位的同事们作出了非常积极的反应,虽然我们不忍心在他们已有的繁重教学任务的基础上再增加负担了,但我们还是聘用了他们中的很多人担当了共同导师或提供短期强化课程,如统计、公共关系等。学员们的时间安排得越来越紧凑又富有计划性,因为他们越来越多地把精力投入到了所学课程中的学术方面的内容,特别是他们自我选题根据自我的短小的实际体验研究写作的论文。很奇怪,虽然他们大多数都以优等成绩获得了学位,这类自选命题的论文仍然在他们心目中占有突出的位置,似乎他们不能使自己曾为学位论文付出过所需的巨大努力缩水,似乎也由于在社会环境中从事研究的不确定性使然。

第三节 研究生学位课程

在研究生毕业文凭课程刚开始启动的时候,我们大多数与教学相关的人员都想后撤两年,观察一下课程的进展情况,而专注于我们在澳大利亚国立大学和科学中心的正式的、高要求的教学任务(当然,要记住,这一新的项目一直是依靠一些事务繁忙的人的良好愿望的。这一项目当时是——现在仍然是——脆弱的,关键人物中任何一位的缺位都可能会导致整个项目的垮台——到现在还是如此)。但事情的经过是,我们没有被允许获得任何喘息的时间。

1991 年,来澳大利亚留学的全费生的狂热达到了高潮。理学院院长花费了一些时间到海外招收学生,注意到在亚洲科学传播的兴趣正在高涨。他回国后,发布了作为一位学术人士对另一学术人士发出的最接近于命令的东西。我们必须在 1992 年在大学手册中具备硕士课程。幸亏他还能提供一些资源。

于是,我们委托前任科学系助理秘书玛丽·瓦格斯(Mary Varghese)博士给我们做一个可行性研究。她第一步要做的是要列出在堪培拉和其他地方所开设的课程的全部清单。在澳大利亚国立大学(科学系以外)的其他系里和堪培拉大学具备一些合适的课程。同样,中昆士兰大学莱斯利·沃纳(Lesley Warner)教授正在建立一个远程教育的硕士项目,我们和她的项目建立了密切的关系。玛丽·瓦格斯博士还负责从澳大利亚传播研究所所长戴维·斯莱思(David Sless)教授那里获得帮助,斯莱思教授同意向我们的学生提供传播理论课程的教学。

在这种情况下,1992 年和 1993 年两年,由瓦格斯(Varghese)博士、斯利(Slee)博士和布赖安特(Bryant)教授共同制定了向 GDC 提出的进一步申请,这首先是寻求建立硕士学位,随即创建一个全面的科学传播研究生项目。在 GDC 于 1993 年 11 月 8 日召开的会议上,通过了这个研究生项目试行一年,并同意应设置硕士和博士学位。GDC 要求建立一个研究委员会,其中包括增加一个医学研究员和一名研究科学传播方向的专家。1993 年,招收的第一批硕士研究生学员正式入学。被批准的学习课程如表 5-2 所示。

表 5-2　科学硕士

这个学位的入学标准,适合于那些具有以下条件的应试者:成绩达到 11A 或以上的科学学士;获得科学传播专业研究生毕业证书成绩优异者;以及资历和经历等同于或优于以上学历者也可报名应试。

应试者必须能够向招生委员会展示出他(她)在有效的科学传播工作中的潜力。

正常的全日制学习时间为一年,也可以用两年时间完成规定的学时。

全部教学课程分为八个单元,八个单元的总成绩占毕业总成绩的 50%,工作实习时间为三到四周;毕业论文和成绩占毕业总成绩的 50%。这个方案在 1996 年进行了评估。

教学

八个教学单元的内容是由五个单元的理论课教学和三个单元的实践课构成的。五个单元的理论课包括两个必修课、三个选修课;三个单元的实践课包括两个必修课、一个选修课。课程设置如下:

理论课:

传播与科学 SCOM 8010

研究方法 SCOM 8011

大众传播的本质和利用 SCOM 8012

科学政策与公共关系 SCOM 8013

科学哲学 SCOM 8014

实践课:

公众演讲与行为技巧 SCOM 8015

科学新闻 SCOM 8016

展示设计、展品、展览 SCOM 8017

工作实习

这是到现场接受锻炼的"学徒"期,实习地点可能安排在科学中心、澳大利亚艺术与技术中心、传播研究所、ABC、科学杂志社、报社、相关科技公司的公关部以及博物馆等。实习期三至四周。

子课题/研究项目

每个学员被批准撰写关于科学传播方面的论文题目,要在完成 12 个月学习任务后着手进行(脱产学员)。

或者说

对于一个被批准的科学传播方面的课题,包括在一个工作团体的研究计划项目之中。这个工作团体的课题研究既不限于实际经验,也不限于书本的形式和内容(ANU Graduate School Handbook ,1996)

实际上,学员们自由选定的每个论文题目都是"壳牌"的,因为在"壳牌科学马戏团"的大标题下,学员们一旦进入其中,就都能认定一个适合自己要研究的题目。这些课题都要由学校管理委员会审批同意。

毕业生

在写这篇文章的时候,104 名具有大学毕业证书(或相应学历、学位)的学员和3 名硕士生学完了预订的课程。在 1997 年,全部入校注册的在读生包括 1 名优等学位学生、15 名获得学士的大学毕业生、20 名硕士生和 6 名博士生。虽然有不少学科的教学与不属于本校的一些学院建立了密切合作的伙伴关系,这仍是设置在科学系里独一无二的最大的研究生教学项目。整个招生计划的生源是不成问题的。录取学员的相关要求前面已经讲过了,招录硕士研究生和博士生主要按照常规的做法,依据原来学校的成绩、本人经历和原毕业学校、所在单位等的相关资料介绍。

学校从一开始就对历届的毕业生留有档案,并通过信件往来和一份称为"赛纳波斯"(Scinapse)的不定期印发的简报以及大约一年发行一次的《科学动态》小册子,保持与绝大多数毕业生的联系。这两种出版物都是由同学们自己主动发起创办的。表 5-3 列出了这些学生的原报考地(它体现了来自全澳大利亚的广泛代表性),也列出了他们的第一学历(学位)以及目前的从业情况。只有 2 名学生毕业以后脱离了所学的专业,其中一位因在能力上不能适应工作团队的要求而离去,另一位是因为他接受了一份迟到的来自加拿大大学提供的奖学金,准备到那里深造。

表 5-3　获得学历证书或学位文凭的学生(1998~1996)

原籍	第一学位	现职业
西澳大利亚州 6	生物化学 26	科学传播"业"60
南澳大利亚州 16	生物学 46	工业研究 3
维多利亚州 21	化学 11	大学研究 6
塔斯马尼亚洲 4	计算机学 2	在读更高的学位 13
新南威尔士州 38	数学 9	中等学校教学 7
昆士兰州 14	物理 17	其他 2
ACT * 20	地质学 2	不清楚 13
	心理学 4	在读 15
	工程学 2	

* ACT:澳大利亚首都地区(这部分虽然位于新南威尔士州,但又不属于这个州)。

没有一个人没完成学业,这也是在入学条件十分严格的情况下每个人所期望的。然而,也有一个很有意思的现象:这些学生通常都坚持努力学习取得了很好的学业成绩,但是他们硕士毕业的最终评定水平却始终分布在三个不同的等级上(表5-4)。这显然是在毕业测评时,我们拓展了他们以往考试的内容。

当时,有3名毕业的硕士生,他们中的两位是来自新南威尔士州,一位来自堪培拉地区。他们最初学习的专业分别是化学、物理和分子生物学。现在,他们都在科学传播部门工作。

表 5-4　研究生毕业成绩(1991~1996)

年	及格	良	优	总计
1991	1	8	1	10
1992	1	7	2	10
1993	2	8	2	12
1994	1	10	4	15
1995	0	12	3	15
1996	3	8	3	14
总计	8	53	15	76

(在1988年、1989年、1990年,28名学生获得了毕业证书。)

入学的性别比例连续多年保持在2:1多一点的比例上,女生占多数。值得注意的是生物科学(包括生物化学)为第一学位的,在104名毕业生就有59位。在澳大利亚,生物学历来是女学生的热门专业。

所有毕业生都是澳大利亚人。在1994年,招生管理委员会同意招收海外自费生,但是他们必须符合入学的条件,从入学到毕业每学年要交20000美元学费。这表明每个学生学完全部课程的实际成本。在通过对一些海外学生的调查中了解到,学费是吸引他们来这里学习的最不利因素。硕士生的学费是每年14000美元,在写这篇文章时,一位来自中国台湾的学生被录取。

在澳大利亚,科学传播专业学生的就业途径选择是广泛的。我们的毕业生在澳大利亚几所大学里的信息传播或科学教育系里都可以找到。他们也经常在科学中心找到工作,如在堪培拉的科学中心、布里斯班科学中心、墨尔本科技馆和悉尼的动力博物馆以及在阿德莱德科学技术中心担任调查员。英联邦科学研究组织(CSIRO)也是一个较大的用人单位,从数学部门的应用推广经理到"双螺旋"的协调员,他们把毕业生安排在各种不同的工作岗位上("双螺旋俱乐部"是由 CSIRO 支持的活跃在各地的儿童科学世界）。他们经常组织孩子们在悉尼天文观测台、澳大利亚自然保护区、合作研究中心、澳大利亚传播研究所（CRIA）以及面向公众提供各类科技服务的部门开展活动。

这些毕业的学生经常在各类印刷媒体上发表文章，或在各类声像媒体进行各种形式的演示。

他们也经常走出澳大利亚，到那些需要他们提供服务的地方去，因此他们也被称为科学中心里的"吉卜赛人"（Gore，1997）。目前，我们多少知道的一些毕业生，他们分别在美国的亚拉巴马（担任学校综合科学课程协调人员）、伯克利（担任展览设计咨询）、新加坡（担任新加坡科学中心节目主持人）、伦敦（在大英博物馆自然史馆工作）、加的夫（从事技术性工作）、爱丁堡（担任爱丁堡科学节主任助理）和新西兰（参与科技巡回展）等地都有一份比较稳定的工作。还有一些人流动在世界各地有时被聘用在各类科学传播的事业中。

学员们认为，我们设置的研究生专业课程非常必要，内容也很好。我们经常收到来自他们的各种反馈意见，这使我们实实在在地感受到这项专业教育已与我们建立起一种不可分割的关系，与毕业生的沟通也使我们知道什么时候需要改进我们的工作。特别是我们看到，我们必须要跟踪快速发展的科学中心的各种新要求不断改进教学。我们培养的学生受到了澳大利亚和海外各地科学技术普及部门的热烈欢迎。在最近的一次国际会议上，海外的参会者都表示对我们的专业课程很感兴趣，并探讨聘用我们毕业生的可行性，或者派学生到我们这里来学习。但是，当时一年的实际学费 14000～20000 美元，这是一个让人望而却步的数字。将来，我们有可能开设有针对性的短期培训。

公众理解科学中心

在 1996 年，科学传播专业开始在一个新的学科领域里启动。苏珊·斯托克麦尔（Susan Stocklmayer）博士担任了澳大利亚国立大学该专业的第一位讲师。她以她的精力激发了这个专业新一轮的发展。科学系把最好的办公地区拨给了这个专业项目，随着与系里其他专业教学力量的结合，包括系里一个名为"科学的背景"的本科生项目和一个多媒体单元，一个中心在科学系里建立起来了。它自此成为有关公众理解科学的教学和推动工作的研究活动的聚焦点。

在过去的三年时间里，我们与 CRIA 相互之间新的真诚的合作已在开花结果，他们提供了我们所急需的在传播理论教学方面的加强；该所的所长为我们学科的硕士学位和研究生教学提供了保证。CRIA 已建立一个在传播方面内容广泛的综合图书馆，藏书量约有 10000 册。经征得 CRIA 同意，我们的学员可以不受限制地出入图书馆。

CRIA 还建议发展一个专门研究科学传播理论的团队。在研究生教学项目的帮助下,CRIA 出版了一本科学传播方面的参考书(Sless & Wiseman,1996),现在已成为本专业的标准教科书,该所还出版了科学传播大会会议文献的汇编(Wiseman,1996)。

结　论

"你知道是谁创造了你吗?"

"没有什么人,因为我只知道",孩子笑了一下说:"我很小,我在长大。"

哈丽雅特·比彻·斯托《汤姆叔叔的小屋》。

当我们在 1987 年开始这事业的时候,我们没有预期 1996 年的状况。

值得注意的是,当我们把本文提供给一些同时征求意见时,他们就研究生项目的教学目的提出了问题。我们希望能给予一些基于教学理论上的出色回答。但是,那只能是事后的理性反思。我们的教学目标是要培育一批能胜任、讲实效、有知识的科学传播者。因此,我们对那些高水平的研究生,采取 20 世纪 50 年代我们自己当学生时的学院式运作方式,对他们进行一些特殊的培训。我们允许学生自己设定今后的发展目标,并为达到这个目标,学校试图提供一个稳定的教学环境并建立和谐的教与学的关系。如果说,我们在信守一条哲学的理念,这就是:人人都有进取向上的事业心,不同的是沿着人生事业之路,我们中的一些人要比别人走的远些,更远些!

在我们开始创业的时候,哈丽雅特·比彻·斯托做了大量的工作,成绩显著,但我们都缺乏清晰的、富有远见的思考。在 1987 年,如果有人问我们建立科学传播专业研究生班的教学方针目标是什么,我们的回答很可能是:我们认为科学中心提出的这个研究项目是可行的。在 1991 年,我觉得我们的动机还没有改变,但走过 10 年的历程以后,情况就发生了变化。一位很优秀的科普工作者史蒂芬·杰伊·古尔德(Stephen Jay Gould)(1989),对研究偶然性事件引起生物进化问题十分着迷。按照常理,有机体的进化是不可预测的,但是它所处环境发生的诸多难以预料的事件确在影响着生命体的进化。这也正是澳大利亚国立大学科学传播的教学项目和 CPAS 不断演进的过程。因此可以试想一下:如果我们不是远在新南威尔士的南海岸,坐在椅子上眺望大海并讨论着科学中心的问题;如果我们没有考虑到科学"马戏团";如果我们两个人不是处于具有一定职权的位置上来研究未来的发展计划;如果不是学员们用他们的实际行动和学习体会,有效地帮助我们不断修正最初的办学思想;如果没有科学系主任的有力支持,争取不到相同于大学的全日制教学方式和对学生实施免费教育;如果我们的想法是在 1977 年,而不是在 1987 及时抓住了社会兴起科学传播的机遇开始启动我们的计划;如果……我们还会列出许多个"如果",这些都可能使我们走向其他的地方。然而,我们现在是站在这里,借用一位优秀科学传播者的一个比喻:在风景如画的学校教育的山峦之间,我们前所未有地翻越了第一道关口。也许我们将能看得更远、登得更高,并为我们的未来制定出更为切实可行的计划(Dawkins,1996)。

但是,也是必然的,总会有一些偶然的事件在什么地方还要出现。

克里斯托·布赖恩特和迈克尔·戈尔　著

(Christopher Bryant and Michael Gore)

徐善衍　译

参考文献

Bryant (C.) Gore (M. M.). 1991. "Cleaning up after the elephant". *Australian Biologist*, 4, pp. 168-170.

Dawkins (C. R.). 1996. *Climbing Mount Improbable*. New York: Viking.

Gore (M. M.). 1997. *British Interactive Group Newsletter*, January.

Gould (S. J.). 1989. *Wonderful Life*, New York: W. W. Norton.

Sless (D.), Wiseman (R.) (directed by). 1996. *Readings Towards Science Communication*. Canberra: Communication Research Press.

Wiseman (R.) (directed by). 1996. *Science Communication: Possibilities for the Future*. Canberra: Communication Research Press.

第二部分　新的探讨

博物馆经常面对有关其失败的预言，但这适足以促成这一领域的革新。博物馆是一个持续变化的领域，一切似乎都处在恒久转化之中。但这又是一种定向的动力，它导引着努力的方向，正是这一动力对问题做出了界定。我们现在正试图辨明当前支撑着一些项目和指引着某些反思的主要议题，尤其是无论议题、论点和见解涉及范围多么广泛，也要加以折中权衡以便提纲挈领。科学博物馆学趋向于围绕两极而重整：一是传播的要求；二是公众的要求，这是由于对当前种种问题的社会见解的关注而激发的，诸如环境、人口、经济全球化和全球联网等。

本书的第二部分介绍对科学博物馆学的新方式的探讨，这又分为两个方面：博物馆问题和媒介手段。

第一个方面着重检验博物馆当前所面临的全球性问题，撰稿人是寇斯特（Koster）、莱文斯坦（Lewenstein）和艾里森·布内尔（Allison-Bunnel）。

作为"人类旅程"的一个准则，寇斯特说"文明必须努力与其所处的世界保持一种生态平衡"，因为人类和地球拥有一部起源于 45 亿年前的共同历史。而且，由于人类活动对环境和社会所造成的影响在不断增加，现在已经到了我们必须重新调整我们追求的取向，同时重新思考我们做事情的方式方法的时候了。这一自觉意识是博物馆的责任所在。如果博物馆能够与其他工作一起，致力于把一般公认的文化中的科技文化和对公众的科技文化水平的提升整合在一起，那么博物馆开展工作就会更加容易。

寇斯特所强调的这种提升科技文化水平的愿望是由莱文斯坦和艾里森—布内尔在论述公众自觉意识的提高是博物馆的科学贡献时提出来的。他们注意到科技博物馆本身作为公众科学传播这一传统的持续载体正日益面向公众。他们力图掀起一场支持科学、唤起青少年对科学的兴趣的运动，以培养一支未来科学爱好者的队伍。不同于人们通常所持的认为这种传播功能的开发已有害于研究这一观念，他们坚持认为这种传播功能依然重要，应该继续开发。通过展现科技幕后的景观并展示科学家的工作情景，博物馆起到向公众提醒这一研究活动的现实的作用。另外,通过使用范例,莱文斯坦和艾里森－布内尔证明了一个通常被忽略的事实,那就是:展览的实施通常牵涉到一系列研究活动,而这些研究活动对公众和科学家都是大有裨益的。他们的结论是:"科技博物馆不仅是与公众接触的重要工具,而且是通往科学本身的关键设施,在下一个世纪仍将继续发挥这种作用。"因此,他们呼吁一个科学与博物馆、公众与博物馆以及更直接的公众与科学的三重密切关系。

第二个方面,在围绕如何对协助博物馆达成其任务的方法进行检验方面有一个结构。其中涉及四点:①博物馆的阐释(Montpetit);②观众的概念(Giordan);③儿童博物馆学(Guichard);④参观如何进行(Miles)和展览中不可替代的文字的使用(Jacobi)。

注意到科技博物馆学是一个没有确定边界的流动领域,能够将具有不同使命和战略的机构集合在一起,蒙佩蒂为此建议在分类时遵循一个角度:向公众展示科学及媒介手段的性质。这些截然不同的机构的共同点是它们对促进科学意识这一目的之追求,以及总的说来,它们对所涉学科的主题处理方法的选择。他注意到,取消某些机构的"博物馆"名称,免除其收集典藏品的责任,可以改变博物馆学与收藏之间的关系并重新界定展览的功能。这一情况不是专就科技博物馆学而言,它适用于某些阐释中心。而由于科技博物馆学所采用的阐释面临着"零散、重复和隔阂"这三种障碍的羁绊,它会从阐释中心所积累的经验中得益。

阐释是指"含义的产生",而"含义的产生"意味着"表述"。乔丹所检验的正是在这一揭示知识的过程中概念的作用。他列举了科学传播中的三个主要传统:"知识的直接传输",这是基于线性关系的;"训练",这是依赖于条件反射和强化作用的;以及最近采用的"建构主义方法",这一方法所投入的是来自观众的需要、兴趣和活动。"通过建构主义的模式,"他写道:"知识的获取始于学习的活动:学习成为一种实际有效的或者符号象征性的、物质的或者口头的能力",由于学习意味着按照计划好的设计去操作。并非所有的东西都单纯依赖于一般的认知结构,学习者的概念也起着一种决定性的作用,一方面人们从这些概念出发进行学习;另一方面人们的学习又受到这些概念的束缚。对于乔丹来说,学习是为了"转变观念"。他开发的变构模型使各种学习参数的整合成为可能,并且用新的博物馆的教育环境提供了一个进行思考和实验的框架、从而设计出优化的媒介。他在作结论时强调:"通过一个变构的过程,博物馆或展览再也不以追求某一展区的无所不包的完整性为目的,而是必须考虑与学校和媒体的互动。"

和乔丹一样,基查德是通过考虑孩子们的想法看出博物馆学最有前途的嬗变的。他认为孩子们代表着科技博物馆公众的一个重要部分。这一始于早龄的接触是一个具有决定性的因素。它能使孩子们熟悉科学的内容和过程。及至成年，他们将会在一个科学技术的环境中感到轻松自如。为了出成果，针对孩子们的博物馆研究应该与社会学、科技教育和认知心理学的实践结合在一起。由于要评估的是构想，因而对表现方式和青少年公众的特点的考虑与过程的成功一样关键。通过他在"儿童城"开展的实验活动，基查德审视了可以使展览的影响力得以优化的博物馆研究、教育和社会认知因素，这包括例如，激发相互教育、亲子之间的激情互动或获取对自发表述的重新评估的手段。基查德所追求的目标是让观众围绕对话、操作和表述而积极努力地去理解。

和博物馆传播密切相关的侧面也不容忽略，因为它对阐释和展览的构想都有影响。我们对观众的动机和期待有多少了解？仅仅是为了参观展览吗？迈尔斯用从经验出发的方法对这一课题的研究结果进行详细的回顾回答了这些问题。其目的不是为了和理论对抗，而是要勾画出一幅既成事实的图画，以便形成一个模型。这一详察得出的结果是，作为任何科普项目之中枢的学习和理解常常被那些介入参观过程的各种因素所调节，比如参观的动机、参观时的境况、参观既是社会活动也是群体活动这个事实、用于参观的时间等。

在影响参观的各种因素中，书面的东西占据着中心位置。在这个方面，雅各比注意到了这样一个棘手的真理，即科技文化的一个方面是与书面的东西相联系的。他同时还注意到，非正规的科学入门、系统学习，以及新科学知识的生产，这是与科学信息沟通的三极（三个范畴）相对应的，是产生于各不相同的生产环境的。博物馆的行动明显围绕第一极。由于同样是参与科技文化，它们离不开书面的东西。在检验了科技信息沟通者为新入门的爱好科技的公众所准备的书面说明词、为此目的所进行的改写以及撰写适用于博物馆参观环境的说明词的困难之后，雅各比得出这样一个结论："新技术并没有预示着书面东西的专断的终结，它们反而扩大了书面东西的前景。"

第六章 科学中心作为一种演化中的公共服务

本论文试图说明为什么公众的科学意识不可或缺、公众是如何去获取信息、妨碍公众科学意识的社会经济障碍的性质以及科技界的责任。为了给这一对话提供一个语境,论文首先对整体的全球社会的相关趋势、博物馆学、文化哲学以及旅游行业进行回顾。论文最后简要回顾了科技博物馆和科学中心在追求更广大的公众科技意识的过程中所面临的新的、主要的机遇。

第一节 背景

人类旅程

让我们把人类从其自然的发端向充满技术革新的现代世界的迅速而又复杂的发展比喻为"人类旅程"。

千里之行始于足下,每走过的一段路程都是做出多种选择的结果,然后到达一个目的地。由于经历了不同的人类旅程,全球社会各不相同。作为无数的研究人员之一,瓦戈纳(Waggoner *et al.*,1996)呼吁西方人把"人类足音"放轻一点儿。这一旅程的人类标签能凸显我们对未来全球社会和环境质量的具有控制力的影响(Livingston,1994)。

早些时候,我把迄今为止人类所走过的旅程界定为"三部曲"(Koster,1995),其中每一部都比前一部要短暂得多。第一部曲是地球在过去45亿年的地质历史。这一共同祖先使我们想起了人类的最近起源以及继续不断地塑造我们环境的自然力。地球的矿产和能源是这些自然力的遗产之一部分。自然历史也在提醒人类历史:文明必须力求与支撑自身的世界保持一种生态平衡。

第二部曲是现代社会的层面,大体上始于19世纪末期,这一时期世界人口、技术革命和环境退化都以巨大的速率递进。

第三部曲最短,但却是影响日增的一部,那就是个人和社会的观点。这里所聚焦的是家庭的根、个人的价值和哲学、教育的水准、健康与安全、工作和休闲的样式，以及一个人的地域感。所有这些共同形成了一个独特的社区轮廓图像，尽管现在这幅图像经常由于本土传统的衰退和移民传统的逼进而被改变。地区和国家的观点包含着更多的变异。反过来，这些变异的"平均值"又界定了一个国家的民族特性。在每一个独特社会的背后都有一个不同的人类旅程。每当一个国家的公民包含两种或两种以上核心历史和观点的时候，就会出现持续的不确定。例如，加拿大境内最近的政治辩论语言——"社会中的社会"、"多元文化马赛克"、"独特社会"，等等——这些都是民族特性问题的表现。

在全球范围内，任何报纸、新闻杂志或晚间电视新闻都在生动地提醒我们，人类旅程已经到了对过去的许多科技决策进行重新分析的时候了。我们比过去任何时候都更加需要一个关于如何制定人类旅程的下一部，也就是第四部曲的集体考量。如果说 20 世纪将作为一个在全球范围内造成了极端不平等的，而且潜在的影响着我们自身生存的种种问题的时期而载入史册，那么在 21 世纪，我们就必须一起寻找出解决这些问题的方法，并且使之付诸实施。

博物馆

博物馆（museum）一词源自希腊神话中一个关心人类灵感的人物——"缪斯"（Muse）。从法语动词 muser 中，英语的 muse 中截取了 4 个字母，其意思是"深沉地思考"。因此，博物馆从根本上来说是促进我们的集体理解和进步的公共场所。

世界上的主要博物馆一般都设立于各国都城中老城中心区的宏伟建筑内（Stewart，1990）。在北美，许多大型的省立和州立博物馆业已建立，在某些情况下隶属大学管理。作为自然和/或人类历史博物馆，其首要职责是收藏、保护、研究并陈列其藏品。艺术博物馆具有类似的历史。

自 20 世纪 60 年代后期，博物馆的景象经历了深刻的变化，博物馆的数量也大大增加了。新型的博物馆出现了，博物馆的定义随之扩展，博物馆活动的平衡点也发生了位移，所有这些可能都是博物馆在社会中不断变化着的动态的结果。甚至最大和最著名的博物馆的基础也突然发生了动摇（霍文，Hoving，1993）。所有这些变化的原因在于在文化范畴内对博物馆固有价值的更大认同，以及日益增长的、主要是外在的、部分是非文化的因素（Koster，1996）。

传统上，博物馆是一种以藏品为基础开展研究、拥有大规模的征集计划、进行极少现场解释的静态展示和市场营销实际为零的场馆。在这些以历史为焦点的博物馆里,观众的经验无非是静静地透过玻璃展柜观赏里面陈列的自然历史标本和人类工艺制造品。我们可以把这类博物馆称为"第一代博物馆"。"第二代博物馆"可能缺乏自己的藏品,但它们突出的是观众对动态展品、现场表演以及最新的声像媒介的参与。科技发展成果是十分适合这类博物馆体验的题材。"动手型"展品已成为这类被称作"科学中心"的博物馆的标记(Danilov,1982)。

正在出现的"第三代博物馆"概念的额外特征包括:对观众参观体验的性质和质量的关注(Falk and Dierking,1992),认为博物馆自身能给社会增值的观点(加菲尔德,Garfield,1995),与社区的全体利益相关者结成的伙伴关系(Koster,1995),多元传播媒介的应用(Koster,1996),以及竞争性的营销活动。

国际博物馆协会(ICOM)在 1972 年圣地亚哥会议上宣布:"……作为文化特性的一种表现以及人类发展及个人和社区层面教育的一种强大力量,博物馆发挥着中心作用。"

接着,1989 年在海牙,国际博物馆协会把博物馆理解为:"文化的生成器,是我们借以寻找我们周围的世界的含义的场所。"

国际博物馆协会这些深奥的论点是否反映出今天的博物馆的任务和作用?我在前面提到过(Koster,1995),我认为情况很少如此。也就是说,用诸如"博物馆的中心作用"、"人类发展的强大力量"和"文化的生成器"等语句所描述的带有煽动性的场景总的来说超越了大部分博物馆当前的演进阶段。最近,瑞利(Riley,1996)在加拿大首都的主要报纸《渥太华公民》上提出了这样一个问题"我们的博物馆为何如此乏味"?这一关于各地方博物馆新展览的评论性观点是否公允?这并非是真正突出的问题。博物馆显然是被视为公众可以从中体验最有意义的经历的重要社区设施。

呼吁采取行动并非是什么新鲜的事情。早在 20 世纪 60 年代后期,当时的纽约大都会艺术博物馆新任馆长托马斯·霍文(Thomas Hoving)在新奥尔良召开的美国博物馆协会年度会议上就曾经说过:"我吁请本组织更加切合时宜,吁请博物馆全力投入到医治民族伤痛的任务中——去帮助抚慰、教化,并为这一医治过程提供理性、理智以及质量的平衡。"

在 20 世纪 90 年代开放的众多新博物馆中,许多博物馆已经这样做了,它们十分清楚,博物馆必须切合当今社会的需要。这样的例子包括魁北克市的文明博物馆(Arpin,1992)以及阿姆斯特丹的新大都会科学中心(Douma,1994)。

文化与科学文化

"文化"一词涉及一个社会的共同经历和特性。这些共同经历和特性形成了一种由特定的传统、价值、节日、纪念仪式和文娱活动等组成的特殊遗产。诚如前面所提到的那样,全球范围的交流和迁徙正在引起传统文化的共存,有时是衰落。

人类历史博物馆、艺术馆和表演艺术都属于文化的范畴,这一点已广为人们接受。的确,在许多地区,"艺术"包含了公众的文化意识。从社会的角度看,有必要确立这样一个观点,即我们的科研和技术遗产,以及我们借以研究新的科技发展的哲学体系也同样是我们文化的必要层面(Durant and Gregory,1993;Schiele,1994)。随着科学技术在机遇和挑战两个方面都对我们的生活产生越来越大的影响,科学文化的重要性变得更加关键。当前,相关的社会问题包括各国如何将本国的医疗卫生、营养、终身教育、废弃物的产生、环境保护、安全和能源消耗等方面的标准与世界范围的标准进行比较。由于经历了不同的人类旅程,各国在其科技文化上也有显著的差别。

富兰克林(Franklin)1990年表达了以下相关的观点:

"未来的任务是在普通公民和科学家之中以及普通公民与科学家之间建立起知识和理解,以便这两个群体之间的差异消失——以便这两个群体都能成为公民科学家,并且拥有能够一起解决我们所面临的问题的潜力。"

21世纪的社会应该毫不含糊地把目标定在使我们的科学和文化思想形态结合起来。正是由于我们所面临的问题的规模、紧迫性及其所具有的潜在的危及人类生存的性质,使得我们必须缩小普通公民和科学家之间的差别。

铃木(Suzuki,1993)环保主义者把20世纪90年代称作"决定性的10年",他们认为:

"如果工业化国家的居民不对他们的生活方式以及期待做出根本性的改变,并且同时让欠发达国家相信:西方的经济增长模式已被证明是行不通的,那么前景将是令人难以置信的暗淡。"

在这方面,阿加·汗(Aga Khan,1994)如是说:

"有那么一些人,他们来到这个世界的时候是那样的贫穷,以至于他们被剥夺了赖以改变其命运的手段和动机。除非能够用火花点燃他们干事业的精神和决心,否则他们将会变得冷漠无情、自甘沉沦、万念俱灰。能够提供这一火花的,唯有我们这些比较幸运的人。"

特别是在西方世界,文化、技术和环境变化的速度以及各种问题的国际化凸显出社会终身学习的必要性。似乎我们的社会、我们的环境和我们的生活方式改变得越多,我们希冀与我们的遗产保持联系这种欲望就越强烈。

文化旅游与生态旅游

自 20 世纪 80 年代中期以来,旅游业被广泛视为世界最大而且增长最快的产业。国际博物馆协会在 1976 年宣称(Moulin,1989):

"旅游是一种不可逆转的社会、人类、经济和文化事实。"

在这里,我把"游客"界定为任何离开家至少一天的旅行者,不管他旅行的目的是观光还是出差,也不管他是旅游观光还是直接来自何处或前往哪一个特定的目的地。文化旅游也好,生态旅游也罢,这些活动对于科学文化发展来说都是一种积极的推动力。例如,美国一次"卢·哈里斯调查"的结果显示:68%的旅行者更喜爱具有教育意义的旅行经历,只有 17%的旅行者寻求传统的阳光休养胜地(Tighe,1990 年)。

"文化旅游"这个名词可以追溯到 1969 年在牛津举行的国际博协大会(Moulin,1989),那次大会宣称,它有潜力创造:"新人文主义的条件……作为确保全球层面(我们的)个性的均衡和丰富的基本条件之一。"

大多数学者倾向于把世界旅游组织 1985 年在马德里召开会议时给"文化旅游"所下的工作定义理解为"以文化为动机的旅行"(Tighe,1990)。这既可以是利用整个假期的正规休假如考察旅游,也可以是为了其他主要目的而进行的旅行期间的一个活动。特别是在法国,政府在科学文化和地方阐释性设施上的投资得到了文化旅游产业的积极回应。出于文化动机的旅行为博物馆营造了一个有利的形势。依我所见,这一形势的潜力还没有得到人们充分的认识。对于旅游业来说,所面临的挑战是如何去认识博物馆作为扩展产品、客源和销售的机会;对于博物馆来说,则是要重新认识自己作为旅游业的重要角色。这就需要有一个推介的哲学、团体优惠的安排以及重新考虑开放时间等诸如此类的问题。在纽约大区,仅 1992 年,所谓的"艺术产业"的总的经济效应就达到了 98 亿美元,作为这一产业的五个组成部分之一的博物馆消费的总增长最高,比前 10 年增长了 61%(纽约和新泽西港务局,1993)。

就像博物馆和旅游业已经形成了一种互相促进的关系那样,旅游业和环境也必须形成这样一种关系(Murphy,1994)。"生态旅游"是指前往自然景区(Boo,1989)、农村(农村委员会和英国旅游局,1989)和兼顾个人健康和环境保护的休养胜地的旅行。卡特(Cater)和洛曼(Lowman)1994 年援引了英国前任驻联合国大使、欧洲"守望地球"组织主席克里斯平·提克尔爵士(Sir Crispin Tickell)关于生态旅游这段话:

"……(生态旅游是指)在通过旅行欣赏全世界自然生态和人类文明的令

人赞叹的多样性的同时不给它们造成破坏。"

文化旅游和生态旅游都是世界范围内日益增长的科学文化的一种绝好表现形式。

第二节　为什么需要进一步增强公众的科技意识

有两个基本的定义是合宜的。科学是指从可观察到的现象和可演示的真理中系统地获得知识的领域，包括自然科学、物理科学、社会科学、医学和工程学。技术泛指科学知识在社会上的应用。技术发展的目的可以是有益的（比如太阳能接收器、节育措施等），也可以是毁灭性的（比如原子弹、神经毒气等）。有些技术发展一开始其后果并不确定（比如机器人、太空旅行），有些则是毫无价值的（比如一些对公众具有极小甚至根本就没有吸引力的小发明）。

为什么进一步增强公众的科技意识是合宜的？我认为有 5 个迫切的理由。关于增强科技意识的理由普遍认为是由于，例如，公众说不出一个科学家的名字，或者无法正确回答基本的科技问题。一方面，分为及格和不及格的公众科学素养调查提供了关于社会的宝贵的洞悉（Miller，本书的其他章节）；另一方面，我认为社会所面临的主要科技问题是那些以较为复杂的方式出现的宽泛的涉及多学科的一揽子项目。

为了帮助说明我的观点，我以切尔诺贝利核泄漏灾难发生之后英国兰卡斯特大学布莱恩·怀恩博士（Brian Wynne）对周边的养羊农户进行的一个研究项目为例。通过这个研究项目，怀恩博士发现，"公众的科学意识"是看不见的，除非人们到了不得不应对某种严重的生活经历的关头。切尔诺贝利核灾难导致这些养羊场的关闭，怀恩博士惊奇地发现，这些农户实际上对饲养羊的科学以及核物理都知之甚多。

生活的基本必需品

水、食品、药品、居所、能源、其他材料和废弃物处理——所有这些都是科技话题。我们都十分清楚这些东西对于我们日常生活不可或缺的性质，但这些东西没有一样是取之不尽、用之不竭的。埃塞俄比亚大饥馑和过去 10 年间饥民大逃荒的痛苦情景永远在我们的脑海里挥之不去。放眼全球，淡水、可耕土地、森林、渔场以及其他生物多样性领域正在以惊人的速度减少。

世界新闻中所报道的最近发生一系列足以说明问题的事件——切尔诺贝利核泄漏灾难、中亚咸海的消失、纽芬兰大浅滩鳕鱼场的突然关闭、新的食肉菌事件、医院供应的被污染的输血用血液、核燃料废弃物的安全处理、持续进行的对各种癌症的研究等,想起来就令人不寒而栗。

自然灾害

随着世界人口的剧增,人类与地球的自然灾害的邂逅也在相应增加。关于毁灭性地震、火山喷发、恶劣气候、洪涝、火灾和山体滑坡等灾害的新闻几乎成了家常便饭。这些灾害大都很少或者根本就没有预警,因此往往造成生命财产的损失和幸存者的流离失所。

由于模拟这些自然现象的极端复杂性,因此地质学家和气象学家的预测能力在可以预见的将来还会继续难以达到精确。

如果说洪水过后在河边,飓风过后在屏障岛,重震过后沿断层线重建社会是无可避免的话,那么灾后进行善后处理期间正是开展公众教育的一个良好时机。公众教育的题目可以包括对自然力量本身的解释、对自然灾害预测情况和经过改进后的应对灾害的程序的回顾,以及更加严格的建筑标准法典的出台。

公共政策

社会的大部分科技问题都是事关产生于政府决策的公共政策问题。在这方面有重要影响的是联合国的峰会,如在里约热内卢召开的、媒体广为报道的生物多样性会议。另外还有经过国际范围谈判而达成的公约,比如关于濒危物种的公约,关于近海捕鱼限制的公约和关于臭氧再生的公约。联合国教科文组织(UNESCO)设立了世界遗产和文化遗产计划,旨在为所有的子孙妥善完好地保护那些世界遗产和文化场所以及具有重要和特殊意义的地方。在国家或地方政府的权限内还有诸如生物技术研究、空中交通安全、废弃物处理、有害材料和废弃物的立法、土地使用的区域划分、公园的管理、树木砍伐、矿产开采、污水处理和港口疏浚等政策问题。

公众正在越来越多地寻求围绕科学研究和技术发展的更大、更直接的道德决策的参与。对上面所列科技问题背景情况的更多了解会使公众受益,使他们能在各种选举和辩论中探索问题。各国政府通常都以 10 年为时限去规划其政策和行动这一事实促进了多种多样的游说组织的形成,其中大部分是关于长期环境问题的。这些游说组织很多都是经过国际范围的协调而成立的,比如"守望地球"组织和"绿色和平"组织。

全球变化

为了将过去和当代的遗产完整地传给我们的孩子和后世,我们还被赋予一项生死攸关的优先议程。

　　大量证据表明：由于受到污染，包围着生物圈的地球的每一同轴地壳层——即岩石层、土壤层、水层和大气层——都在恶化。关于年久的垃圾填埋地有毒液体的溢出、对河流直接排放污水、臭氧层的空洞的新闻报道已经司空见惯。可能最令人不安的是其他生命形式的灭绝、自然食物链的破坏、生物多样性的丧失和生物工程。

　　从长期看，世界人口的剧增，特别那些严重依赖化石燃料焚烧的地区人口的剧增，将会加剧大气层中的温室效应。所带来的后果是全球变暖，改变地球的水循环；极地冰冠和冰川消退，导致海平面上升，直接危及生活在低海拔沿海地区定居点的占世界人口很大比例的众多居民。如果全社会都不了解并且提出这些较为长期的问题，则政治家，不管是选举产生的抑或是通过其他方式产生的，是不可能减低或者防止这些问题的发生的。

从我们的遗产中得到的教训

　　从经验中学习是生活中最基本的原则之一。我们对当前时段的专注一方面使得我们对未来的注意不够；另一方面也阻碍着我们审视历史以避免重蹈覆辙。我们的遗产是社会全部的成功与失败的总和，是结合了新的研究的、堪称我们弥足珍贵的知识之库，是我们赖以为未来谋划可持续的决策和行动之路的基础。

　　当某一技术给我们带来失败的时候，政府通常会进行公众调查，以了解究竟是哪儿出了问题，并采取立法改进措施。今天，进步的企业和非营利机构把自己称作奉献于持续改进的学习组织。社会作为一个整体也应该投入这样的实践。个人的例子可谓俯拾皆是，如当所爱的人因为肺癌而死去之后而下决心戒烟；在了解交通事故的统计数字之后，开车时自觉系上安全带；或在附近发生严重火灾之后严格执行建筑物的入住人数限额。

　　在大灾难发生之后采取积极行动的例子之一是总部设在美国弗吉尼亚州亚历山德里亚的"挑战者号"空间科技教育中心。这是 1986 年由倒霉的美国航空航天局宇航飞机"挑战者号"罹难者家属成员发起创建的机构，这是头一次也是唯一一次有学校教师登机的飞行任务。"挑战者号"点火升空后不久即发生爆炸，当时整个失事过程都在全世界范围内实况转播，这无疑是 20 世纪最令人触目惊心的技术事故之一。今天，已经有 30 多个所谓的"挑战者号学习中心"在美国、加拿大和英国各地建立起来了，在"继续执行任务"。在这些学习中心里，学生们可以在真实的任务控制和空间站的环境中获得学习的体验。这些学习中心教会学生们如何去进行沟通、协作，计算风险程度，同时分享集体成功的乐趣。

第三节 公众如何获取科学技术信息

我们的知识和对待科学的态度的基础源自我们在上学时所学的课程和所接受的教学方法。与此同时,我们父母的态度和观念通常被认为具有强大的影响力。但是,正规教育、遗传学和家庭动力是广阔的相互分隔的研究领域,远远超出了本论文的范围。

在这里,我主要聚焦于成年时期,在这个时期里,正规教育的基础可以通过各种学习机会得到提高。这些机会包括文化旅游和生态旅游,在本论文的第一部分中,两者都被列为当前的趋势。"影响小组"(1995年)援引的德西玛Decima研究机构的研究结果显示,加拿大青少年非正规的科技信息来源分别为:电视纪录片(57%),新闻(47%),杂志(38%),书籍(38%),科技馆/科学中心(22%)。首先,我将简要而笼统地讨论一下终身学习这个问题;其次,我将就这些不同的来源发表评论;最后作为结束,我将谈一谈科学中心的作用。

终身学习

当今,教育并不因毕业而终止,教育需要成为一个终身的过程。终身学习不仅能使公民信息灵通,也能优化我们的社会贡献和我们社会整体的生活质量。

在加拿大,安大略皇家教育委员会(1995年)是从人之初,亦即一出生,就开始有关学习的讨论的,从3岁就开始有关接受学校课程教育的讨论。1994年,加拿大会议局在经过全民咨商之后提出了以下关于把教育与社会需求结合起来的愿景声明:"加拿大所有孩子将从入学伊始就做好学习的准备。当他们从学校毕业的时候,将由于取得了优异的成绩而养成学习的热情。他们将成为自力更生、具有爱心和负责任的公民。他们将掌握符合最低雇佣要求和自谋职业的技能。他们将随时为终身学习承担起个人的责任。"

金美尔(Kimmel)把人一生的发展看做是不断变化的、由各个里程碑构成的进程(学龄前在家、开始上学、进入青春期、获选民资格、开始工作、结婚成家、为人父母、孩子离开家独立等)。斯特罗姆(Strom,1987)强调,在以上从胎儿期到晚年的9个年龄阶段中,学习是不尽相同的。

书面和电子媒介

人们通常认为,只有最出色的科学技术发展才是最有新闻价值的。新闻编辑室和编辑们尤其热衷于报道一些关于主要疾病的疗法的研究性突破。其他比较吸引媒体注意力的领域包括太空探测、主要化石的发现和环境破坏。

　　书籍、报纸杂志的科技专栏和最新技术资料，当然还有科技杂志本身，对于社会来说都是宝贵的，而且是易于获取的终身学习资源。电视，在较小程度上还有收音机，是传播公共信息的其他主要载体。科教纪录片通常无法在黄金时段和电影、各种电视连续剧以及体育节目争夺收视率，然而在北美，所谓的"发现频道"电视台以及其他公共资助的、专门播放科学技术和自然纪录片的电视台的发展壮大是科技文化在社会的主流文化中获得大力推广的一个极好步骤。

　　美国科技促进会（AAAS）每年召开的年会都因为新闻媒体的报道而享有良好的声誉。它们采取的策略包括与年轻的科学作家举行合作会议和给媒体提供简报材料。《新英格兰医学杂志》就因为其内容被媒体广为援引而声名鹊起。在北美其他地方，如加拿大石油地质学家学会和加拿大矿业协会每年都为杰出的科技新闻报道颁奖，以资表彰。

进　修

　　或出于个人兴趣，或为了有助于自身的职业发展，有些人通过在本地学院、大学甚至通过函授的方法上课，借以进行深造。这些课程大多与新的语言学习和计算机使用有关，其中不少是针对那些有助于促进公民科学家观念的形成的基础科技专题。例如，多伦多大学最近推出了关于大湖污染问题的夜校课程；美国自然历史博物馆在其文献杂志上罗列了大批可供选择的课程，这些课程有的是在博物馆内开设，有的是在博物馆外开设，老少咸宜。课程的专题包括人类进化、鲸鱼观察、鸟类行走、气象学、航海学和空间科学，等等。

　　对于青少年来说，当前的视频热也富有积极的教育意义。在北美，最近开发的流行软件包含了一种"游戏"，在这种"游戏"中，你可以根据现实当中的关于土地使用区域划分、交通走廊、不同密度的住宅区、紧急情况处理设施的选址等决策去建造一座城市。

　　对于退休者来说，各种教育计划和旅游的兴起是最令人鼓舞不过的了。诸如老年之家等俱乐部在组织各种前往公园和博物馆的文化旅游方面很活跃。

社区的介入

　　最理想的是，一个人不仅仅是在进修课程和休假的时候才会对这个世界产生积极的兴趣。终身教育的目标是要使得到更多的知识成为日常生活的一部分。邻里之间处处都会碰到需要引起共同关注的科技问题，例如，可能是有关确定一个新的垃圾填埋场的最佳地点,也可能是通报石油公司勘探计划的公众会议,确定一个新的核电站的选址,对本地一个污染企业采取的行动,或游说建立一个新的公园去保护珍稀物种的天然栖息地。举个例子,在加拿大多伦多北部,湖滨别墅居民协会的普及主要就是为了确保当地安全和可持续的休闲娱乐活动,比如游泳和捕获之后即刻放生的一种垂钓活动。

第四节　面临的挑战

科技意识的经济社会障碍

在制定使科学和文化相结合的战略的过程中的一个重要步骤是认清那些有碍于公众科技意识增强的障碍。爱因希德尔(Einsiedel)等 1994 年探讨了在加拿大的障碍大部分属政府政策和经济的问题。

障碍问题大多具有社会经济的性质。也就是说,如果没有社会的平等和经济的自足,就不可能指望公民去关心科学与社会之间的问题,比如环境恶化的问题。雷(Rae,1994)指出:"我们现在正在开始认识到,环境与经济和我们的社会结构之间存在着一种十分复杂的关系。我们在安大略再也不能奢谈:经济问题是别人的问题,环境问题是别人的问题,社会问题是别人的问题。我们再也不能让这些各自为政的制度继续下去了。环顾世界你会发现,那些卓有成就并且正在取得更大成就的社会正是那些已经接受这一简单事实的社会。"

那些带有社会经济性质的、集体地影响到世界大范围地区和大批人口的特定障碍包括饥荒、战争、处于自然灾害之后的窘境、缺乏文化特性和消耗于紧张的种族关系中。我清楚地记得,在 1992 年在魁北克市召开的国际博物馆协会上,来自前南斯拉夫的博物馆代表团大声疾呼,希望国际社会共同努力,拯救他们正在被战争迅速摧毁的物质文化。

妨碍公众提升科技意识的其他障碍还有那些对我们的时间的无情压榨,迫使我们在工作场所和家里的基本日常活动之外还要玩命打拼。当我们真的有闲暇时间了,其实在我们的家里家外有各种各样的休闲活动任我们选择。与原教旨宗教相联系的所谓"创世学说"的顽固坚持是对提升公众科技意识的另一重大挑战。

科技界的责任

有些工作由于其性质使然,使得从事这些工作的人对某些科技领域具有持续不断的强烈的意识。这方面的例子有建筑师、工程师、气象学家、医生、生化学家、地质学家和环保咨询人员。从事这些职业的人处于促进公众科技意识的有利位置,至少在原则上如此。

路易斯·巴斯德(Louis Pasteur)就十分擅长于向公众介绍他的研究工作。1864 年,巴斯德在巴黎大学文理学院举行了一场关于细菌生命的自发生成的著名讲座。在讲座中,他运用了烧杯、幻灯和微生物等进行演示。现代科学被赋予了许多巴斯德式的人物,他们也能和巴斯德一样巧妙地向科学的公众群体进行传播。在地球科学领域,著名的例子有史蒂芬·杰依·古尔德博士(Dr. Stephen Jay Gould)和已故的图佐·威尔逊博士(Dr. J. Tuzo Wilson)。的确,每个领域都各有其杰出人物,科技协会正是以赏识并支持这些人的双重才能为己任。在这方面,加拿大皇家学会属下的科学院推出了一种新的勋章,专门用以奖励那些对公众理解科学作出突出贡献的人士。

现在,人数不多但日益增加的科学家主动抽出时间深入到学校去,与师生们分享他们的个人经历,回答他们提出的各种问题,并以身作则,树立榜样;还有一些科学家热心地为各种科技博览会当评判,回答媒体的提问,配合科技馆和科学中心开展工作,和电子媒体合作,并为孩子们和大众撰写书籍。所有这些都是令人振奋的趋势,理应得到同行更多的嘉许。1995 年,尼尔(Neale)和霍恩(Horne)把加拿大地质界在促进公众意识方面所作的努力进行了详细的描述,并为进入教室的科学家提供了许多有用的提示。

有必要提醒一下:我自己做过的许多面向公众的科普讲座由于缺乏背景解释、过多地使用术语行话、所配的幻灯过于复杂等原因而未能达成启迪公众的初衷。其结果是,许多听众可能将来就不再来听讲座了。20 世纪 80 年代中期,在北美一所著名大学举行的新的地质学系隆重的开设仪式上,我注意到,当向导向来宾们讲解中厅漂亮的建筑石材的来源时,来宾们根本没有兴趣去听导游的讲解。因为他过于卖弄本来应该在一篇博士论文里使用的术语,听众自然就不买他的账了。

不管某个一线科学家是否擅长于提高公众对其领域的意识,我认为他/她都应该积极参与到"公民科学家"的目标中来。科学家们应当追踪公众科技教育领域到这样一个层面,在这个层面上,他们能够用自己渊博的学识去支持科技协会促进公众科技意识的努力,并且在其行将毕业的学生当中鼓励相关技能的发展,这是十分有帮助的。

当一个科学家决定选择一种更加面向公众的生活,可能工作困难就会随之而来。铃木(Suzuki,1988)回忆说:"我越来越多地参与电视节目的制作,我的同事对此颇有微词。我不能对所有的理由事后进行猜测——显然是有许多的理由。我听到他们当中的一些人说:我在追求个人名利,我的科技不够好,所以我才转向其他领域,我是在浪费自己的时间。我感觉到,我的同事之所以不认同我的做法,主要是他们认为,通过广播电视普及科学对于一个大学教授来说是一件丢份的事儿。"

我认为,以各类变种的形式出现的这种不幸的议论真是太多了。

科学中心的机会

在本论文的前面,我提到过科学中心在 20 世纪 60 年代末期曾激励第二代博物馆的形成。在许多方面,正如我先前所介绍的那样,这类博物馆现在同样也站在第三代博物馆发展的前列。

尽管一些比较老旧的第一代博物馆,比如巴黎的发现宫,已经有几十年的定期现场科技演示的历史,但直至 1969 年,第一批完整的第二代设施才正式开放。这些第二代设施包括多伦多的安大略科学中心和旧金山的探索馆。当时,美国航空航天局的技术刚刚把第一批人类送上月球,第一批波音 747 喷气客机刚刚投入商业运营,两年之后第一个世界"地球日"被确定。在那个时候,世界人口也比现在少 10 多亿,还没有一个人拥有个人电脑或传真机。诸如艾滋病、因特网、环境和臭氧空洞等术语还闻所未闻。1967 年蒙特利尔世界博览会举办之后,全世界看起来都对未来充满乐观情绪,所有的技术似乎都是了不起的。

然而,在四分之一多世纪之后,科学中心的概念在美国得到最为迅速的发展,现在,美国的科学中心总数量已经超过 200 个。在人口仅有 2900 万的加拿大,现在有 10 个城市建立了科学中心,它们每年接待观众的总人数累计超过 350 万人次。

在北美和世界各地,科学中心通常都是利用老旧的建筑改建而成。在美国和加拿大,好几个主要的科学中心目前都正在改建或扩建大型建筑。当前,科学中心落成开放的速度在西欧、环亚太地区、澳大利亚、中南美洲、南亚地区和远东正在加快。总部设在美国的科技中心协会(ASTC)每年的年会都吸引着 1500 多名代表出席,其国际参与正在日益扩大。1996 年 6 月,第一届世界科学中心大会在芬兰赫尔辛基召开,来自近 50 个国家的代表出席了这一盛会。种种迹象表明,科学中心的数量还将继续增加。

科技中心既有公共部门资助、也有私营部门资助,这一迅速增长是几种因素相结合的结果。首先的一个主要因素是,参与型的体验在激发好奇心、鼓励探究、激励学习等方面是最为有效的,这一点已经得到了人们普遍的认可。目前正在进行当中的许多研究都在试图评估这种参与型的体验以及这些设施在其所在社区中的效应之确切性质。其他有利于科学中心发展的因素包括：公众科学素养调查令人堪忧的结果；对技术合格的劳动力的需求；向妇女和少数民族提供援助的需要；科学中心作为拉动旅游业的角色；科学中心在学校体系中的深受欢迎；以及科学中心对于城市生活质量的贡献。以上这些因素当中没有一个显示出其重要性在减弱的迹象。

科学中心使命的本质是以一种令人愉悦的、非常值得的方式去让公众特别是青少年对科学技术敞开心扉。科学中心的观众要么是作为有组织的团体（比如学校班级、童子军、旅游团体）预约参观，要么是各个年龄段的人单独或者与家人、亲朋选择在闲暇时间前来参观。后一类的观众通常所占比例更大，通常他们的构成既有本地区作一日游的居民，也有离家远游的人群。

面对机遇和挑战，科学中心要领会本论文先前所列的第三代博物馆的属性，并由此确保自己作为主流社会不断增长的科技文化需求中的关键角色而迈进 21 世纪。正如我在本论文的前几个部分所论述的那样，科学中心能够而且必须在所有 5 个有必要提高公众科技意识的领域中扮演主要角色。各个科学中心应该凭借对本地区最为重要的科技问题去服务所在地区的公众，从而形成自己的个性特色。为使其变得更加切合时宜，它们在联系社会与科技的工作中相对于其他载体的影响力应当保持强劲和受到尊重。

珍妮斯（Janes,1995）和寇斯特（Koster,1995）曾经回顾了在博物馆内部带来必须的改变所面临的一些挑战。在这一改变中，公共和私营部门机构之间在管理上并没有根本的区别。纳努斯（Nanus,1992）和科特（Kotter,1996）的著作对于科学中心的新一代领导来说尤其有用。

随着科技发展的加快，社会的需要使得 21 世纪的黎明成为投身博物馆和科学中心事业的一个令人振奋的时光。

埃姆林·科斯特　著

（Emlyn H. Koster）

欧建成　译

参考文献

Aga Khan. 1994. *Misconceptions and Realities about International Development*. Ottawa：Canadian International Development Agency：Aga Khan Foundation of Canada.

Arpin (R.). 1992. *Musée de la civilisation：concept and practices*. Quebec：Musée de la civilisation.

Boo (E.). 1989. *Ecotourism: The Potentials and Pitfalls*. Washington (DC): World Wildlife Fund.

Cater (E.), Lowman (G.). 1994. *Ecotourism: A Sustainable Option?* Chichester: John Wiley.

CBC (The Conference Board of Canada). 1994. *Matching Education to the Needs of Society: A Vision for All our Children*. Ottawa: The Conference Board of Canada.

CCETB (Countryside Commission & English Tourist Board). 1989. *Principles for Tourism in the Countryside*. London: Countryside Commission & English Tourist Board. Brochure.

Danilov (V. J.). 1982. *Science and Technology Centers*. Boston: Massachusetts Institute of Technology Press.

Douma (J.). 1994. *Prototyping for the 21st century: a discourse. Impuls*. Amsterdam: Centre de Science et de Technologie.

Durant (J.), Gregory (J.). 1993. *Science and Culture in Europe*. London: Science Museum.

Einsiedel (E.-F.) *et al.*, 1994. "La culture scientifique au Canada", pp. 87-128 in *Quand la science se fait culture*, directed by Bernard Schiele. Québec: Université du Québec à Montréal/Centre Jacques-Cartier/Éditions MultiMondes.

Falk (J. H.), Dierking (L. D.). 1992. *The Museum Experience*. Washington (DC): Whalesback Books.

Franklin (U.). 1990. "Reflections on science and the citizen", pp. 267-268 in *Planet under Stress*. Ottawa: Royal Society of Canada.

Garfield (D.). 1995. "Inspiring change: post-heroic management". *Museum News*, 74(1), pp. 32-35.

Hoving (T.). 1993. *Making the Mummies Dance: Inside the Metropolitan Museum of Art*. New York: Simon & Shuster.

Impact Group (The). 1995. Science education and scientific literacy. Communication to The Conference Board of Canada, Business and Education Forum, Sept. 16-18, Toronto, Canada.

Janes (R.). 1995. *Museums and the Paradox of Change: A Case Study in Urgent Adaptation*. Calgary: Glenbow Museum.

Kimmel (D.). 1974. *Adulthood and Aging*. New York: John Wiley.

Koster (E. H.). 1995. "The human journey and the evolving museum", pp. 81-98 in *Museums: Where Knowledge Is Shared*, directed by M. Côté & A. Viel. Montréal/Québec: Société des musées québécois/Musée de la civilisation.

Koster (E. H.). 1996. "Science culture and cultural tourism", pp. 226-238 in *Tourism and Culture towards the 21st Century: Culture as a Tourism Product*, directed by M. Robinson, N. Evans, P. Callaghan. Newcastle: University of Northumbria.

Kotter (J. P.). 1996. *Leading Change*. Harvard: Harvard Business School Press.

Livingston (J. R.). 1994. *Rogue Primate: An Exploration of Human Domestication*. Toronto: Key Porter Books.

Moulin (C.). 1989. "Cultural tourism theory", pp. 43-62 in *Planning for Cultural Tourism*, directed by W. Jamieson. Calgary: University of Calgary.

Murphy (P.). 1994. *Quality Management in Urban Tourism: Balancing Business and Environment*. Victoria: University of Victoria.

Nanus (B.). 1990. *Visionary Leadership: Creating a Compelling Sense of Direction for your Organization*. San Francisco: Jossey-Bass.

Neale (E. R. W.), Horne (L.). 1995. *The Past is the Key to the Future: A Geoscientist's Guide to the Public Awareness of Science and Technology*. St. John's (NF): Geological Association of Canada.

Port Authority of New York & New Jersey. 1993. *The arts as an industry — their economic importance to the New York-New Jersey metropolitan region*. New York.

Rae (B.). 1994. *The Premier's Council: Working Together for Change*. Brochure.

Riley (S.). 1996. "Why are our museums so bland?". *The Ottawa Citizen Newspaper*, Dec. 7, pp. D1-D2.

Royal Commission on Learning. 1995. *For the love of learning*. Publications Ontario, Canada.

Stewart (J.). 1990. *Heritage Attractions and Tourism: Myths and Issues*. Victoria: The Travel and Tourism Research Association.

Strom (R.), Bernard (H.), Strom (S.). 1987. *Human Development and Learning*. New York: Human Sciences Press.

Suzuki (D.). 1988. *Metamorphosis: Stages in a Life*. Toronto: New Data Enterprises.

Suzuki (D.). 1993. "Intersect: Japan and the World". *Intersect Magazine*, April, p. 34.

Tighe (A. J.). 1990. *Cultural Tourism in 1989: A Reflection of the Past, an Image of the Future*. 4th Annual Travel Review Conference, Washington, Feb. 4, 1990.

Waggoner (P), Ausubel (J. H.), Wernick (I. K.). 1996. "Lightening the tread of population on the land: American examples". *Population and Development Review*, 22(3), pp. 531-545.

第七章　在科技馆中创造知识：
服务公众及科技界

　　科技馆源自不同的传统，从文艺复兴时期的"古玩珍品陈列橱"，19世纪中期的工业展览，到迪斯尼"未来世界"（EPCOT，"明天的实验样板社区"）和过去几十年中建立起来的众多科学中心里面的高科技和场面铺张华丽的互动表演。今天，关于科技馆的讨论往往集中于它们为公众科技教育所提供的机会方面（Durant，1992；Falk & Dierking，1995；REMUS，1991）。出于本论文之目的，我们将用"科技馆"来涵盖包括自然历史博物馆、以藏品为基础的科学技术博物馆，以及动手参与型的科学中心等各种异型杂糅的机构。它们之间之所以有关联，是因为它们的藏品和展品，不管是尘封的鸟禽标本还是熠熠生辉的视频显示终端，都被视为对公众进行关于科学和科学探究之美、之重要性和价值的教育资源。

　　这些机会都是实实在在的，对于那些苦苦寻求新的、有创意的、能够帮助学童和公众理解科学的方方面面的人们和组织来说，科技馆的确可以提供不凡的资源。但是，如果我们光是把注意力集中于博物馆的教育层面和博物馆的公共作用上，我们就会对科技馆不止于展示知识，而实际上也是在创造知识方面所扮演的重要角色错过一个认真思考的机会。

　　在一定层面上，科技馆在创造知识中的作用是得到大家确认的。一个多世纪以来，自然历史博物馆一直成为收藏古动物学、植物学、解剖学、地质学和类似学科的资料和研究的中心（Alexander，1979；Kohlstedt，1988；Rainger，1991；Winsor，1991）。但是，随着科技馆的刺激点和展览战略从收藏向经工业设计而产生的展览转移，我们已经忘记这样一个事实：任何信息的展示其本身就是一种知识的创造。正如心理学家威廉·加维（William Garvey）在20世纪70年代末期所说的那样，经过对科学出版与科学展示的全部意图的探索之后，方知"传播乃是科学的本质"（Garvey，1979）。此外，正如我们将会看到的那样，博物馆及其研究员在筹备展览时的行为可能会导致新的见解、新的研究和新的知识，一如实验室和野外考察的科学家在进行我们传统上所说的"科技工作"的过程中创造新的知识。本论文旨在说明21世纪的科技馆将如何不仅在为公众同时也为科技界创造知识方面发挥关键性的作用。

第一节　科技馆简史

要想形成一部关于科技馆的可靠的历史无疑是徒劳的。正如阿兰·弗里德曼(Alan Friedman)最近所强调的那样,这需要用一幅复杂的示意图去表现私人藏品、民间机构、学术中心、工业博览会、艺术馆、技术培训中心、世界博览会和其他机构之间的相互关系,去追溯我们今天称之为"科技馆"的东西的前期历史(Friedman,1996)。尽管如此,为了确保我们能记住那些产生了我们今天所看到的复杂情况的丰富历史的细节,让我们在这里重温一些要点。

至16世纪末,贵族、冒险家、自然哲学家和其他人所收藏的"古玩珍品陈列橱"已经成为知识界的一个显著特征。旅行者对蒂罗尔的费迪南德二世在阿姆布拉斯宫的收藏以及博洛尼亚城乌里斯·阿尔特罗凡狄的收藏猎奇时,如果没有享受到由收藏者亲自带领他们参观的待遇,他们就会非常失望(Daston,1988)。在接下来的一个世纪里,这些收藏品对于迅速出现的现代实验科学的价值变得非常明显。在早期对公众开放的博物馆当中,最著名的莫过于1683年由英国皇家学会特许成员埃里亚斯·阿什莫尔(Elias Ashmole)在牛津创立的阿什莫林(Ashmolean)博物馆。然而,这个博物馆无非就是一个如数家珍式的百科知识大杂陈的地方,而没有用现代意义的研究手段去积极地研究世界。阿什莫林博物馆的藏品包括亨利六世的锻铁摇篮、一件用鹿皮做的斗篷、一块海象颌骨和其他杂项(Daston,1988;Templeton,1988)。随着实验科学方法的勃兴,这种不加选择的收藏渐渐变得不受欢迎了,而巴黎科学院则从来就没有建立过藏品机构。

一个世纪之后,就在法国大革命时期,法国人建立了国家自然历史博物馆(1793年)。在此之前,大英博物馆于1759年开馆,该馆后来也纳入了一部分相当重要的自然历史方面的内容。最终,在19世纪早期,阿什莫林博物馆新任的研究员们认识到了其藏品已经走向衰败,并着手对博物馆进行改造,使之成为探索当代科学知识的工具。他们对陈列柜和展品进行了重新安排,试图加以少量帕利(Paley)和库维尔(Cuvier)的概括性的解说,帕利和库维尔是当时两位自然历史专家(Ovenell,1986)。这些自然历史博物馆在为博物馆既通过如何安排藏品以开始对公众开展教育,也为迅速专业化的科学界提供研究材料方面树立了一个榜样。

此外,随着国际旅游变得越来越便利,特别是蒸汽船的出现和全球范围内贸易路线渐趋活跃,新的殖民前哨为新的自然历史博物馆的建立提供了场所。正如苏珊·什茨-派恩逊(Susan Sheets-Pyenson)所显示的那样,殖民地首都把自然历史博物馆用作研究中心及其重建本国文化机构能力的象征（Sheets-Pyenson，1988）。诸如美国等独立国家建立自然博物馆（比如 1812 年在费城建立的自然科学院和 1869 年在纽约建立的美国自然历史博物馆）一方面是为了帮助本国开展研究活动；另一方面也是为了以一种有形的表现方式去显示自己在世界上日益提升的国际地位。为了使博物馆充分发挥作为国家地位象征的作用，除了关起门来进行的研究活动之外，还要追求宏伟壮丽的建筑和气势非凡的展品。

与此同时，工业的增长给博物馆、展览会和其他论坛创造了宣扬和转让技术知识的新的需求。1794 年，国立工艺博物馆在巴黎开放；1800 年，皇家研究院在伦敦开放。19 世纪 30 年代，随着大英博物馆在公共假日的开放，以及诸如阿德莱特美术馆、综合工艺研究所（Templeton，1988）等一批新的机构的诞生，致力于公众服务的公共机构在英国得到迅速的发展。19 世纪的中叶还见证了 1851 年的"水晶宫万国博览会"，这个首次世界范围的工业博览会自诩能勾画出世界未来 100 年的"进步"的轮廓。

和这些陈列机构同时建立的还有那些用以支持新的机械化大生产所需的产业工人培训的机构。美国费城的富兰克林机械学校的建立就是源自产业训练，很多机械学校及英国的维多利亚暨阿尔伯特博物馆也是如此（Shapin and Barnes，1977；Sinclair，1974）。这些新成立的博物馆大多拥有自己的藏品，它们的着重点是展览、陈列和教育。

至 20 世纪初，"第二代"（用弗里德曼的话）科学技术博物馆诞生了（Friedman，1996）。这包括慕尼黑的德意志博物馆（1906 年）和芝加哥科学工业博物馆（1933 年）。创立这些博物馆的初衷是专为在现代世界中展示并推广技术的使用，使之成为一种教育资源。尽管其中有些博物馆（比如德意志博物馆）也收藏一些技术制造物，但它们都把公众教育看做是自己的主要功能。根据科技馆历史的通常说法，随着 20 世纪中叶"第三代"科学中心的出现（1937 年巴黎发现宫，1969 年旧金山探索馆），除了自然历史博物馆之外，科技馆界显然几乎完全放弃了研究和收藏的功能，研究和展览功能变得如此分离，以至于它们常常存在于不同的博物馆之中。

第二节　支持科学本身的公众传播

传播的兴起

关于科技馆放弃研究功能的传说部分是可信的，因为它正好与公众科技传播的其他形式的历史相吻合。在从强调研究和正规教育转向强调展示和娱乐这个方面,科技馆并不孤单(Lewenstein,1994)。自 19 世纪开始,科技"泰斗们"开始为公众写作,有时候是为了探讨由于他们的更技术性的工作而引出的哲学问题,但更多的时候是为了改变人们的信仰,使他们对世界采取一种科学的(而非迷信的)态度。在工业革命时期,这些科学的保护人,通常是工业界的领袖,纷纷资助对下层阶层的教育努力,以便造就一支经过现代技术世界的手段和思想反复灌输的劳动大军。此外,巡回讲师们还面向大众进行公众演示,也是既为了教育的目的,也有娱乐的原因。

但是,在这些历史中经常被漏掉的一点是,几乎所有此类公众传播活动的开展从根本上都是为给科学界自身以支持。例如,19 世纪伊始,英国的皇家研究院就已经开始提供大众科普讲座服务。当时的皇家研究院几乎全由科技界所赞助,这种情况直到今天还是这样。这些主要科学家的目标就是研究院的目标,他们的目标无非是要用他们的世界观去影响广大公众,使之向一个更加理性的公众哲学方向转变。在美国,类似的活动也开展起来,同样导致了科学自身的需要与广大公众的需要之间的复杂互动(Lewenstein,1994)。由于美国地理面积太大,无法支持像在伦敦和巴黎那样自然兴起的全国性的文化中心,所以 19 世纪美国的公众科技传播多以巡回演讲为主。从 19 世纪 20 年代以后,各种类型的演讲系列、学术论坛和巡回演示给全国提供了如同英国皇家研究院在英国所提供的那种科学入门。

服务科学

在差不多同一时期,这些讲座成为带有更直接目的的教育努力的一种模式。至 20 世纪中叶,机械学校和其他自我提高的组织形式遍及整个英国。在这些向劳动阶层提供关于基本工艺和机械构造的讲授的学校里,科技课程的设置是为了支持科学和社会组织的理想。尽管皇家研究院的公众讲座与机械学校的公众讲座具有迥然不同的目的,但二者都具有同样的外形——以社会普遍关心的科技问题为专题的公众讲座(Claeys,1985;Goldstrum,1985)。在美国开展的学术论坛结合了不同的目的,并服务于多种功能。正如自然历史博物馆新的公众形象那样,这些公众传播活动是被科学内在的需要所驱动的——对赞助的需要,对训练有素的产业工人的需要,以及补充新的知识界领袖的需要。

这些科普活动的亮点当然是由诸如托马斯・亨利・赫胥黎(Thomas Henry Huxley)和约翰・廷达尔(John Tyndall)等科技"泰斗们"所举办的讲座和撰写的文章。至 19 世纪末,他们已经形成了一种"公众科学"的理想,根据这种理想,科学家们刻意地用科学的公开传播去劝说公众:科学既支持同时也培育了那些广为接受的社会、政治、宗教的目标和价值(Berman,1978;Turner,1980)。英国的科学"泰斗们"来到美国,进行巡回演讲。作为响应,美国人则大力宣扬反迷信的"科学的宗教",并为那些希望提高自己技能和就业机会的人传播现代技术世界的细节(Burnham,1987;Kuritz,1981;Rossiter,1971)。

公众科技传播的另一个组成部分是盛行于 19 世纪的各种关于科学的书籍和杂志,这些书籍和杂志是科技精英们的以哲理和睿智为导向的著作与那些针对下层阶层的具有教育和工具作用的著作的紧密配合。到了 19 世纪末期,涌现出了一批致力于向非科学家展示科学的杂志。这些杂志中的一部分,比如尤曼(E. L. Youman)的《大众科学月刊》,是一些在知识界精英中扮演科学传教士的布道式的出版物。其他杂志,比如那些与美国的社会主义政治运动紧密相连的杂志,则在其结构上更加侧重科学,它们利用科学作为使它们的其他社会关注点合法化的一种方式。还有一些杂志,比如原来的《科学美国人》,它所起的作用就是把迅速兴起的、有文化的下层阶层的意识形态塑造成倾向于信仰和支持建筑在科学技术之上的经济的优越性。在这个方面,诸如《科学美国人》这样的杂志实际上类似于伦敦和巴黎的"俗文化"杂志(Cotkin,1984;Haar, 1948;Leverette,1965;Sheets-Pyenson,1985;Whalen,1981;Whalen & Tobin,1980)。

科技传播的多种方法的一个重要方面——也是把这些多种方法包含到一篇关于科技馆的论文中的一个原因——是有关人士常常从一种活动转移到另一种活动。泰斗们举办的讲座被转载到文学杂志上,而他们的技术成就则被重塑成富有戏剧性的演示,提供给巡回讲师们和廉价的课本使用。一方面这些发展从根本上独立于博物馆世界中正在发生的变化;另一方面它们又常常与之并行不悖。就像在博物馆一样,由于多种情况而产生的多种目的导致了具有多层次意义的公众传播活动,从纯娱乐到科技劳动大军的系统培训。在许多情况下,执意投身于向公众展示的人,不管是在博物馆还是在其他场馆,最终都是那些寻求改进科学本身的人。

多重目的的同一互动一直延续到 20 世纪,其终极目的依然经常是科学自身的改进和提升。在新世纪里最重要的趋势是科技学会和各种自发的、针对疾病的协会的兴起,以及诸如收音机、电视机和电影等新形式的媒介的出现。所有这些都为科学家和科普工作者所充分利用。

关于科学主题(特别是医学)的有针对目标的信息运动于 20 世纪头 10 年在美国兴起。这一运动兴起之初是非正规的,常常无非是关于白喉和伤寒病等特定医学问题的兴趣和论文的一种聚合。但是逐渐地,诸如美国医学协会、美国化学学会等组织以及新兴的公共卫生运动将其开发关于自身领域的新知识的尝试与寻求对发展公众运动的支持联系起来了。所有这些运动都共同承诺运用科学技术去处理各种社会问题;公众传播被视为整体科学管理中的一个元素(Burrows,1963;Lewenstein,1992;Rhees,1985;Shaughnessy,1957;Teller,1988;Ziporyn,1988)。

尽管知识界的讨论和大众的思想传播早在 19 世纪就已经在各类专业学刊和杂志上进行,但到 20 世纪初,科技新闻学开始在主流报刊和杂志上兴起,这为科学信息的传播提供了一种新的方式。在美国,随着 1921 年一个名叫"科学服务"的新的全国新闻社的成立,标志着科技"泰斗们"时代的结束和科技传播专业化的开始。20 世纪 30 年代中期,十余个科学新闻记者构成的一小部分人发起成立了全国科学作家协会,并开始接过科技传播的衣钵。然而,与此同时,他们拒绝了阐释的观念,而采取了一种正在兴起的客观的不受任何价值观限制的新闻学观念,根据后一种理念,只报道信息,把对信息进行综合分析的机会留给读者个人。这种方法的效果之一就是让关于科技的新闻报道既对科学家有价值,同时也对广大公众有价值(Burnham,1987;Phillips,1991;Rhees,1979)。

此外,对于一些科学家来说,科技新闻学成了一种推动社会明智地使用其科学资源以加快科学进步的工具,他们认为这是创造更加美好的世界所需的。这种情况在英国尤其如此,但在美国也看得到。公众理解科学被视为公众对科学能给社会带来的好处的认识(Crowther,1970;Lewenstein,1992;Lewenstein,1995;McGucken,1984)。

第三节　对科学的直接支持

诚如上述历史所显示的那样,科技馆及其在其他公众科技传播领域的"亲戚"在走出去主动服务观众方面已经变得越来越熟练,并且越来越成功。之所以必须走出去,既是发掘公众对科技的支持的需要,也是基于一种信念,即激发公众——特别是青少年——对这一领域本身来说,是很有价值的壮大队伍的手段。

但是,正规的历史显示,博物馆和其他科技传播形式的这种外延功能已经使这些机构脱离了研究本身。在本论文的其余部分我们将充分论证,科技馆的研究和知识的生成这两个方面的作用不仅今天依然是重要的,而且这一重要性在 21 世纪将变得更加明显。另外,这些生成知识的活动不会在幕后发生,也不可能躲开公众的视线。相反,我们将会越来越认识到,在利用公共展示这一明明白白的需要作为一种产生新知识的工具方面,科技馆提供了一个理想的场所。

发现事物

诚然,利用公共展出作为产生知识的途径历来如此。尽管博物馆研究员对一个又一个满载虫鸟标本的喜爱作为一种陈列方法已经过时,但是这些展柜却服务于科学和公众两个方面的需要。科学的需要是十分明显的:科学家们正是通过对成百上千的类似标本的比较去了解他们正在研究的动物和物体。我们当中有一个人清楚地记得他被引入一家自然历史博物馆后面的库房的情景:在他所在的班级参观芝加哥费尔德自然历史博物馆时,该馆一位研究员拉开一个又一个的装满粪石(粪便化石)的抽屉给他们看。显然,通过对这些粪石进行比较,可以了解到关于恐龙生活的各个方面的知识,比如恐龙的饮食和当时的气候环境等。

同样的展柜同时也服务于公众的需要:人们发见新东西的欲望。"任何时候走进任何一个博物馆的展厅,即便这个展厅参观过了一千遍,我依然总是可以发现一些新的东西。"史密桑宁研究院属下的国家自然历史博物馆(NMNH)的一位作家索菲·伯恩汉姆(Sophy Burnham)这样回忆她在 20 世纪 40 年代在华盛顿哥伦比亚特区度过的孩提时代。"我总是在自己的脑海里进行联想。我可以一遍又一遍地走进博物馆参观,却从来没有觉得看够了。"同一博物馆的一位设计师约瑟夫·香农(Joseph Shannon)回忆说,作为差不多同一个年代的孩子,他"在史密桑宁研究院里花费了相当多的时间……我们常常整个星期六都泡在研究院里,从开门的时候一直泡到关门的时候。我和我的朋友们常常在里面临摹船模,一临摹就是好几个小时。"(Allison,1995:254~255)。

对于第二次世界大战之后许多博物馆转向举办所谓的"专题展览",这些展览常常都有精心设计的故事线和说明牌,以提供一种即使对于最漫不经心的观众来说也一目了然的单一解读,伯恩汉姆和香农均感到十分惋惜。"一旦这些博物馆被现代化了,它们无形当中就成了专为那些只来华盛顿一次的观众而设,"伯恩汉姆说,"它们因此而被简单化了,失去了原有的那种神秘感。"

今天,许多博物馆认识到,它们精心策划的展厅已经给公众留下了深刻的印象。然而在这一过程中,公众却失去了对那些深入到科学知识中去的细节工作的理解。为了扭转这一状况,博物馆正在探索新的方法去让公众回归到研究人员所从事的实际科学工作中去。有些博物馆干脆把通向后库的窗户打开:例如,芝加哥费尔德自然历史博物馆,在该馆入口处的主要大厅里设有一个玻璃房屋,科学家们就在里面进行恐龙骨骼的研究工作。同样,在国家自然历史博物馆和其他博物馆,个别展览的一些部分干脆由实验室的窗口组成,让观众对科学家们正在实验室内进行的保藏和其他工作一览无余。

在弗兰克·奥本海默对探索馆原来的憧憬的带动下,许多动手参与型的科学中心把为观众创造科学发现的体验作为自己的基本任务(Hein,1990)。有时候整个展览的策划十分明确就是为了诱导观众直接进入到科学的过程中去。最典型的例子是最近波士顿科技馆开发的"调查"展览,在这个展览里,观众被要求去决定瘦小的、呈盘子状的小丑鱼是否会比长长的、形似鱼雷的鲨鱼行动更加自如;或者说出用聚苯乙烯泡沫塑料做的杯子盛咖啡是否比用纸做的杯子保温时间更长。和大部分展览不一样,这个展览不给观众提供答案。观众只需"做科学家和工程师在进行研究时所做的那些事情,而不是简单地去查找科学家的权威答案。"该馆负责展览的副总裁拉里·贝尔(Larry Bell)说(Roush,1996)。同样地,在史密桑宁研究院举办的"美国人生活中的科学"展览(1994年展出)里,唯一最受欢迎的部分是观众可以动手参与的化学实验室(Pekarik,Doering and Bickford,1995)。

再现进行中的科学

许多新建的博物馆纷纷效法前面提到的机械学校、巡回讲师和公众科技传播的其他方面,将教室、演讲厅、教育计划和其他元素也包含其中。这些活动的目的常常是非常明确的,就是为了强化科技馆的教育方面,并使之毫无保留地参与到科学自身的改进当中去。例如在新加坡科学中心,各类科学实验室遍布于该中心的建筑内和生态园中;学生们来到科学中心并不单纯是为了娱乐,而是为了以一种系统的、在教育上能使自身得到充实的方式去学习了解各种科技问题。这种对教育的支持作用不应该使我们感到惊讶,来自科技馆的数据告诉我们:观众当中大约有一半是与学校团体和其他教育计划有密切联系的。

现在,许多科技馆正在把对科学自身的支撑直接纳入它们的计划,甚至是它们的建筑中去。在科技馆建设中,此类活动的规划现在已属司空见惯:例如,在印度尼西亚首都雅加达新建的科技馆(1995)内,许多房间被预留出来,计划用于设立类似于新加坡科学中心的实验室(只是囿于资金,这些实验室无法得到充分开发)。

推动研究活动的开展

但是这些动手参与型的"科学过程"展览,或者那些"嵌入式"的实验室和教育空间依然不是科技馆如何对科学本身作出贡献的最重要的方面。在这一领域中最引人注目的因素是在开发公众展览过程中对新科技本身的开发会有所要求。随着科技馆的权威和权力从接受过良好科技训练的研究人员那儿向展出和公众教育部门转移,对展览的控制也从与科技内容的亲密互动转向对"公众教育"的关切。这已经成为一种不言而喻的现象,即科技馆的任务再也不仅仅是展示科学研究,而是向公众讲述科学的故事,让他们去咀嚼、去享受(Durant,1992;Quin,1993;Templeton,1988)。

诚然,科技馆的历史——包括一些最引人注目的公众展览最近的历史——使人注意到另一个方面,科技馆从根本上说就是一个场所,在这里面,向公众展出的需要会带来对科技界直接有用的新知识的开发。

这些例子始于20世纪的转折点。在美国自然历史博物馆,亨利·费尔菲尔德·奥斯本(Henry Fairfield Osborn)很想要布置一系列恐龙和其他已经绝迹的哺乳动物的复制品,这一安排可用一种充满戏剧效果而且栩栩如生的姿态去表现已经绝迹的史前动物,借以显示自然界为了生存而进行的斗争,作为城市化的堕落的一种道德矫正方法。但这既不是古脊椎动物学所处理的问题,也并非是古脊椎动物学家以前所采用的一种表现形式。为了创造出他所希望的展品,奥斯本动用了他相当可观的财力和社会力量去重塑这一领域的科学目标。

在进行传统的动植物分类工作的同时,美国自然历史博物馆的古脊椎动物学部门还不得不对诸如肌肉附着、关节接合以及骨骼和肌肉的负荷承受能力等问题开展广泛的研究。重要的是,这些问题原先并不是专业的古生物学家所关心的问题。奥斯本的"古物议程",按历史学家罗纳德·雷恩格(Ronald Rainger)的说法,是美国自然历史博物馆盛行的使公众展出成为古脊椎动物学的科学实践和文化之一部分这一做法背后的一股推动力(Rainger,1991)。

20世纪30年代,正当丹佛自然历史博物馆准备着手去将其金鹰栖息地种群进行升级的时候,突然发现并没有关于这些禽类的生命周期和生活习惯的详细知识(Allison,1995:75~101)。博物学家阿尔弗雷德·巴利(Alfred Bailey)和罗伯特·尼德拉赫(Robert Niedrach)遂利用博物馆的技术(用围鸡笼用的铁丝网、石膏和油漆造假山石)建了一个隐蔽点,让巴利对一只鹰的巢进行拍摄。他们把一些鹰筑巢所必须的东西放在一块便于拍摄的岩礁上,然后引诱鹰去那儿"落户"。随着鹰家族开始成长,巴利和尼德拉赫不时地调整鹰巢,甚至把岩礁的一部分凿掉,以便形成最佳的拍摄场景。这些努力都没有白费:雌鹰在转动的摄影机前自觉自愿地哺育其幼崽,使博物学家不仅可以洞悉鹰的习性,而且可以看清打造出这一引人注目的展览的原材料。

关于这一段插曲,令人惊讶的与其说是巴利和尼德拉赫干预了野外现场这一简单事实。毋宁说,令人惊讶是从一开始选址、建立隐蔽点、到改变岩礁和鹰巢的这整个过程,非常啮合博物馆的栖息地种群的设计过程。至于栖息地种群,尽管据说是某个特定地点的精确的再造,但仍然有许多理想化的东西和这一地点所特有的各种材料的合成痕迹。很容易想象展览制作者如何改造假山去准确地抓住光,事实上,你会期待他们将布置的动物和附属物品摆放成各种姿态,使它们不至于互相抢镜头(这是好的戏剧艺术的基本规则)。是美学在形成着博物馆展品的准确性意味着什么这一意识。

以上部分把科技馆界发生的变化与公众科技传播的其他领域中所发生的变化联系了起来,这一例子中的电影制作的重要性并非是独特的。历史学家格雷戈·特曼(Gregg Mitman)曾详细地说明科学家如何利用电影拍摄作为一种科技手段和展示技术,以及电影和摄影的美学是如何形成公众展出和科研内容的(Mitman,1993;Mitman,1996)。同样,艾里森也证明了电影这种原先为了文献编集和规划的目的而收藏的东西是如何可以用于向公众形象地展现研究的情况的(Allison,1995a)。

但是,关于展出与研究之间的互动的大部分例子来自于为了建构博物馆的展览陈列而对详细知识的需要。例如1967年,美国国家自然历史博物馆计划筹建一个新的昆虫展厅,其中一位规划人员计划搞一个14英尺(约4.27米)长的蚱蜢模型,以展示节肢动物的身体构造。由于这个模型放大比例之大,并且如此逼真,预期蚱蜢的特性将非常直观地显示给观众。但是,该博物馆负责展览的馆长后来发现,"直至我们的咨询人员去实施这个项目的时候,才意识到关于这个昆虫的身体结构的任何详细知识竟然在世界的任何地方和任何文献中都不存在。"例如,研究人员需要开发关于蚱蜢的神经系统的知识,因为"当放大到14英尺(约4.27米)的时候,蚱蜢神经系统的细节会自然地向观众显现无遗"。(Allison,1995b:233)。

涉及面最广的莫过于艾里森所举的关于美国国家自然历史博物馆热带雨林展览的例子(Allison,1995b)。这个展览是20世纪60年代初期作为一个传统的植物学展厅开发的,到了70年代中期,这个展览被改造成为一个关于环境恶化的主题故事。然而在整个改造过程中,热带雨林始终是中心主题,不单纯因为它是一种有效的陈列方式,而且还因为展示热带雨林是植物学家们把他们对热带的专业兴趣与开发公开展出相结合的一种方法。1962年,当展览开发小组前往英属圭亚那一处将作为展览模型的热带雨林进行实地考察的时候,展览小组的负责人向其同事许诺,"你们再也不会仅仅被局限于拍照,就像我不会把我的全部时间都花在监督指导上一样。"事实上,他们此行带回了500多种植物标本,其中许多标本引出了新的研究成果(和出版物)。

根据这位展览负责人罗伯特·考恩(Robert Cowan),后来成为美国国家自然历史博物馆的馆长介绍,他们这种把研究与展览结合起来的尝试是经过仔细考虑的(Allison,1995b:180~183):

"就我而言,如果我们要花钱进入热带,我们最好也顺便看看别的地方,以便我们可以既研究植物学,同时又研究如何开发展览……凯埃特(一处瀑布,也是那次野外考察的地点),根据以前的植物考察,是知名的富有各种植物品种的考察地点,也是一个引人注目的地方——瀑布本身就十分引人注目。这个地方周围的许多东西将成为我们展览的绝好背景。因此,这真是一个寻找展览素材,同时收集植物学材料的好地方。"

此外,考恩也十分清楚,那次野外考察可以回答许多明显的科技问题。

"当时谁也不知道瀑布下面的是什么植物。比如,在我下到瀑布底下之前,丘 Kew 花园(英国皇家植物园)的桑德威斯(N. Y. Sandwith)给我写了一封信,说道:'我希望你了解到瀑布下面的东西究竟是什么东西。'此前他已经下去过一趟,但可惜当时没有通往峡谷底部的路径。我想我们是第一个……但这里有一个问题……还记得我们是为展览而来考察的,但我们同时也把它变成一次植物学的考察,因为,说到底,我们所收集到的东西不是也可以为再现我们所处的热带雨林场景作出贡献吗?"

通过了解到峡谷底下的植物是什么植物,考察小组为植物学知识作出了贡献。另外,由于"我们所收集到的东西……可以为再现我们所处的热带雨林场景作出贡献",这些知识可以直接地体现在展览中。

要在为展览而进行的研究与普通的研究之间加以甄别,这无疑是一个错误的对分。上述热带雨林展览的故事对于博物馆的未来是重要的,因为它指出了一条根本的道路,循着这条道路,博物馆可以利用其需要去开拓作为创造新的科学知识的手段和机会的公共空间。

这种互动并非仅限于博物馆。当"发现频道"着手准备去制作一部关于"泰坦尼克号"沉没的电视文献纪录片的时候,资深科教电影制片人格雷戈·安多法(Greg Andorfer)认为,制作具有震撼力的电视片的唯一途径是试图去回答关于这艘著名远洋客轮的一系列悬而未决的问题。为此,安多法召集了一群科学家,其中包括一名微生物学家和一名声呐成像专家,以进行一次全新的、将拍成电视节目的研究活动。这是一个大众传媒不仅仅是去报道一个预先存在的科技项目,而且自己出资去研究此类项目的一个例子。

　　为博物馆未来设想,必须认识到这样一个事实:我们所预示的活动将在21世纪中变得更加重要——互动展品、故事影片、进入因特网——正是在这些领域里,我们将会目睹作为公共展出需要的结果而开发出来的新科技。也许这方面的最好例子是穹幕电影(IMAX)——一种世界各国博物馆馆长慨叹为与现代科学中心理应代表的互动型和动手型学习背道而驰的技术。尽管穹幕电影院被普遍视为是任何现代大型科技馆所不可或缺的辅助设施(为了吸引观众),博物馆馆长们看到的却是这种电影院耗资不菲,并且有使博物馆从动手型学习向陈列倾斜的倾向。

　　但是穹幕电影也为新的科技知识的开发提供了大量的机会。史密桑宁研究院属下的国家航空航天博物馆原馆长马丁·哈威特(Martin Harwit)最近描述了两个这样的例子(Harwit,1996)。在穹幕电影《太空中的命运》中,设在加州理工学院的喷气推进实验室利用现存的数据去制作金星和火星的画面,以给人一种航天飞机飞越金星和火星表面的感觉。尽管研究人员以前经常对这两个行星的一些特定场面的照片进行观察分析,但他们一直没有能力将这些数据组合成三维的形式,使之能环绕特定的地质特征移动。穹幕电影对具有戏剧效果的活动画面的需要给研究人员提供了必要的资金和机会去找出观察分析其科学数据的新方法,使他们能够对这两个行星的复杂性和丰富资源有新的理解。同样,为了拍摄穹幕电影《遨游太空》,美国国家航空航天博物馆委托美国一个国家超级计算机中心去制作了一个表现星系形成的想象画面。尽管天文研究人员此前也曾看到过类似的想象画面,但他们往往只使用分辨率为1000万像素的计算机屏幕。穹幕电影的巨幅银幕意味着这些为了满足向公众展现而制作的新的想象画面必须达到4000万像素的分辨率,这就要求研究人员必须从前所未有的层面去探索数据。

结论

　　科技馆的历史——确实也是为大部分公众科技传播付出努力的历史——一直被视为与研究渐行渐远而向教育和娱乐靠拢。当评论者和理想主义者展望21世纪的科技馆的时候,他们往往聚焦于找到一些新的更好的方法帮助广大公众把科技馆作为一种能给他们带来兴奋,同时能让他们学习了解科学的资源。

　　但是,正如历史所提醒我们的那样,科技馆本身也是科学研究的重要场所。尽管有些人把研究与展览相结合的尝试视为造成科技馆的紧张的主要因素之一,但一个更为有效的建议是找出一种既巧妙又引人注目的方法,通过这种方法,公共展出的需要可以产生科学研究前沿的知识。对于 21 世纪的科技馆来说,所面临的一个挑战将是找到在这一力量的基础上进一步有所建树的办法。科技馆不仅仅是面向公众的重要媒介工具,它们本身还是重要的科技机构,并且在即将到来的新世纪里仍将如此。

布鲁斯·莱文斯坦和史蒂文·艾里森-布内尔 著

(Bruce V. Lewenstein and Steven Allison-Bunnell)

欧建成 译

参考文献

Alexander (E.). 1979. *Museums in Motion*: *An Introduction to the History and Functions of Museums.* Nashville (TN): American Association of State and Local History.

Allison (S. W.). 1995a. "Making nature 'Real again'". *Science as Culture*, 5 (1), pp. 57-84.

Allison (S. W.). 1995b. *Transplanting a Rain Forest*: *Natural History Research and Public Exhibition at the Smithsonian Institution*, 1960-1975. Ph. D. dissertation: Science & Technology Studies: Cornell University (Ithaca, NY).

Berman (M.). 1978. *Social Change and Scientific Organization*: *The Royal Institution*, 1799-1844. Ithaca (NY): CornellUniversity Press.

Burnham (J.). 1987. *How Superstition Won and Science Lost*: *Popularizing Science and Health in the United States.* New Brunswick (NJ): Rutgers University Press.

Burrows (J.). 1963. *The AMA*: *Voice of American Medicine.* Baltimore: Johns Hopkins University Press.

Claeys (G.). 1985. "The reaction to political radicalism and the popularization of political economy in early nineteenth century Britain", pp. 119-138 in *Expository Science*, directed by T. Shinn & R. Whitley. Dordrecht/Boston/Lancaster: Reidel.

Cotkin (G.). 1984. "The socialist popularization of science in America, 1901 to the First World War". *History of Education Quarterly*, 24 (2), pp. 201-214.

Crowther (J. G.). 1970. *Fifty Years with Science.* London: Barrie & Jenkins.

Daston (L.). 1988. "The factual sensibility (essay review)". *Isis*, 79, pp. 452-467.

Durant (J.) (directed by). 1992. *Museums and the Public Understanding of Science.* London: Science Museum/COPUS.

Falk (J. H.), Dierking (L. D.) (directed by). 1995. *Public Institutions for Personal Learn-ing: Establishing a Research Agenda*. Washington (DC): American Association of Muse-ums.

Friedman (A. J.). 1996. "The evolution of science and technology museums". *Informal Sci-ence Review*, March-April, 1, pp. 14-17.

Garvey (W.-D.). 1979. *Communication: The Essence of Science: Facilitating Information Exchange among Librarians, Scientists, Engineers and Students*. Oxford / New York: Pergamon Press.

Goldstrum (M.). 1985. "Popular political economy for the British working class reader", pp. 259-276 in *Expository Science*, directed by T. Shinn & R. Whitley. Dordrecht/Boston/Lancaster: Reidel.

Haar (C. M.). 1948. "E. L. Youmans: A chapter in the diffusion of science in America". *Journal of the History of Ideas*, 9, April, pp. 193-213.

Harwit (M.). 1996. Personal Communication with Bruce.

Lewenstein. 9 October.

Hein (G. H.). 1990. *The Exploratorium: The Museum as Laboratory*. Washington: Smith-sonian Institution Press.

Kohlstedt (S. G.). 1988. "Curiosities and cabinets: natural history museums and Education on the Antebellum Campus". *Isis*, 79, pp. 405-426.

Kuritz (H.). 1981. "The popularization of science in nineteenth century America". *History of Education Quarterly*, 21, Fall, pp. 259-274.

Leverette (W.-E.)Jr. 1965. "E. L. Youmans' crusade for scientific autonomy and respectabil-ity". *American Quarterly*, 12, Spring, pp. 12-32.

Lewenstein (B. V.). 1992a. "Industrial life insurance, public health campaigns, and public communication of science, 1908-1951". *Public Understanding of Science*, 1 (4), pp. 347-366.

Lewenstein (B. V.). 1992b. "The meaning of public understanding of science in the United States after World War II". *Public Understanding of Science*, 1(1), pp. 45-68.

Lewenstein (B. V.). 1994. "A survey of public communication of science and technology ac-tivities in the United States", pp. 119-178 in *When Science Becomes Culture*, directed by B. Schiele. Boucherville (QC): University of Ottawa Press.

Lewenstein (B. V.). 1995. "Advocacy vs. objective reporting: a historical perspective", pp. 195-207 in *Robert Bosch Colloquium on Risk Communication and Science Reporting*, *June 1992*, directed by W. Gopfert & R. Bader. Berlin: Robert Bosch Foundation/Free Universi-ty of Berlin.

McGucken (W.). 1984. *Scientists, Society, and State: The Social Relations of Science Movement in Great Britain*, 1931-1947. Columbus: Ohio State University Press.

Mitman (G.). 1993. "Cinematic nature". *Isis*, 84, pp. 637-661.

Mitman (G.). 1996. "When nature is the zoo: vision and power in the art and science of natural history". *Osiris*, 11 (2nd series), pp. 117-143.

Ovenell (R. F.). 1986. *The Ashmolean Museum, 1683-1894*. Oxford: Oxford University Press.

Pekarik (A. J.), Doering (Z. D.), Bickford (B.). 1995. *An assessment of the "Science in American Life" exhibition at the National Museum of American History*. Washington (DC): Smithsonian Institution, Institutional Studies Office.

Phillips (D. P.) *et al.*, 1991. "Importance of the lay press in the transmission of medical knowledge to the scientific community". *New England Journal of Medicine*, 325, pp. 1180-1183.

Quin (M.). 1993. "Clones, hybrides ou mutants?: L'évolution des grands musées scientifiques européens". *Alliage: Culture, science, technique*, 16-17, Spec. No. Science et culture en Europe, Summer-Fall, pp. 264-272. English version in spec. no. of *Public Understanding of Science*, directed by J. Durant and J. Gregory.

Rainger (R.). 1991. *An Agenda for Antiquity: Henry Fairfield Osborn and Vertebrate Paleontology at the American Museum of Natural History*, 1890-1935. Tuscaloosa, (AL): University of Alabama Press.

REMUS (Recherche en Muséologie des Sciences et des Techniques). 1991. *REMUS: La muséologie des sciences et des techniques*. Proceedings from the symposium held in Dec. 12-13, 1991, Palais de la Découverte, Paris. Dijon: Office de coopération et d'information muséographiques.

Rhees (D. J.). 1979. "A new voice for science: science service under Edwin E. Slosson, 1921-1929". Chapel Hill: University of North Carolina.

Rhees (D. J.). 1985. "The Chemical Foundation and popular chemistry between the wars". *CHOC News*, Spring, pp. 2-3.

Rossiter (M.). 1971. "Benjamin Silliman and the Lowell Institute: the popularization of science". *New England Qtly*, 44, pp. 602-626.

Roush (W.). 1996. "Putting museum-goers in scientists' shoes". *Science*, 271(8), March, pp. 1356.

Shapin (S.), Barnes (B.). 1977. "Science, nature, and control: interpreting mechanics institutes". Social Studies of Science, 7, pp. 31-74.

Shaughnessy (D. F.). 1957. *The Story of the American Cancer Society*. Ph. D. dissertation: Columbia University.

Sheets-Pyenson (S.). 1985. "Popular science periodicals in Paris and London: the emergence of a low scientific culture, 1820-1875". *Annals of Science*, 42(6), pp. 549-572.

Sheets-Pyenson (S.). 1988. *Cathedrals of Science: The Development of Colonial Natural History Museums During the Late Nineteenth Century*. Kingston (ON): McGill-Queen's University Press.

Sinclair (B.). 1974. *Philadelphia's Philosopher Mechanics: A History of the Franklin Institute, 1824-1865*. Baltimore: Johns Hopkins University Press.

Teller (M. E.). 1988. *The Tuberculosis Movement: A Public Health Campaign in the Progressive Era*. New York: Greenwood Press.

Templeton (M.). 1988. "The science museum: object lessons in informal education", pp. 83-88 in *Science for the Fun of It: A Guide to Informal Science Education*, directed by M. Druger. Washington (DC): National Science Teachers Association.

Turner (F. M.). 1980. "Public science in Britain, 1880-1919". *Isis*, 71, pp. 589-608.

Whalen (M. D.). 1981. "Science, the public, and American culture: a preface to the study of popular science". *Journal of American Culture*, 4(4), pp. 14-26.

Whalen (M. D.), Tobin (M. E). 1980. "Periodicals and the popularization of science in America, 1860-1910". *Journal of American Culture*, 3(1), pp. 195-203.

Winsor (M.). 1991. *Reading the Shape of Nature: Comparative Zoology at the Agassiz Museum*. Chicago: University of Chicago Press.

Ziporyn (T.). 1988. *Diseases in the Popular American Press: The Case of Diptheria, Typhoid Fever, and Syphilis, 1870-1920*. New York: Greenwood Press.

第八章　超越"科学中心"的范畴，为了科技的社会阐释

　　科技博物馆学向来是在总的博物馆学的范畴内发展。和其他博物馆学一样，科技博物馆学在设计空间、汇集藏品、研发方面都形成了不同的形式，这些形式既是相应于时行的有关什么是科学的观念，也是出于科学博物馆的目的以及它所服务的观众的需要的。

　　我们在此希望将科技博物馆学与其他博物馆学，特别是在美国和加拿大的阐释潮流中发展起来的历史博物馆学进行一个比较。通过这样做，我们将建议，如果过去科技博物馆学对其他博物馆学产生过影响，那么现在它可以通过对其他这些阐释性的做法进行密切观察而从中获益，因为这些做法在历史遗址和博物馆领域都行之有效，并且丰富了展览与公众沟通的方法和水平。

第一节　科技博物馆学相对于阐释型博物馆学

科技博物馆学：机构及其目的

　　当检验科技博物馆学的时候，有三点观察进入到我们的脑海：其一是关于边界的；其二是关于这类博物馆学的主要对象；其三是藏品的存在。边界并未明确地界定，也很难清楚地划定，这种情况现在没有，过去也未曾导致某一特定类型科技馆的清晰界定。许多类型的机构和场馆都拥有科技藏品和主题作为其唯一的或者部分的使命，并且是运用博物馆学的方式去这样做。这种情况在其他类型的博物馆里也司空见惯（Althin，1963）。为了统观科技博物馆学，我们的目光不能仅仅放在科技博物馆和科学中心，而且还要放在历史博物馆和人类学博物馆所陈列的展览，例如，放在历史遗址所展出的考古发现。

　　我们的第二个观察与科技博物馆学本身的中心目标有关，这一目标不能作为这一领域的共同点。某些科技馆将宇宙作为一个整体去考虑，并且试图传播科学——大多为现代科学——所能告诉我们关于宇宙的东西。这种被称作"本体论"的方法是被现实所驱动，它解释我们周围的、并且我们是其中之一

部分的"现实世界"的本质和起源。这些展览充分利用介绍当前对宇宙的知识的科普陈列中的科学概念,其主题通常是关于进化方面的,它们将观众从宇宙学带到原始生命形式和人类的出现。在这些博物馆里,作为媒介加入的科学论述并非作为一种目标出现,也并不构成一个明确的主题。观众感觉自己与陈列中自然的东西——矿物、植物、动物——直接发生接触,这些东西都是被科学解释得非常清楚,有助于他们的理解的。

其他科技馆把它们的目标界定为不去展示世界的现实,而是去展示质疑、探索和改变世界的科学技术的历史。它们凭借相关展品的帮助,从一种包含所有学科的演化的总体层面,或者从一种类似某一学科领域(例如天文或化学)或技术领域(例如汽车、太空探索、通讯)的历史的比较具体的层面,去讲述这一科技探索的相关故事。这类展览所表现的往往是科技历史上的重大时刻、发明家的名字、各种理论和探索发现。通过这种方法,科技博物馆学将其研究课题与人类对知识的探索紧密联系起来,并且展示了科学技术对社会生活所产生的影响。

建构科技博物馆学对象的第三种方法是"认识论"的方法。博物馆的主要对象遂成为科学的过程本身——主要的还不是其历史过程,而是其形成过程。展览往往试图向观众传达科学知识是如何通过研究、通过特定的思维方式和对现象的质疑这类方法有条理地产生的。

陈列的展品将观众带入到科学方法中去,这一科学方法始于直觉的层面,进而构成某种假设,然后达到可证实其正确性的经验。尽管展出的某些要素有些可以显示正为科学所研究的现实侧面、而其他的要素涉及的则仍然是历史,但这些展出的对象总不外乎作为发现、思考和表现世界的工具的科学本身。其目标是帮助观众进入到科学的逻辑中去,观察其"正在行动"的状况,甚至参与到阐明和证明科学发现的体验中去。

以上这三种方法——本体论的方法、展现历史的方法和认识论的方法——运用不同的手段去建构科技博物馆学所必须展示的对象;所有这三种方法均将博物馆学的不同风格运用于其展览。通常来说,每一种方法趋向于支配整个博物馆的展览空间,并确立博物馆与观众之间的关系和博物馆的特性。博物馆被视为一个接触和观察"现实"的地方,一个展示科技的历史和演化的地方,一个进行各种科技演示和积极参与到活跃科学过程的体验的地方。

因此,负有展示科技展览使命的机构分属三大类别,并与它们建构主要相关对象的方法相联系。第一类博物馆包括那些以标本的收集和对自然实物的接近为中心、并采取我们称之为"本体论"的方法的博物馆。这类博物馆以"古玩珍品陈列橱"起家,长于将各种各样的奇珍异宝荟萃一室。它们包括以大量标本——有时候还是活体标本——的收藏和展览为主的博物馆,如自然历史博物馆、植物园和动物园。

第二类博物馆包括那些收藏与科学技术的历史相关的文物的博物馆,那些常常从社会历史范畴去解释这些藏品的博物馆,这类博物馆是第一类历史和人类学博物馆的"后裔";这些博物馆,无论是国家的还是地区的,是人类学的、历史学的,还是在某种程度上是人类学的,经常在其展陈中包含一些涉及在不同文化中知识的产生和技术的发展的主题,以及一些反映从传统社会向工业社会过渡的技术和专门技能的"进步"的主题。这些主题的相对重要性也许恰好说明了为什么它们在各种陈列中屡见不鲜,同时显示了各种主要的创新发明,比如通过蒸汽动力的应用和电的发现而发生在生产、交通、通讯等领域的变化是如何影响人们的日常生活的。我们常常会面对这样一些展览,这些展览与其他不同文化的行事方式大相径庭,并将新旧技术进行比较,暗示着一个依赖于不断的技术进步的由西方主导的社会。

在这类博物馆里,展览往往陈列大量的、与正被展示的历史阶段相关联的文物,并坚持不懈地展现国家的成就。这些展陈内容的历史特色往往掩盖了其对科技博物馆学领域所作的贡献。观众把它们看做是"历史"而不看做是科学文化的传播,尽管许多题目确实与科学技术的演变及其用以影响人们的生活方式的方法相关。这些展览的成功始于那些颂扬技术和工业成就、展现产品的品种和质量以及展示使这种生产成为可能的各种机器的国际展览。

第三类科技博物馆集合了那些实行认识论博物馆学的机构,它们专门提供各种科学体验,以便观众可以参与到科学地看待事物并按科学的方法去质疑这些事物的方式中去。这一逻辑始于那些专为特定人群设立的研究院,比如实验室以及学院和大学的演讲礼堂。但它也受到专注于使科学蔚为奇观的影响,因此产生了许多大众喜闻乐见的形式,并常常声称这些形式具有教育甚至是道德的裨益,当然,这多少也蕴含其中。博物馆的大部分精力都投入到举办一些能让城市里的观众惊讶不已、叹为观止的展览。这些城市观众往往是一些支付了些许门票费之后便急欲一睹各类"教授们"所许诺的科学奇观的观众(Raicharg,1993)。

今天的科学中心都跟随这一潮流,将科学的东西与惊人的东西混合起来,结果导致了两种相左意见的争论不休。一种意见认为,这类展陈具有教育意义;另一种意见则认为,这类展陈充其量不过是"游戏和玩耍",并不能成功地解释科学的原理,只不过仅仅传达一种诸如"科学是有趣的"这类笼统的信息。

所有这些博物馆学都肩负起了展示科学和"在博物馆领域中重新系统地阐述科学,并帮助实现其在共享的公共空间里的表现"的任务(Schiele,1989:7)。

表8-1总结了几种不同类型的博物馆学。

表 8-1　博物馆学的类型

研究焦点	博物馆学类型	展陈中的主要元素	观众回应
实物	本体论的	标本和分类法	认真审慎的观察
解说	展现历史的	文物及其背后的故事	想象的鉴别
行动	认识论的	实验和演示	积极的参与

我们的第三个观察：科技博物馆学已经成为一场关于藏品是否有必要的重要争论的背景。从整个博物馆的层面，人们可能会质疑科技馆的定义是否意味着收藏、保存和展示藏品；在项目的层面，人们必须决定应该在展览和活动中给予藏品及其阐释以什么样的位置。许多科普机构在起名时选择了不包含"博物馆"这个词汇的名称，而宁愿叫做"科学中心"、"科学城"、"探索馆"、"生物馆"等，其中的原因之一就是意欲摆脱旧有的科技馆中原先所盛行的那种博物馆学和氛围。摈弃"博物馆"这个词汇使得新的科普机构能够在对公众的形象和认知方面开创变化，与此同时，使它们得以摆脱收藏并展示重要科技文物之义务。

阐释中心

这一关于博物馆学与藏品之间的新关系的问题带出了一个不限于科技馆的关于展品新功能的定义。一方面，美国和加拿大的自然遗址、公园、历史遗址和历史博物馆已经在过去的几年间就此展开了类似的争论；另一方面，阐释中心的方式得到了扩展，并在广泛的基础上被采纳。这些最早由美国国家公园服务局开发的中心是"试图首要通过'阐释'这种特定的方法去提高民众的意识和自觉的地方"（OLF，1984：38）。[①]这里的主要焦点是设法让人们意识到并有能力鉴赏这些通过阐释手段呈献的东西，阐释仅仅是用来达到这种自觉意识的目的之手段和方法而已。

弗里曼·蒂尔登（Freeman Tilden）提出了现在被视为经典的、将阐释定义为一种博物馆学研究功能的提法：我准备将国家公园服务局、州立和市立公园、博物馆和类似的文化机构称为"阐释"的功能定义为：一种旨在通过运用原

---

①　这一文献也将"阐释"定义为"一种提高意识的方法，这种方法通过运用某种足以唤起理解，并使人们获得一种描述性的和可以感知的知识形式，而非一种严谨和推理的形式（61）的手段，去为处于某一特定情景的公众阐释某一现实的深奥意义及其与人类潜在的关系。"在魁北克，遗产阐释协会（AQIP）提出了以下定义："阐释是一个旨在将自然和文化遗产的意义和价值向公众传播的过程，这一过程通过直接让个人参与到现象中去并使他们意识到自己在时空中的位置来实现。"

物,通过第一手体验和通过阐释性的媒介而非单纯传达事实信息去揭示意义和关系的教育活动(Tilden,1977:7—8)。

阐释中心是依照阐释要求而创设的陈列和活动的特定场所。它们从一开始就有别于传统的博物馆,它们的主要目的是向公众展现其遗址,告诉人们关于这些遗址的历史,帮助人们鉴赏其主要特色和魅力所在。藏品,若作为陈列的要素出现,则服务于这一主要目的:

"博物馆大多是围绕文物和藏品而建立起来的,而阐释中心则是以理念、宗旨和目标为肇始(……)它始于一个需要通过一系列信息加以表达的想法(……)它本质上是一个论述的场所"(Dufresne,1989:6)。

阐释中心的展览空间首先必须展出一个遗址——非指收藏的文物。遗址的具体阐释是所有阐释性方法之基础;在此基础上,阐释可以在其他博物馆学研究的框架内继续发展。遗址阐释被唐・奥尔德里奇(Don Aldridge)定义为"向参观某一遗址的观众解释该遗址的意义的一种艺术,其目的无非是传达一种管理保护的信息"(Aldridge,1989:64)。[1] 遗址的重要性类似于其他博物馆所保存和陈列的藏品的重要性,但是,阐释中心的展览在考虑其遗址时所凭借的依据必须区别于其他在其展览室内陈列文物的博物馆在展示其藏品时所凭借的依据。

这一与展览空间以外的地方的必要关系改变了展览的性质,并带来了一种对某些事物的专题探讨方法的发展,这些事物相对于在中心内陈列的东西而言是外在的。由于没有藏品可供陈列,这类博物馆学必须向公众传达信息,并便于观众对遗址的参观、理解和鉴赏。在经历了中心和遗址的这种体验之后,推介者希望观众的环保意识得到加强,并在鉴赏了遗址的质量之后更加积极地投身到保护遗址的努力中。

无论遗址是自然遗址、历史遗址、人类学遗址或考古学遗址,[2]如果其目的是在观众抵达之初遗址即让他们获得一个概括的了解,并帮助他们获知遗

---

[1] 他补充说"遗址的意义在于使阐释的做法值得;在于阐释是为任何公众服务的;在于向公众展示一种有意义的东西而不试图向他们介绍其中的某些价值这种做法是不负责任的,如果不是不道德的话。遗址阐释是阐释之核心,因为它是主题开始的地方……阐释是关于某一地方和该地方的概念,是关于将人们和事物置于其环境情景之中,是为了让那些已经失去其根源的制造品能够重新寻回其起源,以便其意义能被世人重新看到。"

[2] 参阅国际博协 1982 年关于遗址博物馆的定义:"为了保护自然或文化的、可动和不可动的遗产而在这些遗产被创造、发现并受到保护的遗址的原址上所建立起来的博物馆。"

址的历史和意义,那么阐释中心将不失为一个好的博物馆方法。

为了达成其推介宣传自然和文化遗产的双重目的,美国国家公园服务局设立了许多阐释中心,借以展出各种与自然和历史遗址,有时候是两者兼而有之的遗址相关联的专题展览。公众很快就钟情于这类展示,因为它们可以明确地阐释主题、介绍情况、指出问题,十分有助于观众对遗址的了解,并引导他们去探索并鉴赏。就这样,逐渐地,在其他地方和其他类型的博物馆里展出的展览相形之下显而易见在使观众易于接近,在"观众友好"以及在满足观众的需要等方面都略逊一筹。

第二节　从阐释型展览到新的科技博物馆学

朝着阐释型展览的目标

那些展示界定得完好的主题和清晰的信息,并且关系到所涉及的情景及观众自身体验的展览的成功向博物馆学研究人员表明:这些阐释方法在其他虽然拥有藏品但却不与任何外在遗址关联的历史博物馆的展览策划中也非常有用。在这一过程中,阐释从现场的"阐释中心"向基于自身的内容而布置成的"阐释型展览"过渡,这是由于所在的博物馆愿意使其藏品以更富有意义和更易为观众接近的方式展出。

三十多年来,在许多类型的博物馆里,我们看到了阐释型展览在不断地激增。对于阐释型展览,维维卡(Veverka)是这样定义的:"如果一个展览能够通过积极的观众参与和与观众日常生活的极度密切联系而使其主题呼之欲出,那么这个展览就是阐释型展览。(Veverka,1994:125)"这里强调的是两个组成部分:第一个组成部分是阐释对所选择的主题——"呼之欲出"的主题——产生的效应——以及对观众所产生的效应——必须使观众参与进来,并与设计陈列的要素产生互动。第二个组成部分——关联性——坚持展览必须与观众当前的生活和经历相关联,以便他们会对所阐释的东西及其意义感到关切。进行阐释会给展览的策划和理念带来改变,尤其是在信息的结构和传播方式方面,以及在制造品在这一环境中所扮演的作用方面。在这一环境中,制造品必须与其他一系列阐释型材料——包括文字的、图标的和技术的材料——分享空间。所有这些材料均服务于需要传达的信息和所要求的观众参与。这样一来,阐释型展览便堪称多媒体,因为它们使用大量的媒介去进行传播。我们将多媒体展览定义如下:

"在为其规定的空间中,一个多媒体展览往往整合了真正的制造品和其他众多的有能力支持其内容并导引其为观众所接受的阐释型材料……多媒体展览不仅展示所收藏的制造品,而且通过其设计的展品或活动提供'解说员'或用作解说的关键材料,他们在所展示的物品、观众和主题之间起着中介的作用。这样一来,(观众)对整个展示的安排和传递的信息的接受便会受到影响(Montpetit,1995:9)。"

公众对这类当前在许多博物馆展出的展览的普遍接受在很大程度上减少了最初所观察到的两种展览方法——一种是博物馆常用的方法;另一种是阐释中心常用的方法——之间的差别。现在,无论是在博物馆或在阐释中心,我们都可以看到更多的主题展览。在这些主题展览中,在以与观众的沟通为其逻辑基点的脚本中,制造品往往起到预先策划好的作用。这样一来,以藏品为驱动的博物馆和以传递信息为驱动的阐释中心之间曾经存在的对立就减少了。尽管藏品的缺失过去经常被看做是阐释中心展陈的一个特点,但我们很有必要回忆一下,前面引用的蒂尔登关于阐释的定义不仅没有提及这一点,反而强调使用"原物"作为让观众充分参与进来,以及在单纯向观众传达事实信息的基础上更进一步的一种手段。博物馆学思想的演进现在已经超越了这一两分法,并在很大程度上使之弱化为在展览陈列中所采取的一个风格问题:

"我们或以一种提供信息的方法,或以一种阐释的方法,把我们希望观众了解的材料向观众展示。这两种方法之间的区别不在于我们要展示什么内容,而在于我们如何去展示这些内容。提供信息的方法仅仅是简单地罗列事实,就像一个现场讲解员如数家珍般地罗列和介绍标本一样。但阐释的方法则意在呈现一个故事或传递更大的信息……以帮助观众与这一信息产生关联(Veverka,1994:19)。"

阐释型展览将展品和信息置于一个更大的、指向一种具有总体意义的故事情景之中。这类展览超越了由于陈列大量制造品而导致的零散,并试图把所有陈列的东西都串联到一个统一的解说中,这个统一的解说不仅向观众提供信息,而且能抓住观众的想象,向他们传达意义,使他们充分参与进来,引起他们感情的共鸣,并引导他们欣赏。"阐释之目的在于理解……组成阐释的东西,包括所展示的,所说的和所做的,都有助于观众体验个人参与并与其参观的遗产产生认同感(Alderson and Payne,1987:28)。"

科技博物馆学与阐释

科技博物馆学作为阐释我们的自然和文化遗产的博物馆学,已经与在展陈中积累藏品这一传统分道扬镳;它已经在重新思考在展览中陈列收藏品的宗旨和期待,并且已经通过把"普通观众"放在其积极策动的中心位置而使其实践的做法民主化。展品的设计考虑到了向观众交代来龙去脉、提示概念和过程,并伴随有现场演示和直接的体验。展览再也不满足于展示成系列的展品本身,而是试图传达更宽泛的科学文化问题,并通过共同的关注、参照和体验传达给观众。

阐释型博物馆学的一些原则已经被科技博物馆学所采用。20 世纪 30 年代期间,正值经济大萧条蔓延,美国出台了与遗产保护相关的工作计划,巴黎发现宫工程也以 1937 年世界现代生活应用工艺博览会为背景在巴黎开展起来。巴黎发现宫所采取的博物馆学研究计划并没有围绕科学史,而是围绕当代科学知识和经验展开,这就使得巴黎发现宫与充斥着历史藏品的科技博物馆泾渭分明,截然不同。①

今天,当想到科技博物馆学的时候,人们就会首先想到这第三类博物馆,我们在此称之为"认识论的科技博物馆"。这类博物馆以实际应用、过程、演示和现实科学理论的直接体验为基础,自从形成以来就一直在发展变化,其起源可以追溯到法国巴黎国立工艺和技术行业储藏馆的亨利•格里哥瓦神甫的理念。他的思维和实验的重要性超越了科技博物馆的领域而普适于整个博物馆学研究领域。格里哥瓦提出的许多基本原理对于所有博物馆在其展示和阐释收藏的功能中都具有启迪意义:

我现在谨提出关于改进国家工业的一些方法。创立一个工业技术的储藏馆,并在里面收藏各种新近发明和改进的工具和机器,这必将唤起人们的好奇心和兴趣。我们应该对所有领域中的突飞猛进进行观察,在这样一个储藏馆里,任何东西都不必追求系统性:通过吸引观众的眼球,唯有体验才能获取人们的接受。我们必须摆脱无知的蒙昧,并消除剥夺获取知识的手段的贫困。在这个博物馆里,只有各个领域中最出类拔萃的东西才能登大雅之堂。与展出的模型同时发生的施教需要表演者(Abbé Grégoire,[1796]1989:14)。

在这个声明里,我们可以读出对藏品累积的批评,这种收藏家的橱柜里经常见到的现象所受到的主宰可以一直追溯到启蒙时期理性主义之前所倡导的那种认识论的原则。格里哥瓦置于优先地位的是如何展示作为模型的清晰的例子,以及通过现场演示传播工作机器和发明所根据的抽象原理和和概念。博物馆的目的不是为了将注意力集中于各种机器和工具本身,而是为了帮助观众了解它们背后的原理,以及带来这些发明和产业的不断进步的理论。

---

① 让我们来看一看汉堡格教授是如何回忆这一项目的宗旨的:"这个项目之目的不是要创立一个科技博物馆,佩林坚持这一点,其目的不是要展示科学史的纪念物,而是要展示正在形成中的科学,并将正在使用中的实验室敞开让公众参观,让公众参与到这些演示和发现的过程中;在博物馆的历史中,这是一场革命。"莫利引(1996:22)。

格里哥瓦的项目非常雄心勃勃,它向静态展品、动态过程以及制造品和理念的两分对立发出了挑战,希望超越展品而深入到围绕这些物质的东西发明前后的动态,因为这些东西都是其所处时代的产物,并且伴随着知识的增长总是会得到不断完善。如果将某一批藏品集中起来展示,或者将某一遗产拿出来陈列,那必然是因为它们是其所传达的创新精神的见证,同时也是因为它们过去曾经激励过,并且现在依然对参观它们的观众起着激励创新的作用。

"图书馆和组织完好的博物馆是人类的车间(……),技术必须经历一场革命,我们必须集中所有必要的材料,运用一切必要的手段,将这一遗产代代相传(Abbé Grégoire,[1794]1989:7)。"

在科技博物馆学研究的主要形式中,当前起支配作用的究竟是什么? 毫无疑问,格里哥瓦的基本原理和计划中相当大的一部分现在还在起作用,并且依然对当今科学中心的博物馆学研究启发良多。运用现场演示的手段去说明原理,使解释变得更加动态,加之新近运用互动技术去帮助观众按照自己的方法进行探究,所有这些都与法国大革命时期发展起来的科技博物馆学并行不悖。然而,现代科技博物馆学研究所追求的目标要比希望改进工业所使用的生产工具这一目标要多且大。

为扩展到广大的公众,而不是像储藏馆那样仅仅服务于每天都使用类似于博物馆陈列的工具进行生产的手工业工匠的"产业阶层",我们现在的科学中心在展示科学的时候必须想方设法运用一些手段和现场演示,而且这些手段和现场演示必须将所讨论的理论和技术的许多方面考虑进去。由于现代科学中心所展示的问题远远超越了改进生产的范畴,因此其所要求的设计要素不仅要能够演示某一特定的现象,而且还要便于对这一现象的阐释和掌握,这样它才能成为观众科技文化之一部分。

以我们之见,现代科学中心所盛行的博物馆学研究有三种主要障碍:展品的零散性;体现观众与展品之间关系的方式的重复性;以及陈列的内容与观众之间所保持的隔阂。下面我们将就每一种障碍进行简要的讨论。

科学中心的展览往往覆盖很大的平面,里面包含有许多独立的陈列要素供观众逐一自由地探究和利用。每件展品都包含有关于某一题目的信息,但不同的要素却极少整合在一起,形成一个对于本区域或整个展览至关重要的整体信息,更不用说协同起来去促进一种有助于掌握和认同的理解。传统上由于在展览空间内标本和制造品的堆积而导致的分散和缺乏焦点,仍然可以感觉到,现在这是由于新的堆积和分散形式,由于充斥展览区域的、极少被理解为有什么明确意义的大量要素和互动器械。一个观众一会儿在这里玩速率,一会儿在那儿玩声音和回音,然后去测量他或她的体重,或者去了解濒危物种,问题是所有这些科学事实如何能够共同形成一种有意义的科技文化?

第二个障碍是重复。一旦步入许多大型的科技展览,你会注意到参观意味着必须通过一个主要的接近模式,即探秘式的互动,去与所提供的内容进行接触。这一做法在绝大多数的组成部分中都反复出现,它要求观众在每个区域中都重复千篇一律的姿态作出反应。为此,观众必须对进入所提供的展陈内容的程序十分熟悉;不管其主题是宇宙物质的演化、概率的理论、血液循环,还是磁学或电子学,观众必须通过这一界面去与展品互动。假如一件历史的或当代的制造品有时候拿出来展出,它主要是从总体上去辨别展出主题的一种象征。操作方法会因展品而异,但观众接触展品的方式却是千篇一律的。我们有必要提醒自己:艺术博物馆学同样也对观众接触所陈列的作品的具体方式进行了限定,那就是沉思;而对于自然科学博物馆学来说,在长达一个多世纪以来,则是提供一个展柜又一个展柜的分门别类的标本,并标绘出一条只有一种与展陈内容的关系——审慎观察占主导地位的路径。以同样的逻辑,科学中心也推出了一些有着特殊要求的参观模式——探索互动。这一参观模式贯穿于整个展览空间,引发了重复和博物馆疲劳。

第三个障碍是隔阂。这个障碍主要是由于科学中心的展览在很大程度上依赖于在观众和陈列内容之间产生媒介距离的互动技术这一事实所导致。无论这些展览的空间是着意安排的或是比较中性的,这一隔阂都存在并且妨碍着能够诱导观众参与、认同和掌握的感知过程。必须明确区分这些互动形式和阐释型展览所希望推动的有效参与之间的差别。阐释型展览推动有效参与的手段往往是通过求诸于观众的参照标准,向他们伸出援助之手并牵动他们的心弦去达成在触及每个人的日常体验的熟悉主题下新知识的整合。

由于现在因特网和万维网能让人们很方便地通过自己的个人家庭电脑进入到各种信息网络中,在科学中心里产生的典型博物馆学研究的局限性现在愈加明显地被感觉到。科学展览中的许多陈列要素——电子游戏、模拟、数据库——正在并将很快通过类似于科学中心展陈所提供的程序而进入到寻常百姓家。许多人批评现在有很多说教型的展览使用过多的文字材料,俨然一本"挂在墙上的书"。他们宁愿安安静静地阅读一本有精美插图的书,也不愿意去参观这样一个展览;同样,我们对于那些过于依赖可以从信息高速公路信手拈来的计算机程序的展览是否切合时宜提出质疑,这就一点儿都不难理解了。足不出户便可获取信息的便利看起来可以弥补借由参观博物馆而产生的社交活动所带来的某些乐趣的损失。

在大量依赖互动探索手段之后,科技博物馆学研究应再度多向阐释的原则参看。如前所述,阐释型博物馆学的一个主要特点是运用一系列不同的博物馆学手段去传达其主题。所有艺术和技术资源都被动员起来去增益进入展览内容的路径,并与观众确立起一系列多重关系。这些展览依靠制造品和活动,依靠各种手段去解释,提供情景,模拟并帮助体验,以及致力于解决现今观众共同关注和体会到的问题。

在博物馆领域展示科技,要求所有的阐释型博物馆学创新努力都必须付诸实践。惟其如此,观众才有可能被吸引来参观这些科技展览——它们提供现实的交汇,发现的历史,对探索它的科学方法的一瞥,以及能够说明所有这些我们作为其中之一部分的人类文化经历的含义的阐释。

雷蒙德·蒙佩蒂　著

(Ragmond Montpetit)

欧建成　译

参考文献

1794. *L'Abbé Grégoire et la Création du Conservatoire National des Arts et Métiers*. Paris：Musée national des Techniques. 1989.

Alderson（W. T.）, Payne Low（S.）. 1987. *Interpretation of Historic Sites*. Nashville（TN）：American Association for State and Local History.

Aldridge（D.）. 1989. "How the ship of interpretation was blown off course in the tempest：some philosophical thoughts", pp. 64-87 in *Heritage Interpretation*, Vol. 1. *The Natural and Built Environnernent*, directed by D. L. Uzzell. London/New York：Belhaven Press.

Althin（T.）. 1963. "Museums of Science and Technology". *Technology and Culture*, 4(1), pp. 130-147.

Dufresne（S.）. 1989. "Histoire et interprétation：Une expérience muséale", in *L'Histoire et les musées*. Seminar organized by the Musée de la civilisation, Québec, Nov. 23-24, 1989. Québec City：Musée de la civilisation.

Maury（J.-E）. 1996. *Le Palais de la Découverte*. Paris：Découvertes Gallimard.

Montpetit（R.）1995. "De l'exposition d'objets à l'exposition expérience：la muséologie multimédia", pp. 7-14 in Proceedings of the 62nd Convention of ACFAS *Les muséographies multimédias：métamorphose du musée*, May 17, 1994, Université du Québec à Montréal. Québec City：Musée de la civilisation.

OLF（Office de la langue française）. 1984. "Interprétation du patrimoine." *Néologie en marche*, pp. 38-39. Québec City：Publications du Québec.

Raichvarg (D.). 1993. *Science et Spectacle*: *Figures d'une rencontre*. Nice: Z'Editions.

Schiele (B.). 1989. "Le musée des sciences est-il un genre à part?", pp. 7-18 in *Faire voit*, *faire savoir*: *la muséologie scientifique au présent*, directed by B. Schiele. Québec City: Musée de la civilisation.

Tilden (F.). 1977. *Interpreting our Heritage*. Chapel Hill: University of North Carolina Press.

Veverka (J. A). 1994. *Interpretive Master Planning*. Helena (MT): Falcon Press Publishing.

第九章　通过有关理解和学习的新理念去重新考虑博物馆的概念和定位

　　为了渡过目前的经济和认同危机,需要一个宽泛的科技文化及有关这一文化的重新阐释。学校和普通民众目前还无力做到这一点。在社会中,科学技术知识几乎还没有得到任何共享,这一点在若干调查中已经得到证实(Giordan and Vecchi,1987)。预期的知识和"社会公众"可调动的知识之间的差距正在扩大。尽管一直在试图面向观众(Schiele,1992),但传统的博物馆或新的展览结构依然对这个项目有点儿措手不及。它们依然专注于馆藏,它们的陈列往往依旧是按学科安排和照本宣科的。

　　另一方面,对学习和理解的教学研究,特别是关于变构性微观模式的著述(Giordan,1989;Giordan,1994)改变了关于观众与知识之间关系的一些想法。观众是通过他自身并从他已经知道的东西进行学习。博物馆学研究中的创新也源于此;它们现在正在我们的实验室里被研究、试验和评估。一个辅助构思过程(Giordan,Souchon and Cantor,1994)使博物馆学研究人员可凭借向他们提供的工具和资源而更易于使知识得以植入。这些研究引出了一个关于一体化教育的想法。在这种一体化教育中,博物馆不可避免地占有一席之地,并以对三维物体的热衷作为优先重点。①

　　科学技术文化的占有是社会的经济竞争力和产业扩张的一个关键因素(Robin,1989)。科学知识在不到十年中翻番以及现代技术的迅猛发展使我们的道德和文化价值发生了动摇。我们目前面临的各种挑战(环境问题、艾滋病和其他传染病、人口爆炸、经济危机)要求人类有新的行动纲领。在这种背景下,我们必须设想如何去分享科学和技术文化(Roqueplo,1974),这一文化,通过其对我们世界观的转变所作的贡献,是我们的文化的一个组成部分(Jacquard,1982)。它正被召唤扮演关键的角色,并且在未来的岁月中成为发明和

---

　　① 在过去,"向公众展示"在博物馆的活动中是居于次要地位的,博物馆的首要功能是收藏、分析和保护。今天,"向公众展示"已经成为博物馆的主要活动,但是博物馆的馆长们依然通过"保护、研究和展示"这一系列目标来界定他们的工作,而没有意识到这些目标之间的接合正在改变方向,这也是事实。

创造的源泉。除了提供学习的乐趣之外，它还可以给每个人提供手段去对未来的技术问题和社会演化进行启蒙性的反思。

此外，只要不对所希冀的发展展开辩论，就没有什么民主可以正常地发挥其功能。迄今为止，无论是医疗系统、能源问题，还是消费选择、交通、围绕生育（避孕、生育）或死亡（安乐死）的选择，或是关于哪些类型的研究有价值等诸如此类的问题都还没有成为社会各阶层进行充分讨论的对象。没有科学文化，现在进行任何讨论都是没有意义的。科学和技术都与这些问题重叠，当社会面临如此众多的利益攸关的问题时，科学家和技术官僚在人民面前不能越俎代庖。

当科学与社会之间的关系处于转变过程中时，学校如果能够对自身进行深入的改革，是有其位置的。但是学校并非是占有知识的唯一场所。为了形成一种文化，整个社会都必须动员起来。媒体——尤其是新闻媒体和电视——只要不是将自身局限于事件的报道和表演节目的播放，也是可以发挥作用的（Audouze and Carrière，1988）。同样，博物馆也必须对自身进行重新设计，把这一新的要求包括在其责任清单中。科技工业城、新的知识分享机构必须按照另样的运行原则建立起来（Schiele，1989；Davallon，1992；Clément，1993）。我们应该对决定它们的概念和生产的认知先决条件提出问题。

第一节　博物馆学研究实践的认知先决条件

传统的模式

当我们观察科技博物馆学研究的时候，我们可以识别出三个主要的传统。第一个，也是一个最老和最广泛的传统，是以知识的正面传播的理念为基础的。这一传统将某一特定内容分割为若干部分或主题，其总和形成了需要掌握的知识。

一个简单的同构型传播工具被安置好了，它以作为知识库的博物馆学要素和标准观众之间的直线关系为基础。这个要素以一种吸引人的方式发出一种信息。公众接受并将这个信息记录下来。这一媒介以展版、附带有说明牌和图解的玻璃柜子里的实物、场景或视听手段等形式在现场运作。

第二个传统形成于20世纪50年代，这个传统是以提升到学习原则层面的"培训"为基础的。在激励—反应类型中，所提出的建议是以"条件限制"和"鼓励强化"的思想为后盾的，并通过问题和练习去使行为表现出来。在鼓励强化的激励下，它们或得到加强，或受到限制，或赞同，或留难。

这种方法首先是采取"按键"展陈的形式。随着信息技术的发展,接近于程控学习的应用得到了开发。

第三个也是最近的一个传统相当于所谓的"建构主义方法"。它照顾到观众的自发需要和兴趣,并强化其活动。为此,这一传统试图鼓励观众去自由地表达,鼓励他们去创造,鼓励他们去展示自己的生活技能。它鼓励提出观众的独立发现,同时强调在建构知识的过程中试验和检错的重要性。

在博物馆事业中,这个方法尚处于幼儿阶段。在波士顿儿童博物馆、多伦多科学博物馆、旧金山探索馆和巴黎发现宫的活动中,以及在伯克利劳伦斯科学厅班级俱乐部类型的活动和巴黎科学工业城的"另辟学习新蹊径"的课程中,我们都可看到它的痕迹。

这些方法各自都可以从不同的国际心理学理论中找到其本源。传达的教授法基于经验论这一可以追溯到洛克(Locke,1693)的理论。自那以后,它已被传播理论加以丰富。

第二种方法是基于行为主义(Holland and Skinner,1961;Skinner,1968),它是巴甫洛夫(Pavlov)关于条件反射的著述的一个延伸。

第三种方法是在建构主义心理学的框架内发展起来的。事实上,这一潮流存在于众多不同的名义下,有些强调思想的关联(Gagné,1965;Bruner,1986),有些强调"认知的桥梁"(Ausubel *et al*.,1968),还有一些强调"吸收和通融"(Piaget & Inhelder,1966;Piaget,1967),"共动"(Doise *et al*.,1975;Doise,1985;Perret-Clermont,1979,1980)或"互动"(Giordan *et al*.,1978)。今天,我们必须加上最近被重新发现的维戈茨基(Vygotsky,1930,1934)的贡献和认知科学(Maturana,1974;Norman and Rumelhart,1975;Resnick,1982;Varela,1989)所作的贡献。[①]

例如,对于奥苏贝尔等(Ausubel *et al*.,1968)而言,一切事物都是相互联系的,并由于"认知的桥梁"的存在而变得更加容易。"认知的桥梁"使得信息相对于一个先前存在的架构而有意义。对于作者所谓的新知识来说,只有在三个条件同时存在的前提下才能被学习和掌握。第一个条件是必须有更多一般概念的存在,并通过学习的过程而逐一被鉴别;第二个条件是通过"夯实巩固"去帮助人们对不断出现的知识的掌握,因为只有在先前的信息已经被掌握的情况下,新的信息才有可能呈现出来。第三个条件与"综合调和"有关,并包

---

① 在欧洲,若干调查表明,学生们经常对学校开设的科技课程不感兴趣,并且随着他们年龄的增长,他们对科技的好奇心也在减弱(Giordan and Vecchi,1987;Huet and Jouay,1989)。究其原因,是因为学校开设的科技课程以及相关的计划和方法往往没有充分考虑到年轻人对发现的乐趣。教学法的选择也是相当令人沮丧的,因为所选择的教学法都是侧重死记硬背、艰涩的词汇和大量的数学公式。

括在新旧知识之间标明相同性和差异、对它们进行甄别并解决矛盾,因此,它不可避免地要引向重新塑造。

皮亚杰(Piaget,1976)还提出由"主体"根据先前所获得的事实对逐条的新信息进行加工。换言之,他对之进行"吸收",使"调和适应"变成必须。其结果是根据新的情况对最初的知识进行转化。对于学习者来说,这是一个将新的知识附着于已经知道的知识的过程,也是将新的知识和观念嫁接的过程,这种嫁接的"模式"是在其自身的支配下进行考虑的。

通过建构主义的模式,理解和学习看起来再也不是像摄影胶片上的光那样是感官刺激给学习者的脑海留下的印记的结果,它们不仅仅是某种操作条件限定的结果。知识是从学习者的活动中获取;学习成为一种符号的、或有效的、物质的和语言的行动能力。这种能力与从行动中产生的心理图式的存在是相互联系的。那些由代表现实(或抽象概念)与自身、将之重新建构并结合于思想中所组成的东西发挥着根本性的作用。

令人遗憾的是,建构主义的模式对于描述理解和学习中固有的多重机制依然过于简单。特别是并非所有的东西都单纯依赖于认知结构。那些达到了高度抽象水平的主体依然可以像儿童那样就新内容进行推理。这里面所涉及的不仅有操作的层面,而且还有我们称之为"情势的统一观念"的东西,亦即一种质疑、一套参照标准的框架、信号系统、符号网络(一方面包括情感,另一方面包括语境和学习过程中的纯理知识)。总之,大量的要素指导着思维和学习的方式,而建构主义理论对此却保持沉默。

同样地,一条知识不仅仅通过抽象的沉思而被占有。对于复杂学习,新的要素绝少进入到先前的知识界限中,这往往是知识整合的障碍。一个与任何新的建构同时发生的解构更有影响。[①] 为了形成对新的模式的理解,整个的心理结构必须经过重新塑造。与此同时,质疑的框架完全被重新制定,参考坐标也大部分被重新设计。此外,那些机制也从来不是直接的,它们因内容而异,并且周期性地发生抵触、变异或干扰。

最后,不同的建构主义模式对于鼓励学习的语境几乎毫不涉及,除非有关观念的成熟过程和认知的冲突。它们既不允许推理的情景,也不允许鼓励这一行为的资源和环境在博物馆存在。我们不能因此而苛责它们,因为这根本就不是它们的研究项目。

---

① 建构与解构是相互作用的。当旧的知识被搁置一边的时候,新的知识才真正被铭记于心。有时候,它们又共存于不同问题的领域之中。

变构模式

面对这些主要的不足,人们提出了不同的教学法模式,其中之一是乔丹和威奇(Giordan and Vecchi,1987)构想出来,并由乔丹(Giordan,1989)加以发展的所谓"变构学习模式"。这一模式已经引起了国际上的一些兴趣。这一模式可推导出一整套适合于产生学习情景和环境的条件。它经常被运用于展览的构想(如"所有父母","所有区别","60亿人")、博物馆(科学工业城之儿童城、韦韦食品营养馆、电子馆等)和博物馆学研究人员的培训。

这一模式趋向于调解任何学习情景所固有的悖理要素。的确,任何知识的占有,不管是行为、过程、知识或纯理知识,都是先前获得的知识的一个延伸,先前的知识为质疑、参照和含义提供了框架,同时也要通过与之决裂,至少要通过对质疑的转移或转变。学习者在他或她的头脑中学会了对这种功能性知识说"归功于"(Gagné)、"从……开始"(Ausubel),以及"赞成"(Piaget)、"反对"(Bachelard)。

因此任何成功的学习都是概念的转变。知识的获得产生于学习者精心致力的复杂活动。学习者面对新的信息和自身的知识,他要调用和产生更适合于回应它所察知的问题或议题的新的含义。学习是一个粗略估计、投入、对质、解构语境、互相联系、决裂、替代、涌现、缓和、退后再思,并且最重要的是,调动的问题。

对于一个学习者来说,如此的一个过程从来就不是简单的,当然也不会是中性的。我们甚至可以说这是一个令人不愉快的过程(包括在博物馆内)。学习者所调动的概念给它赋予了一个特定的含义,将其放在视角之内并置于与环境的关联之中。任何改变都被视为一种威胁,因为它改变了过去经验的含义。

1.参观者—学习者的概念

关于概念形成的工作更新了在教育和博物馆学研究中的行为或认知学习的问题。在一个学习情景中所调动起来的概念同时作为一个整合器和对任何有悖于既定解释体系或关系的新知识的一种强大的阻抗而介入。概念初起时被定性为学习者的思维与科学思想的一个分裂(Giordan *et al*.,1978),现在其介入则被视为对情景的认同,对相关信息的选择、加工和含义的产生(Giordan and Vecchi,1987)。

根据作者的观点,它们看起来就像是"工具"、"操作标示"和"思维策略",学习者唯一必须领悟的现实是教学的对象或信息的内容(Novak,1984,1985;Host,1977;Lucas,1986)。

作为一种帮助学习者理解其周围世界的"解码器"(Simpson and Arnold，1982；Osborne *et al.*，1980)，正是从它们那里新问题能得到处理，新情景得到解释，问题得到解决，解释性的答案被给出，预测被进行。正是通过它们，学习者将选择信息，给它赋予含义(可能是根据最主要的科学知识)，对之进行理解和整合(Giordan and Vecchi，1987；Driver *et al.*，1989)，并调动知识(Giordan，1994)。

观众－学习者在某一情景中所调动的概念有许多方面，其中包括：信息性的、操作性的、关系性的、不确定的(从最严格的意义上说)和有组织的。概念允许再现，但它们首先介入的是情景的认同和相关信息的选择。事件、背景和所察觉到的信息提供了外因(新信息)，并激活了内因(记忆下来的知识)。我们可以看到其在知识合成机制中的重要性：获得一项知识即是从先前的概念过渡到另一个与情景更加相关的概念。

概念的第二个重要功能是联系，甚至系统化。个体在不断地，至少是在他投入的时候，试图将他正在掌握的某一领域或与某一问题相关的知识要素进行重组。尽管所观察到的关系经常是不完整的，并有别于那些在科学框架中既定的关系。

因此，概念架构并组织"实在的东西"。它们在情景上进行操作，目的是让学习者提出问题，开展各种各样的活动，构想出新的行为的规则系统等。它们是回应一个领域的问题的一种模式的索引、一种功能的综合方法。它们是学习者运用来选择相关信息、架构并组织"实在的东西"的真正的认知策略。它们可以回溯到学习者将其直接调动起来用它们去解释、预见或付诸行动的这些要素，而且也回溯到个人的思想观念的历史，他的社会陈规，甚至他当初的幻觉。

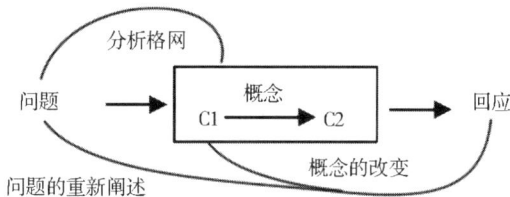

图 9-1　概念的运用

概念形成的特征

概念是为了回应质疑而被调动起来的。它只相对于问题而存在,即使这个问题是隐性的。只有精心致力的构思会导致概念的重新阐释。再者,它是由参照框架、操作恒量、语义学网络和符号这四个互动中的参数所决定的。

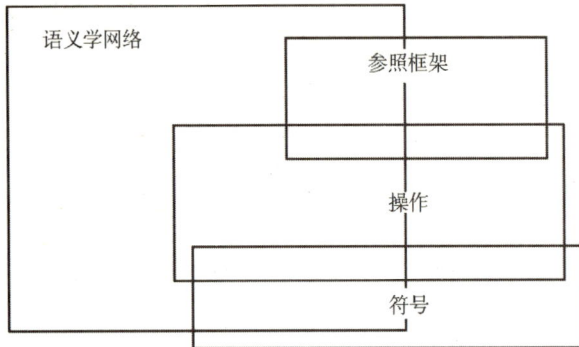

参照框架 相当于先前的一整套合成知识,这些知识一经激活和组合,就会为概念产生含义和轮廓。通过它,学习者被直接引导去给自己提出问题:他提供了能使概念的生成和呈现富有意义的背景(信息,其他概念)。

操作恒量 是一整套的基本心理操作。它们在参数系统的要素之间建立起关系,使概念发挥功能,并且有可能从新复原的信息中将其改变。也正是它们对它进行调控,并与参数系统互动。

符号 是一整套用于产生概念并使之明晰的标示、标记、符号及其他语言形式(包括自然的、数学的、图表的和图解的)。

语义学网络 是由先前的要素所推理出来的含义的网络。它的节点代表参数系统,并且它的联系可以被吸纳到心理操作中去。概念的含义经由它而出现。

(Giordan and Vecchi, 1987)

---

2. 教学环境

除了以上关于概念形成的考虑之外,变构模式在博物馆学研究中的贡献首先具有策略的属性。它为生产和实施提供了拟议的框架。特别是它显示只要学习者能够学习,并且如果能通过自己的心理结构去这样做,这个过程就必须通过一个可以得到的互动参数的网络去加以鼓励。这一被称为"教学环境"的要素系统必须在任何激发学习兴趣或学习过程中加以考虑。在学习者和知识的对象之间,必须强行建立起一个多重相互关系的系统。靠学习者自身发现那些可以改变其质疑或鼓励建立关系网络的要素的可能性几乎是零。

在任何学习的初始,对由调动的概念构成的认知网络进行干扰而产生的一个(或若干个)不和谐现象是不可或缺的。这样的干扰造成了一种张力,它可以打破或转移由学习者的大脑所建立起来的脆弱的平衡。这种不和谐有利于进步，如果没有这种不和谐，学习者就没有理由改变其做事情的思维和方法，更谈不上对展览的主题产生兴趣。① 同样，他必须能够为所拟议的情境所促动或投入其中。他必须能够在那儿找到兴趣，找到该项目的意义或正在争论之中的问题。

然后，学习者必须面对一系列有意义的要素（文献、实验、争论）。这些要素对他发出挑战，并促使他后退，重新阐述他的概念或进行辩论。同样，若干可以整合到这个程序中去的、有控制的形式体系（符号、图表、图解、模型）或"思维辅助"手段是必要的。另外还需要补充的是，一种新的知识的阐述只有在学习者在那儿也找到兴趣，并且学会使之发生作用的时候才可以取代旧的知识。在这些阶段中，与已经适应的情境和选择的信息发生新的对抗能够有利于知识的运用。

最后，对知识的了解也是同样可取的。它允许学习者对学习过程给以合适的定位，或后退，或澄清这一知识的应用领域。

对于网络的每一个要素，变构模式提供工具对控制进行解码，并提供预见情境、活动、干预的资源或鼓励理解和学习的文献。

第二节　一种新的博物馆学研究策略

通过变构模式，一种与知识的新的关系和博物馆的新的活动已经被确证。它的有效性在于其提供的支持：它提供了可以被参观者－学习者调用的与策略进行互动的环境。它引入的激发积极性的行动，促使参观者－学习者去理解和学习的调控规则；它使参观者－学习者投入，向其提供参照和分享便于构成概念的要素的能力；这些都是首先被确认了的。

这一程序同时导向了对展览内容选择的再思考。它开启了一种启发式的方法，这种方法是用创新和评估组成的调控程序作为基础的，我们把这种正在开发的方法称作诊断－预测教学方法。

---

① 关于学习的概念的演化并非是作用于博物馆的演化的唯一参数，其他因素也发挥着重要的作用：博物馆数量的剧增、其内容的多元化、将博物馆带入"文化企业"（传播、营销等）领域的对经济利益的追求、舞台技术和多媒体的迅速应用，以及"博物馆"一词向不同文化机构（比如科学中心或科学城、考古遗址、闲置不用的经过改造的工厂、历史遗迹等）的延伸。我们又怎能想见博物馆的这一全球范围的演化？公众，尤其是"理解和学习"的新概念，又如何能够影响这一转变呢？

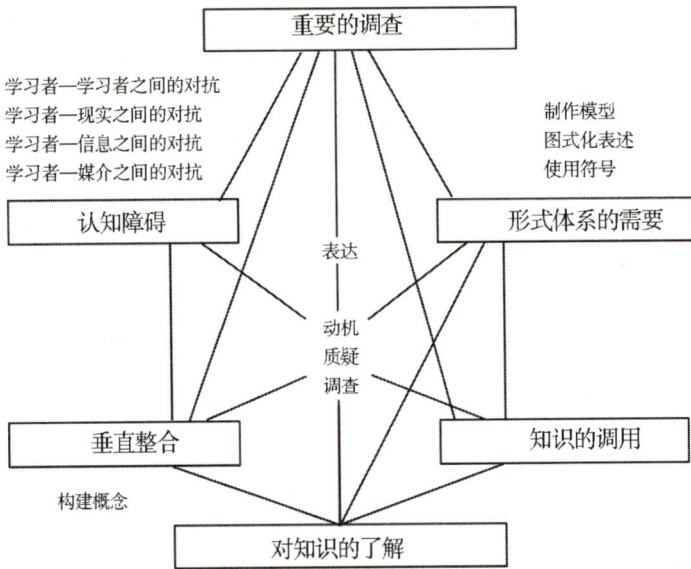

图 9-2　媒介情境最优参数系

博物馆图形概念形成策略

使公众变得重要，让他们成为关注的对象，想方设法了解分析他们：这些已经是对此领域进行重大重组的迹象（Davallon，1993）。迄今为止，正如在任何教育和学校的关系一样，观众在博物馆是"缺席的出席者"。在选择内容和策略的时候，观众从来都没有被考虑进去。在科学技术领域，正如我们在前面所指出的那样，经典的博物馆图形概念十次中有九次都会建议一种预设的解释性的、直线的和序列式的展示方法。知识被分解成为若干部分和次部分，然后沿着一条"理想的"路线被分布开来。它通常是一个以某一问题为动机的、具备最佳参数系统和解码仪器的专家的旅行指南。[①] 观众在身体上和文化上被邀请通过一个地方进入，从另一个地方离开。此外，理智完全优先于感情；情感是被排除在外的。只有休闲的（基本上是为了年轻人）和审美的展示[②]才占有适当的位置。这样一种只令专家感到满意的展示是极少能被广大公众所解读的。他们过去形成的概念把新提议的信息都过滤掉了和阻塞住了。

通过变构的模型，这一观念被更多地朝着公众的方向推移。对他们的概

---

① 保留下来的系统阐述是经过一个完整的程序详述之后的最后的系统阐述。所展现的产品往往是由不同的专家设计而成的巧思内容。这些专家中的每一个人都寻求在所作的选择中能够找到自己的设计痕迹。

② 这类展示并不适合于处理复杂或多层面的信息。但是当前的问题（或者说公众希望处理的问题）却往往是复杂的问题。

念,也就是他们的观念、他们的问题、他们操作和产生含义的方法的了解,有助于将这一媒介置于文化关系的中心。它归纳了基于与观众互动的关联的博物馆学实践。对公众及其特定的理解和学习范围的重视保证了一个不同的博物馆学图形概念的策略。

如果应用于博物馆学研究,变构模型可以提供一个生产格网和一个生产过程。首先,它强调对于任何最优实施都十分关键的不可或缺的参数网络:从考虑学习者－观众的概念出发去对抗和改变它们。

1. 手段

在这个新的过程中,博物馆对公众的概念形成的关注是为了对之进行干预。简单的陈列手段(玻璃展柜、说明牌、"按键"体验)被完全摈弃。取而代之的是在一个变构环境中组织的变构手段,以及用来以若干方法与观众进行互动的装置网络。

首先,观众被置于一个能够引导他对自己提出质疑的情境中,使他能产生一个类似"研究程序"的路线。他同时被提供一摞挑战他的思维的文件(包括他的推理方法)和"助思器"(论据、图解、模型)。在大部分情况下,呈现在他面前经过仔细构想的材料都是使用可在几个层面上阅读的方法。在字里行间会加入的是这样的提示,有时候是"寻找更多的知识"(补充文献、多媒体数据库、与专家见面),有时候是"进行反思或发现知识"。

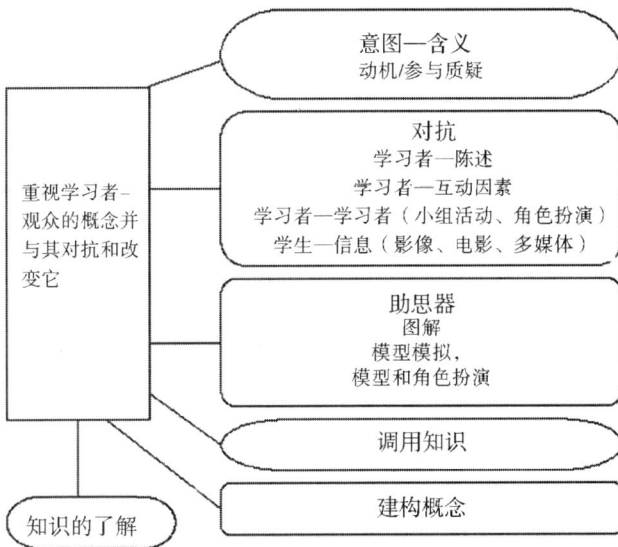

图 9-3 最优博物馆学参数

2. 互动

展览再也不是按照单一的形式在一系列条件相似的房间里进行布置。为了服务不同的公众,展览(重新命名为"互动",以便与建议的项目更加接近)以不同的方式阐述主题。专用空间被设计出来。在这一阶段,三个层面被准备了出来,它们是:

——参与的空间;

——理解的空间;

——寻找更多的知识的空间。

"参与"的层面挑战的是"基本的"观众。它的目的是让这类观众去领悟展览所展示的主题,去向他们提出质疑,并同时打乱他们最初的坚信不疑。在这一空间(或者说这些空间)里的玻璃陈列柜已经让位于在变构手段中已经描述过的多重元素。设计它们的初衷就是要向学习者—观众进行挑战。它们的目标就是要与学习者—观众的思维和推理方法发生对抗,或者帮助他们获得含义。

这些手段甚至可能刺激他们。但是,这完全是一个平衡的问题:太大或者太粗暴的干扰会窒息他们。与此同时,房间的氛围、内容和摆设都进行了刻意的设计,以便使他们产生寻找程序的欲望。总的来说,它的博物馆学图形表达是属于可以带来转折的"气密舱"一类。

那些被告知的观众同样也会发现意外的维度(或关系)。房间里的空间允许他调动他的知识,感知他的知识的局限,或揭开新的兴趣中心。

"理解"的层面提供了调查的工具、分析的过程和概念的轮廓。它围绕若干房间进行分布,界面并非局限于仅仅展示被确立并得到承认的知识。一个与实验室相似的组织将他引入到一系列科学程序(科学的产生过程)中去;一个与实验室相似的博物馆学图形结构允许他实时产生(或重新设计)知识的元素。这些拟议总是从观众的概念出发去构想,但它们为观众提供了补充的值得研究和思考的东西。重要的是让观众不断地参与到情境之中,并让这些情境总是对观众有意义。在这里,情感和幽默并不被排除在展示模式之外。

所提供的图解和模型是博物馆原创产品。它们可能完全与大学的参照标准不合拍。此外,不排除冗长和重复,它们的功能是使观众感到放心。

互动的元素占据着重要的地位,它们避免了"按按钮"的趋势。出于这一原因,它们总是呈现复杂情境,需要的是理解和反思达到最优化的状态。那些能够诱导若干观众共同参与的活动是同样可取的。

通知帮助观众找到他在信息结构中的方位。应提供几个层次的阅读资料,但为了避免通常出现的信息过剩,只有第一和第二层次的阅读资料是显著的。其他层次的阅读资料只需通过超级文本从文档和抽屉里的文件中去检索。

"寻找更多知识"的层面深入到调查的更深层次。一方面,它提议了参照点(建构概念)去把观众在参观过程中发现和搜集的信息组织起来;另一方面,它将讨论中的科技知识与当前,与社会及其价值联系起来。它澄清了某一科技领域的目前状态、观念的历史,及其研究人员的环境或活动和实践。

这个房间在建筑上是作为一个多媒体技术室来构想的。对于典型的观众来说,里面的空间足以让他能够仔细参详里面的书面和多媒体文献资料,当然,这些文献材料他也可以在家里以一种更为悠闲的方式去阅读。它甚至可以鼓励他以后或者在另一次参观过程中再次回顾某些特定的界面。

有助于研究的氛围可使那些掌握了较多信息的参观者满足他们分阶段地到达最新知识层面(使用超级文本和计算机化的知识网络)的希望。它还让观众充分利用他们在参观过程中所接触到的知识和技术。

在经典的博物馆里,这样的空间可以围绕一个允许参观的保留区域(植物标本室、动物区系、化石或岩石的收藏、根据主题搜集的并不突出关键物品的收藏)去组织。作为一个专门化的咨询和演示房间,它有助于确定各种关系,专业化的调查和与专家们一起开展的小组活动。专业书籍和万维网之类的数据库以及通过网络进行管理的图像也使得更深入地进入到主题中去变得更加容易。

内容的选择

在所有的经典展陈中,首先需要考虑的是具体需要推介和传达什么样的内容。科学与技术、科学家和公众之间的关系一直保持着一种单一和垂直的关系。

卢森堡国家自然科学博物馆项目

第一个房间被称作"参与",它将观众的注意力通过他非常容易在自家房前屋后找到的地方吸引到一些独具特色的景观上来。它包括三个宽泛的区域,其中每一个区域都涉及一整套的类似的地方:森林、开阔环境(湿地、干地和农耕地)以及城镇化和工业化的景观(乡镇和农村)。

每一种景观首先在一个由庞大的梯形空间组成的生态全景中展开。在其中的一面墙上放映一部旨在提高人们对某一类地区的生态系统的认识的电影。在玻璃橱窗后面陈列着各种当地动植物区系所特有的动物标本和人造植物,它们被分布在岩石、树干和小径之中。在玻璃橱窗外面摆放的其他动物标本使这一景观的展陈完整无缺。电影的解说词向学习者—观众提出关于所展示的生态环境的各种问题。所有实物和标本都是根据它们能够向观众发问的潜力进行布置。对面的玻璃橱窗突出展示小巧的展品和玲珑的典型动物标本。展览同时还给观众提供一些触摸和感觉的元素和便于观众倾听的生态龛。

第二个房间被称作"理解",它把展览向观众传达的信息变得清晰明了。在房间的中央设置了若干观察台,便于观众观察和了解:

——土壤(缩微动物园和动物区系);

——底土(岩石)、水(泥土和浮游生物);

——小的典型的活体动物在后面的那面墙上,两个大型的水族箱再现了两种水栖环境(流动的水和静止的水)。在入口处气候图和生物地理图的上方赫然树立着一面"天气"墙,其左侧的 VCR 向观众实时提供欧洲的气象图和 5 天内的当地天气预报。

除了室内的三个区域之外,在房间外面还有八个分别由镶嵌了玻璃的空间和咨询空间组成的区域,它们向观众提供了更为高标准的互动组合效果。例如,通过小型的水族箱、小动物饲养圈等进行展示的互动游戏、观察资料和收藏品:

——通过"家畜"和"城市中的植物"空间进行的动物与人以及植物与人之间的互动;

——通过"花粉化"和"撒播"进行的动物—植物互动;

——通过"群落生境和岩石"进行的植物—土壤互动;

——通过"青蛙在其环境中"和"拟态"空间进行的动物与其他不同因素之间的互动。

存放在抽屉中的文件使这些信息得以完善。

第三个房间被称作"寻找更多的知识",它萃取了卢森堡特色之精华。在房间的南北轴心的中央是一幅由主要的岩石类型组成的地理图,它向观众提供了浮雕般的主要形态参照。

四个主要的地区通过实物、工具和生产出来的东西进行物化和表现。在四个角落里,观众可以通过四台小电视监视器了解这些地区的多样性和财富。设置咨询台的目的是对数据库本身提出问题。数据库是由地区、乡镇和农村三级组成,它给观众提供了大量的统计数据以及关于人口、社会职业和生态等方面的信息。

在外面,一个屋顶敞开的温室花园展示了来自本地区的各类植物(包括古代的、观赏性的、可食用的和可入药的植物,等等)和植物群丛(包括干旱环境下生长的、湿润环境下生长的植物,等等),一些支柱为气生植物和攀缘植物提供了支撑。里面还展出了一些活体脊椎动物(蜥蜴、鸟和小的哺乳动物)和无脊椎动物(蝴蝶、甲虫类等)。在操场上,一个短壕沟和若干训练中心描述了土壤和底土。

作为"理解"房间的延伸,一个天气—生态庇护所直接提供了有关这个地方的相关参数。

——天气:温度、光照、降雨、湿度、气压;

——生态:硝酸钾、磷酸盐、氯化物溶剂、除草剂和重金属(铅、镉和水银),以及阿尔泽特河水中可能含有的放射元素,如 CO、CO_2、SO_2、H_2S、NO、NO_2、O_3、碳氢化合物、肥料和煤灰,可能还有空气中的铅和放射元素以及降雨中的 pH。

阿尔泽特河中还放入了收集器。这些由卢森堡不同部门提供的参数和其他数据直接被放在这里展示。

(Andre Giordan,顾问)

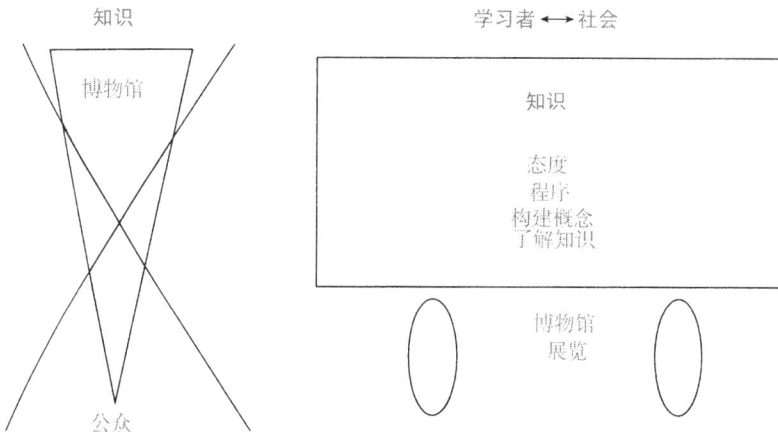

图 9-4　文化关系的变化

通常是由科学家或中介去界定——或试图界定——他希望"展示"和"向公众输出"的知识。换言之,博物馆的任务集中于"提供",它对各界公众的不同需要往往置若罔闻。总体而言,展览的研究人员经常自我陶醉于一些观众根本不会提出的问题。在这样的博物馆里,观众必须沿着一条设定好的路线前行,在每一个拐弯处都有迷路的危险,即便最后他们能够学到一些东西,充其量也不过就是一些支离破碎的东西。与此同时,观众依然感到知识的饥渴,他们所关心的问题依然得不到任何回应(或仅仅是参照点)。

因此,必须弥合公众的期待(明确的和含蓄的)和博物馆机构所能提供的东西之间的鸿沟。变构模式显示,只有(作为学习个体的)公众可以根据自己的需要和程序占有科技知识或文化(或者至少是关于它们的某些构造元素)。公众与文化之间通常的关系必须以一种不同的方法进行审视。

为了营造一个背景,展览的内容必须重新定向。围绕问题和观众日常的关切(现在我们正在努力去设法找出这些关切是什么)以及可能将这些关切带动出来的情境而进行整理的文化产品应该予以大力推广。例如,"卢森堡国家自然科学博物馆项目"就将观众中(生物的、心理的和文化的)的"我"作为其进入知识的核心的出发点。

但是,这种持续的"从公众出发"的决心并非意味着我们应该仅止于此①。

---

① 有一系列现成的主题是能够直接吸引公众的。这些主题与人类的起源有关:宇宙的起源、地球的起源、人类的起源。另外,还有一些千古之谜,如火山、以恐龙为首的奇异动物,"遗失的世界"等。

博物馆应该通过解释"我是什么造成的?"[①]、"我们是谁?"[②]、之类的问题而丰富观众的质疑。同样,健康(卫生、预防疾病和身体康健)以及与环境(污染、破坏、对物质和能源的掌握、对自然或城市空间的管理、土地法令)的关系均应在激发动机和投入的过程中占有一席之地。

其他探究可以始于来自日常生活(特别是电视)的复杂知识:激光、扫描仪、生物技术、视频光盘、CD-ROM 和人工智能。它们也与"科学产生的过程"有关;作为人类探险活动进行展示的实验室工作和实地考察也是一种动机的源泉(库斯托式的纪录片的成功便是例证)。

有一项研究(Giordan and souchon,1991)使罗列一系列的关键主题成为可能。它们与以下一些方面有关:

——科学产生的过程和技术的开发(前提是它们被置于其全部的人文层面);

——能够提供参照点的知识(横贯通常公认的学科)和用于构建正在发生变异的知识;

——甄别科学技术的目标和程序以及它们特有的补充元素的方法;

——关于科学技术在历史和社会中的地位的辩论;

——某一领域的知识的科学和历史维度的整合;

——与文化的其他要素在艺术、伦理及相关性等方面的联系。

另外,负责设计展览的人似乎也不应该忽略企业的技术活动和产品。谁也不会否认史前或历史文明期的产业实践及其产品的文化内涵。但是,现在的生产方式却遭到摒弃,或者已经成为在玻璃陈列柜里或公司巡回展出中展示的对象。工业和技术农业生产、所形成的环境、工作条件、工业和社会背景之间的关系等都是用作参照的知识的组成部分。展览的可能主题包括:

——技术物品的概念、生产过程和使用的重要性以及这些物品的历史和社会学;

——对"熟悉的"但知之甚少的物品的认识以及对日常技术的深入探究;

——预测技术变化,对先进和未来技术以及这些技术的社会、经济和道德影响的探究;

——工业信息(广告、使用模式、专业化展示)的样式。

---

① 安德烈·乔丹、米莱勒·林茨、杰克·吉查德《关注身体内部》,科学工业城儿童城,玛丽·皮埃尔·德贝与安得列·乔丹《食物的竞技场》,SSJ日内瓦;玛丽·皮埃尔·德贝、米莱勒·林茨与安德烈·乔丹,韦韦食品营养馆。

② 杰克·吉查德 科学工业城儿童城模型(安得列·乔丹,LDES 顾问)。于贝尔·范·比连伯格与安得列·朗甘西《所有父母,所有区别》(安德烈·乔丹和玛德莲·坎特,LDES 顾问)和《60 亿人》。

对于这样一种探究,博物馆已经不再使用传统的学科分类;按学科分类的知识是为项目服务的。涉及基于生产的质疑或探索及知识的运用的活动处于优先的地位。我们依然可以促进对(某一特定文明或不同文明中的)同一技术或环境问题,以及科学尚未给出答案或给出了错误答案的问题的反思,这类反思可能得出多种回应。

结　论

通过一个变构的程序,博物馆或展览再也不以对某一领域进行穷尽一切的研究为目标。它们既是一种样品,也是对与学校结合或与媒介机构合作的一种整合教育的补充方法。为集中研究知识的横切面组织,博物馆和展览必须首先引发、质疑甚至扰乱观众认为当然的东西。通过实物和互动的元素,它们必须吸引观众参与进来,为他们提供方法和参照点,鼓励他们寻找出更多的科学知识,或者将这些知识予以公开,进行辩论。

博物馆要配置这些产品,要求在很大程度上进行创新、研究和员工培训。在目前的情况下,将科学、技术和文化的行动应用于学习者这一做法必须作为当务之急。一个简单的评估足以避免大的失误,一个稍为发达的教学诊断－预测变化过程(Giordan, Souchon and Cantor,1994)使得构思的任务变得更加容易,特别是当它考虑到了下列元素:

(1) 确定项目的目标和评估的定位;

(2)提出最优化的方法去收集和解读信息;

(3) 制定出一个诊断办法以揭示行动、产品或操作的可能性和限制。

(4)制定出一个包含行动决策的预测方法,具体的办法是[①]:

——通过对产品的精心制作或对最初的项目进行引导;

——通过对项目的某些部分进行修改,在一定的条件下使用最初的产品或对其进行某些修改;

——或在障碍无法克服时,坚决放弃最初的产品,而利用所收集的信息去制定另一种产品。

教学的诊断－预测方法

这个程序的各个阶段图解如下(Giordan, Guichard and Guichard,1997):

---

① 　其他参数,比如需求的起源、资源和评估结构及设备以及需要评估的产品的性能等必须被考虑进来,尽管这些不同的方面是广泛互动的,而且并非总是易于将它们分开的。

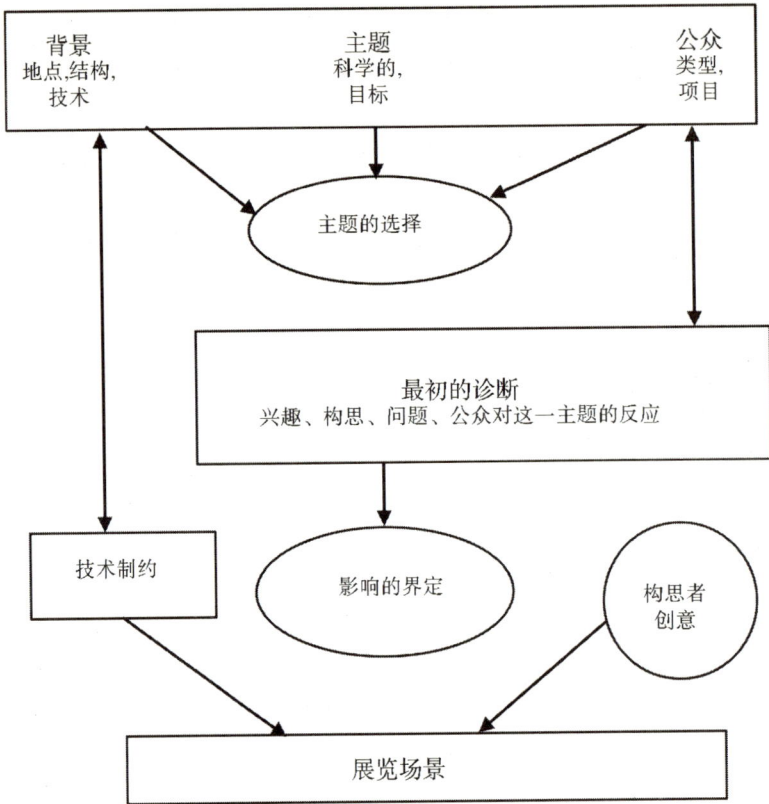

图 9-5　构思程序的各个阶段

这一诊断考虑到了背景、预先界定的主题以及使用者的大部分特点。主题的最初选择处在这三个元素中的交叉点。这些特点使得有可能将这一拟议重新放在中心位置并界定优先的影响:传播轴心确定了寻求有待形成的媒介物的框架。最初诊断的具体特征是将构思的知识、问题、兴趣中心以及对主题理解的潜在障碍置于优先地位,这样,就会对潜在的使用者有充分的了解。

　　"实施"始于将要进行测试的产品雏形,它将充分考虑所界定的重点和技术制约。这一阶段丝毫没有抑制创新;它给创新提供了一个框架去自我表达,并以所形成的传播的有效性作为其首要的关注。这一诊断既有助于对行为目的(传播知识、形成科学态度)的具体化,也有助于在围绕观众的参照习惯,特别是理解机制(问题、知识水平、占有知识的过程)的同时理解观众的构思、期待和问题。

　　因此,设计者总是小心翼翼地界定他的公众对象及其问题、期待,而且要界定他们的词汇水平甚至所掌握的程序。与此同时，这一诊断使得有可能更加准确地瞄准主题、及时地发现障碍、避免一些技术性或结构上的错误以及某些使用者头脑中诱发的一些不合适的观念。这些研究对于设计者来说是非常有趣的，因为它们有助于设计者（例如，根据有关学习者的年龄）去了解目标公众的需求水平，并便于他们使互动元素逐步适应于技术制约和使用者的反应。

安德烈·乔丹　著

（Andre Giordan）

欧建成　译

参考文献

Audouze (M.)，Carrière (M.). 1988. *La Science et la Télévision*. Paris：Ministère de la Recherche et de la Technologie.

Ausubel (D. P.). *et al.*, 1968. *Educational Psychology：A Cognitive View*. New York：Holt, Rinehart & Winston.

Bruner (J. S.). 1986. *Actual minds. Possible Worlds*, Cambridge：Harvard University Press.

Clément (P.). 1993. "La spécificité de la muséologie des sciences, et l'articulation nécessaire des recherches en muséologie et en didactique des sciences, notamment sur les publics et leurs représentations et conceptions", pp. 128-159 in *REMUS*. Proceedings from the Iˢᵗ Symposium：Muséographie des sciences et des techniques，December 12 and 13, 1991. Dijon：Office de Coopération et d'Information muséographiques.

Davallon (J.). 1992. "Le public au centre de l'évolution du musée". *Publics & Musées*, 2, pp. 10-16.

Davallon (J.). 1993. "Les figures de la chimie", pp. 37-42 in *La Technique masquée*. Actes du séminaire de muséologie des techniques, Paris：Musée national des Techniques, Conservatoire national des Arts et Métiers.

Doise (W.). 1985. "Le développement social de l'intelligence：Aperçu historique" pp. 35-55 in *Psychologie sociale du développement cognitif*, directed by G. Mugny. Berne：Peter Lang.

Doise (W.) *et al.*, 1975. "Social interaction and the development of cognitive operations". *European Journal of Social Psychology*, 5(3), pp. 367-383.

Driver (R.), Guesne (E.), Thibernghien (A.) (directed by). 1989. *Children's Ideas in Science*. Philadelphia：Open University Press.

Gagné (R. M.). 1965. *The Condition of Learning*. New York: Holt, Rhinehart & Wiston.

Giordan (A.). 1989. *An allosteric learning model*. Communication at the convention of IUBS-CBE, Sydney, 1988. Version revised at Moscow convention, 1989.

Giordan (A.). 1994. " Le modèle allostérique et les théories contemporaines sur l'apprentissage", pp. 289-310 in *Conceptions et Connaissances*, directed by A. Giordan *et al.*, Berne: Peter Lang.

Giordan (A.), Souchon (C.). 1991. *Une pédagogie pour l'environnement*. Nice: Z'Editions.

Giordan (A.), Vecchi (G. de). 1987. *Les Origines du savoir*. Neuchâtel: Delachaux & Niestlé.

Giordan (A.), Souchon (C.), Cantor (M.). 1994. *Évaluer pour innover*. Nice: Z'Editions.

Giordan (A.), Guichard (J.), Guichard (M.). 1997. *Des idées pour produire*. Nice: Z'Editions.

Giordan (A.) *et al.*, 1978. *Une pédagogie pour les sciences expérimentales*. Paris: Le Centurion.

Holland (J. G.), Skinner (B. F). 1961. *The Analysis of Behavior*. New York: MacGraw Hill.

Host (V.). 1977. "Place des procédures d'apprentissage 'spontané' dans la formation scientifique". *Bulletin de liaison INRP-Section Sciences*, 17.

Huet (S.), Jouay (J. -P.). 1989. *Les Français sont-ils nuls?* Paris: Jonas.

Jacquard (A.). 1982. *Au péril de la science*. Paris: Éd. du Seuil.

Locke (J.). 1693. *Quelques pensées sur l'éducation*. Paris: Vrin.

Lucas (A. M.). 1986. "Tendencias en la investigación sobre la ensenanza aprendizaje de la biología". *Ensenanza de las Ciencias*, 4.

Maturana (H.). 1974. "Stratégies cognitives", pp. 418-442 in *L'Unité de l'homme: Le cerveau humain*, directed by E. Morin. Paris: Éd. du Seuil.

Norman (D. A.), Rumelhart (D. E.). 1975. *Exploration in cognition*. San Francisco: Fraedman.

Novak (J. D.). 1984. "Can metalearning and metaknowledge strategies help students learn how to learn?", in *Learning how To Learn*, directed by J. D. Novak & D. B. Gowin. Cambridge: Cambridge University Press.

Novak (J. D.). 1985. "Metalearning and metaknowledge strategies to help students to learn how to learn", pp. 189-209 in *Cognitive structure and Conceptual Change*, directed by Leo H. T. & A. Leon Pines. London: Academic Press.

Osborne (R.) *et al.*, 1980. "A method of investigating concept understanding in science". *Eu-*

ropean Journal of Science Education，2(3)，pp. 311-321.

Perret-Clermont (A. N.). 1979. *La Construction de l'intelligence dans l'interaction sociale*. Berne：Peter Lang.

Perret-Clermont (A. N.). 1980. *Social Interaction and Cognitive Development in Children*. London：Academic Press.

Piaget (J.). 1967. *La Psychologie de l'intelligence*. Paris：Armand Colin.

Piaget (J.). 1976. *Psychologie et Pédagogie*. Paris：Denoël.

Piaget (J.)，Inhelder (B.). 1966. *La Psychologie de l'enfant*. Paris：Preses universitaires de France.

Resnick (L.). 1982. *A New Conception of Mathematic and Science Learning*. Pittsburg：Learning Research and Development Center.

Robin (J.). 1989. *Changer d'ère*. Paris：Éd. du Seuil.

Roqueplo (P). 1974. *Le Partage du savoir*，Paris：Éd. du Seuil.

Schiele (B.). 1989. "Le musée des sciences est-il un genre à part?"，pp. 7-18 in *Faire voir, faire savoir：la muséologie scientifique au présent*，directed by B. Schiele. Québec City：Musée de la civilisation.

Schiele (B.). 1992. "L'invention simultanée du visiteur et de l'exposition". *Publics & Musées*，2，pp. 71-98.

Schiele (B.)，Larocque (J.). 1981. "Le message vulgarisateur". *Communications*，33. pp. 165-183.

Simpson (M.)，Arnold (B.). 1982. "Availability of prerequisite concepts for learning biology at certificate level". *Journal of Biological Education*，16(1). pp. 65-72.

Skinner (F.). 1968. *The Technology of Teaching*. New York：Appleton Century Crofts.

Varela (F. -J.). 1989. *Connaître les sciences cognitives：tendances et perspectives*. Paris：Éd. du Seuil.

Vygotsky (L.). 1930. *Thought and Language*. Cambridge：Massachusetts Institute of Technology Press.

Vygotsky (L.). 1934. *Mind and Society：the Development of Higher Psychological Processes*. Cambridge：Massachusetts Institute of Technology Press.

第十章 针对儿童的科技博物馆学

成年人尽管在日常生活中经常接触和使用科技物品,但他们其实对科学技术并不熟悉。为了改变这一状况,并对明日的成人施以教育,我们必须尽早让孩子们熟悉科学技术的概念,特别是有关的一些过程。在巴黎,孩子们、家长和教师似乎都已经意识到了这个问题,自从科学工业城开放以来,每年都有50多万人参观其中的儿童展品,儿童城特别受到青睐。以下调查是根据负责设计儿童展品的团队的经验进行的。①

设计这些儿童展品的时候涉及三个主要的学科领域:社会学、教学法和认知心理学。

儿童展品的设计者必须对这些小观众的特点进行仔细研究。他们的处理方法要求对儿童的代表性和实践水平有广泛的知识,以便了解他们的科学概念是如何被开发的。

在为儿童设计展览的时候,有两个显著的元素会起作用:一是创造一个让孩子们共同学习的情境;二是营造一个将动手的愉悦与发现的乐趣结合起来的非正规教育情境。

总之,设计展览的整个策略是以设计者本人进行的发展评估政策为基础的。其所以必须对概念和展品雏形进行评估,是为了找出阻碍理解的障碍所在。惟其如此,我们的展览才能成为休闲和教育的特殊地方。

第一节 设计者的参照框架

在过去的 15 年间,设法在非正规教育中展示知识的教学方法已经改变了科技博物馆学研究的方法。这一研究方法与设计艺术一道共同改进了巴黎科学工业城儿童展品的研发。

---

① 关于在儿童城展览中开展的实验活动,请参详本章末尾的作者参考书目。

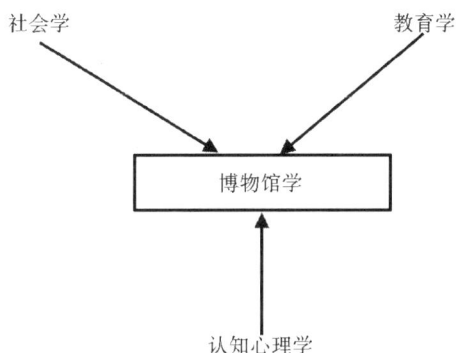

图 10-1　作为各研究领域连接点的博物馆学

科学教育的参照

尽管博物馆的环境和学校的环境有所不同,有关学习者的概念的教育学研究在博物馆学中是极端有用的。对教育调查的分析表明,重视学习者的概念是非常重要的。

1. 观众不是科学家

研究人员与科技展览的观众之间存在的两个主要差别是:

——研究人员可资参考的经验有助于他们理解新的概念;

——研究人员通过质疑已经累积了自己的知识。

观众则不然,尤其是儿童观众,他们不一定都带着问题来参观展览。即便有些观众是带着问题来参观展览的,他们的问题和研究人员的问题也肯定不会是一样的。

因此,在设计展览的时候,必须设法判断并确定观众的概念和问题,以便能够找到其对整个展览的理解的参照点。

2. 了解学习者的概念

对于学习者来说,就像对于科学家一样,科学思想是以一种教育学的方式通过连续重组发展而成[巴彻拉尔德(Bachelard),1967]。科学思想涉及对学习者的概念提出质疑。我们选择了"概念"这个就教育学而言比较不会一词多义的和基本的词,而没有选择"表现"一词。了解这些概念将有助于一个更加有效的教育学策略的形成。

大量研究,主要是乔丹和威奇(1987)进行的研究,主要聚焦于学习者的概念。这些研究表明了在一个教学过程中充分考虑学习者的概念是多么的重要。儿童往往是通过他们自己的"参照框架"去解读各种现象的。

　　了解这些概念使我们能够寻找出更加有效的教育策略。"可达到的目标"这一概念产生于教育学,其目的是试图确定什么类型的目标是可以期待通过伴有题目和过程的活动达到的。光是分析孩子们的概念是不够的,同时还必须把障碍找出来,并集中力量去消除这些障碍(Martinand,1989)。马丁南德还专注于学习者的参照实践,这些参照实践在一个其实物和再现情境都是非常受欢迎的手段的展览中是非常关键的。

　　在一个特定的领域内,概念的数量是有限的,而且可以细分为若干主要的类型。学习过程取决于这些概念,因为学习者将使用这些概念去解读他们所面对的新数据。如果这一点被忽略了,这些新的知识将孤立于原先的知识而不会使其改变。更有甚者,这些概念中有些实际上是阻碍知识的累积的障碍(Giordan,1988)。对儿童概念的了解在预测和营造博物馆学情境中是十分关键的(Sutton,1982)。它同时还是博物馆学研究中用于确定展览所产生的影响的一个判断工具。

将学习者的概念向展览转移

　　在教育界,我们长期以来一直认识到在积累知识的过程中重视概念和障碍是何等的重要。但是,在科技博物馆学研究,亦即非正规教育中,在这个方面几乎没有进行过任何实验。我们必须牢记,学术研究赖以进行的条件并非与参观展览的情境一致,尽管某些关于学习者概念的特定事实与周围环境没有任何关系,并且看起来是可以变换的(Giordan,1988)。

　　1. 学习过程可以被变移至展览吗?

　　博物馆是一个非正规教育的场所,在里面,就像在学校一样,是无法对学习过程进行监视的。但是,我们可以运用概念作为一种吸收手段,因为概念有助于决定有待实施的元素。科技教育的基本目标应该特别加以强调:激发好奇心、产生沟通情境、营造科学过程和态度的情境。这其中的关键是考虑到了解这些概念的重要性,设法找出一种方法去使一个博物馆学的元素生效。

　　非正规教育主要是在美国被作为一个研究课题。自 1970 年以来,谢特尔(Shettel,1968)和斯克利文(Screven,1976)的著作开启了博物馆学研究领域的一个新时代。这些著作主要专注于在一个展览中传达信息的环境。接踵而来的分析——斯克利文(Screven,1976),迈尔斯(Miles,1988),鲁米斯(Loomis *et al.*,1988)和沃尔克(Walker,1988)——改变了如何服务观众的观念,但并非总是涵盖展览设计。

　　但是,尽管这一方法尚未完全被法国所采纳,它已经在过去 10 年中得到了明显的改进(Gottesdiener,1987)。这一方法仍然涉及科学家担心信息的传达,而设计者和环境布置者则只关心展览设计。设计者和环境布置者经常是把重点放在美学上而忽略含义。确实,科学的信息通常被写在巨大的说明牌上,就像一本书一样,只有成熟的观众才会去阅读这些信息。

2. 基于参照实践和吸收知识策略的了解的随机应变能力

当观众进入到一个展览中去的时候,他们会发现一个"任由他们根据自己的知识、自己的过程、自己的质疑和自己的态度去进行探索"的天地(Natali and Martinand,1987)。

设计者随机应变的能力取决于对观众用于获取知识并/或了解周围环境的参照实践和策略的了解。为此,设计者可以运用自己的直觉和假设,或者求助于研究。在选择展览目标和希望传达的信息的时候,设计者必须设法了解观众,并把他们的观点考虑进去。他们必须给自己提出的问题包括:"观众在寻找什么? 他们知道什么? 他们将做些什么? 他们会了解什么东西?"

设计者负责选择信息以及这些信息传达的方法。但是设计也可以"通过把观众的观点考虑进来而去确定"。一个展览必须提出问题、激发好奇心、诱发问题、鼓励观众去学习更多的知识并参考其他资料(书本、杂志、文献等)。

在非正规的教育场所,亦即定义为"自由行动的地方",个体观众可以以自己的进度去进行探索和发现,这完全取决于他当时的心境。展览能否受到小观众的欢迎是与展览是否能够考虑到这个年龄段的观众的特殊要求紧密联系的。在为 3～12 岁的儿童观众提供展览服务的时候,设计者必须意识到这个年龄段的观众自发探索的做法,他们的知识水平以及对科学技术的理解程度。

3. 知识展示的随机应变能力

设计者不仅仅要决定他们通过展览传达的信息,而且还必须找到一种方法去展示他们已经选择的传播手段:展品的环境布置、展品的设计以及"次重要的"图形信息。考虑到他们将把自己的新发现结合到参照练习中去,这些都是观众将会首先感知的部分。因此,设计者必须营造有助于观众理解展览的信息的情境。其中的想法是鼓励观众通过一系列赋予展品含义的标准去与展览发生关联。

建立儿童城的经验充分显示了基于科技教育和认知心理学的方法的重要性。

诚然,也有一些类型的学习过程是无法在一个展览中建立起来的。但是,展览仍然可以在学习过程中运用。对认知心理学的研究使我们能够将其中的一部分突出出来。通过把维尔-巴莱斯(A. Weil-Barais)的类型学转换到博物馆学研究的情境,我们发现了以下东西。

通过它们的情感影响或它们的互动策略,展品可以引导青少年观众进入到一些可以帮助他们重新评估他们的概念,特别是减少他们的一些认知障碍的情境。如果展览设计者对这些障碍有充分的了解,这是完全可以做到的。

这就导致了一个通过试错法而形成的学习过程:观众被鼓励去质疑其假设,并在他们的行为的结果——这个结果是可以改变的——与达成他们希望的结果之间建立一种带或然率的联系。这一互动是孩子们探究世界的唯一途径,因为他们是从具体有形的体验中去建构他们的世界的(Piaget,1926)。

这就是产生于希望尽可能地接近实验过程的展览的互动的诸多方面之一。互动的其他方面包括信息的获取、数据库的操控以及内容的探索。第二个方面更多的是一个通过指导的学习过程,在这个过程中,观众依赖一种制导的解码策略或一种学习游戏:孩子们仔细倾听,以便感知和理解(Jantzen,1995)。

在展览的非正规教育情境中,哪怕是在一个单一的展品里,所有这些类型的学习过程都可以共存。

认知心理学

在一个成功的展览里,观众很少是单独参观的:他们通过观察,并以相似或稍为不同的方法模仿其他观众的行为进行学习。再者,孩子们通常比较爱好交际,他们通过彼此之间以及与陪同他们参观的成年人之间的互动进行学习。

观众的学习过程不仅基于其本身与展品之间的互动,而且也基于与其他观众之间的互动,对于孩子们来说尤其如此,因为他们只能和成年人一起参观展览。

关于学习过程的研究表明了学习者之间在互动时进行的交谈的基本作用,特别是与成人之间的监护关系(Baudichon,1988;Bernicaut,1992;Winnykamen,1992)。这就使得设计者努力去寻找有助于观众之间互动的博物馆环境设计情境——促进与他人接触的情境。就孩子们而言,局外人可以是另外一个孩子,也可以是一个成人。

对于这些小观众来说,发现是与其他年纪较大的孩子或成人一起去获得的。它是孩子们借以通过一个内化过程而成功掌握自己思维的一个本质要求(Vygotsky,1934)。维戈茨基认为,学习科学概念是有别于学习日常概念的,因为科学概念不仅与具体事物的经验有关联,而且还涉及语言文字的定义以及不同概念之间复杂的逻辑关系。因此,对事物的具体探索对概念的语言表达起着补充的作用。在设计展览的时候,必须记住两个标准:一是通过试错法进行的实物互动;二是激发孩子们与陪同参观的成人(家长、老师)之间开展对话的情境。布鲁纳(1983)把这一互补性称作"支撑关系",并对其细节进行了更多深入的研究。它的主要目的是通过让孩子们专注于手头上的事情而避免漫不经心。这一概念针对建立语言符号和事件之间的联系,把任务限制在孩子们可以接受的水平的范围内,一方面赋予孩子们陈述和执行手段与目的之间关系的能力,另一方面为成人提供机会去帮助孩子们完成其任务。这些考虑有助于设计一个孩子们可以在其中动手操作展品、成人们可以找到语言符号去帮助孩子们进行参观和开展互动的展览。

通过参观展览和使用互动展品,可以使孩子们随心所欲地嬉戏。如果这样一种氛围通过刺激孩子们的玩耍本能强化了他们研究和发现的乐趣,孩子们也许不会对有关数据留下深刻的印象,也可能会忽略某些具有重要教育意义的动手展品。因此,成人必须支持("支撑")孩子们的活动,以便达成展览的基本教育目的。此外,孩子们的提问以及可能要求的成人的参与可以鼓励成人去改变他们对于展品的兴趣和自身的质疑(Piani and Weil-Barais,1993)。

乔丹(1988)推断出展览中知识的吸收的两个主要问题:自由和结构。的确,在展览中,孩子们是自由和任意地去进行探索、观察和操作的。因此,设计者可设法通过激发质疑、对抗和不同的思维方式去营造一些诱导同伴之间或与成人之间交流的情境,这是十分有趣的。设计者对第二个部分是无法控制的,他只可以通过环境布置、展品结构和参观的组织(例如儿童城规定,凡是前往参观的孩子必须由至少一个成人陪同)去对此加以鼓励,但却无法对观众采取的真正过程施加控制。

了解观众理解展览的方法

关于展览的影响的研究始于 20 世纪 70 年代对博物馆教育作用的研究。当时,来自美国史密桑宁研究院和美国研究院的许多研究人员,特别是斯克利文(1976),开始开发一些形成性的评估方法。根据斯克利文(1983),评估首先是必须确定设计者希望展现的东西(希望向观众传达的信息的主要元素);其次是了解目标观众(其社会—专业出身、教育期待、动机层面),再次——也是最重要的——是明确观众的概念。的确,观众往往是带着错误的想法来参观展览的,或者是在参观的过程中形成这些错误想法的。对定型展品进行试展是找出这些错误概念的唯一方法。

除了观众的类型学之外,对于那些希望了解公众的设计者来说,需要去做的另一件事情是设法了解观众参观的动机。自从 1980 年以来,博仁(Borun,1982)一直在对此进行研究。希尔(Schiele,1992)则首创了在设计展览的时候考虑观众的知识的想法。

令人遗憾的是,展览设计者在设计展览的时候还没有完全采纳这些想法。在法国,尽管在设计阶段开始之前就进行评估(Van Praët,1994),但评估的结果很少在展览中体现。但是我们必须记住,设计和制作一个展览的任务是受限于不容忽视的时间的,设计者的重点是制作。

大英博物馆(Griggs and Manning,1993)在模型图版上对形成性评估的预测有效性进行了调查。他们将面对模型的观众进行的测试与面对成型的展品的观众进行的测试进行了比较,强调了被测试的观众抽样对于结果比较的重要性。他们注意到了样板测试有所失真,因为观众知道他们即将被测试,所以他们比在通常的展览参观的情境中给予了更多的关注。尽管他们对这一测试的有效性表示怀疑,他们得出的结论是,这一测试对于展览期间进行某些修改仍然是有用的。

一些科技博物馆,比如旧金山的探索馆(Oppenheimer,1968)或大英博物馆(Griggs,1984)在观众的帮助下开发了动手型展品。博仁(Borun,1988,1989)利用观众关于引力和空气阻力的错误思想作为基础,为富兰克林研究院开发了一个展览。

这就帮助我们确定了三个参考元素去在展览中考虑孩子:一是使他们接受展览;二是营造共同接受教育的情境;三是在这个非正规教育的框架中寻找一种认知影响。

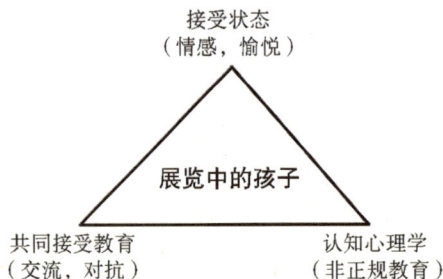

图 10-2　在非正规教育中考虑儿童观众

我们将对不同的侧面逐一加以研究。

第二节　儿童观众的特点

以上的参照表明,了解孩子们的习惯做法和概念,了解展览与其观众之间的关系是多么的重要。在儿童城中实施的设计过程是基于以下这些特点。

了解作为展览的主要目标对象的儿童观众的特点

对于孩子们来说,在参观展览的时候,玩耍的层面是占主导地位的。他们寻求在被他们称为"游戏"的动手型展品中的身体接触和参与。儿童观众倾向于多感官的发现,而多感官的发现恰好符合他们理解其周围环境的自然方法。

儿童观众往往都愿意重返展览并重复里面的实验活动,特别是非常年幼的孩子(3～6 岁)更是这样。这个年龄段的孩子对于重复参观展览的需要并乐此不疲是尽人皆知的。一次高质量的调查表明了孩子们重复参观展览的高比率(Chaumier *et al*.,1995a)。迄今为止,已经有 60％的观众参观过儿童城至少一次。孩子们非常清楚地意识到展览的教育层面,尽管这在他们的参观中是次重要的。他们常常说,"我们来这里既是为了玩耍,也是为了学习"。我们注意到,孩子们带着一个朋友或成人第二次来参观的时候,往往先从那些他们在第一次参观的时候就已经最充分探索过的展品开始参观。这一点在孩子们与他们的老师在一些展项中进行互动的时候尤其明显。例如,当他们和家长或朋友一起进入到儿童城的展览空间的时候,他们就会兴奋地说,"你们快来看'蚂蚁山丘',我能告诉你们蚂蚁是怎么生活的。"然后带着他们一起参观(Chaumier *et al*.,1995b)。

创造条件让孩子们置身于一个积极的探索情境

一个展览有如一个十字路口,不可能像学校那样可以给观众提供足够的时间进入到一个持续学习的过程。另一方面,展览是探索发现科学和技术的理想场所。

在展览中,孩子们大都是随心所欲,因此有必要考虑他们在休闲和娱乐中的自发性和自然行为,亦即好动和游戏的本性。

这些条件在观众观念的演化中并非是一个障碍。的确,根据威奇(1993)的说法,学习的现代定义要求学习者具有必要的接受状态,而这一接受状态涉及动机、激情的调动、惊奇和情感。

1. 利用愉悦去激发观众理解科学技术的欲望

心理学数据表明了心理学背景在学习过程中的重要性(Bruner,1983)。愉悦是这一心理学背景之一部分,因此,如果游戏缺乏趣味,是不可能去理解游戏的(Bruner,1986)。

再者,观众往往认为科学太复杂了,所以对之抱有一种恐惧感。因此,必须让孩子们在结束参观离开展览的时候,对展览中那些属于科学技术领域的东西有着美好愉快的记忆。幼儿园里的孩子们所特有的那种自发兴趣会随着他们进入学校而减弱,因为在学校里,上课都是完全地专注于学科的学习。

展览首先必须吸引观众,其次是鼓励他们再回来参观。为了引起他们对科技题目的好奇心,必须给他们提供愉悦。

轻松活跃和色彩斑斓的环境,孩子们在其中可以触摸任何东西并尽情嬉戏,这似乎与科学技术的"严肃性"格格不入。但是仅仅快乐这一事实就足以让孩子们处于一种接受的状态,因为他们置身于一个符合其真实本性的世界里,在里面,只有他们的情感和快乐才是最重要的。

在儿童城,孩子们意识到,科学可以是快乐和有趣的。正因为他们玩得开心,所以他们对里面的展览有着美好的记忆,才会希望再来参观。

但是愉悦也与感官理解互相联系着。除了视觉和听觉之外,幼童的其他感觉也都比成年人发达。与成年人不一样,孩子们尚未处于"辨识不能"(部分或全部丧失感官辨识物体之能力)的状态。他们的大脑成熟始于味觉和嗅觉,这些感觉很快便发挥机能作用,并保持在一种最发达的状态。

2. 营造玩耍的情境去发现科学技术的过程

一个非正规科学探索场所的成功是与其顾及其观众的自发习惯做法和表现密切相关的。儿童的一个主要习惯做法是玩耍。互动性因此被证明是非常成功的。

玩耍涉及愉悦、选择和决定的自由、随意性和非确定性,这些都是一个专门以儿童为对象的互动展览的标准的一部分(Brougère,1995):

——与操作展品和与环境布置引起的情感相联系的愉悦;

——按照自己的步速并朝任何方向探索展览的自由;

——在展览周围浏览的选择,以及选择自己关于动手型展品的策略的自由;

——随意性,因为一个观众的行为对其生活没有任何影响;

——关于某件动手型展品一旦启动会出现什么结果的非确定性。

由于展览的可视性,孩子们把展览看作是一个玩耍的场所。所有以上这些标准使得开发这样一个展览成为可能,这个展览能让观众以愉悦的方式进行探索,并符合对于孩子们来说非常自然和有吸引力的玩耍态度。

玩耍还是保持兴趣的一种方式;但是玩耍并不意味着使用按键式的动手型展品,孩子们使用这种展品时不必关心其行为的结果。玩耍涉及一系列要求有逻辑行为链的活动。

通过将以前的一个题为"发明馆"的展览与儿童城进行比较,我们就可以看出一些动手型展品的游戏展示的重要性。确实,这个展览里面的某些展品在新的展览里经过改头换面之后又被重新使用了。例如,架设若干水泵将水抽上来并输送到一个吸引人的喷泉周围这样一个简单的事实对孩子们产生了更为强烈的影响：如此一来，这件展品变得更吸引人了，孩子们在这件展品上花费的时间比以前多多了，并且他们相互之间对这件展品也展开了更多的讨论。

测验智力的游戏使得对事物的观察和比较成为可能，而联想游戏则有助于观察、比较和建立起系统。它们在增强科学观念方面都特别有意义。

分类游戏可以推动孩子们去提出问题并挑战他们对现实世界的观念。例如，对孩子们的测试表明，大部分孩子并不自发地将他们认为是"软体"的动物，比如两栖动物（青蛙、蟾蜍）以及诸如蛇和鱼之类的爬行动物归类到脊椎动物类，而是将这些动物与蜗牛和水母一起归类到无脊椎动物。这样一个错误的概念促使我们开发了一种分类游戏。在这个游戏中，孩子们被要求将无脊椎动物放到一边，将脊椎动物放到另一边，然后逐一对照相关动物的图片，看看这个动物的身体内部是否有骨骼，以此去自己检查答案是否正确。一旦他们发现自己的答案是错误的，他们就会感到非常惊讶，于是便会引发提问和质疑；于是带队的人便可以趁此解释骨骼的概念。这种类型的游戏无疑是一个强烈的动机激发器，它可以使观察变得更加敏锐，并可以固化探索发现的记忆。探索发现的惊奇越多，它们被记住的时间就越长（Guichard，1995）。

游戏的另一方面是人体工程学。在一个展览里，切忌让观众面对没完没了的指示；他们应该能够立即就明白自己该干什么，该往哪里走，否则的话他们很快就会放弃。对于那些不喜欢在展览中阅读或阅读起来有困难的孩子们来说就更是这样。

3. 展示文字说明以吸引孩子们的注意力

动手型展品是如此地吸引孩子们，以至于他们往往都忽略展览里的文字说明。在一个展览里，孩子们一般都不会主动地去阅读，因为他们不想去做他们在学校里整天做的事情。有鉴于此，把展览的文字说明弄成像一本挂在墙上的大部头的书去向他们展示，那将是一个错误。避免展览文字说明的书本化，这其中有许多方法。

在一个展览里，文字说明必须配备大量的插图，以达到吸引孩子们眼球的目的，否则他们就会失去兴趣。文字说明必须用一种易于阅读的字体去印刷，对于那种整句话都用大写字母的印刷方法，孩子们阅读起来一定是有困难的。卡通也能吸引他们的注意力，但是要注意：一个成年人的幽默感不一定与一个孩子的幽默感一样。

在设计《恶作剧匣子》展览的时候，设计师尝试着使用了在气球中展示文字说明的做法（Louvigné，1994）。一幅卡通通过图画、颜色和放大技术，一下子就显示了文字几乎无法解释的内容。从左侧的气球开始,孩子们自发地逐一阅读上面印刷的文字说明,觉得非常好理解。至于指示牌上的内容,孩子们一般都不会去注意,因为他们一进入到展览里面就会情不自禁地开始动手操作,根本就懒得去看指示牌上所说的东西。他们只是在参观过程中偶尔去参阅一下文字说明牌。只有那些鼓励他们继续进行探索的问题以及由于操作动手型展品而引起的答案才是最有效的。

孩子们都喜欢行动和惊奇。他们往往都抵挡不住去找出被隐藏起来的东西的诱惑:比如在活扳门下面、在托盘上面和在翻转过来的碟子下面所隐藏的文字。他们的好奇心会被活扳门上面写着的简短而又清晰可见的问题所激发,于是他们便会不由自主地把门掀起来,看看下面究竟是什么东西。问题总是会激发孩子们的好奇心的。在一个科学展览中,这一点加倍有用,因为这有助于引导孩子们进入到一个探索发现的过程。在任何科学过程中,好奇心都是第一步。

因此,为了鼓励孩子们去观察比方说某一个场景或者某一个重新构建的环境,应该将说明文伪装起来,这样才能确保他们会去阅读。有人曾对一个展示池塘一角的展品进行过调查,他们把隐蔽的说明文和清晰可见的说明文对孩子们的影响作了一个比较,结果发现,孩子们均被“通缉布告”所引诱去寻找说明文字,实际上那只是帮助他们去辨认动物的卡通线索。那些被隐藏在碟子底下的说明文被阅读了百次以上,只是因为它需要被人为地翻转,以及由于惊奇发现所带来的激动(Guichard,1990)。

在一个关于放大镜和望远镜的展览中,我们特意将说明文印刷成缩微字体,以便观众只能借助于放大镜去阅读。如此一来,这些说明文的影响力立即就增加了。

在展示历史文物的展览中我们也采用了同样的方法。在“发明馆”里进行的调查中我们发现,有些孩子在经过一些文物的时候视若无睹,连看都不看一眼。一个研究(Melman and Chemin,1990)证明,活扳门下面所隐藏的线索会在孩子们观看展品并开始其质疑过程之前就首先吸引住他们的眼球。假如不是使用了这个手段,这些孩子就会在经过这些展品的时候根本就懒得驻足观看。将孩子们的这一态度与成年人的态度作一比较是十分有趣的,因为后者的态度与前者迥然不同。在大多数情况下,成人会首先阅读文字说明,然后观看展品。有时候这些展品似曾相识,例如,一些想起来自己曾经使用过这种电话的老爷爷会滔滔不绝地给自己的孙子讲述关于这类电话的故事。另一方面,这些成年人对遵循线索没有多大的兴趣。

了解孩子们选择信息的想法和适合展示的概念的程度

当我们为孩子们设计一个展览的时候,我们的教育的预想是以"一个人的知识通过新旧元素的结合而积累起来"这样一个事实为基础的。因此,设计一个展览有赖于理解孩子们观念,开发一些展品以吸引孩子们对基本元素的关注从而改变其观念。

孩子们给展览赋予了新的含义,并与展览建立起了一种非正式的联系,因为他们所知道的即是展览的出发点。这就是为什么我们在开发展览的时候,必须努力去寻找孩子们感兴趣和关心的主题的原因。

1. 选择一个合适的信息程度

一个展品设计者往往以他自己的习惯做法为参照去变换科学目标。观众(孩子们和小学生)将根据他们自己的理解去解读展品,而他们的理解毫无疑问是有别于展品设计者的理解的。

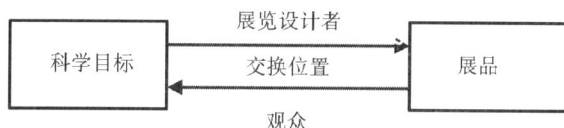

图 10-3

在设计展品的时候,必须充分考虑孩子们的所思所想和习惯做法,因为他们不可能拥有成年人所拥有的知识和习惯做法,也不可能像成年人那样对一些概念加以控制。我们必须采用孩子们所能理解和接受的概念程度,同时意识到相对于孩子们的年龄所存在的障碍,例如对体量的接受程度的问题(Piaget,1926)。

这些研究的结果将有助于展览设计者去选择他们所希望展示的科学目标以及如何达到这些目的的手段。展览设计者的作用是将某一特定的知识进行变换,以便将之传授给观众(Guichard,1990)。首先,他们必须从有关学科领域中选取零碎的科学信息(选择信息,确定展览目的,精选展览内容);然后,他们将对这些零碎的信息之间的结构关系进行重新的概念调整(确定信息,组织主题,使总的概念出现);最后,他们将设置科学知识的"目标"(变换信息,选择传播手段和技术辅助)。

儿童城的设计过程是基于孩子们的理解和问题以及他们对现象的理解障碍去开展的。从某个项目一开始,他们就进行了调查,以确定孩子们对相关题目的智力理解程度。主题的选择要与孩子们的首次科学发现这个目标紧密联系。设计者必须选择孩子们感兴趣和关心的题目。

许多展品是通过对不同科技领域中的障碍进行分析而展开设计的。

"蚂蚁山丘"这件展品是根据枫丹白露的森林再现的,这样孩子们就可以立刻从中找到他们所熟悉的东西。这件展品的成功在于孩子们可以深入到"土壤下面"去探索蚂蚁隐藏的生活这样一个事实。这就为所有观众的主要回答提供了答案。

儿童城的主题之一是展示一个真实的环境。展示池塘一角的展品是经过对孩子们的知识的分析而确定的。的确,200个孩子被问及以下问题:生活在池塘里的是什么东西?99%的孩子说是鱼;28%的孩子说是植物,但是却说不出任何植物的名称;20%的孩子说是青蛙;只有2%的孩子想到了其他动物。孩子们根本就意识不到生活在一个环境中的生物的多样性,而生物多样性的概念对于理解一个生态系统来说却又是十分关键的。这就是为什么我们决定孩子们应该通过观察现实去发现这一关键概念的原因。

2.对要传达的信息必须仔细措辞

为孩子们写的说明文必须简明扼要,以便使他们有兴趣去阅读,而且必须用一种简单的方法去展示科学思想。这个问题涉及适合于孩子们的概念的程度。一个展览的说明文并非是一门法国文学课程,更何况并不是总会有成人在旁边讲解。因此,必须设法让孩子们能够自己去理解,这就意味着避免使用科技术语。与此同时,如果有些术语是新的,必须对它们进行简单的解释。

展览中的说明文必须提及孩子们能够看见的元素,并有助于激发他们提出问题。与动手型展品相关的解说词就是这样的情况。它们必须帮助孩子们理解实施的过程,并给孩子们提供动手型展品所提出的问题的答案。因此,这些解说词等于给陪同孩子参观的成年人提供了回答孩子提出的问题的基础。

为了使说明文易于被孩子们接受,必须先将它们拿去让街道邻里那些在阅读上有问题的孩子们通读,以便让他们提出修改意见。

就词汇而言,这类说明文应选择简单的词汇,对科技术语加以容易理解的解释,并不时找出误解。

在阅读说明文的时候,经常会出现统一性的理解问题。我们注意到了凡是那些没有提及具体例子的句子往往都不被观众理解。因此,我们行文伊始就应该列出具体的例子去传达某一思想,这也是我们在展览中撰写说明文的一个基础。

第三个方面,也是比较技术性的一个方面,涉及运用先前的实验,尽量使用简短的句子,避免复杂的词汇,等等,并充分考虑可读性的程度(弗雷什的测试)。

在开发那些其解说词和操作使用比较隐蔽的动手型展品的时候，要设法适应孩子们的习惯做法

在儿童城，展览设计者十分清楚孩子们看世界的方法。因此，孩子们在面对属于科学技术领域（在这一领域里，大部分成年人都不会感到泰然自若）的展品的时候都能够应对裕如。设计者的过程依赖于教育研究和展品模型测试。

与成年人不一样，孩子们会自发地去触摸展品；他们不必阅读解说词或请求解释就可以立即进入到一个积极的阶段。因此，设计者在开发那些其解说词和操作使用比较隐蔽的动手型展品的时候，要设法适应孩子们参照的习惯做法（人体工程学、界面、实验、功能规则）。

1. 适应人体工程学

孩子们毫无疑问个子要比成年人矮，人体工程学涉及选择合适的高度，以便孩子们可以看到并触摸展品，同时观察水族箱里的动物。但是高度并不是唯一需要考虑的问题，孩子们必须处在一个合适的人体工程学位置去启动动手型展品设施。为孩子们开发展品显然是比较容易的。

最重要的是把那些你希望让孩子们观察的元素放在他们视域和活动范围之内，因此，这涉及一个高度和臂长的问题。这个问题很容易解决，你只需要跪下来就可以了解到孩子们在面对你设计的展品的时候可以看到什么。

其他参数也是非常重要的。在展品前面放置椅子可以完全改变孩子们在每件展品上投入的时间。在"工艺城"展览中，由于在展品前面放置小板凳，结果改变了孩子们对展品投入的时间，并因此提高了他们的参与程度。在这种情况下，孩子们不是简单地参观浏览，而是对他们正在操作的展品进行深入的思考。

2. 适应参照的习惯做法

在为孩子们设计一个展区的时候，必须了解他们的自发习惯做法，以便确定展品的人体工程学，让孩子们可以摆脱依赖。这就向我们提出了一些关于观众在展览中接触到的界面的问题。通过观察孩子们在展览中的行为，我们可以得出大量的结论［基拉尔德和梅尔洛-庞迪（Girardet）&（Merleau-Ponty），1994］。

以我们在儿童城专门为3～5岁的孩子们设计的展品"我最喜欢的味道"为例，在设计这件展品的时候，我们找到了最能唤起回忆的人体工程学方法，以便孩子们能够自发地将鼻子放在味道散发出来的地方，并帮助他们对这些

味道进行分析(3 岁的孩子对味道具有一种精神的想象)。我们希望他们能够辨认出每一种味道(Guichard,1995)。如果你用一个平放的、打了孔的托盘给他们提供一系列的味道,孩子们就会把他们的手指放在上面;如果托盘是斜放或者垂直放置,他们就会试图透过上面的孔去观察或者把耳朵凑过去听。但是,如果你让味道从一个漏斗形的器具中冒出来,他们就会自发地把他们的嘴巴和鼻子凑上前去,并理解这是什么东西的味道。

每个细节都是至关重要的。例如,在"工艺城"(一个专为青少年设计的展览)中有这样一件展品,要求孩子们找出正确的顺序去启动组成一个骑车机器人的大腿的金属棒。孩子们通常会不管不顾地玩耍,用拳头猛敲蘑菇形的控制键。但是,如果在工作界面上嵌入扁平的控制键去取代蘑菇形的控制键,孩子们的态度就会完全改变。他们会用一个手指去操作控制键,从而变得更加专注,设计者所确定的目标也就可以达到了。

摇把也是同样的情况;摇把这一熟悉的装置诱导孩子们不假思索地猛烈摇动它。但是,如果用在一个在圆盘上钻一个孔的方法设计摇把,就会让孩子们专注于展品,而不是漫无目的地操作,对展品如何工作不加思考。的确,动手型展品的成功之处在于其引导孩子们按照它的设计思路去操作、以便能够立即明白展品的目的之能力。界面人体工程学因此是十分重要的。

当你进入到专为 3～5 岁的孩子们设计的儿童城的时候,你会为孩子们在里面玩得如何开心而感到惊讶。他们似乎对所有展品都使用得得心应手。家长们则对孩子们的潜力感到诧异。

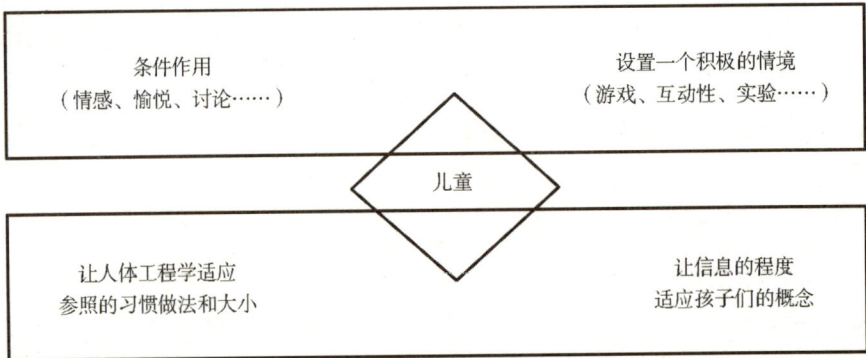

图 10-4　在展览中考虑孩子们

把孩子们考虑进去有助于营造符合他们参照的习惯做法的积极情境和条件作用。设计者必须适应于科学信息的程度和人体工程学两个方面。

第三节　促进观众之间的共同学习

在理论上来说,这涉及认知心理学。认知心理学主要是研究观众之间的关系和在孩子们和成年人(家长或老师)之间创造互动的条件。展览设计应有利于观众之间的互动,有利于孩子们之间以及孩子和家长之间的对话和共同学习。这些关系与这两类参观主体和展品所建立的关系是交叉的,可以用以下图解来表示:

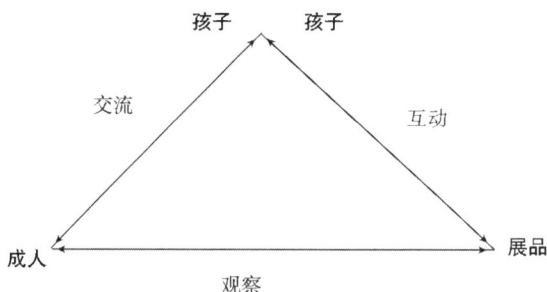

图 10-5

审视家长与孩子之间的关系

为了充分重视与成人之间的关系,儿童城的设计特别考虑到孩子们必须在成人的陪同下才能进行参观。

家长们喜欢和他们的孩子一起参观展览。他们相信这一情境使他们能够与孩子一起分享发现,去更好地了解自己的孩子,了解他们的喜好,传授知识,与孩子一起度过一段特别的时光,去一起探索发现,一同感受惊奇、分享欢笑、共同学习、相互沟通……(Gaultier,1990)。

在儿童城里,我们注意到了亲子结对的各种行为,这帮助我们界定了不同类型的参观(Chaumier *et al.*,1995b)。多样性依赖于通常的亲子关系:例如,一些关系密切的家长和孩子往往在一起分享快乐和发现。

成人的态度也反映出孩子的年龄,因为玩耍被认为是 12 岁以下,特别是处在 3～6 岁这个年龄段的孩子的天性。在玩耍型的参观中便是这样的情况,一面是孩子在玩耍,一面是家长给孩子以鼓励,并和孩子一起玩耍……

尽管成年人的态度有别于孩子们的态度,但他们在互动方面却是相得益彰的。的确,互动是孩子们的一种自发态度,他们才是参观的真正主体。家长则通常回避互动(Chaumier *et al.*,1995a)。这两种态度都是互补的,只要它们都被不同的角色所自发理解,就可以对发现产生促进的作用。这就是为什么了解成人对它的看法是非常有意思的。

成人们从他们作为陪同参观的人这个角色中看到了 5 种主要的功能作用：跟随孩子；阅读说明文，特别是为那些还不具备阅读能力的孩子；通过帮助孩子专注于一个活动去引导孩子参观，以便他们不会失去兴趣；在参观过程中和参观结束之后给孩子讲解；乐于与孩子一起"做事情"，分享与孩子一起"做事情"的快乐（Piani and Weil-Barais，1993）。

监督关系也取决于家长的教育观念。家长们往往认为，参观展览具有某种教育作用，因为它有助于提高孩子的学习成绩。这就导致了两种类型的行为：一是非指导性的教育，由孩子自主参观，提出问题，由家长进行解释；二是指导性的教育，通过家长的存在迫使孩子开发自己的知识，并确保孩子理解参观的内容。

实际上，这种关系取决于参观的背景：

——对于那些远道而来的观众，第一次参观往往是如饥似渴的，因为"他们希望物有所值"。这一现象尤其被一种教育的意愿所增强，这种教育意愿导致了包办代替式的参观：在这种参观中通常是一切由家长说了算，孩子只是俯首听命。

——对于普通的观众，这种参观可能会鼓励另一类的行为——独自参观：家长和孩子分头参观，或者家长，通常是祖父母，坐在展览的中间地带等着孩子。

在儿童城里，家长们对孩子的导引功能可以不同的形式出现（Chaumier et al.，1995b）：引导孩子参观，帮助他们专注于某件展品，或回答他们提出的问题。

这一类的陪同有其局限性："要向孩子们解释所有的东西并非总是一件容易的事情……有时候我们也糊弄事，王顾左右而言他，并不真正回答孩子们提出的问题"。

参观展览可以分几个步骤进行（Piani and Weil-Barais，1993）：

对动手型展品的参与或对某一件展品的探索取决于成人（快来看看这个……），取决于孩子（我们到那边看吧），或者取决于二者。

——操作展品往往引发评论（那是什么？）

——观察其他孩子操作展品。

——对展品、行动或目标之间的关系进行解释，或者在它们之间建立起关系；一般来说它们是附随于活动的。

——回忆与个人经历或与展品相关的物品、事件（你应该记得……我们曾经去过……）。

——结束某一行动,由孩子提出来(让我们去看看别的东西吧),由大人提出来(好了,让别人来玩吧),或者同时由双方提出来;有可能这一提议不被对方接受(不,我还想再试一遍)。

鼓励孩子与成人之间的互动

在建立起一种认知的过程中,孩子与成人之间的互动是十分关键的(Baudichon,1988;Bruner,1983)。在以家庭为单位参观展览的时候,亲子之间的互动是一个重要的元素。

孩子们往往是通过行动去探索发现,而家长则往往是借助于阅读与动手型展品相关的说明文去达到这一目的。这一行为差别已被用来改进参观展览过程中的共同学习,具体体现为家长引导孩子们完成整个探索发现的过程。

就家庭参观而言,装置手段的明确概念化经常取决于行动和结果。考虑到孩子们用于探索的时间非常少,这一点根本不足为奇(Piani & Weil-Barais,1993)。孩子们在每件展品上投入的时间是有利于探索发现的一个根本因素。有关研究表明,孩子们在与成人在一起或与其他孩子进行互动的时候,往往在展品上投入更多的时间。这些观察使得我们必须反思,是什么条件使那些孩子可能对他们履行的过程的分析做出解释。

家长的教育帮助通过引起对动手型展品的惊人效果的注意而有利于学习情境,而学习意味着穿越一系列的干扰破坏和重新建构(Vecchi,1993)。以"球链"这个动手型展品为例,成人可能会向孩子们显示,尽管里面的水有足够的空间流到球体的旁边,但水还是往上走。这一发现只有在成人把孩子的注意力吸引到这一装置的工作原理上才能出现。由此可见,在一个展览里,在孩子们和成人之间展开对话是多么的重要(Vignes,1993)。通过这一观察,我们设计出了有助于成人提出问题和开展对话的文字说明。

这一方法有利于共同学习,并受到情境再现的鼓励。它让观众彼此得到充实,并导致在儿童城以外的进一步对话。成年人倾向于语言表达,其在吸收知识方面的重要性是众所周知的。

以上证明了一个家庭是如何通过举家参观展览而共同度过一段美好的时光,并使之成为一桩令人愉悦的科技纪念的。

支持孩子们之间的互动

在为孩子们设计展览的时候还有另外一个重要的方面需要考虑,那就是支持孩子们之间建立起关系,借以丰富他们的发现和原有的经验。

展览是一个探索发现的非正规场所,孩子们可以在其中自由和自发地发展彼此之间的关系。孩子与孩子之间的互动往往是非常丰富的。有一件叫"身份证明"的展品,它鼓励孩子们提出各种关于自身的问题,并支持他们相互之间开展对话和语言交流。对认知影响进行分析证明:通过彼此之间的模仿和互动,语言交流有助于学习过程(Abrougui,1994)。

任何积极的情境都有助于在孩子们之间发展关系,并引起他们对科学主题的兴趣(Tuckey,1992)。

在过去十年中,我们曾经对科学工业城里面的儿童展览进行过多次调查。通过这些调查,设计师得以发现那些鼓励孩子们之间开展互动的参数,它们涉及总体环境布置和每件个体展品。

有若干博物馆环境设计原则被采用来支持孩子们之间的互动。我们开展了一系列调查研究去聚焦其中的一部分。

——开放式的、孩子们可以在其中共同参与的动手型展品(比如"发送信息"这件展品)能够让孩子们彼此开展互动、进行语言交流、交换各自看法、共同达到目的。制作一些可以让几个孩子同时参与的动手型展品,或者至少把这些展品设计得可以让他们一起进行观察和讨论,这将是一件非常有意义的工作,因为一起观察和讨论是孩子们经常自发去做的事情。

——隔离的空间有助于交流。我们曾经将"蚂蚁山丘"的地下区域与一个供观众观察真实环境的敞开区域进行了比较,结果发现:一个隔离的、按照孩子们的人体工程学量身打造的区域可以引导孩子们投入更多的时间进行观察,并探索发现更多的东西。的确,由于孩子们是一起待在一个半封闭的空间里,他们彼此之间情不自禁地进行语言交流,通过这种方式,他们获得了持续很长时间的记忆留存(Guichard,1989,1990)。

——引发互动的空间,比如像专为5～12岁儿童设计的电视演播室。在孩子们之间设计互动意味着营造基于与孩子们的理解相吻合的物品的情境。正因为如此,一张记者办公桌和一幅天气预报图能够引发孩子们之间自发的语言交流。电视新闻主题的即兴创作(对于大部分孩子来说这是日常的图像)带来了孩子之间活跃开展交流和自发角色扮演的情境(Giordan and Lintz,1992)。如果交流情境是借助于物品复制而产生的,那么这种情境再现就能够让孩子们选择合适的技术工具:与记者之间的交流,与摄影师之间的交流和与导演之间的交流。

——在教育3～5岁儿童的过程中,鼓励社交是非常关键的。对于这个年龄段的观众来说,每一个细节都是十分关键的。例如,一所房子的建筑工地是一个情境的再现,也是一个由孩子们进去以后必须穿的工作服和戴头盔所导致的一种角色扮演。孩子们所使用的工具引发了他们的联想,工地的情境更是鼓励他们相互之间开展交流:建筑材料从筒仓运送到房子前,然后吊到房子上面,这时候操作塔吊就必须由两个孩子协作进行……甚至建筑的预制板都特意做得比较大,以至于一个 3 岁大的孩子自己一个人根本搬不动,必须请求或接受另一个孩子的帮助。孩子们之间的互动要求进行语言交流,以便分享不同的角色,给二层的伙伴提供建筑材料,等等。

孩子们必须互换角色才能让情境发挥作用。我们注意到他们经常自发分享角色,但是总有一个孩子始终扮演工长的角色。

复合运用各种方法

每个孩子都有别于他的邻居。他们之间在教育、文化和社会实践方面也都不一样。尽管教育界非常清楚这一情况,但是在对于如何建立起一个适合于每个不同的孩子的教育体制这个问题上,他们也面临着许多障碍。特别是在动脑教育受到青睐的今天,这个问题就益发凸显。另一方面,展览允许多种多样的方法进行展示,通过用不同的方法使用某件物品,可以达到同样一个目标。正因为如此,儿童城是由各个不同意义的区域组成的,每个区域都包含有一件主要的或"图腾"式的展品,比如说"池塘的一角",以便激发孩子们的好奇心,同时还包含有诸如软件包、纪录片、智力难题、联想游戏和文献等。我们注意到了孩子们按照各自的自发兴趣而聚拢到各个不同的区域和展品,但这并不妨碍他们随后去探索发现其他展品。

孩子们往往利用他们所有的感官去逐步建立起他们的经验。当他们在玻璃房里观赏、嗅闻和触摸蝴蝶的时候,他们就会发现大自然的美丽和脆弱。孩子们还对于许多他们希望以一种更加复杂的背景去探询的细节非常敏感,而设计师却往往意识不到这些细节,除非他们已经形成了这一逻辑,或者将探索发现与以这些细节为中心的调查游戏结合起来。帮助孩子们观察,并把他们引导到期待的目标,这点非常重要。

在为孩子们,特别是那些以一种运动感觉的方法去接近其周围环境的小孩子们设计展览的时候,我们必须运用这种多感官的办法和活动去保持观众探索发现的乐趣和毅力。这就是为什么儿童城的设计团队喜欢使用那些孩子们可以通过触摸(例如"藏品抽屉",孩子们通过触摸动物的皮肤去发现不同类型的脊椎动物)、嗅闻(例如通过蚂蚁穴道去寻找"蚂蚁山丘")、倾听(戴上一副插在一个巨型地球仪上的耳机去倾听用 97 种语言发出的问候)、甚至品尝等运用五官的方法(去帮助一个互动纪录片中的英雄发掘"五官岛"上的宝藏)去进行互动的展品的缘故。

所有这些选择出来的动手型展品促进了与孩子们的界面的多样性,以帮助他们去动手并对自己的行为结果去进行观察。引导孩子有 5 种方法：探索发现、质疑、实验、分析和文献研究。因此，利用所有感官对同一个主题采取不同类型的方法是非常重要的。

展览偏重运动和策略的自由、积极的探索发现、自发性以及利用所有感官去进行探索发现。这样一个方法并不与教育活动相互矛盾，因为小孩子们是首先用双手去学习的。在为 3～5 岁的儿童设计的展览中，所有关于水的动手型展品都是以此为基础去帮助孩子们探索发现简单的物理规律的。

第四节　开发具有教育目的的展览

许多学校都组织学生来参观展览。必须考虑到老师们是出于一些教育方面的原因才带孩子们来参观的。与此同时，展览令人愉悦和吸引人的方面也必须保持完整。

基于科学教学法和形成性的评估问题，我们已经开发并试验了一些有助于孩子们形成其长效概念的工具（Guichard，1990）。这些工具帮助我们界定思维的层面并实施科学的方法。尽管这一方法是在有别于学校的背景中开发出来的，但它是具有互补性的，并且瞄准相同的目标，那就是，为知识的建构提供支持。

教师的教育需求

至少 40％的展览观众属于学校团体观众，这取决于学校开学期间博物馆开放日的数量。因此，展览也必须面对教师的需求。

孩子与家长的关系不同于孩子与老师的关系。老师是决定参观展览的人，但他们首先考虑的是学习的目的，这似乎并不符合展览的参观条件。如果对于他们来说学习仅仅意味着死记硬背一些事实的话，那么参观展览只能在孩子们的脑海里留下几个生动的形象而已。但实际上学习意味着多得多的东西。基于在一个展览里所能够做的事情，我们将尝试着对此进行分析。

所有教师带他们的学生去参观展览无非是为了鼓励他们对某一特定学科的热爱（离开教室，与展品建立关系）。首先，一个人只有在想学习的时候才可能真正学到东西；其次，大部分老师也希望（通过组织学生参观展览）能为他们的科技课程寻找到一种实实在在的教具；再次，制造惊奇和激发好奇心是科学学习过程中的第一步，因此有必要激发质疑：科学的思维是不断地对各种事物提出质疑；最后，老师们希望借参观展览帮助他们的学生记住他们所学过的东西，帮助他们履行一个积极的过程，并带回一些他们在学校可资利用的思想。

但是,如果参观展览在纳入到一个项目之中的时候没有适合的工具作为配套,也会产生其局限性,因为学习意味着开展一个结构性的项目。

观众,特别是教师,甚至还有带着自己的孩子一起来参观的家长,他们来参观展览都是为了解惑释疑和寻求教育的乐趣。为了满足他们的需求,我们不能把激情和情感的方面(比如说乐趣)仅仅局限于例外。的确,科学普及中最大的风险是最令人诧异的事情往往是成规的例外。许多科普工作者把他们的成功建立在引起诧异和激发想象的例外上,因而往往把关键的概念给隐藏起来了。他们这样做实际上是给学习设置了一个障碍。

表 10-1　展览中的教育目的

激发与要吸收的知识相关的动机	——情境再现
	——例外的物体
	——趣味探索发现
引发好奇心	——惊讶,诧异
	——自我质疑
开发科学过程	——反复试验
	——运用动手型展品去检验观众的假设
	——运用模拟去检验观众的假设
	——试错法的情境
	——观察
	——分类
	——实现关系
为加深记忆而进行的情境再现	——通过行动和质疑(互动性)
	——通过情感(情境再现)
	——通过记录强烈的精神图像("图腾"展品)
	——通过建立关系(多感官情境,考虑到孩子们的概念的情境)
	——通过保存文字记录(调查表)

因此,满足教师的需求涉及为展览确定现实的目标。对于它们当中的每一个,我们将提供博物馆环境设计工具,并在后面的段落进行分析。

激发好奇心,这是任何科学过程中的第一步

在动机之外,学习过程始于我们从已知的领域进入到未知的领域,始于先前存在的知识(这些知识可以通过分析学习者的描述而出现)和在某一特定的情境和先前的体验之间建立联系的质疑。此外,质疑是任何科学过程的基础,因为学习同时也意味着把相关元素联系起来。"一个科学的态度首先是需要质疑":没有一个科学过程是没有质疑的(Giordan,1988)。

一个展览可以通过不同的情境再现和实施探索发现的过程去引导观众提出质疑。

在为孩子们设计互动展览过程中所遵循的原则旨在开发一些鼓励观众进行功能质疑的情境再现,这正是互动性的原则(Guichard,1989)。动手型展品可以激发质疑去寻找适合于机制或物体的解决方法,以便形成理解世界的能力,并试图使自己与事物相关联。比如在"工艺城"展览里,孩子们必须用金属丝系起一个弹球机去理解一个自动机械装置的感应器效应关系。质疑便是从这种反复试错的试验中得出来的。

我们通过测试去对孩子们在观看一部关于蚂蚁生活的纪录片和一座真实的"蚂蚁山丘"时的自发行为进行比较,由此看到了活灵活现的展品所产生的主要影响要大于纪录片所产生的影响:10倍的孩子被"蚂蚁山丘"所吸引,并驻足超过一分钟去观察活的蚂蚁。另外,当我们对那些被要求观看纪录片(5分钟)的孩子和那些对"蚂蚁山丘"进行观察的孩子进行比较之后,我们注意到,后者产生了好奇心,他们提出的问题是前者的8倍。这就是为什么我们已经决定在展览里包括一座大型的"蚂蚁山丘"的原因。

开发科学过程

在满足孩子们的需求时候所采取的方法取决于他们的自发习惯做法,也就是好动和游戏。让孩子们运用动手型展品去检验其假设的做法是完全符合科学过程的。

1. 让孩子们动起来

与成人不一样,孩子们需要身体运动起来才能对空间和物体进行理解。儿童城里的儿童展览目的就是为了鼓励孩子们通过积极的情境去理解,去探索发现科学技术物体。

"听到的容易忘记,看到的便记住了,动手做才能理解"这句中国的古语完全符合儿童展览的设计精神和目标。

当然,孩子们为身体的活动和游戏所吸引,这使得设计者倾向于使用动手型展品。在"工艺城"展览里,孩子们到处奔跑,以便寻找测量他们的速度的感应器,寻找能够帮助他们理解"它是怎样工作的"的摇把联动机,或者通过操作一个自动化的生产线去制作徽章。

但是,在展览中加进动手型展品并非意味着我们要把展览变成一个学校的运动场。恰恰相反,玩耍的目的是为了帮助孩子们专注于展览,通过将他们的主要精力聚焦于一个由设计师控制的活动而让他们不要到处疯跑。

孩子们通常通过动手去学习,但他们也可以通过动脚去学习。例如,我们曾经设计过一件展品去帮助孩子们理解按照一个线性过程演进的各进化阶段。通过这件展品,孩子们可以身体力行地去探索发现地球的太初时期所持续的时间,并将之与自从恐龙灭绝之后出现的进化加速进行比较。

这个展览的特点之一是观众可以体验与物体进行身体接触的感觉。孩子们往往通过其身体达到最佳的理解。例如,我们曾经对一群12~16岁的孩子进行调查,测试他们对汽车变速箱的理解程度。调查结果显示,他们当中大部分人认为,变速箱是用来提速和加快汽车发动机的速度。他们认为汽车之所以跑得更快是因为通过齿轮直接起作用,而不明白当发动机需要变速箱起作用的时候变速箱与发动机所要求的努力之间的关联。有鉴于此,我们开发了一件由一个真实的变速箱组成的动手参与型展品。在操作这件展品的时候,一个观众通过启动传动轴上的一个曲柄去扮演发动机的角色,与此同时,另一个观众通过变换挡位去比较变速箱中进出处的改变次数。孩子们,甚至一些年纪较大的观众也惊奇地用他们的身体感觉到了转动传动轴所需要付出的不同体力。这样一来,他们就感受到了在二档或四档时发动机所经历的不同努力,然后明白了为什么汽车不能用四挡起步。

我们还注意到了观众对汽车中的另一个重要技术部件——差动齿轮所存在的同一个问题。

通过对孩子们的概念进行分析,我们发现他们并不理解差动齿轮的作用,因为他们无法看到同一轴的两个轮子在汽车拐弯时转动的速度是不一样的。为此,我们设计了一个汽车轮轴的小模型,轮轴上的每个轮子都装了一个转数计,观众通过将轮轴沿着曲线转动就可以发现,轮轴上两个平行的轮子其实转速是不一样的。

2.营造反复试错的试验情境

帮助孩子们从一个真实的情境进入到对其进行实际思考并发现为什么它是科技教育的第一个步骤。

这促使展览设计者努力去开发一些孩子们可以在其中与真实的物体进行身体互动的情境。这些互动情境使实验成为可能。我们之所以让他们面对具体的现实,并在此基础上操作,正是为了达成此目的。

理想的情境是设置一件引导观众去反复进行试错实验的动手型展品,观众必须凭借这件展品去检验自己的假设,并通过操作去循序渐进地理解。这种方法在诸如儿童城这样的技术展览中是易于开发的。在儿童城里,我们可以找到一些这样的展品,比如"齿轮墙",孩子们必须找到嵌齿轮之间的正确联系才能启动某一个机械装置。

因此,孩子们可以进行一系列的活动,这些活动为他们进入到科学的过程并促成其操作实施作了铺垫:为所有关于机械装置的动手型展品设立一系列的因果关系,操控过程,对上面印有动物图画的物体或卡片进行分类,扮演侦探去观察池塘某个角落等。使用物体还涉及孩子们的运动:推、转、拉、压、分类等。

对于那些在学校学习上有困难的孩子来说,科学技术的准入由于一个有利于与具体物体和实验直接接触的科学方法而变得更加容易。"工艺城"展览的设计理念正是以此为基础。

在这些条件下,互动性使观众感觉到自己学到了许多东西。史密桑宁研究院进行的一项调查显示,从长远来看,许多观众确实学到了许多东西(Borun et al.,1993)。

针对"制作自己的身份证明"展项开展的一次调查证明,互动的情境通过反复试错试验有利于学习过程:孩子们有做错并反复重新去进行尝试而不被别人评判的权利(Abrougui,1994)。就教师的需要而言,展览的这一特点是特别重要的。

伴随着反复试错试验的动手型展品情境再现可以成为知识的根源,这一点已经被教学法研究所证明(Vecchi,1993)。概念化的类型是与孩子们必须完成的任务直接联系的。

"起重平衡臂"这件动手型展品的成功是靠对所采用的技术原理的工作方式的理解。孩子们通过反复试错试验去发现过程,并被展览的目标——用一个机器手臂将球投入到球篮里(Vignes,1993)—— 所促动。

在一个关于手臂肌肉的展品上,孩子们也同样必须通过反复试错试验去找出二头肌附着的地方,以便使肘关节能够弯曲。所以设计这件展品,是因为一项调查结果表明,孩子们缺乏操作的概念去理解肌肉在肢体运动中的作用。95％的孩子认为肌肉是附着在一块骨头上的,而不是附着在关节的两侧,从而使之不能发挥功能作用。这件动手型展品的结果显示,超过半数以上的孩子一开始都不能正确地找到将肌肉附着的地方。于是他们就自发地改变附着点,进行第二次尝试,也是结论性的尝试。因此,动手型展品鼓励观众对肌肉—关节系统进行分析,并思考这一系统是如何工作的。事后的测试表明,几乎所有玩过这件动手型展品的孩子都明白了肌肉在手臂运动中的原理和作用(Guichard,1995)。

因此,为孩子们开发众多的动手型展品辅助手段是完全可能的,但是我们必须记住,过于活跃的想象可能是有害的。为每一个元素所定的目标必须是简单和独特的。设计目标必须引导孩子们去探索发现,去思考,并去理解。

3.刺激观众去让自己的概念面对现实

学习意味着用事实去论证假设。可以把孩子们置于一个刺激的情境中，让他们去看看与特定的情境相比之下他们的自发拟议的结果。在这方面，利用计算机是再合适不过的了。

例如有一个叫做"有趣的戏剧"的软件包，它是在孩子们关于如何去保持生态系统平衡的建议的基础上设计出来的。在 100 个来自巴黎的 7～9 岁的孩子中间进行的一个事前测试证明，他们并不理解某一个生态系统中的动物之间的食品互动的重要性。他们对大自然中的动物有着田园诗般的、拟人的概念，认为动物不应该互相蚕食，至少在任何情况下我们都不能允许它们这样做（Guichard,1995b）。通过将软件包的梗概在 10 个孩子中间进行了测试，我们征集到了他们对一个特定的初始情境的建议：狼、驼鹿和森林之间保持生态的平衡，当地居民希望猎杀所有给该地区带来破坏的狼。然后我们注意到了他们的建议，比如"把狼杀死"、"什么也不要去做"或"把狼饲养起来"。饲养狼的想法是一个孩子提的想法，这样的一个想法是不可能由成人想象出来的。但恰恰这个想法是巴黎的孩子们选择得最多的。这是对理解环境中的生态平衡的一个严重障碍。

当孩子们玩这个游戏的时候，他们当中半数以上人选择"把狼饲养起来"。他们可以检验他们的假设，并有机会通过发现如果他们按照其本能去行事将会引发的生态灾难（在这个案例中，由于驼鹿数量的不断增加而导致森林的破坏）而去改变他们的想法。因此，我们可以预期他们的反应。

这一在计算机屏幕上的互动可以带来有趣的视觉再现情境。但与此同时，互动可能会以牺牲参照点和基本概念的吸收为代价带来太多的各种关系的建立。的确，互动几乎无法使人将信息组织成为等级类别。在使用 CD－ROM 和互动百科全书的时候，这一现象毫无疑问会出现，因为这些东西过于鼓励观众浏览猎奇和寻找逸事趣闻，而使他们无法寻找能够引导他们对某一科技领域中的整个知识体系及其应用的关键概念。

有人可能会想象 CD－ROM 和计算机是一个理想的解决方法。但它们并非是自足的，因为和所有的屏幕一样，它们不可能以同一方式影响所有的观众。的确，当其他观众已经在操弄屏幕的时候，路过的观众永远都不会知道它是干什么用的。因此，他们也就无法理解这部分的展览内容了。我们不能取消那些永久可视，并且允许观众自行选择题目、进行操作或观察真实物品的东西。永久可视的东西必须与一系列的策略结合起来，以影响所有的观众。

因此，在一个展览里屏幕不宜多置，尤其不能对其他展品，比如实物、动手型展品、场景布置和真实的环境起"鸠占鹊巢"的作用。另外，软件包或屏幕上的程序不能持续时间太长,以便观众不会把全部时间都投入其中。它们的设计是和商业软件包以及 CD-ROM 完全不同的,后者的目的正好相反:让人们沉迷于其中数小时。

激发记忆情景

任何展览设计者的目的都是要确保观众记住他们的创作。来参观展览的老师希望他们的学生记住相关的行为和物体,但最主要的是理解科学概念。展览中的情境再现有助于达成这一目的。

但是,对展览开放式的自由参观可能成为知识积累的障碍,因此教师必须事前向博物馆索要概览表,以便更好地组织学生参观,并引导他们去探索发现。

1. 通过行动和情感去达到记忆

观众必须在心理上和情感上对记忆实际的情境持接纳的态度。有关研究表明,展品对孩子们可能会产生某种情感的影响。这取决于所实施的那些可以引导孩子们去质疑其概念,特别是打破某些认知障碍的策略。

诸如“和你的骨架比赛”等展品的成功是显而易见的:在人体内看见骨架的那种激动之情,加上踩动脚踏车踏板的乐趣,有助于孩子们记住骨架的工作原理和功能结构。这一点在儿童城进行的教育调查已经得到证实(Guichard,1995)。

记忆可以依赖于与情感和关联相结合的情境再现。在一个专为 3~5 岁的儿童设计的展览中,当孩子们爬进袋鼠的育儿袋或者钻到海龟的龟壳下面的时候,便是这样的情况。

同样,当孩子们进入到一个小小的蝴蝶玻璃房里面,他们所感受的那种情感将留存在他们的记忆中;他们会把自己所感觉到的所有感受都与他们所观察到的东西(在这里是指蝴蝶的各个发育阶段)联系起来。

2. 运用概览表去记忆

教师的需求要求建构一个逻辑上紧凑的对话,并将孩子们的精力和智力引导到展览中去。

概览表能使孩子们从一次联合的体验中收集各种元素。回到学校之后,老师便可以利用这些概览表去将展览的零碎记忆组织成有结构的科学知识。如果不注重关联和结构的建立,展览充其量不过是一个无助于知识开发的强行记忆的大杂烩。

另外,书写有助于记忆。但是书写辅助器不应成为探索发现的一个障碍,特别是对于那些比较小的孩子和在学校学习上有困难的孩子来说。由于太小的孩子不能阅读,所以概览表必须基本上以图画为主,即便是为较大一些的孩子准备的概览表也是这样。我们只要求他们书写简单的东西;抄写展览说明这样的事情必须避免。我们希望参观展览是轻松愉快的,而不是像在学校做功课那样费劲。毕竟展览的目的不是去让观众阅读一本挂在墙上的书,而是去探索发现,去使用动手型展品,去面对各种情况。

因此,图画应该成为首选的用作说明的辅助手段。必须允许孩子们以一种简单的方式而不必长篇大论去回答问题。可以有多种方法去利用箭头、笔画、图表、多选项问卷甚至填图去设计联想游戏,在他们的探索发现过程中给他们以帮助。图画必须和展览一样吸引人,惟其如此,才能既吸引学校的孩子,又让那些以家庭为单位参观的观众感到有意思。

如果概览表上的问题涉及分布在展览里的展品,必须在相关展品和问题上标上记号。

为教育影响创造条件

考虑孩子们的自发行为意味着鼓励自由参观和自发性。但是这样做可能会使教育的影响受到局限,我们必须找出一些弥补办法。

1. 对孩子们在展览周围的活动加以控制

通过对孩子们在一个设计有参观路线的展览周围的活动进行分析,我们发现,他们根本就不会按照设定的路线参观。孩子们往往首先直奔那些最具有视觉吸引力的展品,然后从一件展品到另一件展品,根本没有逻辑可言。他们对展览不会进行线性阅读。

展览本身的环境布置也鼓励这样一种零碎的参观方法。一个庞大而敞开的空间自然会令孩子们产生从一件展品跑到另一件展品的欲望而根本不去注意展览的主题限制(Giordan and Lintz,1992)。孩子们往往是对整个展览的可见空间探询了一遍之后才会停下来专注于某一件展品。我们曾对同一件展品("蚂蚁山丘")在两种不同的环境中(发明馆和儿童城)的效果进行过比较,结果发现,在一个更加封闭的区域里,孩子们用于观察这件展品的时间多了5倍(Guichard,1996)。

基于以上这些观察,我们组织了一个按照主题板块展开的展览。这个展览以一件"图腾"物体为主,周围分布了若干辅助性的展品。这件"图腾"物体既高大也吸引人,主要是为了引起观众的好奇心(它可以是一个庞大的工业机器人,也可以是一个原大的池塘的一角)。在其周围是动手型展品、游戏、软件包、互动纪录片。每个孩子均通过最吸引他的界面进入到主题中去。

　　一个结构较好的、每个主题都有自己半封闭的区域的展览能够使观众对展品更加专注。在"工艺城"展览（Lafon，1996）以及在儿童城的封闭空间里，我们对这一点进行了观察。对于那种其目的是为了让孩子们有组织地去探索发现的参观（比方说学校组织的参观），开发游戏课程对于帮助孩子们去发现什么是最基本的东西十分有用，因为他们天生就有散漫的倾向。

　　2. 激发交流和语言表达

　　互动性是与物体的真正互动，其目的是激发思考。但是如果缺乏交流和语言表达，这一行动的目标和动力有时候会把分析遮掩住。

　　确实，孩子们只知道一种力量——把所有物体向下拉的地球引力。为了将水向上输送，他们认为必须把它往上推，同时防止它落下。以"球链"这个动手型展品为例，孩子们惊讶地发现，尽管里面的水有足够的空间落到球体的旁边，但水还是往上走。对于他们来说，这是一个真正的矛盾，因为这一观察完全有悖于他们的常识和参照系统。概念化是直接与孩子们必须完成的任务相互联系的。但是如此的一个发现只能在成人把孩子的注意力吸引到展品的工作原理，并与孩子展开对话的时候才能出现。这充分说明。在一个展览中，在孩子们和成人之间建立起交流是何等的重要（Vignes，1993）。

　　3. 文字说明与动手型展品相结合

　　为了在家长和孩子之间建立起共同学习的关系，儿童城的设计师专门针对儿童开发了一批互动的动手型展品。这些展品为家长和部分孩子配备了相应的书面辅助手段（辅导材料和信息）。

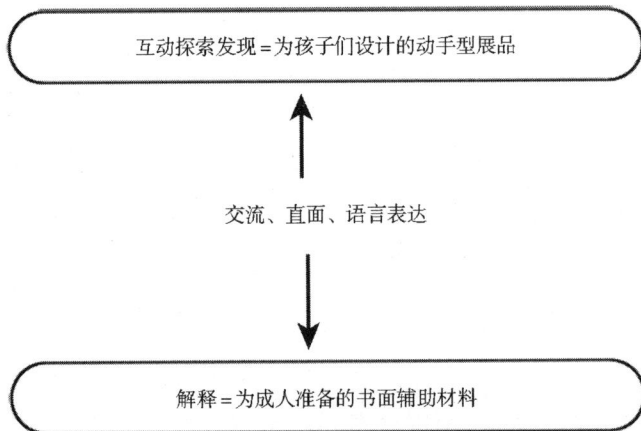

图 10-6　亲子共同学习辅助手段

展览中的书面辅助材料首先是为了满足家长的需求。但是这些材料对于许多根本不去看文字的东西而只是对玩耍感兴趣的孩子来说，恰好又都是"透明的"辅助材料。

动手型展品是孩子们的最爱。家长们对这一态度也是接受和理解的。另一方面，他们也需要关于展览和动手型展品的运转的一个解释。

一旦将孩子们和家长们的态度结合起来，便带来了他们面对展览的动手型展品时各自角色的一个平衡分布：我的孩子依靠自己去探索发现……如果他们探索发现到的东西并不符合他们的期待，他们就会洗耳恭听。(Chaumier *et al.*，1995a)对儿童城中家长和孩子们的对话的分析表明，家长们会自发地向孩子们解释，以诱导他们形成概念：千斤顶就像水泵一样……水管里必须有压缩油。而孩子们则只是谈动手操作，并表达程序步骤式的解释。这个观察意味着我们必须为家长们开发出一份书面的辅助材料，就展示的现象提出各种问题而不是仅仅给予指示(Piani and Weil-Barais，1993)。

关于在一个互动的场所共同学习的这一调查表明了以牺牲"观察－分析"推理为代价的"描述性和竞技性"推理的强化。这一关于分析和实施装置的糟糕推理也被应用类型的指令所强化。我们注意到，那些主要涉及运动活动的装置往往导致糟糕的语言表达，而那些在一个不同寻常的背景中激发物理活动的器械(起重平衡臂，齿轮墙)则在激发动手参与的同时也在激发更频繁的语言交流。因此，很有必要借助展览的书面辅助手段开展分析过程。

在定型展品测试中的不同阶段对于动手型展品的设计指导思想是非常重要的。诊断也使设计指示说明成为可能，在我们所有的定型展品中都是这样的情况。的确，系统地提出一个足够简单的、让观众能够理解该怎么办，并引导他们去对由于操作展品而导致的效果进行分析，进而理解其目的的问题并非是那么简单的事情。尽管我们永远也无法肯定文字说明为所有的孩子理解，但这一方法使我们能够避免一些错误和障碍。

反过来说，必须撰写指示说明这一事实使我们能够在纸面上最终完成动手型展品项目的设计。当我们思考我们将给观众提供什么样的指示说明的时候，我们通常会意识到观众将会面临的困难，从而决定哪些内容需要进行修改甚至删除掉。

在展览中形成教育影响需要具备什么样的条件？我们可以总结如表10-2。

表 10-2 认知影响的条件

控制孩子们在展览周围的活动	——对参观进行组织 ——视觉上容易分辨的区域
激发孩子们之间的讨论	——社交情境 ——鼓励语言交流 ——激发思维和对抗 ——激发语言交流
激发孩子们与成人之间的讨论	——针对成人的关于展品的书面辅助材料 ——针对孩子的动手型展品 ——在展览中的一些有组织的活动 （参观过程中的帮助）
对探索发现进行监护	——建立与成人之间的监护关系 ——文献（概览表等） ——针对教师的预先讲解
把参观包含在一个项目里	——参观之前 ——参观过程中 ——参观结束之后

第五节 利用观众的知识去设计展览

了解观众并开展形成性评估是用于设计和开发适合于孩子们的展品的方法。

依赖形成性评估去开发展品

我们已经进行的诊断－评估（Guichard，1990，1993）与一种建构主义方法是相对应的。它依赖于未来观众的先前概念知识和习惯做法参照作为设计展览的基础。其新颖性在于这一知识被用于从定型展品的测试到实际制作整个展品设计过程的所有不同阶段这一事实。了解观众的自发质疑和习惯做法参照（Martinand，1982）使设计者能够在设计展品的时候把这些东西考虑进去。通过给观众提供从脚本到视觉元素的线索，我们也可以给予他们帮助。他们的发展是与雅各比（1987）的分析很接近的：它把科学信息的元素进行重新组合，使之对于在展览环境中的孩子们来说是可读的。

因此，归功于诊断的功劳，我们得以确定观众的概念和质疑，以便开发出一件基于参照标准的展品，让观众可以找出自己对展览的理解点。

对于设计者的工作来说，评估是非常重要的。首先，当他们确定目标及其展示的时候，评估就显得重要；其次，他们在利用评估作为一个基础去确定观众的期待和理解程度的同时也考虑到与开发展览相关的技术限制。

诊断—评估基于四点：

——评估时间的确定：它应该发生在展览设计阶段的开始而不是之后。

——它精确回答设计者给自己提出的问题而不是引导出判断。

——在我们多次利用来自国际评估的结论而时常遇到困难时,它对将被开发和展示的东西的结构产生直接的影响。

——最后,它的实施条件使之成为一种灵活的(质化的)方法、其结果仅仅用作一种指示。

表 10-3　形成性评估的不同阶段

事前	在概念形成期间	展览开放时
——了解概念和习惯做法	——测试定型展品和模型	——观察/改进 ——人的媒介 ——教育辅助工具

设计能让孩子们去对自己的想法进行质疑的展品

诚如我们已经提到的那样,孩子的概念和成人的概念不会是一样的。甚至一个成人的理解也有别于一个科研人员的理解。因此,我们必须设法了解孩子们的概念,以便找出适合于他们的概念水平和最有效的,或者说至少是最容易理解的媒介手段。

通过这种方法,我们可以营造出能让孩子们将他们的想法与现实进行比较的模拟情境。"机械手臂"和"肌肉"这两件展品就是这样的情况,观众正是通过一个反复试错试验的过程去理解这两件展品是如何工作的。这些模拟可以在计算机上进行,比如"滑稽戏"就是根据孩子们关于让一个生态系统保持平衡的自发建议而设计的。

同理,孩子们将人体视为一整套相互独立的系统,但他们对这些系统之间的联系并不真正理解。这是传统上把人体作为一系列独立的器官(Giordan,1990)去教学的结果。这一情况促使我们设计了"看看自己身体的内部"这件展品。通过这件展品,孩子们发现了人体不同系统(呼吸系统、循环系统、排泄系统和器官)之间的关系,并从自己身体的图像中看到了他们呼吸的氧气在身体内部的循环的线路。通过调查证明,80％的孩子在使用了这件动手型展品之后了解了各个人体器官的位置以及呼吸系统和循环系统之间的关系(Giordan and Guichard,1993)。

制作定型展品去找出影响理解的障碍

在整个展览设计的过程中,寻找被观察的行为与导致这些行为的博物馆学背景之间的关系是一件十分有意思的事情。通常评估计划还没有完全被最终确定下来,但是,由于调查者、设计者和观众以及与博物馆学创作有关的技术限制之间的互动,评估计划一直都在不停地发展(Wolf and Tymitz,1978)。在调查过程中,各种假设不断出现。调查和采访是必不可少的。特别是在研究的第一个阶段期间,这一方法尤其有意思,因为在这个阶段中,问题尚未十分明朗。

1. 找出与展品开发有关的障碍

在确定一个展览的目的并对展品进行概念化的时候寻找障碍,这种方法让我们切记,设计一件展品并给它定型意味着给观众提供一种新的表现方式,它可能会带来新的障碍。在开发展品之前,只要有可能,我们都会对定型展品进行不同阶段的测试。这些定型展品可以帮助我们发现在展出的时候出现的障碍。

儿童展览"电"是在对孩子们的概念进行检查的相关调查的基础上设计的。但以下例子显示了我们是如何通过使用定型展品去避免加强某些关于电的概念的障碍的。为了制作一些可以让数百名儿童同时操作,并且可以在展览的远处被孩子们看得见的电路,设计者设计了一个色彩非常鲜艳和吸引人的展品,并专门为此制作了一个定型展品。

通过对正在参与这件展品的孩子进行观察和采访,我们发现他们并不理解这件展品意在向他们展示什么,许多孩子甚至误认为展品上面蓝色的管线是水管。一件用粗大的铜线做成的较大体量的展品更加增强了孩子们对电的理解的一个常见障碍:他们把电看做是通过管线循环流动的一种液体;有些孩子甚至认为:"在水电站里,来自大坝的水把电流推进到电线里面去"。这些测试使我们得以避免制造关于对电的理解的新障碍。经过对这些粗大管线的不同表现方法的测试后,我们简单明了地决定在最终的展览中使用非常粗大的灰色塑料管线。

2. 分析与图像有关的障碍

在"看看自己身体的内部"这件展品中,人体的内部是一个计算机图像。选择图像的类型并非易事。在医学成像中通常使用的过程没有一个是能够让公众直接理解的,只有少数几张肺、胃或肠道的 X 光照片能被辨认出来,特别是当这些照片经过计算机着色之后。但是,它们当中没有一张可以让观众直观地看到身体各个机能(例如呼吸和循环,营养和循环等)之间的关系。鉴于此,必须使用电影的手段(Giordan and Lintz,1991)。利用计算机动画对孩子们进行的测试表明,我们不可以用蓝色去表现空气流动的路线,因为孩子们通常会把蓝色比作液体而不是空气。另一方面,这些测试也证明,相关图像必须是三维的,以便增加真实性和理解。这就是为什么我们最后决定借助计算机成像的手段去开发这件展品的原因。

3. 采用文字辅助手段

为孩子们设计科技展品的多年经验帮助我们总结出了在展览中配备文字辅助手段所必须遵循的若干标准。但是让孩子们阅读这些文字辅助手段最好的办法是给他们提供一张动手型展品的照片或一幅轮廓图,甚至一件定型展品。对于孩子们来说,光有文字辅助手段是不够的,这也不是他们希望在一个展览里所看到的东西。

提供适合于教育体系的工具

教师们不可能像展览的设计者和负责人那样了解展览。为了帮助他们设计一个学生的参观项目,我们开发了一系列的教育文件。这些文件提供了一些有助于把参观集中于某一主题的所谓"知晓活动",同时还提供一些与所选择的主题相关的展品的介绍材料和专门为孩子们准备的一些概览表,还有供孩子们参观结束之后回学校开展的各种活动以及一些参考书目。

学习当中的一个基本步骤是在不同的条件下运用和重新使用自己的知识的能力,这需要一定的时间。尽管展览可以以一种有别于日常生活的方式方法去展示一些物品和情境,从而允许观众重新使用其先前的知识,但是在参观一个展览的时候,时间往往是不够用的。照本宣科式的教学方法更不能促进这一运用(尽管我们都了解人体不同的系统,但是又有多少人能够解释喝很多的水与尿急之间的联系?)。

1. 教育辅助手段

对于来自学校的观众来说,展览可以形成一种基于一整套出版物和教育项目的更深入的方法。其目标是提供一种就内容和方法而言新颖独创的学习方式,这种"量身定做"的活动计划其特点是在有限的时段里使老师和孩子更多地参与活动。真正的学习需要时间,亦即在展览或在学校通过一系列的参观对知识的建构进行调整和合成。这导致了"教育周期"的产生。这些"教育周期"源自对儿童城的一次参观以及在 4 周时间内开展的一系列研讨会,它们使得教师和学生能够开发出一个首选的主题,并把它包含在教育课程中。"维莱特班"的内容包括:在接受过特别训练的一名领队和一名老师的监护下,对儿童城进行为期 4 天的参观,提供一整套在一周时间内进行的活动。

2. 开发适应型的方法

对于那些在学校里学习有困难的孩子,可以通过一个有利于与具体实物和实验的直接接触的科学技术过程的实施而使其科技意识得到增强。

通过一次关于"机器和机械装置"主题的调查(Vignes,1993),我们一方面发现了观众接触展品的不同方法,另一方面也发现了在不对来自学校的观众组织任何项目或进行任何辅导的情况下任由学生自由探索发现的局限性。此外,这次调查也证明了孩子们在拥有教育辅助手段(活动或学生的导览资料)的情况下进行探索发现的兴趣和巨大潜力,以及与孩子们必须完成的任务直接相连的不同类型的概念化,其中一个重要的标准是孩子们充分理解需要达成的目标的能力。但是指示说明的辅导材料往往很难发挥其应有的作用,因为孩子们几乎对之不屑一顾(与辅导材料相比,他们更愿意选择互动和表演的乐趣)。这些辅导材料至多也就是对那些陪同孩子参观的家长有所帮助。通过指出要达到的目标和载明需要开展的工作,我们能够建立起卓有成效的教育情境。

这些观察对于出版针对来自学校的观众的资料有着重要的影响。的确,它们证明了如果我们的目标是让展览产生更加强烈的认知影响,就必须强化激发学生的质疑需要。为此,我们开发了一些导览资料,并把它们包括在专门为学生的参观而准备的文件资料中。我们还有由展览中的领队提供的概览表。给孩子们提供"导览资料"表明,确定任务之后会导致特别强烈的概念化(Vignes,1993)。

这种情况主要是在我们开发出孩子们必须在其中积极动手参与,并且有时候必须通过观察去达到理解的情境时才会出现。

在儿童城开放之前所进行的研究使我们能够利用孩子们错误的理解开发出一系列的文件资料去帮助纠正这些错误理解。这些文件材料往往以某种游戏开始,然后接下来是分析:例如,在关于蚂蚁的文件资料中,孩子们必须从许多与自己的错误理解相应的其他图片中选取出一幅蚂蚁的图片,这对于孩子们开展观察非常有帮助(Guichard,1988)。

为了营造教育情境,有必要给孩子们确定一个需要达成的目标,并明确他们必须完成的任务。这些"导览资料"使得组织和最终完成学生们的行动成为可能。

因此,诊断—评估不仅不与展览设计者相冲突,反而为他们提供了许多元素,并且还可以防止他们在调整技术解决方法和沟通问题上出差错。它使设计者能够在由于考虑观众而获致的客观指标的基础上使自身的概念敏锐化。这可以使设计者的选择得到校正，并使他们在选择不明智的情况下进行调整。测试的主要作用是与设计者的互动。

问题不仅仅在于确定概念或开展调查，尽管这些概念和调查必须符合若干认可标准。重要的是知道怎样去寻找真正的问题，并明确测试中那些可能产生有趣的想法的特点。最后，在和设计者共同合作的情况下，我们必须知道怎样使这些结果很好地应用于展览设计，以使观众的发现在一个长期的基础上得到发展。

结　论

明确概念框架和事前的诊断对于展览设计者来说是非常关键的。

我们必须把我们的思想建立在教育科学和儿童心理认知发展上，这点非常重要，它有助于我们为展览确定"潜在的展品"并扩大其影响，并在以下两个方面有利于项目的开发。

一方面，围绕通过动手型展品或展示去开发发现的乐趣，以激发情感、质疑以及和观众的互动；另一方面，通过在观众之间，特别是成人与孩子之间或孩子与孩子之间引发互动去开发项目，因为互动是交流、对话和对抗的根源，其在知识构建过程中产生的影响，我们是十分清楚的。

设计展览必须立足于有助于确定主题和目标的事先研究，而定型展品的测试则可以准确地回答博物馆设计人员给自己提出的问题。

事先分析表明，当我们开发展品的时候，必须考虑到孩子们的概念和错误理解，而这两者都来自于调查研究以及模型和定型展品的测试。

事先分析还显示，在了解孩子们的概念和习惯做法参照的基础上开发展品有助于他们积累知识。但它同时也证明了展品并非能满足需要，这就是为什么我们必须把成人与孩子之间的交流情境考虑进来，并为来自学校的观众提供适用于这一非正规教育背景的工具或教育情境的原因。

这与那种认为博物馆学研究的影响只涉及一般意识的传统思想是相左的。它证明，在一定的条件下，它可以有利于基础知识的开发。但这样的知识依然是十分概略的；形成结构的知识至关重要，在参观展览的时候无法有足够的时间去获取形成结构的知识。

但是，在这些特定条件下所设计的博物馆学研究工具对于学校和家庭来说都是具有真正意义的教育工具。

这样，在一个非正规教育的框架内，我们既可以培养观众的科技鉴赏力，又可以培养他们理解科学方法和科技概念的能力。

杰克·基查德　著

（Jack Guichard）

欧建成　译

参考文献

Abrougui (M.). 1994. *Évolution des conceptions d'élèves de ZEP et non ZEP en fonction de stratégies pédagogiques accompagnant la visite de l'îlot "Fais ta carte d'identité" à La Cité des enfants*. Thesis of DEA: Didactique des disciplines scientifiques: Lyon I.

Bachelard, G. , (1970), *La formation de l'esprit scientifique*, Paris: Vrin.

Baudichon (J.), Verba (V.), Winnykamen (F). 1988. "Interactions sociales et acquisitions de connaissances chez l'enfant, une approche pluridimensionnelle". *Revue internationale de psychologie sociale*, 1, pp. 129-141.

Bernicaut (J.). 1992. *Les Actes de langage chez l'enfant*. Paris: Presses universitaires de France.

Borun (M.). 1988. "A glimpse of visitors' naive theories of science", pp. 135-138 in *Visitor Studies: Theory, Research and Practice*, directed by S. Bitgood, J. Roper & A. Benefield. Jacksonville (AL): Center for Social Design.

Borun (M.). 1989. "Naive notions and the design of science museum exhibits", pp. 158-162 in *Visitor Studies: Theory, Research and Practice*, Vol. 2, directed by S. Bitgood, A. Benefield & D. Patterson. Jacksonville (AL): Center for Social Design.

Borun (M.), Massey (C.), Lutter (T.). 1993. "Naive knowledge and the design of science museum exhibits". *Curator*, 36(3), pp. 201-219.

Brougère (G.). 1995. *Jeu et Éducation*. Paris: L'Harmattan.

Bruner (J. S.). 1983. *Le Développement de l'enfant: Savoir dire, savoir faire*. Paris: Presses universitaires de France.

Bruner (J. S.). 1986. "Jeu, pensée et langage". *Perspectives*, 57, 14, pp. 83-90.

Chaumier (S.), Casanova (L.), Habib (M. -C.). 1995. *Les Demandes d'information et d'explication des adultes accompagnateurs au cours de la visite à la Cité des enfants*. Paris: cité des Sciences et de l'Industrie, Département Études et Prospective.

Chaumiet. (S.), Casanova (L.), Habib (M. -C.). 1995. *Les Visiteurs à la Cité des enfants*. Paris: cité des Sciences et de l'Industrie, Département Études et Prospective.

Chaussin (S.). 1992. *La Dimension jeu à l'Inventorium et à la Cité des enfants: Analyse de 5 éléments d'exposition*. Thesis of DESS: Sciences du Jeu: Villetaneuse.

Gaultier (G.). 1990. *Étude qualitative sur les comportements et attitudes des visiteurs de l'Inventorium*. Paris: cité des Sciences et de l'Industrie, Département Études et Prospective, 110 p.

Giordan (A.). 1988. "De la catégorisation des conceptions des apprenants à un environnement didactique 'optimal'". *Protée*, 16(3), Sept. , pp. 23-52.

Giordan (A.). 1990. *Document de synthèse sur les conceptions des jeunes de 6 à 13 ans à propos du corps humain*. Paris: cité des Sciences et de l'Industrie, Direction de la Jeunesse et de la Formation.

Giordan (A.), Guichard (J.). 1993. "Le corps humain en spectacle", pp. 355-362 in Proceedings from the XVᵉ Joumées internationales sur la Communication, l'Éducation et la Culture scientifiques et techniques, Jan. 26-28. Chamonix.

Giordan (A.), Lintz (M.). 1991. *Document de synthèse sur les conceptions des jeunes de 6 à 13 ans à propos du corps humain*. Paris: cité des Sciences et de l'Industrie, Direction de la Jeunesse et de la Formation.

Giordan (A.), Lintz (M.). 1992. *Comparaison de quelques éléments d'exposition entre l'Inventorium et la Cité des enfants*. Paris: cité des Sciences et de l'Industrie, Direction de la Jeunesse et de la Formation.

Giordan (A.), Vecchi (G. de). 1987. *Les Origines du savoir*. Neuchâtel: Delachaux & Niestlé.

Girardet (S.), Merleau-Ponty (C.). 1994. *Portes ouvertes: Les enfants*. Dijon: Office de coopération et d'information muséographiques.

Gottesdiener (H.). 1987. *Évaluer l'exposition: Définitions, méthodes et bibliographie sélective commentée d'études d'évaluation*. Paris: La Documentation française.

Griggs (S. A.). 1984. "Evaluating exhibitions", pp. 412-422 in *Manual of Curatorship: A Guide to Museum Practice*. London: The Museums Association.

Griggs (S. A.), Manning (J.). 1993. "The predictive validity of formative evaluation of exhibits". *Museum Studies Journal*, Fall, pp. 31-41.

Guichard (J.). 1988. "Représentations des enfants à propos des fourmis et conception d'un outil muséologique". *Aster*, 6, pp. 213-236.

Guichard (J.). 1989. "Démarche pédagogique et autonomie de l'enfant dans une exposition scientifique". *Aster*, 9, pp. 17-42.

Guichard (J.). 1990. *Diagnostic didactique pour la conception d'objets d'exposition*. Ph. D. Thesis in Education: University of Geneva.

Guichard (J.). 1993. "La prise en compte du visiteur comme outil de la conception muséologique: un exemple concret, la Cité des enfants". *Publics & Musées*, 3(1), pp. 111-135.

Guichard (J.). 1995a. "Deslgning tools to develop the conceptions of learners". *International Journal of Science Education*, 5(17), Feb. , pp. 713-723.

Guichard (J.). 1995b. "Nécessité d'une recherche éducative dans les expositions à caractère scientifique et technique". *Publics & Musées*, 7, pp. 95-115.

Jacobi (D.). 1987. *Textes et Images de la vulgarisation scientifique*. Berne: Peter Lang.

Jantzen (R.). 1995. "Forces, faiblesses et difficultés de l'interactivité en muséologie", pp. 30-35 in *Dossier interactivité*, directed by A. Massé. Montréal: Société des musées québécois.

Lafon (F.). 1996. *Rapport d'évaluation Technocité phase 2*. Paris: cité des Sciences et de l'Industrie, Direction Jeunesse Formation.

Loomis *et al.* , 1988. "The visitor survey: Frontend evaluation or basic research?", pp. 144-148 in *Visitor Studies: Theory, Research and Practice*, directed by S. Bitgood, J. Roper, A. Benefield. Jacksonville (AL): Center for Social Design.

Louvigné (C.). 1994. *Les Étiquettes dans les musdées interactifs pour enfants*. Thesis of DESS: Sciences du jeu: Paris Nord.

Martinand (J.-L.). 1982. *Contribution á la caractérisation des objectifs de l'initiation aux sciences physiques*. State Thesis: Paris 11.

Martinand (J.-L.). 1989. "Pratiques de référence, transposition didactique et savoirs professionnels en sciences et techniques". *Les Sciences de l'éducation*, 2, pp. 23-29.

Melman (G.), Chemin (J.-P). 1990. *Choix d'objet pour techniques pour communiquer*. Paris: cité des Sciences et de l'ndustrie, Direction de la Jeunesse et de la Formation.

Miles (R. S.). 1988. "Exhibit evaluation". *ILVS Review*, 1(1), pp. 24-33.

Natali (J.-P), Martinand (J.-L.). 1987. "Une exposition scientifique thématique... Est-ce bien concevable?". *Éducation permanente*, 90, Nov. , pp. 115-129.

Oppenheimer (F.). 1968. "The role of sciences museum" pp. 167-178 in *Museum and Education*, directed by M. Larrabee. Washington (DC): Smithsonian Institution Press.

Piaget (J.). 1926. *La Représentation du monde chez l'enfant*. Paris: Alcan.

Piani (J.), Weil-Barais (A.). 1993. *Les Échanges adultes-enfants à la Cité des enfants*. Research paper. Paris: cité des Sciences et de l'Industrie.

Schiele (B.). 1992. "L'invention simultanée du visiteur et de l'exposition". *Publics & Musdées*, 2, pp. 71-98.

Screven (C. G.). 1976a. *The Measurement and Facilitation of Learning in the Museum En-*

vironnement: *An Experimental Analysis*. Washington (DC): Smithsonian Institution Press.

Screven (C. G.). 1976b. "Exhibit evaluation, a goal referenced approach", *Curator*, 19(4), pp. 271-290.

Screven(C. G.). 1983. "Evaluation and the exhibit design process: pretesting audience as a design tool". *Iconographie*, 2(2). pp. 5-7.

Shettel (H.). 1968. *Strategies for Determining Exhibit Effectiveness*. Washington (DC): Educational Resources Information Center.

Sutton (C. R.). 1982. "The origins of pupils' ideas", pp. 33-50 in *Investigation Childrens Exising Ideas about Sciences*, directed by C. Sutton & L. West. Leicester: University of Leicester.

Triquet (É.). 1993. *Analyse de la genèse d'une exposition de science: Pour une approche de la transposition médiatique*. Ph. D. Thesis: Didactique des disciplines scientifiques: Lyon 1.

Tuckey (C.). 1992. "Children's reaction to an interactive Sciences Center". *Curator*, 35(1), 1992, Jan., pp. 28-38.

Van Praët (M.). 1994. "Une rénovation muséographique à la convergence d'un lieu, de publics et d'idées scientifique". *La Lettre de l'OCIM*, 33, pp. 13-21.

Vecchi (G. de). 1993. *Aider les élèves á apprendre*. Paris: Hachette.

Vignes (M.). 1993. *Essai de caractérisation des connaissances mises en œuvre dans la manipulation de dispositifs du théme Machine et mécanismes à la Cité des enfants*. Paris: cité des Sciences et de l'Industrie.

Vigotsky (L.) 1934. Pensée et langage, Paris, Messidor, éditions sociales, 1985.

Walker (E.). 1988. "A front-end evaluation conducted to facilitate planning the Royal Ontario Museum's European Galleries", pp. 139-143 in *Visitor Studies: Theory, Research and Practice*, directed by S. Bitgood, J. Roper, A. Benefield. Jacksonville (AL): Center for Social Design.

Weil-Barais (A.). 1993. *L'Homme cognitif*. Paris: Presses universitaires de France.

Winnykamen (F.). 1992. "Les interactions de guidage: la médiation par le tutorat". *Psychologie de l'éducation*, 1.

Wolf (R. L.), Tymitz (B. L.). 1978. *A Preliminary Guide for Conducting Naturalistic Evaluation in Studying Museum Environments*. Washington (DC): Office of Museum Programs, Smithsonian Institution.

Some studies related to the Citd des enfants project

Arthus (P.). 1994. "Activités sensori-motrices et cognitives d'enfants de 3 à 6 ans à la Cité des enfants". DEA dissertation, University of Lyon 1, 86 p.

Chantefoin (C.). 1990. "La démarche d'évaluation diagnostic à la Cité des Sciences". DESS dissertation, University of Lyon 2, 80 p.

Giordan (A.), Oberlin (A.), Lintz (M.). 1992. Travail de recherche: Comparaison Inventorium/Cité des enfants, "L'île aux cinq sens", "La C. A. O.", "La coupe de l'étang/La coupe de la mare", "La Saquiya", "La vie des fourmis", "Les engrenages", "Le studio TV dans l'Inventorium/la Cite des enfants", "La Noria", LDES, report, University of Geneva, CSI Paris, 100 p.

Guichard (J.). 1987. "Intérêt d'un diagnostic didactique dans la conception d'éléments muséologiques pour les enfants, sur le monde vivant". LDES, report, University of Geneva.

Loranchet (T.), Thiery (J. C.). 1991. "La science médiatisée, étude pour la conception d'une vitrine d'objets techniques destinée aux enfants à la cité des Sciences et de l'Industrie" Mémoire de troisième cycle en communication et médiation scientifique et technique, University of d'Angers, Faculté de Lettres, Langues et Sciences Humaines.

Louvigné (C.). 1994. "Lesé tiquettes dans les musées interactifs pour enfants". Mémoire DESS "sciences du jeu", UFR de lettres, Sciences de l'homme et des sociétés, University of Paris Nord, 66 p.

Melman (G.). 1990. "Tests de communication pour le choix d'objets pour techniques pour communiquer". Memoire fin d'êtude de muséologie, Reinnardt Academy.

Ott (V.). 1994. "Impact de l'îlot "fais ta carte d'identité" sur les publics non scolaires". DEA dissertation, LIRDIST, University of Lyon, 80 p.

Quagliozzi (A.). 1992. "Intérêt d'une pratique de diagnostic didactique pour la conception de l'exposition 3-5 ans". Mémoire de maîtrise, ICST, Universite de Paris 7.

Royon (C.), Hardy (M.), Chrétiennot (C.). 1993. "Le rôle de la Cité des enfants par rapport au multiculturel". Report, CSI, INRP, CRESAS, Paris, 220 p.

Toye (E.). 1991. "Suivi du développement de manipulations pour la Cité des enfants". Mémoire DESS "sciences du jeu", UFR de lettres, Sciences de l'homme et des sociétés, University of Paris Nord, 150 p.

Vatinel (D.). 1993. "De l'analyse du fonctionnement à l'adaptation d'un produit". DEA dissertation, ICST, University of Paris.

Weil-Barais (A.). 1995. "Les conditions de coéducation pour les visiteurs ne venant pas spontanément à la Cite des enfants". Report, CSI, University of Paris 7, 130 p.

Weil-Barais (A.), Piani (J.). 1993. "Essai de caractérisation des échanges adultes enfants en visite à la Cité des enfants". Report, CSI, University of Paris 7, 100 p.

第十一章　与博物馆的观众达成一致

我们的目标是回顾关于博物馆参观的经验主义研究,并为将来就博物馆通过展览在科学普及方面的作用开展的讨论提供一个现实的基础。这涉及一个《简明牛津词典》定义为"关于某一个特定地方或门类的动植物群等情况的集合"的自然历史的建构。在这里,"动植物群"是由人组成的观众,而"门类"则是所有博物馆。雷奇(Laetsch,1979,1980)最早提出这个方法,福尔克和迪尔金(Falk & Dierking,1992)在其所著的《博物馆体验》一书中对此作了进一步的发展。但是,和这些作者不一样,我将不会去考虑有组织的成批学生的参观以及导览问题,而只是考虑广大公众对展览进行"自由觅食"式的参观。

关于展览的评估问题,劳伦斯(Lawrence,1991,1993:119)通过援引英国经济学家约翰·梅纳德·凯恩斯(John Maynard Keynes,1883~1946)的一段话对那种将观察和实验置于理论之前的方法进行了抨击。凯恩斯的话大意是:那些声称没有理论将过得更好的人不过是被一种更陈旧的理论所支配而已。忽略关于展览的经验主义工作并不排斥理论这一事实(Miles,1993),正如本篇论文所显示的那样,我们可能会注意到20世纪80年代经济学家们的理论破产之后时人对他们发出的呼吁——"停止思考这个世界应该怎样去做这个问题,睁眼看看这个世界一直是怎样做的吧!(Ormerod,1994)"更切中这一问题的是20世纪后半叶分子生物学的成功,"在这方面至今还没有什么理论可言"(Hobsbawm,1994:534~535)。我的断言是:生物学和地质学的经典方法,作为经验主义和探究性的而不是理论性和解释性的东西,至今仍然是一种必须认真对待的力量,并且与对博物馆观众的研究是相关的。我们最为迫切的任务是去记录我们的展厅正在发生什么事情,并将我们的观察以描述性的概括去进行组织。这些描述性的概括应给出关于博物馆参观的复杂性的合理概略,而不是简单地陈述在某些没有根据的理论的基础上应该怎样。通过这一方法,我们将获得一个合理基础去讨论如何通过博物馆展览去普及科学。

我的方法的核心是对普通参观的描述以及因此而对普通观众的描述(Robinson,1931)。这样的一个观众在实际中当然是不存在的,尽管这并不妨碍这个概念的有用性。例如,"普通观众在 j 展品前参观了 t 分钟"这种说法比起"所有在 j 展品前驻足并参观该展品的时间总和除以观众的人数等于 t 分钟"这种说法当然更为简洁。普通参观是基于福尔克(1982)的百货商店隐喻之"商店橱窗浏览者",我同意某些观众的确是福尔克所说的"认真的购物者"而根本不像普通的观众。

已经出版的观众研究报告质量参差不齐,但考虑到这是一个新兴的领域,并且在博物馆展厅开展实地考察亦属困难,这种情况一点儿也不奇怪。现在亟须对此项工作进行认真的回顾(Koran and Ellis,1991)。其中一个问题涉及这些研究结果的外部有效性(Cook and Campbell,1979)。亦即它们从某一展览或博物馆到其他同类或异类展览或博物馆的可概括性。我将尽可能通过对一些补充性的研究进行评论而强化在此援引的调查结果。我对在北美和欧洲业已出版的研究报告进行了旁征博引,除非其数量喧宾夺主(比如观众调查)。我的研究主要专注于英国。

第一节　参　观

观众的动机和期待

根据戴维斯(Davies,1994)的估算,英国的成年人当中有 20% 极少去博物馆参观,有 40% 经常参观博物馆(至少一年参观一次),另有 40% 偶尔参观博物馆。有人曾经对不参观博物馆的人群进行过若干调查(Hood,1983;Prince,1990;Merriman,1991),众所周知,参观博物馆的观众在教育、社会阶层和职业方面并非是整体人口中的典型(Kelly,1987)。在本论文中我将不讨论这些问题。

福尔克和迪尔金(Falk and Dierking,1992:62)声称,经常参观博物馆的观众因为已经知道自己想看的内容,所以与那些第一次参观或偶尔参观博物馆的观众相比,他们的参观持续时间较短,而且更有目的性。正因为如此,他们被称作"认真的购物者"。但是,戴尔蒙(Diamond,1986)在其对(旧金山)探索馆和(加州伯克利)劳伦斯科学厅那些以家庭为单位的观众的行为进行观察研究时发现,在这些方面,经常参观的观众和第一次参观的观众并没有多大的差别。我们应该注意区别那些经常参观各类博物馆的观众和那些只是经常参观某些特定博物馆的观众。没有证据表明第一组观众与其他观众在对待博物馆的总体行为上有什么区别。换言之,经常参观博物馆的观众和"认真的购物者"虽然部分一致,但却并非等量齐观。

　　许多观众调查都会问观众为什么参观博物馆,但却没有得出清晰或前后一贯的回答。阿尔特(Alt,1980)发现,(伦敦)自然历史博物馆的观众通常给出的参观理由是出于"一般兴趣和好奇心",戴维斯(Davies,1994)在其对英国一些博物馆的更广泛的回顾中对此也予以支持,并注明教育并非是参观博物馆的主要原因。但是,里奥(Rieu,1988:128)在其对(法国)米卢斯的科技博物馆的观众进行的一项调查中发现,23%的观众参观博物馆是为了学习,他声称接受调查的观众所做出的回应是清晰和明确的,并且与在德国、英国、美国和加拿大进行的调查所获得的结果是相吻合的。比尔(Beer,1987)在洛杉矶 10 个博物馆开展的一项博物学调查中发现,53%的观众声称自己来博物馆参观是为了获取信息,但重要的是他们的行为与其他观众的行为几乎没有差别。

　　凯利(Kelly,1987)将观众划分为"传统观众"与"新观众"。这一分类用来甄别经常参观博物馆的观众和偶尔参观博物馆是相当合适的,但却无法用于甄别"商店橱窗浏览者"与"认真的购物者"。传统观众从小就被组织去参观博物馆,他们喜欢待在那儿,并且理解里面所发生的事情;而新观众则只是希望能够在人前说自己"曾经去过"博物馆(Kelly,1992:25),他们属于朝圣者或文化旅游者。对于他们来说,曾经参观过博物馆要比从博物馆的体验中学到知识或被这一体验所改变更为重要。参与本身就是一种目的。

　　我们可以博物馆作为大众媒体这一背景更进一步观察一下观众的参观动机。麦克奎尔(McQuail,1994:320)通过将其"使用和满足"方法进行更新以便对观众在媒体中所寻找的东西作了解释,并且罗列了 14 种对于媒体使用的动机和对媒体使用的满足感。我相信下列的所有动机对于不同的时间和拥有不同观众的博物馆来说都是适用的:
　　——获取信息和忠告;
　　——获得对社交的替代品;
　　——了解社会和世界;
　　——感受与其他人的联系;
　　——为自己的价值观寻求支持;
　　——逃避问题和忧虑;
　　——获得社交的基础;
　　——消磨时光。

　　和前面所提到的大部分调查研究一样,以上所列的这一清单警告我们不要期待观众都是为了提高自己而热衷于参观博物馆的。

　　一旦决定参观博物馆,观众对展览会有一些什么样的希望和期待呢?阿尔特和肖(Alt and Shaw,1984)在(伦敦)自然历史博物馆的人类生物学展厅就此问题展开了调查。他们通过征询部分观众对展厅中的 45 件展品的意见起草了一个关于展品特征的清单,然后又以抽样调查的方式询问另外一些观众清单所列的特征中哪些适用于这个展览的特定展品,哪些符合他们心目中的理想展品的概念。这项调查使得研究人员能够找出一系列特征,从哪些是理想的展品所应该具有的正面特征,到哪些是中性的特征,到哪些是理想的展品所不应该具有的负面特征(表 11-1)。

表 11-1　展品特征与理想展品的关系

正面特征	中性特征	负面特征
使主题活现眼前	具有参与性	摆放的地方很糟糕,不容易引起观众的注意
很快地让观众明白其要旨	相对于课本来说可以更好地处理主题	提供的信息不够充分
让所有年龄段的观众都有所收获	具有艺术性	观众的注意力被其他展览陈列所分散
能让观众记住	使一个深奥的主题变得比较容易理解	让人感到迷惑

(阿尔特和肖,1984)

阿尔特和肖是以一个特定的展览为基础开展他们的调查的,其中的一些数据(比如"观众的注意力被其他展览陈列所分散")可能只反映了该展览所特有的条件。但是,利用阿尔特和肖所使用的同一方法,格里格斯(Griggs,1990)在自然历史博物馆对其中的 7 个展览进行了一次比较调查。他在一系列的好的和不好的特征中对他调查的主要结果进行了总结(表 11-2)。

表 11-2　展览好的特征和不好的特征

展览好的特征	展览不好的特征
有一个清晰的开始和清晰的路线	解释不够充分
运用现代展示技术	与观众所熟悉的世界没有关联
运用观众所熟悉的东西和经历去说明展览的要旨	以牺牲对成年人的吸引力来对孩子们产生吸引力
各种实物的综合陈列	形式传统、老套

(Griggs,1990)。本表中的内容是独立组织的,其中的"特征"是自上而下按照重要性的顺序排列的。

　　阿尔特和肖以及格里格斯的调查表明,普通观众希望获得的是一个通俗易懂的、对智力要求不高的博物馆体验,并且这个体验是与他们所熟悉的世界直接相关的,而且可以让本群体(至少是在家庭的情况下)中的所有成员都有所收获。这点是和戴维斯(Davies,1994)就英国博物馆观众展开的调查所得出的结论相一致的。戴维斯的结论是:观众,不管是偶尔参观的观众(新观众)抑或是经常参观的观众(传统观众),他们参观博物馆是为了休闲,为了寻找愉悦的体验,而不是为了寻找自我教育的机会。

停留时间

　　大部分博物馆都把每年接待观众的数量记录在案,英国国家博物馆和美术馆的统计数字甚至载入英国国会议事录中。除了其政治意义之外(比方说计算每次参观给博物馆造成的费用,或者对收取门票的博物馆与不收取门票的博物馆进行比较),我们还可以利用这些数据去为博物馆开展营销工作,并对收入进行预测。这些数据相对来说比较容易获取,尽管对于那些不收取门票的博物馆来说其数据不甚可靠。

　　参观人数并不对短暂的参观(比方说为了如厕而仅仅停留 5 分钟或为了喝一杯咖啡而停留 30 分钟)和长达两个小时的真正为了看展览的参观加以区别。因此,参观人数这些数据对于许多目的来说其价值是有限的。例如,一个年观众量为 1000 人次、每个人次的参观时间平均为 20 分钟的博物馆将记录 333 人次/小时,而一个年观众量为 500 人次、每个人次的参观时间平均为 1 小时的博物馆将记录 500 人次/小时。如果单纯通过观众人数去判断,这无疑是一个相对比较冷清的博物馆。因此,如果按照当前的记录方法,观众人数对于诸如预测损耗、决定在展品周围预留出多大的观众流通空间、规划设置多少个卫生间和餐饮座位,以及讨论潜在的教育影响等等均没有太多的指导意义。

　　我认为,与观众人数相比,参观人次/小时是一个虽然更难统计、但却更为有用的统计数字(Haeseler,1989),而没有前者,后者就没有多少意义。各种调查已经记录了观众在某些特定博物馆里的停留时间,然而在博物馆文献中却没有就此题目进行过总体的讨论。因此,我们发现对英国的博物馆观众进行过的两次主要调查对于参观人数和频率都很能说明问题,但却对这些数字在观众在博物馆停留时间方面意味着什么没有任何说明。这是一个严重的空白,因为观众在博物馆停留的时间对于研究参观时间与展览的关系,尤其是在目前的情况下,参观时间与通过展览普及科技的关系,是十分关键的。

　　博仁(Borun,1978)认为(费城)富兰克林研究院科技馆暨天文馆的观众有两种类型的"典型参观",一种是持续两个小时的短暂参观,另一种是长达

3～3.5小时的长时间参观。她发觉这两类观众所参观的展品的数量分别为9～11件和14件，但她并没有对此进行进一步的讨论。从一些在比较大的科技馆里进行的观众抽样调查中，我经过计算发现，观众平均参观的时间为2～2.5小时。虽然我们对观众如何分配这些时间有所了解，但了解得很不透彻。福尔克和迪尔金（Falk and Dierking，1992）认为他们大约25％的时间是用于参观的社交方面，比如说家庭之间的互动；戴尔蒙（Diamond，1986）则发现劳伦斯科学厅和探索馆的观众分别将其总参观时间的20％和8％左右消耗在非展品的地方，但是这些数据必须部分地由博物馆面积的大小、展品数量的多寡和活动内容的丰富与否来决定。我初步得出这样一个结论：对于那些拥有若干商品部和餐厅的大型博物馆（比如说展览面积超过10000平方米）来说，其观众仅仅将一半的时间真正用于参观展览。

参观路线

"博物馆疲劳"最初被波士顿美术馆的吉尔曼（Gilman，1916）归结于身体的疲劳。后来罗宾逊（Robinson，1928）和梅尔顿（Melton，1935）对博物馆疲劳进行了详细的研究。他们发现，其实博物馆疲劳是心理而非生理的原因所致，是因为观众对信息感到饱和了。博物馆疲劳是在理解博物馆参观中的一个关键概念。

罗宾逊和梅尔顿一开始是在美术馆进行这一研究，因为他们觉得绘画作品比起其他博物馆的展陈来说可提供的变量相对要更少一些。他们两人都以对观众悄悄地进行观察为基础开展其研究工作，其中罗宾逊还在实验室里进行了实验。梅尔顿的大部分工作都是实验性的，涉及诸如绘画作品挂在美术馆墙上的数量和位置的变化。根据罗宾逊的记录，在一个规模较大的美术馆（40个展厅，1000幅绘画作品）里，每幅绘画作品平均被二十分之一的观众所驻足观赏，而在一个规模较小的美术馆（6个展厅，150幅绘画作品）里，这个数字则是三分之一。此外，即便在一个小型的美术馆里，随着参观的进行，观众驻足观赏绘画作品的频率也会降低，并且越往后面停留的时间就越短。这便是博物馆疲劳的表象。

梅尔顿大部分的研究工作都是在宾夕法尼亚美术馆（拥有若干画廊）进行的，他证实了这些调查结果，并且发现观众通常被展厅的出口所吸引。因此，处于入口和出口之间最短路线的绘画作品往往得到最多的关注，并且随着观众向出口方向移动，他们的"任务时间"就会逐步减少。他还发现，当在展厅增加第二排绘画作品的时候，观众驻足观赏的绘画作品的平均数量和在展厅停留的平均时间并不受影响，也就是说，观众用于在展厅观赏每幅作品的平均时间比以前减少了。从这些以及另外一些涉及绘画作品和家具陈列的调查中，梅尔顿得出了一个结论：博物馆里的东西彼此竞争观众的关注，并且这种竞争既在同类别展品（比如绘画与绘画）中间发生，也在不同类别展品（绘画与家具）之间发生。在纽约的科学工业博物馆进行的实验研究中，梅尔顿（Melton，1936）专门研究了在展厅中引入一件具有强大吸引力的东西，比方说一件著名的动态展品，将会产生的效应，研究结果表明，整个展厅观众的注意力都进行了重新分布，大家的注意力都以这件具有强大吸引力的东西及其周围的展品为中心。

罗宾逊和梅尔顿给我们描述了一幅令人信服的图画：观众积极活跃地探索博物馆的各个展厅，只在那些自己有直接兴趣的展品前面驻足，从不在一个地方长时间停留，唯恐在参观时间结束和自己精疲力竭（心理的或者身体的）之前错过一些自己有更大兴趣的展品。他们的调查结果得到皮博迪自然历史博物馆的波特（Porter，1938）、明尼苏达科技馆人类学展厅（占地350平方米）的科恩和肯达尔（Cone & Kendall，1978），以及前面已经提到的比尔的支持。威斯和布图林纳（Weiss & Boutourline，1963）在一个关于波士顿美术馆的科技展览的研究报告中这样记录：

"观众似乎希望对整个展厅而不是每个单体展品形成一种感觉。如果在展厅里有一些特别吸引人或特别突出的东西，观众似乎会希望对之进行仔细观察。"另一方面，当展品展示的东西与观众已经看过的东西相似时，观众往往倾向于跳过这些东西，除非这些展品恰好横陈在他们所要经过的路线。"

戴尔蒙（Diamond，1986）在探索馆（展览面积9700平方米）和劳伦斯科学厅（展览面积4300平方米）调查时发现，观众在参观展品的时候是有选择性的，他们先是在若干展品前面作短暂的停留，然后再找出一件特别感兴趣的展品进行较长时间的浏览。观众往往在大约半数的展品前面停留不到一分钟，在18％的展品前面停留3分多钟。随着参观的进行，长时间的停留会变得越来越少见。戴尔蒙还发现，团体观众倾向于在整个参观期间待在一起，他们之间的互动有利于学习。许多研究都对观众在每件展品上投入的平均时间，亦即在整个展览中度过的总时间除以展品的数量，进行了记录。比尔（Beer，1987）从若干来源中收集到的平均数为10～40秒钟，而博物馆工作人员通常以30秒作为第一近似值。

福尔克等（Falk *et al*.，1985）悄悄地对佛罗里达州立自然历史博物馆的观众进行了观察，并特别对观众随着参观的进行逐渐对展品失去兴趣这一点进行了仔细的探究。他发现，一般的参观都以几分钟的热身阶段开始，在这个阶段观众所做的事情是审度环境找出自己的位置，然后他们会用大约半个小时的时间认真参观展览,接下来他们对余下的展品走马观花地浏览一下,只是偶尔在个别展品前面驻足仔细观看。许多博物馆工作人员相信动态和动手参与型展品会对观众的体验有所改变。希尔克(Hilke,1989)在一个大型自然历史博物馆里对以家庭为单位参观的观众进行的调查中发现,与一个动手参与型展览相比,在一个传统的展览中,观众更有可能一鼓作气不停留地进行参观("走马观花"行为)。但是福尔克(Falk,1985)却认为,根据他在佛罗里达州立自然历史博物馆的观察,那儿的观众的行为并没有被展品的形式所影响,他们对待静态展品与对待动态展品的行为并无二致。尽管观众更有可能浏览首先遇到的展品(比如说那些摆放在展厅入口处的展品),戴尔蒙(Diamond,1986)注意到,在某一件展品前驻足只是一种"相对个别的选择"。看来这一选择是可以受其他观众的行为所左右的(Koran et al.,1988;Niquette,1994),如果某些观众对某件展品发生兴趣,其他观众也有可能被吸引过来。

在一个涉及悄悄观察的调查中,列瓦梭和维龙(Levasseur & Veron,1984)把前往(法国)蓬皮杜中心《法国假日:1860~1982》展览参观的观众分为"蚂蚁"、"蝴蝶"、"鱼"和"蚱蜢"四类。这些名词形象地描述了观众参观的策略、参观时间的长短、驻足的次数和在展厅行走的路线等,并且与"认真的购物者"的行为和"商店橱窗浏览者"的一般参观有清楚的联系点。但是,我们并不知道这四种策略是如何与蓬皮杜中心的整体参观行为发生关联的,这就限制了列瓦梭和维龙的调查结果在当前背景下的价值。

经过歇息之后(Jean Cooper)或者一旦碰到特别具有震撼力和有意思的展品(Yoshioka,1942;Beer,1987;Stevenson,1991;Klein,1993),观众也可能会暂时改变随着参观的进行而逐渐对展览失去兴趣的倾向。但是并没有证据去挑战一般参观的总体方式。

综 述

上述调查研究为我们提供了以下一幅关于一般参观和普通观众的探索行为的图画(Tout,1991,1993;Treinen,1993)。

观众通常是在家人和朋友的陪同下在闲暇时来博物馆参观的,因此,随着参观的进行,他们可以自由地制定或改变其计划。他们并非是一心一意的学习者,也没有带着明确的学习目的而来。他们可以选择是否参观某些展品以及参观多长时间,他们寻找的是刺激和可以轻易关联的信息,并希望自己所付出的努力能有即时的回报。博物馆的商品部、餐厅、卫生间甚至闲聊、逗弄孩子、观看其他观众等都会起到与展品竞争观众的注意力的作用。很少有参观的全部时间会持续超过2~2.5小时,其中也许只有一半的时间是真正用来参观展品。由于大部分观众都是第一次参观博物馆或不是博物馆的常客,他们往往试图通过一次参观就把博物馆所有的东西都看完,因此:

• 在展厅里,观众大部分时间都是在移动当中,他们期望感知整个展览而非某个单体展品。

• 总体而言,展品只是被观众匆匆过眼而非仔细观赏(也就是说,只是浏览一下而不是注目),只有极少数几件展品能够真正抓住观众的注意力。

• 在参观过程中,许多展品都会被观众所忽略,"跳过率"是非常高的(Beer,1987)。

• 在参观的前 30～45 分钟,观众会给予展品大部分的注意力,此后,他们在展品前面驻足的次数会减少,停留的时间会变短,并且随着参观结束临近,他们停下来的次数会逐渐递减。

第二节　观众是怎样学习的

对模式的详细说明

上述模式认为参观博物馆是一种社会活动,但对于许多观众来说,它也是一种群体活动,因为它常常为家庭之间的互动、理解展品和共同学习提供焦点。我不打算对这些问题逐一进行分析(Hilke,1989;Niquette,1994),只是想提请大家注意拉科塔(Lakota,1975)在(华盛顿哥伦比亚特区)国家自然历史博物馆以及麦克马努斯(McManus,1987)在(伦敦)自然历史博物馆(展览面积 14000 平方米)进行的调查研究。这两位研究人员专门对观众的行为与参观团体的构成之间的关联进行了研究。麦克马努斯对观众在一系列展品前面的表现悄悄地进行了观察。但她选择这些展品并不是随机的,而是因为它们能够激发观众之间的对话,并且环境条件允许她把观众所说的话记录下来。她的研究成果非常具有统计学的意义(详情参见表 11-3)。

拉科塔(Lakota,1975)也悄悄进行了观察,他的观察使他得出了这样一个结论:含有 12 岁以下的儿童的参观团体和全部由清一色成年人(包括单独的观众)组成的参观团体的行为是有所区别的。前者虽然参观展品的数量比较少,但是正如麦克马努斯也发现的那样(见表 11-3),他们却对展览的反应表现得更为积极。

表 11-3　参观团体的构成和与行为相关的学习

	单独的观众	成双成对的观众	没有儿童的成年人参观团体	含有儿童的成年人参观团体
参观时间	非常短	长	短	长(通常比其他团体长)
是否阅读说明文?	是	是	不太可能	不太可能
是否进行对话?		不太可能	不太可能	是
是否动手参与?	女性是;男性不太可能	不太可能	只是在有女性在场的时候才会参与	是(非常有可能)

　　这两个调查研究,尽管都是在大型的自然历史博物馆里进行的,但都证明可以把一般的参观概念详细分解成若干种对应于不同的"商店橱窗浏览者"的模式。因此,麦克马努斯(1994)描述了一种在博物馆的家庭行为模式。这与上述的一般性参观是一致的,只是有两点补充,一是虽然由家长选择准备在博物馆参观的区域,但是却由孩子去引导参观那些展品(Lakota,1975);二是虽然团体中所有的成员都传播来自展品的信息,但是家长却比孩子更有可能对团体的探索发现进行评论和解释。研究人员还就与母亲之间、父亲之间、儿子之间和女儿之间的关系有关的家庭行为进行了调查,因为这些关系牵涉到将女孩排除在科学教育之外(Cone & Kendall,1978;Diamond,1986;Blud,1990)。但是,在对这些证据进行了检查之后,麦克马努斯(1994)得出结论:"在决定整体参观的家庭行为中,性别看起来并不构成一个因素。"需要引起注意的另一个问题是博物馆的规模。罗宾逊(1928)非常清楚地看到了规模的重要性,但令人遗憾的是,许多作者在对有关美术馆和博物馆进行调查研究的时候却并没有注意到这些场馆的大小。一般性参观的质量是否因博物馆的大小而异?这点尚有待我们去研究发现。

与大众传媒的比较

　　如果我们按照服务广大公众这个"大众传媒"的基本意义去理解大众传媒的话,那么博物馆算不上大众传媒(Miles,1987),并且在赋予大众以目的意义这层意思上说博物馆并不涉及到大众文化;但是,博物馆和大众传媒面向的公众在构成和行为方面却有若干惊人的相似之处。

博物馆观众与大众传媒所面对的公众在以下这些方面相似：

• 鱼龙混杂。这一点在旨在对观众进行计算和分类的数百次调查研究中已经得到了证明；但是在讨论一般性参观时，在观众行为中还是有足够的规律性可供我们讨论（Treinen，1993）。

• 在任何深奥的意义上彼此之间并不了解，并且也不了解那些把他们带到一起来的人。"不是一种人们不得不承受的命运，而是一种令人向往的自由"（Treinen，1993：92）。

• 被动。因为他们不能积极地共同努力去对提供给他们的东西的内容和形式产生影响。

• 对提供给他们的东西有选择关注或忽略的自由（这或许说明了他们普遍地缺乏批判的反应）。

特雷嫩（1993：89）把对待大众传媒的典型行为的特点描述为"漫无目的，是一种相对而言没有计划的、不针对理性解决问题、无工具性关系或现实的未来计划的行为……这一行为涉及获得并保持永久的刺激。"但是刺激是很快就会消失的，它必须被"持续地更替……以便保持所希望的激动状态。"这与前面所列的动机和满足感是相一致的，并与人们在大众传媒中的参与是有关联的。博物馆的一般性参观与人们对待报纸、广播节目或电视节目的典型态度有很多共同之处。《卫报》（1994 年 2 月 25 日）对这一点进行了强调，它报道说："普通读者用在阅读一份高质量的报纸的时间几乎不会超过 10～11 分钟"。因此，在展览中看到的探索行为与电视观众断断续续观看电视和切换频道是有可比性的。正如特雷嫩所言："好奇心和娱乐的欲望居于支配地位。"

这一简单比较的意义在于它使我们可以从一个更广的角度去看待博物馆，并认识到博物馆在其与观众的关系上其实并无特殊可言。这一比较应使我们在考虑博物馆在科学普及方面的潜力的时候，或者更笼统地说，在考虑对广大参观公众开展教育方面的潜力的时候，获得一个更加平衡的观点。

另外还有一点需要说明。大众传媒的学生广泛认为，观众尽管如上面所提到的那样缺乏目的，但他们是积极而非消极地接受媒体的信息，并从这些信息中解读出他们自己的意义。十分清楚，博物馆的观众同样也从展品中解读出他们自己的意义（Miles，1989）。因此，我们完全可以把博物馆一般性的参观形容为"在参观过程中，观众或多或少地将自己的观点加于展品"。一个比较乐观的观点认为，展品可以通过设计去消除观众的错误概念（Massey and Lutter，1993）。展品在强化或消除误解方面的作用的整个问题亟须引起我们的注意。在进行目前这项调查研究的过程中，我将忽略这个问题。

随意参观的观众的学习

许多评估研究(Shettel,1990)以及一些研究项目(Borun,1978;Peart,1984;Peart and Kool,1988)都涉及观众是否在展览中进行学习,如果是这样的话,究竟学到什么东西这个问题。评估研究在目前的背景下是有问题的,因为存在把观众缺乏学习归咎于展品的质量而不是归因于普通博物馆参观的性质这一倾向。

早期进行的一项研究因其规模和质量而特别具有现实意义。它是由谢特尔等人(1968)开展的一项涉及实地和实验室工作的实验研究,其主要目的是为开发成功的科技展品形成一些评估方法,并提供一个理论基础。他们以关于《人的视觉》这部运用了高水平的概念知识并由美国联邦政府制作的电影的多媒体巡回展览作为依托开展研究。这个研究是在没有经过提示的随意参观的观众(真实的博物馆观众)以及经过提示的不同群体的志愿者(他们被支付一定的费用在各种条件下去尽可能多地从展品中学习)中间进行的。在众多的调查结果中,研究团队发现他们能够将学习与参观时间和动机相互联系起来;他们还发现随意参观的观众通常参观展览的时间都非常短(500平方米的展厅总共才参观14分钟),因此基本学不到什么东西。诸如此类的调查研究使我们得出了一个总体的结论:观众并不从展览中学习。但是,在没有对大量的研究结果进行关键性的回顾和综合的情况下,这幅图画依然是模糊的。

通过对英国17个观众中心进行调查(Fothergill *et al*.,1978:65),我们发现,在所有17个观众中心中,如果用新信息去衡量在某一阶段内的信息获取和记忆留存状况,其结果都是有效的,但是在理解的长期补充方面则都表示有所保留,这包括下面列举的三个原因。我认为这些原因适用于几乎博物馆所有的工作。

——"第一次参观的观众"与"回头观众"之间在理解方面没有明显的差别这一事实证明,没有为获取进一步的知识去调整方案。

——这一调查没有通过自身的设计去阐明观众可能从观众中心的解读中获取的真正理解。

——对于不同的主题来说,所增加的理解的程度也大相径庭。因此,社会历史是易于"被理解"的,但是却在主办者的解读目标中可能是相对来说不重要的。

早期的博物馆工作无法从图尔文(Tulving,1972)关于语义学和片断的长期记忆的开创性研究中获益。前者涉及事实、法则和原理的存量知识,并且一直是博物馆研究的焦点,而后者则关系到在我们的生活当中发生在我们身上的一些个人事件和片断。但是，最近开展的几项研究已经把这一区别考虑在内，并就博物馆学习描绘出了另一番景象，其中包括毕特古德和克里格霍恩（Bitgood & Cleghorn，1994）所开展的研究。他们在研究中使用了"视觉记忆"的说法，我把它归类到片断记忆中。

史蒂文森（Stevenson，1991）在（伦敦）科学博物馆一个名叫《发射台》的科学中心类型的展览中进行了一次研究，并在大约 6 个月之后对这个展览的观众进行了采访，以评估展览对他们所产生的长期影响。麦克马努斯（McManus，1994）通过邮寄调查对（英国）伯明翰博物馆暨艺术馆举办的一个关于人类社会的展览的观众进行了跟踪。这些研究调查对语义学记忆得出的证据少得可怜（史蒂文森），甚至几乎等于零（麦克马努斯），但是却对片断记忆得出了了不起的证据。史蒂文森（Stevenson，1991：523）评论说，鉴于博物馆一般参观的性质，这正是我们所期待的。语义学记忆和片断记忆之间的区别是内容的区别而不是过程的区别。可能有必要据此对之前的博物馆研究重新进行审查，以便看看一些当初被认为是语义学的记忆是否实际上是片断的记忆。

可以达到什么目的

我现在开始从"观众干了些什么和通过参观记住了什么"这个问题转向"在正确的条件下可以达到什么目的"这个问题。在其强读形式中，这是一个关于我们在事实学习和理解上应该瞄准什么样的新目标的问题；在其弱读形式中，这是一个关于我们所了解的正在进行当中的教育价值以及我们如何能够发展它的问题。这些问题对于博物馆在向广大公众普及科学方面的作用是非常关键的。

在一篇关于科学中心的短文中，肖特兰（Shortland，1987：213）问道："如果说孩子们在科学中心里学到东西的话，他们究竟学到了什么？"他自己这样回答了这个问题："他们几乎学不到任何科学，反而可能得到了很多的错误概念。"科学中心"应该努力去……培养一种对科学技术所承担的批判性和反思义务"。从表面上看，这意味着我们应该帮助孩子们去对科学技术的价值进行判断，也就是说，他们应该参与到"评估"这一布鲁姆（Bloom，1956）认知目标分类法中的最高层级，这一层级比"理解"还要高出几度。肖特兰表达了许多博物馆馆长及其学术同仁所持的关于博物馆教育目的的观点。巴伦和霍根（Baron & Hogan，1988：270）倒是没有走得那么远，他们用教育的术语对这一方法进行了解释。他们首先以"大部分科技馆展品的目的是传播科学概念"这个前提条件作为切入口，认为科技馆展品的目的应该是：

（1）使博物馆观众能够遭遇并消化新的信息；

（2）为观众提供机会去使他们对科学现象的理解进行调整和提炼；

（3）鼓励观众将其获得的新信息用于解释他们日常环境中的活动。

然后，我们在这里把学习与理解联系起来，以便学习者可以用自己的话去表达所获得的知识，对之进行归纳，并在新的情境中应用之。

鉴于一般性的参观，这些目标似乎够雄心勃勃的。迄今为止所开展的研究和评估压根儿就不显示博物馆能够在总体观众中间达成这样的目标（如同在公众理解科学方面），也没有显示按照巴伦和霍根建议的办法对展览设计进行改进能够弥合这一差距。假定这是对自然历史的典型参观以及此类学习需要时间和反复练习这一事实，如果这样的学习能够发生在一次展览中，那将确实是令人诧异的（Hein，1991）。

博物馆促进有意义的学习倒是一种清晰可见的可能性，尽管这个可能性与一般性的参观没有任何关系。这牵涉到正规教育中的学生团体有组织的和准备充分的参观。在这里，博物馆和老师们可以有机会一起工作，把在博物馆所获得的知识与学生现存的认知结构结合起来（Cooper & Miles，1994）。另一种方法则诉诸终身学习，并要求组成以学习为目的的小组（Treinen，1993）。在某些方面，这与博物馆参与到正规教育中去是并行不悖的。但是，特雷嫩最后认为（1992），"在博物馆自身，这样的长期学习情境只是在特殊的环境中以及在博物馆员工方面对社区进行广泛参与的情况下才得以形成的"。

在肖特兰的另一极端，罗伯茨（Roberts，1992：163）认为，博物馆员工把他们对教育和学习的概念扩展至包括"诸如社交互动、独自沉思和玩耍等非认知体验"。在接受"以信息为基础的学习和解读"的价值的同时，她觉得"由感情引起的学习"（也叫"以体验为基础的学习"，正好与"以信息为基础的学习"形成对比）在教育活动和展览当中已经被忽略了。

罗伯茨对"由感情引起的学习"与"认知学习"所作的区别与布鲁姆的"由感情引起的目标"与"认知目标"的实用划分是不一致的。她并非通过提及不同的记忆过程去支持这一区别，也没有将之与现存的诸如片断的和语义学的记忆等范畴联系起来。布鲁姆费了很大的力气力去澄清他的分类法所试图分类的东西，那就是主要在认知领域和由感情引起的领域中的教育目标。布鲁姆、克拉斯沃尔和梅西亚（Krathwohl & Masia，1964：48～62）对认知目标和由感情引起的目标之间的密切关系进行了解释，他们认为这一区分只是为了研究分析的目的，根本就是十分武断的。由感情引起的目标在教育性展览中显然是有其作用的，对展览设计的强调以及运用"吸引"和"抓住"等作为有效性的措施含蓄地否认了它们已经被遗忘的指控。动机在学习中是不可或缺的，展览可以发挥重要的动机功能。从由感情引起的目标方面说来，它们可以在参与(欣然接受)和回应(欣然回应)的层面,甚至是在价值判断(态度)的层面进行操作,尽管后者可能更有争议。但是,那种认为展品可以激起观众对某个主题的兴趣,并从而影响他们的学习欲望的说法其本身就不构成一种博物馆学习的理论,尽管它可能依然是一个合理的教育目标。

我认为罗伯茨混淆了手段(动机)和目的(学习),并且她的由感情引起的学习("社交互动、独自沉思和玩耍")的概念作为博物馆学习的一种理论是失败的,因为这一概念太过笼统——解释一切无异于什么也没有解释,因为所有的片断记忆,不管其内容如何,其作为一种博物馆学习都是有价值的。留给我们的只有一个常识:参观一个博物馆而学不到任何东西,那几乎是不可能的事情(Miles & Lewis,1983),就像有些观众认为所有电视节目无论其内容如何都是具有教育意义的一样。

我们必须把目光投向上面讨论的两种极端的中间地带,以找到一种与我们的经验主义数据相一致的博物馆学习理论,这种理论必须能够为博物馆在科学普及中的作用提供一个解释。下面我们来看看刘易斯和欧格博恩(Ogborn)的观点。

(Lewis 1979,1980;Miles & Lewis,1983;Miles et al.,1988)认为博物馆在应对给广大参观公众提供一个良好的教育体验这一挑战方面往往是失败的。"根本的问题是对一般信息不灵通的外行观众来说,展览的含义和重要性几乎丧失殆尽"(Lewis,1980:151)。但是,他觉得"在一般性参观的基础上学不到什么东西"这样一个结论未免过于悲观。相反,他认为展览如果设计得法,可以成为一种重要的"催化"或"强效"环境,在这个环境里,观众可以在比较自由和非强制性的条件下进行学习。这种自发的学习在质量上有别于并且优于在正规教育中发生的那种被动学习。

上段提到的"设计得法"这四个字的意义由刘易斯在《教育展品的设计》(Miles et al.,1988:20~38)一文中作了清楚的解释,并且在前面提到其他著述中得到了附带的考量。他着重说明了两点:一是需要一条起连接作用的故事线去将观众无意中所获得的任何信息片断相互串联起来;二是动态展品在提供互动和有益的教育体验机会方面的价值。但是刘易斯所说的良好设计其目的并非仅仅是为了让观众把孤立的信息片断串联起来,而且是为了给潜在的学习者提供一条进路:"应该引导博物馆观众沿着一条学习的路径参观,并给他们提供足够的信息(比如借文字说明或通过在博物馆指南中提供补充信息等手段),以便他们如果有此意愿的话,可以以一种非常明智和有效的方法继续前行"(Miles & Lewis,1983:380)。有必要指出,英国的电视频道现在通常提供进一步的信息去伴随其大众教育节目。这些信息形式不拘,既可以是誉本,也可以是学习笔记,甚至可以是商业书籍。

　　欧格博恩(Ogborn,1995)采取的是建构主义的方法。他把学习看作是一个积极的过程,在这个过程中,学习者从自己的体验中为自己建构意义。知识是在图解中进行组织的,亦即有结构的概念集束;概念是围绕中间水平的概括(汽车)——既不是太笼统(车辆),也不是太具体(福特野马车)——的中心定型展品去进行组织的(Eysenck & Keane,1990)。从"我们所谓的学习其实不外乎就是靠改进老的定型展品,并通过设法理解或认识奇异的东西和事件的活动去制作新的定型展品"这个前提条件出发,欧格博恩视事件记忆的获得——我们可能会在后面仔细加以考虑以便产生有用的定型展品——为博物馆学习的根本。与展品互动以产生我们可以思考和谈论的体验有助于给定型展品赋予含义。史蒂文森(Stevenson,1991)就"发射台"展览进行的研究与这些建议是一致的,在这个展览里,他找到了观众参观之后对事件记忆的加工的证据。

　　刘易斯和欧格博恩形成了一系列关于从博物馆学习的观点,根据我们对一般性参观的了解,这些观点都是现实的。所强调的重点之主要区别在于刘易斯对一些概念框架的提供的重视,其目的是为了让观众能够开始理解展品的意义而不是满足于彼此之间毫无联系的信息碎片,而欧格博恩则把对信息片断的浏览看做是我们进行终身学习的有用方法之一。但是在关于博物馆教育的观点方面,他们二位都认为博物馆在科学普及方面可以发挥有用的作用。他们这种观点是反对凯利(Kelly,1987:16)的一种说法,即"可以假设,观众一旦离开美术馆,也就销声匿迹了。"博物馆参观本身是一个起点而不是终点,博物馆的作用是帮助学习者继续学习。

　　本论文的初稿,承蒙贾尔斯·克拉克(Giles Clarke)博士和吉利安·托马斯博士(Gillina Thomas)提出他们的宝贵意见,特此鸣谢。

罗杰·迈尔斯　著

(Roger Miles)

欧建成　译

参考文献

Alt(M. B.). 1980. "Four years of visitor surveys at the British Museum(Natural History) 1976-79". *Museurns Journal*, 80, pp. 10-19.

Alt(M. B.), Shaw(K. M.). 1984. "Characteristics of ideal museumexhibits". *British Jour-*

nal of Psychology, 75, pp. 25-36.

Baron (J.), Hogan (K.). 1988. "Fostering and evaluating thinking skills in the formal science setting", pp. 21-44 in *Science Learning in the Informal Setting*, directed by P. G. Heltne. & L. A. Marquardt. Chicago (IL): The Chicago Academy of Sciences.

Beer (V.). 1987. "Great expectations: Do museums know what visitors are doing?" *Curator*, 30 (3), pp. 206-215.

Bitgood (S.), Cleghorn (A.) 1994. "Memory of objects, labels, and other sensory impressions from a museum visit". *Visitor Behavior*, 9, pp. 11-12.

Bloom (B. S.). 1956. *Taxonomy of Educational Objectives*, Vol. 1. *Cognitive Domain*. London: Longman.

Bloom (B. S.), Krathwohl (D. R.), Masia (B. B.). 1964. *Taxonomy of Edtucational Objectives*, Vol. 1. *Affective Domain*. London: Longman.

Blud (L.). 1990. "Sons and daughters: Observations on the way that families interact during a museum visit". *Museum Management and Curatorship*, 9(3), pp. 257-264.

Borun (M.). 1978. *Measuring the Immeasurable: A Pilot Study of Museum Effectiveness*. Washington (DC): The Association of Science- Technology Centers, 2nd edition.

Borun (M.), Massey (C.), Lutter (T.). 1993. "Naive knowledge and the design of science museumexhibits. *Curator*, 36(3), pp. 201-219.

Cone (C. A.), Kendall (K.). 1978. "Space, time, and family interaction: visitor behavior at the Science Museum of Minnesota". *Curator*, 21(3), pp. 245-258.

Cook (T. D.), Campbell (D. T.). 1979. *Quasi-experimentation*. Chicago: Rand McNally.

Cooper (J.), Miles (R. S.). 1994. "Much may be made if she be caught young: how museums can best effect public understanding of science", pp. 1-6 in *When Science Becomes Culture*, Vol. 2 (diskette), directed by B. Schiele. Québec City: Editions MultiMondes.

Davies (D.). 1994. *By popular demand: A strategic analysis of the market potential for museums and art galleries in the UK*. London: Museums & Galleries Commission.

Diamond (J.). 1986. "The behavior of family groups in science museums". *Curator*, 29(2), pp. 139-154.

Eysenck (M. W.), Keane (M. T.). 1990. *Cognitive psychology. A student's handbook*. Hove: Lawrence Erlbaum.

Falk (J. H.). 1982. The use of time as a measure of visitor behaviour and exhibit effectiveness. *Journal of Museum Education: Roundtable Reports*, 7(4), pp. 10-13.

Falk (J. H.), Dierking (L. D.). 1992. *The Museum Experience*. Washington (DC):

Whalesback Books.

Falk (J. H.) et al., 1985. "Predicting visitor behavior". *Curator*, 28(4), pp. 249-257.

Fothergill (J.) et al., 1978. *Interpretation in Visitor Centres* (Occasional paper no. 10). Cheltenham: Countryside Commisson.

Gilman (B. I.). 1916. "Museum fatigue". *The Science Monthly*, 12, pp. 62-74.

Griggs (S. A.). 1990. "Perceptions of traditional versus new style exhibitions at the Natural History Museum". *ILVS Review*, 1(2), pp. 78-90.

Haeseler (J. K.). 1989. "Length of visitor stay", pp. 252-259 in *Visitor Studies: Theory, research, and practice*, Vol. 2, directed by S. Bitgood, J. T. Roper Jr & A. Benefield. Jacksonville (AL): Centre for Social Design.

Hein (G. E.). 1991. "Constructivist learning theory", pp. 89-94 in *The Museum and the Needs of People*, directed by A. Zemer. Haifa: International Council of Museums.

Hilke (D. D.). 1989. The family as a learning system: an observational study of families in museums. In Butler, B. H. & Sussman, M. B. (eds), *Museum visits and activities for family life enrichment*. New York and London: Haworth Press.

Hobsbawm (E.). 1994. *Ages of Extremes: The Short Twentieth Century*. London: Michael Joseph.

Hood (M. G.). 1983. "Staying away: Why people choose not to visit museums". *Museum News*, 61(4), pp. 50-57.

Kelly (R.-E). 1987. "Museums as status symbols II: Attaining a state of having been", pp. 1-38 in *Advances in Non-Profit Marketing*, directed by R. Belk. Greenwich (CT): JAI Press.

Kelly (R. F.). 1992. "Museums as status symbols III: A speculative examination of motives among those who love being in museums, those who go to 'have been' and those who refuse to go", pp. 24-31 in *Visitor Studies: Theory, Research, and Practice*, Vol. 4, directed by A. Benefield, S. Bitgood, H. Shettel. Jacksonville (AL): The Centre for Social Design.

Klein (H. K.). 1993. "Tracking visitor circulation in museum settings". *Environment and Behavior*, 25(6), pp. 782-800.

Koran (J. J.) & Ellis (J.). 1991. "Research in informal settings: some reflections on designs and methodology". *ILVS Review*, 2(1), pp. 67-86.

Koran (J. J.) et al., 1988. "Using modeling to direct attention". *Curator*, 31(1), pp. 36-42.

Laetsch (W. M.). 1979. "Conservation and communication: A tale of two cultures". *Southeastern Museums Conference Journal*, pp. 1-8.

Laetsch（W. M.）*et al.*，1980. "Children and family groups in science centres". *Science and Children*, March, pp. 14-17.

Lakota（R. A.）. 1975. *The National Museum of Natural History as a Behavioral Environment: An Environmental Analysis of Behavioral Performance*. Washington（DC）: Office of Museum Programs, smithsonian Institution.

Lawrence（G.）. 1991. "Rats, street gangs and culture: Evaluation in museums", pp. 11-32 in *Museum Languages: Objects and Texts*, directed by G. Kavanagh. Leicester: Leicester University Press.

Lawrence（G.）. 1993. "Remembering rats, considering culture: Perspectives on museum evaluation", pp. 117-124 in *Museum visitor studies in the 90s*, directed by S. Bicknell & G. Farmelo. London: Science Museum.

Levasseur（M.）& Veron（E.）. 1984. In Blanquart, P. & Carrier C.（eds）, *Histoire d'Expo*. Centre de création Industrielle, Centre George Pompidou: Paris, pp. 29-32.

Lewis（B. N.）. 1979. "Fancy ideas". *The Guardian*, March 6.

Lewis（B. N.）. 1980. "The museum as an educational facility". *Museums Journal*, 80(3), pp. 151-155.

McManus（P. M.）. 1987. "It's the company you keep... The social determination of learning-related behaviour in a science museum". *Museum Management and Curatorship*, 6, pp. 263-270.

McManus（P. M.）. 1994a. "Families in museums", pp. 81-97 in *Towards the Museum of the Future: New European Perspectives*, directed by R. S. Miles & L. Zavala. London: Routledge.

McManus（P. M.）. 1994b. "Memories as indicators of the impact of museum visits". *Museum Management and Curatorship*, 12, pp. 367-380.

McQuail（D.）. 1994. *Mass Communication Theory: An introduction*. London: Sage Publications, 3rd edition.

Melton（A. W.）. 1935. *Problems of installation in museums of art*. Washington（DC）: American Association of Museums.（New series, 14）.

Melton（A. W.）. 1936. "Distribution of attention in galleries in a museum of science and industry." *Museum News*, 14(3), pp. 6-8.

Merriman（N.）. 1991. *Beyond the Glass Case: The Past, the Heritage and the Public in Britain*. Leicester: Leicester University Press.

Miles（R. S.）. 1987. "Museums and the communication of science", pp. 114-130 in *Communicating Science to the Public*, directed by D. Evered. & M. O'Connor. London: Wiley

Ciba Foundation Conference.

Miles (R. S.). 1989. *Evaluation in its communications context*. Technical report, 89 (10). Jacksonville (AL): Center for Social Design.

Miles (R. S.). 1993. "Grasping the greased pig: Evaluation of educational exhibits", pp. 24-33 in *Museum visitor studies in the 90s*, directed by S. Bicknell & G. Farmelo. London: Science Museum.

Miles (R. S.), Lewis (B. N.). 1983. "Science museums on the move. " *New Scientist*, 98 (1357), pp. 379-381.

Miles (R. S.), Tout (A. F.). 1991. "Holding power: To choose time is to save time". *ASTC Newsletter*, 19(3), pp. 7-9.

Miles (R. S.), Tout (A. F.). 1993. "Exhibitions and the public under-standing of science", pp. 27-33 in *Museums and the public understanding of science*, directed by J. Durant. London: Science Museum, pp. 27-33.

Miles (R. S.) *et al.* , 1988. *The Design of Educational Exhibits*. London: Unwin Hyman, 2nd edition.

Niquette (M.). 1994. "Quand les visiteurs communiquent entre eux: la sociabilité au musée". *La Lettre de L'OCIM*, 36, pp. 20-28.

Ogborn (J.). 1995. *Learning science from museums*. Notes for a round table organized for the School of Education, King's College, London, March 17, 1995.

Ormerod (P.). 1994. *The Death of Economics*. London: Faber.

Peart (B.). 1984. "Impact of exhibit type on knowledge gain, attitude, and behavior". *Curator*, 27 (3), pp. 220-237.

Peart (B.), Kool (R.). 1988. "Analysis of a natural history exhibit: Are dioramas the answer ?" *Museum Management and Curatorship*, 7, pp. 117-128.

Porter (M. C. B.). 1938. *Behavior of the average visitor in the Peabody Museum of Natural History Yale University*. Washington (DC): American Association of Museums. (New series, 16).

Prince (D. R.). 1990. "Factors influencing museum visits: An empirical evaluation of audience selection". *Museum Management and Curatorship*, 9, pp. 149-168.

Rieu (A.-M). 1988. *Les Visiteurs et leurs musées. Le cas des musées de Mulhouse*. Paris: La Documentation française.

Roberts (L.) 1992. "Affective learning, affective experience: What does it have to do with museum education?", pp. 162-168 in *Visitor Studies: Theory, Research, and Practice*, Vol. 4, directed by A. Benefield, S. Bitgood, H. Shettel.

Robinson (E. S.). 1928. *The Behavior of the Museum Visitor*. Washington (DC): American Association of Museums. (New series,5).

Robinson (E. S.). 1931. "Exit the typical visitor". *Journal of Adult Education*, 3(4), pp. 418-423.

Shettel (H.). 1990. *An Evaluation of Visitor Response to Man in His Environment*. Technical report (90-10). Jacksonville (AL): Center for Social Design.

Shettel (H.) *et al.*, 1968. *Strategies for determining exhibit effectiveness*. Washington (DC): American Institutes for Research.

Shortland (M.). 1987. "No business like show business". *Nature*,328, pp. 213-214.

Stevenson (J.). 1991. "The long-term impact of interactive exhibits". *International Journal of Science Education*,13(5), pp. 521-531.

Treinen (H.). 1993. "What does the visitor want from a museum? Mass-media aspects of museology", pp. 86-93 in *Museun visitor studies in the 90s*, directed by S. Bicknell & G. Farmelo. London: Science Museum.

Tulving (E.). 1972. "Episodic and semantic memory", pp. 381- 403 in *Organisation of memory*, directed by E. Tulving & W. Donaldson. London: Academic Press.

Weiss (R. S.), Boutourline (S.). 1963. "The communication value of exhibits". *Museum News*, 42(3), pp. 23-27.

Yoshioka (J. G.). 1942. "A direction-orientation study with visitors at the New York World's Fair". *The Journal of General Psychology*, 27, pp. 3-33.

第十二章　书面的科学传播——
从杂志到在博物馆陈列的教科书

在对科技文化普及产生兴趣的研究人员中间，语言学家实属稀罕之物，这也许是因为这一领域的研究与社会学家、心理学家和教育研究人员的关联要比与语言专家的关联更多的缘故。另外一个缘故也许是语言学家除了对语言交流或文学著作之外，对人这一主体的研究不屑一顾。

但是，科技文化与书面表达是密不可分的。从根本上说，知识的积累涉及书面读物（科技文章）的出版（以及阅读）；新概念的产生和修改反映在用于描述这些新概念的新术语的不断出现。

尽管（也许是由于？）新的信息和通信技术不断发展，但文字依然还是一个主要的传播和交流手段。这一趋势同样也适用于科技展览和博物馆，因为在科技展览和博物馆中，文字在我们选择要传播什么东西的时候或我们问自己观众究竟利用所展示的全部知识去干什么的时候作为一个凭借，享有一种并非无足轻重的重要性。

经过对由科技文化的书面传播提出的一些问题进行简要的回顾之后，我们将专注于展览和博物馆这一特定的案例。①

第一节　书面的科技传播——对问题领域的总览

不言而喻，科技文本是一种特殊的文本，面对它的人一下子就可以认识到其特殊性。认定科技文本的科学性，从一定意义说，应是这类文本的一种不证自明的品格。假如这一来自直觉推论的假设能被接受，那是因为，受众会感到自己面对的是不同于普通语言的具有科学特性的专业化的论述。

当我们说某一文本具有科学性的时候，我们能确定自己已经毫不含糊地辨识清楚了这一文本论述的范畴了吗？是否任何传播科技的尝试都应该被称作是"科学的"？我们能够认真地接受一个植根于受众的直观的定义吗？这个

---

① 本章的理论问题是基于作者及其团队所开展的一系列研究。请参详本章末尾的参考文献。

问题必须改变为：什么是科技文本？是否所有涉及科学的论述都是科学的？很显然，由于事实上科技论述构成的只是一个含糊的实体，因此对这个问题就不可能有轻松的答案。

科技传播之三极

在科技传播的背景下所产生的大量文本中，我们可以谨慎地将它们分为三极或三类：第一类主要是科技论述（由研究人员为其他研究人员所撰写的）；第二类是用于教学目的之论述（如科技教科书）；最后一类可以被称作"非正规科技教育类"（普及、出版和科技文化文献等）。

和那些为专家们专门准备的、并由特定的图书馆（学校图书馆、教学资源中心等）收藏的论文一样，手册的使用非常有限。深奥的科技论著是在非常特定的生产背景中撰写和出版的，就像专供教/学用的论著仅仅在某一特定的终端使用者（大学、研究机构等）中间发行一样。与此形成鲜明对比的是，普及型的科技论著的目标是要进行广泛和非特定的流通。它们虽然也是科技论著，但目的却是为了在出版界出版发行，或者是为了让其他具有不同程度的"普及性"的媒介（比如展览和博物馆）所使用。本论文将专门讨论第三类亦即最后一类科技论著。上述三类论著均可（或错误地？）算作科技论著，表 12-1 对它们之间的差别进行了总结。

表 12-1　科技传播的三大类别

作者	对象	支撑	传播范围
研究人员	研究人员	基本评论	数千人
教师	学生	科技手册	数万人
媒介人员	从专家到新手	大众传媒	数十万人

事实上，要找出这三极之间的巨大差别，所需要做的无非是对它们的生产背景进行一个系统的、旨在显示以下参数的分析。

- 作者
- 读者
- 这些论著是干什么用的

这些差别在表 12-2 中进行了总结。

表 12-2　科技传播的三大生产背景

支撑	读者	定位	目标
学术评论	专家、研究人员	深奥的论著	知识的生产
手册	学生	教条的教学用论著	科技的教育和学习
大众传媒	从专家到新手不等	媒体论著	科学普及

主要文市和其他论述

如果我们要去检验科学普及论著的特点,我们就必须首先回顾研究人员和科学家在把他们的研究发现向其他专家展示的时候所产生的科技论著所特有的那些方面。这就是我们所指的主要科技文章(关于出版这些著作的专业回顾类)。

这些学术文章的特点大同小异,这是众所周知的。首先,我们注意到专业化的科技文章是按照一个标准的格式去进行组织的,并且僵化地按照"引言"、"资料和方法"、"结果"、"论述"和"结论"这样一个固定化的程式展开。这一结构基于一个被称为"实验性的"规范模式。

其次,研究人员的文章往往以其极端的严谨性而著称,必须煞费周章去证明其所采取的方法和所获得的效果的质量的合理性。研究人员通常谨防任何武断,并小心翼翼地避免在自己小小的研究领域之外得出一般结论……简而言之,他们的文章包含了一系列可以称为"与实验性方法相联系的基本预防方法"。有时候,这些预防方法又被称作"认识论的条件"。

再次,至少在用法语写就的文章中是这样的情况,研究人员本身并不在他们自己的文章中出现,而是使用第一人称单数,这的确是一个令人难以理解的事实。研究人员本来完全有理由被期待在这样的文章中占据显赫的位置,因为这些文章与他在自己实验室里开展的工作是密不可分的,但事实上他的文章根本就不具名。在专家的文章里,科学好像是在自言自语,相关的主要人物(研究人员-作者、他的竞争者、他的同事、他写作的对象等)统统被舍弃或主动略去,至少看起来是这个样子。作者往往把自己隐藏在"某人"或"我们"后面,或者干脆求助于被动语态,给人以一种似乎事物都是在自行其是的印象。

最后,科技文章通过词汇的选择而区别于日常的语言,尽管这并非是这类文章的唯一特点。科技文章还系统地使用术语,这一点被看做是这些文章的最大特点。术语在科技文章里可以说是运用到了极致,以至于在很长的一段时期里,专业科技文章的难度是完全(或者说几乎是完全)与这些术语的使用画等号的。

这种形式的科学文本是由某些研究人员为了其他研究人员的裨益而出版的。除了极个别的例外之外,这些文章根本就不与非专家人士商榷。科学专业的不同语言(语言的数量和科学专业领域的数量一样多)巧妙地运用于其不同的任务:它们是在同一研究领域中工作的专家和学者之间进行沟通的完美载体。这里就有一个悖论,因为专业的语言既非错乱不经,也没有颠三倒四。它们是专为利用这些语言的某一特定圈子里面的专业人士作为一种有效的沟通工具而建构的。只有在人们试图在这一特定的专业人士圈子以外使用这些语言的情况下它们才会成为障碍。

手册式的科技论著也是相当奇特的,这类论著描述起来耗费时间太长。科技手册是专供教师及其学生使用的,它们与深奥的科技论著只有一些松散的联系。由于科技手册不是由科学家撰写的,所以它们介绍的科技通常是教条武断和不容置疑的,与实验室里研究的科技毫不相干。

普及型的科技论著

另一方面,如果我们把深奥的科技文章与普及型的科技文章进行比较,我们会立即发现后者更加接近于日常的语言。从专业化的语言向一个比较接近于日常使用的语言的过渡是通过一系列的改变而实现的,这些改变可以通过对比语言学分析的方法去进行系统的记录。而事实上,科学普及的论著分析长期以来疏于将这些论著与资料型的科技论著,亦即研究人员为其他专家所撰写的论著,进行比较。

对那些在主要的普及评论杂志上出版的普及型论著进行正式的分析显示,一如深奥的专家论著那样,这类论述,尽管事实上并没有构成一种显著的修辞学,通常也被其作者进行修改。为了描述这些改变或变化,我们选择了一系列的词汇,亦即选择、改变、重新组织、重新制定。

1. 选择

对在专业科技论著中形成的主题的选择是向两个截然相反的方向进行的。一方面,某些受到专家青睐的主题往往在普及型的论述中被忽略;另一方面,在科技论著中几乎从未被涉及的问题以及那些完全不出现在此类论著中的新题目却往往在普及型著作中被详尽地加以叙述。

因此,(所谓确保所获效果的质量之)"资料和方法"部分被视为过于技术性而简单地予以忽略,而研究结果的表格基本上从不提供。媒介者只是从深奥的论著中萃取部分的信息。

相反,许多在专家论著中从不出现的信息项目(因为它们被认为是理所当然的,或者是被视为太过琐屑而不值得包含进去)却被普及工作者看成是有用的,甚至是至关重要的。例如,一个关于人类营养的展览将会包含一个营养物质(糖精、油脂、维生素等)分类的提醒,或者详细说明某一特别重要的器官(比如脑下垂体)在食品摄入中的作用。

其他增补也经常发生。因此,在一篇普及型的文章中,即便是专家也必须详尽地叙述别人的研究结果。例如,为了给他的实验计划营造情境,他必须回顾这个计划所赖以为基础的理论或模型。作者必须经常强调他所从事的研究的社会效用及其日常应用。这样一来,关于营养学的研究将被看做是肥胖症或世界饥馑问题的解决方法。这样的主题并非是为专家类读者而准备的,因为理想中的科学之目的仅限于无私的纯知识的产生。

这一选择的悖论结果之一是普及型的文章的长度往往要大于学术型的文章的长度。正如一位专家在被问及关于这两类文章的区别的时候所指出的那样:"在一篇普及型的文章里,没有理所当然的省略……"

2. 改变

众所周知,专家们在展示其科研成果或借助模型提出一种新的解释的时候必须慎之又慎。科学家们非常清楚,科学知识就其本质而言是有时效性的和可辩驳的,同时他们也意识到,他们的论著将会受到同行竞争者的严厉审视,也许甚至会遭到他们的怀疑。在这样的情况下,当研究人员将他们的审慎和怀疑转移到一个普及型的文章的范畴的时候,将会发生什么样的情况呢?

从社会的观点来看,通过使用诸如"我们对此知之甚少"或"目前我们尚无法确定"之类的说法去展示一个耗时很长和耗资巨大的、涉及大批研究人员的、比方说关于饮食与心血管危险之间的关系的研究计划的结果显然是十分困难的。从逻辑上说,怀疑和质疑会让位于肯定和笼统的概括:脂肪的消耗被宣布为真正是危险的。这一改变对于研究人员来说并没有任何损失,并且在某种意义上来说由于他已经不再为一个合法出版物撰稿这个事实而成为可能。因此,捷径和简化被认为是合理的,理由是传播的背景已经发生了变化。一旦受到挑战,研究人员可以轻易地指出他是在运用记者的速记法。

3. 修改

普及工作者也在努力地使科学人性化,并利用一切办法去试图给科学报告增加人性的一面。科学再次成为由男人和女人凭借他们所有的优势和弱势去激发的一项活动。

最常见的谋略是公众采访的谋略,不管是记录下来的还是模拟而成的。

两个主要人物(作者－研究人员和代表普通外行人的记者)运用日常的语言去处理那些从来就与我们大家息息相关的问题。交流的轻松语气和词汇与那些展示实验室和里面所使用的设备的照片形成了极大的反差。物体或标本时常在试验的伪装下进行展示。还有研究人员自己穿着白大褂站在一个写满科学公式的黑板前面拍的照片(Jacobi & Schiele,1989)。

这一熟悉的语调和轻松的外表并非是唯一发挥作用的参数。在采访的过程中,主人公经常会从一个亲切的语气向一个更加富有哲理的,甚至是极端抽象的程度过渡。在这个过程中把科学转变成为一个梦想和想象的有力载体。

4.重新组织

科学事实或发现可以轻易地根据另一种安排进行展示。所采取的结构常常是诱导性的(从事实向解释移动)。从实验法模型继承而来的权威计划被毫不犹豫地舍弃。这一点更加容易做到,因为这个计划是一个武断的和僵化的结构,常常与发现和调查的逻辑毫不相干。

有些普及工作者不稍踌躇地采取轶事(在现在时态中与一位读者/目击者相关联)或故事等陈述性的结构。普及故事中的主人公是科学家,他在经历了一系列困惑和挫折之后(暂时)征服了知识之谜团和陷阱(Schiele,1986)。

通过这种方法,文章变成了众所周知的"科学发现",由实验室的研究提供一个报告的材料和成分,这个报告的主人公是科学家。所有这些都与一个不具名的、客观的和自言自语的科学的形象相去甚远。

5.重新制定

正如我们已经看到的那样,科技文章必须借助于术语。的确,这一点被看做是这些文章的最大特点。术语在科技文章里可以说是运用到了极致,以至于在很长的一段时期里,专业科技文章的难度是完全(或者说几乎是完全)与这些术语的使用画等号的。这些术语现在被进行了重新制定,以使之更加接近日常语言。如果我们希望让这类文章为更广泛范围的读者发挥其作为一种传播工具的作用,那么这种重新制定是必要的。

理论上,重新制定是若干非常常见的过程的总和。但是媒介者在实际中如何进行? 首先,必须把那些专业化的科技术语识别出来。正如词汇学家已经显示的那样,这一识别由于专业术语的语义学特点而成为可能(Lerat,1995)。要确保将那些需要重新制定的术语识别出来是一件容易的事情吗? 或者说,将那些不必进行重新制定就可以让读者理解的术语识别出来是一件容易的事情吗? 我们如何去识别一个专业术语?

假设我们以一个词典(普通语言)的先前定义作为术语的存在的一个参考

标准,那么专业术语将是那些不包括在这个数据库里的词汇:一个词汇要么是众所周知的,要么至少是在某一特定意义上被使用的,要么就是明显地鲜为人知的。在后面一种情况下,这个词汇就可以算作是一个新词汇了。

当人们试图将这一明显简单的规则付诸实践的时候却导致了一个令人尴尬的问题的出现。目前尚无一个无人知晓的名称的清单,虽然词汇表等东西的确存在,这些词汇被证实的含义也在现行的语言词典中有明确的解释,但这些东西并不能确保其代表性。在这种情况下,我们又如何能够毫无疑问地确定某个特定的词汇属于深奥的术语而必须进行重新制定呢? 一种只能被称为"直觉"的东西的存在会使媒介者在一定程度上犹豫不决,拿不准哪些术语必须进行重新制定,哪些术语不必进行重新制定。事实上,关于重新制定术语的决定必须把目标读者的反应考虑进来。作者必须估摸哪些科技术语应该被视为"生僻的"或"外来的",也就是说太过偏离于日常语言中所使用的词汇。但是新词汇的概念是不稳定的,而且自然而然地因读者对专家研究的领域及其术语的熟悉程度而异。如此一来,要准确地做出这样的抉择是有很大难度的。

如何去进行重新制定

一旦普及工作者直觉地选择了那些必须进行重新制定的术语,他们下一步应该怎样做去使非专家读者理解这些术语? 在撰写普及型文章的时候,作者十分清楚所涉术语的难度,并尽其最大努力去预见之。为此目的,他会使用一系列的程序。所有这些程序都是在语言中潜在有效的,它们被称为"重新制定机制"。

事实上,雅各布逊(Jakobson)已经引起了人们对语言的一个神奇特性的注意:它可以运用自然的操作方法去证实作者及其潜在的读者对作者使用的词汇赋予同样的含义(Jakobson,1967)。由于撰写科技文章很难回避使用科技术语,而读者又不太可能理解这些科技术语的准确意思,因此对术语进行重新制定就成为解决这一矛盾的一种迂回办法。

有几位研究人员对术语重新制定者所运用的基本操作方法进行了描述。他们认为,这些重新制定的周界现在是众所周知的,这些过程分为三大主要范畴:①扩展和解义(其中解义是针对重要的术语的);②替代和首语重复法(用经过重新制定的词汇去替代重要的术语);③所谓的"比喻轴心"(一种把重要的术语向日常语言拉近的比较或类推方法)。

这三大范畴各有其特点。解义经常被边缘语言学的接合物或连接物的存在显示出来,最常见的是"也就是说"或"亦即";首语重复法的恢复通过替代发挥功能,简单地用重新制定的词语去取代词句中的重要术语,在这些词句中同样的位置,读者本来可能会期待出现科技术语。在这种情况下,完全由读者去推断文章中不同的部分——分散但却是共源的——之间的联系。

从语义学上说,这些旨在用来解释某个重要词汇的含义的片段被称作"重新制定的词语"或"定义物"(利用特点之全部或部分去使定义成为可能)。通过这两种机制的结合,普及工作者便拥有了一个名副其实的边缘语言学库存,在里面他们可以随心所欲地把描述性和定义性这两种词形变化结合起来。①

重新制定和含义的转变

有这样一种误解,认为大部分对科技传播有兴趣的研究人员都曾经接受过专门的写作培训。被笼统地称为科技论著和技术范例的文章事实上是为其他专家撰写的专家文章(相对比较罕见)、为中等教育准备的手册和普及型的文章(远为常见)三者的混合物。只有通过对深奥的科技文章与普及型的文章逐步进行比较才有可能对后面一种文章的特点进行描述。用这种方法就可以将专业语言特有的词汇与单纯来自传播背景的词汇分别开来。

普及工作者的工作常常被比作翻译的工作:普及工作者将充斥着让人无法理解的术语的科技文章进行重新改写,使之变成日常的语言。这一形象是不确切的,尽管是吸引人的。如果说科学总是喜欢制造新的词汇,那是因为我们日常语言中所使用的词汇往往令人厌倦并且一词多义,似乎无法充分表达科学的含义。在使用差不离的同义词代替科技术语的时候,我们必然会扭曲、改变、简化、拙劣地模仿,简而言之,歪曲科学(Jacobi *et al.*,1996)

因此说,科技术语是必要的,但是需要重新制定。重新制定的工作是灵活和易变的,并且不是立竿见影的。普及工作者可以有很多的和各种各样的资源可供其支配,如果他是一个机敏的作者,他可以任意进行整合和组装,以便达成其为读者提供一个清晰和鲜活的解释的目的。

普及型的科技论著符合一个处于矛盾中心的任务:由于作者力图使那些科学建构的专业观点和概念能够让读者理解,他在使用专家语言中的术语和词汇的时候就会有所约束。但是当他在文章中使用专业术语的时候,他(有理由)担心他的读者无法理解其中之意。为了消除妨碍读者理解含义的障碍,作者不得不求助于一系列的重新制定机制。

事实上这些机制能够成功地对语义学的准入或含义的分享产生作用吗?重新制定总是能够成功地帮助所有的读者,这一点在理论上是无法成立的。如果在专业术语和经过重新制定的片段之间存在着一个有效的同义词,这就

---

① 关于重新制定机制,请参见雅各比,1987。

等于是对一开始使用的专家语言的有用性和贴切性提出质疑。另外,专家的语言是一种功能性的工具,而不是一个要有意为难初学者的违反常情的结构。科学的文化适应涉及这一语言的获得和掌握。我们因此可能会问我们自己:是否这一压力,是否这种在明知不可为的情况下非要完成一项理论上不可能的任务的决心不会形成一种乌托邦式的庸俗化的浮夸矫饰?

第二节　在博物馆里陈列的文字说明——前景

博物馆专家总体来说对目前在博物馆里陈列的文字说明评价不高。这些文字说明被认为太过冗长和灰暗,不够吸引人,并且很少被人阅读。的确,对这些文字说明的批评几乎是没完没了。随着新的传播技术和信息技术的不断发展和广泛应用,并考虑到当今环境的需要,在博物馆里陈列的书面文字说明看起来注定要从博物馆领域永久消失了。把书面文字说明彻底取消这种想法合理吗?新技术的来临标志着陈列文字这一我们的祖先从古腾堡那儿继承而来的技术不可抗拒的衰落吗?

在第二部分,在对展览和博物馆里所陈列的文字说明的一些特点进行了分析之后,我们下一步将考虑博物馆学研究对文字说明的未来有什么要告诉我们的。正如我们在前面已经提到过的那样,在科技博物馆和科技展览中文字说明的存在导致了一系列的问题。在博物馆里使用文字说明究竟有什么用处?这些文字说明是为谁和为参观的哪一部分准备的?它们是怎么产生的?这些文字说明有人看吗?哪些文字说明比其他文字说明更多地被观众阅读?它们对不同类型的观众都产生什么样的影响?有可能对它们的认知和情感效果进行测量吗?如果可能,如何进行测量?

文字和博物馆图形学传播

众所周知,展览是一个集合了不同符号代码的媒介,它包括展品、背景、陈列、场景、标本、样品、灯光、音像材料、声音效果和音乐等。陈列文字在其他展示手段当中的存在不应该被小视,因为它们也构成了展览的符号代码之一。诚然,文字代码并非是一个关键的元素,它也无助于给展览的空间营造一个引人注目的环境布置。另一方面,它却又是解释的关键代码,因为一个展览的道理和含义是要在文字说明中去寻找的。文字说明在观众知识的获取中起着引导和引领的作用。

不同类型的博物馆之间在文字说明这个问题上存在着差别:美术馆在展览中往往力图把文字说明的采用降到最低限度,而科技博物馆却依然积极采用文字说明。在一个科技展览中,无所不在的文字说明帮助观众辨识各种标本和样品。在几乎所有的情况下,都会有介绍性文字去帮助观众理解概念或解释模型和复制品。在其他地方,介绍文字则用来解释互动展品和其他东西的操作使用。

一些基础的展览甚至还可能完全由与视觉空隙(单纯使用脚本视觉代码的展览海报)相关的文字材料所构成并展出。在这种展览中,文字材料被用于组织展板内容。在这些展板里面,标题、副标题和文字说明与科技复制品、图片、绘画以及图表交替排列。

1. 作为无字的故事的作品

美术类博物馆,不管是传统的还是极端现代派的,都采取了一种似乎是根深蒂固的方法。在博物馆空间里展示或布置作品的时候,他们都设法让艺术家(创作者)与观众(艺术爱好者)直接面对。这样的一种方法认定公众是有能力依靠自身的(良好)品味去投入到作品中去的。在这种情况下,观众直接通过其自身的感知和美感去欣赏陈列的作品,并对之产生回应。

这一方法是永恒的,并且反映了美学天赋变幻莫测的性质、眼睛鉴赏的能力以及对美好的东西与生俱来的心仪的思想。就其较为温和的形式而言,它认为没有什么必要进行评论和注解,更不要说进行什么解释和说明。总而言之,任何媒介的尝试都是多余的;就其较为激进的形式而言,它把任何这样的尝试诬称为品位的倒退和庸俗的滑稽,旨在糟蹋展览或给展览增加令人无法承受的教学分量! 换言之,博物馆图形学者的智力和敏感性应该仅限于选择需要陈列的作品,并把这些作品精心地布置好。

这个基于作品和观众之间非媒介交流的"直接接触"的苛求概念部分是虚构的,部分是有些空洞的东西。除了一小部分对艺术历史拥有丰厚知识的人士之外,大部分公众在这方面都是无知的,因此根本就没有去理解作品的思想准备,尤其是对于那些属于非常规类型的、让观众看了之后感到莫名其妙的作品。在这种情况下,就非常有必要为这些作品准备一些学术性和解释性的评论,时下越来越冗长的、旁征博引的展览目录册的存在这一事实就是最好的证明。展品说明文字虽然在展厅本身被摈弃了,但却在展览目录册里面找到了庇护所,并在其中(也许过分地)大行其道。凭借其高度的专门技能和专业化,这些目录册是两种假设之征候。第一种假设大致是一幅绘画作品总是要求有一个解释性的评论,也就是说,通过一系列的指令去鼓励观众超越表面和普通的鉴赏。简而言之,它是一个探索表象后面和表象之外的邀请。

第二个假定是一幅艺术作品可以根据广泛和不同的假设或观点进行分析和解释。简单地说,一个既非专家又不去阅读展品目录册的观众对于真正等着他去发现的东西却视而不见,或者所看到的是其他截然不同的东西。一件只被草草观赏的艺术作品产生不了任何的价值。

2. 文字说明的复活

但是,文字说明并没有在艺术博物馆或展览中完全消失,它只是被减弱成为在一个陈列框架中的最低限度的参照而已。这些框架通常是放置于每件作品的下面或者旁边,目的是对这些作品加以描述和鉴别。这块小小的说明牌在何种程度上对观众的行为起到引导的作用?我们很有必要注意这个问题。在参观过程中,观众在凝视作品之前往往都会先阅读一下说明牌(往后就比较少了)。如果没有这些说明牌,将在不同程度上对观众在参观过程中的行为产生引发混乱的效果,好像没有前者后者便是不完整的那样。作品文字说明的实际内容,特别是艺术家的名字,对于观众在这件作品上所投入的观赏时间是有影响的,这直接与作者的名气成正比。

印刷品和文献(海报、请柬、文章、通信、欣赏等)等其他语言学前哨也千方百计向美术馆献媚求宠。这些东西被归拢在一起,并以脱离实际参观的特别陈列进行摆放。观众必须耗费大量的时间去观看这些元素,尽管它们实际上只是次要的和补充性的东西。确实,注意到观众在此接点上的行为变化的程度是很有启发意义的:他们说话更加脱口而出,并且更加愿意逗留……事实是,和绘画或雕塑不一样,书本和印刷文献以一个观众更加熟悉的世界与观众再次面对。书面文字会立即产生一个自动指挥识别的活动。不过,类似于观众在参观过程中所看到的那些陈列文字说明在某些方面与其他印刷品(书本、报纸、杂志)是有区别的,后者由于在日常生活中被经常接触到,所以更为熟悉。

博物馆陈列说明的可读性

对在博物馆陈列的文字说明的系统参阅有助于我们理解它们所引发的某些批评和评论的悲观特性。这些说明通常是由专家仓促写就,根本就没有考虑公众的需要,并且忽略了许多基本的制作规则。陈列说明的性质事实上被三种特点所影响:形式、结构、编辑或说明文字的展示方式。这三者直接决定了文字说明的可读性。

我们所说的"形式"是指陈列说明的长度,它所包含的信息量以及这些信息所占据的空间。对于撰写这些说明的人来说,其所面临的挑战是如何成功地用寥寥几个词汇就可向观众传达展品的重要性。他试图选择那些经过反复斟酌能够引起观众的兴趣并对他们起到辅导作用的信息。在实际中,要提供有形的规则是十分困难的,因为文字说明中的这一"矛盾"将直接取决于展览的目的以及公众的特点。在教育类的展览中,说明文字形式的选择就像一项培训活动的准备工作一样关键。首先,撰写说明文的人必须找出拟向观众传播的关键思想和概念,然后他需要建构其他思想和相关细节的网络和等级,这将使他能够选择文字说明的合适组织。

有一种属于规定性类别的说明文体专供在博物馆陈列的文字说明使用。当然,赛勒尔(Serrell,1983)提出的建议也许是最能引起联想的。这位作者提醒我们书面文字说明是多么有助于观众理解其所见所感,并要求所有的文字说明首先应该提供能够激励观众去观察和观赏的信息。

鉴于撰写说明文的人就信息的选择而言并非完全是一个自由的代理人,那么他是否可以用另外一种方式去干预说明文的形式呢?说明文的长度和所用文字的数量的重要性经常被强调。应该鼓励简短的说明文,使之直奔主题,并回避不必要的细节。说明文的简洁往往能引起观众阅读的兴趣。另外,我们还建议将最重要的信息放在说明文的开端,因为就算观众不去阅读整篇说明文,他们往往也会去浏览前面的几个字的。此外,通过在一开始就把关键的思想开宗明义地和盘托出,就像记者经常惯用的手法那样,撰写说明文的人还可以鼓励观众进一步往下阅读。

1. 是作为脚本抑或是作为权威的要略去组织说明文

当一篇说明文的用语近似于所谓的"基本用语"的标准结构的时候,这篇说明文阅读起来往往就比较容易,这一点是得到大家公认的。在说明文中,最好完全避免使用涉及动形词和现在分词的句型,因为这种句型使许多说明文阅读起来都特别别扭。当然,这个多少显得有些粗率的劝告需要有所限制,并且在说明文的语法结构和长度之间应该达成某种平衡。描述性的列举可能会导致产生冗长的句子,但由于这样的句子在结构上非常粗浅,因此并不难读。同样,大家普遍认为,和任何普及型说明文一样,说明牌应该努力避免使用科技术语。但是,要尊重这个建议一点儿也不容易:对于一个专业的说明文撰写人来说,既要清楚地描述概念,又不求助于专家语言中的术语,这几乎是不可能的事情。我们现在在此强调的是这样一个事实:这些术语在非专家眼里不啻是众多的晦涩难懂的符号,它们使得说明文给观众以一种拒人于千里之外的感觉。这就迫使说明文撰写人去将这些复杂的术语和词汇进行解义和重新改写……而这反过来又不可避免地增加了他希望传达的信息的长度和复杂性。

2. 说明文和排印的夸张

我们给说明文撰写人最后也是最繁多的一类建议与说明文的编辑和展示

有关。所有方面都被涵盖了：字符的最佳大小，字符、单词和句子之间的距离。[1] 字体的可读性也给予了考虑。例如，专家建议在冗长的说明文中应避免使用大写字母，因为大写字母不利于读者对字母迅速辨认。还有一些专家则建议不要使用所谓的"风格效果"，因为其可读性是令人怀疑的。这些"风格效果"包括：优雅和别出心裁的排版，使用太多的不同类型的字体等。随着文字处理器的出现，左右整版技术已经变得非常普遍，但它所带来的结果并非总是有利的。它确实使在非常清晰地界定的版面上形成信息板块成为可能，但它也常常导致在一行字之间的间隔过多，或者在一行字的末尾断开的状况，从而使得读者解读说明文的任务复杂化了。

关于字体大小的评论是众所周知的。说明文中的某个片段（比如标题或引言段落）的普遍性或重要性程度与所使用的字符的强度是相关的。至于长度，赛勒尔（Serrell，1983）已经给每一种类型的文体都作了具体的规定，那就是：展览的标题和副标题应少于 10 个字，引言部分和集合短片语可以超过100 个字。至于句子的长短，他规定每个句子的最佳长度为 65 个字符或 8 至15 个单词。总之，他作了大量的非常具体的规定，我们可以轻而易举地通过经验性的测试而对说明文的展示是否符合这些规定进行对照检查。

上列规定中之大部分已被关于这些变量对观众的影响的小规模研究所证实。在属于编辑范畴的题目中，有些人毫不犹豫地引证了他们称之为说明牌的视觉方面的东西。例如，博仁和米勒（Borun ＆ Miller，1980）进行了一项小实验，目的是评估使说明牌更加吸引年轻观众的可能性。他们的做法是在说明牌里增加一些诸如图表、彩色轮廓线和人物图像等文本辅助元素。

一个博物馆中陈列的说明文也是一个作者的作品

为陈列的卡片而选择的说明文通常浓缩成几个单词，简单地进行列举，并且不成句子地进行排列，因此，这类说明文看起来并不像一个个体人的作品。这是否意味着在博物馆里陈列的说明文所使用的语言就一定是不具名的和冷冰冰的呢？消除了所有"我"（撰写人，作者）的痕迹的无人称描述是典型的通知和告示式文体，其效果是给读者以一种这些东西是在自言自语的印象。事实上，如果不提及说明文中言论的中心主题，也就是说作者之于其所写的东西的立场，特别是他将自己（或者他的读者）包括进所说的内容之中的方法，那么说明文中的问题是不可能得到适当处理的。

大部分对展览和博物馆中所陈列的说明文进行过研究的作者都能回想起

---

[1] 参见布莱斯（Blais，1993）以及肯特利和内古斯（Kentley ＆ Negus，1989）。

说明文中言论的组织,但实际上却又无法确切地说出其名称和概念。例如,毫无疑问,正是发音的考虑促使好的说明文作者去使用观众所熟悉的表达方法和引用文句作为刺激观众阅读欲望的一种手段。据我们了解,观众在阅读陈列的说明文的时候,通常都在暗自捕捉一些能使他们"感觉到"在说明文里说话的人以及说明文所针对的对象的蛛丝马迹。对这些发音特点和特性的一个正式确定将包括一个对人称代词、复合形式、副词形态化、疑问结构和指示代词的表面辨识。

1.是否有可能不写说明文?

说明文撰写人是如何设法变成"隐形"的? 通过借助被动语态和系统使用第三人称,或者使用并非有任何具体所指的含糊的"我们","我"和"你(你们)"就都被打入了冷宫。客观化、对事实的如数家珍和故意的情感中立,这一切使得标准的博物馆说明文变得抽象、枯燥和冷漠。偶尔与读者中途"邂逅"的企图或在中性和统一性的整体中偶然间杂一点情态化的表现,就更因其稀罕而变得尤为显著;它们看起来极端地自我意识,并且在某种情况中几乎是过度了。表面的标记可能是寥寥无几的,并且相互之间间隔甚远,难以区分作者的个人印记,但是这并非是说这些标记就统统消失了。说明文撰写人要么是没有、要么是忘记涂抹掉几个孤立的发音标记,而其结果适足以对读者造成某种貌似暴力的攻击。

2.专家和作者

在科技博物馆里,专家语言的存在是必不可少的,所使用的技巧(在括弧里加进一个同义词,以便把专业术语重新制定;诸如把字体加黑和变成斜体等表面的标记)与前面描述和分析过的在普及型论著中使用的技巧并没有什么不同之处,只是它们借助于同义词、解义和替代词的频率相对小一些而已。这些都是科技博物馆说明文的重要特点,但它们更多的只是限于本馆的使用。和大众媒介的做法不同,在展览和博物馆的说明文中很少采用对科技术语进行重新制定的做法,这是为什么呢? 也许这是因为科技博物馆选择使其说明文符合专家观众的要求的缘故? 这种边缘语言学的处理方法不仅对于这些观众来说是毫无意义的,而且还可能对他们起到刺激的作用,让他们误认为他们正在参观的这些展览针对的是那些没有接受过良好教育的和无知的观众!

一个更加可能的解释在于不惜任何代价压缩陈列的说明文的长度,这就是所谓的"概述约束"。正是这一极端强有力的约束决定了必须运用全部的语言手段去最终使得说明文更加简练。这些语言手段包括:省略法、预置同位语造句法、减少重复、消除关系子句和所有解释性的扩展句子,等等。

但是我们也可能注意到,如果博物馆的说明文仔细用心地去撰写,也可以写得很丰满和富有创造性。在一个关于博物馆里陈列的说明文的系统记录的基础上,我们已经能够累积起一部具有代表性的、关于在此类说明文中被奉为圭臬的趋势的全集。以所有的期待为背景,我们的分析揭示了一个异彩纷呈的世界:陈列说明文的修辞学可谓是一个多元化的集大成者,从朴素和自主的文体到预测性-描述性的评论;从命令式的文体到熟悉的语气;从口号到著名的重叠句子;从叙述性的论著到解释性的语调,别忘了还有其中的韵律、谐音和头韵可以产生某种让读者陶醉和感动的诗词价值的文体。

关于陈列说明文的研究处于一种什么现状?

关于在博物馆环境中如何制作书面材料这个问题几乎没有被认真研究过。所进行过的研究目前也没有能够理直气壮地表明在博物馆陈列的说明文究竟应该侧重哪方面的内容,以及究竟应该鼓励什么样的文体。这一研究领域的特点通常是,首先由专业人士或专家提出一长串的建议和规定,然后由研究人员进行若干当地的和局部的实验。

这些规定性著述提出的建议得到了经验性研究的支持,这些经验性研究所致力的是对很少受到控制的对说明牌的阅读的变量进行评估。这一评估结果当然是一件值得高兴的事情。在这里,基础的变量已经被测试过了,正如毕特古德(Bitgood,1989)对这一专题的评论所显示的那样。

1. 尽量简短

例如,在若干次的研究中,我们都对说明牌文字长度的变化进行过评估,每一次研究都表明,说明牌文字数量的减少会有助于增加其吸引力和记忆留存。毕特古德的团队还对字体大小的影响进行了研究,研究结果表明,首先,字体加大似乎有助于提升阅读说明牌的观众的比例;其次,简短的说明文(30~60个单词)要比冗长的说明文(120~140个单词)更加吸引观众,只是这一优势在统计学上并不明显;最后,说明文越是冗长,观众对其中的每个字的平均阅读时间就越短。由是观之,与冗长的说明文相比,简短的说明文也许被观众阅读得更加彻底。此外,毕特古德的团队所进行的另一次研究显示,一个长达150个单词的说明牌如果被分成三个新的、每个长度为50个单词的说明牌,其吸引力是会得到改善的。

已经开展的研究较少关注说明文的形式(肯定语气、感叹语气和疑问语气等)。例如,赫什和斯克利文(Hirschi & Screven,1988)进行的研究显示,在某些情况下,通过在说明文中加进一些问题,观众的阅读时间可能会增加。但是他们也注意到,这一做法不能应用于所有说明文。由于此类工作涉及谨慎的方法论方面的防备措施,研究人员往往不愿去测试诸如说明文的难度或词汇的选择等变量,而在专业人士心目中,这些东西被本能地认为是更加重要的。为了对实验条件实施控制,他们情愿以那些被吸引住的和持赞同意见的观众为调查对象,并选择一些与所谓的"编辑标准"相关的更加客观和可测量的值(Simonneaux,1995)。

2. 评估效果

一方面关于书面文字说明的研究相对来说开展得比较少,另一方面评估工作却大量地依赖于书面文字,因为毫无疑问它是展示知识的最有用的方法。那么我们是否可以通过对现有的众多评估工作进行二次分析去获得关于说明文的影响的信息呢? 一般说来,回答很遗憾是否定的,因为我们很难把一个陈列说明文的内容视为一个变量。说明文已经是一个复杂的实体,而增加了文本辅助元素的说明文则又是另外一个实体。要在一篇说明文中把单位或元素孤立出来是困难的,因为它不是一种可以随意改变的反复无常的言论:它在很大程度上取决于它所伴随或加以评论的现象或物体。

另外我们还想补充说明,专业人士对阅读说明文的负面印象十之八九应归咎于那些马虎粗略的评估调查。这些调查的问卷往往只以那些正在离开展厅的观众为对象,它们让我们相信,只有少数的观众(不到 20%)会去阅读展览中陈列的说明文。这至少是它们对诸如"你有没有阅读展览中陈列的说明文?"这样问题的回应。这样的调查结果自然是令人失望的,并且还会强化这样一个想法,即说明文在大多数情况下都太冗长,不吸引观众,并且是百无一用的。

这些被普遍接受的想法需要根据若干评论而加以限定和重新进行评估。首先我们应该说明,要全部阅读博物馆中陈列的说明文,这完全是不可能的,而且也没有意义。假如一个观众真的去做所有他被要求做的事情,并去阅读展览中陈列的全部说明文,那么他至少需要 3~5 个小时才能参观完一个面积为 300~400 平方米的展览。由于一次参观的平均时间长度介于 60~90 分钟,因此十分显然,参观展览是一个行使选择权并根据个人偏爱去挑选展览的一小部分进行参观和阅读的问题。另外,我们还要考虑到内隐判断的因素所容许的误差,这种内隐判断在观众被问及其阅读习惯的时候常常会存在。

3. 阅读行为和方式

向一个观众询问他在博物馆阅读了什么东西等于是在提醒他作为一个"好观众"应有的"责任",因而对于研究观众在实际参观过程中的行为也是更有益处的。大家都知道,观众在参观过程中的停顿相当于博物馆已经成功地吸引和保持了观众的兴趣的那些时间,不管这位观众是独自一人参观还是有人陪同参观。观察表明,在这些时间里,观众作为读者的比例大大提升,并且即便是在延长停顿的情况下,说明文也总是被观众阅读。观众阅读说明文的欲望表明了他们对展览的某个部分有较大的兴趣。

我们在这里还要提一下鲍里特·麦克马努斯(Paulette McManus,1989)开展的一次研究调查。毫无疑问,这次研究调查对于我们关于观众在博物馆里的阅读时间的概念提供了一些新的发现。她发觉,对于静态观众来说,他们的眼睛在其正在参观的展品和伴随这件展品的说明之间的来回移动是如此迅速,以至于观察者根本就无法去记录。从观众对话的录音中我们还了解到,观众还会产生说明文作者称之为"回波说明"的现象。另外,观众之间的这种交流表明,参观团体往往倾向于互相分工,一个人负责为大家大声读出说明牌上的文字(可能还不时地加进自己的评论),其他观众则与说明文进行对话:他们回答说明文里提出的问题,并相互对那些作者在说明文中没有提供答案的问题进行评论。

4.读者作为自动机

作为最后的评论,我们应该记住这样一个事实,即阅读是一个人在其成长初期所获得的一种技能,一旦获得了这种技能,它实际上就被自动化了。一个有阅读能力的人不可能不去阅读在其视线范围之内的说明文。在现实当中,他不可能抑制自己不去阅读或者拒绝去阅读。当一个观众声称自己没有去阅读说明文的时候,他实际上是在告诉询问者他并非没有去阅读,而是他不情愿去阅读;或者是在说他对说明文没有兴趣,甚至是在说他感觉自己不应该去阅读一些旨在解释或让他去理解某些东西的学术性说明文。也有可能他是担心一旦他承认自己阅读了说明文,哪怕是断断续续地阅读了,他就不得不回答询问者提出的目的是要检查他都学到了什么东西的其他一连串问题。换言之,阅读等同于一项调查者正在试图测量和评估的学习活动。事实是这种评估情境从来就不是令人愉快的,尤其是当一项活动的主要目的是好奇心、放松或悠闲的时候就更是如此。

我们还要继续阅读和书写吗?

和所有学术文化一样,科技文化也是一种书写的文化。科技传播是一项大量产生旨在被人研读的文字产品的事业。这些文字产品证实了新的知识所提出的新的和复杂的要求与力求简明扼要,以便这些新的知识可以被尽可能多的人所理解这两者之间的矛盾。

在科技博物馆这个独特的案例中,并在对博物馆领域和当代展览设置进行仓促调查的基础上,我们并没有发现任何预示着博物馆陈列说明文或阅读活动行将就木的东西。一篇说明文并非是为了投影或使"像素"出现在一个视频屏幕上而删繁就简。关于一份材料中的超级文本和导览程序的强力认知效果的假设前提(目前仅仅是假设前提而已)已经不再限定在一种直线的、刻板地连接起来的形式中或拘于刻板的页面限制,这一事实已然自动地推定"好读者"的存在。因此,有关的技术不仅远远没有宣告书面文字这个"暴君"的灭亡,反而事实上成倍增加了它的潜力。

通过对非正规教育和博物馆中的书面说明文的研究调查进行一次简单总结,我们就可以正确地看待科技论著的有用性这个问题了。通过显示在展览中陈列的说明文是如何被研读的,是被谁人研读的,是在什么时候被研读的,这一研究调查毫无悬念地证明这些文字说明是有其作用可以发挥的。另一方面,在了解陈列说明文对不同类型的观众所产生的不同影响这个方面,在宣告可以对书面说明文的认知和情感效果进行测量之前,仍然有许多工作等待着我们去做。

丹尼奥·雅各比　著

（Daniel Jacobi）

欧建成　译

参考文献

Bitgood (S.). 1989. "Deadly sins revisited: a review of the exhibit label literature". *Visitor Behavior*, 4(3), pp. 4-13.

Borun (M.), Miller (M.). 1980. "To Label or not to label?". *Museum News*, 58(4), pp. 64-67.

Blais (A.) (directed by). 1993. *L'Écrit dans le média exposition*. Québec/Montreal: Musée de la civilisation/Société des musées québécois.

Bourdieu (P.), Darbel (A.). 1969. *L'Amour de l'art: Les musées d'art européens et leur public*. Paris: Éd. de Minuit.

Hirshi (D.), Screven (C.). 1988. "Effects of questions on visitor reading behavior". *ILVS Review*, 1(1), pp. 50-61.

Jacobi (D.). 1987. *Textes et Images de la vulgarisation scientifique*. Berne: Peter Lang.

Jacobi (D.), Bergeron (A.) & Malvesy (T.). 1996. The popularisation of plate tectonics: presenting the concepts of dynamics and time—*Public Understanding of Science*, 5, p. 1-26.

Jacobi (D.), Schiele (B.). 1989. "Scientific imagery & popularized imagery: differences & similarities in the photographic portraits of scientists". *Social Studies of Science*, 19, pp. 731-753.

Jakobson (R.). 1967. *Essais de linguistique générale*. Paris: Éd. du Seuil.

Kentley and Negus. 1989. *Writing of the Wall*. Guide for presenting exhibition text. London, National Maritime Museum.

Lerat (P). 1995. *Les Langues de spécialité*. Paris: Presses universitaires de France.

McManus (P. M.). 1989. "Oh Yes they do: How museum visitors read labels and interact with exhibit texts". *Curator*, 32(3), pp. 174-189.

Schiele (B.). 1986. "Vulgarisation et telévision" *Social Science Information*, 25 (1), pp. 189-206.

Serrell (B.). 1983. *Labels: A Step-by-Step Guide*. Nashville: American Association for State & Local History.

Simonneaux (L.). 1995. *Production en action et évaluation formative d'éléments de préfiguration d'une exposition*. Ph. D. Thesis: Didactique des disciplines scientifiques: Lyon 1.

Recent Studies conducted by the author and his team

Jacobi (D.), Lacroix (J. L.). 1996. "La dénomination du secteur des expositions". Report, Paris: CSI La Villette.

Jacobi (D.). 1996. "Études à propos de la structure de production et de la ligne graphique des textes de la nouvelle exposition *Explora-La grande serre*". Paris: CSI La Villette.

Jacobi (D.). 1997. "Conception et évaluation formative d'aides à la visite pour le Musée des beaux-arts". Dijon.

Jacobi (D.). 1997. "Recherches sur l'utilisation des textes affichés par les publics d'adultes et d'enfants dans l'exposition *Les félins*". Dijon: Muséum.

Jacobi (D.). 1997. "Trames narratives et distribution lexicale des sèmes correspondant au concept de *différence* DMF". Research report, Neuchatel.

Jacobi (D.) 1998. "Textes et signalétiques de la nouvelle exposition permanente *La terre et la vie*". Formative evaluation, Palais de la Découverte, Paris 1998.

第三部分　新的质疑

　　对博物馆活动的变革的探讨,还有该领域内的流行讨论,显然都无法忽视科学文化这个概念的社会含义,以及科技博物馆所形成的与科学文化之间的关系。在本著作的第三部分,米勒(Miller)和乔菲尔·梅尔费特(Choffel. Mailfert)提供的文章将致力于政治方面的问题,希尔(Schiele),马雷克(Le Marec)和达瓦隆(Davallon)的文章将处理制度方面的一些因素。

　　米勒认为,从科学的角度看,公众的知情已经被证明具有经济上的价值,这种价值被科学领域日益加快的改革步伐所强调,并且和经济的全球化一道,控制着我们的生活和工作状况。当代社会因此面临着关于公众的功能性科学素质的挑战。理解科学用语和概念、理解科学的成果和它对社会的影响,这是功能性科学素质的三个基本要素,而这种素质的最低标准总是处于变化之中。对科学和数学的教育,以及更为普遍地说,不断提升的学习能力,直接影响到一个人科学修养的获取。此外,因为注意到美国成人中低科学素质的比例,米勒认为了解这一点是尤为重要的:即在市民参与民主程序这个议题的背景下,美国成人是如何加入到提出与科学相关的政策这一活动的方方面面的。在这些问题中,个人兴趣也占有一席之地,因此会有这样一个问题:"兴趣的专门化会带来什么影响?"。对此的回答来自分层金字塔结构这一理论的发展,这种结构给不同的参与者分派了不同的功能。当决策过程中出现分歧时,公众群体中被看做是"关注大众(attentive public)"的那一部分通常被号召参与讨论。不过,关注大众的角色以及对他们的动员具有被科学修养的不足所妨碍的危险:民主是有序的。

　　在乔菲尔·梅尔费特那里,政府的需求和地方社会参与者的需求之间复杂的交互关系得到了考察。她认为,只有政治史才能揭示出以博物馆为标志的时代的基本问题。科学、技术和工业文明运动催生了许多博物馆冒险活动,对这些运动的考察要求我们关注于一些根本性的逻辑。以洛林(Lorraine)(法国北部一地区——中译者注)地区的情形为例,乔菲尔·梅尔费特表明:博物馆的替代形式——也就是CCSTIs——部分地塑造了国家集权化政策和分权运动高潮并存的二元局势。这些问题围绕着自愿主义论者的视角而展开，与社会期望和地方政策相结合，并且建立在给局部地区带来了影响的经济和社会割裂之上。在洛林的例子中，这导致了把民族方法和当地发展策略相结合的制度的复苏。这些计划致力于社会、经济和文化上的重构——该重构两极分化了参与者的行为逻辑，其特征是它与领地和记忆之间的"位置性(place)"或"非位置性(non-place)"关系；与这些计划相伴随的则是相似的、关于展示符号和表达符号的议题。这样的推动力令其有可能同时涉及场所和革新的混合体——这种革新贯穿于场所之中并因此改变了这些场所。

然而，政治议题只是更为深刻的、对制度逻辑具有影响的社会动力的一个部分。希尔区分了这些逻辑得以体现的三个层次——论述实践、规范实践和结构实践，并且通过这个区分来质疑社会和文化重构对当代博物馆形式的影响。博物馆正在参与深刻重组它与休闲和文化之间的关系，并且以一种特殊的方式促成这种重组。博物馆对科学技术的讨论必须在这个意义上被理解。博物馆并不只是在向公众散播适合于他们的信息，增进他们对科学的理解和兴趣，而更多的是在重塑自身的逻辑，并且与渗透在整个社会讨论之中的科学保持一种关系，同时也不排除对知识的传递——矛盾的是，这种传递会让博物馆与科学之间的关系相形见绌。

马雷克看到了科学博物馆的双重矛盾：一方面，承认展览在传达知识方面的主要职责，同时又被展览所调动起来的吸收信息的方式所牵制；另一方面，想要从展览中取消观众重新引入的关系要素。因为这个理由，马雷克考察了功能性分析的限度。她的质疑针对的是在今天的大多数互动展览中明显存在的知识"传达"模型。这种模型的基础是发送者－接受者之间的关系，并且运用了商品交换的逻辑，而这个逻辑日益使得展览被还原成一个简单的中介产品。参观者尤其希望通过场景和相伴随的活动来探寻设计者所给出的意图，而这并不只是在评价展览的教育效果，更多的是在获知展览所产生的真实的社会交流。因此留待解决的问题是解释参观者的逻辑，因为展览正是通过其相应的社会使用而被赋予意义的。

达瓦隆处理的主题是社会情景中的博物馆，在当代科学技术文化视角的背景下，他认为科学处理的是社会事实问题。正是通过这种发展的观点，他试图要探查一下科学博物馆是如何运作的，尤其想要就展览所设立的传播关系来考察一下展览本身。他指出：被看做是仅仅用于传达信息的传播仍然是最主要的博物馆活动。但是为了进一步的考察，他提出了传播的问题，认为这个问题构成了一种普遍情景，是处理所有交换关系的前提。他因此开始质疑传播情景(communication situation)的概念——这个概念产生于展览，并且很自然地对博物馆活动施加着影响。他详查了教育式的传播和展览导向的传播，以此来更为准确地显示下面这个工作的特殊性：即在科学世界和展览的日常世界之间建构一个居中的世界。他接着论述了这两个传播模型赋予参观者的身份，这种身份导致人们认为："参观者并不是某种设计要去改造的东西，而更多的是该设计的运作同样需要的条件。"这因此也引出这样的问题：博物馆所触发的中介作用的本质是什么，这个中介作用又具有什么样的文化问题呢？

第十三章　21世纪的科学素质
与公民身份

　　现代工业社会的多数公民生活在科学与技术的时代。今天的孩子——我们的下一代——毫无疑问将会生活在远远更具科学与技术色彩的文化之中。计算机和自动机械技术的飞速发展预示着人类将会从更多的日常琐事中解放出来。农业和植物遗传学的新进展提示：供养地球人口的持久战斗将越来越容易。医学、通信、交通方面的进展可能会带来寿命的极大延长，使得全球范围内的互相对话和拜访成为可能。科学技术的发展曲线仍然令人振奋。

　　经济发展需要具备科学素质的民众，这些民众也具有重要的价值，这是众所周知的。科学技术已经对生产方法和生产产品具有普遍影响。21世纪的工业挑战将是：微机芯片的生产、基因工程产品，以及有待发明的新产品。在这种经济背景下，对科学技术的基本了解将是一个根本起点，在这个基础上，人们得以获取在国际经济竞争激烈的时代保持竞争力所需的额外职业能力和技术技能。

　　与高科学素质劳动力的需求相伴随的是：21世纪的经济也需要更多的具备科学素质的消费者。从过去20多年的经验来看，人们在工作和学校中对计算机的更多接触刺激了家庭微处理器市场的壮大和增长。随着更多的产品中加入了新技术元素，对那些产品的满意程度、安全性、有效性信息的了解要求人们具备基本的科学素质水平。

　　与这种经济方面的理由同等重要的是：在21世纪，民主政府的维持也会依赖于公众更多地理解科学与技术。越来越多的公共政策争论要求人们具备一定的科学技术知识才能够有效参与其中。核动力设备的安置、核废料的处理设施，DNA重组的相关技术等问题的争论都再次指向了这个需要：在公共政策的阐释上，公民是知情的。正在出现的争论涉及化石燃料的持续燃烧对地球生态系统的潜在影响，这种争论也对科学素质的基本水准提出了需求。

　　展望21世纪的头几十年，有一点是清楚的：在未来的数年中，民族的、国家的和当地政治的议程会越来越多地包含科学技术方面的重要争论。随着新的能源技术和生物技术开始走向市场，重要的公众政策问题将有待决定，其中有些问题可能会爆发成全面的公共争论。民主程序的维持要求有足够数量的公民能够理解问题、就不同的观点进行争论,并且采纳公共政策。

第一节　科学素质

要理解科学素质的概念,必须从理解"素质"这个概念本身开始。素质的根本概念就在于:对个人参与书面交流所必需的最低阅读水平和写作水平给出一个界定。素质往往表现为两分的形式——有文化的对没有文化的,这恰恰是因为素质是对阈值的一种测定。对起码知识水平的关注是内在于素质概念之中的。

从历史上看,一个人如果能够读写自己的名字,他就被认为是有文化的。一个人如果只能用"X"来签自己的名字,他/她就被界定为是没有文化的。最近几十年,对基本素质技能有了一个重新的定义,它包括了阅读客车时刻表、借贷协议或药瓶上说明书的能力。成人教育者往往使用"功能性素质"来表示在当代工业社会中活动所必需的起码技能的这个新定义。社会科学和教育学方面的文献表明,有大约四分之一的美国人不具备"功能性素质",而且有充分的理由预计:这个比例大致上也适用于多数的成熟工业国家,对于那些新兴的工业国家来说,比例可能还会再高一点。

对素质的定义的改变提示了基本概念方面的一些重要特征。

首先,被算作具备素质所需的技能水平随着时代而改变。素质在本质上是一个相对性的测定——而不是一个绝对标准。

其次,鉴于全球社会和经济体系的多样性,同样的功能性素质的定义可能不会既适合于发达工业国家,又适合于第三世界的农业社会。在本质上,对素质的任何定义都是相对于它被使用的社会特征而言的。

最后,选择定义素质所需的阈值水平并不是精确的科学,而毋宁说是某些人的判断——那些人了解在特定社会中某个人行使某些既定角色所要求的可以被接受的起码知识或技能水平。举个例子,就基本素质而言,文献表明:功能性素质具有不同的测试或测量方法,它们反映了每个测试者关于在社会中活动所需的必要技能的综合成分的看法。不过,对几个测试的比较揭示:它们所测定的技能领域是共同的,而且,关于必须被归类为功能性素质的技能和知识类型,它们有相当的共识。

与我们社会中的基本素质相关的问题是严峻的,并且和我们对公众更多地理解科学技术的关注联系在一起。对于那些成千上万的不具备功能性素质的成人而言,科学世界遥不可及。而且,相当比例的辍学青少年将加入功能性文盲的行列。

在这个背景下,科学素质应该被看做是:在我们社会中,作为实现公民和消费者的最低功能所需的对科学技术的理解水平。科学素质的定义并非表示一个理想化的、或者说可接受的理解水平,而是一个起码水平。米勒认为:公民科学素质是一个多维结构。在 1983 年《代达洛斯(*Daedalus*)》①的一篇文章中,米勒(1983b)提出,公民科学素质的概念应该由三个相关维度的概念构成:①足以阅读报纸或杂志中的对立观点的关于基本科学概念的词汇;②对科学探索的过程或性质的理解;及③对科学技术给个人和社会带来的影响具有某种层次的理解。据称,三个维度中每一维度的合理成绩组合起来之后,将反映一定的理解水平,以及领会并理解媒体中科学技术政策问题争论的能力。在关于公民科学素质的近期跨国研究中,米勒发现:第三维度——也就是科学技术对个人和社会的影响——的内容在不同国家之间具有很大变化,对于这种跨国分析,米勒采纳了一个二维结构以供使用(Miller, Pardo & Niwa, 1997)。本文的分析将使用二维的科学素质定义。

理解基本科学用语和概念

科学素质的首要要求是对基本科学技术词汇和结构的理解。如果一个人无法理解像原子、分子、细胞、基因、重力或放射线这样的基本词汇,那么这个人基本上就无法理解关于科学成果的多数公共争论,或者是与科学技术相关的公众政策议题。简言之,如果一个人要具备科学素质,起码的科学词汇就是必要的。

随着 20 世纪五六十年代标准化考试的开展,尤其是在美国,许多考试被设计出来,用以测定学生的基本科学知识构成(Buros,1965)。大多数考试被教师和学校系统所使用,用来对学生个人进行评估,以决定录取或者安排,或者用于相关的学术咨询用途。有些考试成绩的摘要为教育考试服务中心(ETS)和其他全国性的美国考试服务中心所刊载,这些报告仅仅反映了想要上大学的人、或者因为某些原因而被选出来参加测试的那些学生的情况。尽管每年进行大量的测试,但由于所涉及的学生人群是测试者自选的,这个特征还是造成了大量分析和解释上的问题。

在美国,为学生的大概率样本提供科学成绩评分的第一个、也是最大的国家数据库是美国国家教育进展评估(NAEP)。20 多年来,NAEP 的定期测试

① 《代达洛斯》(*Daedalus*),是美国人文与科学院杂志,创办于 1955 年,1958 年成为季刊——中译者注。

已经从9岁、12岁和17岁的国家样本中采集了认识科学知识方面的测量值。根据在1969年和1986年间进行的5次评估，国家教育进展评估(1988)发现：几乎所有的社会群体和人口群体，以及所有年龄人群的科学成绩评分都在下降。

与付出实质性的努力来测定学生的科学与数学知识相对照，从国家的成人样本中采集科学技术知识测量值的尝试相对较少。1957年，美国科学作家学会(NASW)举办的一个调查包括了少数科学知识方面的题目。20世纪70年代初，美国国家教育进展评估进行了两次关于26～35岁青年人的科学知识的调查。对成年人的科学知识缺乏测定的原因很快就弄清楚了。不管涉及哪个科目的问题，多数成年人都不喜欢接受测试，实际科学知识水平的低下又使得成年人更不情愿在这方面接受测试或者测定。

从1979年开始，关于美国成人概率样本的一系列国家调查①包括了系列的科学知识题目。在1979年的一个调查中，米勒、普鲁伊特(Prewitt)和皮尔逊(Pearson)(1980)引入了涉及一系列"两部分"知识题目的概念，它首先让每一个回答者估计一下自己对某一术语的理解情况。如果回答者报告说他或她对某一术语具有清楚的理解，或者一般性的认识，那么他们就被要求以开放回答的方式来解释单词或短语的意思。如果回答者指出他或者她不怎么理解某个单词、用语或概念，那么就不需要给出进一步的解释。这个方式使得成人科学知识数据的采集变得更容易被回答者接受，减少了访谈中的无效时间，也减少了对开放回答进行编码的负担。

在所有这些调查中，关于科学研究的意义的开放题是系列问题的开始。对于许多回答者来说，这是一个困难的问题。开始的时候，回答者还倾向于过高估计他们在某个用语上的知识水平。但是，关于科学研究的意义的第一个调查所带来的效果，使得回答者不再倾向于过高估计自己的知识水平。根据这个观察，在美国，1979年和1985年的调查中，涉及放射线、DNA和GNP的自报式(self-reported)知识题目得到使用。在1988年的调查中，同样的题目被再次使用，并允许时间序列的比较。在1988年和1985年的调查中，据报道，34%的美国成人对于这三个题目，至少清楚理解其中的一个，并且对另一个有一般性认识，这因此达到了科学词汇方面的最低标准。

从1988年开始，更多的科学知识题目被包括进来。这些题目中有些是以

---

①　在1979年、1981年、1985年、1988年、1990年、1992年、1995年和1997年，调查由美国自然科学基金会的科工指标项目部主办。1983年的调查由宾西法尼亚大学的安嫩伯格(Annenberg)传播学院主办，资金由美国自然科学基金会公众理解科学项目提供。

对错题的形式给出的,有些是以开放题的形式被提出。每个调查包括 15 到 20 个科技知识题目,其中的 9 个与加拿大和欧盟的类似调查中使用的完全一样,这展示了一种足够的变化,这种变化对于指标的构建来说是很有用的。对于下面每条问题,回答"正确"将得到一分。

——我们所呼吸的氧来自植物。正确还是错误?

——电子比原子小。正确还是错误?

——数百万年来,我们所生活的大陆一直在移动位置,并且将在未来继续移动。正确还是错误?

——就我们今天的认识而言,人类演化自早期的动物物种。正确还是错误?

——宇宙始于一次大爆炸。正确还是错误?

对于下面每条问题,回答"错误"将得到一分:

——激光是通过汇聚声波起作用的。正确还是错误?

——早期人类与恐龙生活于同一时期。正确还是错误?

此外,如果回答者指出光比声音传播得快就会得到一分,如果在两个回答中指出地球每年绕太阳一周也会得到一分。

1997 年,40％的美国人正确地回答出了这 9 条问题的 6 条或 6 条以上(见表 13-1)。这一词汇与概念理解水准意味着,在美国成人人口中,大约五分之三的人在理解报纸或者杂志中关于当前科学或技术争论的文章时会有实质性困难。

表 13-1　对科学用语和概念的理解,1997 年

	正确率
我们所呼吸的氧气来自植物。(正确)	84
数百万年来,我们所生活的大陆一直在移动位置,并且将在未来继续移动。(正确)	78
哪一个传播的更快:光还是声音?(光)	75
知道地球每年绕太阳一周。	48
早期人类与恐龙生活于同一时期。(错误)	51
就我们今天的认识而言,人类演化自早期的动物物种。(正确)	44
宇宙始于一次大爆炸。(正确)	32
激光是通过汇聚声波起作用的。(错误)	39
正确回答 6 条或 6 条以上的百分比	40

$N=2000$

对科学过程的理解

科学素质的第二个要求是对科学过程或者说科学方法的本质的理解。关键的问题是：一个公民是否足够了解科学研究的过程，因此能够区分科学与伪科学。举个例子，在20世纪50年代和60年代关于加氟作用（向饮水等中加氟化物以防儿童蛀齿的做法——中译者注）的争论中，一直存在关于下面一点的辩论：即是谁在代表科学界说话，或者说，是否科学界是在以一个声音说话。尽管这种争论在美国相对较少，重要的一点是，具备科学素质的公民能够认识到：一个研究或者报告何时是建立在科学基础上的，何时它又表达了其他思考或认识的方式。

杜威（Dewey）的文章"至高智力义务"（The Supreme Intellectual Obligation，1934）引发了20世纪30年代对公众理解科学思考方式的系统研究，在这篇文章中杜威宣称：

如果主要关注于让专门化的科学保持自身的永久发展，但并不重视对更多的人造成影响，使得他们的心灵吸收进那些虚心的态度、智力的完整、观察，以及对检验自己观点的兴趣——这些都是科学态度的特征，那么科学责任是无法实现的。

I. C. 戴维斯（I. C. Davis，1935），那个时期杰出的科学教育家，对杜威的根本责难进行了反思，他把科学态度定义为：

我们可以说，一个具有科学态度的人将①愿意在新证据的基础上改变自己的观点；②没有偏见地探寻整体的真理；③具有因果关系的概念；④养成了把判断建立在事实之上的习惯……

霍夫（Hoff，1936）和诺尔（Noll，1935）给出了相似的定义，并且开始设计用于测试科学态度的题目。实际上，第二次世界大战之前的所有实验性工作都是集中于培育科学态度、或者说培育对科学过程的理解。

构建测定科学思维的健全实验方式的努力贯穿于整个战后时期。在美国，从20世纪60年代开始，美国国家教育进展评估（NAEP）开始从大学前学生的全国概率样本中采集与科学、数学以及其他学科方面的成绩相关的数据。NAEP的调查主要集中于对用语和概念的理解，不过它的有些题目试图测定对科学探索过程的理解。

施维里安（Schwirian，1968）使用要素分析来设计对科学思维的五维测定。这五个维度是：理性、功利主义、普适性、个人主义，进步与改良的信念，它模仿了巴伯（Barber，1962）对科学与社会秩序的分析。施维里安等级首先用在了中西部大学本科生样本的测试,从那以后被其他研究者采纳,用于一些地方的研究,但是到今天已经被用于全国人口的样本。

尽管几十年来人们做出了很多尝试来定义和测定学龄人群和青少年人群的科学思维,在美国,第一个想要测定成年人对科学过程的理解的调查却是1957年美国科学作家学会的调查①。在那个调查中,2000个回答者每人都被要求对科学研究的意义给出定义,开放回答被编成系列的类别,反映了对科学理论的阐述和检验过程的不同理解水平。威西(Withey,1959)总结认为,只有大约12%的美国成人可以说对科学研究的概念具有一定理解。

关于科学研究意义的同样的开放问答题在美国1979年、1985年、1988年、1990年、1992年、1995年以及1997年的国家调查中被重复。在测定公众对科学过程的理解时,这条问题是一基本要素。尽管这些被编排的回答表明,对它们的使用有一个总体上一致的模式,但是有些回答非常模糊、或者很少,使得对这个单一问题的依赖不那么令人满意。作为对这种开放回答题的一种核查,1979年以来的每一次《科学工程指标》调查都包含了一系列关于占星术的题目。其中一条问题问:占星术是非常科学的、具有一定的科学性,还是根本就不科学②。要被归类为具有理解科学过程的可接受的最低水准,回答者必须能够提供令人满意的开放回答,解释科学的研究意味着什么,以及认识到占星术根本就不科学意味着什么。

1997的调查使用了这个测试,结果表明17%的美国成人表现出了理解科学过程的可接受的最低水准(见表13-2)。毫无疑问,大约更大比例的一些人认为他们理解科学的过程,而且还有一些回答者能够提到一些与科学工作相关的词汇,但是当被要求以开放题的形式来解释概念时,多数人无法以能够帮助其他成人或者孩子理解科学研究概念的用语来描述科学过程。尽管七分之一人群的水平令人失望,但是在美国、英国和加拿大,这种问题在过去十年来所激发的一致回答模式,还是给人们带来了相对较高的对测定的信心。这种测定具有错误——实际上所有的测量都会有一些错误,在这个意义上,这个测定有可能稍微过高估计了公众的真正理解水平。

---

① 这项调查工作是在1957年前苏联发射第一颗人造卫星之前不到一个月完成的,因此代表了太空时代开始之前对公众理解科学的最后一次测试。对该调查及结果的完整表述参见戴维斯(Davis,1958)。

② 在1988年的英国调查中,每个回答者被要求依照5个分数级对系列题目中的每一个进行评分,从"非常科学"的5分,到"根本不科学"的1分。占星术是所有回答者都要评级的题目之一。尽管英国的5分制与美国的3分制稍微有点不同,两个调查中都有一个明确的选项——"根本不科学",而且,理解科学方法和过程的回答者应该可以在每个问题中都选出正确回答。

表 13-2　对科学过程的理解，1997 年

	报道的百分比
对科学研究具有清楚理解	37
对科学研究具有一般性认识	46
对科学研究具有简单理解	17
能够对科学研究的意义给出可接受的无确定答案的定义	23
指出占星术根本就不科学	59
被描述为具有理解科学过程的最低水准	17

N＝2000

科学素质的指标

对于一个公民来说，具备科学素质要求他具有对科学过程及科学用语和概念的最起码的理解。将上面描述的两个不同指标结合起来之后，1997 年的研究表明，大约有 11％的美国成人具备了科学素质（见表 13-3）

表 13-3　美国科学素质状况，1997 年

	百分比
科学素质评估	10.8
理解科学过程	16.8
理解科学用语和概念	40.0

N＝2000

再次强调一下这种测定的阈值性非常重要。基本的论点是：低于该科学素质标准的那些人缺乏公民必备的基本要素，这些要素是公民理解科学或技术问题方面的公众政策辩论可能涉及的讨论与争论所必需的。被归类为具备科学素质的要求是最起码的要求，因此存在这种可能：有些已经达到这一标准的人可能有时候也难以处理相对较为复杂的科学争论，尤其是像美国前几年的有关苦杏仁苷（Laetrile）这样的争论——它部分地围绕这一点展开：对于某种物质的医学功效而言，什么样的科学检验或者证据是恰当的。

1997 年美国人的科学素质水平与前几次调查结果相比有了一点提高。考虑到这些科学素质评估可能涉及的测量误差范围，可以有把握地说：在过去

的十年间,美国成人具备科学素质的范围在 9％～15％之间①。

科学素质的分布

对科学素质给出了定义,也评估了 1997 年美国成人达到这个标准的比率,现在可以探讨一下美国科学素质的分布问题了。哪一部分的公众具有最高的科学素质水平? 正规教育、年龄、性别以及相关的因素对科学素质的分布又有什么影响?

在此前米勒和其他人的几个调查中,正规教育水平与科学素质之间具有很强的正向关系,而且这个情况在 1992 年的调查中还继续存在。1997 年的调查中,不到 1％的没有完成高中教育的成人达到了科学素质标准,与此相对照的是,33％获得研究生学位或者专业学位(professional degree)的美国人达到了科学素质标准(见表 13-5)。四分之一获得了学士学位(但没有获得研究生学位)的美国人被确认为具备科学素质。采用常规的伽马相关系数(correlation coefficient gamma)进行分析可以看到,正规教育的完成在科学素质分布方差中占了 67％的比例。这类似于之前《科学指标》调查中的发现。

由于多数美国成人从来没有上过大学,并且目前只有一半的高中毕业生继续学士学位学习,因此,研究一下高中科学和数学课程对成人科学素质的影响是很重要的。1997 年的调查问到每一个回答者:他或者她在高中的时候是否修过生物学课、化学课,或者是物理课②。四分之一的回答者报告说他们在高中的时候没有修过生物、化学或是物理课,另外四分之三的回答者报告说他们只修了生物课。只有 18％的美国成人报告说在高中的时候都修了这三门课——生物、化学和物理。我们做了一个高中科学课程影响的简单指标,它与科学素质具有很强的正关系(见表 13-4)。只有 2％的没有修过三门科学课程的成人被确认为具备了科学素质,但是有 28％修了这三门高中科学课程的人被确认为具备科学素质。采用顺序的伽马相关系数进行分析可以看到,高中科学课程的选修数在科学素质方差中占了 62％的比例。

---

① 在另一个分析中,米勒使用了题目-回答(item-response)理论来评估美国国家成人样本中对概念或词汇理解的水平,并且得出结论认为,1995 年,12％的美国成人具备科学素质(Miller,1998),而 1997 年,15％的美国人具备科学素质(Miller,2000)。尽管不同的评估程序会导致稍微不同的结果,根本要点仍然是:在美国和其他主要工业国家,超过 80％的成人没有达到科学素质的简单标准。

② 要求回答者回忆数年前发生的事件常常会导致严重的测量误差,因为许多人无法精确回忆起过去的事情。不过在这里,不到 2％的回答者指出,他们无法回忆起是否修了这些课;而在询问中,采访者指出,实际上所有回答者看上去都对这个信息持有肯定的态度。

表 13-4 教育背景下的科学素质情况,1997 年

	具备素质的百分比	N
最高正规教育水平		
9 年级或者以下	0.8	124
10 或者 11 年级	1.0	295
高中毕业	9.0	1188
学士学位	23.3	257
研究生学位	33.3	135
高中期间选修科学课程的数量		
没有选修高中科学课程	1.6	429
一门科学课程	5.9	673
两门科学课程	12.6	522
三门或者更多	27.6	377
高中期间选修数学课程的数量或年限		
没有选修高中数学课程	2.6	545
一门数学课程	5.3	283
两门数学课程	9.5	317
三门数学课程	10.3	368
四门数学课程	22.2	311
五门数学课程	29.0	176
大学的科学课程选修数		
没有选修大学水平的科学课程	4.3	1292
一门或者两门大学水平的科学课程	14.2	374
三门或者以上的大学水平课程	32.6	334
科学—数学教育指数		
低影响(四门或者更少的课程)	3.1	1112
中等影响(五到八门课程)	11.8	509
高的影响(九门或者更多)	32.5	379

注:科学—数学教育指数是建立在高中所修的科学和数学课程总数,以及大学期间选修的生物学、化学和物理学课程数量的基础之上。该指数没有包括高中和大学期间在生物学、化学和物理学之外的科学科目。

为了测定接受高中数学教育的情况,1997年的研究要求每个回答者指出在高中学习期间所修最高水平数学课的名称。考虑到高中数学教育的层次性,因此可以推断出达到某一水平所需的课程。为此,5个数学层次被划定:一年级代数、几何、二年级代数、微积分初步,以及微积分。尽管在某些高中学校,这些课程的名称会有不同,但是关于高中数学课程选修情况的所有调查都表明,这就是美国高中数学教育的模式。通过使用这个分析系统可以看到,28%的美国成人报告说没有接受过代数水平的数学教育,尽管这些回答者中的很多人报告说参加了普通数学或者商业数学的课程。只有7%的美国成人在高中期间学习过微积分。

高中期间接受数学教育情况的一种简单指标被设计出来,这个指标与科学素质具有很强的正向联系。尽管只有5%在高中期间选修过一年代数课程的成人被确认为具备科学素质,但是29%选修过高中微积分的成人达到了科学素质标准。采用顺序的伽马相关系数进行分析可以看到,高中数学课程的选修数在科学素质方差中占了54%的比例。

就像过去的研究表明的,大学水平科学课程的选修数与科学素质具有很强的正向联系。所有完成了高中教育的回答者都被问及:他们是否修过生物、化学或物理学方面的大学水平课程,如果有,修了多少门[①]。将近70%的美国成人从来没有修过大学水平的科学课程,这些人中,只有4%的被确认为具备科学素质(见表13-4)。与之对照,修了三门或者更多科学课程的成人中有33%具备科学素质。大学水平科学课程的数量在科学素质方差中占到了70%的比例。

回顾一下正规教育水平、高中科学课程的选修数、高中数学课程的选修数以及大学水平科学课程的选修数之间的关系就会明确一点:所有这四个测定都与科学素质的分布具有强烈的正向关系。实际上,在高中和大学期间修了大量科学和数学课程的人主要是那些具备了学士和研究生学位的人。为了对每个回答者接受科学与数学正规训练的情况进行总体测定,研究者设计了一个科学数学教育指标。把选修的高中数学课程数和大学科学课程数(最大值为10)加起来,就得出了一个0~18之间变化的指标。在这个分析中,这个指

---

① 就像上面注意到的,关于回忆的问题尤其容易出错,而且回忆的时间距离越远,越容易出错。在这种情况下,那些曾选修过很多大学水平科学课程的回答者往往难以回忆起确切的数字,并且会回答说,作为一些特殊项目的一个部分,他们选修了"15或20门课"。没有选修过大学水平科学课程、或者是选修过一两门课程的回答者看起来对自己的回答更为确定,而且访问者报告说这些人往往能够说出课程的名字。在这个分析中,根据大学水平科学课程的数量,那些回答者被分成这几组:没有修过大学水平科学课程(71%),修过一门或者两门大学水平科学课程(15%),修过三门或者更多大学水平科学课程(15%)。

标被划分成三个层次。选修了 4 门或 4 门以下科学和数学课程的成人被划归为"低教育"一类,反映了高中学习的最低水平。这个低教育群体包括了大约 56％的美国成人。选修了 5～8 门课程的成人被归类为具有"中等教育",这相当于具有良好的高中教育程度。中等教育这一组大约包含了 25％的美国成人。选修了 9 门以上的成人往往具有很好的高中训练和一些大学课程训练。只有 19％的美国成人属于这一类"高教育"群体。

　　科学与数学教育指标能够极好地预示科学素质。只有 3％在科学和数学方面受过低程度教育的成人被确定为具有科学素质,而 33％受过高程度教育的人具备科学素质(见表 13-4)　这个简单的三分法占据了科学素质分布中 73％的方差。

　　总之,上述分析表明了在美国成人科学素质的形成上,正规教育的大致影响,以及科学、数学教育的直接影响。毫无疑问,推动美国科学素质水平的主要动力是公民所接受的科学、数学教育,这些数据表明,大多数的美国人受过最起码的正规教育。在 1997 年,有 56％的美国成人被确认为受过"低程度的"科学与数学教育。

　　假定科学与数学正规教育扮演了首要角色,我们有必要问一下,还有什么其他因素对科学素质的分布起到了作用呢？ 一个因素是年龄,经常注意到的是:许多年纪大的美国人是在最近几十年科学获得成就与发展之前接受教育的。根据 1997 年的数据,对教育背景的条件下年龄的相对影响作用的考察表明:在各个正规教育层次上,年龄对科学素质水平的影响都是很小的(见表 13-5)。比如,除了那些 65 岁以上的回答者之外,具有高中文凭但是没有更高文凭的美国人中大约有 10％被确认为具有科学素质。在具有本科或者研究生学位的人群中,年龄和科学素质之间并不具有一贯的联系。尽管与过去的那辈人相比,最近几代,有更多的美国人能够上大学和读研究生,或者是上职业学校,但是年龄对科学素质分布的影响还是很小。

表 13-5　不同年龄和教育背景的科学素质,1992 年、

教育	年龄	具备素质的比例	数目
9 年级以下	18～24	＊	2
	25～34	0.0	27
	35～44	＊	3
	45～64	2.1	47
	65 以上	0.0	46

续表

教育	年龄	具备素质的比例	数目
10 或 11 年级	18～24	2.7	75
	25～34	*	16
	35～44	2.3	44
	45～64	0.0	57
	65 以上	0.0	103
高中毕业	18～24	13.5	193
	25～34	10.5	296
	35～44	9.6	251
	45～64	8.6	291
	65 以上	0.7	148
本科	18～24	*	17
	25～34	20.8	77
	35～44	25.6	82
	45～64	22.4	57
	65 以上	*	19
研究生	18～24	*	2
	25～34	25.7	35
	35～44	50.0	32
	45～64	31.3	48
	65 以上	*	17

*样本小于 20 的单元没有报道比例

与早期的研究相对照,回答者的性别对美国科学素质的分布并不具有显著的影响。在 1997 年的调查中,15％的成人男子和 7％的成人女子被确认为具备科学素质(见表 13-6)。

表 13-6　不同性别与教育背景的科学素质,1997 年

	具备科学素质的比例		数量	
	男	女	男	女
所有成人	15.1％	7.0％	950	1051
最高正规教育水平				
9 年级以下	1.4	0.0	71	54
10 或 11 年级	2.9	0.0	105	190
高中毕业	12.7	5.9	543	644
本科	29.5	16.8	132	125
研究生	35.9	28.6	78	56

续表

	具备科学素质的比例		数量	
高中期间选修科学课程的数量				
没有修高中科学课程	3.0	0.9	198	231
修了一门	7.3	5.1	261	411
修了两门	16.6	9.6	229	293
修了三门以上	32.6	18.7	242	134
高中期间选修数学课程的数量				
没有修高中数学课程	2.6	2.5	229	316
修了一门课	5.6	5.1	126	411
修了两门课	10.9	8.3	137	180
修了三门课	17.1	5.9	146	222
修了四门课	29.1	13.7	172	139
修了五门课	32.2	21.8	121	55
选修大学科学课程的数量				
没有选修	6.6	2.5	563	729
修了一门或两门	18.6	10.4	172	202
修了三门以上	37.2	26.1	196	138
科学—数学教育指标				
低教育(修了四门或者以下的课程)	3.9	2.5	458	653
中等教育(修了五门到八门课程)	15.5	8.5	251	259
高教育(修了九门或者以上的课程)	38.3	24.1	222	158

注:科学—数学教育指标所基于的是这个数:高中阶段所修科学与数学课程的数量,加上大学期间在生物、化学和物理方面所修课程的数量。该指标没有包括高中和大学期间生物、化学和物理学之外的科学课程。

　　回到民主政治体制中的科学素质问题,1997年以来的调查结果表明,只有11%的美国成人通过了科学素质的起码测试。尽管40%的美国成人具备起码的科学用语和概念方面的词汇,只有17%的人能够展示出对科学过程的最低理解。这个情况提示：相当部分的美国成人能够阅读科学议题和争论方面的新闻报道，但是却无法认识建立在科学调查基础上的争论和伪科学争论之间的差别。比如，对于不明飞行物报道是否表明存在其他文明访客这个问题，在公众那里存在一个普遍的混淆，这说明公众无法区分基于科学工作的结论和基于科幻小说的结论。如果民主程序将会在 21 世纪继续存在，那么更多的美国人必须具备和保持科学素质。

第二节　公众参与科学政策的制定

假定只有少数美国成人具备科学素质，那么在当前，公众又是如何参与制定科技政策的呢？而且，如果具备科学素质的比例可以提高，那么，在制定政策以及解决涉及科技政策的争论上，公众的角色又可能发生什么变化呢？要回答这些问题，就必须首先讨论一下：在过去的 50 年里，美国政治是如何转变成今天这种具有高度政治专门化特征的体制的。

政治专门化

在美国和其他的工业国家，多数公民的个人时间面临越来越多的相互竞争的需求。尽管几十年来，工业职务的工作日一直是稳定的，很多专业和技术职务的实际工作日已经上升了。至少在过去的 30 年来，双职工家庭的数量一直在稳步上升。在大多数晚间，典型的美国城镇居民可以选择的有：30～70个电视频道，数千租赁录像带，若干现场的音乐或者戏剧表演，若干体育赛事，社区学院或正规大学的课程，或是参与各种各样的消遣，比如保龄球或网球。在过去的数十年来，对个人时间的争夺越来越激烈，而这个压力还在增大。在这个争夺个人时间的市场中，政治和公共事务不过是许多竞争者中的一个。每个公民必须决定给出多少的时间、精力和资源来投身于对政治的持续了解，并且公开参与其中。证据表明，在许多美国人那里，政治已经在丧失其部分的时间市场份额。当然有很多方式可以测定成人对政治事件的兴趣和参与，但是最简单而精确的指标是，在总统和国会选举上花费时间的美国人的比例。对 1952 年以来参与投票活动的数据调查显示：在 20 世纪 70 年代、80 年代、90年代的几十年间，总统选举和国会选举的投票率呈现稳定的下降趋势（见图13-1）。尽管在总统选举年，国会竞选的投票率上升了，但是在 1972 年到 1992年间，大多数美国人没有在国会选举中投票，在 1994 年，当共和党重新掌控国会时，只有三分之一的美国成人愿意花费时间和精力来为国会竞选人投票。

对于决定投入一些时间和精力参与公众政策议题的那些公民来说，还有

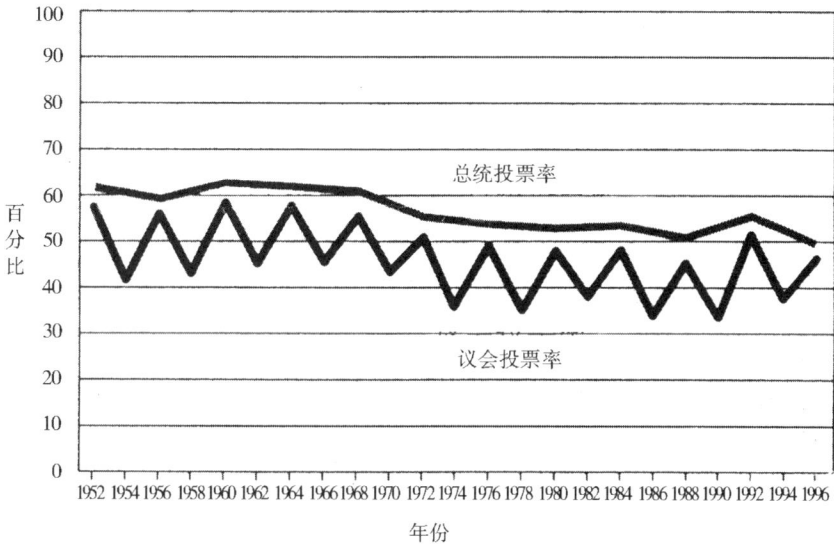

图 13-1 公众对议会和总统选区的参与(1952～1996)

另一层次的专门化问题,也就是选择什么议题来持续了解其情况。单单联邦政府层面的议题范围就太广了,难以让人跟上最新的发展,而且,当州和当地议题也被包括进来时,潜在的公众政策议题的范围就太大了,任何一个人都难以把握。追踪政治事务的那些公民不可避免地需要把精力集中于较小系列的议题,而且以往的研究提示,只有很少的公民追踪过两个或三个以上的主要议题领域(Almond,1950;Rosenau,1974;Miller,1983a;Popkin,1994)。对有限范围议题的这种关注被称为议题的专门化。

正是在这个背景下,科学和技术议题在争夺美国人的关注方面相对来说做得还不错。1997 年,70％多一点的美国人报告说他们对"新医学发现方面的议题"非常感兴趣,49％的人指出对"新的科学发现方面的议题"具有很高的兴趣(见表 13-7)。相当大部分的公众表达了对各种技术问题的高度兴趣。几乎半数的美国人指出说他们对"新发明和新技术的使用问题"非常感兴趣,29％的人对"使用核能源发电"非常感兴趣。三分之一的美国人报告了对太空探索的高度兴趣。与这种对技术使用和影响的相对浓厚兴趣相媲美的是,人们对"环境污染问题"也具有高度兴趣,52％的美国人表达了对此类议题的高度兴趣。

表 13-7　对所选公众政策议题的兴趣和了解,1997 年

	非常感兴趣	非常了解
新科学发现议题	49%	20%
新医学发现议题	71%	28%
新发明与技术的使用方面的议题	47%	16%
使用核能源发电方面的议题	29%	10%
太空探索议题	32%	16%
环境污染议题	52%	23%
经济议题和商业状况	47%	25%
国际和外国政策议题	23%	11%
军事和国防政策议题	35%	18%
当地学校议题	58%	39%

$N=2000$

问题的陈述:

"在新闻报道中有很多的议题,人们难以对每一领域都保持关注。我将向你读一小段议题清单,在我读的时候,希望你告诉我,对于每一个议题你是否很有兴趣,一般有兴趣,还是一点也不感兴趣。第一个……"

"现在,我将和你一起再次检查一下这个清单,我希望你告诉我,是否你对这些问题非常了解,一般了解,还是不怎么了解。第一个……"

相对而言,47%的美国成人表达了对"经济议题和商业状况"的高度兴趣,这些问题被看做是美国政治中传统的钱袋子议题。四分之一的美国人报告说他们对"国际和国外政策议题"非常有兴趣,35%的人表达了对"军事和国防政策"的高度兴趣。58%的美国成人报告了对"地方学校议题"的强烈兴趣,这提示了学校政治在地方政治领域的持续重要性,也展现了正在争夺公民的时间与关注的国际、国家、州政府以及当地议题。

简言之,多数公民面对着在大量争夺他们时间的各种需求,而大体上,看起来有大约半数的美国成人选择忽视公共政策议题。在那些跟踪公共政策议题的美国人当中,还存在对他们所拥有的时间和资源的进一步争夺,正是在这个背景下,公众对科学与技术议题的兴趣必须被评估。从广义上看,科学技术议题在获得公众的兴趣上具有相当不错的竞争力,即便是在引人注目的国际事务发生时也是如此。

尽管对某一议题的高度兴趣是公民有效参与的先决条件,但这不是充分条件。在一项关于公众参与对外政策制定的里程碑式研究中,加布里埃尔·阿尔蒙德(Gabriel Almond)教授指出,对于公民来说还有一个必要条件,那就是:感到他们对议题具有相当了解,而且成为相关新闻和信息的持续消费者(Almond,1950)。对一个议题具有高度兴趣、认为自己对此相当了解,并且在新闻中追踪该议题的公民,明显地比其他公民更有可能就那些议题方面

的决议进行投票,向立法者或者政府官员写信讨论那个议题,或者是参与寻求特定政策的公开政治集会或联络。

为了评估人们自己认识到的对议题的了解程度,《科学指标》使用了一些公共政策问题来评估人们对议题的兴趣,这里,回答者被要求依照等级来描述自己对同一系列问题的了解程度:即非常了解、一般了解和不怎么了解。与过去的十年间所发现情况相似,1997年的研究结果表明,比起愿意把自己描述为对每一议题都非常感兴趣的美国人来,认为自己对每一个议题都很了解的美国人明显少了许多。更多的美国人觉得,比起其他系列的议题来,他们对当地学校和新医学发现的议题更为了解,39%的美国人称自己对当地学校的话题"非常了解",将近30%的美国人认为自己对新医学发现"非常了解"(见表13-7)。四分之一的美国成人认为自己对经济话题、商业状况和环境话题很了解。相对照,只有20%的美国人愿意把自己描述为对新科学发现很了解。

在这个层状的模型中,对给定的话题具有高度兴趣、感到对那些话题很了解,并且经常去获取信息的公民被称作那个议题的关注大众。几乎每个话题都有关注大众,坚持追踪公众政策议题的多数公众会对两到三个议题领域有所关注。很少有公民被确认为关注着四个以上的话题。

制定公共政策和解决冲突的层状结构

那么,这个专门化过程是如何影响涉及科技问题的公共政策制定以及冲突的解决的呢?在很大程度上,科技政策的制定及特定科技争论的解决几乎完全与选举过程脱钩。从来没有一个国会的、参议院的、或者是总统候选人曾经因为主要与科学或技术相关的议题而赢得或丧失竞选。尽管被选举出来的官员确实在科学技术政策的制定过程中起到了重要的作用,但他们很少是因为对支持或反对特定的科学或技术政策的承诺而当选的。

在他的原来工作中,阿尔蒙德描述了一个金字塔状的结构,该结构阐明了在议题专门化的情况下,有可能发生的公民参与政策形成过程的类型(见图13-2)。在这个层状的模型中,政策制定者位于该系统的塔尖,他们有权力对给定的政策问题做出有约束力的决定。这一群体包括执行官员、立法官员和司法官员的混合体,在制定科学技术政策的情形中,这些官员主要指的是联邦层面的人。

本结构的第二层是一群非政府的政策领导者。在制定科学技术政策的情形中,非政府的政策领导者包括最主要的科学家和工程师;在科学与工程领域活跃的重要企业的领导;科学与专业学会的官员和领导;主要的研究型大学的校长和相关的院长;全国科学院、全国工程科学院、卫生研究院的院士;还有对

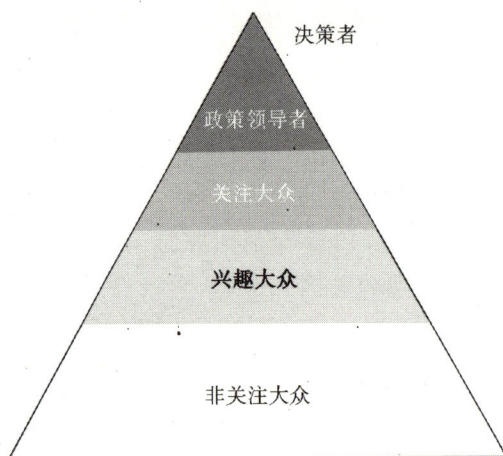

图 13-2　政策形成的层状结构

科学技术问题感兴趣的各种商业、学术领导和其他领导。罗斯纳（Rosenau,
1961、1963、1974）和其他人已经注意到:精英分子进入决策层,以及决策者进
入领导层的事情时常发生。当政策制定者和领导者团体之间存在高度一致
时,科技政策就以一般的方式被制定,在制定过程中公众的参与并不广泛。

　　然而,在某些议题上,在政策领导团体内部、或者在政策领导者和决策者
之间可能会存在不同的观点。在那种情况下,可以呼吁关注公众加入政策制
定过程,寻求通过直接的接触和说服来影响政策制定者。关注大众——模型
的第三层——是由对给定的政策领域具有兴趣,对此具有知识,并且经常性地
了解相关的信息的人组成的。要被归类为关注某一给定的政策领域,一个人
必须表明他对该议题领域非常感兴趣,显示他们对此非常了解,并且经常性地
阅读日报或者是相关的全国性杂志。

　　领导者群体用来在不同的政策领域调动公众关注的联系和方法只是在今
天才得到了研究,尽管如此,我们还是可以看到领导者对关注大众的一种呼
吁,这种呼吁通过专业组织、专业化杂志和期刊以及与职业相关的机构而实
现。关注大众与公共官员——政策制定者——的联系看起来是通过传统的渠
道实现的:写信、打电话和上门访问。

　　表现出对某个议题领域的高度兴趣,但是并不认为自己对此非常了解的
人被划归为感兴趣的大众。这一群体的人非常积极地在获取与他们感兴趣的
议题相关的信息,但是不太愿意实际参与沟通或者其他政治过程,因为他们觉
得自己对此并不是很了解。在某一特定的争论中——比如当地的一场选址争
议,感兴趣大众的一些人可能会成为关注大众,只要他们确定自己足够了解议

题。然而,在"挑战者号"航天飞机爆炸事件上,米勒(1987)领导的一个调查组发现:对太空探索感兴趣的公众实际上没有一个人因为事件的发生、或者在爆炸发生之后的六个月变成相关议题上的关注大众,而在这六个月间,召开了许多的公众听证会和调查。

在金字塔的底层是非关注大众、或者其他大众。在很大的程度上,这些人对给定的政策议题表现出了很低的兴趣,对此的了解也很少。不过,关于该群体的两个要点是值得我们了解的。首先,如果普通大众对决策者、领导者以及关注大众在任何一个领域所提倡的政策感到足够程度的不满,他们就总是享有政治上的否决权。公众在结束朝鲜战争和越南战争中所起到的作用就表明了这个否决权的运作。

第二,重要的一点是,不要把对某一特定政策议题的不予关注等同于无知或者缺乏智力活动。所有公民都对很多领域和议题不予关注。许多对某一特定议题不予关注的人可能对很多其他议题具有兴趣或了解。

总之,某一特定议题上政策形成的层状模型描述了一系列不同层次的议题兴趣和认识情况,并且详述了该模型每一层次的人参与不同类型的公共事务的状况。这是对当前政策制定过程的准确表述,而且将会给我们提供一个有用的框架,用来分析美国公众对科学技术的态度。

科技政策上的关注大众

米勒(1983a,1983b)和其他人使用了阿尔蒙德的模型来定义和描述关注科技政策的公众。米勒和普鲁伊特从1979年就开始测定人们对科学技术政策的关注,其根据就是回答者对"关于新科学发现的议题"和"新发明和技术的使用方面的议题"的兴趣和认识程度,以及对获取相关新闻信息的持续程度的测定[①]。这两个题目的设计是为了获知回答者对科学和技术的兴趣,在十余年间,它们一直很好地服务于这个目的。1997年,有14%的美国成人在关注科学和技术,46%的人对科学技术议题具有兴趣,而40%的人既缺乏兴趣也不了解(见图13-3)。1997年,在过去20年来一直徘徊在大约10%之后,美国成人关注科学技术的比例略有上升。并不清楚的是,这是公众提高科学技术政策关注的开始,还只是一个短暂的偏离,还是火星车登陆火星或大众媒体的高调科学活动报道的反映。继续探查一下今后公众对科学技术政策的关注类型是很重要的。

---

① 在这个测定的结构中,如果回答者报告说他或她对"涉及新科学发明的议题"很有兴趣并且非常了解,并且经常阅读最近的新闻,那么就会被归为该议题上的关注大众。同样的程序被用于涉及"新发明和技术的使用"的那些议题。这两个分类被结合起来,这样,对两种议题领域都愿意投以关注的回答者将被划归为关注科学技术政策的群体。

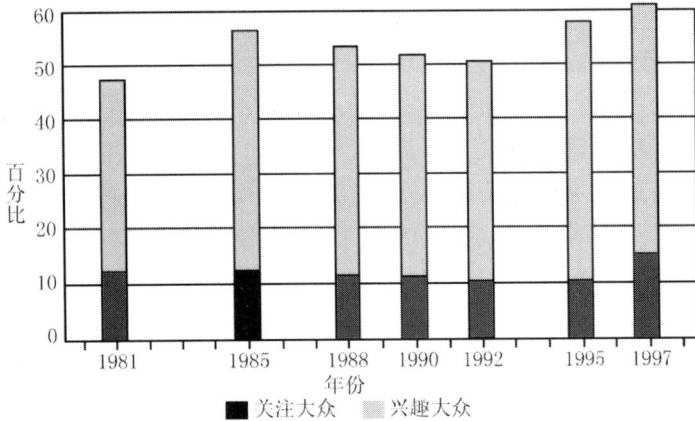

图 13-3　对科学技术政策的关注(1981~1997)

科学技术关注大众的人口分布情况

　　抛开美国人关注科学技术政策的比例问题不谈,有必要看一看这个重要的公众群体的组成。因为多数美国人没有上过大学,而且从事科学技术工作的群体只占少数,科学技术政策关注大众的构成看起来既不像是大学的校友会,也不是完美地代表了全国各色人群的横断面。

　　首先看一下教育情况,1997 年,关注科学技术议题的公众有 70％没有拿到本科学位(见表 13-8)。大约 30％的关注大众具有学士学位,而 14％的人具有研究生或者专业学位。就像这个情况表明的,对科学或者技术政策的高度兴趣,以及感到对那些议题具有相当的了解并不是大学研究生才具有的特征。对这三个公众群体所完成的科学和数学课程的数量和水平的检测表明,与感兴趣大众和其余大众相比,更多的关注大众选修过大学水平的科学课程,但同样重要的是,将近 40％的科学技术政策关注大众,据报道,他们选修了起码数量的正规科学和数学课程。

　　1997 年,关注科学技术政策的大众有 57％是男性,这反映了过去 10 年的大部分时间内所发现的一种状况。兴趣大众在两性之间均衡地分布(见表 13-8)。这个差异在部分上反映了男性和女性在上学的时候接受科学与数学课程教育的不同情况。如果在多变量模型的背景下来进行考察,这种性别差异的程度会稍微减弱一些。

　　科技政策上的关注大众、兴趣大众和其他大众的年龄情况非常相似。在关注大众中,年轻人的比例稍为更高一点。

　　1997 年,关注科学技术政策的大众有 13％是在科学或者技术职业领域工作的那些人,但是 87％的关注大众要么在其他领域工作,要么就没有工作(见表 13-8)。科学技术政策关注大众的组成并没有呈现出明显的职业模式,这表明:对科学技术政策的兴趣和关注实际上在所有经济部门都可以看到。

表 13-8　1997 年美国科学技术政策关注大众的人口分布

	关注大众	兴趣大众	其他大众
教育水平			
11 年级或者以下	22％	16％	27％
高中毕业	48％	63％	59％
本科	16％	14％	10％
研究生/专业学位	14％	7％	4％
科学/数学 教育			
最低	39％	51％	59％
高中	25％	28％	23％
大学水平	36％	21％	11％
性别			
女	43％	50％	59％
男	57％	50％	41％
年龄			
18～24 岁	18％	15％	13％
25～34 岁	21％	23％	23％
35～44 岁	22％	22％	18％
45～64 岁	24％	27％	24％
65 岁以上	15％	13％	22％
职业			
科学	10％	6％	2％
技术	3％	5％	4％
商业、法律和其他职业	25％	21％	16％
销售、文员、手工艺人	24％	26％	25％
技工、运输	5％	6％	9％
工人、服务人员	13％	13％	21％
无业	21％	23％	23％
N＝	288	918	794

　　这个情况对于科学传播活动,以及寻求向公众传播科学技术信息的群体和个人而言具有指导意义。关注科学技术政策的公众并不仅仅是科技工作者的集合,而是公民群体,他们共享一系列共同的兴趣,但是通常没有依照正式的群体被组织起来,他们对科学与技术议题具有兴趣,认为自己对该领域的东

西具有足够的了解，能够对此进行阅读或者谈论，而且他们都是那些想参与科学或技术方面的政治争论的公民。

关注大众的作用和重要性

在对米勒的《美国人民与科学政策》(1983a)的介绍中，阿尔蒙德把关注大众的作用比作军队中的后备部队。关注大众阅读他们感兴趣的议题，并且和具有相似兴趣的朋友及同事一道讨论那些议题。波普金(Popkin，1994)认为，公民和投票人给政治进程带入了大量的日常知识。当人们自己、人们的家庭或者朋友住院时，当他们在食品或者家用化学品柜台阅读内容标签时，当他们在使用家用计算机、或者是用 CD－ROM 播放音乐时，当他们在乘坐飞机时，或者是试图跟踪电视新闻里关于政治议题或者罪行审判的报道时，他们就接触了科学与技术。在思考科技政策上的关注大众的分布时，记住这一点是重要的：人们是通过正规和非正规的方式来获取他们以后思考公共政策争论时可能用到的信息的。

关注大众并没有在制定国家政策议程，或者在与科技相关的公众政策的日常讨论中起到重要作用。只有在这一体系中出现了矛盾时——领导人或者决策者找不到解决方式时——该体系才会求助于关注大众来解决问题。就像战争一样，这种矛盾并不是经常出现，但是它们可能关系到科技领域最为重要的问题，而且当然也是最为困难和最富争议的问题。

当一个议题或者争论无法在领导层面被解决时，至关重要的是：有足够的公民在关注那个领域，并且能够理解领导人之间在那个议题上的争论。对于关注公民来说重要的是，他们认为自己具有足够的见识，能够通过信件或者直接的联系进入政策争论之中，同样重要的是，这些关注公民也足够了解科学、数学和技术——也就是具有科学的素质——来追踪和评估某一议题上的对立论证。根据上面提到的科学素质测定可以看到，只有 18％的科学技术政策关注大众被确认为具备科学素质，而只有 12％的兴趣大众达到了这个标准。依照更早的时候描述的测定，只有 7％的其他大众是具备科学素质的。

这个结果意味着：只有 3％的美国成人既关注科学技术政策，又具备科学素质。用实际一点的用语说，这个估计意味着：大约有 570 万的美国成人对科技政策议题具有高度的兴趣，并且有能力理解和评价在政策争论或者讨论中的对立论证。在一个包含了大约 1.9 亿成人的政治体系中，即使只有 7500 万人在总统选举中投票，积极参与政治的这个潜在群体也把民主概念扩展到了极限。

科学素质与民主

在本章的引言,这样一个议题被提了出来:在美国的民主传统下,科学技术政策是如何被制定出来的。现在是时候回到这个议题,讨论一下当前的政策执行活动中的民主或非民主特征,并且思考一下当代模式在21世纪的拓展。

美国科学技术政策的制定首先是一个非选举过程,它涉及政策制定者、科学技术政策领导者,不时还有关注科学技术政策的大众。罗斯纳(1974)把这个过程称为:"选举活动之间的公民身份",它强调公民资格的一种持续性特征,以及公民除了对政府官员的选举之外所具有的大范围参与作用。关键的问题是:是否这些过程符合民主政府的合理定义。要回答这个问题,简要回顾一下当前的过程是如何运转的,检查一下民主参与和民主管理的本质可能会有帮助。

在正常的非危机条件下,美国科学技术政策议程是由科学技术政策方面的领导人确定的,并经由和决策者的讨论而获得批准。在这个过程中,决策者指的是在一些对科技问题拥有管辖权的委员会中充任成员或主席的国会议员和领导人以及在科技问题上拥有决定权的分支执行机构的官员。在1997年,在国会和分支执行机构中有100人具有科技政策领导人的资格。在1994年国会的党派控制发生变化以前,在立法方面,这个决策者群体的成员一直保持着高度稳定性,这表明每一年都有大量的任职者被重新选举,而且资历在立法机关领导岗位的分派上具有一定的作用。

在第二个层次上,科学技术政策的领导群体包括主要的科学技术学会和协会的官员;国家科学院、国家工程科学院的院士、医学研究院所的成员;主要的科学与工程公司的负责人与首席官员;从事科学、工程研究及教育的主要大学的校长和院长;在国会的各委员会参加科学技术问题作证的科学家、工程师和其他人;在分支执行机构的部门级科学技术政策顾问委员会任职的科学家、工程师和其他人;在科学技术政策方面出版了重要作品、发表了重要文章的科学家、工程师和其他人;以及为全国性媒体工作的科学新闻记者。在过去20年的大多数时间里,根据以上某一或者若干标准,大约有5000人具有科学技术政策的领导者的资格。

在某个特定的政策问题上(包括这个问题在科学技术政策议程上的相对优先地位),如果在科学技术政策领导者群体内部达成了高度一致,那么一系列讨论就发生在主要的政策领导者和决策者之间。在很大的程度上,科学技术政策领导者与决策者(及其部下)之间的对话是持续不断的。科学和专业学会的领导者及专业班子经常性地与国会委员会的领导及其工作班子进行持续的讨论,而且,国会工作班子的成员和委员会的任职人员有时候也会到科学学会和专业群体去担任专业领导职务。这个模式并不是科技政策领域所独有的,它刻画了利益集团和立法委员会之间在广泛的专门性议题上的关系。这种网络体系是议题专门化所固有的。

当科学技术政策领导者和决策者之间达成了广泛一致时,政策就得以制定,就不用进一步涉及关注大众或者选民。每一年,数百个大大小小的科技政策问题就是通过这样的机制被处理的。考虑到涉及科学或技术的某些方面的公共议题在与日俱增,如果每一个议题都全面展开讨论,那么政策体系就会慢慢停滞下来。真正的问题在于:是否这个过程仅仅是达成一致条款的有效手段,或是说它防止了争论的扩大,并且以某种方式抑制了民主程序。

科学技术政策上的争论有两个主要来源。首先,科学技术政策领导者本身之间存在不一致。当科学技术政策领导者在某一议题上产生分歧时,决策者常常不愿意支持其中的一方或是另一方,除非事件的压力要求即刻的回应。当科学技术政策领导者们在某一特定议题上存在不一致的时候,有些领导者愿意寻求让感兴趣并知情的公民——也就是关注大众——参与该议题,让他们给立法者写信,为专门委员会或专门小组出力,签署请愿信,或者直接与他们自己的参议员和众议员联系。

关于使用核裂变能源发电的问题对这种争论是一个说明。在这场争论中,双方都没能成功地争取到决定性多数的领导者或者关注大众的支持,这导致了至少 20 年政府层面上政策的不确定。实际上,政治体制无法就核能在国家能源政策中的作用问题得出结论这一事实,表明了当前体制的潜在问题。当然,从理论上看,当相互竞争的科学政策领导者向关注大众论证他们的政策时,某一方将会占得上风,政策将得以确定。但没有任何机制可以确保政策的最终决定,而且,也没有任何机制保证任何重大的非科技政策领域的任何一方获胜。

第二个情况是:当政策领导者之间达成了高度一致,但是某些关键的决策者,尤其是总统对此不赞同时,科技政策争论也会产生。两个例子说明了这种争论。1948 年,杜鲁门总统否决了原来的国家科学基金会法案,因为他认为,管辖机构使基金会处于总统的控制之外。在与国会及科学界协商了将近两年之后,1950 年另一国家科学基金会法案得以通过,管辖机构经过了更改,总统杜鲁门签署了法案。1981 年,总统里根的首度预算从国家科学基金会(NSF)的预算中基本清除了所有科学和数学教育的资金,把这些项目都砍掉了。在国会对预算的增加还是减少问题进行了专门表决后,预算被国会采纳,并经里根总统签署。这个事件在科学教育界和两党的国会领导人中都产生了负面效应。在后来的几年里,里根的预算提案把科学与数学教育基金包括了进来,并且这些请求都是依照正规委员会的程序来处理的。在双方的决策者的支持下,科学与数学教育基金从此开始增加。

近年来,至少有一项持续的科学技术政策争论是在决策者和政策领导者群体外产生的。有一个运动旨在约束和限制在实验中使用动物,这个运动是由关心动物的福祉、但是以前从来没有接触过科学或技术政策的那些人发起的。在之前若干年,雷切尔·卡森(Rachel Carson)的《寂静的春天》(*Silent Spring*)(1962)和莫滕·明茨(Morton Mintz's)的《治疗的噩梦》(*Therapeutic Nightmare*)(1965)已经引起了全美国范围的争论,导致了国会的听证和随后的立法。不过,卡森和明茨两个人都已经是公认的科学作家,在她们的作品引起全美国范围内的争论之前,她们至少是科学技术政策领导者群体中处于边缘位置的成员。在相关科学技术政策问题的产生这一点上,动物权利运动的出现及对抗策略的采纳看起来没有先例。

当前的体制规定,可以在国家和地方层面进行公民投票(referenda),以此直接诉诸选举来解决问题,尽管这很少被使用。比如,在争论核能问题时,反对使用核能发电的群体已经在数个州推动了公民投票,寻求设立他们无法通过常规立法程序获得的禁止或限制。大概与战争类似,通过公民投票程序来解决问题通常标志着政治谈判过程的挫败,对于赞同和反对双方而言,这些运动也被证明是代价昂贵的和困难的。

给出了对当前科学技术政策制定过程的这个简要描述后,对于它的民主或非民主本质我们可以总结出什么东西呢?政策制定的许多特定过程都是议题专门化所固有的。在很大的程度上,问题在于:议题专门化的进程本身是否与民主原则相一致。我相信在服从特定条件的情况下它是一致的。

在世界各地复杂的现代社会中,政治体制必须能够做出大量涉及专业化信息的政策决定。单单是这些决定的数量就会使得选举决定无法进行。此外,有证据表明,美国的许多投票人显然认为自己在今天被要求选举太多的政府官员了,被要求做出太多的议题决定了,尤其是在州和地方的层面上。由于必须由政治体制来决定的专业性政策问题的范围,即便是最有热情的投票人也无法对这些议题的关键部分都具有了解,并保持这样的了解。因此,依赖于选举来决定专门议题的方式,将要求政治体制中最少数的对议题具有充分了解的群体对数千个政策做出决定。民主原则并不要求公民在这个层面上的直接参与。

通过在当前的体制中选举决策者,投票人选出了在该体制中处于中心位置的那一批活动者。投票人关于候选人的决定可能在很大程度上基于科学技术政策之外的考虑,不过,在选举候选人时,有一个这样的普遍信念:候选人与投票人会拥有共同的价值观和态度,他或她面临在选举运动中未经讨论过的问题时会运用这一价值观和态度。对投票过程30年的研究证据表明,很大比例的投票人不会根据狭窄议题上的关注来投出他们的选票,而是根据更为广义的考虑:对投票人能力的认识,还有共享的价值和关注。显然,对决策者的选举反映了民主原则。

与此相对,对科学技术政策领导者的遴选是由科学界、教育界和企业界作出的。通常,对某一科学或专业学会负责人的遴选在特定群体的内部是民主的,这反映了管理自愿社团的通常模式。关于遴选科学技术政策领导者的令人满意的研究不多,但是也没有什么证据表明在大多数科学和专业协会内部存在激烈的竞选活动,或者是持续的政治结社,这提示:在遴选中,科学或者专业上的名望比其他因素更为重要。在民主政治体制中,这些遴选过程不受政府控制或影响,美国符合这个检验标准。实际上,就像托克维尔(Tocqueville)提示的,在对自愿结社的自由管理,以及这些社团随后介入政治体制这一点上,美国是开创先河的例子之一。

尽管科学技术政策领导者的数量相对有限,还是有大约5000个这种层次的人被各种群体和研究机构选拔出来。相对于整体人口而言,女性和少数民族的人没有被充分代表,不过,比起他(她)们从专业和学科领域中选拔出来的数量,他(她)们在科学技术政策等领导者群体中的数量通常更高。

与决策者和政策领导者相反,关注科学技术政策的成员是毛遂自荐的。1997年,大约有2900万美国人被划归为关注科学技术政策的人,他们来自几乎所有的主要职业群体,全国所有各界,以及所有的种族和民族群体。毫无疑问,那些接受过更为正式的教育,上过更多的科学和数学课程的美国人,更有可能去注意科学技术政策问题。这里的关键不是说科学技术政策的关注大众(或者任何其他的关注大众)准确地代表了全体选民,而是说它包含了来自美国所有各界的大量公民,就此而言,他们并非精英阶层。

议题专门化在本质上具有多元化的特征。它允许每个人选择最适合个人爱好或职业兴趣的议题,同时分配自己尽可能多或者尽可能少的时间来了解那些议题,并保持这种了解。一个钢铁工人可能会关注劳动政策和对外贸易问题。一个当地的商人可能会关注税收政策和城市的经济发展规划。一个农民可能会关注农业政策和对外贸易问题。有孩子在军中服役的家长可能会密切关注外交政策和军事问题,尤其是在国际关系紧张的时候。议题专门化确实对那些没受过什么教育的人,尤其是那些没法阅读新闻报道类文章的人造成了歧视,但是在今天的美国,这可能是没受多少教育的人所具有的最不严重的后果之一。

　　总之,在复杂的社会中,某些层次上的议题专门化看起来是不可避免的。一个典型的公民在时间上面临诸多需求。在近几十年里,单单是国家政治议程问题的数量就在稳步上升,同样在上升的还有对多数议题的充分了解所需的起码知识水平。没有哪个公民可以被期望对美国所有的政治问题都具有充分了解。政治体制的运作只能通过某种程度的议题专门化——尤其是不那么显著的一些议题——来进行。

　　在美国,在议题专门化的背景下,看起来决策者是由那些相对而言容易进行投票、并且容易获得投票权的选民通过民主程序选举出来的。多数的科学技术政策领导者是由他们所代表的学会或学科通过民主程序选举出来的;其他的则是根据他们在不同的公司和研究机构所担任的职位或者官职而被挑选出来的。任何一个议题上的关注大众都是自己选出来的。而且,作为最终的一个核查,通过这种非选举的渠道而采纳的任何一系列政策都可以通过选举的程序受到挑战,要么是未来的某个选举,要么是特定的公民投票。尽管可以采取很多的方式,让选举程序之外的公众政策制定可以变得更为民主,但是,总的来说制定公共政策的这种方式在目前是不民主的并不公平。

关注大众的作用

　　关注大众在相对不那么引人注目的领域——比如科技领域——的公共政策制定上起到了特殊的作用,理解这个作用是非常重要的。即使议题专门化体系的结构可能在根本上是多元化的、民主的,但政治体制解决主要科技政策争论的有效性却依赖于关注大众有能力理解问题和了解解决问题的可选择方式,以及政策领导者动员和把关注大众的影响集中于特定的政策目标的能力。在理解和动员上,科学素质的缺乏是一个主要障碍。

　　在科学技术政策争论成形之前,多数的关注大众应该已经阅读到了问题的一般情况。举个例子,如果在科学政策领导者内部发生观点的分歧,那么,已经对议题具有了解、并且在跟踪这些议题的关注大众就会对不同的观点及这些观点的政策目的有所认识。当争论得到了更好的阐述,并且对立双方提出了更为成熟的论证时,重要的一点是,关注公民能够继续读懂这些论证,能够判断出对立论证的各自优点。前面的讨论结果提示:在关注科学技术政策的大众中,有相当一部分的人无法阅读和理解涉及诸如重组 DNA 或者核聚变发电议题中的对立论证。一些科技政策议题超出了多数关注大众的理解范围之外,而看起来,这一议题的清单将会变得更长,而不是更短。

　　这里的问题往往是:关注大众缺乏对基本科学过程的恰当理解。举个例子,大部分的科学政策关注大众知道辐射的很多来源,了解它对人类健康的可能影响。但是相对而言很少人对原子的结构具有充分了解,以解释辐射是如何在原子内部产生的。由于对原子的结构缺乏这样的了解,多数关注大众无法解释核聚变过程,或者是理解核聚变如何被用来发电。尽管科学家和工程师们正在准备发展持续的核聚变技术,许多人相信,他们将会在 20 年之内找到该技术可供商业使用的示范设施(demonstration facility),并且断言,这项技术将会在 50 年之内做好商业使用的充分准备。举个例子,如果在未来的10 年中,科技政策领导人内部在核聚变技术使用的问题上产生严重分歧,那么相对而言很少关注大众将能够理解那些争论,并且参与这种争论的解决。

　　谈到动员关注大众有效参与政治过程的能力时,可以看到:在寻求动员特定政策争论上的关注大众时,科学政策领导者相对而言没有什么经验,而在寻求影响科学政策制定的过程时,多数科技政策关注大众的经验也有限。不止10 年的全国性研究表明,比起其他公民,关注大众明显更有可能就政策问题给立法者或其他公共官员写信或打电话。不过,对这些联系的主题进行详细分析之后发现,多数的联系关注的是环境问题和非科学问题。相对较少的科技政策关注大众曾经就科技政策本身与相关官员联系过。

　　在政策争论中,当科学政策领导者想要动员关注大众时,关键的要素是:科学政策领导者要有能力让关注大众相信议题的重要性,并且提供充分的信息,使得关注大众能够与决策者进行值得信赖的通信和交谈。论证的说服力可能依赖于争论本身的性质,但是,理解争论的实质性基础、并且用有效的通信和联络方式传达这种理解的能力可能在很大程度上依赖于每个关注公民的科学素质水平。对基本的科学过程缺乏恰当的理解,这被证明是就公众政策的不同选择进行有效交流的障碍。对核能问题的持续争论,是近年来需要广泛动员关注大众投入公开行动的唯一科学技术争论,即便在这个案例中,与关注大众的多数交流也只是含糊地涉及了支持方和反对方的领导者希望关注公民采取的那种行动。看起来在未来,科学政策的一些争论可能会要求人们对议题讨论所涉及的科学技术具有更为深刻的理解。

　　总之,尽管关注大众在科学技术政策争论的解决中所扮演的理想角色得到了相当充分的认识,但很有可能的是:因为关注大众缺乏高水平的科学素质,实质性议题的交流及关注大众的动员将会受到阻碍。由于到目前为止的科学技术政策争论还很少,这些问题涉及的范围在很大程度上仍然是不清楚的,但有一点是没什么疑问的:即,在未来科学技术政策争论的解决上,更具科学素质的关注大众将会有更好的表现。

未来的使命

如果科学技术政策的关注大众和选民要在美国政治体制中起到各自的作用,关键的一点是:美国民众的科学素质水平要得到提高。关于提高科学素质的策略的充分讨论超出了本文范围,尽管如此,有一点仍然是重要的:那就是,采取可提供短期和长期的方式解决普遍存在的科盲问题的策略。

从短期看,有成百上千万的美国人接受了正规教育,他们对科学技术政策问题具有高度兴趣,但是在目前,他们对很多重要的科学和技术概念并不理解。很多这样的人在科学和数学方面接受了正规的训练(尽管这是几年之前的事情了),他们想要对支撑着当代议题的科学与技术具有更多了解。比如,近来的使用计算机或超导体博物馆展览的参观数据表明,数百万的成人想要更多地了解那些概念,以及与它们相关的问题。重要的一点是,继续推行满足这些公民的非正规科学学习需求的项目。

同时,关键的一点是让未来的美国一代在高中毕业后具备基本的科学素质,使得他们足以能够理解涉及科学或技术的多数公共政策议题。今天,多数的高中毕业生荒废了他们的高中教育经历,成为不具科学素质的人。在美国,只有 20％的高中毕业生完成了物理课程,只有将近一半的高中毕业生曾经修过化学课。只有 11％的高中毕业生曾经尝试过微积分课程,绝大多数高中毕业生除了代数与几何外没有修过别的数学课。有一个观点希望 14 岁大的孩子能够自己设计个性化的高中课程,这个课程将会满足他今后 40 年的职业和公民资格需要,而这个观点已经失败。没有一个其他的主要工业化国家允许高中生自己选择修多少科学与数学课程。数十年来,实际上美国的每一个州都要求青少年上中学上到 16 岁,并且在此期间学习英语和语言艺术,理由是基本的文化素质是在我们的社会里生活和工作所必不可少的。在未来,科学素质对于美国中学毕业生来说其重要性不比这低。当务之急是,各州要开始以今天对学生的基本文化素质的要求,来要求学生在中学期间达到基本的科学素质。

很多国家领导人已经认识到了科学素质的关键作用,而且联邦政府和州政府已经承诺:寻求让美国学生在科学与数学能力上与其他国家的学生持平。支持提高科学素质的多数争论与经济相关,强调美国工业在世界市场的竞争力。这些因素是重要的。不过美国民主的维护和促进同样重要。如果我们想要在 2087 年庆祝我们宪法成立 300 周年,并且宣称美国的民主政体实验是成功的,就像我们在 1987 年所宣称的那样,我们就必须以一种新的紧迫感来面向在小学和中学阶段就培育科学素质的任务。

乔恩·米勒　著

（Jon D. Miller）

李曦　译

参考文献

Almond（G. A.）. 1950. *The American People and Foreign Policy*. New York：Harcourt & Brace.

Barber（B.）. 1962. *Science and the Social Order*. New York：Collier Books.

Buros（O. K.）. 1965. *The Sixth Mental Measurements Yearbook*. Highland Park（NJ）：Gryphon Press.

Carson（R.）. 1962. *Silent Spring*. New York：Houghton Mifflin.

Davis（I. C.）. 1935. "The Measurement of scientific attitudes". *Science Education*，19，pp. 117-122.

Davis（R. C.）. 1958. *The Public Impact of Science in the Mass Media*. Ann Arbor（MI）：University of Michigan Survey Research Center. Monograph 25.

Dewey（J.）. 1934. "The supreme intellectual obligation". *Science Education*，18，pp. 1-4.

Hoff（A. G.）. 1936. "A test for scientific attitude". *School Science and Mathematics*，36，pp. 763-770.

Miller（J. D.）. 1983a. *The American People and Science Policy*. New York：Pergamon Press.

Miller（J. D.）. 1983b. "Scientific literacy：A conceptual and empirical review". *Daedalus*，112（2），pp. 29-48.

Miller（J. D.）. 1987. "Scientific literacy in the United States", in *Communicating Science to the Public*，directed by E. D. & M. O'Connor. London：Wiley.

Miller（J. D.）. 1998. "The measurement of civic scientific literacy". *Public Understanding of Science*，7，pp. 1-21.

Miller（J. D.）. 2000. "The development of civic scientific literacy in the United States", *in Science，Technology，and Society：A Sourcebook on Research and Practice*，directed by D. Kumar & D. Chubin. New York：Kluwer Academic/Plenum Publishers.

Miller (J. D.), Prewitt (K.), Pearson (R.). 1980. "The attitudes of the U. S. public toward science and technology". Report to the National Science Foundation. Dekalb (IL): Public O-pinion Laboratory.

Miller (J. D.), Pardo (R.), Niwa (F.). 1997. Public Perception of Science and Technology. Bilbao: Fundación BBV.

Mintz (M.). 1965. *The Therapeutic Nightmare*. New York: Houghton Mifflin.

NAEP (National Assessment of Educational Progress). 1988. *The Science Report Card*. Princeton (NJ): Educational Testing Service.

Noll (V. H.). 1935. "Measuring the scientific attitude". *Journal of Abnormal and social Psychology*, 30, pp. 145-154.

Popkin (S. L.). 1994. *The Reasoning Voter*. Chicago: University of Chicago Press.

Rosenau (J.). 1961. *Public Opinion and Foreign Policy: An Operational Formulation*. New York: Random House.

Rosenau (J.). 1963. *National Leadership and Foreign Policy: The Mobilization of Public Support*. Princeton (NJ): Princeton University Press.

Rosenau (J.). 1974. *Citizenship Between Elections*. New York: Free Press.

Schwirian (P. M.). 1968. "On measuring attitudes toward science". *Science Education*, 52, pp. 172-179.

Withey (S. B.). 1959. "Public opinion about science and the scientist". *Public Opinion Quarterly*, 23, pp. 382-388.

第十四章　博物馆文化行动的新形式

历史已经表明，博物馆的创始行动往往使一个时期的根本事业获得定型。因此，科技博物馆所由之诞生的社会和政治发明解放了一些文化形式，而这些形式在今天重新获得了它们的意义。这至少是本文论述的目的，这个论述并不想概括什么东西，而是建立在对(法国)洛林地区科学、技术和工业文化中心的发展的观察这一基础之上。

为了显示出允许我们推测这种演化进程的那些发展趋势，我们需要阐明这些中心的政治背景的特征。我觉得，确实像 P. 波米安(K. Pomian, 1991)所说的，这实际上是"博物馆的政治史，它一方面允许我们解释博物馆陆续建立的图谱，另一方面允许我们对其内容和表现手段给出说明，并且依照时代、国家，有时候也依照建筑风格来对它们进行评论(98)"。

因此，依照这种论述方式，我们既不能在思考法国的科技博物馆时不考虑激发了科技博物馆发展的科学、技术、工业文化(CSTI)方面的公众政策，又不能忽视刻画了博物馆的地域特征的那些公共政策。确实，博物馆学更新了文化运动的形式，而博物馆学所由之产生的背景条件在一场运动中被重新组合起来，这个运动发生在洛林，为了应对法国有史以来最严重的工业危机之一，该运动既牵扯到了国家政策的力量，也牵扯到了当地社会的推动力。

如果我们想要得到的并不是那么精确的论述，而是对 CSTI 运动所引发的文化革新具有一个领悟，或者换句话说，想要对那些共同塑造了博物馆领域的建构的各种力量具有一个把握，那么这种介绍逻辑必须得到理解。因此首先有必要提到 CSTI 政策，它是由法国政府在 20 世纪 80 年代提出的，涉及科学与文化、科学与社会之间的关系的发展方式，然后要谈到致力于洛林运动的个人及集体行动的各种逻辑。我们的质问将建立在民众对这个文化动议的认知的基础之上。将在这里展现的分析包括了先前的一些发现，它来自于涉及该运动的含义的那些研究(Choffel-Mailfert, 1996)。

第一节　科学、技术和工业文化政策

文化、科学、技术和工业政策可以追溯到科学普及的一个潮流，这个潮流证明，社会大众提高了对基本知识的创造能力的认识，通过 1937 年法国发现宫（Palais de la Découverte）的成立，这一点尤其得到了体现。政府的这一介入也与自愿主义政策（voluntarist policy）相一致，该政策使福利国家概念合法化，并且最大限度地允许了与主流价值相应的正统文化的民主化。从这一点看，博物馆机构是一个具有优势的手段："作为一种公共遗产，博物馆给每个人提供了关于往日辉煌的纪念碑（……）；这也是一种假意的慷慨，因为对博物馆的自由进入也是一种自愿进入，这个入口为那些被赐予了理解展览之能力的人保留（……）并且使其特权合法化（……），或者引用马克斯·韦伯（Max Weber）的话说，使其为那些能够驾驭文化拯救的文化性能和制度象征的人所操控（Bourdieu & Daebel，1985：166～167）。"

因为遵从于普适主义的宏大体系，CSTI 的各种创举由此整合了文化政策，分享了对科学和知识的尊重。然而，由于延伸到了技术和工业领域，这个运动也承受了技术和工业变革的遗产，而这些变革对经济和社会的冲击显著地影响了法国的文化政策。这些后果改变了现存的价值体系，并且引发了动摇文化民主模式本身的觉醒。

政策起源

作为替代性博物馆的最初实验是为生态要求的增长、对主要技术风险的认识，以及对特定亚文化的承认所促成的。这导致在 20 世纪 60 年代融入生态博物馆理念的发展，这种理念早在 1936 年就由乔治-亨利·里维埃（Georges-Henri Rivière）予以扼要说明。因此，1980 年对一个 CSTI 区域展览中心的最初定义就建立在这些文化人类学主题的基础之上，这是在一份报告（Malécot，1981）中出现的，这份报告具有更为根本的作用，因为它是在受到经济危机影响的背景之下，在地方分权运动的预备阶段出现的。面对那个时代的经济巨变给工业遗产带来的威胁，生态博物馆的生态学关注消退了，博物馆的内容也因此随之发生了改变：新的遗产——有形的和无形的——与劳动、技术及工业文化联系起来，共同造就了一种新型的博物馆——CSTI 中心。结果是，这样的中心把交织在 20 世纪末期这个背景下的复杂力量组合在了一起，而在这个背景下，许多我们继承下来的 19 世纪的科学主义假设，比如工业革命，不再具有市场。

这个政策在 20 世纪 80 年代得到推进,它使许多文化、科学、技术和工业中心得以在法国建立。它导致了史无前例的一种制度潮流,因为在那一时期,法国有超过 10 个部和部长们卷入了已经获得法律基础的一个运动。1982年,有关研究和技术发展的《方针与规划法案》(Guideline and Programing Act)提议"让科学信息和文化在全体人群中得到传布",而 1984 年的《高等教育指导法案》(Higher Education Orientation Act)把传播科学的使命赋予了研究专家。但是国家的支持尤其令人瞩目,它创立了已经成为这个政策的标志的机构:科学工业城(the cité des sciences et de l'Industrie)(位于巴黎东北部的维莱特公园,是欧洲最大的科普中心——中译者注。),该中心于 1986 年向公众开放,并且在 1989 年——法国革命两百周年——主办了 CSTI 大会。

这个文化潮流不仅在国家层面上、也在地域层面上遵循着一种制度逻辑。它源于集权化的国家政策,由巴黎的主要机构所诠释,但同时也建立在地方分权化运动的发展之上。结果是,CSTI 的地方发展必定包含了地方分权化方面和地方主义者的 CSTI 政策,这些政策适应于当地社区和参与个人的目标。

因为这种政策指引了政治形式和经济活动的重组(尤其是在洛林),因此有两点需要注意:

第一,这个政策是在公共干预办公室创建的框架内实行的,是在全国范围内组织的。依照责任共负的逻辑,国家要求所有的地方政治和社会力量都参与其中。因此,这个自愿主义政策的成功依赖于最大限度的支持。

第二,科学、技术和工业文化计划表达了这样的一个政治意图:赋予科学、技术和工业变革之间日益增强的融合以一种文化内涵。

为了付诸实施,该意图假定文化和科学发展会导向经济和社会的繁荣。但是实际上,社会力量对同样潮流的理解受制于给国家带来深远影响的一系列经济和社会剧变。正是在这种社会巨变中,CSTI 将成为政治和社会的角斗场,在这里,博物馆和文化模式的真正替代形式的主要框架才能得以展现。

洛 林

在这一点上,洛林是一个实例,因为它一直在遭受导致了整个生产体系瓦解的经济危机。因此成为这个地区标志的社会的期望、独特的经济背景、工业战略和文化认同正是一个更为普遍的背景的特征,这个更普遍的背景本身是以技术和科学的发展,以及后工业资本主义的重组为标志的。

洛林地区的工业源头在于铁、煤、盐的储备,或者围绕孚日山脉(Vosgien)的纺织业,它所经历的发展赋予了洛林以"工业主导型"地区的名声。在 20 世纪 60 年代,洛林煤业委员会达到了年产 1600 万吨煤的水准,而铁矿业每年生产 6000 万吨铁。钢铁工业带来了整个该地区北部前所未有的工业化现象,而大量纺织厂散布在孚日山脉的洛林侧坡。由于在这些就业区域保持着至高的独占地位,这个巨大的工业集群给经济和人文背景带来了持续的影响。主导工业确实通过强劲的工业文化塑造了该地区和它的居民。引人注目的是,该地区加工业的数量不够充足,工业体系也缺乏多样性,这个背景以一种严酷的方式加剧了经济危机:在该地区北部的工业地图上,钢铁厂彻底消失了,矿井很快就会整个关闭,纺织业曾经兴盛的山谷现在成了经济灾区。此外,大规模生产所带来的竞争对玻璃吹制工、提琴制造者、制陶工人和细木工匠来说是一个直接的威胁,尽管他们都具有扎实的技能传统。

地区的不平衡、地区形象的贬值和重塑的身份所带来的负面影响,恢复运动所引发的对资质认定方面的新要求,对工业废地和产业的处理,所有这些都在刻画着一道文化介入的图景,并且提供了实现特定角色的机会。当然,这个机会与经济和社会的重新发展是联系在一起的。

在不同的行动者和政策制定者——在这里主要是研究和文化部以及地区的政治势力——之间通过协商和协议达成的公共政策实际上是在寻求一种手段,以便为该地区的特定问题的解决提供答案。在文化政策的区域性实施这一背景下,答案之一被提了出来,它以类似于产生 CSTI 中心的方式导致了某些博物馆机构的恢复,这些博物馆都发源于更为传统的渠道:铁、煤、盐、提琴制造、玻璃吹制、纺织、制陶。被纳入国家与地区之间在 1984 年达成的《特许计划》(Charter Plan)的这些程序使国家和地方政府承诺共同提供资金。

这些中心的目的与更为传统的那些博物馆的目的并不具有很大差异。它们与博物馆机构藏品的保护和评价的任务相互交汇,这可以从该中心的以下使命中看到:对展品的保护、修复和展示,研究与调查,培训,编目,收藏,对文档的加工,还有激发公众的认识。科学技术方面的主题是其特征,但它们较先前存在的博物馆机构尤其突出的是它们阐明了一种文化人类学的方法和当地发展的策略:"作为地方发展的机构,CCSTI(科学、技术和工业文化中心)责无旁贷地必须作为支柱之一而呈现,用以支撑对各种组织和企业的促进、扩散和创建各种组织和企业,这些组织和企业具有同样的当务之急:评价经济、社会、文化和旅游的潜力(Desseix,1987)"。与技术和工业联系在一起的、有形的和无形的遗产更新了文化资本,并且以某种方式结合了文化和经济方面的关系,这种方式让新的经济动力服从于遗产逻辑的支配:"如果详细阐述的话,那么评价遗产、赋予技术知识以新的动力、寻求创造性都成了经济的杠杆(Ministère de la Culture,1984)。"

因此,"CCSTI"这个名称包含了非常广泛的具体情况,而且,它不仅指明了用以推进技术文化、工业遗产的博物馆结构，也指明了那些并不储存永久性藏品、而是旨在展示一种指向当代问题的文化觉醒形式的博物馆结构。然而不管怎样，它体现着一种与地域发展联系在一起的文化事业。

替代性 CCSTI 的出现

CCSTI 项目创造了取代博物馆的文化形式，因而在当地众多寻求社会、经济和文化重建的事业中脱颖而出。这个潮流在洛林地区所带来的制度性成就表明了 CSTI 公共政策中真正的地方主义：特别是，CSTI 的公众政策遭遇了尤其有助于文化动员的人文背景。CSTI 因此是建立在动员的基础之上，这种动员所具有的激励性与一个地区的历史和它的工业联系在一起，就像它和当地行动者所提出来的经济和文化变革计划联系在一起一样。相关业界的密度由于危机环境而加深了：对集体记忆的兴趣、对与工业文化相联系的当地历史的兴趣以及同样的对保存工业和技术遗产的兴趣也在一段时期的失业和暴力示威活动之后介入了。类似地，考虑到当地的手工艺人所经受的困难，集中于遗产评估的一些文化协会也把一种工业和职业的复兴形式整合在一起。从这一点看，CSTI 已把社会和工业运动的变革用到了文化领域中来，因此让洛林地区委员会将"CCSTI"这个名称赋予了 14 个组织机构，尽管如此，这些组织共同遵循一个特殊的逻辑：如果说大多数组织机构都致力于某种工业的遗产的处理方法，这些 CCSTI 之一还是遵照着国家的意愿使受到科学工业城支持的文化项目在洛林地区坚实地建立起来。此外，这些中心开发了许多活动（我们算了一下是 50 个，或者更多），这一事实证明了 CSTI 所从事的活动的多样性。

以上分析让我们得以明确说明这个运动对该地区的意义，并且在这个文化统一体内部确认出三个非常清晰的、与地理位置相关的逻辑类型：

——当地的发展结果不仅可以在乡村地区看到，而且文化扩散的目标已与手工艺和工业部门的发展逻辑结合起来，并且具有以经济为主导的特征。

——以遗产为导向的发展在更小的城镇和城市中处境困难的工业区进行，并且满足了展现和评价过去及当前的工业遗产的需求；

——主题多样的中心确保了区域性的大都市的科学和技术的现代性的扩散。

前两种逻辑类型涉及主题性的文化中心，并且产生于一种现场评价，而第三种不受地域限制。遗产导向的 CSTI 中心可以和"地方性"联系在一起，依照马尔克·奥杰（Marc Augé, 1992）的定义，这种中心不仅是地理性的，而且是人类学意义上的：它们"涉及（发生的）事件，神话（指定的场所），或者是历史

（圣地）（165）"。这样的中心位于当地工业历史所发生的地点、建筑以及"圣地"，这段历史充满了事件，甚至神话：1850年建造的纺织厂，铁谷的铁矿，先前的温德尔（Wendel）煤矿，奥梅兹（Aumetz）的老巴桑皮尔（Bassompierre）铁矿；这些中心还在更广泛的意义上拥有历史"圣地"：这里是沃邦（Vauban）的建筑，那里是17世纪的谷仓。着力于传播现代性的中心不能根据这些已被尊为"纪念地"的旧址来定义，而是依照与"过渡"和"临时性"联系在一起的词语来定义。比如，蒂永维尔（Thionville）科学码头（Quai des Science）的CCSTI藏有"存货清单，互动区"，还有一个"移动的陈列室"——实际上就是一个在洛林运河网航行的游艇——它"带来了一种推动力，是为发现而设的，是移动的和原创性的结构"①。同样，科学作坊（Boutique des Sciences）提供了"巡回性的陈列室"，"附属的建筑"，以及"针对当前科学事件的多伙伴活动（multipartner）和多媒体空间②"，此外，它还被当做"多媒体焦点（multimedia poles）"来宣传。这种中心是"超现代性的非地方性"的，其特点在人类学家看来就是"过渡性的场所和暂时的职业……"，属于一个"因此奉献于孤独的个性、短暂、临时性和稍纵即逝的世界（Augé，1992：100）"。

代表工业场地的Lieux——即"地方性"——这个概念，以及科学空间所引发的non-lieux——非地方性——这个概念因此是CSTI的地方融贯性的两个支点，以见证它所实施的对预设的市民社会和各种当地的、国家的和区域规模的政治层次之间的相互调适。

结果是，这种对抗一直贯穿在CSTI的发展过程中，它不仅表现了那些开拓者的身份，而且表达了他们在可能动摇社会价值和标准的危机环境中的诉求。因此，"地方性"和"非地方性"一样，都应该依照那些卷入这一文化行动的人对涉及社区活动的变革的意义的认知方式来加以解释。

第二节　洛林地区集体行动的逻辑

可以从杨克勒维奇（V. Jankelevitch）提出的"无法更改"和"无可挽回"这样两种对立的观点来研究对影响社区活动的有关这场变革的意义的评价的不同方式。该观点被R.科努（R. Cornu）用来描述面对工业文明时每个人的状况：有些当地社区的雇员和行动者参与了当地遗产的保存，这一活动是由和工

---

① 摘自介绍科学码头的推广手册。

② 英译者注：法语"espace"在社会学背景下不仅包含了"地点"的概念，而且包含了"服务"以及提供那种服务的概念，其概念还不仅限于"特定的地点"。"空间"一词因此在这里应该这样来理解。

业旅游相联系的群体文化或者说地方发展动力所推动的。这些人是"无法挽回"观点的支持者,他们指出:"如果我们将从历史中学到什么,如果我们想要继续我们本身的肉体生存,那么必须记住,我们无法阻止已经发生的事情以及做了这些事情的人的存在……"(Cornu,1994)。在这一点上,他们与"无法更改"观点的捍卫者相反,这些捍卫者——雇主、村民,还有雇员——为放弃工业遗产、生产故址、工业荒地以及所有与屈辱和失业同名的遗留物的行为辩护。与这种无法更改联系在一起的是"社会的丧失资格,以及历史(这里我们应该是用大写的'H')对(简单地说)后代子孙的谴责、时间对自己的儿女的吞噬的观念(Cornu,1994:96)"。不过,仅仅看到 CSTI 活动中支持"无法挽回"观点的那些人所持有的看法,这是不对的:"因此得到保护的遗产常常由两种潮流之间的妥协所致,两个潮流的每一方都鼓动了特殊的文化活动类型,尽管那些遵从无法更改观点的人只是在保护值得被算作'普适文化'的东西,而其他的人是在试图保护'特殊的文化'(Cornu,1994:96)"。这因此提示,CSTI 允许通过某种方式取代文化冲突来转移社会冲突。CSTI 因此将成为两种力量之间斗争的舞台:一方是为了社会理想而斗争的好战团体,一方是支持博物馆这个方式的各个阶层。

这些分析提供了关键的要点来解释这个文化运动出现的条件,并最终把握住阐明该运动之意义的社会逻辑。我们因此能够理解人类学关于"非地方性"的阐述,以及"无法更改"观点的支持者所发起的运动的结果,这场运动是建立在一种外部的普适逻辑之上的。

当我们考虑到创设单独的科技工业文化中心的项目是在什么条件下精心策划出来时,我们就可以对最初的模型给出说明,并且将其起因归为外部的发展方向。

外生逻辑的支配作用

这一不纳入遗产动力之列的中心事实上属于两个网络:国家的网络和地方的网络。由于国家政治推动力,伴随科学工业城的创办而出现的这个中心符合研究与技术部(Ministère de la Recherche et de la Technologie)所给出的一种定义,是作为"一种文化行动的组织"而出现的,"其使命在于开发有关科技的公众信息和促进对科技的思考,无论哪个领域"①。虽然这种具有多元主题的发展方向在根本上脱离了地方发展计划,但是二者都有对地域性解救办法的共同关注:"国家的参与是不够的,它必须符合地方的目标和支持。在实

---

① 研究工业部,科学技术委托调查,"科学技术文化中心",1991 年 5 月 5 日备忘录。

践层面上,这实际上是这样一个问题:找到让国家和地方相结合的最大可能,以保证这些结构的永久化。已经被提出的当务之急不仅仅是经济性的。它们建立在这样的需求上:让这些未来的中心充分植根于地域发展的生命和视角"①

第一个 CCSTI 建在一个仿古的钢铁厂,它结合了被 G.巴兰蒂尔(G. Balandier,1994)看作文化探究的基本要素的三个参量:"社会团体、暂时性、以及已经被历史所记录的背景(48)"。我们的例子提供了一个当地社区——在这种情况下就是城镇——与国家之间的社会妥协是如何达成的观察依据。

尽管北洛林地区当地的"工厂"文化协会已经计划开办一个铁厦(Maison du Fer)——建在钢铁生产车间的钢铁工业"文化中心",市政当局拒绝在"钢铁工业的废墟上"建立 CCSTI,而是想让 CCSTI"面向未来"②,这导向了该项目不同的发展方向。新的方向符合一些政治家所提出的目标,他们希望看到 CSTI 有助于"保证地方整体的科学技术竞争力,以及承受经济危机所要求的创新能力"③。

"无法更改"观点的支持者对遗产项目造成的损害作出了妥协,这一妥协为寻求政治资本的公众势力提供了一定的机会。该项目的目标不仅是"培育"对洛林地区科学发展历程的基本认识,而且是对科学发展的应用,它起源于一个双重的关注:迎接技术革新的挑战,同时解除科学技术活动因为经济危机而不受信任的威胁。

以地域为中心的科学技术文化形态——也就是依照科学工业城或是北美的科学中心所提出的标准和价值而界定的"文化形态"——的扩散是符合文化传播的经典规则的。通过 CSTI,国家提供了一个表现体系,它创建了一个适于普适性和一般利益的环境:由必要的技术投入所界定的适合于社会团体的技术、科学和工业基准(referent)。因此,CSTI 不仅例示了由经济危机所引发的一种转变——从强调科学生产的重要性到强调经济全球化背景下生产率的重要性,而且为福利国家的经济危机提供了一种答案,即福利国家仍然要保持作为标准和行动展现的策划者。这种从一个保护项目向传播项目的转变表明:鼓动性的公共政策是如何扩展了一种外部文化支配的形式。

---

①　P.布鲁真(P. Brouzeng)——文化传播与活动部主任——关于 1983 年 6 月 20 日和 21 日在法国马尔利勒鲁瓦(Marly-le Roi)由 M. I. D. I. S. T 的文化传播与活动部召开的会议的报告,出版于 1983 年 10 月。

②　蒂永维尔市长索夫林(Souffrin)在 1984 年 6 月 28 日会议上的讲话,该会议结束了关于科学中心的筹备计划的初步讨论和评估。油印本。

③　文化部,洛林地区指导会议,1984 年 11 月 20 日备忘录。

内生逻辑和文化行动的更新

诚然,这种科学、技术和工业博物馆学同时也具有其乌托邦的一面,当建立在内生逻辑的基础上时,它革新了文化运动的形式。不管最初的运动关注的是哪个专业领域,对它所依赖的社会逻辑之不同侧面的分析则表明了一种文化需求,它由经济、社会以及文化更新的背景所激发。怀旧与变革方面的动力是地域逻辑的关键,并且导向"人类学意义的地方性"。

这场运动还伴随着与当地的自我认同联系在一起的抵抗,它们反对普适主义者的期望所暗示的同一化。这赋予了 CSTI 如下角色:与地方困境相适应的经济角色;对构成了当地特性的遗产进行评价而带来的文化角色;以及有利于集体社会认同的社会角色。结合有关保护具有浓厚工业传统的地区这一集体利益的界定,这场运动使代表性群体的价值观和基准得以认定和沟通,并按当地规模对按照国家目标精心设计出来的项目进行了调整、转化。

这个文化动议使得"无法挽回"观点的支持者能够指出:哪些价值是与这个区域、与其活动、与其职业联系在一起的。如果我们观察一下外生逻辑与基于人们的特殊个性以及他们以其社会生活浇铸成的地方性的内生逻辑之间的对立,我们就能够把握其他形式的逻辑,这些逻辑看起来产生了一种已经被埋藏了几十年的文化活动类型。

文化方面的项目因此建立在当地空间的基础之上,这些空间得到了认可,被当做构建交互作用的范围。行动者把他们的行为建立在某种经验的基础之上,这种经验把行动者束缚在由社会和经济生活方式所塑造的地域之内,其目的在于对这种生活环境给出评价,或者甚至改变它周围的社会逻辑。在这种情况下,国家的干预只限于帮助而不是推动,因为内部的表达实际上是与经济和地理布局联系在一起的,更为重要的是,是与那构建个人和集体的特性的背景联系在一起的。

在这里,工业危机的意义是一个出发点,但是行动者们拒绝任何想要把以前的工业产地转变成博物馆的企图,在他们看来,这种行为的结局就是死亡。好战分子们尤其反对这种转变:"有些人想要把老矿井改造成矿井图像(模拟矿井)……但是这个计划失败了……许多人并不喜欢这个主意:即做一些他们感到是在建造博物馆的事情,这些人说,'这里的煤已经在受难,而你还要雪上加霜,你是在埋葬矿井。'"①

关闭矿井、纺织厂或者钢铁厂,这意味着这些产业所带来的就业机会丧失

① 煤矿盆地 CSTI 采访。

了,也意味着围绕工厂而建的社区,还有假日、争执及仪式所催生的社会活动的存在受到了威胁。结果是,见证了这些工业的集体记忆,依照构建了工作文化的技术和技能含义、同样也依照社会生活所产生的标志物而继续存在下去。

当个人所组成的群体在寻求一种与过去的社会经历相贯通的行动方式时,集体文化的动力就显现了。例子之一是以前的纺织工人决定对机器进行修理并赋予荒废的工厂以新功能的自愿行动:当工人们在日常修复工作的节奏变化中听到老纺纱厂的钟声响起时,他们赋予了这种行为一种仪式的意味,他们所做的也不仅仅是在复制过去的生活步调。

对于涂尔干(Durkheim)来说,仪式结合了两个要素:时间和社会关系。即便涂尔干的方法无法不用置换的办法准确无误地为我们在洛林所看到的趋势提供一个意义,我们难道不可以这么考虑吗:那就是,对工作程序所伴随的仪式的日常观察提示,工人经历中吸引人的东西在于技术,除此之外,它还包含了对一些组织的修复,这些组织是相关群体内在社会关系的基础。运动的断裂所带来的中断被驱除,"为了自身而存在的社会这种感觉"复苏了,"共同的信念以一种自然的方式在社群的复兴过程中复活了……"①。

在这个文化进程中,社群指明了构造认同的价值。这个动力建立在共享的、有形和无形的事务之上,也建立在遗产的基础之上,这些遗产包括记忆、能力,或是与人们的经历相联系的一些事物:"遗产的逻辑就是通过全局的认同而推进,就此而言,它通常作为动员民众的有效(而中肯的)途径出现(Lamy,1992:33)。"

对这个趋向的分析支持人们从社会和文化上接受 I. 奇弗(I. Chiva)所提出的认同概念:"在其最初的形式上,认同代表每个人有这样的一种能力:那就是,尽管生活有变化、有危机,有断裂,人们都仍然意识到生活的延续。它通过个人之间的互动,以及与群体的其他成员相一致或不一致的一种感觉来得以证实,这些成员为个人提供了普遍持有的行为准则、社会价值、标准、目标以及模式(Chiva,1993:50~52)。"

在上面给出的例子中,仪式与通过展示技能而获得的评价联系在一起,并且把群体命名为"活动中有名无实的领袖",用 D. 卡拉萨(D. Charasse,1991)的话说就是:"举个例子,'技能'这个概念本身导致我们偏爱活动中有名无实的头领(在煤坑里工作的煤矿工人,钢铁厂里的熔炼工等),并且倾向于把技术的结果神圣化(技术是工人阶级精英或'贵族'的特权)"(114)。对那些生活已经被工业化行为所塑造的工人的这种动员,使他们在 CSTI 的框架内成为行

---

① E. 涂尔干(E. Durkheim,1912),由 D. 卡拉萨(D. Charasse)引用(1989 年,第 221~235 页)。

动者—主体,而不仅仅是生产要素,尽管现代化政策已经影响了"身份的基本上的永久性"。从这个角度看,它证实了对经济危机所派生的态度的修正,并且表达了对文化认同的一种诉求:"最终,'少数民族'观念褪去了它不体面的内涵,而差异的观念,尤其是文化差异……获得了一种新的力量与合法性(Chiva,1985:13)"。我们因此可以在 CSTI 中看到,蓝领投入重新获得了动力,这类似于阿兰·杜罕(Alain Touraine)1966 年在蓝领运动中所给出的分析:"我总是把社会潮流想象成角色的演出。工人阶级运动的根基是熟练工人'骄傲的良心',而不是无产者的良心(Touraine,1966)。"当社会斗争不再必要时,CSTI 会把自己建立在用"熟练工人骄傲的良心"来代替"无产者"的良心这种表达方式的愿望之上吗?确实,我们已经看到,通过特定仪式的复苏,"行动者"群体表明了与工作、技术以及技能联系在一起的那些价值。

记忆的重要性

CSTI 博物馆学的根本推动力是在记忆中发现了它的力量,而记忆"正在成为一种政治工具,要么用于服从或者强制遵守,要么用于鼓励反抗,并且伴随着自由的爆发(Balandier,1994:29)"。记忆更加是这类行动,在朝向另一社会形态的转变正处于生死攸关的关头记忆更是这类行动的基础。因此,过去内在的社会冲突让位于反对历史谴责的文化对抗。

铁谷的"劳动者记忆作坊"(Atelier de Mémoire Ouvrière)这个例子尤其说明了两方力量之间的这种权力斗争:一方是表明了倾向"无法更改"观点的政治家(在最广泛的意义上),另一方是支持"无法挽回"观点的社团成员。当工厂车间组织了关于恢复活动的讨论会时,产生了介入党派的合法性问题,这个问题是个好例子,说明了文化进程中什么东西是生死攸关的:"对于地区当局,这是困难的,他们只想让大学里的人和工商业人士说话,因为社会学家正在对作证进行总结,不存在让工人发言的问题。但是我们在坚持,而且最终,正是来自工厂车间的人们在说话①。"在这种情况下,工厂车间的主任希望帮助斗士们表达某种形式的悲痛,允许他们建立一个评价性的资格身份,以此接受"无法挽回"、而不是"无法更改"观点。这个过程激发了行动者进行行动和斗争以及最终遭受必然的失败:"即便如此,还是存在一些个人的证词,但是我难以得到这些证据……他们告诉我,'我得要进行个人的作证'……人们不准备说出整个真理……";"他们来了,而重要的是,来自于 Unimetal* 的人们、

---

① Atelier de Mémoire Ouvrière,访谈。

* 法国金属公司——中译者注。

来自法国金属公司（DRAC）*的人们、大学的人们，还有社会学家听到了这些证词"。②

行动者投身于政治斗争，这种斗争挑起一种记忆与另一种记忆之间的斗争，并且见证了工人在"合法文化"面前的沉默。这种对抗毫无疑问解释了这一事实：CSTI的发展是由与认同相关的过程所导致的个人适应和集体适应这两种需要共同激发的；是由害怕看到集体受制于外来标准的恐惧激发的；也是由对意味着开放、或甚至是客观化的文化命运的渴望所激发的。

对这些行动的分析允许我们以一种历史的眼光来考虑工人阶级文化，并且避免落入 M. 博佐恩（M. Bozon, 1991）所提示的"典型的民族学陷阱"，那就是："仅仅看到确定的、稳定的结构，却低估了社会经济变革和危机的影响（137）。"这里所鉴定的文化运动允许我们把握这些变异的重要性："如果工业转化成了遗产，劳动本身成了记忆，那么这不是仅仅因为有所意识、或者是因为与某一时期相关的风气，而是因为某种社会表现所带来的后果，这本身就与客观结构的转变和演化联系在一起（Lamy, 1992：158）。"

诚然，这些文化运动不仅导致了两支力量——一方是好战分子，另一方是在计划策划方面具有突出作用的指导者——之间的对立和权力斗争，由于后者把握了投入工业过程的科学技术要素；而且，后者还呈现出一种反作用力，能够把需求转化成对经济和技术规律的适应。在手工艺领域，这些文化觉醒行动已经让积极的工业体系所带来的封锁被解除，也涉及了知识传输方式的一种转变，因此允许有利于创作性生产的那些条件得以恢复，甚至是创造。

"边远（back-country）"地区的手工艺所派生的这种文化形式是地方发展计划的一个部分，它成功导致了不同领域的活动、训练、研究、生产，还有企业的创立及博物馆学之间的相互渗透。它阐明了作为职业文化和技能之特征的另一种"对记忆的普遍运用"。通过提供一个向公众和玻璃吹制工开放的"创作平台"，CSTI 已经成为一个理解和内化各种玻璃吹制技术的舞台，一个公众能够会晤职业手工艺人的文化空间，一个产品车间。文化运动揭开了技术活动的面纱，把它作为一种研究场所来发现："看到水晶在 3 米之外的大门后面被制作，就像在道蒙（Daum）发生的那样，这可能满足了公众……但是我认为我们必须走得更远，因为公众确实在看，但是他们实际上没有看清任何东西。我们必须向前迈进一步，让人们真正看清工作是如何进行的，我们必须具有足

---

* 地区文化事务管理局——中译者注。

② 同上。

够的勇气谈论问题,向人们展示新的东西和可能的东西,甚至还有这项职业有点神奇的那面[①]。"通过反对保密,这场文化运动的动力去除了知识的神秘化,并且含有打破对知识分隔的意义,这也导致一种变革和对商业组织的重新思考。因此,它通过获得共享的空间以及知识的平等而激发了事物,并且更加超越了权力策略,因为这个推动力实际上处于生产组织的范围之外。就像在第九计划中所陈述的那样,当它把遗产行动和现有经济或文化主流之外的创造的重要性结合起来时,这场科学技术文化运动就获得了作为"行动的主要杠杆"的有效功能,通过这个杠杆,危机得以克服。民主的目标因此仍然是该计划的核心:"我们所发起的运动想要以非常简单的用语普及小提琴制作。这并未总是取悦当今的小提琴制造者,他们相信,所有这些东西都应该更加保密[②]。"这个目标看起来也与个人和集体对投入该运动的文化的掌握分不开。

替代性博物馆大概是从一种灵活的文化运动中萌生的,它可以适应对某种含义的认知,这种含义体现了行动者的特征,因此也体现了牵涉到的社会、职业和政治策略的特征。在这一点上,这个文化运动回应了变动中的社会团体所需要表达的诉求,同样也回应了政治家在提供有价值的回答上的无能。由此得以为复兴的文化运动哺育了一个演化进程,从而带来了动员所需的新行为和新的集体能力,而这给各种类型的行动者提供了"挣脱文化枷锁(Sain-saulieu,1977:411)"的手段。通过其关键的功能,替代性博物馆被应用于强大的文化运动,因为它使主体得以登台并领导了集体价值的重新分配,而这不仅克服了异化,而且打开了创造之门。通过这种方式,博物馆参与了民主决策的进程,并与普通教育的目标再次结合了,因为它具有一个促进社会转变的计划。在这里,这种文化表达包含了一种革命性的乌托邦,"因为这些特征与当下的现实联系在一起……并且每当之前的斗争被抛弃时它就重新开启了新的斗争(Deleuze&Guattari,1991:96)。"

对行动者逻辑的分析允许我们把握与更为稳定的文化体系相互作用的某种文化形式,并准确地看到这种文化形式是如何产生的,而且认识到基础文化的形成和人们对此的觉醒。然而,把这种文化形式带入博物馆所要求的各种妥协让我们见证了它的转变:表达由此变成了表现。

---

① 玻璃吹制和水晶 CCSTI 访谈。
② 小提琴制作 CCSTI 访谈。

第三节 行动者逻辑和符号的含义

具有时间和地理上的双重性质的各个中心无法回避 CSTI 精心策划的观点的影响。如果我们到目前为止已经理解了社会斗争向文化斗争的转变——这种转变赋予了这场运动真正的与民主的关联性,尽管如此,但有一点是重要的:即对洛林地区 CSTI 中心的执行过程中存在的意识形态权力斗争的不平等应予重视。

博物馆学和行动者的价值体系

在这个转变中,人们可能会问:当(比如说)非工人阶级的人们成为行动者和行动主体的角色,同时保留他们之前的等级位置,而因为解雇、退休或提前退休而使他们在这个领域捷足先登,在机构的边缘为自己找到了位置,此时,阶级"斗争"的概念会变成什么样子?

可以选择一种已纳入文化的业绩,而这一业绩已被揭露出来"是明知有违社会政治利益的"(Touraine,1966);那些发起了包含博物馆目标的项目经理或领班由此持有一种介于好战分子和雇主之间的观点。这种居中观点让他们得以避免与好战分子的对立:"……雇主也不想帮助我们,你可能本来会说:'嗨!他们在造一座博物馆,因为他们就要把原有的东西关闭了';但我们不把它叫做博物馆,我们称之为洛林钢铁厂的历史遗迹,我们还在游廊里建起了自然地倒闭了的东西,因此那里不存在斗争的情况。"①

行动者的逻辑就是觉察到符号和意识形态的含义,好像它们就是某种征兆。然而,我们必须区分不同范畴的行动者:一种是具有参与干涉的真正可能性的行动者;另一种是,确切地说,对于无论从地方到地区或国家的不同政治层面上的每个人以及社会推动力而言都是生死攸关的行动者。通过这个文化生产过程,我们已经看到了文化运动中力量汇聚的缺乏,以及职业背景下所经历的等级关系在公共领域中的转换。CSTI 中心发展了各种活动,这些活动建立了一个受到产生它的经济和文化力量的强烈影响的文化空间;而且,人类学还允许我们通过"非地方性"的观念来确认这些活动。结果是,通过加速这种观念的产生,CSTI 吞没了作为该计划的主要推动力的那些行动者的价值体系。

CSTI 的实施因此回到了展示的世界,这个世界不仅使得工业组织而且使得工业组织的变化成为合法。这个替代性博物馆的所有矛盾情感都集中于

---

① 洛林铁矿 CSTI 访谈。

它的文化命运,凡是在讨论机构内部掌握了科学技术过程的那些人接受的技术路线时包含了文化命运问题,就可以看到这种矛盾情感;而对于其他人来说,这种博物馆等同于记忆和身份的丧失。毫无疑问,权力斗争的这种不平等解释了为什么 CSTI 成了某种文化排斥的标尺——这种文化排斥是更为残忍的,因为它涉及的是已经因为丧失工作工具而无法与社会融合的那些群体。整个的遗产和博物馆运动导致机器、地点和场所变成了旗语:它用信号代替了功能性的事物。它因此产生了真正的"去地域化"。工业地点不再指的是那些以此为生的人的身份,而是开始意味着技术和科学的进化历程。如果有形和无形的遗产继续存在,那么这种存在就是通过新的功能实现的,这种功能把遗产变成了德勒兹(Deleuze)和加塔利(Guattari)(德勒兹为法国后现代哲学家,加塔利为法国心理学家,二者合著《反俄狄浦斯》一书,是反结构主义的经典。——中译者注)称为"有用的区域机器"(Deleuze&Guattari,1992:232)的东西。

在这些地方进行的公众调查让我们把 CSTI 比作一种展示系统,它通过把按照社会群体内部的技术基准所界定的技术、科学与工业标志物也包括进来,使这种展示系统为普适的和一般的利益创造了舞台。

这个行动源于一个机构的一种理念,那就是:为布尔迪(Bourdieu)所分析的"区分"给出辩护,或者把"对真理的渴望"付诸实践——这种渴望的压迫性特征已经遭到了福柯(M. Foucault,1990)(法国哲学家,后现代主义大师。——中译者注)的抨击:"对真理的渴望因此建立在制度支持和分配的基础之上,它倾向于给其他对话施加一种压力和约束力(20)。"它因此在"展示的深层要素"中补充了一种迁移,这种迁移导向了对支配行为的展示。因为是发生在关于合法性的冲突之内,经理人和领班的干涉能够在对技术程序和组织的掌握中确保和复制一种延续性。地方的名流对知识分子圈的干预帮助拟定了历史的编撰,它使去地域化起了作用,从而,例如,促使 CSTI 从洛林地区钢铁制造业的社会和经济含义的角度出发,重新为钢铁和金属制造指定了方向。对面向公众的科学、技术和经济标志物的分析让我们注意到:当这些文化背景依照传统的博物馆逻辑而进行常设展示时,去地域化过程更加明显,但是,CSTI 提供了一些互动的或者甚至是生产性的活动,使其与地域的发展方向更为紧密地融合在一起。

"地方性"和"非地方性"的观念因此看起来更像是一个两极,而不是两个不同的世界:举个例子,CSTI 共同具有的扩散媒介功能都利用了"非地方性"的经验,把它当作由国家政策(在这里就是研究和技术部的政策)所鼓励的一种横向发展方向。通过非语境化的娱乐、多媒体焦点、移动空间,或者是被称为"陈列室"的布置等手段,CSTI 因此实现了一种把遗产遗址与当地工业的技术评价联系在一起的文化互渗形式。

的确,我们对生活在这些文化地区的民众的调查遭遇了对一种普遍渴望的表达,这种渴望与行动者的抱负重新结合在一起:公众期望 CSTI——不管是学校还是博物馆——恢复更为经典的文化动议,脱离支配性的文化模式,转变生活的空间以及社会和文化框架。因为包含了关于环境、人类、时间的反思,遗产潮流对基准价值及支配科学和社会关系的条件进行了质疑。CSTI 把自己建立在管理风险的需求和对西方社会正在经历的由于转变带来的灭绝的担心之上。我们难道不能把这理解为是由象征性的干预而产生的一种社会领域吗? 在这一事态下,这是一种沽名钓誉的展示,意在销蚀集体身份,并且强加一种由技术的含义所界定的沟通活动。作为单一工业的外来冒险的继承者,CSTI 已经成为后工业化时代不可分离的要素。

展示的动力

有关公众对 CSTI 认识的分析表明,CSTI 所制造的意义的效应在相当程度上干扰了项目的符号含义。通过对遗产的强调,CSTI 迎合了公众的需求,并且就像 H. P. 约迪(H. P. Jeudy,1990)所提示的:通过"抛开所有的断裂和变异",它向公众提供了"关于连续性和复制品的根本性的、集体性的隐喻(7)"。通过"在保持符号的中心位置的同时,也在昭示着参照标准的解体(Jeudy,1990:8)",遗产观念本身弥补了政策在变革时期提供有效的诉求的无能。遗产本身仅仅提供了不具社会历史的展示,就像在集体斗争的掩蔽下它无论如何还是架构了劳动的记忆。不过,使得 CSTI 出现的相关动力是发生在民主抉择的中心,这导致了某种批评的推理,尽管这可能只是部分的和短暂的。从这个角度看,CSTI 运动已经显示了让文化"摆脱它的主人"的途径,并参与了米歇尔·德塞图(M. de Certeau)所描述的"揭示":"它在走近'地方性'的过程中揭示了'地方性'。只有行动才能揭示出埋藏在社会生活背后的东西。一种干预已经通过它所揭示的东西而成为文化的:它产生了社会诉求和转化的效果(Certeau,1993)。"

我们对这些"诉求效果"的关注对正在进行的行动过程的终结表示了质疑。从生活在不同现场的公众出发,对洛林地区各个中心的短暂性的理解,让我们得以思考这种替代性博物馆的符号功能。这里所展示的模型①显示了它

---

①　这是对我们上面提到的研究中所给出的字面意思的一种简单分析,是根据对某些问题的回答而进行的,这些问题由 CSTI 所在地的公众提出,涉及对中心的短暂性的认识。

所依托的、并赋予了它以意义的主要原则。

短暂性有效地导向了对多主题中心的认识,与那些工业或手工业主题的中心相反,这些中心的职责就是扩散科学知识。这个文化运动因此涉及两个时代之间的对立:一个是普适主义的外生逻辑所界定的技术时代,其目标是与人类学的"非地方性"融合;另一个是,和某个地域及某种认同联系在一起的内生逻辑所界定的传统时代,即人类学的"地方性"。

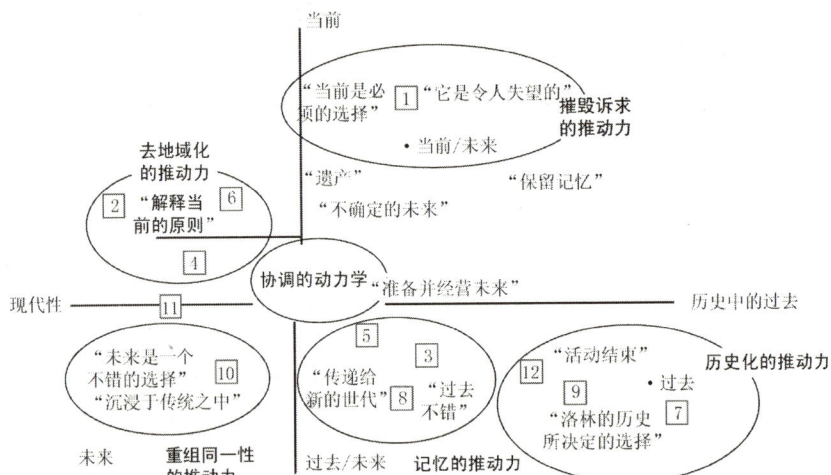

当前

"当前是必须的选择" ⬜1 "它是令人失望的" 摧毁诉求的推动力

• 当前/未来

去地域化的推动力

"遗产" "保留记忆"

⬜2 "解释当前的原则" ⬜6 "不确定的未来"

⬜4

协调的动力学 "准备并经营未来"

现代性 ——⬜11—— 历史中的过去

"未来是一个不错的选择" ⬜10 ⬜5 ⬜3 "活动结束" 历史化的推动力

"沉浸于传统之中" "传递给新的世代" ⬜8 "过去不错" ⬜12 ⬜9 • 过去 ⬜7

"洛林的历史所决定的选择"

未来 重组同一性的推动力 过去/未来 记忆的推动力

永恒

CSTI:符号对抗的空间

1:CCSTI—煤	7:CCSTI—铁/钢
2:科学小店	8:CCSTI—盐
3:CCSTI—铁	9:CCSTI—纺织
4:CCSTI—多主题	10:CCSTI—玻璃吹制
5:CCSTI—提琴制作	11:年经人与文化
6:自然历史博物馆	12:CCSTI—酿酒

这种对立遭遇了另一种根本性的分裂。CSTI 成了一种隐喻,它既来自于保证了过去与未来之延续的一种永久化,也同样来自于以变化或甚至是断裂为标志的现在。这种张力体现在两个领地之间:一边是世界经济和主要的政治群体所定义的空间,是一种跨国的现代性;另一边是借助于支配着社会、文化和经济生活形式的工业活动所定义的空间。这种替代性博物馆借用了各种运行方式,无不为了见证作为正统价值的基本结构的那些领地逐渐被侵蚀的过程。时间的范畴——过去、现在、未来——遭受着意义的混淆,它证实了传统时代与技术时代之间实际上的断裂。在这一点上,CSTI 对和空间有关的威胁以及时间的把握发出的是默许。因此,就我们在这一点上的反思而言,避免一种二元解释是有用的。

公众对 CSTI 的认识使得我们得以避免把我们的理解局限于两可之间,

容许我们鉴别出 6 种动力,它们都包含在社会诉求的这些根本要素之中。

1. 摧毁诉求的动力

CSTI 让人们意识到一种被认为处于危险之中的未来。它导致公众回避被展示为遗产的文化认同:"这已经结束了。"不过,这个过去继续决定着现在,并且导致未来被蒙上不确定的阴影。正是新一代人的世界与创造未来的需求交织在一起,而这个未来与那个已经被看做是历史,并且正在淡去的当前之间是断裂的。这里的危机是意义的危机。过去,作为一个继往开来的中介人,没有扮演好自己的角色,整体的参照标准倾塌了,整个背景是去地域化。"当前的必然选择"受到经济全球化的控制,而全球化在此使得煤矿业无利可图。展示出来的遗产要素并没有被认为是奇异的;与那些提醒观察者可以用作它们的参照标准的奇异现实相反,展示出来的现实造成的是意义的匮乏。当面对科学与技术的变革时,个人被置于一种无奈的境地。

2. 去地域化的推动力

传统博物馆的意识形态计划通过其他形式得以执行,并创造了一种增强主流文化力量的文化适应形式。通过布尔迪(1994)提出的"普适化工作"的意义,科学技术思维被加入了。在此,CSTI 参与了"这个漫长的符号构建工作,这项工作的结果是,国家的展示作为普适性和一般的利益而被创造出来并强制执行(131)"。这些推动力属于科学中介(scientific mediation)的领域,该领域借用"非地方性"的概念来传播和展示现代性和技术文化,但是没有回答公众提出的关于科学与技术的重要性的问题。

3. 身份重组的推动力

这并不意味着放弃当地的文化,来面对另一个被看做是"外来的"或者由主要经济和政治趋向所定义的经过技术发展检验的社会。恰恰相反,它意味着利用当地的文化去把握发展,并通过结合已经从"传统中"获得的东西来指出可能的职业方向。这些推动力为"世袭身份和当下可见的身份(Dubar,1995:258)"之间的连续提供了一种说明。过去并没有从当前的世界中被排除出去,而是通过生产活动或者是包含传统技能的艺术创造来与过去相结合。时间延续的必然结果是技术延续,并且与一种并非现在的结束、也非命运的结束的展示结合在一起。人类并不是无条件地屈从于历史的。

4. 记忆的推动力

因为地点是作为人类学的"地方性"而出现,那些"共有的身份"于是认可了仪式意向的重要性,并且让公众抓住他们与工业文化所界定的群体之间的关系。身份是从社会和工业背景那里继承下来的。这些动力使这种文化动议为马尔克·奥杰所谓的政治政策所同化,即"对过去负责,尤其是对其与当前之间的关系负责,因为它适用于每个人,它必须避免两代人之间意义的断裂"(114)。

5.历史异化的推动力

这种推动力扮演着专门知识的角色,并且把断裂神圣化了:集体记忆不再与个人相关,而是被历史剥去了神秘色彩,进入了知识的领地。依照这种逻辑来运作的文化遗址并没有直接替代工业活动,而是经历了一个放弃的阶段,而使这种集体身份转化成了文化资本。

6.调解的推动力

在揭示当前所发生的变化时,CSTI产生了一种民主行动,这种行动制造了历史和现代之间以及永恒和变革之间的调解。对某些人来说,准备和把握未来的需要不可规避,并要求他们参与行动。就像J.哈贝马斯(J. Habermas)认为的,这些推动力证明了遵循"理性思考的公众空间"而建立集会环境的必要性。如果一个社会背景的特征是:赋予正统价值结构的一切东西都坍塌了,留下一片空虚,那么在这种社会背景下,对CSTI的暂存机构的认识必然追溯到技术和工业发展对社会和经济生活所带来的影响。它可以被解释为一场文化运动,其特征是有能力,从公众的、同样还有行动者的角度,揭示是什么东西构成了主要抉择:也就是作为公民的大众,而不是作为观察者的大众,参与新价值的现身,甚至是推行新价值的能力。因为面临这些事实,政治行动的意义因此不同于文化行动,但二者都无法逃脱这个责任:为那些其参照标准已然被打碎的人群的需要给出一个回答。

替代性博物馆的民主抉择

科学、技术和工业文化与政治资本之间具有一种加速"非地方性"的到来的默契。文化政策的应用与某种经济责任联系在一起,其文化的普适性依赖于市场的普适化。

当科学扩散活动的参照标准扩展到了技术和工业领域,看起来导向了技术过程所支配的普适化时;当获取知识、认识文化和社会现实的活动已经淡漠时;当伦理问题和那些涉及科学行动的结局的问题已不明显时,CSTI看来忽视了一个重要的使命:陪伴人们度过CSTI存在的那段过渡时期。

然而,倘若互动活动再现了主体之间的比较,产生了清晰的展示图景,并导致了建构知识和激励创新的行动,那么它看起来就粉碎了这种"非地方性"逻辑,一同被粉碎的还有参照标准本身。把博物馆方式和研究、创造活动结合在一起的文化创举已经走向了"操作性文化"（operatory culture）的专擅（appropriation），这种文化躲避"行使权力的群体"，看起来也不会"在其社会附属功能上分成消极的和积极的，不会脱离职业培训或者是生产体系（Certeau，1993：190）"。

尽管更多地源于经济的需要，而不是对于民众来说当前迫切的社会和文化抉择，但这一文化政策得到了一种具有深刻民主意味的乌托邦的辩护，这种乌托邦建立在一个抱负之上：那就是，填补科学与社会之间的鸿沟，改善学校体制的性能，共享从知识中获得的力量，并且激励批判性的思考。然而，在它不同的执行方式中，CSTI 见证了作为合法传统价值的基石的环境正在逐渐销蚀。

在洛林，CSTI 的出现体现了从工业社会转向后工业——甚至是后现代——社会的特征，这可能汇集了把那些看起来预示着最终落幕的东西推向聚光灯所需的各个条件。当地的象征物——构建身份的象征物、维系关系的象征物、历史的象征物——处于一种不稳定的状态，面临着"历史的推进，其目的地是萎缩的星球，以及个人主义的分离状态（Augé，1994：149）"。在洛林，CSTI 已经产生了一种激动人心的活动和一些制宪活动——当然是从危机中产生的；但是不管是从地域上、从历史上，还是从人们之间将会产生的关系来看，它都没有形成确定的形式。不过，被我们在这里命名为替代性博物馆的是作为"中间性的修辞物"而运作的，它干预着策划诉求的社会需要，允许个人成为社会和文化的行动者——在这个词最严格的意义上，允许个人发明赋予了当地生活以新意义的新对抗形式和动力。

更为普遍的是，这里所描述的替代性博物馆把政策干预的问题、还有在民主政治范围内阐明文化政策的问题与下面这个问题结合了起来：即社会力量干预该政策的定义和结构的问题。

"没有一种文化政策不涉及当前的力量，以及公认的对立而与社会文化形势联系在一起的。有必要认识到，如果一个社会的成员在当前被匿名隐藏在不再属于他们自己的讨论中，并且屈从于他们无法控制的垄断之下，那么他们有可能把自己置于公开的权力斗争的某个位置里，找到自我表达的手段（Certeau，1993：191）"。通过排斥生产组织人群中的边缘群体，使这些正在经历转变——不管是社会的、经济的，还是意识形态转变——的系统冒着解体的风险。矛盾的是，这些情形似乎促使了文化表达的萌生，但通过其验证历史的加速发展的作用，这种文化表达只能发明一些易逝的、可变的以及屡被更新的行动方式。

如果洛林地区 CSTI 的发展已能表明："每种文化生产都必然和限定它的

目的相关,都和保护它的斗争相关。"(Certeau,1993:213)那么它也就勾画了这样的经历:让多样化的功能成为利害攸关的抉择,并且把博物馆紧密地与职业训练、生产和创作联系在一起。它从而不仅有助于把握"地方性的构成,也有助于把握通过越过地方性而改变它的那些创新(Certeau,1993:221)。"这项运动已经表明了能够创生一种文化声音的战斗,在这一文化声音中,对身份、地域以及历史的认定与对普适性的认定和对变革的需要联系在一起。

走向绝对去地域化的社会演化会必然产生对抗和重组的形式,它们将会在这些趋势之间确立起辩证的关系。博物馆有责任去实现地方与普适世界之间的联盟,有责任为象征性的对抗提供背景,在这个背景下,这种矛盾和辩证将会得以展现,因此充分实现博物馆作为社会动员和社会解放的价值。

玛丽-珍妮·乔菲尔-梅尔费特　著

（Marie-Jeanne Choffel-Mailfert）

李曦　译

参考文献

Augé(M.). 1992. *Non-lieux : introduction à une anthropologie de la surmodernité*. Paris:Éd. du Seuil.

Augé(M.). 1994. *Pour une anthropologie des mondes contemporains*. Paris:Éd. Aubier.

Balandier(G.). 1994. *Le Dédale : Pour en finir avec le XXᵉ siècle*. Paris:Éd. Fayard.

Bourdieu (P.) 1994. *Raisons pratiques : Sur la théorie de l'action*. Paris:Éd. du Seuil.

Bourdieu (P.), Darbel (A.). 1969. *L'Amour de l'art : Les musées d'art européens et leur public*. Paris: Éd. de Minuit.

Bozon(M.). 1991. "Culture ouvrière, une notion problématique", pp. 132-142 in *Vers une transition culturelle*, directed by M. -J. Choffel-Mailfert & J. Ramono. Nancy: Presses universitaires de Nancy.

Certeau(M. de). 1993. *La Culture au pluriel*, 3ʳᵈ edition (1ˢᵗ edition: Union Générale d'Éditions, 1974). Paris:Éd. du Seuil.

Charasse (D.). 1989. "Rites corporatifs et stratégies d'entreprises", pp. 221-235 in *Cultures du travail*, directed by the Mission du Patrimoine ethnologique. Paris:Éd. de la Maison des sciences de l'homme.

Charasse (D.). 1991. "À Patrimoine ethnologique, ethnologie des patrimoines", pp. 109-114 in *Vets une transition culturelle*, directed by M.-J. Choffel-Mailfert & J. Ramono. Nancy:

Presses universitaires de Nancy.

Chiva(I.). 1985. "Patrimoine ethnologique et ethnologie de la France", p. 13 in *Patrimoine et Culture*, directed by the Mission du Patrimoine ethnologique. Proceedings from a Toulouse practicum, April 1985.

Chiva (I.). 1993. "L'Ethnologie de la France et de ses Musées", pp. 50-52 in *Musée et Sociétés*. Paris: Ministère de la Culture, Direction des Musées de France.

Choffel-Mailfert (M. -J.). 1996. *La Culture scientifique technique et industrielle, logiques d'acteurs et enjeux des actions menéesen région Lorraine, (1980-1995)*. Ph. D. Thesis: sciences de l'information et de la communication: Stendhal, Grenoble 3.

Cornu (R.). 1994. "Les obstacles à la culture industrielle", pp. 85-98 in *Patrimoine et Culture industrielle*, directed by M. Rautenberg et F. Faraut. Lyon: Programme Rhône-Alpes recherche en sciences humaines.

Deleuze (G.), Guattari (F.). 1991. *Qu'est-ce que la philosophie?* Paris: Éd. de Minuit.

Deleuze (G.), Guattari (F.). 1992. *L'Anti-CEdipe: Capitalisme et schizophrénie*, 2nd ed. (1st ed. , 1972). Paris: Éd. de Minuit.

Desseix (P.). 1987. *Bilan de la politique régionale (1984-1987)*. Report, Mimeo.

Dubar (C.). 1995. *La Socialisation: Construction des identités sociales et professionnelles*. Paris: Armand Colin.

Foucault (M.). 1990. *L'Ordre du discours*. Paris: Gallimard.

Jeudy (H. -P). 1990. *Patrimoines en folies*. Paris: Maison des Sciences de l'homme.

Lamy (Y.). 1992. "Le patrimoine culturel au regard des sciences sociales", *Les Papiers*: (Économie, société, communication), 9, Patrimoines en débat: Construction de la mémoire et valorisation du symbolique, Spring, pp. 17-35.

Malécot (Y.). 1981. *Culture technique et aménagement du territoire*. Rapport remis à la DATAR. Paris: Documentation française.

Ministère de la Culture, Direction Régionale à l'Action Culturelle (Department for Cultural Action). 1984. *Le développement de la CSTI en région Lorraine*. Report.

Pomian (K.). 1991. "Musée et patrimoine", pp. 85-108 in *Vers une transition culturelle*, directed by M. -J. Choffel-Mailfert & J. Ramono. Nancy: Presses universitaires de Nancy.

Sainsaulieu (René de). 1977. *Identité au travail*. Paris: Presses de la Fondation nationale des Sciences politiques.

Touraine (A.). 1966. *La Conscience ouvriére*. Paris: Éd. du Seuil.

第十五章　沉寂的科学博物馆学

今天的博物馆机构①几乎无法与不久之前该领域的情况相比——克莱尔(Clair,1971)、吉勒(Gille,1982)以及达戈格奈特(Dagognet,1984)所描述的不久之前的科技博物馆或许多少有些过时,但却是完全专注于其对象或学科,这使其显得神圣,其计划不因任何社会因素而有所动摇。尽管处在一个正在重组的社会中,其追随者却激烈地反对被置于质疑的地位,从而拖延着已经预告的"死亡"。

科学博物馆已有了相当大的变化,通过自发而有计划地树立自身形象、不断地寻找新的方式引起公众对科学的兴趣,并使其对自身、对社会和未来的影响有更明确的认识,科学博物馆经历了一场真正的文化革命。在过去的 30 年中,科学博物馆在关于其任务的概念界定上确实有了相当大的改进。

一方面,科学博物馆所追求的目标和所使用的方法完全改变了。活动的规划、展览的设计和实际操作,以及与更广大的公众相联通的手段等都有了快速的、根本的转变。一体化和系统化的努力是对这种方法的界定。

另一方面,博物馆在内容上也有了改变,现在已更清晰地从社会角度出发。一些博物馆聚焦于危机问题上——利用展览作为支持,向公众说明——"环境问题、社会问题或道德问题等是不会自行解决的";"更多的科学技术并不一定意味着更多的幸福、公正或平等";"科技进步的新概念也许正是与损害或灾难相连"。这些展览反映出了一个从实际经验中学会同时与科学及与之俱来的裂变产物共处的社会。另一些博物馆则侧重于当代的发展上——它们牢记这需要快速地适应科学、技术及工业的变革,而这种适应指的是不断更新对科学、技术及其应用领域的基本原则的理解。竞争范围的扩大和对经济发展的支撑总是要求通过微调来维持国

---

① 本章中的"博物馆"、"博物馆机构"、"博物馆领域"、"博物馆学"等,除非另有说明,否则均指科技博物馆学领域。

家的繁荣。还有一些博物馆则提出以科学和技术思想中所固有的理性和对推理过程的吸收作为使构建社会现代化的技术及价值得以持续的条件。

正是带着上述这些主题，当代的博物馆比以往任何时代的博物馆都更多地与当代现实生活建立了直接的、主动的联系。[①]尽管并不是所有的博物馆都变成了"社会型博物馆"，但没有一家博物馆对社会发展的动向完全无动于衷。博物馆对与社会发展的动向同步并投身于此有一种不断的关注。[②]今天的科学博物馆中的一切都是坚决地面向现代社会的，这正是它们与以往那种已经过时的、充满怀旧气息的博物馆的区别。

在从过时的博物馆向新兴的、有影响力的博物馆（从 20 世纪 60 年代开始激增的这类博物馆是最能揭示对博物馆的新功能的期待的标志）转变的过程中有何收获？一个恰当的可概括这些的词是与公众的"沟通"。社会各方面的发展将两种完全不同却同时出现的趋势联系起来：参观者的互动意向在传统博物馆中受限；而新兴博物馆通过对展览手段的设计，通过从参观者期望的角度来选择主题并回应参观者的疑问，使参观者参与到沟通关系中来。总而言之，现代博物馆在实践中通过对展出主题的选择和手段的设计，重新组建并优化了其与参观者的沟通关系。现在是检查这种共识的时候了。

第一节　创建中的神话

博物馆领域内的行动者如何解释这种将公众沟通带入到博物馆机构主题思想前沿的发展转变呢？根据一种广泛传播的观点，近年科学博物馆学的发展，按刚出现的一种隐喻来说，可分成三个连续的阶段："实物"

[①]　关于这种趋势的示意图参见詹特森（Jantzen，1996）。

[②]　在卢浮宫中的展览显示出这种关注并不是科学博物馆所独有的。第二次世界大战末期在法国恢复的民意调查中显示了这种关注。尽管到目前为止仍不知道其主办人是谁，但它可说是对某一有关该问题的作品的回应。

阶段、"互动"阶段和"系统"(或"环境")阶段。①

博物馆的三个时代

在所谓的第一代博物馆中,工作重点放在实物及其收集上。而在参观者之间制造了一种实际存在的障碍,使其作用局限在思考者和观察者的范围内,因为参观者与被展出物之间保持着一定的距离。② 之后是第二代博物馆,展出互动型的展览和演示。通过调动所有的声像传播手段来吸引参观者,并将他们带入到主动沟通的关系中,第二代博物馆寻求消除第一代博物馆那种分

---

① 为避免混淆,有必要对此给出精确的解释:在任何分析中都必须注意区分的,一方面是行动者的议论,亦即那些参加该领域的动态发展、并通过自身对其发展的理解而作出贡献的人们的拟议,以及通过他们所采取的行动和所持的态度而体现的议题;另一方面是分析家们的议论,与领域内产生的议题不同的是,他们试图从明确构建的观点出发,复原发展的连贯性。本章的第一部分是写出该领域的行动者的议论,从他们所拟议的阶段划分以复原他们对该领域发展的理解。他们所大量使用的划分发展阶段的术语"实物"、"互动"和"环境",在他们看来是可以概括该领域内发展转变特点的。当他们试图通过展览媒介所建立的关系以及通过这些关系布置给参观者的相对位置,并借此以符号学的方式来研究展览媒介的特殊性时,他们会引用达瓦隆(Davallon,1996)的严谨论点。但不可将"实物"、"互动"和"环境"这些术语与达瓦隆的严谨论点相混淆。达瓦隆(在他论文的多个章节中)解释了三个基本概念,"三种展览的生产形态",这回归为"博物馆学的三种形式"。第一是博物馆学的"实物",表示的是实物指向。寻求的是如何让实物与参观者相接合。选择的方式是"将实物展出"。第二个战略是求知的博物馆,其目的是理解知识。展览是所谓纪实性的:"将知识呈现给参观者"。寻求的是如何建立沟通的关系。第三,以观点为导向的博物馆学,要求"参观者介入到展出过程中"、"参观者通过亲历体验观点"。达瓦隆的方法是同步的——尽管目前对他的重新分类尚有异议,但在对方法进行定性研究时仍是有用的。他试图从展览组成元素的内部特点来描述展览。因此,即使他陈述的仅是博物馆形式的暂时性的聚焦重点,但其见解仍是不受时间影响的横向分析观点。而本文所涉及的研究与他的研究不同:在某些方面是一项历时的(即历经时间长河的、纵向性的)研究。首先,我们试图抓住博物馆主要形式的系列化发展。毫无疑问,这些系列化发展的博物馆形式可以利用达瓦隆的模型,以正规的术语进行描述。其次,我们试图通过该领域内的行动者以其言行所表达的观点来了解这些发展。再次,我们试图在这种发展及伴随发展过程的理性化趋势与博物馆事业的核心要素——确保科学知识在公众之中的传播这一要素——之间建立关系。这又引出了第二个需要说明的问题。博物馆的发展体现了"沟通行为"与今天所说的"沟通"的理念之间的差别。从一方面看,沟通行为总是存在的。如布雷顿(Breton,1992:11)所说:"人,从广义的角度来看,总是在沟通。这些沟通行为毫无疑问是与人类的发展同步发展的,包括语言及其他沟通工具。"达瓦隆模型只是就某一具体领域——博物馆领域——内的某一具体对象——展览——来建立的沟通行为模型。从另一方面来看,沟通在当代的理念是"社会性沟通",指的是一种"自主的范畴",一种新的范式,体现新的一体化的价值。本章试图重新解释博物馆领域的一些矛盾,这些矛盾因目前社会行为中所流行的"价值"观而令人迷惑。

② 人们是否真的一定认为在沟通"革命"之前的博物馆就是与公众相隔离的呢?这些博物馆是否完全以实物为其工作对象呢?正如克莱门特(Clément,1983:37)所说:"博物馆通过在实物与参观者之间建立一段不可亵渎的距离而将实物神化了,使之从给人以愉悦的位置转到了被人愉悦的地位。这一点从博物馆著作、符号形式和编号的支持性材料中可找到证明。这些实物需要被阅读、被破译,要求与参观者之间建立一种阅读的距离以及灯光效果等,它们都使得实物被蒙上了尊崇、代表、权力、神圣、知识的外表,博物馆学的保守主义者对实物与参观者之间的物理距离最感到满意。"

割式、被动式展览的影响。对互动型展览作些研究——即使是散碎的研究——也足以证明，展出者吸引参观者注意力的努力促使参观者采取了一种将自己当做展览活动的一个参与部分的态度。"中介化"是刚刚开始采用的一个关键词。德克罗赛（Decrosse et al. , 1987：177）指出：以长期展出的"探索者"展览为例，在（巴黎）科学工业城（cité des Sciences et de I'Industrie）成立不到一年的时间内，"参观者就进入了与展览设计者相配合的主动角色"。他强调说，探索——"只有在人们的活动过程中才能揭开其秘密。通过移开覆盖其上的石块、察看收缩的部位、处理隐藏着信息的实物，才能理解其秘密。"①

互动操作的发展构成了展览设计阶段的主要目标。展览设计者试图尽其可能使给定的要素更适合公众，包括使其包含多方面的重要信息，而不是直接、明显地展示给公众……

同时，参观者面对这些互动操作，无法回避，只要想利用它，就会介入到活动中来，从而使自己从消极被动的位置被激发起来……(186)。

在继续展示"探索"展览的互动要素（德克罗塞等人将其分类为"引导式的互动性、触发式、可调制的更动，程序控制的选择，实时程序控制回应和行动"）时，他们提出了互动性最大化的概念，还概括了"参观者与互动系统之间关系复杂性"的最大化程度。

最大化的互动是通过产品发生的，围绕这些产品，参观者和展览要素构成一个系统（实际上是一个跨系统，包括"要素系统"、"参观者系统"以及两系统之间的关系）。也就是说，在对展览工具的设计和程序中隐藏着会出现的结果（行为、形象、情景……），这些结果用一种独特的方式隐而不现，除非参观者将展出要素付诸行动，即对互动性的限制是从属于模拟活动的(187)。

但是第二代博物馆也逐渐向第三代博物馆发展了，它们完全致力于丰富博物馆与人的沟通经验。通过对复杂环境的重新组合、构建，同时利用由互动型展览和其他更早的博物馆展出形式所引发的动态关系——注重参观者、以参观本身的性质和经历为主、尤其是完全转变了过去那种以学科为主的"碎片"式的展出形式——这些博物馆事实上完成了对真实情景和境况的展现。由此，博物馆改变了过去那种各个展出部分相互依赖的观念，将各部分融为一个更为复杂的整体而不是简单的总和，通过分析

①　德克罗赛等人描述了由"中介化"应用原则衍生出来的与展览有关的多种选择："我们尤其会针对这种'中介化'趋势所带来的问题进行分析。事实上，这一趋势带来了对展览的多种选择，包括展览空间组织形式、对公众期待值的考虑、展览管理方式、展出物的类别及其所涉及的科学领域和内容，以及对展览空间、展览与公众关系的倾斜（互动性）、展出的内容及形式、艺术作品的展出和审美等各个方面进行重新组织。"(Decrosse et al. , 1987：177-178)

或分类法的分解,这些部分会给参观者注入一种综合的全景。这是博物馆学上的一项巨大转变。下面是查本特(Charpentier,1990)对 1992 年开馆的蒙特利尔市生物博物馆(Biodome)展览理念的描述:

（蒙特利尔市）生物博物馆也是这种发展趋势的一部分。作为变革中的一个范例,生物博物馆所发起的有关沟通的挑战涉及各个方面。一些生物学展览的形式仍属于早期的范畴,而生物博物馆发出的主要信息已经更新换代了。它并不展出动物和植物,它展出的是生态系统,亦即生态系统的一些概念或简单的代表物,使其有可能以系统化的方式展现出自然环境。生物博物馆利用各类机构的研究成果。正因为此,其在展览中所传播的信息超出了本身展出的所有信息,留给参观者一个他们所处环境的综合全景(77-78)。①

对此不同的意见是:相对于其他类博物馆机构而言,里维埃尔(Rivière,1989:65)已经提出的这种跨学科的、系统的研究本身更适合于科学类博物馆,这是基于生态学及其相关领域的研究进展,以及现在人们对人类行为对环境影响的认识的提高。② 这会使一系列近年来建立的博物馆归入这类抽象化的行列,如凯恩市的"和平纪念馆"(Peace Memorial)、华盛顿市的"灾难博物馆"(Holocaust Museum)、魁北克市的"文明博物馆"(Musèe de la civilisation)或波恩市的"德国历史博物馆"(Haus der Geschichte)。它们都同样把所展出的所有事

---

① 人们所读到或听到的许多文章和评论中,以一种模式化的态度来分析展览方案的,几乎都选择了相对立的方案——分割型关系和非分割型关系。"生物博物馆",维金娜(Vezina,1992)写道,既不是水族馆,也不是动物园或植物园。虽然你可以在这里找到鱼、动物和植物,但它们在这里展出的位置与在水族馆、动物园或植物园所展出的位置是完全不同的。到目前为止,我们所看到的这些生物的展出形式都是分别展出的,尽管我们都知道自然界本身并未进行这种分割。未分割的才是生态系统真正的原貌——不是试图去验证植物或动物种群的记载数量,而是展示出联结这些生物的直接的生物链关系。生物博物馆是一家博物馆,但不是一家装着观察窗口和笼子的博物馆,它展览的中心议题是生命的动态形式……现代的人们已经知道宇宙的极大丰富性,我们还必须意识到联结宇宙万物,使其和谐发展的物质生存关系的重要性。生物博物馆所举办的展览的重要性并不能用它所收集物品的数量或质量来衡量,它们的重要在于揭示出:所有基于这种生存关系的物质构成了生态系统,包括动物、植物甚至矿物质——既然我们已经认识到泥土的种类和释放物对生物的生存有着决定性的影响。由此参观者形成了对这个星球的全貌更为全面的理解,以及对自然界关系更真实的了解——自然界中并不存在人为的分隔(p.4)。

② 环境问题,以及从更广大的范围来说,"星球的生存"问题,已经成为近年来的一个社会问题。与此有关的激烈争论以及相关的大量科技文化产品反映了这一点。在博物馆活动中反映出这一问题也是自然的。有关博物馆中环境主题的讨论参见达瓦隆等人(1992)的论文。应补充说明的是,里维埃尔(1989)观察到:"从 20 世纪 50 年代开始,在美国自然历史博物馆的提倡下,生态学的展览开始流行起来,同时逐渐兴起的还有随着工业的不断入侵而使人们逐渐意识到的污染问题和自然资源的消耗问题(65)。"

件和举办的展览,包括其中的互动元素和展品,归入一个一体化的主题范围内。使用所有工具的目的是为了更好地服务于展览"主题",亦即行业术语中所说的"主概念"。不仅如此,它们还将"对所提出的一些问题给出答案"明确作为其工作的一部分。波斯特曼(Postman,1989)认为这一点是很重要的:"人类的条件是怎样的?"——他强调道:"我们需要的博物馆可以告诉我们过去的历史是什么,什么是现代社会不再适用的,以及未来可能的趋势是什么。"事实上,正是博物馆中涌现的这一社会侧面形成了连接第二代和第三代博物馆的桥梁。利维(Lévy,1986)在描述(巴黎)科学工业城的特点时将其称为创新,因为该博物馆并不将展出的科学技术与其对社会经济的影响分割开来。恰恰相反,它试图证明技术进步的矛盾性,而避免以单纯的成就感形式来展出技术的发展。

马丁(Martin,1990)更是直白地将在建的蒙特利尔市科技馆的任务概括为:

作为 21 世纪博物馆发展的第一个系列,科技博物馆应努力:

—— 将社会发展和科学发展的主要情况综合展现出来……

—— 展现出当前这个时代的问题,包括世界性的重大问题以及年青人关心的有关科学及其影响作用的问题……

根据和有关社会应用主题同样的理论逻辑,在审视人们对现代博物馆作用的期待方面,麦克唐纳(MacDonald)和埃尔斯福特(Alsford,1989)研究得更加深入:博物馆必须是社会的倡导者,以回应人们期待其所能起到的多元化作用。博物馆必须超越其传统的防卫式的缄默姿态,肩负起与社会的象征性的催化作用关系,并努力通过介入社会问题来回应时代的需求。

兰德里(Landry,1992)也进行了这一项研究,但他是从可持续发展的特定角度来分析的。他认为生物博物馆展出的最重要的信息是"我们这个星球的慷慨性和脆弱性"。作为与其承诺相连贯的一种媒介,该博物馆回收利用了一些废弃物,并保留了已经使用过的废水。这反映出第三代博物馆已经超出了仅仅致力于提高人们的觉悟,正在力争成为公民踊跃投入的愿望的一个参照点。

前进的逻辑

由此可见,博物馆发展史是一个将早期的各种博物馆形式逐渐一体化并不断改进的过程。最早是将参观者与展出物分隔一段距离的展览;其后,为优化沟通关系进行了系统化研究,并考虑到为公众释疑解惑,通过动态关系的互动性展览发展了真情实景和背景的布置。博物馆的这一发展史也是一个不断扩展新领域的持续改进过程。

不可否认的是,近几十年来博物馆学有了巨大的进步。首先是保留了考古学艺术的丰富性。经过多年的经验,博物馆学学者认识到了收集物质文化物品的重要性——甚至包括植物的、动物的和水族的生物种群等的收集。

随着博物馆学的这种发展趋势,博物馆逐渐对公众打开了大门,并将其专业的分支延伸进了城市和大自然的核心领域(Viel,1989:73-74)。

博物馆学这一经历的三个阶段,从内部到外部,再从文化到社会的有机的、系统的发展过程概念是通过改变其自身的定位①而实现的。目前博物馆学领域流传的论著均论及了这一发展——博物馆学的定义也在不断地被重新改写和扩充,以便更好地适应博物馆学的扩展(Rivière,1989:81-84)。

博物馆学三个发展阶段的分类更多的是依据公式而不是以事实为根据的分析,顺应于后续的演进(posteriori),亦即社会的演变,这是用来指所谓的第二代博物馆的发展,因为第二代既是在第一代基础上发展起来的,又必然地超越了第一代。第三代博物馆的发展与第二代的发展也有类似之处,而将来又继续会有第四代博物馆的兴起。按照这一逻辑,过去的机构形式都是潜在的、将会被淘汰的形式,其特点是过去形式中的空白要求在后续形式中得到根本上的弥补:第二代博物馆的互动性使原本对参观者而言是陌生的展出物被参观者所接受,正如今天的第三代博物馆试图将活生生的体验整个纳入互动展览之中。

沟通:行动中的思想意识

这种三代博物馆发展历程的陈述方式所明确的最关键的概念就是:面向多方公众的多方沟通。

1.普及化的中介

沟通是必要的而且是主导的。即使是一个不专心的观察者也能看出,现在沟通已经是博物馆活动的重点。艾普林在《文明博物馆》中(Museum of Civilization)(Arpin,1992:24)写道,"表现出其偏重于沟通方面",是通过"管理组织形式、物质的分配和安排、展览主题的选择,以及教育性和文化性活动的项目"来表现的。换言之,尽可能与其所有观众相沟通的意图使博物馆将其活动多样化,针对不同参观者的不同期待值设计并提供多种服务。通过活动的多样化达到多点化沟通,借助于所有的视听技术以优化沟通效果。利维

---

① 博物馆学目前的定位已经成为其发展的目标,促使博物馆学重新改写本学科的定义,以保存人类发展的足迹为己任——将人类在地球上的或是在银河系的发展过程记录或保留在博物馆内,以资纪念。(Viel,1989:74)

（Levy，1986：25）在描述科学工业城的展出理念时这样写道："这是第一次在一个地方同时使用这么多的沟通手段，可使我们与所有参观者相沟通。"例如，展览必须"通过提供价值、解释、展示工艺和技术手段"（Arpin，1992：25）吸引并牢牢抓住参观者的注意力。并且必须同时有大量的关于不同主题的展览以不同形式展出，以便适应参观者的不同兴趣和欣赏水平（Hooper-Greenhill，1995）。

借助迥然不同的沟通方式，现代博物馆致力于文化产品的不断更新及多样化，将展览产品的设计、实施、传播、改进和评估融为一体。麦克唐纳和埃尔斯福特（1989）指出，沟通是所有博物馆活动的真正基础：展览的展出、研究、发布、教育、动画制作，以及各类计划的实施和商业化，均是面向公众的沟通。所有这些博物馆活动只有在博物馆与其公众能够有效沟通的前提下才可能有成效。

博物馆只有在沟通的时候才能完成其沟通的作用。巴特吉斯（Barthes，1957）说："这是词义反复的双重肯定。"

现在取代了"沟通"一词的"中介"概念（Hennion，1993；Caillet，1995）只是延伸了沟通的含义。这一更新扩大了沟通的范围，从而延续了其发展。最终，为了优化所引入的中介概念，博物馆的所有功能作用事实上都被转化了。

连续发展的三代博物馆是否从本质上突出了沟通理念的三个发展阶段？沟通理念完全重新定义了博物馆机构与科学领域的关系，也重新指出了知识传播的发展方向，已经成为博物馆学论著中新的中心议题。

2. 取消所有间离

分布在博物馆各个服务项目中的整个系列的专业"中介物"，相辅相成地实现了沟通的场景（解说、参与、介入、辅助、支持、设施、展出等），其主要特点是企图消除所有可能阻滞参观者的障碍，以使参观者更易于理解和吸收展出的知识，消除任何可能的距离感。对"沟通效应"的系统化研究也被应用于面向公众的科学展览，要求展览活动的设计目标是向参观者传播知识但不把知识分散，提高参观者的觉悟但不进行说教，对参观者进行培训但不强加约束。

生物博物馆没有"教育"观众的要求。我们的参观者是有智力的：对这个世界他们已经拥有了自己的见解。我们尊重他们的思想。我们只是希望沿着可持续发展的方向和他们一起向前走一小步。我们希望，到生物博物馆参观一次可使他们确定自己的行事准则或多少改变一点他们对待环境的态度。（Landry，1992：30）

德克罗赛等人（Decrosse *et al.*，1987）认为"清晰透明"应是首要的，而"比喻"则是一种媒介,在此环境(探索)中,科学的和关于科学的论述均蒙上了一层特殊的色彩,它失去了所有阻光的符号……于是"清晰透明"变成了"比喻",以便于参观者接近意识。从参观者的角度来看,展出场所的这种真正透明度积极地产生了一种可读码:比喻从根本上开通了对知识的占有。由此将探索推向了敏感的、清晰的科学地带。……参观者成了进行知识探险的现代"罗宾逊·克鲁索",不再需要任何工具,只要有用手势进行表达的能力就足够了……透明度给人以舒适感,使人沐浴在清晰透明中 ——即光亮和比喻中——比喻使科学知识蒙上一层包装或使它的表达穿透这层包装……于是神话般的比喻就伴随着科学知识而扩散,这种比喻的核心功能就是充当促进者。

那么,我们对展览中的比喻了解多少呢?它与近似——更甚于真实——之间的直接联系又是什么呢?比喻是最受重视的修辞手段之一,因为"通过发掘其可能的等同意义",参观者可以"通过语言"和表象"领悟内在寓意"。比喻手法利用连词"好像"连接一个具体的实词和一个抽象的对象,或是通过将"类似、等同、对应"的概念相并列来表示相似,从而使科学含义包含在普通的语言中,无须参照精确的科学意义的内核。脱离所有上下文语境时,它可以发挥类似于"不受束缚的内涵意义"的功能(Mortureux,1983)。比喻可以不受阻碍地反映出"不同层面的含意(拟人含义、习惯性含义、心理学含义、宇宙哲学含义等)"(Pitts,1985)。当研究和教学主要针对反身过程的评估和知识应用规则的转变时,涉及此类操作的科普活动则是"在不改变其质量形式的同时纯粹在数量上增加已有知识的积累"。

求助于比喻手法的基础是假定科学术语具备"可译性"——科学术语相对于普通用语而言类似于一门外语。这一假设使得各个特定学科的专业化语言学论著使人产生困惑。

沟通直至无法沟通为止

寻求知识的人基于其已知的知识尽力去减少对于其想要了解的领域的无知。教师通过提供已知的知识去减少求知者的无知。而科普工作者通过将展览参观者的已知知识和未知知识联系起来的方式消除其无知,但必须经过再现的过程。上述三种情况实际上是相类似的:"解决无知问题",基于对已知知识的研究来减少无知。教学就是将知识构成中的未知转向已知。科学普及指的是将展览参观者未知的科学知识与其已知的知识连接起来。因此人们必定会问,与公众之间进行关于科学知识的沟通是否不该是"对已经经过验证的科学知识再给出简单的证明",也不该是简单地就某些科学问题给出固定的答案

(Jurdant,1969:150-161)。这种沟通是否可能超出橱窗效应的范围？（Roque-plo,1974)怎样才能在"清晰透明"的逻辑中使人们不回避对"科技进步的矛盾性"的一些合理质疑？所谓偏见,就是说展览参观者可享有持一种主观看法的特权,那么,怎样才能避免就一个科学问题重新杜撰一个类似的质疑,对此科普工作者有一个现成的类似答案。不是说参观者有他们自己的"世界观"并且受到尊重吗？那些现存的问题表明了普及的科学成果的局限。对世俗见解的搜求旨在通过一些可能的科学成果媒介物的检验,以使个人的质询得到释疑解惑（"世界从何处来？我从何处来？什么是死亡？我正常吗？疾病何处来？哪里是世界的尽头？……"）(Jurdant,1969:158)。①

各学科本身形成了严密的、实用的专业术语。即使这些词本身是从普通用语中抽取而来,它们已经脱离了原来的常用意义,转变到了特定的语义上(Mortureux,1973)。科普工作者目前做的是重新解释这些术语,努力将它们与日常使用的词汇联系起来,似乎术语是阻碍人们理解科学知识的唯一障碍,而忽视了每个这样的术语都指向一个科学概念的事实。这种重新解释是:"一种抽象的语义构成,目的是为非专业人士理解专业而以一种统一的结构化的表达方式去连接异构的、无法比较的先验现象。"这种不精确的、异构的解释导致的结果是:不能完全解释出术语的含义,因为不理解术语意味着"陌生于发展相关概念的努力,甚至科学努力本身"(Mortureux,1983:842)。于是,"沟通"一方面因归于缺位的论述而变得貌似神圣,还由于认为可以用"近似来含蓄地表现绝对",而自鸣得意;另一方面,沟通也突出了在实际言行过程中的科学——例如在博物馆展览中——并且显示出科学通过沟通得以传达(Authier,1982:44-46)。用沟通来展现沟通。

3. 所有观众都感到的迷惑

博物馆把自身视为科普工作中最重要的示范机构,认为自身在其中扮演着关键的角色,是一个当然的中介机构②,承担着将科学和日常生活这两个完全不同类别的领域联系起来、弥补二者之间空白的职能。它力争成为在公众

---

① 显而易见的是,在科普过程中所形成的对"星球的状态"、"技术对社会的影响"、"工作的革命"等的疑问属于哲学本体论范畴之内。关于这一点还可参见罗克普（Roqueple,1974)以及 G. 巴彻勒德（G. Bachelard)的知名论著《科学精神的形成》(La formation de L'esprit scientifique,1970)。

② 1967 年莫里斯(Moles)和奥利弗(Oulif,1967)就已经写道:"博物馆有了一种新的社会职能:协调职能。这种协调职能是负责以抽象的,但高度相关的语言,在思想意识的创造者和最终有权就与该意识相关的问题作决定的人之间进行沟通——无论最终决定的是空间政策还是建一所新剧院——太多这些问题都是由高高在上的权力机构来决定,这些公认的、永不会出错的决定者是唯一可以知道真相的。"

和完全规范化、数学化的科学之间交换的能工巧匠。这种科学在其实际拓展应用的过程中与人们所感知的世界和社会经验相矛盾(Moscovici,1976);这种科学因为过于抽象而使自身神秘化,从而妨碍其成为破除魔幻、神秘思想的动因。科普工作者试图使科学知识人性化,从而恢复科学与人的和谐关系:让求知者发现并认识到研究者的痛苦、希望、失望和成功。简而言之,就是向人们展示理论、概念和公式后面隐藏的艰辛工作。书面的和影像的新闻传播就适于进行这种沟通。博物馆选择了另一种战略:尽可能以最少的成本让参观者参与到最优化的沟通中。

针对目标非此非彼

博物馆一直在科学知识的广泛传播和使之适合社会需要之间困惑不定,似乎在面对这些知识信息时,每个个人的兴趣、理解和掌握能力都是相同的。而公众并不是失范的、毫无差别且独立于社会结构之外的。由于收入、受教育程度、文化背景的不同,参观者在横向上分为不同的层面;同时由于社会地位和从事专业的不同(学科的、职业的或文化上的少数族),在垂直面上也分为不同的层面(Beaune,1988)。参观者在参观过程中面对的是经过组织的信息和结构化的观点。因此他们必须处理这些信息片断,亦即:理解、整理、编排、分类等。在这样做的过程中,参观者将自己导入了给所见、所听和所读的信息赋予不同的含义和重要性的复杂境地。而他们这样做的方式使其成为被区分的对象同时又是区分者。希尔和鲍彻(Boucher,1987)分析了在巴黎发现宫举办的太阳能系统展览中,参观者们完成这一过程的方式,结果显示,不同社会职业范畴的参观者不仅采用了不同的方法来完成参展过程,而且对博物馆机构及其展出内容各有不同的视角和观点。艾德曼(Eidelman)和希尔(1992)从文化的角度探讨了这一问题。针对(1991年5月至1992年1月)在巴黎国家自然历史博物馆举办的"行进在大地上"展览,他们研究了参观者探求科学知识的途径,以及范围更广的高雅休闲的方式,结果是随着参观者对该博物馆机构熟悉程度的不同而不同。据此可以看出博物馆展览中所包含的矛盾:根据最小公倍数向每一个人展出科学知识,亦即降低所展出知识的难度,使其从接受入门知识开始;还是只聚焦于非常有限的理解范围,而使广大公众望而却步,亦即只以一部分人为服务对象,而把其他所有人排除在外。

博物馆同时也决定揭开科学的神秘面纱:再度确认科学本身是既非有利、亦非有害的,没有什么研究课题是应该忌讳或禁止的(Jantzen,1996);有益或有害取决于人的智慧,而不是科学本身。与面向传媒的科普不同,博物馆面临的首先是理论和议题,而不是个体的人,通过使参观者形成某种思想意识而动员其采取某些行动。

出于一种自然的倾向,博物馆认为自身必然会与公众建立一种愈益具有吸引力的关系,因此也必然会作为中介与科学建立愈益深入的联系,博物馆进行的所有展览实践都和一种朴素的理念相关,这一理念就是基于其对科学的关系及其发起的对公众的传播关系。贯穿博物馆展览活动中的隐含着的主题是其应用价值。其作用包括:通过科技的渐进影响减少人们因环境束缚而产生的疏离感,减少与权力机制相联系的科学精英和由于能力缺失而与权力机制分隔的大众之间的断裂。博物馆将自身作为平等解放的民主参与的动力,致力于毫无区别地对待每一个参观者,从而保证每一个人都可以接受科学文化知识。

博物馆领域的虚构关系

就上文所述的博物馆现象还可以举出多个实例,在涉及博物馆领域的各种大量的研究项目、展览设计、原始资料、成套印刷品、指南、手册、文章及评论之中都可以找到。这些似乎有些冗余,因为所有的叙述似乎都是从同一论著中反复引用的,不断地被重新组织、重新表达和重新实现,而不能提供更多的证明。

这些强化了进化的博物馆学的图示、理念和观点,把沟通作为博物馆学发展的手段和目的,在关于博物馆学的论著中到处可见其形成——被接受——再进入流通的循环。这一"信息"作为知识和判断的组成因素,已经形成了理念,并将"已知/无知"纳入这一理念作为其方法(Verges,1976)。通过该方法,那些参与其事者根据需要利用这一信息,以指导自己的活动。博物馆学的这一理念对博物馆领域产生了广泛的号召力,并使其自身成为这一领域的不可或缺的组成部分:它生成为一种"目标",使得"像真实一样去思考"成为可能;同时它又是行动者交流的"对象",因为用来进行划分类别和等级的条件暗示了其在社会圈子里的地位。这些划分条件考虑到了该领域内出现的一切现象及其代表意义,并将这些传播开来,而且据此确定了行动者与该领域之间的关系。在实践中这种关系是双重的:一方面是一种真实的关系——由于其中包含了知识元素;另一方面是一种虚构的关系——其社会地位一直承受着一种"推断的压力"(Moscovici,1976:250)。这两方面合在一起,随时都处于行动中、占据一定位置、采取一定的解决办法;亦即在维护或重建适合这一理念意义的系统的同时,随时"回应"对这一理念的威胁和竞争。因此知识的应用使行动者作出"回应",从而这种回应也就受到对这一领域施加压力的反响的支配,受到保证该领域内部稳定性和保持一种共识的需求的支配。它只是部分地取决于与知识内在规律相关的约束因素。因此在自理理解方面产生和保持着一个差距,这是行动者所努力的方面,而这也就显现出动力。由此,沟通理念既显示同时又神秘化了在这一领域运作的力量①,因此这种情况必须自动地修正。

第二节　博物馆领域的结构问题

沟通的理念已经渗透到当代博物馆领域中,这使得超越它的任何反思都变得很困难:诸如要解决的问题、要采取的解决办法,引出的问题此起彼伏,都是不言而喻的。在臆断含义的建构方面,它们引发了意味其解决的进程。然后形成障碍,它们质问这一不证自明的理念是产生自什么样的背景。

要发起对这一背景的反思,有三种途径可供探索和提交讨论②。一是从博物馆实践产生的影响检验科学在当前社会中的地位和作用;二是要考虑在博物馆领域内的专业化运动的效应;三是聚焦于在博物馆与社会之间关系的转化中,作用转移到参观者一方的情况。博物馆领域内各种情况都有,包括:①在博物馆领域中反复出现的科学与社会的关系演进正在为其实践以及长期存在的有关其合理合法化的论述重新定向;②专业化的兴起通过其自我封闭的树立加速了博物馆领域的自主化;③凭借其自身权利的名义,博物馆以一种特殊的方式调节着公众间的争议。这应该是其发展的趋势,相互截然不同的趋势,在不断的互动过程中,既在显现又在神秘化博物馆领域内的沟通理念所采取的特殊方式③。

博物馆——公众性和表意性

首先,有两种观点使我们意识到公众性和表意性是博物馆活动的中心:有目的地向某些人展出某些实物就是博物馆本身的基本理念。

---

① 本来应该对沟通的理念及其反对意见之间的关系进行研究,但这需要进行长篇的理论探讨。简而言之,我们认为二者有一个共同点:那就是在某一学科的已知和未知之间建立一种联系。参见维吉斯(Verges, 1976)。

② 备注:对科学博物馆动态发展这样一个牵涉广泛的大主题而言,不可能单纯依靠研究工作。阅读、反馈、讨论、观察等都为提出可供研讨和评论的发展理论作出了贡献。

③ 关于沟通理念在现代社会中的作用的相关观点,参见:马特拉德(Mattelard, 1992);布雷顿(1992)。

1. 没有公众性就没有博物馆

不必多说的是,公众从来就没有与博物馆分开过,也没有与展出物隔开过。非常简单的原因是:博物馆中展出的物品就像是艺术家创造的作品一样——只有摆在公众面前的时候——也就是人人皆知的时候,才有真实存在的意义。展出物(艺术品)及其中所包含的工作,例如出版的书籍,在呈现给公众之后,就获得了地位及意义,在社会领域中占据一个位置。从社会角度说,埋没在仓库中的、公众看不到的收藏品;被人们遗忘而等待被重新发现的创作;或是尚无法实现的创造,从社会意义上说,都是不存在的。如果没有参观者,则博物馆就不存在。博物馆任务的实现有赖于"展览"——使物品进入视野。正是参观者对展出物的反应将展出物纳入社会文化的认识范畴内。了解参观这些展览的参观者是否是社会精英、艺术鉴赏家或博学人士,以及展览是否为整个社会群体服务等,当然是重要的,但这一问题仍然只是规范性的问题。"展览"关系是首要的:没有公众就没有博物馆。"哪一些博物馆面对哪一些公众"则是第二位的问题。

2. 没有意义就没有博物馆

因为展出物是面向公众展出的,是如此"处置的"——亦即"摆在舞台上",故而展出物也包含在沟通关系中。达瓦隆(1987,1988)称之为"炫耀"法——展览通过展示物品来表示意义。"'展出'行为本身并不能增添、代替或补充需要'表述'的意义,但二者之间有着不可改变的联系"(1987:10)。(展览设计者)计划的表意方式与(参观者)认可的表意方式相遇,从而通过展览或展出手段进行表意,再由参观者自己进行推断和演绎(Davallon,1987)。所有博物馆展品拒绝与公众进行沟通,或虽展出物品但与参观者之间有距离感的,反映的均是行动者逻辑关系的转化问题,而不是表意性的缺乏:在该领域所受的外力推动下表意过程迁移了。

如果博物馆不能展出什么或虽然展出但只是不得不向某些人展出,那么展出行为就会引出一种设计方式,而这就会形成一种关系。这样,争论的焦点就转移到展出什么和怎样展出上。而科学博物馆的展示内容和展示方式,从第一种发展趋势考虑,首先是来自科学的角度而不是来自其所采用的格式策略的角度[1]。更确切地说,科学在社会中的作用决定其建立的沟通关系。

---

① 这一点并不能否认现代沟通过程在借用和设计信息时所起的媒介作用。应该记住的是,正如我们已经强调过的(参见注解 4),理想的社会关系最终回归到沟通理念上,而贯穿沟通过程的信息发布者和接收者之间的关系,亦即沟通过程中交流的内容和交流方式,是沟通行为的一部分,沟通理念与沟通行为截然不同。

博物馆与科学关系的重组

科学与社会的复杂关系主要是通过中间的服务机构表现出来的。博物馆就是这些中介机构之一。今天,在科学领域的边缘地带,以及在扩散社会需求的交叉地带,博物馆必须对其所承受的压力做出反应。这种关系建立在日常基础上,一次又一次,体现在一个个详尽的细节中……

1. 社会层面包含了博物馆层面

社会的发展对博物馆领域内的行动者理解以及实现其任务施加了压力,而一直困惑该领域的冲突、模糊、矛盾、异议等导致了对回应压力的行为进行调节。不论有利还是不利,一个不变的事实是:必须重新思考工作的方式,根据社会活动情况调节其项目。

有一种不同意见认为,博物馆的主动工作也有一个范围:可以通过他们的行动对某些社会层面发出呼吁或对其提出质问;可以是动态变化的行动者而不仅是服从者。这些当然没错。但是,如果博物馆希望通过施加压力来重新引导其与科学的关系发展,那么这一范围就有限了——这一点在近来关于展览的公开论战中显示出来。参见西格蒙德·弗洛伊德(Sigmund Freud):"冲突及文化"(国会图书馆,华盛顿),"美国生活中的科学"(美国国家历史博物馆,史密森宁学会,华盛顿),"原子弹及二战的结束——伊诺拉·盖伊"(国家航空航天博物馆,史密森宁学会,华盛顿),以及"进入非洲的心脏"(皇家安大略博物馆)(Fulford,1991;Shettel,1996a,1996b)……每一次社会层面都提醒博物馆注意到:缺少了社会层面,博物馆是不可能独自成事的。一言以蔽之:社会层面包含了博物馆层面。

但是,博物馆对社会层面的需要并不意味着社会决定论:对组织机构的研究表明,在它们对社会压力作出反应时是与其本身的特定性质相关的,亦即与将其定性为一定系统的法律相关的,这类法律管辖它们的转化过程,也保证它们的自治(Walliser,1977;Mintzberg,1979)。因此,社会与博物馆机构既相互独立,又处于动态的紧张状态中。无论受到任何组织的促动,博物馆及其所属的博物馆领域总是在它们忍受的约束范围内做出反应和进行适应,以保持一种平衡状态,或是通过调节其转化规则发展新的结构,以求得博物馆对新的社会条件或新的社会转化的回应,但总是考虑到自我管辖,考虑到回应的机制。博物馆探索到了在新的社会条件或社会变革下的反应机制,但总是带着一种自主的意愿。它遵循的原则是:只有当回应新出现形势的适宜的、新的替代解决办法具备时,原来占支配地位的形式才能退出。

还应考虑到第二个层面:对现实情况的考虑比博物馆领域在自主范畴内

所做出的反应更进一步。博物馆也是停泊在现实生活之中。它们也是受到社会生活的渗透,通过某种潜移默化的方式沉浸在时代的深层次活动之中。通过其所展示的文化项目,它们反映并证明:博物馆总是与现代性联系在一起。因此我们才能论及结构关系。应该停留在这第二个层面上来反复思考:一种社会事业——一种观点、一种乌托邦理想是如何在一个象征这项事业的机构中得以物化的。

于是博物馆的发展是双向的:简略地检验一下①导致博物馆领域自主化的条件,尤其是使博物馆领域与科学领域分开的条件(目前仍是未分开的);②结构的转化,亦即那些重新定义博物馆事业的条件。

2.博物馆领域的自主化

自然科学博物馆的进步就是这方面的实例。基于皮尔斯(Pearce,1989)和帕尔(Parr,1943,1946,1950,1953)的研究工作,范·普雷特(Van Praet,1989)认为,自然历史博物馆展览的发展转变导致了生物科学的发展进步,从而"引起了'博物馆'和自然科学'展览'之间一系列的矛盾"(1989:26)。从 15 世纪到 17 世纪,博物馆与展览之间的相对一致性尚未受到质疑:博物馆的收藏物既是保存在展台和展览馆里,同时又是在这些展台上和展览馆里向公众展出的。范普雷特写道:"在这一阶段,收藏物和展出物之间存在一种完全的一致关系。自然科学的主要目标是对这个星球广博的资源进行探索和发现。因此,在科学目标与奇珍异物展览柜以及自然科学史的演示和展览之间存在一种完全的一致关系。"

到 18 世纪,对世界万物进行分类发展成为自然科学的研究目标,这毫无疑问地在博物馆收藏和展览的组织中反映出来。随着 19 世纪的第一次主题展览开始,出现了收藏内容与面向公众的展出内容之间的分隔。

皮尔斯(Pearce,1989)的研究显示出了达尔文的理论是如何对"收藏物按类型种属进行分类"产生影响的——博物馆的收藏物不再像原来人类学和民族学藏品那样按照物品的地理起源分类。在这种视角下,以教育为趋向的主题展览"反映了整个世纪以来的多学科综合理论的发展,然后对其进行描述和分类"(Van Praët,1989:28)。20 世纪出现了收藏物和展览之间的断层。从 20 世纪 30 年代开始,在自然科学的人造/合成理念突飞猛进的过程中,生态学和生物地理学引发了一个新的博物馆学主题(Van Praët,1991)。然后,标本展出作为展览的一种形式得到了相当大的发展(尤其是在盎格鲁一萨克逊和斯堪的纳维亚博物馆中①)。因为"标本没有科学意义,仅是为了标本展出的艺术和教育意义所准备的",其重点是将研究工作和教育目的分隔开来——展出的目的不再是让公众像研究工作者一样聚焦于"真实可信的"物品从而潜在的促进同类科学研究的发展;而是倾向于以一种引人注意的方式传递展览设计者(关于生态学、社会道德……)的结论。

就在标本展出中展出标本和收藏品之间出现了断层的时候,在"结论式"展览和"假设—推断式"研究过程之间也出现了断层(Van Praët,1991:23)。

但是,引起这种断层的原因是什么呢? 范普雷特(Van Praët,1991)找出了两个原因。第一是源于研究对象的转化:对标本的研究"让位于对一系列生物标本的分析和对其形成过程的研究,而这些过程并不体现在博物馆的对象中"。第二个原因是,不可能在进行一次参观的有限时间内同时了解到很长时间段(或极短时间段)内所发生的所有现象。第三,科学的这一活动,通过趋于用抽象方法和着手解决日常经验中未引起注意的现象,以便用自然思想中的社会—历史遗产去填充上述的断层:词汇、概念、认知、实际方法、逻辑过程等;这说明,所有熟悉的方法,如可用做科学证明的、从意识中感知的直接数据这类现象的解释,都已没有用处②。

博物馆领域的自主化导致了三个分隔结果:①通过打破过去将收藏物与展览结合在一起的结构形式而将两者分开;②将日常经验中的时空尺度与科学中的时空尺度区分开来;③将抽象概念模式与普通常识的解释、领悟方式区别开来。

科学技术博物馆以及更广泛的科学技术中心,并不是研发知识的地方,也不是正规的知识传播之地(与人类学和民族志博物馆不同③),它们被推向了科学领域的边缘。同样,关于科技博物馆中的收藏物及其展览的索引问题、观察计划、语言调节问题等,一经提出,均与自然科学博物馆中的情况完全不同,而这些实际存在的情况加速了自主化进程。对科学与公众间关系的看法也转变了:加强敏感性、信息沟通、探索、培训、指导、咨询建议、解说……都是必要的,否则科学程序就不可能在分类、排列或排序中实现,而这些都是为构成科学论述所遵循的分类学、类型学、分级系统或模型制作所坚持的。它提供的是对科学的一瞥,而不是一种科学观点。博物馆展览的目标不再是推进知识的发展,而是跟上知识更新的步伐;是满足好奇心,而不

---

① 关于展品展出的发展历史参见:旺德斯(Wonders,1993)和奥尔蒂克(Altick,1978)。

② 关于大众化思维与科学思想之间关系的广泛讨论,参见希尔(Schiele,1984)。

③ 人类学和种族学博物馆本身要求对学科、收藏物和展览之间的关系进行特定的分析。参见迪亚斯(Dias,1991)。科学和技术历史博物馆也应以一种特定的方式来对待。

是传授应用科学概念方法或研究经验方法。在这种情况下,就为传播互动营造了一个空间,使传播的相互作用可以自由运行,而不涉及传播的有效性问题。其结果是,在传播过程中出现的,从严格意义上说,区别于作为意识形态的传播是被伪装了东西。传播不仅仅是通过解释的方式来传递信息。它是在完全相同的相互交流行为中去变形、区分、换位,而且总是通过同一的交流行为,因为处于信息发出和接受两端的个人和群体都是被社会结构的条件所控制的。在知识型博物馆所建立的这种"交流"中,从科学研究中所借用的理论和模型在功能和内容方面都经过了质的改变,这种改变依据的是纪实博物馆机构的特性,也是所利用的传播手段的特性(展览、互动手段、电影、录像、动画、对话等)。"'科普工作者'到底是些什么人呢?……是公众中科学、文化和技术的代表,更可能是科学、文化和技术创作团队的代表? 他们所做的工作中更多的是在无意或下意识中完成的,还是参与在构建科学的过程中?"(Moscovici,1976:41)

3.公众科学技术传播领域内的博物馆子领域

每一家最新的或近年来开馆的博物馆必定重复强调了或被人们认为重复强调了博物馆革新的最终目标,亦即大大重视重新改写导致博物馆自我定义的那些步骤。

由于其收藏的生动特性,生物博物馆从动物园、植物园和水族馆中脱颖而出,通过其展览的三大特点——保护、研究和教育——代表了一类博物馆。而通过创立一种新的概念,生物博物馆将两种机构一体化,形成了第一个环境类博物馆(Landry,1992:31)。

构建科学知识的公众传播领域

大概地回顾一下即可知道,科学知识在公众中传播这一事业是在 17 世纪末至整个 18 世纪中形成的。出于各种目的和意图,科学知识传播开始是以一般的形式而且是通过集体项目展现的。开始时这种传播是与科学扩展合并在一起的,因此它是支持积极的科学思想发展的。在 18 世纪,应用领域扩大了:一方面,本地语种的印刷品数量快速增长,与之一致的是大众接受的同步增长。而另一方面,实用的、功利的通用科学观念逐渐兴起,又导致了理性的、基于试验的思想观点的出现。

但在 19 世纪,工业革命带来了"进步"观念,于是据说科学的进步已来临——而在另一个层面,则是理性的力量和人类对自然的征服——非正式的科学传播汹涌而至。"不仅有多种多样的著作致力于科学理念的宣传,而且著作的作者们也将其主要活动放在这方面。"（Meadows，1986：397）。随着报纸的快速发展，出现了第一批"科学记者"，尽管当时非常活跃并被人们当做智者的科学家们并未放弃知识的教导和普及工作，因为他们认为这两项工作是他们整个专业工作中的一部分。

科学制度化的重点也包括这样一种意愿——让公众分享科学家所创造的知识。因此，两种同时存在但各有特点的任务相互促进：科学领域的构建任务和非正规的科学知识传播领域的构建任务。随着读写水平的进步，19世纪学校教育的推动发展和正统思想对公众的吸引甚至比20世纪时的情况更甚，这使得19世纪的科学领域内完全充斥着正规和非正规知识传播体系的双重构建和社会化过程。贯穿于19世纪的非正规知识传播正是由此发展而来的，它与科学领域内的知识传播相比展现出了不可忽略的特性，继续成为一种包含了很多合理因素的科学知识传播方法。

到20世纪，情况有了快速的演进。一方面，知识复杂性的增加，对知识应用领域的担忧——尤其是对其在第二次世界大战中军事领域内应用的担忧——逐渐增多，以及研究工作的专业化等，使得科学、科学家和公众之间产生了一道鸿沟。而另一方面，传媒（报纸、广播、电视和科学博物馆学）的迅猛发展，形成了今天所谓的文化产业市场，带来了科学知识传播的专业化发展。

20世纪60年代是一个转折点。有三个重大事项：首先是科技期刊的专业化活动。自19世纪初开始，但真正构建是在二战结束后，然后成形①——这里顺便简短地指出：20世纪60年代还兴起了革新活动，促成了现代的科学博物馆学；其次是不迷信科学的活动的形成，其主题"进步的破坏力"已反复在广大媒体中得到重申；再次是在提高有关科学对现代社会进化的影响的觉悟活动中，媒体所扮演的角色和所施加的影响，及其所引起的争论，促进了对非正规的知识传播的研究逐渐构建起来。还有三门学科起了很大的作用：社会学、语言学和科学教育学。这些就是在大学构成科技公众传播研究项目的基础。

科学文化的共享项目及其必然结果"将科学融入文化②"在所有人期待的、即将开业的新博物馆出现之前早已存在。博物馆领域包含在公众科技传播领域之内，并只有在这个范畴内才好理解。类似的是，博物馆领域的自主化也必须与非正规的科学知识传播相联系来理解。而且，与博物馆的新颖化相比，关于知识共享的新社会公约的重申和循环再现更为重要。

---

① 国际科学作家协会1967年在英国成立，记者协会欧洲联盟则于1971年成立。
② 根据J.-M.利维·勒布朗德（J.-M. Levy-Leblond，1984）的解释。

4.博物馆事业的演进

发现宫(Palais de la Dècouverte)和基础研究

科学博物馆一方面是科学知识与公众之间的一个中介,另一方面是一个知识社会化的场所。正是通过这些特性,通过其覆盖的内容和处理的方式,确定了博物馆的定位并将博物馆与其他媒介(广播、电视、科教影片、杂志)区分开来。这些也是博物馆事业转化的见证,在关于博物馆领域自主化的讨论中也已表明。这些特性是如何逐渐形成的? 它们与前文中提到的博物馆发展的三代论有关吗?

发现宫[①]在很长一段时间内是科学博物馆学参照的代表。在它开放的时候,它是以何种方式将自己与其他机构区分开来的呢? 琼·佩林(Jean Perrin)说道:"我们的主要目的是让参观者熟悉科学得以创造的基础研究工作,这是通过每天重复展出这类研究工作中所进行的主要试验内容,并不降低其水准,但以一种更易为广大参观者接受的方式进行的。我们希望通过这些来培养公众对科学文化的爱好,同时培养公众精确、公正评价和自由判断的品质,这些品质既是科学文化发展所需要的,又是对所有人都有益处的——无论其从事何种职业[②]。"

与所有已经建立的博物馆和科学中心相类似,发现宫以科学文化知识的传播和共享为己任[③]。它期望做到的是传播科学思想,而为了达到这一目标,它致力于"了解探索在创造文明的过程中发现宫所占据的决定性地位",通过举办鲜明活跃的展览"尽可能以精彩的、与众不同的方式……重现那些拓展我们智力……确保我们不偏离主题……或增强我们的生理安全度的基本发现"[④]。发现宫的任务确实与其他已经建立的博物馆机构有根本的不同吗? 它是完全围绕各学科知识和基本科学知识组建的。显而易见,这些知识保证并丰富了传播。发现宫传播知识的媒介模式依赖于将实验室等级的活动置换为功能类展览,通过再现和演示试验过程对观众进行示范和解释。

艾德曼(Eidelman,1988a)指出,发现宫创建的时候正是法国博物馆研究出现专业化趋势的时候——专业化趋势以法国国家科学研究中心

[①]　本章的大部分内容是受到名为"科技博物馆:发展趋势"的会议论文内容启迪而根据其改写的(Schiele:[1996]1997)。该论文是在圭亚那举行的"在公民中传播科技文化"大会上提交的,收录在"Actes论文集"中。

[②]　罗斯,A.J.(Rose,A.J.,1967:206)所引用的琼·佩林的观点。

[③]　我们知道,发现宫自身愿与国家技术博物馆和国家自然历史博物馆根本区别开来,后两种博物馆采取的均是知识系列传播的媒介模式。

[④]　鲁塞尔,M.(Roussel,M.,1979:2)所引用的琼·佩林的观点。

(C.N.R.S.)的成立为标志。自此肯定并牢固树立了科学的社会必要性观念——纯理论研究①作为被广大的好奇心所激发起来的准美学行为,是从未知进行无私无偏的探索,最终发现真理的过程。

这一现象明确证明了社会对博物馆的影响印迹:这是一定的科学理念的衍生产物,它利用某些手段进行知识的再现和普及。琼·佩林(Jean Pevrin)认为,这一现象证明了无私无偏的基础研究"经过一次非凡的回归②"后成为"所有实用发明的源泉"(Eidelman,1988b:45),而这些发明占据了 20 世纪科研成果的绝大部分。在范尼瓦·布什(Vannevar Bush)写于第二次世界大战末期的著名报告《科学:没有边界》(*Science*,*The Endless Frontier*)中涉及了这些研究计划,并反映出美国基础研究的机构构成——由政府扶持、集中在主要的大学内。

从 1937 年发现宫开馆到 1986 年科学工业城开馆之间的数十年中发生了什么? 是什么导致人们将发现宫弃置不用? 因为设备陈旧? 因为手段不足? 还是一种发展的策略手段? 或是缺乏对新观念的开放态度? 这些原因似乎都不是,因为在巴黎的情况是:用于科学知识传播的新设备促进了当地博物馆规划的发展。那么,是因为拒绝对公众进行知识传播吗? 恰恰相反,正是为了展出基础科学研究,人们发明了功能展览、演示展览、触摸和按键式展览——后两种均引入了互动概念。从这一构想始于巴黎起,发现宫提供了包含当时可获得的所有视听传播手段在内的系统的支持。本书的前言中写道:"演示展览(利用留声机唱片和电影胶片)可对展出内容作出必要的解释和说明。以场景形式作出的概述可提供各种体验的逻辑联系和各个科学领域内的总体逻辑关系,表明哪些发明和应用是与哪些科学发现相联系。"与公众的沟通是发现宫所发起的媒介的核心。人们经常提出的关于发现宫被废置不用的各种原因掩盖了真正的争论焦点:发现宫所提出的科学构想与科学工业城处于酝酿阶段时的目标观点已不再一致。它所代表和象征的展出项目已不再与社会同步。

维莱特科学工业城(La Villette)及技术科学

在 20 世纪 80 年代初,与技术科学的兴起相关的工作重心转移要求对博

---

① 这里必须回顾一下,"纯粹的科学"是如何构建和形成的,因为发现宫所有的知识传播工作正是围绕着"纯粹的科学"进行的。遗憾的是,这一主题远远超出了本章探讨的范围。但我还是想指出,如果说发现宫代表了一种断层,那么当时展出纯粹科学知识的理念正在兴起。除其他展览活动之外,法拉第展览(Faraday exhibition,London,1931)和 1933-1934"世纪进步"国际博览会(*A Century of Progress International Exposition*,1933-1934)(芝加哥,1933)均有助于划分该领域的范围界限。

② 由艾德曼引用(1988b:180)。

物馆机构进行重大的变革。科学中心的出现及其打开一扇工业知识和技术窗口的目的愿望成为此次博物馆机构重组的特征①。在法国,科学工业城——其名称相对于新的项目而言是非常恰当的——代表了这一趋势的转变。展示作为科学发现的产出物的技术和工业的应用,而不是展出科学发现本身。这是从一极向另一极的转变:为了应用的需要去探索,而不是去应用已经发现的。

不仅如此,伴随着这种对科学与社会关系的新看法,与长期以来存在的"传播实践"的观点相对立,作为"传播"的理想断言它拥有自身的社会价值。这种观念已趋向于完全占据博物馆领域的最前沿地位:参观者的地位改变了(博物馆的中介运作方式是去适应参观者:将科学知识推向参观者而不是将参观者推向科学知识——后者是发现宫的运作方式)。而互动形式则被看做是使这类新中介机构成功的最好方法。当时,北美科学博物馆的实践活动已经极大地影响到了正在进行的博物馆重组运动。这些对几乎所有自那之后开馆的博物馆都产生了影响:1969年开馆的"探索馆"和"安大略科学中心"可作为参照点。促使参观者主动参与、自愿进入到传播媒介设备中间,展出物更多地成为互动活动的主题,"探索馆"和"安大略科学中心"带来了新的观念并完成了科学博物馆学实践的革命。这一新的方式继续获得了成功,并且极大地促进了科学的扩展。

随之而来的知识的依赖问题是一个很好的证据。科学博物馆学首先且最重要的贡献是,在一定历史时期内使社会着手发展了科学的社会化关系。博物馆学的任务是作为一种中介,但不是研究者和公众之间的中介,而是科学和社会之间的中介。它展示给我们的是科学在社会中是如何被阐释的。

博物馆问题的社会相关性

科学博物馆领域的自主化促进了新功能的发展。这两大活动结合起来,产生了边缘效应。

人们可能会提出反对意见,认为这两大活动并不是什么新变革,因为长期以来博物馆领域的特点就已经将其自身与其他文化设施区分开来。当然是这样!但是,沟通传播方式的兴起,通过将博物馆的工作项目重组,使其围绕参观者来开展,使得知识传播业有可能居于博物馆领域的前沿,使得专

---

① 在这方面,(加拿大)魁北克省的实例非常有指导意义:随后进行的对科学博物馆项目的分析——最终并未实现——自1976年开始几乎未中断过,分析清楚地显示出知识传播转移到了技术科学方面。参见希尔和塔平(Tarpin,1992)。

业技能和社会等级之间的平衡有可能改变。两大趋势为其发展特点：逐渐增加的自我参照式的产出和关于参观者的信息的发展。第一种趋势带来了博物馆与其社会期待值之间的一致问题，第二种趋势则带来了对社会期待值的"管理"问题。

正在涌现的博物馆实践活动

首先讨论知识产出的新特点：今天，这一趋势越来越倾向于在应用的情境中产出知识。这意味着"研究继续解决理论问题……但其目的是实际应用成果"。结构上跨学科的研究需要"知识产出中所涉及的组织机构"具备多样性和异构性。组织机构在新的地点以新的形式不断涌现，其合作机构也是如此：其结果的测量并不是单纯按照研究者的角度进行的，还出现了其他的评估标准（Limoges，1995：14）。研究工作中的这一变异使传统的聚焦与学科的结构崩溃了，而在实践中以多元学科团队的组建为特征，这些团队的所有成员为同一个项目目标而协同努力。同时工作团队还承担着评估的工作，"因为当时工作行为本身就提供了反映或研究工作构成的机会"。与其说是个人在占有知识，不如说是通过调动个人的技能来学习如何共同解决问题，共同决定提高团队职能水平的策略和途径。"正是工作者们的工作行为中所产生的新的具有代表性的工作方式——不管是以展望未来的形式还是以追溯过往的形式——保证了在工作性质和实践两方面的转变"（Barbier，1994：51）。这种与知识相关的转变对博物馆实践中的工作和培训产生了什么影响效果呢？无论是涉及科学发现和基础研究的发展，还是技术科学应用的壮大化发展，均足以说明这种知识产出和交流的环境。

从传播媒介的角度来看，发现宫所发起的知识传播模式就是强调互动性——如盎格鲁-萨克逊的"实践型展览"——这并不能满足博物馆植入新社会环境所要求的社会认知能力。而且，当多学科团队研究优于单个人的努力时，即使博物馆研究聚焦于参观者，将参观者作为他们研究的"主体"，仍是不够的。现在必须学习如何协同进行知识的产出和交流，亦即如何发展在反思、分析、表达、形成文字等方面的社会认知能力，因为在团队环境下，对这些方面的要求更为明显。科学博物馆必须推动这一新出现的、面对科学的关系的方法。

赫尔弗里希（Helfrich）在本书中提出了一种自我定义的途径，是基于博物馆和学校通过因特网建立的机构网络（包括旧金山的探索馆、迈阿密科学博物馆、波士顿科学博物馆、位于波特兰的俄勒冈科学工业博物馆、位于圣保罗的明尼苏达科学博物馆和位于费城的富兰克林研究院科学博物馆）提出的。网络化的目标是将所有这些科学中心的教育资源通过网络进行综合利用,以达到提供新的科学教育和学习手段的目的。鲍曼(Baumann,1995)认为:"仅仅去接触科学知识是不够的;必须要参与进去。我们的展览不仅是文本,而且包括声音、图片、影像、互动元素。我们强调对答案提出质疑,认为寻求解决的努力过程与得到解决的答案同样重要。"因此,这些博物馆从1998年开始进行资源共享和专业互补,以便为科学博物馆的成员提供文献和信息技术方面的专业协助。而且,鉴于每个博物馆均与某一所指定的学校建立了联系,这些学校也被纳入了该项目,成为当地的网上实验学校。还建立了一个适合科学爱好者的电子图书馆,帮助他们进行积极地探索并促进出版物的发展。

这一实例显示了开始出现的发展方向。信息技术显然是不可逆转的工具。顺便说明一下:虚拟的博物馆并不是我们所想的那样!并不是现在我们所参观的那种博物馆,或者我们从家里就可以查阅咨询工作计划的场所。虚拟的博物馆是集各种职能和服务于一体、并将博物馆与相对应的学校、团体或其他环境联系起来的。这样猛地一下子就抓住了经济内涵(基础设施、专业训练、信息技术的连接安装和维护成本),以及教育内涵,与教学相关的活动的重组、教学材料的准备、学习及对此的评估。可以从这一基准试验中看到这代表了整个潜在的学校和文化市场。在广泛的知识传播空间内,将正规教育和非正规教育一体化的潜在趋势已不再是一个乌托邦式的理想了。这自然地会要求设想有一个机构进行初始任务划分,类似于学校和博物馆的机构,但既不是学校也不是博物馆。由此可以更加清楚地了解为何目前关于非正规知识传播的研究有了相当大的发展[见本书中弗里德曼(Friedman)、乔丹(Giordan),以及布莱恩特(Bryant)和戈尔(Gore)的论述]。

除了这第一种涌现出来的形式,即基于真实的或虚拟的参观者之间知识交流的潜在互惠性形式(这已使在电脑空间里的传播成为可能),又出现了第二种途径:现在已经可能实时从总体上接触各主要博物馆中已经数字化的工作。而且可在另一个层面上进行三维空间的重组,例如拉斯考克斯洞窟(Lascaux Caves)或克鲁尼修道院(Cluny Abbey)①这类可以通过远程参与轻松探索的情况。尽管仍处于试验阶段,此类博物馆已经可以通过光盘获得或通过远程数字网络从世界任一地点进入。但真实的虚拟博物馆断开了知识再加工与知识来源的联系,这种情况下,在数字化转换过程中,名曰对参照物的"虚拟",但既不显示出参照物,也就显示不出其与真实物的联系②。对于那些喜欢带有矛盾特性的隽语的人

---

① 1993年在"虚拟化论坛"上,国家艺术职业专科学校的研究者们制作了克鲁尼修道院(Cluny Abbey)的模型,这一大媒介化的重组使通过远程虚拟手段联系的参与者可以共同访问该资源。

② 关于社会对知识传播技术发展的影响的分析介绍,参见鲁巴(Lubar,1993),哈维(Harvey,1995),以及特别推荐的卡斯特尔斯(Castells,1996)第5章。

而言，也许现在正是时候来重读埃科（Eco，1985）关于虚拟的论述，并自问尚待构建的未来博物馆会采用哪些形式。

当然，目前已有的一些形式会继续维持下去。科学博物馆仍会展出展览、组织研讨会和特别的活动、会制作教育资料……毫无疑问，拥有大量收藏物的机构，如自然科学博物馆，仍会继续展出这些物品。但人们一定会问，"互动型"知识传播方法会如何抵制"电子高速公路时代"的来临和新功能的兴起，因为模拟仿真的应用开发出了相当可观的前景（Delacote，1996）。

我们现在对参观者的设想有哪些会成为现实呢？参观者会继续存在，因为他们代表一种结构上的调节器，对于现代博物馆而言太过于重要而不能将其降至次等地位。但是，某些媒介机构联合起来经过协商而逐步形成的新功能也拥有了新的用户。根据我们观察到的媒介和服务的运作趋势，这一类会越来越多地分散博物馆公众。

---

1. 博物馆领域的边界

现在博物馆领域[①]的陈述方式有代替科学领域内的陈述方式的趋势，首先，如上文中所强调的，选择适合公众的信息，以在科学领域中占主导地位的、明晰的、有特色的逻辑形式进行编排；其次，这种双重运作符合特定领域的规范和知识体系，例如：将参观者的满意度置于与媒介机构相同的层面上，随后的任务是努力达到第一个目标以确保第二个目标的实现，似乎一个是另一个的必要条件，或者进行约束以达到社会要求和同样情况下的市场划分。

在博物馆领域自身的利益和科学领域的利益，以及社会利益之间出现差距的风险是不可避免的。米歇尔·克罗宗（Michel Crozon，1981）已经强调过这一点，他在遍访美国博物馆之后，注意到博物馆用语在借用科学语言方面，以及对展出主题和题材的处理方面（甚至图解、简图和示意图方面）千篇一律的现象相当严重。他观察到，"展出的仅是展览工作者知道如何去展示的东

---

① 为了清楚地掌握领域的概念，让我们来扼要地解释一下博物馆领域内的行动者及他们之间的关系。这个领域首先是一些为社会行动者占据的"结构空间的位置"（Bourdier，1971，1980a），"这些行动者的特性依赖于其所占据的上述空间位置，可以独立地根据他们的职业特征来进行分析"。其次，博物馆领域是一个"象征性物品的生产、循环和消费者关系的体系"。再次，这一领域"通过其自身区别于其他领域的不可减弱的议题和利益"来进行自我界定。投入和支持这一领域的行动者共享这些利益，对此他们有某种基本的协议，并为此而战斗，例如当代博物馆学中参观者的核心作用问题。据此，最后，采取的行动或提出的质疑，只有属于历史的逻辑或领域的实践的一部分，并为某一行动者表述的情况下才是合理合法的。作为科学博物馆学的一名设计者、脚本写作者、传播者，去写作一篇布尔迪（Bourdieu，1980b：119）的混成模仿作品就要掌握必须掌握的历史、概念和知识方面的东西，知道博物馆领域内的设计者、脚本写作者和传播者是如何行事的。评价和正规化的方法是凭借对游戏的内在规律的知识和认识而建立起来的，行动者都同意照此规律行事以表明他们属于这一领域并被这一领域所承认。

西",而且展览工作者仍在展出"一定数量的常规符号①",作为一般的观察,有的展出的是"让参观者感到唐突的大杂烩——由一些毫无联系的并列组成,从而使参观者在接连不断的变化中对明确的答案又产生了疑问"。于是,博物馆的功能被归纳为展览科学的符号,使人们了解这些符号、传播这些符号,并随着学科的更新去更新这些符号。这是否如同莱文斯坦(Lewenstein)和阿利森·邦内尔(Allison Bunnell)在本书中对一种自相矛盾的情况的影射,即人们发现,美国的某些自然历史博物馆正在将其研究项目适应于展览筹备的需要——或是适应于像拍摄在"发现频道"(Discovery Channel)上播出的有关泰坦尼克号沉船的纪实电视片的需要。按照这一逻辑,亦即研究要依靠对传播效果的追求,人们必须观察到,在 50 年的时间内,通过历史的嘲讽,发现宫所象征的使展览为科学服务的事业已经蜕变为科学为展览服务了……使实现内容的升华成为一种标志……

如何通过推进科研与人类友好的政策的效应来重新恢复达尔伯拉(Dalbera,1986)看到的状态②。他写道:"所有情况都趋于注重打破分隔,打破边界,重视对转变心态的社会要求,使文化与科技一致。"

在这一恢复科学与人类友好关系的政策中,科学家被置于前沿地位:要更好地传播和发展科学研究,尤其是要回应社会的需求。这也是科学家们的社会责任之一(Rosa,1982)。知识专业人士的这一责任感主导着知识传播领域,至少使得科学与人类友好关系政策的倡导者们认为,实现"科技文化产品"以"连续一致的传播模式"进行设计和制造是可能的,亦即,知识的研究者和普及者合而为同一个人(Dalbèra,1986:139)。而且,长时间地参与在这个公众与文化产品制造者之间的知识交流、质疑和对抗系统中,也会保证对科技文化产品的"内容进行严格地核准"。因为"可以在不同社会逻辑关系之间的接合进行研究",他们是名副其实的"中介"人,不会与"专栏作家、文化类动画产品制作者、公众关系专家或教师"相混淆。

博物馆文化的发展并不是均衡化的,因为博物馆机构认识到一定的问题,并将它们作为自身实践活动和论述内容的一部分,从而盖过了其他问题。有些人试图将这些被掩盖的问题凸显出来。将"知识传播"和"对知识的需求"偶像化的结果是将博物馆活动局限在"娱乐"范畴内,局限在一种"所有活动都基于同样基础"的圆圈式思维方式中,似乎对知识的需求已经被包含在知识传播

---

① "一例:爱因斯坦的一段话和公式 $e = mc^2$,然后突然是关于"光",接着是极速(以及一系列有关这一主题的魔幻般的科学造型),继而是原子弹、能源和反物质……"(Crozon,1981:81)。

② 关于工业评估科技信息的新任务的计划和研究方向法令(法国,1982)。

之中了,似乎消费者的地位就等同于公民。

2.社会问题的平衡

当德洛克(Deloche,1985)调研博物馆保护和研究的传统功能已从新出现的传播断离开来时,难道没有暗示出公众权力的提升? 如果说知识传播现今占据了一个如此之大的位置,那是因为博物馆将其所有其他与参观者相连的功能都归入到知识传播之中了。但我们是否就可以不承认博物馆的职能应该是:致力于为进入博物馆大门的所有类型的公众服务;努力为参观者忠实服务;通过各种邀请手段尽力吸引那些从未曾来过的公众;而为了做到以上这些,博物馆必须试图去了解这些公众:了解他们是谁,他们为什么来到博物馆或为什么没有来,当他们到博物馆时会有怎样的行为,他们从参观中可以获得什么,他们对博物馆机构的评价如何等。当然不应该不承认这些职能! 因为这是一个文化民主化的问题。但这个博物馆的职能问题还不是真正的问题所在。真正的问题涉及这些了解和知识的实施①。只举一个例子即足以说明这一点。

博物馆对公众的兴趣是对其效率和功能的制约因素的回应,这和政府对文化机构规定的博物馆领域的重组活动有关,这表达了优化传播关系的意愿——在文化工业发展的推动下,通过文化行业的转变来实现②。所有工作都在继续发展,似乎对参观者的注意力已经表现在展出知识的过程中,试图通过充斥了各类知识的展览及其附带的活动和产品使参观者满意;因而现在博物馆机构比任何时候都更加需要平稳的运作和功能的标准化。

而且,将这一了解参观者的知识运用到博物馆机构的实践中有助于转变规划和实施的过程,使我们有可能根据经验预先推测计划中的关键节点,在这些节点需要提供更多的关于参观者反应的信息以便加以研究。这也是初始评估趋向于概括化的原因——它们是最具有战略性的。原因很简单:考虑到潜在参观者对某个给定主题或对预定的展览方式的反应,初始评估对于展览如何能被公众所接受是很有指导价值的。稍微回顾一下前文中已经提及的1990 年在皇家安大略博物馆(Royal Ontario Museum)举办的“进入非洲的心

---

① 评估首先是一个评估尺度和评估工具的问题:因此对于完成评估工作的绝大多数都是主要的博物馆和大型文化遗产机构这一点无须感到吃惊。小型机构仅是偶一为之,并通常以一种适时的、有限的方式:绝大多数情况下,其目标是为了更多地了解公众(对公众的参观频率或展览机构的知名度作研究),以评估其自身的利益或满意度(对动机或满意度进行研究);所有这些评估绝大多数基于对资金的研究或转拨。随之而来的是知识和技能趋向于集中到主要机构中。这些机构也越来越多地向小型机构提供服务,由此带给小型机构其所缺乏的专业化和逻辑化。主要机构中评估服务的发展通过赋予博物馆实践以合法性,对博物馆的活动及整个博物馆领域产生了结构性的影响效应。

② 关于这一趋势的重要性观点,请查阅:博拉克(Beaulac et al.,1991)和勒盖尔,B.(Legare,B.,1991)。

脏"(Into the Heart of Africa)展览所引起的强烈抗议——该展览被认为有种族主义倾向,尽管实际上其展出目的是批评白色殖民主义[1]——就可以指出,博物馆要达到其所服务的公众的期望值,就要应对社会中的紧张关系。更有甚者,博物馆在概括性的传播逻辑的条件下进行项目的初始勾画时就能感受到这种反击。这就是为什么一个明明无害的展览主题仍有其潜在的社会风险。正如蒙特利尔美术博物馆(Montreal Museum of Fine Arts)1995 年所举办的"移动的美"(Moving Beauty)展览——充分展示汽车设计的进步——引起了博物馆所未预料到的激烈争论。对于少数人而言,汽车没有理由在艺术博物馆中占据一席之地[2]。这也是为什么安大略科学中心审慎地采用调查手段并通过向多文化咨询委员会咨询的方式来对待关于科学和科学真实性的展览"真实的问题"(A Question of Truth)。文化博物馆计划进行关于"死亡"、"环境"和"汽车"的展览时,也进行了初始评估研究。基于社会复杂性而对展览进行的测试已成为一种必要了。

初始评估研究的发展显示了博物馆机构的脆弱处境。博物馆不得不致力于改进其职能,从而让参观者满意,并且不让部分观众有受到冷淡之感,而要做到这一点,经常会导致博物馆与其原来的期望值相矛盾。在这种逻辑下,博物馆远离了其所宣扬的反映社会问题和争端的初衷,而将这些主题淡化,甚至改变主题的性质。经过初始评估研究之后再组建的展出知识已致力于对参观者期望值的管理,亦即,已将相关社会内容非政治化了。正是因为这一点,才能使参观者所获取的知识能够揭示出展览主题的真实内容:相对于其他而言,知识传播首要应侧重的是否定不合理的内容,因为这些知识所赋予参观者的权利导致博物馆与之所宣称要反映的社会现实相矛盾。博物馆谐调社会争端、使社会现实问题模糊化,而这些现实问题正如科学博物馆所传播的科学知识一样,显然是充满了各种争端和激烈的辩论——这也正是使其充满动力的原因。

卡梅伦(Cameron,1971)基于开馆不久的安大略科学中心所做的对博物馆的大胆评判和以往一样切中要害,甚至更甚于以往,它对绝大多数科学博物馆而言都是适用的:这些博物馆现在正逐一向反中介方式发展,因为消除参观者与展出物之间所有距离感的做法的结果是非传播化。

今天,确实存在一个科学展览与由各种集团机构和工业企业赞助的工业和技术展览相互纠缠的混乱状态。在这些展览中,我们看到无数等待我们去

---

① 关于这些问题的综合论述,参见费克特(Fekete,1994)。

② 参见:阿伯(Arbour,1995),戴马雷(Desmarais,1995),贝朗格(Bèlanger,1995)以及达索尔特(Dussault,1995)。

按的按键和等待我们去拧转的手柄,而在所有这些之中,在不协调的非传播型博物馆所形成的诱发幽闭恐怖的迷宫中,散落着一些小吃店和冰淇淋屋。

伯纳德·希尔　著

（Bernard Schiele）

尹霖　译

参考文献

Altick (R. D.). 1978. *The Shows of London*. Cambridge (University Press)；The Belknap Press of Harvard University Press.

Arbour (R.-M.). 1995. "L'événement carbure à la controverse". *Le Devoir*, May 24.

Arpin (R.). 1992. *Musée de la civilisation：concept and practices*. Quebec：Musée de la civilisation.

Authier (J.). 1982. "La mise en scène de la communication dans des discours de vulgarisation scientifique". *Langue française*,53,pp. 34-47.

Bachelard, G., (1970), *La formation de l'esprit scientifique*, Paris：Vrin.

Barbier (J.-M.). 1994. "Évolution de la formation et place du partenariat", pp. 45-60 in *École et entreprise：Vets quel partenariat？*,directed by C. Landry & F. Serre. Québec City：Presses de l'Université du Québec.

Barthes (R.). 1957. *Mythologies*. Paris：Éd. du Seuil.

Baumann (S.). 1995. "Science Museums on the Net". *Museum News*,May-June, p. 46.

Beaulac (M.), Colbert (F.), Duhaime (C.). 1991. *Le Marketing en milieu muséal：une recherche exploratoire*. Montréal：École des Hautes Études Commerciales.

Beaune (J.-C.). 1988. "La vulgarisation scientifique, l'ombre des techniques", p. 47-81 in *Vulgariser la science*, directed by D. Jacobi & B. Schiele. Seyssel：Éd. Champ Vallon.

Bélanger (M.). 1995. "L'art a quitté le musée", *Le Devoir*, June 5.

Bourdieu (P.). 1971. "Le marché des biens symboliques". *L'Année sociologique*, 22, pp. 49-126.

Bourdieu (P.). 1980a. *Le Sens pratique*. Paris：Éd. de Minuit.

Bourdieu (P.). 1980b. *Questions de sociologie*. Paris：Éd. de Minuit.

Breton (P.). 1992. *L'Utopie de la communication*. Paris：La Découverte.

Caillet (E.). 1995. *À l'approche du musée*, *la médiation culturelle*. Lyon: Presses universitaires de Lyon.

Cameron, D. , (1971), "The museum, a Temple or Forum", *Curator*, 14(1), pp. 11-24.

Castells (M.). 1996. *The Rise of the Network Society*. Cambridge (MA): Blackwell.

Charpentier (A.). 1990. "Le Biodôme de Montréal, un concept, des approches", pp. 69-79 in *La Recherche universitaire en museologie*. Symposium proceedings. Montréal: Université du Québec à Montréal/Université de Montréal. Mimeo.

Clair (J.). 1971. "La fin des musées?". *L'Art vivant*, 24, Oct. 1971, reprinted pp. 139-143 in *Vagues*: *Une anthologie de la nouvelle muséologie*, Vol. 1. Mâcon/Savigny-le-Temple: Éd. W/MNES. 1992.

Clément (B.). 1983. "Le mythe de l'objet ventriloque", pp. 37-40 in *Histoires d'expo*. Paris: Peuple et Culture/Centre de Création Industrielle-Centre Georges-Pompidou.

Crozon (M.). 1981. "À quoi servent les musées scientifiques?". *Bulletin* du Groupe de liaison pour l'action culturelle scientifique, 12, pp. 80-84.

Dagognet (F.). 1984. *Le Musée sans fin*. Seyssel: Éd. Champ Vallon.

Dalbéra (J. -P). 1986. "La place de l'exposition dans le développement culturel, scientifique et industriel", pp. 137-146 in *Cahier d'Expo Média*, 2, L'Objet expose le lieu.

Davallon (J.). 1987. "Présentation", pp. 5-12 in *Cahier Expo Média*, 3, Ciel une expo! Approche de l'exposition scientifique.

Davallon (J.). 1988. "Exposition scientifique, espace et ostension". *Protée* 16(3), Sept. pp. 5-16.

Davallon (J.). 1996. "Àpropos de la communication et des stratégies communicationnelles dans les expositions de science", pp. 389-416 in *La Science en scène*. Paris: Presses de l'École normale supérieure/Palais de la Découverte.

Davallon (J.), Grandmont (G.), Schiele (B.). 1992. *L'Environnement entre au musée*. Lyon: Presses universitaires de Lyon/Québec: Musée de la civilisation à Québec. English translation: *The Rise of Environmentalism in Museums*. Québec City: Musée de la civilisation, Québec.

Decrosse (A.), Landry (J.), Natali (J. -P.). 1987. "Les expositions permanentes de la cité des Sciences et de l'Industrie de la Villette: Explora". *Museum*, 155, pp. 176-191.

Delacôte (G.). 1996. *Savoir apprendre*: *Les nouvelles méthodes*. Paris: Odile Jacob.

Deloche (B.). 1985. *Museologica*: *Contradictions et logique du musée*. Paris: Vrin.

Desmarais (F.). 1995. "Beauté mobile: attention au dérapage". *Le Devoir*, June 3.

Dias (N.). 1991. *Le Musée d'ethnographie du Trocadéro*: (*1878-1908*). Paris: Éd. du

CNRS.

Dussault (J. -P). 1995. "À Beauté mobile! Musée mobile!". *Le Devoir*, June 12.

Eco (U.). 1985. *La Guerre du faux*. Paris: Grasset.

Eidelman (J.). 1988a. *La Création du Palais de la Découverte*: (Professionnalisation de la recherche et culture scientifique dans l'entre-deux guerres). Ph. D. Thesis in Sociology: Paris V.

Eidelman (J.). 1988b. "Culture scientifique et professionnalisation de la recherche", pp. 175-191 in *Vulgariser la science*, directed by D. Jacobi & B. Schiele. Seyssel: Éd. Champ Vallon.

Eidelman (J.), Schiele (B.). 1992. "Culture scientifique et musées". *Sociétés contemporaines*, 11-12, pp. 189-215.

Fekete (J.). 1994. *Moral Panic*. Toronto, Montréal: Robert Davies.

Fulford (R.). 1991. "Into the Heart of the Matter". *Rotunda*, 24(1), pp. 19-28.

Gille (B.). 1982. "Pour un musée de la science et de la technique". *Culture technique*, 7, pp. 209-225.

Harvey (P. -L. ,). 1995. *Cyberespace et Communautique*. Québec City: Presses de l'Université Laval.

Hennion (A.). 1993. *La Passion musicale: Une sociologie de la médiation*. Paris: Éd. Métailié.

Hooper-Greenhill (E.). 1995. *Museum, Media, Message*. London, New York: Routledge.

Jantzen (R.). 1996. *La cité des Sciences et de l'Industrie, 1996-2006*. Paris: cité des Sciences et de l'Industrie.

Jurdant (B.). 1969. "Vulgarisation scientifique et ideologie". *Communications*, 14, pp. 150-161.

Landry (J.). 1992. "Une histoire... d'amour". *Quatre-temps*, 16(2), pp. 30-33.

Légaré (B.). 1991. *Le Marketing en milieu muséal: une bibliographie analytique et sélective*. Montréal: École des Hautes Études commerciales.

Lévy-Leblond (J. -M.). 1984. *L'Esprit de sel*. Paris: Éd. du Seuil.

Limoges (C.). 1995. *L'Université entre la gestion du passé et l'invention de l'avenir*. Communication given at the Symposium de la commission de Planification. Université du Québec à Montréal.

Lubar (S.). 1993. *InfoCulture: The Smithsonian Book of Information Age Inventions*. Boston, New York: Houghton Mifflin.

MacDonald (G. -F), Alsford (S.). 1989. *Un musée pour le village global*. Hull: Canadian

Museum of Civilization.

Martin (N.-V.). 1990. *Le Musée des sciences et technologie*. SECOR Report of May 28.

Mattelard (A.). 1992. *La Communication-monde*. Paris: La Découverte.

Meadows (J.). 1986. "Histoire succincte de la vulgarisation scientifique". *Impact: science et société*, 144, pp. 395-401.

Mintzberg (H.). 1979. *The Structuring of Organizations*. Prentice-Hall: Englewood Cliffs.

Moles (A.-A.), Oulif (J.-M.). 1967. "Le troisième homme, vulgarisation scientifique et radio". *Diogène*, 58, pp. 29-40.

Mortureux (M.-F). 1973. "À propos du vocabulaire scientifique dans la seconde moitié du XVIIe siécle". *Langue française*, 17, pp. 72-80.

Mortureux (M.-E). 1983. "Linguistique et vulgarisation scientifique". *Information sur les sciences sociales*, 24(4), pp. 825-845.

Moscovici (S.). 1976. *La Psychanalyse, son image et son public*. Paris: Presses universitaires de France, 1st edition. 1961.

Parr (A. E.). 1943. *Address Delivered at the Fiftieth Anniversary Celebration of Field Museum of Natural History*. Chicago, Sept. 15.

Parr (A. E.). 1946. "Trends and conflicts in museum development". *The Museum News*, Nov. 15.

Parr (A. E.). 1950. "Museums of Nature and Man". *The Museological Journal*, 50.

Parr (A. E.). 1953. "Thoughts on museum policy in regard to research". *Board of Trustees, American Museum of Natural History*, April.

Pearce (S.). 1989. "Museum Studies in Material Culture", pp. 1-10 in *Museum Studies in Material Culture*, directed by S. Pearce. Leicester/London/New York: Leicester University Press.

Pitts (M.-E.). 1985. *Popularization and Science: Informing Metaphors in Loren Eiseley*. Michigan: University Microfilms Int.

Postman (N.). 1989. Élargissement de la notion de Musée. Communication à *ICOM 1989, Quinzième conférence générale de l'ICOM*, The Hague, Aug. 27-Sept. 5.

Riviérc (G.-H.). 1989. *La muséologie*. Paris: Dunod.

Roqueplo (P.) 1974. *Le Partage du savoir*, Paris: Éd. du Seuil.

Rosa (J.). 1982. "La responsabilité sociale du scientifique", pp. 101-108 in *Recherche et Technologie*. Proceedings from national symposium, Jan. 13-16, Paris: Éd. du Seuil.

Rose (A.-J.). 1967. "Le Palais de la Découverte". *Museum*, 20(3), pp. 206-208.

Roussel (M.). 1979. *Le Public adulte au Palais de la Découverte: d'après les principaux résultats d'une enquête sociopédagogique, 1970-1978*. Paris: Palais de la Découverte. Ronéoté.

Schiele (B.). 1984. "Note pour une analyse de la coupure épistémologique." *Communication Information*, 6(2-3), pp. 43-98.

Schiele (B.). 1987. "Notes pour une analyse de la compétence communicationnelle de l'exposition scientifique". *Loisir et Société / Society and Leisure*, 10(1), pp. 45-67.

Schiele (B.). 1997. "Les musées scientifiques: tendances actuelles", pp. 15-19 in *Musées & Médias*. Rencontres culturelles de Genève, 1996. Ville de Genève: Département des affaires culturelles.

Schiele (B.), Tarpin (C.). 1992. "La recomposition du champ muséal au Québec", pp. 253-269 in *La Société industrielle et ses musées: Demande sociale et choix politiques: 1890-1990*, directed by Schroeder-Gudehus. Paris: Éd. des Archives contemporaines.

Shettel (H.). 1996a. *Exhibit Controversy*: A Role for Visitor Studies? Estes Park (CO): Visitor Studies Association Conference.

Shettel (H.). 1996b. *Policy and Exhibitions: A Comparison of German and American Experiences*. Seattle (WA): German Studies Association Conference.

Van Praët (M.). 1989. "Contradictions des musées d'histoire naturelle et évolution de leurs expositions", pp. 25-34 in *Faire voit, faire savoir: La muséologie scientifique au présent*, directed by B. Schiele. Québec City: Musée de la civilisation.

Van Praët (M.). 1991. "Évolution des musées d'Histoire naturelle: de l'accumulation des objets à la responsabilisation des publics", pp. 19-28 in *La Galerie de l'Évolution: Concept et évaluation*. International Conference, Nov. 22-23, 1990, Paris: Muséum national d'histoire naturelle.

Verges (P.). 1976. *Les Formes de connaissances économiques: Éléments pour une analyse des raisonnements et connaissances pratiques*. State Ph. D. Thesis: Lyons: Lyon II.

Vézina (R.). 1992. "L'ingénierie culturelle au travail", pp. 4-5 in *La maison de la vie- Conception, réalisation et mission du Biodôme de Montrdal*, Thematic supplement to the magazine: Québec Science, June.

Viel (A.). 1989. "Quand le lieu devient objet", pp. 73-82 in *Faire voir, faire savoir: La muséologie scientifique au présent*, directed by B. Schiele. Québec City: Musée de la civilisation.

Walliser (B.). 1977. *Systémes et Modélés*. Paris: Éd. du Seuil.

Wonders (K.). 1993. *Habitat Dioramas*. Uppsala: Acta Universitatis Upsaliensis.

第十六章　评博物馆与其参观者之间的关系

　　科学博物馆学现在面临着一个双向矛盾,并由此产生了许多歧义。这就是博物馆的"公众文化职责"与不可抵挡的现代文化产业化发展趋势之间的矛盾——现代文化的产业化发展正危及博物馆的"公众文化"这一首要职责。

　　这种矛盾的第一个表现是:科学博物馆的展览是以传播科学知识及形成知识的科学模式为其使命的教育途径,科学博物馆的展览在这方面正大步向前发展。但同时,展览作为传播的工具又不可避免地要求以信息处理为特征的知识推断,其结果是导致社会思维趋同化。而根据传统观点,这种社会思维趋同化是掌握科学推理模式的一种阻碍。

　　第二个矛盾来自科学博物馆正日益受到整个文化产业的约束这一方式,其结果是展览正日益等同于为供求双方的商业交换服务的某种产品。人们促成这种趋势的目的,是想消除公众关心度对商业性交换关系的限制性影响,以期达到最大的商业合理化和可管理化。

　　另一方面,如果将博物馆中的展览当做专为消费者定制的产品,则这种供应结构也促进了对展览的社会性用途的重视。从参观者的角度来看,这种社会性用途会将一种根本的相关度反馈于展览。交易本身已开始越来越受到来自消费者反馈的关系价值的支配。后者,作为社会人,从商业交换的理论模式角度出发,对他们所被赋予的地位并不在意。更准确地说,他们并不一定会认为,交易一结束商业交换关系就结束了。上述两个基本矛盾反映出,单从功能、教育作用和急于占领部分文化娱乐市场等角度来分析展览,是不足以充分说明展览的各种现象的,这些分析只有在社会传播的范围内才有其意义。教育作用作为展览的基本功能,与参观展览所需的社会思维决不会相抵触;恰恰相反,应将这种教育功能作为社会传播的一种模式予以重新定义。若要发挥展览教育作用的效果,则需参观者参与到展览的教育模式中去,而且是自愿地以标准的"外行"、"无知者"的身份主动参与。

第一节 科技展览现象

科技博物馆(现多命名为:科学厅、科学中心、科学/技术文化中心等)中的展览发展非常迅速,其教育功能几乎取代了博物馆的其他功能。事实上,展览在客观上架起了博物馆与公众之间相互沟通的桥梁。博物馆正式通过这一沟通渠道,施展其对公众文化的影响。

科学博物馆中展览的大规模发展可归功于以下两个原因:

其一,教育技术的发展可以视为新兴的信息和通信技术发展趋势的一部分。这些新兴技术在科技文化的中心领域占据了一个特殊位置。希尔在其最近的著作中,以大型科技中心(如"探索馆"或安大略的"科学中心")为例,指出了教育技术对学校与博物馆之间相互关系的影响。在这些大型博物馆机构中举办的展览与在学校进行的教学相比,可以更为便捷地使用新兴的教育技术。展览会就像实验室,其中通过使用这些新技术使媒介的方式和参与形成知识的主体都得到了检验。

其二,世界各地的新兴博物馆学的许多参研人员有一个共同的愿望,就是研发一种通用的博物馆图解语言。这一趋势已成为展览现象的推动源泉,而且在过去的 25 年中,成为主题型博物馆学(其中包括科学博物馆)研究的中心内容。

上述两种现象至少在展览的最初发展阶段增强了一种传递模式,亦即一种体现教育目的的传播类型模式。这种教育目的的传统含义是指,在掌握某种正确科学知识的人与未掌握这些知识的人之间相互进行传递,包括改变基于共同思维模式而建立常规世界观的人们的某些知识形成模式的宗旨。新兴教育技术及展览至少在其最初发展阶段完好地服务于这种传递模式,因为它为这种模式的物质形式提供了框架。由于这些技术和展览为制作一方和接收一方提供了一个既相互联结又相互分离的界面,故此成为这种传递关系的一种物质证明。

教育技术的发展

在教育技术方面,如果传递的模式采取最基本的形式,即行为主义的模式,有效地打开"学习机器"和"程序化教学",那么,相继而来的结构主义模式就会更侧重于占有知识的形态和学习者的认识作用,从而大大地发展教育模式,因为学习者看上去会由自己去形成自身的知识。克莱门特(Clement, 1993)就曾指出,这些正规教育领域内教学关系的连贯模式的程度已成为科学博物馆的标志。

　　尤其值得一提的是在"科学工业城"(citè des Sciences et de l'Industrie)中举办的计算机互动型展览,在这类展览中广泛应用了计算机互动技术,参观者可逐步对其自身的推理进行逆向的理解,这是直接受上文所述教育模式的激发而形成的。即使经过调整的"传授者——接收者"的传递模式,也仍然以这样的观念为中心,即教育技术的目标在于有利于对学术上正确的科学知识的占有,为此就要通过提炼不同的、可激活的知识占有方式来改进教育手段,这还要依赖于受教育的个人和群体,以及如何使之信服不同于他们最初的设想,科学知识在更多的情况下对个人都是有用的和有趣的。在"结构主义"传播模式中,接受一方由此在认知和社会维度方面大大丰富了,而这就促使以接收者为中心的研究增加了。

　　在传播媒介的研究中可以看到非常类似的发展情况——随着在对接受方的研究中发现的各种产生知识的巨大潜力,对知识接受方的研究也大大增加了。在新兴的信息和通信技术领域中,不断开发的技术手段和技术结构将研究工作从以生产策略为中心或以接受为中心的研究框架中解脱出来。这种框架必定会使整个新技术研究领域完全服从于传递模式的限制,而作为工具的物质形式本身已成为分析社会关系层面的框架。马莱恩(Mallein)和图森特(Toussaint,1990)指出,20世纪70年代作为一个阶段,其集体现象是从技术工具的概念转移到了技术工具的应用的概念,从而赋予后者在新技术流通中一种政治经济学意义的重要地位。这种对技术应用的研究逐渐超脱了它的挑战地位,而跻身为当时盛行一时的技术决定论方法的另一种替代方法,而按照技术决定论,每一传播技术都对决定社会个人和群体的反映起着控制作用。因此在一定阶段,从某种意义上说,应用社会学加剧了对日常世界中的事物的兴趣与已经展现的有组织的战略的对立。而且,在普通事物利益范围内,强调了被政治经济学分支所鄙视的情感、象征和敏感性尺度对传播媒体与社会之间或通信技术与社会之间相互关系的重要影响。应用社会学坚持应用逻辑在微观社会层面的功能,因而自然地提出了应用分离的概念;从策略(包括情感、象征因素或那些与敏感性、技巧或娱乐度相关的因素)分析以及社会行动者战略分析中揭示了产品生产者们的重要性。而产品接受者,不论涉及范围多广,长期以来一直是以个体的形象出现,其在生产领域的权力也仅仅限于对产品表示"不喜欢"或"拒绝接受"。

　　随着佩里奥特(Perriault,1989)在其"应用逻辑分析"一文中提出自己的观点后,情况有所改变。应用意义的重要性(Mallein和Tousaint,1990)和应用关系的重要性(Vitalis,1994)得以彰显。对产品接受的分析包括:机器应用在广泛范围内对整个社会的重要程度,主要是其与社会形态的相关或不相关性;在个人与集体之间的交叉处,形成社会关系基础的社会代表体系的一致性和活动性的形成等,这里先将这些对产品接受的分析置之不谈。随着教育和信息技术的发展而发展起来的传播模式最终又受到这些技术应用中的政治意义和象征意义的影响,而这些又带动了与社会思维功能相关的其他沟通模式的发展。

在博物馆学领域,通过对互动型展览的应用意义分析得出的结论是:这些新出现的展览的特点实际上是一种新的传播现象,与传递模式没有什么关联(Le Marec,1993)。参观者在互动型展览上对其互动行为的解读,不可能解释为按照互动型展览设计者预先设计好的场景产生的知识占有。另一方面,这种互动正好可以作为活生生的社会传播进行分析。参观者在展出场景及其互动活动中首先想要了解的也就是展览设计者向其展示的意图;其次,参观者想要找到接收向其提供的信息的最佳方法。将互动型展览的应用作为活生生的传播情景进行分析可以使我们理解参观者的解读逻辑,这一逻辑并不完全符合传递模式。与之相类似的是,对 20 世纪 70 年代在美国举办的科学展览的计算机化特点的教育学价值也应重新进行评价。基于互动前后的记忆测试所做的评估反映出,这种知识传递方式的效率很差。在“科学工业城”举办的互动型展览中进行了解读逻辑分析,这一分析让我们得出了相反的结论:互动性展品的使用在传播水平上是很有益的。的确,参观者会在展览设计者准备让他们了解的内容之上又进一步有所反馈,场景内的很多东西对他们来说都成了有关联的信息。事实上,在有关设计者的意图的假设中,他们一般会指向那些用来强化展品影响的东西,从而把互动中更多事物包括进从一开始就作为互动本身的组成部分。这可以从一个互动的例子中找到见证,这个例子就是 1989~1990 年在科学工业城举办的“博物学家的游戏”(Game of Naturalists),这一展览突出的主题是比较解剖学的起源。展览要求参观者将来源不同的碎片复原成骨骼。参观者自发地将这一活动与“灭绝动物物种的复原研究”相比较。实际上,这一活动只是比较解剖学的一个简单应用问题,反倒是在体现解读水平上显得更有意义,可以从假想的科学内容来看自身的活动。该主题展览的另一个互动游戏是基于测验和找出错误,这一游戏中参观者们重复出现的错误都会反馈到科学内容中去,因为展品的目的被诠释为要了解博物学家在他们的工作中遇到的困难。此类屡见不鲜的解读是基于在假设的传播意图中设计者对与参观者的关系中的一种充分的信任。

展览的发展

从 20 世纪 80 年代起,在法国科学博物馆的更新或新建是以展览为其里程碑的,但这一现象可以认为是 70 年代开始的国际新兴博物馆学革命的延伸。尽管新建或更新的情况与过去相比变化很大,但总体来说,博物馆的主要职能已经从相关物品的保存发展为与公众之间的关系。德斯瓦利斯(Desvallèes,1992)曾提出了这种博物馆更新或新建的两种主要趋势。一是社区趋势,新的博物馆更强调在社会真实性之上的人的社会关系性;二是在展览和博物学图解语言的发展中使用各种介质的趋势,毫无疑问,这一趋势在科学博物馆学中更为突出。

从法国革命(French Revoluton)以来,展览的发展为上文提及的博物馆的第二种发展趋势提供了最为有效的手段,用以促进博物馆特殊职能——教育职能的发展。科技博物馆相对于艺术、历史或人类学博物馆而言,其创新的特点没有表现得那么明显。尤其是人类学博物馆的创新特点最为突出,因为其发展是基于新的人与环境的关系概念,而不是过去的人类遗传学证据物品的收集和保存。

就其性质而言,科学博物馆属于包罗万象的百科全书,而不仅是收集一些国之珍宝(现在收集珍品的做法也受到了传统遗产概念的激烈转变的质疑)。相对而言,科学博物馆还没受到“人文”类博物馆的剧变的影响。事实上正相反,科学博物馆还保持着在启蒙对象中传播科学和已知者向未知者传递知识的传统概念。从博物馆系统的角度来看 20 世纪 70 年代的展览,更倾向于这样一种概念,即作为媒介出现的展览能使知识传递具体化。在其所处的发展阶段的展览研究方面,大理论家卡梅伦(Cameron)认为,展览在媒体—接受者这一传播系统中承担的是传递功能。在美国,发展环境略有不同,但展览的发展受传播的经验功能主义学派的影响而有类似的趋势。展览传递信息。曾有一个阶段,卡梅伦(Cameron,1968)在其展览语言理论中引入了一个新奇的判断。鉴于其他的介质都有一个根据大量句法和语法规则构成的线性形式,结构序列中信息排列的单位也是依据众所周知的编码,展览提供的信息也应基于统一的格式塔模型(Gestalt Model of Unity)来组织,使参观者接收到整体一致的信息。由展览的三维结构来控制参观者与展览之间的关系几乎是不可能的。参观者在博物馆学语言的训练期,不仅必须掌握视觉、触觉等感知技能,而且必须学会将展出信息与直观获得知识归纳合成的能力。为此,卡梅伦的结论是有必要创建一种逻辑的教学型的展览,并作为教育计划,有组织地传授展览中所使用的无动词语言。在这一点上存在一个内在的固有矛盾。

事实上,展览作为信息传递的一种模式这一概念,要求其语言应在博物馆以外学好,但也应要求有一套举世通用和归纳性的信息的投入。相对于科学博物馆的科学知识形成体系而言,这种理解模式是非常简单的。应该指出的是,在卡梅伦[以及后来的加布斯(Gabus,1965)]的研究中,主要涉及的是以收藏为主的博物馆,而不是科学博物馆。就科学博物馆而言,其展览的概念体现为聚焦于各项展品,而不是有组织的整体。集合在同一个科学中心的展品,在内容和活动(控制或体验)上有统一性。但这种分组管理的科学展览概念完全不是一种统一的标准。例如,在"科学工业城"中目的意义明确的景观,其理论与实践都是展览概念的体现(Natali & Martinand,1987)。主题展览提供了一个沟通的框架,一方面是知识、观念、体验和参观者的疑问;另一方面是展览设计者就该主题所提供的新信息和数据。这又一次说明,展览的概念在其设计者一方而言,是提供一种由参观者自行通过推理来获取知识的方法策略。

与卡梅伦时代相比,现在的设计者们不仅需要有提供准确科学信息的能力,而且需要有传播能力,可以为参观者的学习策略设想。而后一种能力有时是通过评估学获得的,有时可能是指直觉能力或想象能力。在展览设计的构思阶段就必须具备的是传播技巧,这些技巧是即将展出的科学知识中所没有包括的,它通过参观者接受展出知识的推理过程或直觉感知过程而与社会共同思维方式相关联。

展览的符号学方法试图界定和分析展览的符号使用[①](Davallon,1986;Schiele & Boucher,1987)。论文的作者们认为,博物馆是一个结构化的、有象征意义的媒介,而他们研究的目的是从展览的文本系统中找出精确的实例。事实上,可以将展览的特点描述为一种传播策略的技术性安排,通过这种策略安排调节进而控制参观者学习展出知识的方法。在这种情况下,展览设计者的传播技巧较少依赖于对参观者学习模式的直觉感知,因为这种学习模式是基于共同的社会思维模式的,对于所有个体而言都是通用的,而不是更多地依赖于对空间、文本和图像形式的技术熟练程度,这种技术熟练度更是用于展览领域所需的特殊的知识讲解策略。在社会符号学的方法中,"博物馆"既是对其自身使用功能的一个说明,又给出了进入其中的限制条件。它说明了应该如何了解博物馆。它因此把接受方式带回到了展览设计构思的范围。它还是保持了展览教育功能中最基本的传递者-生产者这一知识传递系统,使其成

---

① 实际上这一学科被称为社会符号学。其研究者为了分析参观者如何回应展览系统中的协调因素,必须在符号学中找到相关的分析工具,以便将展览作为语言的一种实际应用进行分析。但同时,研究者也必须以社会心理学者或社会学者的姿态将展览以及展览所处的沟通关系作为社会现象进行分析(Davallon,1986:10—11)。

为有计划地修订参观者的知识的工具。在展览的过程中,展览既是知识的代理又是知识的主体,这是在设计构思时有计划地形成的。但是,正如达瓦隆在他的论文(收录在本文集内中)中所指出的,当展览与参观者确实形成了沟通关系时,是参观者而非展览本身客观上处于这种关系中的控制地位,这界定了展览中的沟通情景。这一点,根据埃科(Eco,1962)的观点,可以用符号学术语"开放"来表示其特点。在对参加"科学工业城"展览的参观者进行的研究中,尤其是在参观前的调查中,要求参观者预先设想一下其本人在展览中的角色和参观过程中可能进行的活动时,所得到的令人吃惊的调查结果是,参观者被导入到正在四处运作的传播技巧的展览布局的程度,以及所有这些都依赖于参观者能从社会共同思维模式中找到解读的能力。在参观前和参观过程中针对参观者进行的研究突出地显示:展览作为符号学的一个体系,或者说作为知识形式的一种转换手段,还远远没有达到预期的在参观者的解读方式上达到设计时预定的目的。

例如,当参观者被有效地说服正在接触主题展览的某部分讨论内容时,参观者阅读解说的解码过程并不完全是仅利用博物馆展览语言完成的。在参观展览的过程中,为了能将隐含的意图解码,设计者使用了多种策略方法,并对展览提供的内容进行了更好的利用,这基本上是设计者提供的一种信息,而由于这一切是发生在开放型的展出上,所以就要赋予意义。为了达到其角色要求,参观者会不断尝试去找出展览设计者的意图,以评估自己在这个沟通过程中的位置的作用。

正是在参观者不断询问和发现展览设计者企图与其交流的内容的过程中,参观者最大限度地使用了他们自己的表达系统,而不是对向他们展出的内容做出回应。故而在展后的调查中,发现展出内容在参观者脑海中的构建形式与展出的各个部分和展示内容的空间关系并不相同,也就无足为奇了。参观者脑海中形成的展览内容更远为偏向于和信息构建有关的说教性环节。1990 年在南特(Nantes)举办的永恒之水(Vive l'Eau)展览是一个多学科知识展览,它包括三大主题:水的角色、分子和水、自然和水。展览安排在显眼的区域,布局为左右对称格局,中间是一条导览通道。与展览设计者们的预期完全相反的是,展后调查参观者们对展览的印象时,许多在现场接受采访的参观者们竟认为这是一个很小的展览,在参观者脑海中重新构建出来的有组织的序列中,展出内容是从水对生命起源的作用开始的,而这事实上是位于整个参观历程的中途,结尾是有关必须以不同于目前的方式来管理和共享水资源的评论。这一信息是基于展览内容形成的,而且是其中有争论的观点。这是假定带有政治意图主题的含义关系的构建,它被用来构成一定的信息和表达普遍性的意义,而非展览布局的隐性提示。这个过程从始至终反映了展览的沟通性质。

主题展览的增加是基于对博物馆图解语言在为传递科学知识而发展教育作用方面能力的信心,这种能力是在博物馆学的观念而非实物范围内,而这些展览的传播系统必定激活含有普遍意义的社会思维。

第二节　科学博物馆和文化企业

与科学博物馆中展览的过度发展相伴的还有一个特点,即它们与其他类博物馆的隔绝情况。各科学博物馆比其他类博物馆更与文化企业圈捆绑在一起。很多因素促成了这一快速发展。

教育功能已成为科学博物馆的主要发展目标,而只有从与参观者的关系上,而非藏品的收集、保护和研究上,才能检验这一目标的实现。因此对公众的影响力的侧重对其任务的实现是根本性的,它指引着机构的整个活动。

这样的发展目标不可避免地将科学博物馆/科学中心从博物馆的主流中分离出来,使前者更跻身于媒体的范畴。由于科学博物馆自身的动态发展趋势,且由于其发展中以参观者的个性化为重点,在展览设计的每个阶段均针对参观者进行了研究,科学博物馆已经被主流博物馆机构排除在外。

两种模式的相似性:市场交换和知识传递

重要之处在于,我们应该注意,实现教育任务在传播概念中占有压倒一切的历史优先地位,这种传播是通过科学家向外行进行知识传递以及转变知识占有方式来实现的。其针对的公众是根据教育学关系概念来界定的。在这种教育关系中,并不是博物馆里的内容在向公众展示,而是公众自己将自身从教育学意义上展露在展出内容面前。因此,博物馆的发展与其说是一个由公众占据的公众领域,不如说是一个专业人员的天地,专业人员的组织针对的是文化效率,是沿着专门化技术和规划策略发展的。文化产业的特点在于介入管理和市场营销,打交道的对象是成本、增长、竞争对手、财务独立性以及在活动的构建中以产品和生产为中心的概念。作为文化企业的博物馆的概念,是更乐意使自身从属于下述一类博物馆,这些博物馆已成为针对目标公众而改进其活动和提高其生产率的专业组织。

但是,如果这种教育功能置身于市场交换领域之外,而且在与公众的关系上仍然保持以教育功能为主要目的,那么,为教育目的而针对公众这一概念就和市场营销没有多少共同之处。而另一方面,一旦博物馆与文化企业之间的界限被打破,由于存在现成的公众作为用户(这在市场交换中是很难得的),事实上,博物馆要和文化企业捆绑在一起是轻而易举的。

这种目标受众的概念与传递—接收的传播模式是完全相容的。这种概念与大众传媒中高度发展的线性实证论模式相关联,被米耶(Miège,1989)称之为"经验功能主义方法"(empirico-functionalist)。米耶分析了一种成功的方法,这种方法在其创建40年后看起来仍是非常现代的。这种既与学术地位相联结,又为传媒受众研究提供服务的方法,体现了一种无可争议的信息自由和经济自由主义的原则,两者都是媒体世界普遍承认的调节模式的组成部分。

传递—接收模式的应用过程从科学和专业技术的角度来看是个双模态的过程,一方面是要服务于理论目的,包括整个知识体系(生产、接受和知识内容)的形成;另一方面是功能目的,将模式的转换作为手段以使生产过程合理化。

正如普罗克斯(Proulx,1994)指出的,这种线性的传递—接收模式将科学模型和技术形式结合在一起,通过供求关系反映出来。现在的传递—接收方案与供求关系模式一样,远不能满足要求。但这两种模式理论上的不足并不妨碍它们在专业和政治领域中发挥重要的作用,并通过市场或传播影响社会关系的形成。实际上米耶曾指出,经验功能主义方法有极大的灵活性。市场化在整合和复活似乎已经过时的外在形式概念方面也是一种同等精巧的方式。托比勒姆(Tobelem,1993)曾建议将市场化的应用范围扩大到非营利组织中,这种扩大化的倡议者和推广者在界定消费者与某一机构的关系时,只是简单地维护一种新的交换概念。这种新概念的一个明显的好处就是给已经失去功能性的模式注入了生命力而不必对此怀有疑问。

作为博物馆学的特殊个例,希尔(Schiele,1992)分析了美国传播学派对展览,即媒体的概念形成的影响,亦即上文所提及的经验功能主义方法。根据他的观点,展览中评估和规划的增加是这一方法程序的重要组成部分。已经可以看出,展览能促成最好的传播关系,并能促进企业和公众之间在商业关系上的管理。这两种发展趋势从一开始就避开任何会从一开始就使两者处于对立状态的政治含义,从而在一种主要是现代化的技术模式中找到了各自的定义,在该技术模式中,它们是紧密相连的。要使交换的模式具备可操作性,就如同信息传递一样,对两者都需要开发和利用传播过程中关系尺度和信息尺度的差异,沃兹洛维克(Watzlawick)对此是这样描述的:任一沟通过程都包括两个方面——内容和关系,在这种情况下后者涵盖了前者。博努克斯(Bougnoux,1995)也谈到了这一差异,他称之为信息和交流的差异,其中信息即内容,交流即关系。他给这两者分了等级,并分别作了界定。要确保信息的传递和反馈,关系是必不可少的。但有时关系似乎是完全自足的,表现出关系(交流)涵盖并完全削弱了信息内容。

知识传递和商业交换的发起者都同样需要对关系尺度进行最大化地控制,即疏离它。关系因素在博努克斯的分析中是"在原始部落群体一方去寻求联系",关系因素与知识传递和市场力的理性化趋势是格格不入的,因为理性化也就是尽可能地使沟通交流机械化[①]。

帕拉德斯(Paradeise,1992)曾经说明了当交换双方相互为陌生人时的市场满意度。的确,效率正是依赖于此的,因为任一种社会关系都会破坏合约双方的任何一方对交换意愿的独立自主的表达,而这又会影响我们在指导供应时,对整体需求、价格的自然杠杆状况和成本效率的认知。

一旦信息传递开始向合理化趋势发展,无论是在展览活动还是在其他技术活动中,教育过程的设计者都需要改进交流沟通关系,并基于此开展活动。

随着知识传递过程向专业化发展,设计者的职能转变为受众与所传递知识之间的媒介,亦即成为信息的传递者而不是信息的设计者,因为信息本身就是与潜在受众的沟通介质。设计者职能的这一转变将沟通或交换关系中所有的可控制因素均纳入了生产的制度化和专业化范畴。而一旦采用了商业模式,则消费者就是按照自己的意愿使用产品,并自行赋予产品其所需的关系价值(只要这种关系价值在消费者的内部交流范围内而远离市场交换)。这就可以理解为什么当研究工作揭示出了技术知识在社会应用中的感性和符号性特点时,一些商人对此非常感兴趣,尽管这些特点与他们以往所追求的理想消费者的社会接受模式相矛盾。从事市场研究的专业人员在向消费者推介这些模式上一直是非常谨慎的,尽可能面向人类学研究过程中得出的结论,面向社会契约力。绝大部分结论都是依据生产专业化逻辑处理,基于交换和沟通的理性化发展。而其前提就是消灭在生产领域内无须考虑的关系尺度,因为在生产过程中所需的只是通过精心设计的机制从研究的成果中获取信息,并从"原始部落群体"社会领域的核心中去激活关系力量。

关于商业交换及传递的问题

但是,科学博物馆在知识传递和商业交换这两个范畴中的交互发展情况,与对前文中提及的应用关系的影响[维塔利斯〈Vitalis〉称之为社会政治影响]所做之重新评估的结果相反,而且也与从非生产角度对商业交换本质所做的

---

① 法国博物馆管理处作为法国文化部下属的一个部门,一直在其出版物中明确指出"科学工业城"不是一家博物馆。

新的解释相反。

帕拉德斯在其研究中举例说明了,在把传播纳入产品价值交换的基础上所建立的市场模式为什么在许多实际案例中是无效的。与传播纳入产品价值交换的情况相反,在这些实例中,商业交换关系的建立完全服从于应用关系。这种情况下应用关系是非常重要的(Paradeise,1992),因为消费者不可能仅通过产品的价格就完全了解到该产品在未来的应用中所能提供的服务价值。为此,消费者基于可体现产品合格度的契约关系质量做出赌博押宝式的选择。这种交换关系不能解释为陌生者之间的短期交换关系:"必须认识到这是一种长期的约束关系,其基础是双方为各自今后的行为作出承诺。"帕拉德斯还对此做出了更多的解释:"这种关系的颠倒(即商业交换关系与应用关系的地位互换)使我们得出这样的结论:与其说是以主体(人)为媒介的物(产品)的交换关系,不如说是以物(产品)为媒介的主体(人)的交换关系。这就将经济分析还原到社会形成的研究之中。"同时,这也有助于解释为什么越来越多的推销商在交换关系中加入了超出基本要求项目的约束内容,如应用中的质量保证约束和个人信任度关系约束。

这样,市场交换关系就不再表现为解决交换双方短期内产品交换问题的形式,而更多的是交换者(人)之间相互以承诺作为约束的形式,并以此为基础形成社会深层次的应用关系。

因此,在展览之类的产品中所体现的文化机构与公众之间的关系,更是远离了供求关系的定义模式。如果是商业交换,那么无论本次交换中买卖双方的关系最终如何发展,严格地说,产品的获得终归是为个人使用的行为,它只在使用者的个人天地及其生活方式中产生明显的意义。而展览的情况就完全不同了。对参观者(在展览设计前、展中和展后)进行的调查研究显示,无论这一调查研究发生在什么地点和时间,参观者从未认为自己是购买私人产品的消费者,而是作为公众的一员在博物馆这样的公众场合参与活动。展览为建立不带任何商业交换形式的交流沟通关系提供了特殊的时间和地点,安排了密集的活动,并且赋予了个体在这个特殊的时间和地点作为公众成员的身份,还加强了参观个体之间的联系,而且还有那些没有在场的个人担起了以这类公众为目标的展览设计,以便向他们传播某些信息。展览是第三地带,是一个完全提供给传播的空间,它不属于任何个人,也不能被私有化。展览的参观者们深切地意识到,他们所进入的是一个还留着许多默默无闻的设计者们工作"余温"的天地。这是一个承载着各种意图的世界。在"科学工业城"中进行了一系列的调查研究,其中的反馈调查显示,参观者的反映或是作为参观者对文化机构的响应,或是作为公众的一员而感觉自身是其中的一部分。他从来都不是作为消费者作出响应,因为这个地点是展览的地方,在参观者参观的时间内,他是在参与集体对公共空间的占有。通过校正自己的位置以与公众取得一致,参观者更好地武装了自己,以便更清晰地对其参观的意义作出解释。这也更清楚地说明了,参观展览与其说是在一个充塞了物品和信息的地方游荡一阵的个人行为,这些物品和信息在个人历史、私人兴趣或个人幻想方面充满了意义;不如说是表达了超出这种个人行为的沟通交流活动,正如参观者在参观前就认为自己是这个公众活动中的一员的预期一样。在参观过程中发生的活动就是对传播情景的管理。这包含在设计阶段就勾画好了的基于意向性的假设拟定的阐释信息,而正是这些信息将对所有的阐释努力起到监控作用。参观者可能不会以他"自己认为最合适"的方式去理解展览,而是会以对展览设计意图而言似乎最有意义的方式;也就是说,参观者将自己的角色设定为信息的接收者,而为了把信息接收者的角色做到最好,参观者必须找出展览设计者在设计中的传播意图。

值得注意的是,传递的模式和参观者作为目标公众的地位,都会被参与某一特定展览环境的参观者作为最有趣的关系而有效地察觉到,但这只是在参观者认为设计者的意向对他富有意义时才会发生。沟通模式不能决定机构与公众之间沟通的本质;恰恰相反,是机构与公众之间沟通关系的本质使参观者最终领会到展览的教育意图,并从其自身的社会经验中意识到,传播模式中的"受众"是自己在这种教育关系中最合适的角色。参观者的这些假设是基于多个因素形成的,开始时是其自身的一些因素,尤其是基于自己对展览主题的熟悉程度。但参观者作为受众之一的这种角色认知,事实上在那些理论上更适合教育模式的主题展览中更易为参观者所接受,例如数学、物理学乃至航天专业的相关展览等。而诸如以环境之类为主题的展览,其教育含义则没有那么明显。在"科学工业城"对这类主题展览所作的展前调查研究表明,参观者认为这类展览的隐含意义仅是社会活动,并不将自己作为教育活动中知识传递的受众;而是将自己看作行动者,自己可以接受也可以拒绝参加一个公共机构支持保护环境的行动。

在本文开头部分提出的两个矛盾现在可能可以给出有建设意义的解释了。因为实际上,公众已经认为展览是他们与科学文化机构之间沟通的框架内一种非常有意义的交流模式的促进手段;而以公众角色为重点针对参观者进行的研究,则通过对参观者的调查更清楚地说明了在公众与文化机构的关系中所包含的沟通形式。这些研究明确反映出,博物馆机构的社会活动范围已远远超出了在已知者和未知者之间进行科学知识的传递。但这绝不是说,这类机构成为科学信息的消费中心,使科学信息可以以某种任意形式在完全不符合科学逻辑的条件下用于某些虚拟的私人用途。

　　(公众与博物馆机构的)沟通系统作为展览的一大特征,其深刻的人性化和关系化本质使展览的设计者和参观者处于比预期更为对称的地位①,因为这种沟通关系的社会组织框架暗示了设计者和参观者作为同一沟通和文化类型的个人的共同积极参与。一方面,设计者并没有消除沟通模式中的关系尺度而加上理论化的专业程序;另一方面,参观者也没有危险地采用极易采用的一种单纯的社会性的沟通形式,其中可能包含了错误的情绪化或虚拟化的关系次序。展览还会引起比预计更大的设计者与参观者地位的不对称关系,表现在参观者从自身的社会特性出发,自动认为他们需要依赖设计者的设计意图,因为作为参观者他们注定是展览的解读者而不是表述者。

　　因此,重要的是参观者的社会思维是否会成为阻碍其接受正确科学知识的障碍物。与之不同的是,参观者那种放任的而又模糊的想象力最终使科学知识人性化,并确保其在社会个体中更有效地传播,就像螺旋式地进入神话主义、象征主义和感伤主义境界,激发出公众的渴望、恐惧和需要。

　　事实上,社会思维确实在沟通过程中引发了一种非常重要的政治潜质。正是这种政治潜质有效地使科学文化机构将其活动置于社会政治范畴之内,与公众分享。从公众的角度来看,以环境之类为主题的展览的明显重要性与其说是在科学研究方面,不如说是其揭示了社会必须要解决的重要问题,决定在科学中心举办该类展览的举措本身的潜在意义就包含了政治含义在内。科学博物馆机构举办关于社会问题的展览这一事实表明,这些机构已经注意到了这些问题并准备对其作出评论。至少在这一阶段,这些问题不会被当做是为了吸引参观者而设计的反映公众兴趣的常规传媒主题,而是需要对之作出一定评论的重大问题。博物馆机构和公众并不是简单地在博物馆中面面向对——博物馆中的展示反映的是博物馆外正在发生的实际问题,而且博物馆机构和公众都不能完全置身于这些问题之外。机构和公众在这些问题中分别所处的地位和分别应负的责任是由这些问题的本质所决定的,而不是由机构和公众之间的传统关系所决定。

作为公众成员的意识

　　科学机构为了界定自己在"无知者"中的作用,必须将后者作为非独立自

---

　　①　在商业范畴中,广告大量使用如渴望、恐惧、利用和贬斥等关系因素,借此模糊了商业交换双方的差别和层次,以期获取利润。广告承诺商业交换可满足关系需求而实际不能满足。但是展览这种交换关系的过程中完全没有这种情况。交换双方在商业关系中的这种隔离,在展览中的组织和管理方式是:消费者自己决定交换中所有的关系价值。

主的个体,这是一个根本的误解。另一方面,参观者作为社会的主体,通过以社会承认的公众成员的身份参加展览,将机构—公众的沟通关系最大化。正是基于这种公众成员的身份,参观者在某些沟通场景中暂时承担了典型的信息接收者的角色,并在这一期间内仿效已知者和无知者的特定关系①。但同时,参观者也可能采取其他的他们认为更适合与机构相沟通的角色。在"科学工业城"进行的展前研究显示出,在许多实例中参观者通常是完全做好了以"无知的接收者"的角色参观展览的。其中一个实例是在一次计算机科学展览展出之前所进行的一项研究,研究中对参观者进行了采访。参观者完全没有主动承认自己是从教育关系中获利的受众的一员,可以从展览中获取有关该专业领域的知识,而是非常明确地坚持自己保留自身原状的权利,以及以作为无知计算机用户的知识来反对专家知识的合法权利。对于参观者,从知识的传递来说,博物馆机构的活动既不是无可非议的,也不是预定计划内的。对于作为社会主体的参观公众而言,计算机这一展览主题包含了社会问题在内,尤其是计算机专家与计算机用户之间的权力的矛盾问题。这些问题对于参观者来说非常重要,以至于参观者不接纳展览的教育意图。文化机构在确定此类展览的作用和意义,或是在确定参观公众预期承担的角色时,相对于与原已存在的那些正在涉及的展览主题相关的问题而言,多少处于弱势②。

有关科学文化机构的观念只是所涉及的若干领域内的一个因素,但当它所涉及的主题与我们的实际生活或重大社会问题直接相关时,就更加有其特殊意义。它表明,无论是将其作为获取知识的场所,还是作为休闲场所,对科学博物馆的定义并不是可以一次性给出的。相对而言比较固定的是参观者们对于自己作为公众的成员与公众机构相沟通的强烈意识;也正是出于这种意识,参观者们接受了这种沟通关系。因此说,是参观者们赋予了展出信息和展出知识以生命力。但并不是因为参观者以任何形式吸收了这些知识而赋予了其生命力;而是通过与机构之间社会沟通的政治方式激活了这些知识。

乔勒·勒·马雷克　著

(Joëlle Le Marec)

尹霖　译

---

①　达瓦隆于1994年4月在蒙特利尔举行的"当科学成为文化"大会中提出了展览中的不对称问题,此问题在本书中得到广泛探讨。参见希尔等人合著论文集(1994)中达瓦隆(1994)的部分。

②　科学博物馆不可能被列入独立自主和自我裁定的社会领域,也不能被列为"极权主义的机构",引自戈夫曼(Goffman)有关精神病收容所和医院的论述。

参考文献

Bougnoux (D.). 1995. *La Communication contre l'information*. Paris：Hachette.

Cameron (D.). 1968. "A viewpoint; the museum as a communication system and implications for museum education". *Curator*, 11(1) pp. 33-40.

Clément (P.). 1993. "La spécificité de la muséologie des sciences, et l'articulation nécessaire des recherches en muséologie et en didactique des sciences, notamment sur les publics et leurs représentations et conceptions", pp. 128-159 in *REMUS*. Proceedings from the 1st Symposium：Muséographie des sciences et des techniques, December 12 and 13, 1991. Dijon：Office de Coopération et d'Information muséographiques.

Davallon (J.). 1986. "Avant propos", pp. 7-16 in *Claquemurer pour ainsi dire tout l'univers：La mise en exposition*, directed by J. Davallon. Paris：Centre Georges-Pompidou.

Davallon (J.). 1994. "Cultiver la science au musée, aujourd'hui?", in *Quand la science se fait culture*, *Actes II*, directed by B. Schiele (diskettes), International Symposium, Montréal, April 10-13. Sainte-Foy (QC)：Éditions MultiMondes.

Desvallées (A.). 1992. "Présentation", pp. 15-39 in *Vagues：Une anthologie de la nouvelle muséologie*, Vol. 1. Mâcon/Savigny-le- Temple：Éd. W/MNES. 1992.

Eco (U.). 1962. *L'oeuvre ouverte*. Translation from Italian to French. Paris：Éd. du Seuil.

Gabus (J.). 1965. "Principes esthétiques et préparation des expositions didactiques". *Museum*, XVIII (1-2), pp. 71-95.

Le Marec (J.). 1993. "Einteractivité, rencontre entre visiteurs et concepteurs". *Publics & Musées*, 3, pp. 91-110.

Mallein (Ph.), Toussaint (Y.). 1990. *Apport pour la prospective de l'analyse micro-sociale de la diffusion des N. T. C.* CERAT, IRIS, Universite Paris-Dauphine.

Miège (B.). 1989. *La Société conquise par la communication*. Grenoble：Presses universitaires de Grenoble.

Natali (J. -P), Martinand (J. -L.). 1987. "Une exposition scientifique thématique... Est-ce bien concevable?". *Éducation permanente*, 90, Nov. , pp. 115-129.

Paradeise (C.). 1992. "Usagers et marché", pp. 191-205 in *Les Usagers entre marché et citoyenneté*, directed by M. Chauvière and J. T. Godbout. Paris：L'Harmattan.

Perriault (J.). 1989. *La Logique de l'usage：Essai sur les machines à communiquer*. Paris：Flammarion.

Proulx (S.). "Les différentes problématiques de l'usage et de l'usager", pp. 149-159 in *Médias et Nouvelles Technologies*: *Pour une socio politique des usages*, directed by A. Vitalis. Rennes: Éd. Apogée.

Schiele (B.). 1992. "L'invention simultanée du visiteur et de l'exposition". *Publics & Musées*, 2, pp. 71-98.

Schiele (B.) (directed by). 1994. *Quand la science se fait culture*. Québec: Université du Québec à Montréal/Centre Jacques-Cartier/Éditions MultiMondes.

Schiele (B.), Boucher (L.). 1987. "Une exposition peut en cacher une autre: Approche de l'exposition scientifique et technique: La mise en scène de la science au Palais de la Découverte", pp. 65-214 in *Cahier Expo Média*, 3, Ciel une expo! Approche de l'exposition scientifique.

Tobelem (J. M.). 1993. "De l'approche marketing dans les musées", *Publics & Musées* 2(2), pp. 71-98.

Vitalis (A.). 1994. "La part de citoyenneté dans les usages", pp. 35-43 in *Médias et nouvelles technologies*: *Pour une socio-politique des usages*, directed by A. Vitalis. Rennes: Éd. Apogée.

Evaluation conducted by the author and her team (1990-1997)

Le Marec (J.). 1989. "La vigne et le vin, analyse de l'exposition". Paris: cellule Évaluation, direction des expositions, cité des Sciences et de l'Industrie.

Le Marec (J.). 1990a. "L'informatique. Évaluation préalable". Paris: cellule Évaluation, direction des Expositions, cité des Sciences et de l'Industrie.

Le Marec (J.). 1990b. "Le jeu des naturalistes, évaluation muséologique". Paris: cellule Évaluation direction des Expositions, cité des Sciences et de l'Industrie.

Le Marec (J.). 1991a. "Phyto-Flip, évaluation muséologique". Paris: cellule Évaluation direction des Expositions, cité des Sciences et de l'Industrie.

Le Marec (J.). 1991b. "'L'eau cent qualités': analyse d'un îlot de l'exposition 'Vive l'eau'" Paris: cellule Évaluation direction des Expositions, cité des Sciences et de l'Industrie.

Le Marec (J.). 1991c. "'Vive l'eau à Nantes' évaluation muséologique'. Paris: cellule Évaluation, direction des Expositions, cité des Sciences et de l'Industrie.

Le Marec (J.). 1992. "La ville (pré-programme). Évaluation préalable". Paris: cellule Évaluation, direction des Expositions, cité des Sciences et de l'Industrie.

Le Marec (J.). 1993a. "La ville (progpramme). Évaluation préalable". Paris: cellule Évaluation, direction des Expositions, cité des Sciences et de l'Industrie.

Le Marec (J.). 1993b. "L'îlot Environnement, cité des Sciences et de l'Industrie", p. 89-96, in *Actes des Journées d'étude muséologique des 21 Février, 26 Mars et 24 Avril 1992*. Paris:

cellule Évaluation, direction des Expositions, cité des Sciences et de l'Industrie, p. 89-96.

Le Marec (J.). 1993c. "'Questions de peaux, questions de Cuirs'. Évaluation muséologique". Paris: cellule Évaluation, direction des Expositions, cité des Sciences et de l'Industrie.

Le Marec (J.). 1994. "Automobile. Évaluation préalable". Paris: cellule Évaluation, direction des Expositions, cité des Sciences et de l'Industrie.

Le Marec (J.). 1995. "Apprendre à Voir. Évaluation d'un interactif de l'atelier multi média du Musée d'Orsay". Paris: cellule Évaluation, direction des Expositions, cité des Sciences et de l'Industrie.

Le Marec (J.), Chantefoin (C.). 1992. "Agricultures. Évaluation préalable". Paris: cellule Évaluation, direction des Expositions, cité des Sciences et de l'Industrie.

Le Marec (J.), Chantefoin (C.). 1993. "Villes nouvelles, Évaluation préalable". Paris: cellule Évaluation, direction des Expositions, cité des Sciences et de l'Industrie.

Le Marec (J.), Hiard (S.). 1990. "'L'homme et son environnement'. Évaluation préalable". Paris: cellule Évaluation, direction des Expositions, cité des Sciences et de l'Industrie.

Le Marec (J.), Kokoreff (M.). 1992a. "Le littoral. Évaluation préalable". Paris: cellule Évaluation, direction des Expositions, cité des Sciences et de l'Industrie.

Le Marec (J.), Kokoreff (M.). 1992b. "La ville, Évaluation préalable". Paris: cellule Évaluation, direction des Expositions, cité des Sciences et de l'Industrie.

Le Marec (J.), Boucher (J.), Hiard (S.). 1992 "L'homme et la santé. Évaluation préalable". Paris: cellule Évaluation, direction des Expositions, cité des Sciences et de l'Industrie.

Le Marec (J.), Boucher (J.), Chantefoin (C.), Hiard (S.). 1991. "Les bornes 'environnerment et société',Évaluation formative". Paris: cellule Évaluation, direction des Expositions, cité des Sciences et de l'Industrie.

Le Tirant (D.). 1991. "Interactivité et sociabilité". Paris: cellule Évaluation, direction des Expositions, cité des Sciences et de l'Industrie.

第十七章　立足博物馆弘扬科学

那些以展现科学和技术为己任的机构进入全新观点的审视已有一段时间。这种审视的开始可以追溯到 1993 年的夏秋两季,当时法语期刊《合金》(*Alliage*)和英语期刊《公众理解科学》(*Public Understanding of Science*)同时出版了专刊,专门讨论"欧洲的科学与文化"论题。引人注目的是两刊刊载的文章突出强调了一种共识:即我们这类机构所发生的变化不仅应当被看做是可能的,而且实在是必要的。这种观点正是我在本文展开个人论述的起始点。

走向科学文化新概念

首先,这一观念是由戈里·德拉科特(Goéry Delacôte)提出来的。德拉科特在探索科技文化问题时指出了美国人和欧洲人之间存在的差异,他注意到美国人多用展览来鼓励质疑,而欧洲人则更强调知识,强调社会和历史条件下的知识。他在文章中得出结论说,鉴于美国人偏重于探索,欧洲人偏重于获取知识(展品有辅助说明的作用),科学文化机构的未来很可能就掌握在能够将这两种方式结合起来的人手中(Delacôte,1993:158 sq)。本书所辑录的该作者的论文表达了同样的认识。进一步的例证由梅拉尼·奎因(Melanie Quin,1993:271~272)提供。奎因曾是某个科学中心规划小组的成员,他在跟踪研究欧洲科学博物馆的发展过程中着重提出了三个必要条件:①理解观众的多方面需求;②博物馆在营造一种"强烈的身临其境感"方面的能力;③恰如它已成为社会互动的场所一样,它正以一种集会的方式形成为其他机构(学校、大学图书馆等)服务的网络①。我要补充的是,所有上述见解都非常符合科学和社会博物馆(museums of sciences and societies)的演化情况,它们当前都在应对具有重大社会

---

① 奎因在他的文章中对欧洲博物馆或科学文化项目展开了讨论,对若干方面进行了描述。他的文章被收入《迈向未来的博物馆》一书[(Miles),(Zavala),1994],没有添加更多的新内容。《迈向未来的博物馆》主要是重复了当时已知且在出版领域讨论了一段时间的问题。

意义的主题。这意味着各类博物馆已把注意力更多地转向了有争议的问题而不仅是知识,它们倾向于与学校和新闻媒体相伴随,把博物馆建设成一种为社会与科学界之间的社会联系服务的界面。

在我看来,这种可以察觉到的朝向科学文化和技术博物馆的演进方式,必须同正被察觉的整个科学文化的更为广阔的大视野联系起来。约翰·杜兰特(John Durant)在《合金》专刊上进行概括归纳时提出了这样的见解。纵观当代在科学文化方面存在的不同方法,这位作者描述了三种主要的趋势:强调对科学内容(知识)的探索;注重科学产出背后之过程(或曰,方法)的探索;乃至更多侧重科学体制(指该词的社会学含义)的探索,也就是说,更多侧重于作者所谓的"科学文明"。的确,如他所说,当前显而易见的事实是,公众要求的主要还不是掌握知识,或是获得有关态度和方法的那么一种意象,而更主要的是,他们"要理解科学的社会化机制是如何起到产生可靠的知识的有效功能。"(Durant,1993:209)。因此,这不能不把作者的注意力引向对公众的需求和科学家需求之间的差别上。

科技文化概念的这种扩大化是具有重大意义的,因为对公众及其需要的强调要求我们重新审视界定博物馆机构的科学文化的目的和任务的方式①。这种扩大化的观点是当今把科学作为社会的事务的一种不断增长的趋势的一个重要部分。该现象一定会与这样一种现实联系在一起:科学知识越是对具有深刻社会意义的领域(环保、核能、健康等)产生影响,博物馆的受众就越是希望博物馆能够提供可靠的信息以使他们形成自己的观点(Le Marec,1990;Davallon,1993;Davallon,Grandmont & Schiele,1992)。在我看来,这无异于是一种科学文化化(culturation)的生成过程,让·马克、列维·勒布隆(Jean-Marc,Lévy-leblond)在法语中将其称为"成为文化"(mise en culture),此处它具有全新的重要意义。即使博物馆行业还会一以贯之地对待科学,仿佛科学完全独立于社会之外,看起来它好像就是如此操作的(技术的情况另当别论,其中有些细微的差异),不管人们的动机有多么良好,也不管事情到了什么样的程度,科学技术文化概念的扩大却意味着要从社会内部去考虑科学,就像一段时间以来我

---

① "博物馆机构"一词不仅包括传统意义上的博物馆(至少在法国如此),而且包括,例如,动物园及其他科技中心。在此情况下,这一用法(遵循国际博物馆协会 ICOM 对博物馆的定义)可用来指称各种不同形式、不同情况,属于不同代的各类科技中心(技术博物馆、科学中心等)。总之,这很有意义地使我们注意一个特殊的社会学特征,例如这些博物馆可以因其媒介而区别。的确,这些博物馆利用特别的展览媒介作为弘扬科技传统的手段。正是这一双重的特征是这些机构和其他艺术和社会"博物馆"所共享的。有关博物馆机构的更进一步的参考,如中介化和传统的双重过程等见特里奎特的著作(1993)。

们得到鼓励在历史学、人类学、科技社会学方面所做的那样。

各种关于规划或革新方面的评论为我们提供了新的途径,供我们对科学技术博物馆机构及其功能进行思考。长期以来,博物馆机构被视为学校的补充工具,甚至是替代工具,现在它们则被倾向于视为文化工具。这种新的"文化"态度,或更趋"文化"的作用,其最为明显的标志或许可以从那种不断增长的发展趋势中观察到,即确定地把博物馆与各类文化机构(图书馆,剧院等)乃至新闻媒体同等看待的发展趋势。

纯粹教育传播展览的传播方式

我欲为之辩护的观点是:对科学技术博物馆机构展开研究(科技博物馆学)最应该做的是要以巨大的精力关注它们的发展,抓住机遇以新的眼光观察现有的此类机构是如何运作的,特别是那些正在进行更新的机构。

当然,观察并不仅仅是看看而已。所以我的文章还将进一步提出这一观点,即教育概念已对上述变化的任何分析构成障碍。一提到教育概念,我们就自然而然会与教育传播有关的科学技术博物馆机构联系在一起。此外,我要补充一点,可能要稍加强调,供广大公众利用的消闲方式与学习的潜在环境(当前博物馆的基本途径)作为一对矛盾,或许在不经意间,仅仅是在不经意间,使博物馆机构的文化效用得以发挥作用。同样,人们惯用的"教育"一词也还是一个模糊的概念。虽然研究人员尽力在界定它,但它还只是处在教育学和文化的边缘地带[①]。然而,需要申明的是,我的目的不是要否定科技馆的教育功能(更不是排斥它),不是要否定科学知识在展览中的潜在实用性,也不是要贬低科学技术博物馆机构在创办发展过程中借鉴教育传播模式所取得的积极效果。只是客观上,任何照搬教育学模式的做法似乎都不可避免地将展览的功能置于单一的目标之下,那就是获取知识或学习,尽管过程当中离不了刺激或激发情感等其他层面上的作用。从另一方面看,上文提到的新的发展趋向明显地表现出一种一反单一目标的逆向运动,指向了一个新的方向,其文化特征为:富有活力,密度大且内涵丰富。这一切源于对多重合理因素和异质因素的调动。其结果,我感觉到我们这些研究人员应当认真反思推动我们的研究工作的方向,以利于对各方面发展情况的理解。

为了抓住教育概念在这一问题上的影响,作为一种手段,回顾以下作为这场争论核心的传播问题的社会发展过程还是有用的。我们没有必要按照社会

---

① 可参考丹尼尔·雅柯比(Jacobi)和奥迪尔·考培(Coppey)在"公众和博物馆"第七期的序言中所下的定义。详见雅柯比和希尔。

传播理论学家设定的模式来展开分析,按照这种看法,传播被看成是一种发送者(T)和接收者(R)之间信息(I)的简单传递过程。当前人们认为这种信息在两极(T—I—R)之间来回流动的模式很难适用于展览的情况(Schiele,1987;Davallon,1989;Hooper-Greenhill,1991;McManus,1991)。诚然,这种模式还是不断地在一定的教育概念上的知识传输范围内被人们援引,作为探索科技展览的基础。该模式所能提供的是那种机械工程式的传播形态,或是自控式的传播形态,其间信息的传输近乎被看做是一种能量的传导模式,用它来解释心智解读条件下最为复杂的信息"可译性"形式,没有什么重要的借鉴意义;其主要缺陷是该探索方式的眼界过于狭窄,只是把传播集中在知识问题上,似乎接收者一方的任何反应都是对发送者一方的输出所做出的预期回应。其结果是,两者之间所发生的任何偏差会毫不犹豫地被阐释为是技术功能方面的差错,或被解释为是来自于接收者主观解读方面的干扰。这种情况只能引导我们去注意对教育模式的影响作用的评价,一般说更偏重于对参观者的研究。

但是,符号学(在此对该词作广义的理解),认知心理学或各种传播社会学理论已经以它们各自的方式给出大量的论证,证明内容类比问题(从知识的角度看),或曰策略效力问题(从目标方向角度看),在事实上仅仅代表着传播的一个方面,在任何情况下也不能把它当作传播的根本。就我们在此直接关注的传播一词而言,路易斯·盖雷(Louis Quéré)在讨论于尔根·哈贝马斯(Jürgen Habermas)的观点时,提出了传播在"认识论"概念方面和"人类行为学"概念方面的区别。前者被看做是知识的传输,后者则把传播看成是在建构一种共同情境(Quéré,1991)。这里,我们得知"情境"(situation)的概念在起着决定性的作用。在传播真正成为信息交流行为之前,将其看做是构建某种信息交流情境的社会活动,能够使我们非常清晰地突出教育情境特质与展览中介情境特质之间的差别。这至少是本文将要展开论述的内容。

第一节　重新审视展览传播情境

所谓情境,在此必须理解的是,它是一个系统的社会综合体,是开展社会活动的场所。该综合体发生在关系层面和机构层面(institutional aspect)的结合部。关系层面表述的是参与活动的个体之间或群体之间的互动;机构层面则涉及社会结构、社会规范和价值观,它们是各类组织、代表群体、社会地位和任务职责的背景条件①。上述区别将显示出教育传播情境和展览传播情境之间的差异。

教育传播情境的特征

在教育情境方面,哪一部分属于关系层面,哪一部分又属于机构层面呢?属于关系层面的教师与学生群体之间的互动关系依赖于与个人(参与互动活动的主要角色)有关的特定信息,依赖于这些个人之间相互依存条件下的相互作用,或是这些个人与其他进入他们社会环境的(即指各种结合体或共同体)②个人之间相互依存条件下的相互作用。另一方面,学校是一种教育机构,就像博物馆、新闻媒体或家庭一样。它在培训社会成员、促成其社会化转化方面(融入社会整体,接受价值观念和行为规范等,学习掌握思考和处事的方法,用人类学的术语说就是学习掌握文化)发挥着自身的作用。但是要实现这一切,学校要制定种种方案用以保障知识的学习,建立控制学习的程序,并根据这些方案界定各方面的职守。对于学校的各方参与角色(protagonist)来说,学校预先设定好了做事、行动、思考、建立价值观念等诸多事情的方式。从这一方面看,学校不同于博物馆、新闻媒体和家庭,尽管知识的获取也会在这些另外的教育机构中发生。

不管怎么说,任何一个课堂(或任何一所学校),作为一个客观存在的实体,作为相互依存的社会参与角色之间发生单一社会实践的场所,就这样构成了结合上述两种层面的一个情境。这种情境的特点在于它的高度机构化:其功能特征完全是在各主要角色发生互动之前或在他们的互动以外确定下来的,即便是各主要角色之间的互动行为(例如,老师与学生

---

① 注意:关系层面和机构层面的这一区别不能等同于时常发生在个人和社会的对立。为避免有关这些关系之间的混淆,在通篇论文中我将就一些理论细节提供注解。但这些对我的论述过程的总的理解并非至关重要。关系层面所指的是所有互动均包含的个人之间(或群体之间)的相互依赖。这就是为什么如果说在我们所研究的现象的规模中,即班级或展览中,存在一种个人之间的关系问题。那么,关系层面就会更普遍地贯穿着相互依赖的过程,艾丽斯(1991:esp.158~159)名之曰配置(其中个人为互相依赖状态所制约,并保持力量的平衡)。另一方面,机构层面则指机构的宏观社会层面,是在通过组织或文物的宏观社会层面在个人代理层面上组建的[继帕诺斯基(Panofsky)之后伯迪欧(Bourdieu)管这叫习性]。两个层面之间的区别可视为流程和固化之间的对立。这一层面的情境[按照哥夫曼(Goffman)的引伸概念,1991]曾用一种竞技游戏场面(聚会地和接合点的混合)来加以介绍,这种游戏场面一方面体现了相互依赖、游戏的紧张、力量的平衡、变化演进;另一方面是结构化、组织化、等级化、目标化和仪式化。

② 我欲烦言申明,关系层面在课堂上不会简单地演变成互动关系。学校里有相互依存关系,学校和社区环境之间也有相互依存关系(Uzzell et al.,1997;第一部分,第四章),甚或是在学校、博物馆、媒体(电视、出版物等)之间也有这种关系,这些社会机构构成了一定的教育组配。在每一个层次上,都伴生有一定的机构层面和关系层面,并在两者之间衍生出一定的情境。要想了解学校内不同层次上流程和固化之间的相互作用,Dubet(1994:163~176)。

之间的关系)并非与本机构任务目标的实现毫无关系,而且对于这些任务目标的优化实现确有贡献,抑或确有阻碍,并从长远意义来说会造成机构方面的调整。但在近期内(如一堂课的互动时间),参与者之间的关系在机构的架构范围内必须保持足够的明晰,从而不至于触动总体权力的平衡,以保证功能的正常发挥。

在这样的环境条件下,情境的运作指向了互动活动(在每一个这样的情境中,当事人知道自己可以做什么,也知道可以期望互动对象做什么)的形式固化(Goffman,1991)。情境还相对应于一种机构化的精神支柱,借以保障行为的可预见性和互动活动的常规性(当事人在每一个这样的情境中发挥作用时可以做或必须做的行为举止)。用形象化的言语描述,可以说情境就是一种场所,在这一场所内,将会实行机构层面对关系层面的支配。这意味着互动关系侧面反过来也要顾及个人这一层次或是个人之间的层次,而情境(作为,例如,具体到某一课堂或某一个学校的实际活动的层面)看上去就会和按照一般意义理解的"情境"具有同等的意思了。即一整套既具体又随机的人物、事件和因素的组配关系。如此,可能会诱导人们以为情境层面(非常规意义,而是按社会学方面的定义)似乎是没有自主性,没有特定意义,甚或是没有任何利益的①。

然而,如果我们从传播情境的角度来考察这一情境,那么我们会有三点发现:

1.传播内容(即施教的内容)以精确的方式被事先界定。这点以后再做详细的论述。

2.关系(教学关系)以功能性不对称为特征:教师和学习者各自所处的地位不对称②,意思是教师是"知方",后者是"不知方"。这种关系的结局是通过增加学习者的知识或技能减少不对称,根据教学方面的需要,这多少有些重要性。学习者必须遵从教师拟定的学习程序,尽管最终的目标是缩小差距(即教学双方最终享有同样的知识)。该目标的实现建立在当事双方的一方所施加

---

① 注意:在上文引用的著作中,Dubet(1994:165~176)述说了这种机构式的框架结构目前是怎样正在被修正,被弱化,又是怎样正在转向他所谓的那种课堂"亲昵"。课堂不再仅仅是一个由外在因素("机构因素")建构的场合,仅像一个处所,其中人是场所的一部分,起着由机构所限定的作用。结果造成,一方面,各方参与角色之间的关系发生转变(例如,非权威崇拜,非暴力等);另一方面,教师按既定方式重组学习集体成为必要。学习集体作为一个整体对情境的这些机构化目标做出反应,而不再是其反面。如此变化(姑且不论其对教学单位的效果如何)促使我们从相反的方面更好地理解展览的情境,展的情境建构依然是根本的法则。

② 我从 Watzlavick(1972)等人那里借用了"关系"与"内容"的差别观念。同样的内容可以归属不同的关系。关系包含内容,决定着内容的解释方式(此为传播之传播)。此外,Watzlavick 等人讲究"补充"关系而不是不对称关系,但是我还是倾向于后者,因为我们现在关注的是情境而不仅是关系。

的机构性约束上,机构性约束提供了多方面的保障,其中包括知识学习的系统性特征。因此,互动关系是通过让度知识或程序(课程,实践工作等)的形式表现出来的①。

3.学校构成了一个封闭的系统(与校外的社会隔离),从而相当于是老师和学习者之间的领域的一种延续。后者被安置在(在空间上,身体上和象征意义上)一个共同的天地里,这片天地实际上是由教师创造的,它被理解为是一种知识领域的延续。

科学展览的传播功能

将教育学的模式挪用到展览方面本身就暗含着教育传播情境的特征与展览传播情境的特征有相似之处。让我们再来检视一下上面提到的三点发现。

1.传播内容

显然,在两种传播类型中,传播内容是有所界定的(完全有可能是相同的):教师如同展览者,知道他所做的选择和所要传播的内容。但是,这个内容在这两种情况下并不是用完全一样的方式界定的。首先需要指出,在内容有所界定的教育传播情况下,内容将按照一定的套路进行开发、落实并实现结果,其方案都是事先加以程式化,设计好并组织好的(如课程)。这样的界定很难适用于展览的情况,原因是在展览中参观者有可能在某些参观内容方面停留的时间长一些,而略过其他的内容,简言之,即由他自己来安排参观②。因此,展览一般被认为是一种"非正规"教育形式。

但是,参观者的相对自由并不是两种情境之间区别的全部。只不过人们习惯上对其过于强调,以至于它完全攫取了我们的注意力,或许导致我们认为其余的区别不过与此雷同。结果,我们被引导去思考展览者(科学家或其代表)和参观者之间的不对称,俨然就像我们观察老师和学习者之间的关系那样。总之,我们被引导去假想在展览者和参观者领域之间存在着某种连通性;更有甚者,我们希望展示,诠释情境的分析将凸显出两种传播形式之间的诸多差别。

我们常常假定在科学和展览领域之间也存在某种连通性。然而正是出于

---

① 这至少能说明人们是怎样习惯地从施教的角度而不是从教育(带有各种固有的问题和矛盾)的角度来考虑学校的。当涉及某种针对学习科学知识的教学时,像中学的情况,大学的就更不必说了,这种非对称关系的减少过程就更加明显了。发现宫采取了这种情境模式并将其应用到展览方面。

② 应该明确的是"参观者"一词必须被理解为是一个基本的社会单元,活动以该基本单元为形式,其构成可以是独自的参观者、一个家庭或两三位搭伙的朋友等。在展览—参观者的互相作用过程中已包含该基本单位个体成员之间的社会互动。

这些原因,讨论关系形式问题之前先弄清楚展览领域的独立自主,将会使我们的分析变得更加清晰。

　　2.展览领域的独立自主

　　这一问题通常是沿着分析学校领域的同样思路进行思考的①。这里所提出的关注点关系到日常生活领域和展览领域的分离,类似于已观察到的存在于日常生活领域和学校领域之间的分离。分离的存在是不容置疑的,但是囿于上述条件思考分离只会使我们忽略展览情况中另外两种十分重要的分化现象:其中之一将科学领域与展览领域分离开来;另一个则带有媒介传递性质,它将展览者对于展览的关系与参观者对同一展览建立的关系分离开,这是一方面的情况。如我们所知道的,在学校的情况中,前一种分化现象实际上是整合在传播内容的制作过程中的(向施教转移的过程),后一种现象以某种确定的组织形式表现出来(课堂或学校与其社会环境相分离)。按照这种模式,人们发现课堂领域构成了一种独立自主的、定形的、机构化的领域。但是,展览的情况却并不是这样。

　　展览的传播情境以在日常生活领域和科学领域之间创造出一种中介过渡领域为特征。它所遵从的模式是每一个展览领域都构成一个创建中的领域,那只能是在建起立两个界端之后产生的结果,一端是创建中的领域,另一端是其他两个领域,即科学领域和日常生活领域。最为直接且明显的结果是参观者相对于内容的关系成为一种中介关系(通过某种转化机制实现),而不是主观沟通的关系(与人之间)。从最为显著的意义上讲,这种传播情境就是中介情境,我们将会看到,所谓中介具有两方面的特点:①关系的中介化,即参观者相对于安放在某处且具有一定意义的展品的关系(展览即为中介化的转化机制);②此种转化机制在某一社会空间中的定位(展览即为社会文化活动)。本文后续章节中的许多探讨都集中在作为中介情境之展览传播情境的这一特征。

　　忽略作为中介情境之展览传播情境的这一特征,将会陷入概念上的

---

　　①　为了避免因理论展开而使我们的讨论变得不堪承受,我好像有必要再次申明某些细节,以使我们有可能接近此处所提到的情境。借用艺术范畴社会领域(Becker,1982)的社会学概念,我们可以依从(Gilmore,1990)和(Clarke、Gerson,1990)的见解,去寻找一条探讨宏观社会学和微观社会学之间关系问题的途径。某一社会领域即为某一社会活动的集合体,由某种传播的交织网络结合在一起。因此,本处的分析与权威关系无关。该社会领域毋宁是一个开放的系统,与正规的社会组织不同。就这一点而言,我们可以把它说成是一个承载集体活动且较为稳定的组织过程:"各种社会领域的互动概念产生了不同类型的组织形式,也产生了相对稳定的交流和互动模式。社会领域的研究焦点除了结构和社会过程方面的意味以外,还包括组织效能问题。"(Gilmore,1990:152)如是说。因此,每一个领域都要顾及不同的参照系统和不同的组织逻辑(针对传播和能力而言)。

局限性,其结果就会产生误解。不难理解,科学领域要求在其本身和参观者领域之间具有连通性。这种愿望有时可以实现,但是代价是要选择科学领域有所针对的对象(将参观者领域缩小到"学生"的范围,即未来的科学家),或是通过一批代理人实现。如巴黎发现宫的情况,他们将担当参观者的活动组织者或更恰当地说是"演示者"的角色。不管是哪种情况,展览都倾向于保持教育传播的功能①。

另一方面,谋求展览领域和科学领域之间的连通性可以另辟蹊径,不必刻意去按照教育传播模式的套路创建中介情境,可以直接参照另外一种传播模式,这种模式实际上在科学领域内部正在流行。可以说该模式具备了简单直接传播的所有必要要素,因为其本身具有的特征便是对称关系和共有领域。从某种意义上说,这只是一个"同行对话"的问题,其中的互动关系表现为信息交流、成果讨论,甚至是关于方法的争论。但是现有经验显示,这种科学传播情境不像教育传播情境,它在移植到展览的过程中几乎不必作任何的调整。除了有效地采用同行对话的做法,或是允许普通观众进入实验室参观以吸引他们成为科学家,现在还很难想象得出展览领域和科学环境之间的连通性如何可以得到保障,更难想象的是,参观者与科学家之间的关系对称又可以从何下手②。由于这种移植特别倾向于在无须创建中介情境的条件下运作,它使我们处于一种两难的境地。我们不由得产生联想,这些从教育领域或科学领域借用过来的传播模式,其移植借用除个别可用情况外,究竟在多大程度上是给我们带来困难、使我们愿望落空的潜在根源。以科学的观点来看,那些将被忽视的东西正是展览相对于教育传播的局限,至于展览相对于科学传播本身的局限那就更不用说了。对于参观者来说,他们将被置于十分不利的地位,并被切断他们与科学的联系。

3. 关系形式

现在我们来审视一下体现展览传播情境特征的关系形式。在展览中,关系被理解为传播中的传播,它依赖于两个方面体现展览特征的中介特性:接收者缺位和展品的中介化。

即使参观者认可关系的不对称特点,因为他们还没有掌握知识,即使

---

① 这种一致性并不意味着展览的运作完全与学校一样。如(Éric Triquet,1993)所示,展览的中介转化功能不适于施教转化功能。有关发现宫关键工程中这些独具特色的情况,请参阅 Jacqueline Eidelman(1988:176～180)的著述。

② (Triquet,1993)对这种构建的问题和过程做了详细的研究。

他们准备参与到这种关系中来,并希望由此获得知识,减少这种不对称,他们也最多只是客观上(并非在思想上或表现上)控制自己保持这样一种关系。他们有可能在任何时间离开它、拒绝它、修改它,或是索性绕过它。但是在以教育关系为主的传播情境中,这种可能性不会导致参观者的简单放弃,由于其本身的特点,可能仍然保持一种不完善的教育关系。它所体现出来的是一种根本不同的性质,在现实中这种性质的内在特点被社会学家视为"弱势运用"(Passeron,1991),或者用符号学的语言可以将其称为"开放"的展览,因为它要求参观者的合作(Eco,1985)。抑或可以换一种说法:不对称的初始关系被当做对称关系为人所接受。

事实上,在知情的接收者和不知情的参观者之间,关系完全是可以不对称的。后者在认识到有关知识的差异后,有可能光顾展览、领略展览,从中获取教益,也有可能不做这些事情;他们可能会依照一定的准则,在预定的参观时间内进行合作,也可能不这样做。参观者在进入展厅后的全部时间里是否接受展览并不能确定,面对展示中的每一个新鲜内容,总是存在有所商量的余地。这是第二关系,它对参观者有利,因为它发生在参观者本人和发送者推介展品之间的互动作用之中,并且由此在发送者和参观者之间重新建立起对称关系。因此我们可以得知,展览的传播情境可以被视为是双重互补关系的发源地。而第二关系不再像初始关系那样(即从科学内容出发,认为关系不对称)以知识为主要目标,而是把重点放到了展览本身,其构成不仅有内容因素,还由内容所显现的关系。

因此,最后我们还要理解,科学技术展览要求在三个层次而不是两个层次明确它的特异之处:即内容层次(知识),关系层次(不对称)和情境层次(接受)。这种特异之处开启了通向分析相互作用的途径,相互作用指对接收者的期盼——作为参观者如何行动(例如,发送者的目的在于吸引参观者的注意力,或者是引导他看完整个内容)——与参观者逐渐产生的反应之间的作用。

无论如何,在我们理清三个层次之间的差异以理解科学博物馆之前,让我们总结一下在两种传播情境之间可以看清的那些主要差别(表17-1)。

表 17-1　教育传播情境和展览传播情境的特征比较

传播类型	教育传播	展览传播
传播内容	事先界定，包括在传输过程中。	事先界定，但传输过程保持开放（参观者介入）。
关系形式	就内容（知识）而言，施教者与受教育者不对称。各方参与角色之间的互动目的在于减少这种不对称。但是，由于机构架构的原因，传播结构依然保持不对称性（结构是一种机构转化机制）。	就内容（知识）而言，展览者与参观者不对称。互动发生在一种中介结构之中，该结构使得参观者有可能在任何时候接受或拒绝传播。结果，结构重新建立对称（接受不对称）。
传播情境的社会组织（作为自主领域）	在机构建制意义上，互动架构被界定为各方参与角色的共同领域。实际上，该领域的提出被当作知识领域的延续（从一方到另一方的迁移相当于一种移位）。另一方面，它与日常生活领域的联系被阻断。	中介结构开辟出某一共同领域（有待诠释）的中间过渡空间。转化机制事先预置下某种双重分离：与知识领域的分离和与日常生活领域的分离。但是展览的中间过渡领域要在某种程度上，或多或少地与上述两种领域之一连接在一起（或是交换式地与其分离），这取决于该过渡领域所包含的社会因素。

第二节　作为中介情境的展览

　　如果科学技术博物馆机构推介的传播情境既不合于教育情境（以强制的不对称关系为特征），也不合于科学领域的传播情境（以法定的对称关系为特征），那么这些被推介的情境如何被我们所理解呢？它们是这些机构中怎样的变化部分呢？它们与当前不断膨胀的科技文化概念又有什么样的关系呢？

　　为了对上述问题提供答案，似乎先审视一下展览传播的特异性会对我们有所帮助。我们无须特别通过划分它与教育传播的区别来审视，像我们已经做过的那样，而是通过深入它自身特有的特性来审视。

　　有了这一印象，第一点要提出的是任何科学或技术展览在"传送"知识过程中所遇到的困难不仅仅像人们经常以为的那样,是一个技术性的问题。所谓困难不光是与下述事实有关,即展览的主体要素(展品、形象、空间等)必然要求要有视觉效果、编排、非语境化处理,那确实会对科学的内容有一定的削弱。对展览传播功能的审视已经表明这种逻辑方式导致了不属于展览专业知识范畴的预期效果的产生。我们已经看到,此种"传送"知识的困难毋宁说是源于这样的事实:展览是一个开放式传播的情境,一个承载了(为了发挥自身的功能)各方参与角色相互合作的情境,参与者参与到以展览的生产过程和接受过程为特征的社会活动中来。展览要假定成为一种生产过程与接受过程的社会性相互作用,也就是说,生产过程是为了特定的大众,接受过程是为了使他们进入该领域。这样一来就意味着展览传播情境构成了一种中介情境,或反过来说,这就是中介情境的创建,它是展览作为媒介发挥功能作用的基本条件。从结果上看,开辟生产过程与接受过程的相互作用即构成了展览的中介形式。

通过这种分析,我们能够明白为什么教育传播情境模式作为应对展览传播的一种手段基本上是没有效用的,因为教育传播模式中,机构化意味着问题的重要层面在于关系形式(即关系的不对称),而在展览传播模式中,重要的是情境(事实上对关系的认可)。由此及彼一过渡,系统便从一种由生产者掌控的状态转向其他的前提,类如参观者是否同意参与互动合作。

在补充了上述特征的各项分析结论之后,我们现在可以完成下表了:教育传播情境和展览传播情境的特征比较(表 17-2)。

表 17-2　教育传播情境和展览传播情境的特征比较

	教育传播	展览传播
传播特征	传播具有主观沟通特性(现场各方参与角色之间的互动),发生在某种合作架构之中,合作由目标制定者掌控并强加给目标接受对象。	传播具有中介特性(以实物定位的中介过程,发送者不在现场),发生在被接收者认同的合作架构之中。
转化机制效能类型	机构转化机制创建某种情境,目的在于从目标制定者向目标接受对象传输知识。	中介转化机制是中介情境的一部分,情境处于参观者领域和知识领域之间。
相关分析	关系形式。	创建情境。

本节中,我将把展览传播视为创建中介情境的过程,分别从两个方面的系列观察探讨它的特征:①过去 20 年间人们一直在追踪的展览理念或科技馆理念的发展趋势;②从社会历史学的角度观察展览和博物馆的区别。第一个系列观察将使我们弄明白"使展览满足参观者"意味着什么;第二个,使我们弄明白"作为媒介融入社会"意味着什么。

以参观者为核心的展览设计

审视一下过去若干年中科学展览的设计和制作将会使我们非常清楚地对展览的运作模式有所了解,在该模式中参观者所接受的不对称实际上与情境层次上的对称建构相对应。我们将会看到两个方面的促成因素:其中之一作用于不对称的弱化;另一个因参观者的接受而强化对称。

1.关系不对称的弱化与强化

关系不对称的弱化被下述事实所证明:当前某些大型科学博物馆的科学殿堂形象(不对称的根基在于机构所处的权威地位,权威地位是社会赋予科学的)正面临参观者觉醒意识的抗衡,即期望、动机和主张的意识。有关参观者的研究显示,参观者常常认为科学的展示应当从他们所处的社会环境出发,从他们最迫切需要的东西出发。我们或许还可以补充一点,博物馆从这样的调查中寻找出路本身就意味着它们已经意识到并承认了博物馆目前所面临的这种状况。假如这种势头继续发展,那么其结果会走向另一种不对称,那不过是教育不对称的翻转。的确如此,由于在这种情况下只有那些知道是谁居于支配地位的人才能占取支配地位,因此,参观者将会处于支配地位,而且,科学会被再次拉回到一般文化,或者至少被置于公民的审视之下[①]。

与上述不对称弱化发展趋向相反,展览技术的开发使得对称强化成为可能。互动作用(超越了教育效能的直接目标,其局限性已为人所熟知)早已引发在参观者和展览者之间建立对称关系的活动:参观者被有效地纳入参与活动以保证转化机制发生作用。但是有些机构的运行项目至少是在某种程度上要把展览变成争辩的场所,从而超越了上述观众参与的范围。这是极端的对称形式。当前的趋势恰恰是在这两种观众参与形

---

① 这种情况尤其属实,当涉及科学知识有可能影响决策、舆论等方面的话题时,或是发生在更为一般的领域里,当话题关系到社会走向,人们有可能采取一定的立场时,如环保问题或健康问题。进一步的讨论,参见 Davallon,Grandmont & Schiel(1992);Le Marec(1996);关于此类科学展览现象之后果的论点,见 Davallon & Le Marec(1996)。

式之间发展,在寻求知识传输的减少,使科学方法摆上日程(采用约翰·杜兰特的归纳,前已提到),总之,是要把科学研究当做一种社会活动来理解。

所有上述发展趋势都是为了减少不对称,或增强对称。尽管它们都在朝着我们先前已经注意到的展览传播特征所体现的方向发展,但是要解读它们却还不是那么简单。除了它还有可能会反对其他对立的趋势外,重要的是要弄清楚现有发展趋势对于展览在哪些方面具有特定的意义。反对的意见是值得认真对待的。的确,难道它们在教育传播中就察觉不到吗? 当教育传播的目的是为了培育未来的教师甚或是未来的研究人员时,难道它不也是为了减少教师和学习者之间内容的不对称吗(如果不是在强化他们的法定对称关系)? 由此看来,似乎有必要更加密切地关注在全部两种类型的(教育传播和展览传播)传播中是什么东西使那两种要素(不对称弱化和对称强化)发生区别。因为这将有益于我们弄清楚下表中各方的具体特征(见表 17-3)。

表 17-3　教育传播和展览传播中不对称弱化和对称强化要素之间的差异

传播类型	教育传播	展览传播
不对称弱化逻辑	弱化目标为内容对称(即参与角色双方占有同样的知识)。但是在学校领域内,关系仍然是不对称的。	弱化通过参观者的期望和日常生活领域体现出来。但是在展览范围内,不对称被参观者所接受。
对称强化逻辑	强化目标为建立法定对称关系。但是此法定对称关系仅存在于知识领域(研究领域)。	强化目标是参观者与负责展览制作的人们之间的位置对称。只有从外部社会领域来看展览(在这些领域中,参观者只能以市民的身份做出决定并采取立场),这种对称才有意义。

在展览传播一栏中,我们以另外一种方式看到了展览传播的两种特征,我们在前面已经点明了,即中介转化机制赋予参观者的中心位置(在不对称弱化逻辑横栏里尤为明显)和社会包容,根据列表所表达的意思社会包容必须对参观者有社会用途(这在对称强化横栏更为明显)。所有这一切都十分明确地表达了"参观者的期望"和"以市民的身份采取立场"的含义。正是对两种传播形

式的对比解读才使得我们能够超越这第一印象。

2.教育传播中机构的有效性和对象的社会化

让我们回到教育传播的诸项因素上来,比起展览传播诸项因素它们更容易掌握些。诸因素中的首项因素与施教情境相对应,基本上是指向内容的;第二个因素则是针对科学培训的,它在代理人中间引入平衡均势,这是研究领域运作方式的特征。两项因素都享有学校(或研究)领域的独立自主。

前面我们已看到情境层面(这里正是我们感兴趣的东西)是某种双重过程的发源地:为保持不对称关系在教师和学习者之间形成一定的架构,以及在教育机构中为这种不对称关系提供精神支柱。以这种方式,机构方面起着界定互动关系,以使互动双方成为社会化(造就社会成员)逻辑系统的组成部分,这就是教育机构的作用。在这样的范围内,组织机构作为一个整体将倾向于把注意力集中到转化关系的过程方面,然后才影响到接受者方面[1]。结合到施教情境方面,这种作用模式将导致知识的获取(即如前所描述的内容对称),不会修正位置关系,不会触动组织,也不会触动机构的所有意图和目的。结合到科学培训方面,学习者将改变他的法定地位,以实现被机构所接受,成为它的一位成员。

结果是,一方面存在着强大的机构永久性,组织的稳定性和情境的再生性;另一方面存在着转化过程向受教育对象转移的现象。这是非常重要的一点,需要记牢。一方面,互动对于机构本身没有多大影响(或者说这些影响效果缓慢),而另一方面,机构却拥有对互动产生影响的巨大效能[2]。此外,任何教育传播作为一种教育手段,都需要转化参与到互动活动中来的受教育对象:不单是受教育人在获取知识,他还在学习的过程中受到转化,这在一定的情况下可能比学有所得更为重要。学习者的这种社会化过程是一种预期的效果,也是机构正常功能的组成部分。它既不会对组织产生影响,也不会对机构产生影响,由于受教育者一旦界临得到有效转化的程度,他即需要脱离封闭的学

---

① 这种过程有可能存在于确定的范围内,其间教育传播已发生相当的一段时间。它与展览参观极不相同,参观最多持续一两个小时。不过,本文的分析对某一特定时间内构建传播关系时所出现的分离现象未加以考虑。

② 而且,可以看到会达到这样的程度:不管是否有可能发生修正,并因此而产生波及互动的不利变化,学术机构都力图保持影响效能。显然这并不意味在中等或较长的时期内不会出现可能的机构变化,也不意味机构集中在互动方面的效能不会出现衰减!要了解传播和公众空间这方面的问题,请参见 Moeglin(1995)。

校环境①。如果社会成员真是在学校式的环境下被如此培养出来，那么他就要走出学校，在学校以外发挥作用。即使该过程成功地将学习者转化成一位教师或研究者，成为他们的同行，该学习者与同行之间保持的关系在相当大程度上也还是由机构界定并控制的。

3.展览传播的社会操作主义

关于这方面的内容有两点需要申明：第一，科技馆是教育性机构，是传播科学知识的机构，在此范围内，它们也在参观者和展出的知识之间建立起互动架构，参观者之间存在知者和不知者的不对称。第二，各种活动、行为，乃至参观者和参观内容之间的互动，都被有效地安置在机构化的教育和普及的逻辑环境之中，这种环境反过来赋予各种活动和行为等以意义，使之井然有序可以预料。然而，过去的 20 年中，人们在审视科技馆或展览设计的发展趋向时，正是这些情况不断受到了质疑。科技馆或展览在传播科学知识，但绝不能因此而理所当然地将它们降低到纯粹教育机构的地步，不能只看到它们的教育功能，更不能仅从教育传播的出发点来对待它们。当然，如果我们是从更为广阔的社会学意义上来理解"教育"一词，视它在某种程度上涵盖了整个的社会化过程②，那就应该另当别论。相反，我们必须刻意弄明白的事情恰恰是那些与教育传播功能相对的东西，即机构对互动影响的不足以及对社会成员相对性的社会转化作用。文中诸表或许会有助于我们的表述。

如果说参观者具有预期目的，或者再进一步，承认转化机制是针对参观者而言的，则意味着参观者是由在展览之外"已经具备特定知识"的传播对象所构成的。换句话说，也就是假定他们在不同于展览的社会空间内已经处于社会化状态。显而易见，如此一来便产生了一系列的问题：例如，是什么东西吸引他们来看展览并同意参与强加给他们的互动；还有，通过什么方式参观者便成了合格的传播对象、社会成员。诸如此类的问题引导我们从另外一种或可以说用新的视角去认识参观者，这正是那些针对代表人群展开的研究所提出的视点(Davallon & Le Marec，1996；Le Marec，1996)，这类研究数量在不断

---

　　①　过程中所调动的元素都经受一种双向作用，所以教育也改造施教者（双向教育过程），改造学习本身，这种过程会长久存在于社会群体的成员之间，为他们所共享，并且会作为他们记忆中的元素被保留下来。但是由于在学校范围内存在着自主和关系的不对称，这种受教育者和学习的社会化过程（即作为社会成员之个体的未来和作为社会学习的知识）仍是有限的。

　　②　教育机构尤其包括那些为社会关系再生（即维持并转化）提供保障的机构，此类机构通过某种过程实施象征性的强力，如 Bourdieu & Passeron(1970)所分析的那样。他们认为社会中恰当地存在一种特殊领域，象征性地表现着支配者和被支配者之间的强力关系，由于有第二种力被附加上来，这种强力关系便被明显的合法性所掩盖。从这个意义上讲，学校、教堂、媒体、博物馆等都属于这类带有象征性强力的机构。

增加。参观者并不纯粹是转化机制依托展览转化的对象,而是转化机制发挥作用的必要条件。

如此一来,转化过程落脚在哪里呢?我们被鼓励将目光转向另一领域,即展览或科技馆试图在社会空间有所作为的领域。正是在这一领域,我们看到了最为重要的各种修正,包括认识参观者的新途径,知识的社会地位的转化,以及与媒体建立的新型关系。在这里机构的社会化效能被社会操作性所取代,而社会操作性则是中介转化机制所创造的情境的产物,它与教育传播最大的区别在于展览传播情境的效果不再是集中发生在传播对象方面(通过教育训练达到社会化转化),相反,它们实乃发生在外在的社会空间当中。更精确地说,这些效果存在于各种新的联系之中,这些新的联系通过由展览或科技馆本身建构的特定情境,在参观者和知识的社会空间、舆论和媒体的形成之间建立起来①。几点解释依次如下。

博物馆和展览:文化传播和机构传播

为了在日常生活领域和科学领域之间建立一种中介领域,需要在这一领域与前两者的界限之间有一初始的接触,也有必要在三者之间建立起一定的联系。然而有两种方式去想象这一双重的处理:一是从早已存在的"事物"入手,另一个是从正在发生的过程入手。

一般来说,两种途径,人们往往看重前者。博物馆和展览被看做是实体(组织或制作出的展品),事先已经造就并具有独立自主性。从这一点出发,它们与科学领域的关系被认为是在机构范畴与科学建立的联系,它们与参观者的关系被认为是在功能范畴与参观者建立的联系。博物馆和展览是工具、是手段、是服务于传播科学和教育公众的转化机制。因此传播被人们从教育模式的观点来思考,因为那样似乎是理解和掌握这些工具的最佳办法。这些工具担负着在科学领域和日常生活领域之间建立联系的责任,即知识的领域和参观者的领域。在这种情况下,中介领域相对

---

① 注意:我提出在效能和操作主义之间存在差别,因为差别是分析"构建中介情境"现象不可或缺的要素。一方面,存在这样的过程,它们使得情境服从于机构层面的效能。因而情境成为一种场所,成了转化机制发挥这种效能的地方。在这种情况下,举例来说,社会成员作为某种教育情境中关系层次上的参与成分,会发现他们被加以改造。但是这些效果是处于关系层次上的(相互依赖关系和组配关系),确实也是机构逻辑环境的组成部分。情境所发挥的作用就这样导致了某种新状态或新关系的诸要素的出现,产生新的社会空间,也就是新的组织。正如我们所能看到的那样,展览或博物馆结构产生某种传播情境,可以表示互动中的传播对象能够形成新的社会单位(群体,团体连带关系),并因此而将他们的影响导向机构发挥作用的方式。换种角度看,这种过程也许是通过与其他社会领域建立新的关系而产生出一个新的社会空间(例如可能是博物馆和出版界之间的关系)。

于其他两个领域的界限将与博物馆的活动和制品一同出现,展览的情况更是如此。

上面提到的视点与下面要讲到的探索途径有所不同,因为该途径拒绝将展览领域和博物馆领域降低到纯粹的工具功能地位,拒绝将该领域限制在纯粹的组织实体或有形实体维度一个方面。前边,我已提到把展览的结构理解成"象征领域"的重要性,意在引起注意:展览、外在日常生活要素,以及表象中的它性世界(乌托邦式的领域)之间的时空断裂起着支撑象征性实践活动和各种仪礼的作用(Davallon,1986)。现在似乎放宽"世界"一词的定义显得重要,如果我们不仅将其应用到展览方面,也应用到博物馆方面,就更显得重要了。实际上,将其放回自身的语境,博物馆领域比展览看上去更像是一个社会领域,即一组组织起来的社会活动,其中包括行为、各方参与角色、网络和展品。在这样的试点下,博物馆或展览作为社会领域的界限不再与工具性、中介性或组织性结构的有形界限相一致。这些一概都是机构化相互作用的结果;是各种对策相互支撑的结果;是转化机制产生实效的结果,也是在不同社会领域之间建立短期联系网络的结果。传统的探索途径侧重强调中介化的结构,而此处所提到的视点将把社会维度纳入考虑之中,并以这种方式坚持强调中介情境。

在从一种探索途径转移到另一种探索途径的过程中,为了更好地理解其间各种要素和必然结果,我们时刻记住下面简要勾勒出的展览传播矩阵和博物馆传播矩阵之间的若干差别是有所裨益的。我们先来考察展览的情况。

1. 展览的传播矩阵

从最为广义的角度讲,展览是一种转化机制,它提供展品供参观者参观。由此定义产生两个方面的考虑:展览是高度组织化的中介转化机制,有其特定的界限,接受过程全然是开放的。参观者一旦认可了展览结构的外在限制条件,便可以按照自己的意愿进行参观,自行思考选择展出的内容。在此无须援引那些处于文化范畴边缘或以外的展览类型,如贸易展览或世界博览会,只要简单看看艺术展览就可以了。艺术展览符合上述模式,特别是那些可在艺术画廊或沙龙里见到的展览,那里陈列着当代健在艺术家的作品。在这些展览中,接待是真实有效地开放的;参观者根据自己的兴趣和心情,就便来到展馆,就自己的所见和感受形成自己的观点。因此参观者与陈列展品之间所建立的关系是相对随意的。在此,我们要提出的是,知识在一般性的艺术或审美鉴赏中是第二位的,供参观者在观看过程中使用(供展览者在展示说明时使用);要不然便在参观者接触展览时表现为针对作品和效果所形成的特定知识形式。这两种知识形式都属于个人行为范畴，抑或在探讨时采取了公众形式，如公开发表的文章或评论专著。显然，在后一种情况中，公众形式的鉴赏超越了展览本身中介结构的界限。

我之所以援引艺术展览为例，是因为艺术展览发挥功能效用的矩阵早在 18 世纪就提出了，当时同时出现了艺术沙龙和艺术评论：艺术沙龙作为一种社会转化机制带有独特的中介特征和组织特征；而艺术评论则对应着接受过程之社会情境的习俗化，在该习俗条件下，沙龙造访者、文学界、正在发展中的出版界、国际交流组织、作者和读者或剧院的观众相互邂逅。按照这种方式，转化机制以及伴随其发展的社会情境被概括进"公众空间"，即哈贝马斯所赋含义的公众空间①。因此所谓接受过程保持开放状态，意味着：①展览者事先不曾全然限定展出展品的社会品位，因为展品的品位将随参观者的鉴赏和品评发生变化；②鉴赏与品评的社会影响与这样的事实有关，即它们服从于公共性原则，也就是说，它们形成于社会诸元素之中（各种讨论），通过媒体（图书、新闻出版物等）被公之于众；③由转化机制调动的知识和话题产生于除展览本身以外的其他领域；④展览转化机制服从于公众空间的法则。

---

① 近年来，"公众空间"的概念引起了许多的争议和公开的讨论（Réseaux, 34; Hermes, 10; Pailliart, 1995），均未能对该词含义的界定有所襄助，但在另一方面却为该词较为广泛地使用开了方便。哈贝马斯（Habermas）本人继发表《公众空间》（Espace public）（Habermas, 1978）一书之后，曾经再度审视这一概念，将其细化、充实并修正，特别是在《现代哲学讲话》一书中，他认为"现实中存在着一个由地区、区间、文学、科学和政治多重公众空间构成的高度差别化的网络体系，每一空间对于那些具有中介特征或亚文化特征的活动主体或组织来说都自成体系"（Habermas, 1988: 431）。该公众空间网络体系相对独立于政治体系，具有自主性，根据哈贝马斯本人所命名的那种模式，它会取代政治公众空间。哈贝马斯在《公众空间》开篇之处把这种模式称为"资产阶公众空间"。尽管存在种种差别，该模式的基础却无可争议地是一致的：即公众舆论形成的习俗化之基础是一致的，前提是公众舆论当是争辩性讨论活动的结果，因而可以成为公共性的话题。虽然引证公众空间概念导致问题出现并由此引发不可避免的讨论，我是赞同这一概念的，出于两个方面的原因。第一个是出于对问题的社会—历史本质方面的考虑：博物馆和展览（沙龙）的习俗化，伴随艺术评论的流行而出现，与资产阶级公众空间的产生是同时代的产物。更确切地说，公众空间的概念是建构过程的一个组成部分，因为它从属于文学和文化公众领域之结构生成的运行本身，该领域的结构运行自然会成为政治公众领域运行模式效法的样板。第二点出于实用方面的考虑，上文所表述的公众空间理论的演进着实提出了如下几个方面的问题：①各个自主公众空间之间的相互作用问题；②相互渗透问题，以及与全球公众空间之关系的问题；③专家理性文化与世俗经验世界之间的关系问题。我将在本文的终篇再详细讨论这一论题。不管怎样说，为了避免"公众空间"一词给我们带来混乱而不是有助于理解，当讨论涉及政治维度问题时（无疑当从宽泛的意义来理解），我将使用该词，而在其他场合，我将使用"公众领域"一词，一如哈贝马斯在"公众空间"一书中所为。

表 17-4　博物馆传播矩阵和展览传播矩阵之间差异归纳

	博物馆传播矩阵	展览传播矩阵
中介转化机制/接受过程情境关系	组织性和中介性转化机制（博物馆）支配接受过程情境。	接受过程情境支配中介性转化机制（展览）。
转化机制功能作用	组织性转化机制（博物馆机构）控制接受过程情境；知识品位（科学上的一致性），展品品位（历史承传真实性）和参观者的活动。	中介性转化机制服从于接受过程的公开化，反映在另外一种媒介之中（评论），它是参观者群体构成的元素之一。
接受过程之特征	接受过程是封闭的。展览中介转换机制的符号学组织结构控制着参观者的活动。该结构主司预测参观者经历接受过程后的结果。存在某种权威，保障参观者享有知识与真实展品的一致性。	接受过程是开放的。该过程不仅有赖于中介转化机制（展览），还有赖于参观者的鉴赏活动以及他们与他人对此鉴赏的共享（参观者的趣味和品评）。
调动产生知识	知识是建构转化机制的基础。	知识来自于接受过程及公开化。
适于参观者的结果	参观者处于转化机制的逻辑环境之中：历史承传和教育逻辑环境。	参观者处于公众空间的逻辑环境之中。
转化机制类型	机构性传播转化机制。	文化性传播转化机制。
18 世纪理想类型转化机制	博物学博物馆	艺术沙龙

应该说，从某种意义说，这一机制属于文化传播机制，即其功能（某种程度上包括它的存在）取决于构成接受过程的各种不同活动：参观、通过相互交流和公开化形成品评意见，从而形成作为参观者群集的公众。接受过程之情境支配着中介性结构。

另一方面，这种情境和上述机制之间的联系在博物馆中却恰恰是要被逆向表现的，博物馆试图通过这一机制来预测接受过程的功能作用。让我们进一步剖析一下艺术博物馆，以作为我们洞悉科学博物馆特别之处的可能途径。

2.博物馆传播矩阵

展览和艺术博物馆之间最为明显的差异反映在博物馆展品的历史承传品位方面,但是不要让这一差异搅乱了我们的问题。现实中,历史承传品位取决于赋予展品的有关其品位的学理论断:确定有关展品的来源、趣味和真实性的知识是确立这种品位的必要条件之一①。此外,该品位和知识之间的关系在传统上一直是以注重艺术博物馆的珍藏和研究功能为标志的。换一种说法,如果不具有艺术史方面的学识,或最起码的,连艺术理论都不具有,那就不可能认识博物馆展品的品位。同样的情况也适用于历史博物馆、考古博物馆、人类文化学博物馆或技术博物馆的展品,这些博物馆的展品也是根据其专门学科领域的知识来界定的。在此认真体味其中所蕴藏的含义是十分重要的,即展品的历史承传品位和知识之间的关系引向博物馆系统的第三极维度,那就是向公众展示展品。

在博物馆内,展品的展布一定要适合它们的历史承传品位,因此就要与我们所占有的相关知识相一致。由此,艺术博物馆的展陈将与艺术史的知识统一起来。从非常实际的意义出发,博物馆学通过结合标名和解说词的空间布展,根据需要对展品进行某种形式的分类(例如,按年代分类或按学派分类)。诚然,这种知识不仅是展出原理的一部分,它还在接受过程的环境中现身,因为展览的机制在向参观者转达各种信息,期望参观者分享其向他们提供的意义。如果展览机制是有效的,接受过程就会作为回报把这种有效性转换成某种形式的意义和行为。接受过程有所期盼,制作过程有所陈示,在这两者之间存在着某种完整的循环,因此接受过程不再是开放的,而实际上是封闭的,从展品品位和接受过程转化机制的双重情况来看在此都有完善的发挥,堪称杰作。其后果是,在博物馆方面于转换机制条件下预测接受活动结果的过程中,一切事情都顺理成章地发生了,仿佛存在于接触展品时所发生的对话(评论)与作为展品展陈方式之根据的知识之间的差异(为展览所固有)没有理由存在。组织性的转化机制支配着展览的中介转化机制,并通过中介转化机制支配接受过程的情境。

然而,在艺术博物馆的情况中,参考知识的性质总是将其自身引向一定的商讨。知识的构成在实际上与观察者(可能是专家)的鉴赏活动保持

---

① 历史承传品位是与那种已获认可的必做之事相联系的:保管藏品,保护藏品。它代表着某种真实的世界,没有它,我们就无法进入那个世界。

着联系,鉴赏者与科学家之间的分界线始终保持着一定的沟通余地。接受过程的活动以这种方式影响着知识的构成。但是这却不合于科学博物馆的情况。在科学博物馆,知识(也就是科学信息沟通)的地位受到另一个领域的严格限定:即科学领域。

根据这样的观点,自然博物馆的情况则别有意味,因为作为参考用于影响展陈方式的信息沟通来自于对展品的审视和科学的交流,即使是在展览过程中,这种沟通也会以标本分类的方式表现出来。这表明知识是展品的产物。但是它所遵循的方法与参观无关,只与科学活动的方法有关。供参考使用的信息沟通属于某一特殊的社会空间,该社会空间具有自己的自控体系规则,产生信息沟通的规则,并自行控制这种信息沟通的状态。也就是说,供参考使用的信息沟通属于一个"公众空间",即科学领域的"公众空间"。在这种种条件下,接受过程服从于一个双重过程。接受过程中有可能因展品特征或参观者的兴趣而发生变化的那部分,要返回到参观者的私人和个人领域去考察,要了解他们的乐趣、鉴赏和意见,洞察他们在想些什么、说些什么、知道了些什么。另一部分则直接关系到科学界公众领域的信息沟通,如前文所明示且界定的那样。按照这种模式,博物学作为一种科学知识,会向展览机制和由参观引起的对话同时提供自己的逻辑环境。知识保证了展品与意义之间的贯通结合方式,意义系参观者在参观过程中所阐发。此外,知识的公开存在形式(专著形式的出版物)使得每一个人可以印证此种结合保持了科学的一致性。这意味着接受过程的活动收到了双重的检验:被博物馆的中介结构所检验,同时被科学生产的公众领域所检验。可见,我们距离展览的功能作用有多远。情况不再是文化客体(展览)开辟了接受过程的社会情境,后者可能是公众空间(评论)逻辑环境的组成部分;相反它开辟了一种机构化的公众领域(科学领域),该领域控制着中介转化机制,使得接受过程在功能上成为通向该领域所界定的知识。我愿意说,这种机制,严格说来,应是一种机构化传播机制(见图 17-1)。

社会空间：艺术领域

社会转化机制：沙龙

关系：接触者

学术 → 展览 作品 ⟷ 参观者 鉴赏 意义 讨论 → 公众信息 沟通； 作为品评 和知识的 评论

公众空间的出现

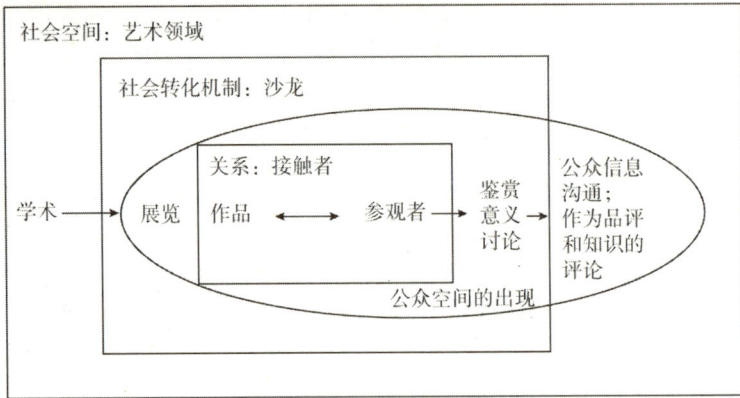

沙龙或公众空间的出现

注：沙龙机制赋予作品与参观者之间的关系一种社会的和符号学意义上的结构。该机制属于某种社会空间，那里包容了产生沙龙（学术）的情况。其中评论将参观者的鉴赏活动公开化，评论的产生有助于建构某种适于接受过程的公众空间。

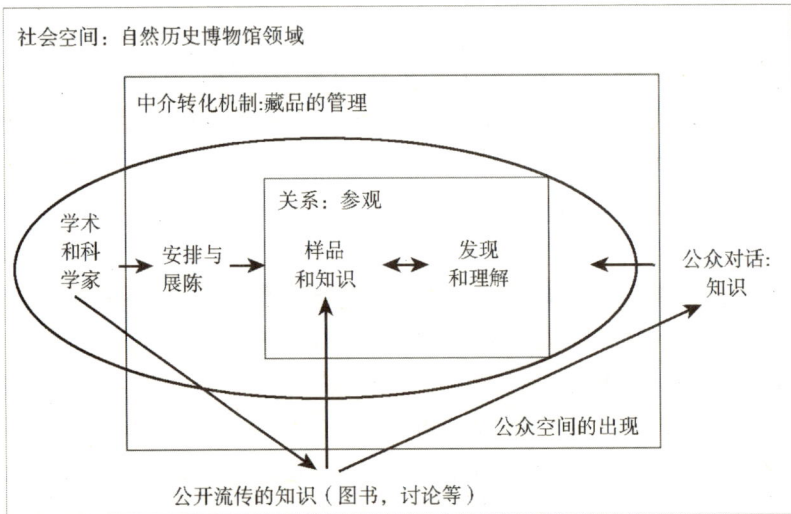

社会空间：自然历史博物馆领域

中介转化机制：藏品的管理

关系：参观

学术 和科 学家 → 安排与 展陈 → 样品 和知识 ⟷ 发现 和理解 ← 公众对话： 知识

公众空间的出现

公开流传的知识（图书，讨论等）

自然博物馆和机构型传播的出现

注：参观者所阐发的意义由两个方面构成：①使得知识逻辑体系具有可视性的展览设计（通过展品和布置）；②参观者可能占有知识，涉及该知识领域的相关出版物，例如图书。

图 17-1 沙龙传播矩阵与自然博物馆传播矩阵之间的区别

自然博物馆和科技馆以及在它们的发展过程中出现的若干社会博物馆，始终保持着与展品特性相关联的接受过程的双重体制（尽管该体制在不同程度上只是博物馆自己的事情），而接受过程构成了通向科学领域的途径。公众到博物馆去观看那些漂亮的、饶有趣味的展品，同时也从中获得相当的领悟。科学中心的情况明显地有所不同,那里的展品已经失去了博物馆展品那样的品位,失去了将知识精致加工成传播手段之材料的品位:即通往属于科学领域之知识的路引。只是在这样的情况下,我在前面所描述的接受过程的"教育概念"才成了一种传播模式。科学中心顺着教育模式的思路去考虑获取知识的途径,所有其他活动均被归入"消闲"一类(表17-4)。

3.教育模式之科学博物馆传播的局限

在我看来,近年来有关科学展览和博物馆的争论已使得事情变得很明显,即旨在将展览变为沿着学校教育和科学领域模式发展的机构化传播工具这一展览功能的移植是有其局限的。在此我们可以指出三个方面的局限。

第一个局限:由于科学展览是用展品建构起来的,它不太可能被简化成为单纯的获取知识的工具。即使是最有效的工具,其功能在某种程度上也会为它们所要传输的内容所遮蔽,而且展览还实属必要地保留着一定的"隐晦性"(opacity),这种隐晦性或与空间的组织安排有关,或与展品的形态特征等因素有关。我们可以清楚地看到隐晦性被应用于游戏类活动项目中,可由最具功能效果的展品组成,如互动游戏类。如玛丽-西尔维亚·波利(Marie-Sylvie Poli,1992:esp.98～100)所说,解说文字本身表现为知识的载体,同时它们还保留着撰写者的印记。

第二个局限存在于这样的情况之中,即任何展出模式都表现为要进入另一个领域,或是已经过去的或是在另外某个地方的,并且要赋予社会价值(某一"乌托邦式的领域")。从这个意义上讲,这就是中介,而且从这样的事实出发,展出的方式将会把科学的领域转变成一种乌托邦式的领域,也就是象征性的领域,它处于另外某个地方且被赋予价值。

第三个局限是科学中心使用的展品既不受历史承传维度的限制,也不受历史承传内涵的限制,因此它们可以在设计上只求满足获取科学知识的功能。这样就使得科学博物馆在博物馆学方面拓展创新能力有了某种可能。凡此种种不仅实实在在地表现为博物馆可以创造出新型的展品,还在于可以创造出新的展览形式,更进一步,还有新的传播媒介。从博物馆学意义上的创新过渡到新技术的实现,从其本身来看具有非常重要的意义,我们正在见证这一过程。

这当中所表现出来的新东西是一种意愿,那就是不再排斥这些局限,而是要利用它们。由此引发出各种关于博物馆的问题,全方位的创新需求对博物馆会有什么影响,展览中要使用的技术问题;展览所展示的知识品位及其社会应用问题;公众科学领域相对于其他领域的功能和关系问题(政治、文化等方面)。

第三节 论题:从传播情境到公众空间

根据上文的讨论,能否得出这样的结论,即当今的科技馆已经放弃了把接受过程作为获取科学知识的途径来加以控制的意愿,并避免对展览中有可能引导前来参观的公众产生某种形式的误解的科学内容加以处理。

如文所示,科技馆传统功能的力量和原创性归因于两个方面的因素。第一个是中介机制(展览)。该机制被置于连接科学和参观者两个领域的中间地位。第二个是中介机制的效能。由于有了控制操作,效能成为可能。控制依赖于专门的知识和程序的标准化,涉及如何对知识进行加工处理(形式转换),以及熟悉了解参观者,熟悉了解转化机制的有关的影响(评估)。

就我们目前所知,在科学博物馆发挥功能作用方面,形式转换和评估二重关系都磨合得相当不错。看一看在知识形式转换检测方面所做出的努力,看一看为保证接受过程按照策划者预期效果发挥有效作用所做出的努力,就可以说明问题了。随着程序和工具的改进,不同形式的评估得到了发展,表现出博物馆方面要将检测持续进行下去的意愿。如果还嫌证据不足,那么本书中其他几篇文章进一步印证了这一现象的应时话题和所表现出来的活力。博物馆还在不懈地努力,它们通过制定传播策略力图保证科学技术展览与机构化传播所要达到的目的相一致,它们的策略是明确的,已形成一定的程序并且付诸实施(Schiele & Boucher,1987;Schiele,1987;Davallon,1989,1996)。那么,变化都由哪些方面组成呢?

社会空间中的博物馆:从有限的转化机制到扩展化的转换机制

像事情经常发生的那样,变化首先发生在系统的边缘地带。就目前的情况而言,变化出现在知识方面,出现在参观者方面[1]。现今,知识不再仅仅是科学内容方面的知识,它同时还是有关社会客体方面的。而且,这种变化是符合当今的发展趋势的,此趋势在科学的社会学研究中已经有所体现并且已被对参观群体的调查所证实。就参观者而言,特别是成年观众,他们不仅是博物馆信息的受益人,产品的消费者,他们同时还是社会的参与角色。这意味着在未进入展览之前他们已经具备了这样的资质,即作为参观者,他们已经获取了一定的专门知识。这也许是由于他们参观过博物馆一类场馆的结果,不过更

---

① 下文所进行的分析已部分发表在与乔尔·勒马雷克(Joëlle Le Marec)合著的论社会批评一文中(Davallon & Le Marec,1996)。

有把握的是他们会通过阅读评论、看报、看电视、上学等渠道获取这类知识。这两种变化汇集一处，其效果将会对展览和博物馆产生相当的影响。不必有杞人忧天式的担心，以为对科学知识的这种社会关注方式可能会因某种施加于科学知识的舆论而有所更替，而毋宁说，这种社会关注方式会因参观者不断增长的要求和博物馆信息沟通的复合系统化而得到保证。

1. 科学博物馆系统的开放性

要确认这一论点，只要记住当科学知识应召于社会问题和政治问题时都有哪些事情发生。此时，参观者会质疑博物馆所提供的信息的确实性和可靠性，他们会将博物馆的信息与其他媒体的信息进行比较。换句话说，他们决不是要放弃科学知识的逻辑（或许还可加上：科学方法），相反，对科学知识的社会品位的注意力会指向确认博物馆的展出内容可以用作针对社会问题和政治问题形成个人见解的坚实基础。因此，我们所面临的问题已经超出了博物馆展出信息与科学内容全然一致的简单问题。所谓一致在此可以说是构建博物馆（以系统阐释为例）与参观者之间关系的基础条件。按照瑟尔（Searle）的话说，这一点构成了展览的一种"建构规则"。重要之处在于该必要条件保证了博物馆实施中介操作的可靠性。它保证了博物馆与参观者的关系相当于一方对另一方的有效承诺，以及一方对另一方的期待，反之亦然。知识应当被看做是一种社会客体，其意味在于知识成了从科学领域流溢出来的交叉利益的相互作用，这种相互作用来自科学家的利益，也来自参观者、媒体专业人员、政治决策人物、教师、压力集团等的利益。这就是说，展览以及造就展览的博物馆是处在所有不同利益的交汇点上的。由此，各种不同的利益也就处在了媒介和机构的中心位置，媒介和机构成了各种不同利益的载体或操作体。

面对该体系对所有极向保持的开放性（知识极轴和参观者极轴），科学博物馆可能会选择收缩的做法，也可能会尽力调整对知识处理和对参观者接受过程处理的检测模式，以适应开放的需要。在此，当然是第二种策略引起我们的兴趣。第一种策略只会导致博物馆逐渐远离中介场景。

保持检测的策略显然可以对两个极轴的检测或是分项进行，或是同时进行。就知识处理而言，博物馆会试图将科学信息沟通的形式转换为与表现某种观点结合起来，该观点或通过语境的制作表现，或通过知识的社会运用加以表现。这将意味着有两种不同类型的信息沟通将被描述：科学内容以及科学内容的产生和使用。如此一来，展览的信息沟通事实上将会扩展到新的知识方面，这种新知识体现着人文学科和社会科学的成果，早先不太为我们论述的这种博物馆所注意。总之，博物馆的眼界将发生很大的变化，它不再仅仅着眼于内容（知识）的诸元素方面，它还要顾及生产制作的加工过程或科学知识的应用。至于参观者，他们作为独立的社会角色对展出的知识有着（或在寻求）自己的见解，他们在脑海中所形成的意义将只会在部分程度上被展览所左右。的确是这样，此类参观者的意见，他们的期盼——一般地讲是他们的批评——会十分强烈地干预他们采集信息的方式，贯穿于他们的解读或理解活动过程之中。由于这些原因，调查收集参观者信息沟通的情况就显得非常有用，它们不仅能使我们对发生在参观者身上的效果有所评估，还可以使我们探明作为科学爱好者的参观者的关涉展览的专门知识。针对参观者的社会批评的调查，所得到的结果可以在设计展览时有所借鉴（至少是部分地加以借鉴），那会有利于策划人员使用前期的研究成果。这种操作将会有助于将参观者的批评意见与知识的处理结合起来[①]。

结果不难看出，在对知识的品位和中介转化机制体系中的接受过程同时具有影响的因素进行估量的情况下，采取情境控制或情境检测策略，不但不会发生封闭系统的效果，反而在某种意义上会使系统更加开放。所以我们从一个有限的传播转化机制过渡到了一个扩展的转化机制。有限的传播转化机制是围绕着收集参观者信息组织起来的，包括他们对博物馆所展出之科学内容的理解；扩展的转化机制此时则是围绕着知识中介的逻辑组织起来的。

2. 伴随传播转化机制扩大化出现的主要修正

第一个修正涉及展览中知识"公开化"之功能所承载的重要性。合理的解释是，任何展览，只要它是一种传播科学技术知识的转化机制，就有必要使科技知识公开化运作起来。为展现知识的各要素，展览要通过空间位置来对这些要素进行安置，同时赋予展现知识的各种手段一定意义的可沟通信息：展品、图表、对话、操控、重构等。这样展览就表现出一种双重展现：一方面展现着展览诸元素在空间的布局，一方面展现着诸要素所代表的知识。在传统的做法中，注意力主要集中在由于这种双重展现而造成的对科学信息沟通的失真。当前人们正试图消除这种扭曲，策划人员和评估人员也参与进来，他们在寻求更具透明度的展览展现，以抵消媒介的隐晦性。有一种

---

① 乔尔·勒马雷克(Joëlle Le Marec, 1992; 1994; 特别是 1996)论述了这种联系是如何反馈到对系统中参观者专门知识的考虑的。在当时的系统中，评论尚不存在，还不能使测度领域得到保障，在那种情况下，参观者没有办法形成他们的表达并使之公开化。评估成了测度参观者调动使用社会知识的表现形式。因此当时的评估使得参观者的信息沟通在机构范围内成为可能。有关样本用户使用媒体的重要性，Chambat(1994: 125)曾经明确提出。

态度截然不同的策略,它将要在中介转化机制中引入一些针对知识品位或参观者的成分。通过展览将展现开放,搭建起一个舞台,在这个舞台上信息沟通将会变得公开化。用这种方法,知识将被搬上另一个社会舞台"演出",而不是按过去的制作方式,从某种意义上说,过去这种知识在一定程度上是从正规的科学领域的有限传播范围内提取出来的。更进一步,由于展览的中介特征,参观者有了接触科学领域的特殊方式,它们与其他媒体的方式并行存在,后者或是立足于书面文件(出版物、编辑材料等),或是形象材料(报告、项目等)。展览(或博物馆)之知识"公开化"的功能不再是早已存在的知识的延续;不如说,它是一种在社会领域引入一种新的媒体的诞生。

第二个修正关系到展览这个新媒体和其他媒体之间出现的新关系。博物馆着力弄清的东西并不完全是展览对参观者作用的效果,而是其他媒体作用的效果,甚至是在它们渗入到博物馆之前作用的效果。事实上,在这个过程中,博物馆正在抛弃原有的理念,即知识的传播是一种单一的、独立的过程,从信息发生源一直到受众接纳,该过程都有利于顾及展览与整个科技知识中介领域之间的关系和交互效应的实践活动。扩展后的转化机制被置于某种社会空间之中,该空间不仅包括展览,还包括其他中介体,如纸质或电子版的材料(专著、百科全书、出版物、光盘、因特网等)、电视以及教学。展览将某种形式的中介引入社会空间,该中介不时对其他中介体做出反响,成为它们的补充,或者在一定的情况下将参观者重新引导回其他的中介体。正是相对于整个社会空间而言,展览的功能获得了自身的意义。系统的开放性有效地与传播途径的外延化和复合系统化形成照应,传播途径始自信息发生源(属于科学信息沟通),继而抵达接收者。该途径可有选择地和连续地经过多种媒体(取决于这些媒体的多样性、积累和连锁关系)顺利抵达并将参观者送达该领域。所有这些不会对博物馆机构没有任何影响。

第三个修正涉及关注参观者兴趣的重要性,正在变得越来越重要——参观者可能会把兴趣投向中介转化机制,不仅只是展出的科学内容。参观者根据展览的内容去观看展览,但是他们却要通过参观的愉悦来发现展出的东西。与其他任何中介过程一样,此时发生在参观者身上的事情是一种对中介环境中发生作用的东西的"喜爱",也就是说,是媒介。继路易斯·马林(Louis Marin)的表象学说之后,中介社会学(Latour, 1990; Hennion, 1993)已经使我们深深地意识到这种"喜爱"在各种中介的发展和机构化过程中的重要性。我们清楚地知道任何展览如果想要让参观者接受科学内容,那么它都必须给人以愉快感。即使是那些纯粹集中在科学内容传输方面的方法手段,也要时刻认清展览规范操作维度对参观者的行为和态度所带来的影响,以及对其认知活动所带来的影响。参观者作为展览的"爱好者/热心人"给展览带来的有关兴趣的影响是一种新现象。展览作为一种发展起来的新媒体,和与其并存的其他媒体如出版物、图书,或是正在发展中的电视和新的通信技术一样,其对参观的愉悦度(对媒体的接受)的依赖不亚于对传播知识的必要性的依赖。必要性作为已知要素或基本目标已被挤到次重要的地位。由于媒体的进步不可能在公众反应之外获得,所以透过参观者对博物馆兴趣的增加可以看到,整体维度的博物馆工作都与这一兴趣的重要性相关联,而参观者的兴趣已经开始充分发挥它的影响作用(见图17-2)。

社会空间已经开启,它的性质是什么

读者一定会注意到,在前面一节中"扩大化的传播转化机制"一会儿指的是展览,一会儿指的是博物馆。那么这里不是会有个缺乏精确性的问题吗?中介转化机制(展览)和组织化或机构化转化机制(博物馆)之间不是出现混乱了吗?特别是考虑到我在不断强调展览和博物馆之间存在着重要的差异后。

回答这个问题,我首先要提出的原因是扩大化进程目前正处于发生过程之中,现在还很难说该进程将会给科学技术博物馆机构带来什么样的影响,对于普遍意义上的科技文化就更不好说了。但是我的这第一个解释实在只是在强调需要超越展览或博物馆的范围来看问题。一方面,展览作为中介转化机制,它确实是处在该扩大化进程的核心地位:它存在于生产过程之中,特别是存在于立足参观者方面的接受过程之中,参观者是控制策略的对象。我们或许可以再作进一步的补充,由于展览是一种中介机构,它自然要把参观者摆放在游戏的中心,并创造出专门的传播情境。另一方面,控制策略本身更确切地说是来自于博物馆机构,因为正是博物馆机构决定着处理科学信息沟通的方式,它是该项处理工作的保证人。也正是博物馆机构在决定着如何考虑(或不考虑)对待参观者的方式。无论如何,在开辟一个新的社会空间的过程中,在建构一个新的中介情境的过程中,展览和博物馆注定是要绑在一起的。这样就解释了传播转化机制扩大化一词如何可以同时用于展览和博物馆。这种建构超越了展览和博物馆,即使它们看上去是该建构最具特权的代理。结果是,这种展览和博物馆"黏着"在一起所处的新的社会空间的性质成了基本的问题,不能不被提出来。

这个问题可以从三个角度来审视,我将对此做出归纳。

社会空间：教育领域

学术知识

作为机构化和中介化转化机制的博物馆

中介转化机制：科学展览

关系：参观

展览要素 ↔ 发现与理解

参观者范围内的知识评估

科学家领域

转换为展览

参观者的知识

普及的知识（图书，活动等）

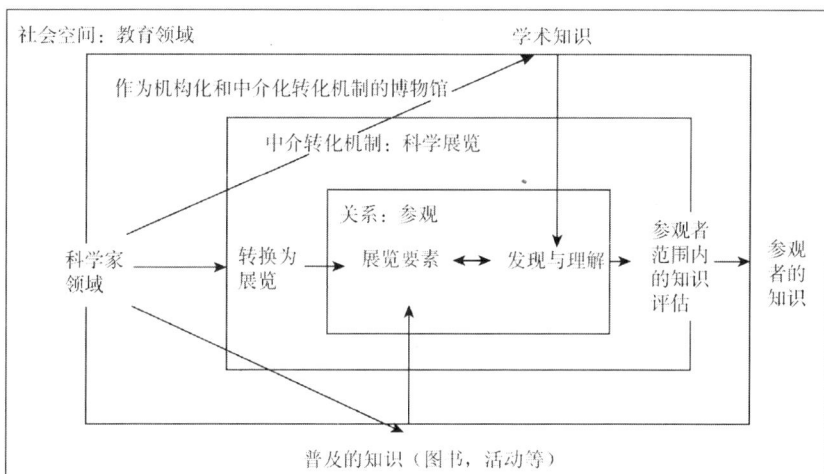

科学博物馆的传播逻辑

注：科学中心在努力争取传播的有效性,有效性主要是通过科学知识的信息沟通表现出来。机构对传输过程实行双重控制：控制科学知识的形式转换和通过评估控制接受过程。

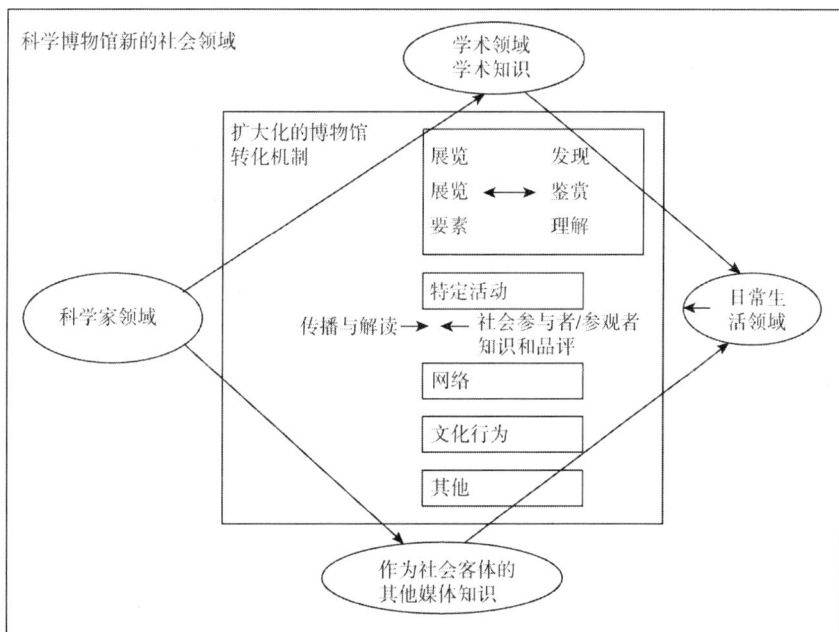

科学博物馆新的社会领域

学术领域
学术知识

扩大化的博物馆转化机制

展览　　发现
展览 ↔ 鉴赏
要素　　理解

特定活动

日常生活领域

科学家领域

传播与解读 → ← 社会参与者/参观者知识和品评

网络

文化行为

其他

作为社会客体的其他媒体知识

扩大化的转化机制特征

注：科学知识是社会客体,博物馆参观者是中介活动者。中介转化机制因博物馆利用的中介支持因素的多样化而扩大,因与其他的媒体建立起新的博物馆关系而扩大,支持因素为博物馆所利用。这使得某种文化关系的出现成为可能,该文化关系超越了博物馆单纯的教育功能和对公众的传统定位,也超越了它所展出的内容。

图 17-2　科学博物馆传播转化机制的扩大化

1. 文化传播掌控科学博物馆

首先,我们或许可以重新考虑一下长期存在于科学博物馆和展览之间的传统关系被逆转的有趣现象。博物馆的活动一直是这样发生的,在科学博物馆的逻辑条件制约下,科学展览要依照机构化传播模式来发挥作用,只是部分地发挥文化传播的功能。知识的语境重构和对参观者期盼的考虑导致出现了某种对科学的公共展示,同时导致出现了依赖于参观者可能既对科学又对媒介有着同等喜爱的关系而产生的形式。这样一来,科学展览似乎看上去更接近于纪实展览,就像在各种社会博物馆所能见到的那样。参观者在专门知识(指展览内容和媒介两个方面)方面的拓展,或许可以说已经能够允许他们对展览解释、演示和表现知识之方式的质量进行鉴赏。但是,参观者专门知识的扩大,可以说,只是科学展览"文化化"的一个方面。制作这种展览并自视为其保证人的博物馆机构,则必须保证同时发挥两个方面的作用:提供科学知识;传递辅助信息,即表达语境及所展知识的社会维度。然而,这两种作用之间存在的差异,是与对待科学的决然不同的观点相对应的,因此会导致博物馆机构方面采取不同的态度。专业人员在点评新生科技馆的发展方向时所作的评论实可作为见证。

一旦有几家科学博物馆决定走展览"文化化"的发展道路,上述差异就变得更加重要了。从更为广阔的范围来看,这种现象的性质正在经历转变。在这种情况下,特定的展览营造出特定的情境,超越这一情境意味着也同时超越了特定博物馆的特定政策,从而就进入了一定的组织化的情境,那就是名副其实的社会空间。这一社会空间将具有双重特性:它将成为一群博物馆的共同属性(有时候说成是"一类"博物馆);它将参照社会上所能找到的与其相似的其他事物来对其性质进行界定——这里是指具有知识中介形式的事物。不管从其意愿或目的来看,这种情况主要是告诉我们活动的多样化正是目前大多数的科技馆所处的状态,如我们所能观察到的那样。

我们此时立刻所能想到的东西便是展览类型的多样化。有些类型似乎更倾向于参照传统的、机构化的传播形式来展示知识;另外一些则偏重于知识的语境化,作为一种文化传播类型,论述科学的应用,或着意于舆论的形成;最后还有一些则按照传统承传的逻辑方式展示技术或工业产品。诚然,在这种多样化的背后还隐藏着另外一种更为深刻的东西,那就是为博物馆机构广泛地应用于展览的媒介类型的多样化,教育手段、会议、纸介质或电子介质出版物,以及眼下正在流行的网络。科学技术博物馆机构当中长期以来存在着机构化传播和文化传播的对立,通过媒介选择同时采用上面两种形式的传播,这后一种类型的多样化是否能够使科技馆摆脱上述对立,我们还说不准。新型的科学中心,举例来说,在确立完整的教育框架结构的同时,又在更多地利用文化纪实展览,其目的是否即在于此?

就这一点而言,我提出我的假想:法国的各科学技术文化中心(CCSTs)实际上都是志在构建科学文化、以多样化逻辑为基础的机构形式的创造者。它们必须克服传统模式中的对立因素。但是也很可能它们无力去建构这样一种组织,这样一种发挥作用的模式,使之从中得到发展,部分原因当然是因为它们的规模太小,而且还因为它们缺乏媒介使用的多样化,只有媒介的多样化才能帮助它们突破原有的传播形式,原有的传播形式过于侧重教育,过于恪守科学领域。第二个审视角度集在后一句话背后所隐含的意思上,涉及博物馆领域与其他相关公共领域的关系。

2.博物馆的社会空间可以成为自主领域吗?

前面我所展开的讨论涉及教育传播和展览传播的差异,它们所引发的问题关系到三个领域之间的现存联系,这三个领域为:正在形成中的由科技馆界合成的领域、学校领域,以及科学生产领域。这一陈述的效果是展示出了传播实力的运转正在从后两个领域移植到第一个领域之中去。但是转化机制的扩大化则与这一移植行为相抗衡。这是否意味着科技馆界因转化机制的扩大而将放弃机构化的传播形式,从而转向文化传播的形式呢?对于展览来说,这也许是有可能的,我们后边再谈,但是对于博物馆机构来说,一时还很难看得清楚,其他类型的博物馆机构也有同样的情况。

除消闲性机构外(在此理解为不符合下述种种保障条件的任何机构),任何博物馆机构,不管它是什么性质的,都认可一套参照标准,该标准即为解释性的保障条件。所谓保障条件,按其定义,就是机构化传播的一种基本特征。首先它是一种权威,它向参观者,除其他方面以外,就知识的品位或展品的品位提供保证:前者要保持一致性,后者要保持真实性。这是所有博物馆机构传播约定中的基本要素。但是教育传播和科学传播提供了第三种保证,在各自的运行方式中各具特色。第三种保证涉及接受过程,即涉及参观者在参观过程中所领悟的意义与本来的科学内容相一致。这意味着"传输知识"的理念要使得最终在结尾部分所获得的东西要与初始的部分呈现的内容上保持一致性。在有限的传播转化机制条件下,这种一致性是由握有阐释权和设置保证的权威通过对形式转换和效果实施控制操作程序获得的①。

---

① 谁有资格掌控中介过程,科学家还是中介人员,一直在讨论之中。根据这样的讨论,文中所述的权威控制显然是一种具有最起码的重要意义的社会相互作用现象。由此还生出对公众进行研究和评估的开发工作,最具特色且符合上述观点的评估形式是定向(objective)评估和启发式(didactic)评估。

当转化机制有所扩大、展览与作为社会参与者的观众开始发生互动时,恰恰是这第三种保证条件却不再能够得到保障。教育类型的传播约定或科学类型的传播约定都不再有效。参观者对意义的领悟也不再由展览本身所造就,因为领悟行为是互动活动的结果,互动活动作为一个整体发生在知识中介领域的核心部位,时而要牵涉到不同的媒介、不同的参与者,以及对多种类型知识的处理。在这种情况下,解释权威的支配权就被互动作用所取代,互动双方一方面是多少已被高度中介化的展示(知识、兴趣、物品等),另一方面是参与者的解读。这就是为什么博物馆机构方面要实施保持连续检测或控制的策略,同时也说明了这些策略存在着局限性。实际上,如果说这些策略对展示的控制还是可操作的,但当解读行为发生在机构框架以外的时候,他们是无能为力的。这时,如我们所看到的,博物馆就要依赖于其他媒体(从非常宽泛的意义上理解)中同类的有效处理过程,听命于这些媒体的运行方式,后者对通过叙述手段所展现的科学知识进行了重新的组配,将科学知识与有关其发现和涉及的科学家的说明联结起来,并附加上一定的意义,从而创造出一种可以共享的文化。简言之,博物馆要遵从中介的逻辑来发挥功能作用,而不是因循传输知识的逻辑。关于这一点的分析工作——这是必须指出的——还有待更进一步地深入展开。

那么在这种情况之下,就要发明一种参照系框架,并由像我们这样的研究人员去做分析,该参照框架可由博物馆来创建以保证解读并保持一种机构化传播的逻辑。目前似乎有三个参照体系,有的已在发挥着决定性的作用,有的或可认为正在形成之中。毫无疑问,有些博物馆仍将恪守教育传播或科学传播的参照体系。另外一些肯定还要利用历史承传传播模式作为它们的参照体系,那是博物馆领域传统的保障条件,是立足于展品的真实可靠和激发参观群体记忆的基础之上的。例如表现科技史所使用的手段或重构表现各种仪器设备的场景时所使用的手段,基本上都属于这种参照体系[①]。还有一些博物馆大概会考虑用媒介传播作为它们的参照体系,因为这种参照体系可以为事实性信息提供保障,或是为那些相关事件(例如新闻方面的报道)提供保障,而不是把保障单押在知识方面。可能还会出现一些其他的参照体系,抑或是一些经过改造的参照体系。这里尤为重要的一点是上述诸种参照体系,每一种都与某一特殊的公众领域相关联(教育、科学、传统、中介),并且如我们所看到的,都有着自己的独特结构。不管博物馆选择哪一种参照体系,最终都要与动

---

① 本书中玛丽珍妮·乔菲尔·梅尔费特(Marie-Jeanne Choffel-Mailfert)对洛林(Lorraine)科学技术文化中心(CCSTI)做了分析,在她的分析里我们可以看到建构这种参照体系的实例。

员一定的社会领域并促进其发展密切相关。

在这种情况之下，基本的问题不仅关系到知识，关系到转化机制的扩大化，如我们在本文所见到的，还关系到事态的发展是否会以其他社会领域的渗透而告终（抑或继续），关系到是否已经被开启的社会空间可以成为一个自主领域。

3. 科学博物馆的"公众"可以被构建吗？

第三个审视角度是公众空间，从该角度我们或许可以考察一下科技馆内新生的社会空间的性质。博物馆机构本身无须再说了，我们已经知道它是与机构化传播的逻辑相对应的。现在的问题是当我们提及科学展览时，我们真的可以讲什么文化传播吗（前面提到的意思）？真的有可能构成那么一种公众群体以及一个作为该公众群体之背景的公众空间吗？初看起来，将科学展览与文化传播挂上钩（可作如是想：对于 18 世纪的艺术沙龙，这或许是可以被理解的），其前景充其量似乎不过是一个长期的过程。那么事实呢？

让我们返回到"公众"和"公众空间"概念相交的起始点。这两个用语本身就会引起问题，事实上，按传统习惯这两个用语既可以互不关联，也可以紧密相连。从纯粹的词语功能角度看，公众仅仅是指一群人的重新组合，而那人群是被称之为"消费者"、"顾客"、"用户"之类的个人所组成的。在这种情况下，"公众空间"的概念没有意义。如果我们参阅一下哈贝马斯的说法，公众的定义是要从公众空间界定的，他们是由读者、观众、听众等人构成的一个社会群体，也就是说，他们都是在一定的讨论框架中能够使用大脑进行思维的理性生命体。他们当中一些人会比较超前，会发表他们的鉴赏感受（Habermas，1978：51～53：特别是 51 页注 31）。如果这一定义是在刻意说明"文学争论的理性主义倾向"，如海伦·默林（Hélène Merlin）曾特别指出的那样（1994：特别是 389～390），那么它确实能使人联想起公众和公众空间的机构化过程（不仅仅是其出现）。

在她的《17 世纪的法国公众与文学》一书中，海伦·默林指出了一些差异问题并做了精到的阐述，对理解我们关心的某些问题实有帮助。她的论述发展了哈贝马斯关于公众机构化的论点，提出了从公众角度切入的方法，超越了哈贝马斯理性主义倾向的论点。

特别是在对《熙德之争》（由高乃依的剧本《熙德》引发的争论）的分析中，

海伦·默林描述了三种支配作者的权威模式①。这里首先引起我们兴趣的是它涉及现实中存在的三种公众概念：公众被指认为是那种特定的公共事物，国家是其保护人（公共服务）；公众好似存在于专家之间相互关系的某种前沿地带，专家明确表示自己是一致性（同行领域）的唯一仲裁；最后，公众是观众，他们通过运用自己专门的鉴别知识来表达欣赏趣味和意见（参观者）。现在问题的全部在于要做出抉择，三类公众当中，哪一类对展出的东西具有更站得住脚的意见和权威，哪一类适合于对制作并展出的东西进行品位点评并发表是否可以接受的意见。结合我们前边所作的描述，似乎上述概念每一个都对应着某类特定的具有解释权的保护人，他们本身都属于某一特定结构的社会空间：以公众权威名义存在的保护人（例如，国家行政机构）；具有监督同行职责的保护人（科学家）；行使理性批评的保护人（参观者或其代理，评论家或评估家）。很明显，博物馆领域基本上占据的是前边两个空间，而不太可能出现在第三个空间。我们再次面临前文所提到的机构化传播和文化传播的对立。换句话说：在历史承传展览中，鉴赏、评估和成功是在行政权威下表现出来的（惟其如此才能对传统价值有所保障）；或在科学展览中，是在科学家权威下表现出来的（凡涉及知识处理的展览，莫不如此），即通过各种科学委员会对产品的正确性实施检测控制，或是延请科学界的人来进行谋划。如果将这类事务交给公众（即能够进行理性思考的参观者群体），那就得有些与理不合，因为这个公众即使存在，也不具备展览内容方面的权威。

但是，整体来看在博物馆领域，这第三类保护人大有进入发挥作用的发展倾向。难道他们不是那个在事实上伴随着转化机制的扩大化而正在出现的公众吗？如果现在还不宜说存在着一个"科学公众"，如同相对于艺术展览②而言似乎正在形成一个艺术公众，我们仍然必须考虑到参观者要获取足够的科学知识以构建自己那部分涉及展览范畴的传播知识，从而能以对展览有所品

---

① 海伦·默林在她的一篇文章中展开了详细的分析，满篇都是文学范畴内公众概念的出现问题。在文章的结尾，她对作用于这一概念（该术语的实质）之创生的不同理念进行了精彩的综合，即公众需符合创作文本终极对象的两个主要模式。第一个模式"肯定了公众在作品方面是先决条件，它比作者重要。要视同"公众为立法者，作者被置于它的权威之下"。第二个模式相反，"它依赖于接收者的愉悦"；所谓愉悦是"相对于接收者的期盼发生的，因此它产生了公众，即一群不可预见的由读者-观众组成的社会群体"。接下来的段落中论述了三个相关模式，作者反复论证并精确地将它们归于上述第一模式。那就是"文坛的"先决条件"依然贴近人文伦理，所以作者和作品都是公众中的表现部分，是其整体军团的组成部分"；"为文学创作而广泛定义的公众"，其先决条件"是公共服务"；第三个先决条件是"公众被定义为一群能够应用批评才能的读者-观众群体，为了他们，文学作品必须在审美形式方面表现他们的理性"。

② 具有大众化传统的人种学博物馆或艺术博物馆举办纪实展览，它们的情况可作为有趣的案例。的确，某一特定公众的出现可采取两种不同的形式，两者往往互有你我：一种是特定的公众前来索取信息（表现为中介的形式）；另一种是特定的公众群体，展览为他们提供属于他们自己文化内容的东西。

评并形成自己的观点。当然,关于此类公众的出现问题不能予以低估。但是对这一"正在出现的公众"我们应如何理解呢? 根据哈贝马斯的模式,这部分公众的结集肯定与该词的政治意义无关。作为特定的群体,他们没有集中生存的空间,借以展开争论,形成自己的观点。他们也不具备任何形式的法定程式或公众论坛,借以研讨争议问题和法定程式问题(如发表评论的媒体)。但是,尽管存在着这种种的限制和不足,在我看来我们还是有必要注意下面两种现象。

第一个是评估状况的改变,如乔尔·勒马雷克在本书中所描述的。这种变化似乎表明公众在组织化(政治含义)方面的不足正在被某种采集参观者意见的机构化运作方式所弥补,仿佛是这一公众在形成之前已经机构化了。测评研究转化为参观者意见的出版物。这种测评研究在制定、表达和揭示的过程中搭建起公众的舞台,在这个舞台上个别的观点在获得制定、表达和揭示的过程中搭建起公众的舞台,在这个舞台上个别的观点获得了代表集体观点的地位。显然这个公众舞台不是按其应有之义,作为一个政治团体构建起来的公众导演的,而是由那些扮演个别参观者代言人的角色的专家来导演的。在这个意义上,这些代言人的空间(调查的社会手段)有可能取代公众空间。这样在我们面前就呈现出一种过程,它使我们联想起大众媒介中的支配功能作用,毋庸置疑这会产生许多问题。

第二种现象是有可能产生一个不可预测的群体。如果我们遵从海伦·默林的建议,不是把公众简化为类似于制作者的权威,而是把他们想象为是在事件过程中产生的——产生自由惊奇和陶醉的乐趣所创造的长远愿景的瞬间断裂——由此化生出那个不可预测的群体。所以我们必须对那个正在出现的公众投以新的视点。

所有采集于参观者的调查,所有在描述公众方面涉及身份和行为方式的争论(公众、顾客、参观者、消费者、学习者、市民等),作为参观者模式[昂伯托·埃科(Umberto Eco)曾就文学方面提及模式参观者]的公众人物的内心转化策略,参观者在对此采取了一定立场后就会形成反响,所有关于上述问题或上述问题所涉及之展览的争议,所有这些因素综合在一起,难道不都是为了构建一种形式;或用海伦·默林的话说,构建一个"虚拟人物",即"拼造一个戏剧性的角色"吗? 公众在此被想象成是一个"理想的生命集合体,由活生生的个体的人所组成,他们以为自己正处在那个特殊的形式之中",而且他们由于有了欣喜所造成的阻断,发现自己已这样"被别人牵着往前走,只不过利用了(他们的)这种特殊个性"。这一切让我们从非常不同的视角来看待先前突出提到的那些实践活动、争论、策略以及有争议的问题。不管怎么说,这里提出的问题全部意义在于是否展览将会使参观者信服他们是处在这一形式之中,以至于参观者相互之间和展览策划者两个方面都能达到一定的共识(如果展览可以做到的话,就像文学的情况那样),"以利于发展双方共通的东西,否则信息就无法沟通";达到共享某些原本只能由机构方面享用的东西,而这却必须是由那个想象中的实体来享用,这个想象中的实体一方面是那个含糊不清的公众本身,另一方面是无能为力的个体成员(Merlin,1994:388~392)。

科技馆最新探索

回过头来看我们最初始的问题,现代科技馆的发展可以从两个方面去观察。我们可以简单地把它看成是科技馆在技术方面的进步,也就是说它们在把自己调整到新的科技文化形式当中来。我们也可以认为博物馆正在呈现一种十分剧烈的变化。这后一种景观是我本意所要探索的,我希望通过提炼出诸种活跃因素去窥探博物馆中那些可以观察到的变化。但是到目前从已有的各种观察中还看不出上述两种发展哪一种会有可能占据发展优势。可以肯定地说,将来,至少是不远的将来,这两种发展趋势会在某种程度上合二为一的,并且以后肯定还会有其他尚未觉察的因素融合进来。无论怎样,现有的观察似乎提出了两个主要的可供探询的思路。

第一个已经充分地展开讨论过了,讲的是转化机制扩大化所产生的本原情境问题,也就是在普及领域里开辟关系到作为媒介的博物馆和展览的发展的新型社会空间问题。我们的思考重心是建构这类新型社会空间的方式方法。在这一点上,或许可以说该类空间的命运维系于博物馆愿意付诸行动的领域:传统承传、教育、文化或中介。

但是,在所有这些论辩、创新、策划、开创等活动的背后,在我看来,仍然存在一个最根本的问题,那就是科技馆的转变能力问题或干脆说是致力于将科学转化成文化目标的问题。前边关于构建公众空间的讨论提出了两个方面的问题:第一个是属于博物馆学本身的问题,关系到在传播转化机制扩大化的过程中一般性展览和博物馆的演化模式,这一点已越出了本文的范围。另一个是专门针对科学技术博物馆机构的,涉及科学本身的社会地位问题。这第二个问题或许可以问得更直截了当一些:是否真的有可能开辟出一个"科学的公众空间"。根据哈贝马斯的意思,把科学解释成是理性论辩的对象,我们已经看到,这没有多大意思,因为科学领域的真实结构完全是建立在意见分治的原则基础上的,一方面是科学家关于内容的争辩,另一方面是公众的争辩,公众争辩仅对涉及知识生产的外在因素产生影响，如决策、目标、利益、策略等①。但是即使不把我们自己限定在如此理性化的公众空间概念方面，我们仍面临一个问题：是什么东西把参观者聚集到了一起来参观科学展览和博物馆。

参观艺术博物馆的参观者当中显而易见地存在一种"共性"的东西，再次引用海伦·默林的话说，那就是某种艺术文化形式（诸如此类，还有许多见诸于文学读者范围，或是音乐会的聆听者、音乐爱好者当中）。对于光顾博物馆的参观者来说，博物馆的传统维度是最为显眼的（现如今经常被称之为社会博物馆），他们当中的"共性"东西大概要算是共同的记忆了。对于科学博物馆来说，共性的东西可能就是参观者共同享有的知识，也就是说，是像科学知识那样获得公认地位的知识，参观者对这种知识的驾驭使得他们能够鉴赏其展示的方式。它可能就是那用来展示观众陌生的主题，或用它来表现某种陈述或理念的方式。或者它可能就是在参观的过程中呈现的经验的质量，或是参观者由此得以构建的知识的质量。这些都会是我们的问题，是我们今天必须要考虑以此为手段来措置展览媒介或博物馆机构媒介可能对促进科学有所贡献的方式。并以此为手段来创建社会空间，即我们希望开辟的科学技术文化空间。

换一种说法来表达，我们最终的问题是要知道科学博物馆是否能够在机构化传播领域（教育的、传统的和科学的）和游戏体验领域（消闲领域）之间创建出一个场所，一个文化的场所。但是也许，从这样的观点出发，与其他博物馆同处于一面旗帜下……

让·达瓦隆　著

（Jean Davallon）

石顺科　译

参考文献

Becker(H. S.). 1982. *Arts Worlds*. Berkeley：University of California Press.

Bourdieu(P.)，Passeron(J. -C.). 1970. *La Reproduction：Éléments pour une théorie du système d'enseignement*. Paris：Éd. de Minuit.

---

① 从这个意义上讲，如果社会学的理论和科学人类学（后发展起来的学说，但是其发展态势异常强劲，如拉图尔〈Latour〉的理论）是建立在探询不同范畴看待生产过程之观点的基础之上的，不同范畴指从内部的认识论的角度看待科学和我所指的从社会环境的角度看待科学，那么就一定不要看不到，科学公众领域的结构体现了，从生产的社会地位的观点看，内部信息沟通和外部信息沟通的建构性差异。

Chambat(P.). 1994. "NTIC et représentation des usagers", pp. 45-59 in *Médias et nouvelles technologies : Pour une socio-politique des usages*, directed by A. Vitalis. Paris : Éd. Apogee.

Clarke(A. E.), Gerson(E. M.). 1990. "Symbolic interactionnism in social studies of science", pp. 179-214 in *Symbolic Interaction and Cultural Studies*, directed by H. S. Becker, M. M. McCall. Chicago & London : University of Chicago Press.

Davallon(J.). 1986. "Avant propos", pp. 7-16 in *Claquemurer pour ainsi dire tout l'univers : La mise en exposition*, directed by J. Davallon. Paris : Centre Georges-Pompidou.

Davallon(J.). 1989. "Peut-on parler d'une 'langue' de l'exposition scientifique", pp. 47-59 in *Faire voir, faire savoir : La muséologie scientifique au présent*, directed by B. Schiele. Proceedings from the International Symposium, Oct. 18, 1989, Montréal. Québec City : Musée de la civilisation.

Davallon(J.). 1993. "Les figures de la chimie", pp. 37-42 in *La Technique masquée*. Actes du seminaire de muséologie des techniques, Paris : Musée national des Techniques, Conservatoire national des Arts et Métiers.

Davallon(J.). 1996. "À propos de la communication et des stratégies communicationnelles dans les expositions de science", pp. 389-416 in *La Science en scène*. Paris : Presses de l' École normale supérieure/Palais de la Découverte.

Davallon(J.), Le Marec(J.). 1996. "Questions posées par une approche symbolique des musées à l'évaluation", in *Symposium franco-canadien sur l'évaluation des musées*, March 23-24, 1995, Centre Georges-Pompidou. Paris. Dijon : Office de coopération et d'information muséographiques.

Davallon(J.), Grandmont (G.), Schiele (B.). 1992. *L'Environnement entre au musée*. Lyon : Presses universitaires de Lyon/Québec : Musée de la civilisation à Québec. English translation : *The Rise of Environmentalism in Museums*. Québec City : Musée de la civilisation, Québec.

Delacôte(G.). 1993. "Science et culture dans le nouveau monde". *Alliage : Culture, science, technique*, 16-17, Spec. No. Science et culture en Europe, Summer-Fall, pp. 152-160. English version in Spec. No. of : *Public Understanding of Science*, directed by J. Durant and J. Gregory.

Dubet(F.). 1994. *Sociologie de l'expérience*. Paris : Éd. du Seuil.

Durant(J.). 1993. "Qe'entendre par culture scientifique ?". *Alliage : Culture, science, technique*, 16-17, Spec. No. Science et culture en Europe, Summer-Fall, pp. 204-210. English version in spec. no. of : *Public Understanding of Science*, directed by J. Durant and J. Gregory.

Eco(U.). 1985. *Lector in fabula : Ou la coopération interprétative dans les texts narratifs*. Translation from Italian to French by Mr. Bouzaher. Paris : Grasset & Fasquelle.

Eidelman(J.). 1988. "Culture scientifique et professionnalisation de la recherche", pp. 175-191 in *Vulgariser la science*, directed by D. Jacobi & B. Schiele. Seyssel: Éd. Champ Vallon.

Elias(N.). 1991. *Qu'est-ce que la sociologie?* Trad. de l'all. par Yasmin Hoffman(Original edition,1970). La Tour d'Aigues: Éd. de l'aube.

Gilmore(S.). 1990. "Art Worlds: Developing the interactionist approach to social organization", pp. 148-178 in *Symbolic Interaction and Cultural Studies*, directed by H. S. Becker, M. M. McCall. Chicago & London: University of Chicago Press.

Goffman(E.). 1991. *Les Cardres de l'expérience*. Paris: Éd. de Minuit.

Habermas(J.). 1978. *L'Espace public: Archéologie de la publicité comme dimension contitutive de la société bourgeoise*. Translated from German to French by M. -B. de Launay(Original ed. ,1962). Paris: Payot.

Habermas(J.). 1988. *Le Discours philosophique de la modernité*. Trad. Chr. Bouchindhomme et R. Rochlitz(Original ed. ,1985). Paris: Éd. Gallimard.

Hennion(A.). 1993. *La Passion musicale: Une sociologie de la médiation*. Paris: Éd. Métailié.

Hermès: Cognition, communication, politique, 10. Espaces publics, traditions et commuautés, 1992.

Hooper-Greenhill(E.). 1991. "A new communication model for museums", pp. 47-61 in *Museum Languages: Objects and Texts*, directed by G. Kavanagh. Leicester/London/New York: Leicester University Press.

Jacobi(D.), Coppey(O.). 1995. "Introduction: Musée et éducation: au-delà du consensus, la recherche d'un partenariat". *Publics & Musées*, 7(1), pp. 10-22.

Jacobi(D.), Schiele(B.). 1990. "La vulgarisation scientifique et l' éducation non formelle". *Revue française de pédagogie*, 91, pp. 81-111.

Latour(B.). 1990. "Quand les anges deviennent de bien mauvais messagers". *Terrain: Carnet du patrimoine ethnologique*, 14, pp. 76-91.

Le Marec(J.). 1990. *Le Public et l'Environnement*. Study paper. Paris: cité des Sciences et de l'Industrie, Direction des expositions(Cellule évaluation).

Le Marec(J.). 1992. "Les évaluations préalables: une aide à la conception des expositions". *La Lettre de l'OCIM*, 22, pp. 21-26.

Le Marec(J.). 1994. "Méthodes d'accés au savoir dans l'exposition scientifique: anticipation des intentions et représentations des visiteurs", in *Quand la science se fait culture, Actes II*, directed by B. Schiele (diskettes). International symposium, Montréal, April 10-13, 1994. Sainte-Foy(QC): Éditions MultiMondes.

Le Marec(J.). 1996. *Le Visiteur en représentation: Les enjeux des études préalables en muséologie*. Ph. D. Thesis Information and Documentation Sciences: Université de Saint-Étienne.

McManus(P. M.). 1991. "Making sense of exhibits", pp. 35-46 in *Museum Languages*: *Objects and Texts*, *directed by G. Kavanagh. Leicester/London/New York*: *Leicester University Press*.

Merlin (H.). 1994. *Public et Littérature en France au XVIe siècle*. Paris: Éd. Les Belles Lettres.

Miles(R. S.), Zavala(L.). 1994. *Towards the Museum of Future*: *New European Perspectives*. London & New York: Routledge.

Moeglin(P.). 1995. "L'espace public à l' école de la société pédagogique", pp. 99-116 in *L'Espace public et l'emprise de la communication*, directed by Isabelle Paillart. Grenoble: ELLUG.

Pailliart(I.)(directed by). 1995. *L'Espace public et l'emprise de la communication*. Grenoble: Éd. Ellug.

Passeron(J. -C.). 1991. *Le Raisonnement sociologique*: *L'espace non-poppérien du raisonnement naturel*. Paris: Nathan. Ch. 12 "L'usage faible des images: Enquêtes sur la réception de la peinture".

Poli(M. -S.). 1992. "Le parti pris des mots dans l'étiquette: Une approche linguistique". *Publics & Musées*, 1(1), pp. 91-103.

Quéré (L.). 1991. "D'un modèle épistémologique de la communication à un modèle praxéologique". *Réseaux Communication*, *technologie*, *société*, 46-47, March-June, pp. 69-90.

Quin(M.). 1993. "Clones, hybrides ou mutants ?: L'évolution des grands musées scientifiques européens". *Alliage*: *Culture*, *science*, *technique*, 16-17, Spec. No. Science et culture en Europe, Summer-Fall, pp. 264-272. English version in spec. no. of *Public Understanding of Science*, directed by J. Durant and J. Gregory.

Réseaux: *Communication*, *technologie*, *société*, 34. Autour d'Habermas, March 1991.

Schiele(B.). 1987. "Notes pour une analyse de la compétence communicationnelle de l'exposition scientifique". *Loisir et Société*/*Society and Leisure*, 10(1), pp. 45-67.

Schiele(B.), Boucher (L.). 1987. "Une exposition peut en cacher une autre: Approche de l'exposition scientifique et technique: La mise en scène de la science au Palais de la Découverte", pp. 65-214 in *Cahier Expo Média*, 3, Ciel une expo! Approche de l'exposition scientifique.

Triquet(É.). 1993. *Analyse de la genèse d'une exposition de science*: *Pour une approche de la transposition médiatique*. Ph. D. Thesis: Didactique des disciplines scientifiques: Lyon 1.

Uzzell(D.)*et al.*, 1997. *Children as Catalysts of Environmental Change*. Lisbon: Portugese Institute for the Promotion of the Environment.

Watzlavick(P.), Elmick Beavin(J.), Jackson(D. D.). 1972. *Une logique de la communication*. Paris: Éd. du Seuil.

后 记

科学中心即将上市华尔街吗？

过去的半个世纪中，所有欧洲经济合作组织（OECD）国家的中学生入学人数大幅度地增加了。现在已到了我们重新思考如何组织从幼儿园到大学的整个教育过程的时刻了。有人说有必要来一番彻底的改造。现今的教育制度原本是为一小部分人服务设计的，要扩大到为大多数人服务已突出显露出它的不足。但是仅在现在的基础上去扩大这个制度就忽略对其进行改造的必要。旧式设计和当前需要之间的鸿沟并不仅仅是存在于实行统一教育制的国家，如法国的情况，或是自治教育制（地方自治）的国家，如美国的情况，它是一个普遍现象。

一些人大概会认为当前的危机可能不会影响到非正规教育领域。非正规教育可以发生在某个博物馆里；发生在任何一个正在发展壮大的科学中心里；也可能就发生在学生们的野外考察活动之中，或是某个青少年组织的活动或社区组织的活动之中。从理论上讲，对于应对求学人数爆炸的局面，非正规教育比正规教育所处的地位更加有利。成倍地扩大接纳容量，更加频繁地组织现场观光，似乎比单纯地解决学校入学人口的膨胀问题要简单容易得多。此外，非正规教育不像正规教育有那么严格的规章管理，受外在条件制约较少，如持续周期、地点、学时、成绩测评以及必须反映主导潮流的教学内容等。

非正规教育的需求正在增长，为满足这一需求，我们是否只要多多关注消费者的要求和愿望就可以了呢？我们是否要借用市场营销技术来从数量和质量（定点人群，电话调查）两个方面测定消费者需求的性质呢？为了确保服务与价格之间取得成本效益平衡，是否应该根据教学的质量、时间的长短和因人施教的情况（群体或个人）来收取费用呢？我们是否要确定市场条件下非正规教育活动相对于其他活动的地位，确定它相对于纯粹的娱乐活动的"产品定位"，以及相对于正规教育的"产品定位"？当我们设计活动、实施活动、标定价格、制定营销策略的时候，尽管盈利不是非正规教育的主要目的，我们是否要采用市场经济的运行模式，在市场条件下与其他非正规教育活动展开竞争呢？学术界历来对商业场上的行为嗤之以鼻，引入这些方式会不会遭到它的拒绝？有些人暗自希望非正规教育能够成为一匹特洛伊木马，成为敌人手中的武器，让它来攻破现有城堡固若金汤的防线！

在博物馆专家会议上，专业学刊上（供欧美科学中心运营者通览的学刊，如科学技术中心协会〈ASTC〉或欧洲科学中心和博物馆网络〈ECSITE〉的新闻快信〉,在独立建制单位内部,赞同市场定位的论证和讨论早已是随处可闻、随处可览、随处可见了。这些讨论有时候演化成了激烈的争论,有人把它说成是旧秩序和新秩序的决斗,旧秩序的支持者只在意教育质量,完全抛开经济生存问题不谈;新秩序的支持者则强调政策问题,政策的基点不太侧重教育服务供给,而是更多地侧重教育服务需求——这种需求虽然正在增长,却是来自于一个越来越多样化且具有鉴别能力的公众。像以往的情况一样,对于这个问题,不是简单地说是或否就能回答的。

近来成立了许多社会机构,它们都面临一种危险。最初,这些组织机构是乘一时的热情兴起的产物,那热情既由于一股文化需求浪潮,同时也出于某些资金有限历史短暂的城市的一种信念,即文化投入应当包括强有力的教育因素,例如科学中心和博物馆。然而,那潜在的危险就是,在追求教育目标的过程中,这些新机构对于消费者的需求和愿望没有给予足够的考虑。如果给予了足够的考虑,它们就不会那么天真简单地看待文化了,就会多一点成本效益考虑,多一点需求意识,就会服从于市场的驱使但又不会利欲熏心。

这些新机构的基础并不牢固,这太常见了,这是由于它们都依从于一种有缺陷的发展模式:新的科学中心是由公共部门或私营机构的支持建立的(一个城市、一个地区或一个企业),启动资金很容易筹集起来迅速把场馆建起,同时也就树起了表现投资者热情的丰碑。但是对于相比之下不那么风光的项目设计任务,对于物色得力的高级管理人员,对于在模型试验和现场开发基础上打造永久的文化基础设施(从长远的观点看,后者似乎为更多的创造力提供了保障)却没有给予足够的注意。这些任务得到的支持不多,因为它们不易被人们所理解。它们得到的时间很少,因为馆建项目必须尽快向公众开放。它们得到的资金较少,因为投资者往往急切地在等待未来运营的收益以冲销部分的投入。新机构一问世便已步履蹒跚。它背负高额债务,终日为赚钱所累。要克服它的困难,真是难上加难,因为工程设计人员原本就没有想到它们。

同样,对于那些已经创建了几十年甚至上百年的老机构来说,我们也看到需要一种新型管理作风,它应该能够对消费者的需求做出反应,能够调节自我运行机制,以应对政府裁减经费和由于新的消费者行为而形成的日益增长的竞争所造成的外部险恶环境。消费者受教育的程度已经大为改善了,他们所面临的选择范围比以往要广阔得多。面对选择的多样性,他们已经具备了更高的鉴别能力,知道自己应当去看些什么、干些什么,以及如何去尝试。

博物馆机构必须对这些缓慢而强劲的变化做出反应。这些变化不但深刻,而且还有些令人震悚。它们将决定非正规教育机构未来的运行模式。但是未来博物馆的定位如何定义,会出现市场份额取代使命宣言的现象吗?

现代传播技术的到来只会加大这一趋势的发展。这些技术曾经很快地经历了从新的奇巧展品到为更多的公众提供参观方便的转变。每个机构已经建起了网站,在线购票正在成为一种风行的时尚。不过,现在还看不清当前的做法是否会转化为机构收益的大幅度增加。

尽管各种努力需要调整到满足公众需求方面,但是通过重新设计科学中心的展览内容,通过重新思考它们在处理与正规教育的关系当中所应发挥的战略角色,许多连带效应是要发生的。除了要增强公众对科学的理解,科学中心还会促进正规教育亟待实施的改革。科学中心所具备的能力使得它们的运作比学校要灵活得多,它们为亲身体验式的学习提供了无与伦比的有利环境。

为了保证参观者到科学中心接受高质量的体验式学习,就一定要注意避免把展品设计成简单的"挂在墙上的书本"。相反,要采用贴近实际生活的经验形式,引导参观者在参观过程中自发地进行思考。教育的内容要满足年轻人和成年人的需要(班级或家庭),可利用各种各样的展览形式,从最为闲适的编排(没有引导员,每个参观者根据自己的需要和经验行事)到较高级的时间、空间和解说的综合利用。创造适宜的展览设计需要进行试验,要考虑:空间如何分配,展品要素如何摆放,使用什么样的手段才能达到精心设计的学习目标? 这种展览开发的方法不是什么全新的方法。但是,在众多可能的展出方式当中,选择的广度并不是总能被认识到,或是被充分地开发利用。

或许我们应当特别地关注一下体验式学习是什么意思。体验式学习源出于个人与学习工具或学习环境发生互动时所产生的行为。这种行为使学习者在体验过程中提出问题,或更精确地说,使其达到一种发问的状态,问题的解决要靠学习者综合进行实验、阅读、寻找事实以及对话来完成。很显然,设计展品需要精巧的艺术,由于设计的巧妙使得展品能够激发参观者一定的行为,鼓励他进入到发问的状态。这种艺术是含蓄的,它是建立在设计者对参观者行为的期望和对体验式学习定义的基础上的。参观者与学习工具会发生什么样的互动要自然表现出来才好。展品的反馈方式必须引起参观者的惊奇,使得反馈产生某种意想不到的结果,或是更理想的,使参观者的期望陷于一种矛盾状态。这时候,思考的不平静就会进一步刺激发问过程。这种设计大大的不同于一般的展品设计,一般的展品其目的不过在于提供一定的信息,表现某一种概念,或是解释某一种现象。我们在探索馆处理学习工具时大量地使用了这种"逆向教育"(counter-educational)的设计模式。

利用电子通信网络可以扩大博物馆资源的使用率。当然没有什么东西能够抵得上直接的互动接触:用计算机生成的图像代替现实中的水蒸气涡旋算不上是理想的表现手段。但是计算机毕竟可以把涡旋投放成图像,并结合图像设置问题,提供思考的线索,传递点点滴滴的信息,指导参观者在别的条件下进行类似的实验。对每一项实验性活动,科学博物馆都会判定使用什么样的背景信息,使用多少,不过它们还应当考虑怎样才能让它们的展示环节被参观者所体验。博物馆还应当试验使用新的技术和资源,它们能够增强博物馆与远距离用户之间的互动联系。这是新的探索空间,在未来的时间里它将为教育工作者和媒介内容设计者发挥创造力提供空间。利用我们的网站(http://www.exploratorium.edu)可以在线体验探索馆,人们认为它是美国最好的科学教育网站。

网站设计目前还处于它的初发期。技术的发展瞬息万变。现在已能做到的不仅可以用胶卷剪片激活网页(如使用 Quick Time 技术),由于有了"CU-See Me"软件(就时间和图素而言,图像的分辨率取决于带宽),还可以进入视形传播。也许你可以以常规的时间间隔抓拍真实场景的照片,然后将图像上传到网上供虚拟观众观看。使用特定的软件和硬件技术还可以帮助我们限定或控制登陆特定的网站,该技术允许在事先设定的范围内进行导航,对于家长来说那是十分周到的考虑,不然他们的孩子将会不由自主地在浩瀚的网络中游荡。各种技术还在不断地涌现(计算机的功率,代替常规广播的网上播报,各种声音、图表、图形的软件),我们必须做好准备逐一加以试验。比起技术本身来,设计者和用户之间的界面存在着更多的限定因素。

我们应当最大限度地利用这些新的传播媒介所具有的全新意义的性能。逐渐消除发送者与接收者之间的差异,消除作者与读者之间的差异,消除供应者与消费者之间的差异将是一项重要的发明。1995 年 8 月,长崎事件 50 周年时,我们的网站贴出了长崎被炸当天的图片,只提供了概要性的文字说明。我们提出问题让点击观众回答,要他们告诉我们是否还记得他们是什么时候怎么样得知这一事件的(尽管有些人可能是事件很晚以后才出生的),是否还记得他们当时的反应(这次活动的设计思想是要搞一次关于记忆的展览)。经过遴选和少量的编辑处理,我们把收到的反馈信息和评论贴到了图片的旁边。最终形成的结果是各种各样的建议,各种各样的反响,以及反响的反响,等等。一个虚拟的展览就这样诞生了,它的作者不仅是项目的发起人,同时也是做出回应的读者。这次展览促进了集体的发现活动和社会化的学习。它汇集了众人的声音,唱出了一支清纯的歌曲。这一新媒体有着其他媒体无法比拟的功能优势。

同样,利用新媒体我们可以创造出富有活力的学习环境,将学习者-用户的来稿吸纳进来。例如,我们曾在网站上贴出过"如何解剖牛眼的操作说明",

我们收录了 4 个年轻人的来稿,他们曾经参加过我们的解说员项目,在展场演示过牛眼的解剖。每个解说员运用技术和教育论证手段,清楚地解释了个人所推崇的解剖方法。此后,美国上下整班整班的学生在上牛眼解剖课时都开始使用这 4 个学生的指导说明和建议。后来,这些班级的有关评论和问题也上了我们的网站。

这个实例说明了网络演示是一个"发展的舞台"。在学习文化的氛围下,要鼓励用户参与。他们的大脑是处于接收状态的,通过搜索现象,与其他学习者发生互动,他们会有所发现,逐渐理解,从而学到东西。

"探索馆"利用新媒体促进学习文化的最后一个方面,从长远的观点看,也许是最具影响力的一个作为。我们将要把新媒体运用到我们战略计划当中去,帮助学校改变它们的教学方法。我们将为教师另外开辟一个活动中心:在这个地方教师们可以进行相互接触,探索发现新的教学方法和技术手段,观察年轻人和成年人在学习环境中的行为,为中心或最好是为了他们自己的学校,参与开发学习环境。我们将为这个"教师中心"配备良好的教育资源和教学工具。它将集中研究体验式的学习和接触式的学习。它将采用开放的形式并将欢迎加入。我们要让教师们感到他们就像是加入了一个俱乐部,在那里他们可以使用由他们自己协助开发的学习用具和教学用具。这个中心将是我们希望开创的"学习文化"的核心部分,它将帮助我们把学习文化传播到学校和一般大众当中去。"探索馆"一定会把该中心大部分的管理职责下放到最最受益的人手中,同时也一定会保证中心与馆内的其他部门保持紧密的联系。中心不会成为少数人的孤岛,也不会成为项目发展的死胡同。它将是我们庞大结构建设中的一个组成部分,它将为激励、培育和普及上述成功学习之文化作出贡献。

站在这个起点上,我们不得不从零开始

首先,教师们必须研制出实验调查模型。他们可以先从检验设计好的并在博物馆的环境下进行过测试的展品入手。然后再对这些展品进行重新设计,使之用于其他的环境。这一经验将会成为教师们特别有成效的学习形式。他们将按照想象中学生们体验科学的学习方式学习科学,不仅如此,他们还将受到鼓励去开发适于学生需要的实验设计。

在"探索馆",教师们已经开始做这样的事了。馆里为一般公众设计了600 个实验项目,他们接过了其中的 120 个,进行了重新的设计,并用新的形式进行了测试。作为项目的一部分,他们甚至建议他们的学生也这样做。最后的设计结果是要拿出来展示的,要向其他的学生进行解释。如此便形成了一种连绵不断的设计流程:展品先在博物馆内初步设计好,然后再由老师和学生重新设计。这些实验项目极大地改善了展品的终极设计。

学生们(在此他们可能是教师、实习生或普通的高中生和大学生)还要学会如何操作实验调查。这类调查一般分为 4 个阶段(其中有时会有重叠):设计问题,进行实际的实验调查,解答问题和向老师和其他学生报告调查结果及过程。这是一种学习过程,其模型创建并不容易,困难在于如何根据优化学生学习的需要来确定指导意见的内容和水平要求。水平要求与学生群体的类型和规模有关,与对学生们的见解和评论的利用有关,与效果评估有关,评估就是要知道每一个学生和每一个学生集体最后理解了多少东西,学到了多少知识。制作每一项展品,要想知道如何确定指导意见中的水平要求,就要亲自与学习者一起劳作,了解相关的刺激因素和反响,认真思考它们的意义。在这一阶段的学习工具开发过程中,参考使用记录同类师生互动活动范例的录像带和数据库是非常有必要的。学生们可以观察其他学生是怎么控制使用他们那些独立设计的学习用具的,并将学到的知识用于自己的设计。博物馆是一个环境相对轻松的地方,老师们在那里可以不断调整他们对学生的注意力。开始的时候,老师的作用应当放松一些,到后来在学生操作他们的学习用具时,可以积极一点,参与到与学生的互动中来。这样老师就可以随着时间的推移,估量学生所取得的进步。

此外,学习用具操作过程中的实验活动有可能成为一种可利用的时机,它有助于制定试验评估的指导标准。通过对问题的精心措辞,展品设计者可以测度出某一概念是如何成功地被解析,被理解的。最后再把通过不同探索渠道所取得的结果拿来对比,设计者就可以确定出实施调查的合理步骤。

总之,在博物馆条件下,在这种独特的教师中心里,实验调查、课程开发、学习环境设计、学生指导标准,以及学习评估都将是一些相对轻松的活动,是容易实现的。

科学中心努力奋斗的目标是要对正规教育及其发展产生一定的影响,是要鼓励公众理解科学和技术,了解它们正在改变我们的自然世界和技术领域,更多的是要了解一点它们正在影响每一种行业,个人乃至全体公民的事物。但这一切还不至于使华尔街为之沸腾!

戈里·德拉科特　著

(Goéry Delacôte)

石顺科 译

参考文献

1794. *L'Abbé Grégoire et la Création du Conservatoire National des Arts et Métiers*. Paris：Musée national des Techniques. 1989.

Abrougui (M.). 1994. *Évolution des conceptions d'élèves de ZEP et non ZEP en fonction de stratégies pédagogiques accompagnant la visite de l'îlot "Fais ta carte d'identité" à La Cité des enfants*. Thesis of DEA：Didactique des disciplines scientifiques：Lyon I.

Aga Khan. 1994. *Misconceptions and Realities about International Development*. Ottawa：Canadian International Development Agency：Aga Khan Foundation of Canada.

Alderson (W. T.), Payne Low (S.). 1987. *Interpretation of Historic Sites*. Nashville (TN)：American Association for State and Local History.

Aldridge (D.). 1989. "How the ship of interpretation was blown off course in the tempest：some philosophical thoughts", pp. 64-87 in *Heritage Interpretation*, Vol. 1. *The Natural and Built Environnement*, directed by D. L. Uzzell. London/New York：Belhaven Press.

Alexander (E.). 1979. *Museums in Motion：An Introduction to the History and Functions of Museums*. Nashville (TN)：American Association of State and Local History.

Alk (J. H.). 1982. "The use of time as a measure of visitor behaviour and exhibit effectiveness". *Journal of Museum Education：Roundtable Reports*, 7(4), pp. 10-13.

Allison (S. W.). 1995. "Making nature 'Real again'". *Science as Culture*, 5 (1), pp. 57-84.

Allison (S. W.). 1995. *Transplanting a Rain Forest：Natural History Research and Public Exhibition at the Smithsonian Institution*, 1960-1975. Ph.D. dissertation：Science &. Technology Studies：Cornell University (Ithaca, NY).

Almond (G. A.). 1950. *The American People and Foreign Policy*. New York：Harcourt &. Brace.

Alt(M. B.). 1980. "Four years of visitor surveys at the British Museum" (Natural History) 1976-79". *Museums Journal*, 80, pp. 10-19.

Alt (M. B.), Shaw (K. M.). 1984. "Characteristics of ideal museum exhibits". *British Journal of Psychology*, 75, pp. 25-36.

Althin (T.). 1963. "Museums of Science and Technology". *Technology and Culture*, 4(1), pp. 130-147.

Altick (R. D.). 1978. *The Shows of London*. Cambridge (University Press)：The Belknap Press of Harvard University Press.

"An interview with François Dagognet", *Le Monde*, November 2, 1993, p. 2.

Arbour (R.-M.). 1995. "L'événement carbure à la controverse". *Le Devoir*, May 24.

Arpin (R.). 1992. *Musée de la civilisation：concept and practices*. Québec：Musée de la civilisation.

Audouze (M.), Carrière (M.). 1988. *La Science et la Télévision*. Paris：Ministère de la Recherche et de la Technologie.

Augé (M.). 1992. *Non-lieux: introduction à une anthropologie de la surmodernité*. Paris: Éd. du Seuil.

Augé (M.). 1994. *Pour une anthropologie des mondes contemporains*. Paris: Éd. Aubier.

Ausubel (D. P.). et al., *1968. Educational Psychology: A Cognitive View*. New York: Holt, Rinehart & Winston.

Authier (J.). 1982. "La mise en scène de la communication dans des discours de vulgarisation scientifique". *Langue française*, 53, pp. 34-47.

Bachelard, G., (1970), *La formation de l'esprit scientifique*, Paris: Vrin.

Balandier (G.). 1994. *Le Dédale: Pour en finir avec le xxᵉ siècle*. Paris: Éd. Fayard.

Barber (B.). 1962. *Science and the Social Order*. New York: Collier Books.

Barbier (J.-M.). 1994. "Évolution de la formation et place du partenariat", pp. 45-60 in *École et entreprise: Vers quel partenariat?*, directed by C. Landry & F. Serre. Québec City: Presses de l'Université du Québec.

Baron (J.), Hogan (K.). 1988. "Fostering and evaluating thinking skills in the formal science setting", pp. 21-44 in *Science Learning in the Informal Setting*, directed by P. G. Heltne. & L. A. Marquardt. Chicago (IL) The Chicago Academy of Sciences.

Barthes (R.). 1957. *Mythologies*. Paris: Éd. du Seuil.

Baudichon (J.), Verba (V), Winnykamen (F.). 1988. "Interactions sociales et acquisitions de connaissances chez l'enfant, une approche pluridimensionnelle". *Revue internationale de psychologic sociale*, 1, pp. 129-141.

Baumann (S.). 1995. "Science Museums on the Net". *Museum News* May-June, p. 46.

Beaulac (M.), Colbert (F.), Duhaime (C.). 1991. *Le Marketing en milieu museal: une recherche exploratoire*. Montréal: École des Hautes Études Commerciales.

Beaune (J.-C.). 1988. "La vulgarisation scientifique, l'ombre des techniques", p. 47-81 in *Vulgariser la science*, directed by D. Jacobi & B. Schiele. Seyssel: Éd. Champ Vallon.

Becker (H. S.). 1982. *Arts Worlds*. Berkeley: University of California Press.

Becker (H. S.), McCall (M. M.) (directed by). 1990. *Symbolic Interaction and Cultural Studies*. Chicago & London: University of Chicago Press.

Beer (V.). 1987. "Great expectations: Do museums know what visitors are doing?" *Curator*, 30 (3), pp. 206-215.

Bélanger (M.). 1995. "L'art a quitté le musée", *Le Devoir*, June 5.

Bennett (S.). 1994. "The copyright challenge: strengthening the public interest in the digital age". *Library Journal*, 119(19), Nov. 15, pp. 34-37.

Berman (M.). 1978. *Social Change and Scientific Organization: The Royal Institution, 1799-1844*. Ithaca (NY): Cornell University Press.

Bernicaut (J.). 1992. *Les Actes de langage chez l'enfant*. Paris: Presses universitaires de France.

Bernstein (S.), Huntley (M.), Newman (D.). 1993. *Toward Universal Access to Math and Science Resources (Phase 1 of a National School Network Testbed, Progress Report)*. Cambridge (MA): Bolt, Barenek and Newman.

Bernstein (S.), Huntley (M.), Newman (D.). 1994. *Toward Participation in the NII (Phase 2 of a National School Network Testbed)*. Cambridge (MA): Bolt, Barenek and Newman.

Bitgood (S.). 1989. "Deadly sins revisited: a review of the exhibit label literature". *Visitor Behavior*, 4(3), pp. 4-13.

Bitgood (S.), Cleghorn (A.). 1994. "Memory of objects, labels, and other sensory impressions from a museum visit". *Visitor Behavior*, 9, pp. 11-12.

Blais (A.) (directed by). 1993. *L'Écrit dans le média exposition*. Québec/Montréal: Musée de la civilisation/Société des musées québécois.

Bloom (B. S.). 1956. *Taxonomy of Educational Objectives*, Vol. 1. *Cognitive Domain*. London: Longman.

Bloom (B. S.), Krathwohl (D. R.), Masia (B. B.). 1964. *Taxonomy of Educational Objectives*, Vol. 1. *Affective Domain*. London: Longman.

Blud (L.). 1990. "Sons and daughters: Observations on the way that families interact during a museum visit". *Museum Management and Curatorship*, 9(3), pp. 257-264.

Boo (E.). 1989. *Ecotourism: The Potentials and Pitfalls*. Washington (DC): World Wildlife Fund.

Borun (M.). 1978. *Measuring the Immeasurable: A Pilot Study of Museum Effectiveness*. Washington (DC): The Association of Science- Technology Centers, 2nd edition.

Borun (M.). 1988. "A glimpse of visitors' naive theories of science", pp. 135-138 in *Visitor Studies: Theory, Research and Practice*, directed by S. Bitgood, J. Roper & A. Benefield. Jacksonville (AL): Center for Social Design.

Borun (M.). 1989. "Naive notions and the design of science museum exhibits", pp. 158-162 in *Visitor Studies: Theory, Research and Practice*, Vol. 2, directed by S. Bitgood, A. Benefield & D. Patterson. Jacksonville (AL): Center for Social Design.

Borun (M.), Miller (M.). 1980. "To Label or not to label?". *Museum News*, 58 (4), pp. 64-67.

Borun (M.), Massey (C.), Lutter (T.). 1993. "Naive knowledge and the design of science museum exhibits". *Curator*, 36(3), pp. 201-219.

Borun (M.), Massey (C.), Lutter (T.). 1994. "Connaissances naives et conceptions des éléments d'exposition dans les musées de science". *Publics & Musées*, 4(1). pp. 27-43.

Bougnoux (D.). 1995. *La Communication contre l'information*. Paris: Hachette.

Bourdieu (P.). 1971. "Le marché des biens symboliques". *L'Année sociologique*, 22, pp. 49-126.

Bourdieu (P.). 1980. *Le Sens pratique*. Paris: Éd. de Minuit.

Bourdieu (P.). 1980. *Questions de sociologie*. Paris: Éd. de Minuit.

Bourdieu (P.). 1994. *Raisons pratiques: Sur la théorie de l'action*. Paris: Éd. du Seuil.

Bourdieu (P.), Darbel (A.). 1969. *L'Amour de l'art: Les musées d'art européens et leur pub-*

lic. Paris Éd. de Minuit.

Bourdieu (P.), Passeron (J.-C.). 1970. *La Reproduction: Éléments pour une théorie du système d'enseignement*. Paris: Éd. de Minuit.

Bozon (M.). 1991. "Culture ouvrière, une notion problématique", pp. 132-142 in *Vers une transition culturelle*, directed by M.-J. Choffel-Mailfert & J. Ramono. Nancy: Presses universitaires de Nancy.

Bradburne (J.), Wake (D.-A.). 1990. *La transhumance de la science: le développement d'un réseau d'expositions itinérantes*. Communication au colloque PRÉLUDE, Nov. 8-12. 1990, Namur.

Bradburne (J.), Wake (D.-A.). 1992. "Au-delà de l'œil nu". *Alliage: Culture, science, technique*, 15, pp. 91-98.

Bradburne (J.), Wake (D.-A.). 1993. "Going Public", in *Planning Science Museums for the New Europe*, directed by Unesco/Prague National Museum of Technology. Proceedings from the Symposium: *Planning Science Museums for the New Europe*, April 8-10, 1991, Prague.

Bradburne (J.), Wake (D.-A.). 1993. "Science des villes, science des champs". *AMCSTI/Infos*, Spring, 1993, pp. 8-10.

Bradburne (J.), Wake (D.-A.). 1993. "Les nouveaux habits du conservateur: réinventer le rôle des spécialistes des musées". *Muse*.

Bradburne (J.), Wake (D.-A.). 1995. "Mine Games", *Musée des Arts et Métiers: La Revue*, 10, March, pp. 30-36.

Bradburne (J.), Wake (D.-A.). 1996. "Priming the Pump: Building a Science Network in Alberta", pp. 347-356 in *La Science en scène*. Paris: Presses de l'ENS/Palais de la Découverte.

Breton (P.). 1992. *L'Utopie de la communication*. Paris: La Découverte.

Brougère (G.). 1995. *Jeu et Éducation*. Paris: L'Harmattan.

Bruner (J. S.). 1983. *Le Développement de l'enfant: Savoir dire, savoir faire*. Paris: Presses universitaires de France.

Bruner (J. S.). 1986. *Actual minds. Possible Worlds*, Cambridge: Harvard University Press.

Bruner (J. S.). 1986. "Jeu, pensée et langage". *Perspectives*, 57, 14, pp. 83-90.

Bryant (C.), Gore (M. M.). 1991. "Cleaning up after the elephant". *Australian Biologist*, 4, pp. 168-170.

Burnham (J.). 1987. *How Superstition Won and Science Lost: Popularizing Science and Health in the United States*. New Brunswick (NJ): Rutgers University Press.

Buros (O. K.). 1965. *The Sixth Mental Measurements Yearbook*. Highland Park (NJ): Gryphon Press.

Burrows (J.). 1963. *The AMA: Voice of American Medicine*. Baltimore: Johns Hopkins University Press.

Caillet (E.). 1995. *À l'approche du musée, la médiation culturelle*. Lyon: Presses universitaires de Lyon.

Calcari (S.). 1994. "K-12 on the Internet". *NSF Network News*, Sept. -Oct. , 1(4). Madison (WI): The InterNIC.

Cameron (D.). 1968. "A viewpoint: the museum as a communication system and implications for museum education". *Curator*, 11 (1), pp. 33-40.

Cameron, D. , (1971),"The museum, a Temple or Forum", *Curator*, 14(1), pp. 11-24.

Carson (R.). 1962. *Silent Spring*. New York: Houghton Mifflin.

Castells (M.). 1996. *The Rise of the Network Society*. Cambridge (MA) Blackwell.

Cater (E.), Lowman (G.). 1994. *Ecotourism: A Sustainable Option?* Chichester: John Wiley.

CBC (The Conference Board of Canada). 1994. *Matching Education to the Needs of Society: A Vision for All our Children*. Ottawa: The Conference Board of Canada.

CCETB (Countryside Commission & English Tourist Board). 1989. *Principles for Tourism in the Countryside*. London: Countryside Commission & English Tourist Board. Brochure.

Certeau (M. de). 1993. *La Culture au pluriel*, 3rd edition (1st edition: Union Générale d'Éditions, 1974). Paris Éd. du Seuil.

Chambat (P.). 1994. "NTIC et représentation des usagers", pp. 45-59 in *Médias et nouvelles technologes: Pour une socio-politique des usages*, directed by A. Vitalis. Paris Éd. Apogée.

Charasse (D.). 1989. "Rites corporatifs et stratégies d'entreprises", pp. 221-235 in *Cultures du travail*, directed by the Mission du Patrimoine ethnologique. Paris Éd. de la Maison des sciences de l'homme.

Charasse (D.). 1991. "À Patrimoine ethnologique, ethnologie des patrimoines", pp. 109-114 in *Vers une transition culturelle*, directed by M. -J. Choffel-Mailfert & J. Ramono. Nancy: Presses universitaires de Nancy.

Charpentier (A.). 1990. "Le Biodôme de Montréal, un concept, des approches", pp. 69-79 in *La Recherche universitaire en muséologie*. Symposium proceedings. Montréal: Université du Québec à Montréal/Université de Montréal. Mimeo.

Chaumier (S.), Casanova (L.), Habib (M. -C.). 1995. *Les Demandes d'information et d'explication des adultes accompagnateurs au cours de la visite à la Cité des enfants*. Paris: cité des Sciences et de l'Industrie, Département Études et Prospective.

Chaumier (S.), Casanova (L.), Habib (M. -C.). 1995. *Les Visiteurs à la Cité des enfants*. Paris: cité des Sciences et de l'Industrie, Département Études et Prospective.

Chaussin (S.). 1992. *La Dimension jeu à l'Inventorium et à la Cité des enfants: Analyse de 5 éléments d'exposition*. Thesis of DESS: Sciences du Jeu: Villetaneuse.

Chiva (I.). 1985. "Patrimoine ethnologique et ethnologie de la France", p. 13 in *Patrimoine et Culture*, directed by the Mission du Patrimoine ethnologique. Proceedings from a Toulouse practicum, April 1985.

Chiva (I.). 1993. "L'Ethnologie de la France et de ses Musées", pp. 50- 52 in *Musée et Sociétés*. Paris: Ministére de la Culture, Direction des Musées de France.

Choffel-Mailfert (M.-J.). 1996. *La Culture scientifique technique et industrielle, logiques d'acteurs et enjeux des actions menées en région Lorraine,* (1980-1995). Ph. D. Thesis: sciences de l'information et de la communication: Stendhal, Grenoble 3.

Claeys (G.). 1985. "The reaction to political radicalism and the popularization of political economy in early nineteenth century Britain", pp. 119-138 in *Expository Science,* directed by T. Shinn & R. Whitley. Dordrecht/Boston/Lancaster: Reidel.

Clair (J.). 1971. "La fin des musées?". *L'Art vivant,* 24, Oct. 1971, reprinted pp. 139-143 in *Vagues: Une anthologie de la nouvelle muséologie,* Vol. 1. Mâcon/Savigny-le-Temple: Éd. W/MNES. 1992.

Clarke (A. E.), Gerson (E. M.). 1990. "Symbolic interactionnism in social studies of science", pp. 179-214 in *Symbolic Interaction and Cultural Studies,* directed by H. S. Becker, M. M. McCall. Chicago & London: University of Chicago Press.

Clément (B.). 1983. "Le mythe de l'objet ventriloque", pp. 37-40 in *Histoires d'expo.* Paris: Peuple et Culture/Centre de Création Industrielle-Centre Georges-Pompidou.

Clément (P.). 1993. "La spécificité de la muséologie des sciences, et l'articulation nécessaire des recherches en muséologie et en didactique des sciences, notamment sur les publics et leurs représentations et conceptions", pp. 128-159 in *REMUS.* Proceedings from the 1st Symposium: Muséographie des sciences et des techniques, December 12 and 13, 1991. Dijon: Office de Coopération et d'Information muséographiques.

Cone (C. A.), Kendall (K.). 1978. "Space, time, and family interaction: visitor behavior at the Science Museum of Minnesota". *Curator,* 21(3), pp. 245-258.

Cook (T. D.), Campbell (D. T.). 1979. *Quasi-experimentation.* Chicago: Rand McNally.

Cooper (J.), Miles (R. S.). 1994. "Much may be made if she be caught young: how museums can best effect public understanding of science", pp. 1-6 in *When Science Becomes Culture,* Vol. 2 (diskette), directed by B. Schiele. Québec City: Éditions MultiMondes.

Cornu (R.). 1994. "Les obstacles à la culture industrielle", pp. 85-98 in *Patrimoine et Culture industrielle,* directed by M. Rautenberg et F. Faraut. Lyon: Programme Rhône-Alpes recherche en sciences humaines.

Cotkin (G.). 1984. "The socialist popularization of science in America, 1901 to the First World War". *History of Education Quarterly,* 24 (2), pp. 201-214.

Crane (V.). 1994. *Informal Science Learning: What the Research Says About Television, Science Museums, and Community-Based Projects.* Dedham (MA): Research Communications Inc.

CRE (Commission royale pour l'éducation). 1995. *Pour l'amour d'apprendre.* Ottawa: Ontario Publications.

Crowther (J. G.). 1970. *Fifty Years with Science.* London: Bame & Jenkins.

Crozon (M.). 1981. "À quoi servent les musées scientifiques?". *Bulletin* du Groupe de liaison pour l'action culturelle scientifique, 12, pp. 80-84.

CSI (cité des Sciences et de l'Industrie). 1990. *Étude qualitative sur les comportements et attitudes des visiteurs de l'Inventorium.* Paris: cité des Sciences et de l'Industrie, Département

Études et Prospective.

Cziksentmihalyi (M.). 1990. *Flow*. New York: Harpers.

Dagognet (F.). 1984. *Le Musée sans fin*. Seyssel: Éd. Champ Vallon.

Dalbéra (J. -p.). 1986. "La place de l'exposition dans le développement culturel, scientifique et industriel", pp. 137-146 in *Cahier d'Expo Média*, 2, L'Objet expose le lieu.

Danilov (V J.). 1982. *Science and Technology Centers*. Boston: Massachusetts Institute of Technology Press.

Daston (L.). 1988. "The factual sensibility (essay review)". *Isis*, 79, pp. 452-467.

Davallon (J.). 1986. "Avant propos", pp. 7-16 in *Claquemurer pour ainsi dire tout l'univers: La mise en exposition*, directed by J. Davallon. Paris: Centre Georges-Pompidou.

Davallon (J.). 1987. "Présentation", pp. 5-12 in *Cahier Expo Média*, 3, Ciel une expo! Approche de l'exposition scientifique.

Davallon (J.). 1988. "Exposition scientifique, espace et ostension". *Protée* 16(3), Sept. pp. 5-16.

Davallon (J.). 1989. "Peut-on parler d'une 'langue' de l'exposition scientifique", pp. 47-59 in *Faire voir, faire savoir: La muséologie scientifique au présent*, directed by B. Schiele. Proceedings from the International Symposium, Oct. 18, 1989, Montréal. Québec City: Musée de la civilisation.

Davallon (J.). 1992. "Le public au centre de l'évolution du musée". *Publics & Musées*, 2, pp. 10-16.

Davallon (J.). 1993. "Les figures de la chimie", pp. 37-42 in *La Technique masquée*. Actes du séminaire de muséologie des techniques, Paris: Musée national des Techniques, Conservatoire national des Arts et Métiers.

Davallon (J.). 1994. "Cultiver la science au musée, aujourd'hui?", in *Quand la science se fait culture*, *Actes II*, directed by B. Schiele (diskettes), International Symposium, Montréal, April 10-13. Sainte-Foy (QC):Éditions MultiMondes.

Davallon (J.). 1996. "À propos de la communication et des stratégies communicationnelles dans les expositions de science", pp. 389- 416 in *La Science en scène*. Paris: Presses de l'École normale supérieure/Palais de la Découverte.

Davallon (J.), Francois (E.). 1991. *Étude en vue de l'élaboration d'un Cahier de Programmation muséale*, Vol. 2. Étude détaillée des représentations de la chimie. Rapport d'étude. Lyon/Saint-Fons: LARMURAL/Ville de Saint-Fons.

Davallon (J.), Le Marec (J.). 1995. "Exposition, représentation et communication". *Recherches en communication*, 4, pp. 15-36.

Davallon (J.), Le Marec (J.). 1996. "Questions posées par une approche symbolique des musées à l'évaluation", in *Symposium francocanadien sur l'évaluation des musées*, March 23-24, 1995, Centre Georges-Pompidou. Paris. Dijon: Office de coopération et d'information muséographiques.

Davallon (J.), Grandmont (G.), Schiele (B.). 1992. *L'Environnement entre au musée*. Lyon: Presses universitaires de Lyon/Québec: Musée de la civilisation à Québec. English translation: *The Rise of Environmentalism in Museums*. Québec City: Musée de la civilisation, Québec.

Davies (D.). 1994. *By popular demand: A strategic analysis of the market potential for museums and art galleries in the UK*. London: Museums &. Galleries Commission.

Davis (I. C.). 1935. "The Measurement of scientific attitudes". *Science Education*, 19, pp. 117-122.

Davis (R. C.). 1958. *The Public Impact of Science in the Mass Media*. Ann Arbor (MI): University of Michigan Survey Research Center. Monograph 25.

Dawkins (C. R.). 1996. *Climbing Mount Improbable*. New York: Viking.

Decrosse (A.), Landry (J.), Natali (J. -P.). 1987. "Les expositions permanentes de la cité des Sciences et de l'Industrie de la Villette: Explora". Museum, 155, pp. 176-191.

Delacôte (G.). 1993. "Science et culture dans le nouveau monde". *Alliage: Culture, science, technique*, 16-17, Spec. No. Science et culture en Europe, Summer-Fall, pp. 152-160. English version in Spec. No. of: *Public Understanding of Science*, directed by J. Durant and J. Gregory.

Delacôte (G.). 1996. *Savoir apprendre: Les nouvelles méthodes*. Paris: Odile Jacob.

Deleuze (G.), Guattari (F.). 1991. *Qu'est-ce que la philosophie?* Paris: Éd. de Minuit.

Deleuze (G.), Guattari (F.). 1992. *L'Anti-cEdipe: Capitalisme et schizophrénie*, 2nd ed. (1st ed. , 1972). Paris Éd. de Minuit.

Deloche (B.). 1985. *Museologica: Contradictions et logique du musée*. Paris: Vrin.

Desmarais (F.). 1995. "Beauté mobile: attention au dérapage". *Le Devoir*, June 3.

Desseix (P.). 1987. *Bilan de la politique régionale* (1984-1987). Report, Mimeo.

Desvallées (A.). 1992. "Présentation", pp. 15-39 in *Vagues: Une anthologie de la nouvelle muséologie*, Vol. 1. Mâcon/Savigny-le-Temple: Éd. W/MNES. 1992.

Dewey (J.). 1934. "The supreme intellectual obligation". *Science Education*, 18, pp. 1-4.

Diamond (J.). 1986. "The behavior of family groups in science museums". *Curator*, 29(2), pp. 139-154.

Dias (N.). 1991. *Le Musée d'ethnographie du Trocadéro*: (1878-1908). Paris: Éd. du CNRS.

Doise (W.). 1985. "Le développement social de l'intelligence: Apercu historique", pp. 35-55 in *Psychologie sociale du développement cognitif*, directed by G. Mugny. Berne: Peter Lang.

Doise (W.) *et al.* , 1975. "Social interaction and the development of cognitive operations". *European Journal of Social Psychology*, 5(3), pp. 367-383.

Douma (J.). 1994. *Prototyping for the 21st century: a discourse*. *Impuls*. Amsterdam: Centre de Science et de Technologie.

Driver (R.), Guesne (E.), Thibernghien (A.) (directed by). 1989. *Children's Ideas in Science*. Philadelphia: Open University Press.

Dubar (C.). 1995. *La Socialisation: Construction des identités sociales et professionnelles*.

Paris: Armand Colin.

Dubet (F.). 1994. *Sociologie de l'expérience*. Paris: Éd. du Seuil.

Dufresne (S.). 1989. "Histoire et interprétation: Une expérience muséale", in *L'Histoire et les musées*. Seminar organized by the Musée de la civilisation, Québec, Nov. 23-24, 1989. Québec City: Musée de la civilisation.

Durant (J.) (directed by). 1992. *Museums and the Public Understanding of Science*. London: Science Museum/COPUS.

Durant (J.). 1993. "Qu'entendre par culture scientifique?". *Alliage: Culture, science, technique*, 16-17, Spec. No. Science et culture en Europe, Summer-Fall, pp. 204-210. English version in spec. no. of: *Public Understanding of Science*, directed by J. Durant and J. Gregory.

Durant (J.), Gregory (J.). 1993. *Science and Culture in Europe*. London: Science Museum.

Dussauh (J.-P.). 1995. "À Beauté mobile! Musée mobile!". *Le Devoir*, June 12.

Eco (U.). 1962. *L'oeuvre ouverte*. Translation from Italian to French. Paris:Éd. du Seuil.

Eco (U.). 1985. *La Guerre du faux*. Paris: Grasset.

Eco (U.). 1985. *Lector in fabula : Ou la coopération interprétative dans les textes narratifs*. Translation from Italian to French by Mr. Bouzaher. Paris: Grasset & Fasquelle.

Eidelman (J.). 1988. *La Création du Palais de la Découverte : (Professionnalisation de la recherche et culture scientifique dans l'entre-deux guerres)*. Ph. D. Thesis in Sociology: Paris V.

Eidelman (J.). 1988. "Culture scientifique et professionnalisation de la recherche", pp. 175-191 in *Vulgariser la science*, directed by D. Jacobi & B. Schiele. Seyssel: Éd Champ Vallon.

Eidelman (J.), Schiele (B.). 1992. "Culture scientifique et musées". *Sociétés contemporaines*, 11-12, pp. 189-215.

Eidelman(J.) *et al.*, 1982. "Évaluation et muséologie scientifique". *Revue francaise de pédagogie*, 61, pp. 55-59.

Einsiedel (E.-F.) *et al.*, 1994. "La culture scientifique au Canada", pp. 87-128 in *Quand la science se fait culture*, directed by Bernard Schiele. Québec: Université du Québec à Montréal/Centre Jacques Cartier/Éditions MultiMondes.

Elias (N.). 1991. *Qu'est-ce que la sociologie?* Trad. de l'all. par Yasmin Hoffman (Original edition, 1970). La Tour d'Aigues: Éd. de l'Aube.

Elias (N.). 1993. *Engagement et Distanciation : Contributions à la sociologie de la connaissance*. Translated from German to French by Michèle Hullin (Original edition, 1983). Paris: Arthème Fayard.

Eysenck (M. W.), Keane (M. T.). 1990. *Cognitive psychology. A student's handbook*. Hove: Lawrence Erlbaum.

Falk (J. H.). 1982. The use of time as a measure of visitor behaviour and exhibit effectiveness. *Journal of Museum Education: Roundtable Reports*, 7(4), pp. 10-13.

Falk (J. H.), Dierking (L. D.). 1992. *The Museum Experience*. Washington (DC): Whalesback Books.

Falk (J. H.), Dierking (L. D.) (directed by). 1995. *Public Institutions for Personal Learning: Establishing a Research Agenda*. Washington (DC): American Association of Museums.

Falk (J. H.), Weiss (M.). 1993. "Utilizing museums to promote public understanding of science: Early adolescent misconceptions about AIDS prevention", pp. 165-191 in *Visitor Studies: Theory, Research and Practice*. Jacksonville (AL): Visitor Studies Association.

Falk (J. H.) *et al.*, 1985. "Predicting visitor behavior". *Curator*, 28(4), pp. 249-257.

Fekete (J.). 1994. *Moral Panic*. Toronto, Montréal: Robert Davies.

Fischer (G.-N.). 1991. *Les Concepts fondamentaux de la psychologie sociale*. Paris: Dunod/Montréal: Presses de l'Université de Montréal.

Flichy (P.). 1995. *L'Innovation technique: Récents développements en sciences sociales: Vers une théorie de l'innovation*. Paris: Éd. La Découverte.

Fothergill (J.) *et al.*, 1978. *Interpretation in Visitor Centres* (Occasional paper no. 10). Cheltenham: Countryside Commisson.

Foucault (M.). 1990. *L'Ordre du discours*. Paris: Gallimard.

Franklin (U.). 1990. "Reflections on science and the citizen", pp. 267-268 in *Planet under Stress*. Ottawa: Royal Society of Canada.

Friedman (A. J.). 1996. "The evolution of science and technology museums". *Informal Science Review*, March-April, 1, pp. 14-17.

Fulford (R.). 1991. "Into the Heart of the Matter". *Rotunda*, 24(1), pp. 19-28.

Gabus (J.). 1965. "Principes esthétiques et préparation des expositions didactiques". *Museum*, XVIII (1-2), pp. 71-95.

Gagné (R. M.). 1965. *The Condition of Learning*. New York: Holt, Rhinehart & Wiston.

Garfield (D.). 1995. "Inspiring change: post-heroic management". *Museum News*, 74(1), pp. 32-35.

Garvey (W.-D.). 1979. *Communication: The Essence of Science: Facilitating Information Exchange among Librarians, Scientists, Engineers and Students*. Oxford/New York: Pergamon Press.

Gaultier (G.). 1990. *Étude qualitative sur les comportements et attitudes des visiteurs de l'Inventorium*. Paris: cité des Sciences et de l'Industrie, Département Études et Prospective, 110 p.

Gille (B.). 1982. "Pour un musée de la science et de la technique" *Culture technique*, 7, pp. 209-225.

Gilman (B. I.). 1916. "Museum fatigue". *The Science Monthly*, 12, pp. 62-74.

Gilmore (S.). 1990. "Art Worlds: Developing the interactionist approach to social organization", pp. 148-178 in *Symbolic Interaction and Cultural Studies*, directed by H. S. Becker, M. M. McCall. Chicago & London: University of Chicago Press.

Giordan (A.). 1988. "De la catégorisation des conceptions des apprenants à un environnement didactique 'optimal'". *Protée*, 16(3), Sept. , pp. 23-52.

Giordan (A.). 1989. *An allosteric learning model*. Communication at the convention of IUBS-CBE, Sydney, 1988. Version revised at Moscow convention, 1989.

Giordan (A.). 1990. *Document de synthèse sur les conceptions des jeunes de 6 à 13 ans a propos du corps humain*. Paris: cité des Sciences et de l'Industrie, Direction de la Jeunesse et de la Formation.

Giordan (A.). 1994. "Le modèle allostérique et les théories contemporaines sur l'apprentissage", pp. 289-310 in *Conceptions et Connaissances*, directed by A. Giordan *et al.*, Berne: Peter Lang.

Giordan (A.), Guichard (J.). 1993. "Le corps humain en spectacle", pp. 355-362 in Proceedings from the XVᵉ Journées internationales sur la Communication, l'Éducation et la Culture scientifiques et techniques, Jan. 26-28. Chamonix.

Giordan (A.), Lintz (M.). 1991. *Document de synthèse sur les conceptions des jeunes de 6 à 13 ans à propos du corps humain*. Paris: cité des Sciences et de l'Industrie, Direction de la Jeunesse et de la Formation.

Giordan (A.), Lintz (M.). 1992. *Comparaison de quelques éléments d'exposition entre l'Inventorium et la Cité des enfants*. Paris: cité des Sciences et de l'Industrie, Direction de la Jeunesse et de la Formation.

Giordan (A.), Souchon (C.). 1991. *Une pédagogie pour l'environnement*. Nice: Z'Editions.

Giordan (A.), Vecchi (G. de). 1987. *Les Origines du savoir*. Neuchâtel: Delachaux &. Niestlé.

Giordan (A.), Guichard (J.), Guichard (M.). 1997. *Des idées pour produire*. Nice: Z'Editions.

Giordan (A.), Souchon (C.), Cantor (M.). 1994. *Évaluer pour innover*. Nice: Z'Editions.

Giordan (A.) *et al.*, 1978. *Une pédagogie pour les sciences expérimentales*. Paris: Le Centurion.

Girardet (S.), Merleau-Ponty (C.). 1994. *Portes ouvertes: Les enfants*. Dijon: Office de coopération et d'information muséographiques.

Girault (Y.). 1986. "Conception et évaluation pédagogique d'une exposition". *Feuilles d'épistémologie appliquée et de didactique des sciences*, 8, pp. 175-183.

Goffman (E.). 1991. *Les Cadres de l'expérience*. Paris: Éd. de Minuit.

Goldstrum (M.). 1985. "Popular political economy for the British working class reader", pp. 259-276 in *Expository Science*, directed by T. Shinn &. R. Whitley Dordrecht/Boston/Lancaster: Reidel.

Gore (M. M.). 1997. *British Interactive Group Newsletter*, January.

Gottesdiener (H.). 1987. *Évaluer l'exposition: Définitions, méthodes et bibliographie sélective commentée d'études d'évaluation*. Paris: La Documentation francaise.

Gottesdiener (H.), Davallon (J.). 1992. *Représentations et attentes des visiteurs au Musée national des Techniques (Conservatoire des Arts et Métiers)*. Research paper. Lyon/Paris:

Expo Média International/Musée national des Techniques.

Gottesdiener (H.), Davallon (J.). 1992. "Le Musée national des Techniques sous l'oeil de ses visiteurs". *Musée des Arts et Métiers: La Revue*, 1, Sept. , pp. 34-39.

Gottesdiener (H.), Davallon (J.). 1995. "'L'Homme Machine', une exposition, des publics". *Musée des Arts et Métiers: La Revue*, 11, June, pp. 13-19.

Gottesdiener (H.), Davallon (J.). 1995. "Du visiteur 'interroge' au visiteur 'expert', pp. 89-93 in *Symposium franco-canadien sur l'évaluation des musées*, Dec. 8-9, 1994, Musée de la civilisation, Québec. Québec City: Musée de la civilisation.

Gould (S. J.). 1989. *Wonderful Life*, New York: W. W. Norton.

Griggs (S. A.). 1981. "Formative evaluation of exhibits at the British Natural History Museum". *Curator*, 24(3), pp. 3189-3202.

Griggs (S. A.). 1984. "Evaluating exhibitions", pp. 412-422 in *Manual of Curatorship: A Guide to Museum Practice*. London: The Museums Association.

Griggs (S. A.). 1990. "Perceptions of traditional versus new style exhibitions at the Natural History Museum". *ILVS Review*, 1 (2), pp. 78-90.

Griggs (S. A.), Manning (J.). 1993. "The predictive validity of formative evaluation of exhibits". *Museum Studies Journal*, Fall, pp. 31-41.

Guichard (J.). 1988. "Représentations des enfants à propos des fourmis et conception d'un outil muséologique". *Aster*, 6, pp. 213-236.

Guichard (J.). 1989. "Démarche pédagogique et autonomie de l'enfant dans une exposition scientifique". *Aster*, 9, pp. 17-42.

Guichard (J.). 1990. *Diagnostic didactique pour la conception d'objets d'exposition*. Ph. D. Thesis in Education: University of Geneva.

Guichard (J.). 1993. "La prise en compte du visiteur comme outil de la conception muséologique: un exemple concret, la Cité des enfants". *Publics & Musées*, 3(1), pp. 111-135.

Guichard (J.). 1995. "Designing tools to develop the conceptions of learners". *International Journal of Science Education*, 5(17), Feb, pp. 713-723.

Guichard (J.). 1995. "Nécessité d'une recherche éducative dans les expositions à caractère scientifique et technique". *Publics & Musées*, 7, pp. 95-115.

Haar (C. M.). 1948. "E. L. Youmans: A chapter in the diffusion of science in America". *Journal of the History of Ideas*, 9, April, pp. 193-213.

Habermas (J). 1978. *L'Espace public: Archéologie de la publicité comme dimension constitutive de la société bourgeoise*. Translated from German to French by M. -B. de Launay (Original ed. , 1962). Paris: Payot.

Habermas (J.). 1987. *Theorie de l'agir communicationnel*, t. 1, *Pratique de l'agir et rationalisation de la société* [Trad. de J. -M. Ferry]; t. 2, *Critique de la raison fonctionnaliste* [Trad. J. -L. Schlegel] (Original ed. , 1981). Paris: Fayard.

Habermas (J.). 1988. *Le Discours philosophique de la modernité*. Trad. Chr. Bouchindhomme et R. Rochlitz (Original ed. , 1985). Paris: Éd. Gallimard.

Habermas (J.). 1989. "Médias de communication et espaces publics". Réseaux: *Communica-tion, technologie, société*, 34, March, pp. 79-96.

Haeseler (J. K.). 1989. "Length of visitor stay", pp. 252-259 in *Visitor Studies: Theory, re-search, and practice*, Vol. 2, directed by S. Bitgood, J. T. Roper Jr &. A. Benefield. Jacksonville (AL): Centre for Social Design.

Harvey (P. -L. ,). 1995. *Cyberespace et Communautique*. Québec City: Presses de l'Université Laval.

Hein (G. E.). 1991. "Constructivist learning theory", pp. 89-94 in *The Museum and the Needs of People*, directed by A. Zemer. Haifa: International Council of Museums.

Hein (G. H.). 1990. The *Exploratorium: The Museum as Laboratory*. Washington: Smith-sonian Institution Press.

Hennessy (B. C.). 1972. "A headnote on the existence and study of public attitudes", pp. 27-40 in *Political Attitudes and Opinion Change*, directed by D. D. Nimmo &. C. M. Bon-jean. New York: McKay.

Hennion (A.). 1993. *La Passion musicale: Une sociologie de la médiation*. Paris: Éd. Métailié.

Henriquez (A.), Honey (M.). 1993. *Telecommunications and K-12 Educators: Findings from a National Survey*. New York: Center for Technology in Education, Bank Street Col-lege of Education.

Hermès: Cognition, communication, politique, 10. Espaces publics, traditions et communautés, 1992.

Hilke (D. D.). 1989. "Strategies for family learning in museums", pp. 120-134 in Visitor Studies: *Theory, Research and Practice*, Vol. 2, directed by S. Bitgood, J. T. Roper Jr &. A. Benefield. Jacksonville (AL): The Centre for Social Design.

Hilke (D. D.). 1989. The family as a learning system: an observational study of families in museums. In Butler, B. H. &. Sussman, M. B. (eds), *Museum visits and activities for family life enrichment*. New York and London: Haworth Press.

Hirshi (D.), Screven (C.). 1988. "Effects of questions on visitor reading behavior". *ILVS Review*, 1 (1), pp. 50-61.

Hobsbawm (E.). 1994. *Ages of Extremes: The Short Twentieth Century*. London: Michael Joseph.

Hoff (A. G.). 1936. "A test for scientific attitude". *School Science and Mathematics*, 36, pp. 763-770.

Holland (J. G.), Skinner (B. F.). 1961. *The Analysis of Behavior*. New York: MacGraw Hill.

Hood (M. G.). 1983. "Staying away: Why people choose not to visit museums". *Museum News*, 61(4), pp. 50-57.

Hooper-Greenhill (E.). 1991. "A new communication model for museums", pp. 47-61 in *Mu-seum Languages: Objects and Texts*, directed by G. Kavanagh. Leicester/London/New York: Leicester University Press.

Hooper-Greenhill (E.). 1995. *Museum, Media, Message*. London, New York: Routledge.

Host (V). 1977. "Place des procédures d'apprentissage 'spontané' dans la formation scientifique". *Bulletin de liaison INRP-Section Sciences*, 17.

Hoving (T.). 1993. *Making the Mummies Dance: Inside the Metropolitan Museum of Art*. New York: Simon & Shuster.

Hudson (K.). 1987. *Museums of Influence*. Cambridge: Cambridge University Press.

Huet (S.), Jouay (J.-P). 1989. *Les Français sont-ils nuls?* Paris: Jonas.

Hunter (B.). 1992. "Linking for learning: computer-and- communications network support for nationwide innovation in education". *Journal of Science Education and Technology*, 1 (1), pp. 23-34.

Hunter (B.), Goldberg (B.). 1994. "Learning and teaching in 2004: The Big Dig", in *Education and Technology: Future Visions*. Washington (DC): US Congress Office of Technology Assessment.

Impact Group (The). 1995. Science education and scientific literacy Communication to The Conference Board of Canada, Business and Education Forum, Sept. 16-18, Toronto, Canada.

Jacobi (D.). 1987. *Textes et Images de la vulgarisation scientifique*. Berne: Peter Lang.

Jacobi (D.). 1994. "Des formes simples pour identifier et interpréter les objets dans les expositions". *Les Cahiers du français contemporain*, 1, pp. 195-212.

Jacobi (D.), Coppey (O.). 1995. "Introduction: Musée et éducation: au-delà du consensus, la recherche d'un partenaria". *Publics & Musées*, 7(1), pp. 10-22.

Jacobi (D.), Jacobi (E). 1986. "L'objet expose le lieu", *Cahier ExpoMédia*, 2. Paris: Expo-Média.

Jacobi (D.), Poli (M.-S.). 1993. "Les documents scriptovisuels affichés dans l'exposition: quelques repéres théoriques", pp. 48-71 in *L'Écrit dans le média exposition*, directed by A. Blais. Québec/ Montréal: Musée de la civilisation/Société des musées québécois.

Jacobi (D.), Schiele (B.) (directed by). 1988. *Vulgariser la science: Le procès de l'ignorance*. Seyssel: Éd. Champ Vallon.

Jacobi (D.), Schiele (B.). 1989. "Scientific imagery & popularized imagery: differences & similarities in the photographic portraits of scientists". *Social Studies of Science*, 19, pp. 731-753.

Jacobi (D.), Schiele (B.). 1990. "La vulgarisation scientifique et l'éducation non formelle". *Revue française de pédagogie*, 91, pp. 81-111.

Jacobi (D.), Bergeron (A.) & Malvesy (T.). 1996. The popularisation of plate tectonics; presenting the concepts of dynamics and time — *Public Understanding of Science*, 5, p. 1-26.

Jacquard (A.). 1982. *Au péril de la science*. Paris: Éd. du Seuil.

Jakobson (R.). 1967. *Essais de linguistique générale*. Paris: Éd. du Seuil.

Janes (R.). 1995. *Museums and the Paradox of Change: A Case Study in Urgent Adaptation*. Calgary: Glenbow Museum.

Jantzen (R.). 1995. "Forces, faiblesses et difficultés de l'interactivité en muséologie", pp. 30-35 in *Dossier interactivité*, directed by A. Massé. Montréal: Société des musées québécois.

Jantzen (R.). 1996. *La cité des Sciences et de l'Industrie*, 1996-2006. Paris: cité des Sciences et de l'Industrie.

Jeudy (H. -P.). 1990. *Patrimoines enfolies*. Paris: Maison des Sciences de l'homme.

Jodelet (D.). 1984. "Représentation sociale: phénomènes, concept et théorie", pp. 357-378 in *Psychologie sociale*, directed by Serge Moscovici. Paris: Presses universitaires de France.

Jodelet (D.) (directed by). 1989. *Les Représentations sociales*. Paris: Presses universitaires de France.

Jurdant (B.). 1969. "Vulgarisation scientifique et idéologie". *Communications*, 14, pp. 150-161.

Kay (A. C.). 1991. "Computers, networks and education". *Scientific American*, Sept. , pp. 138-148.

Kelly (R. -F.). 1987. "Museums as status symbols II: Attaining a state of having been", pp. 1-38 in *Advances in Non-Profit Marketing*, directed by R. Belk. Greenwich (CT): JAI Press.

Kelly (R. F.). 1992. "Museums as status symbols III: A speculative examination of motives among those who love being in museums, those who go to 'have been' and those who refuse to go", pp. 24- 31 in *Visitor Studies: Theory, Research and Practice*, Vol. 4, directed by A. Benefield, S. Bitgood, H. Shettel. Jacksonville (AL): The Centre for Social Design.

Kentley and Negus. 1989. *Writing of the Wall*. Guide for presenting exhibition text. London, National Maritime Museum.

Kimmel (D.). 1974. *Adulthood and Aging*. New York: John Wiley.

Klein (H. K.). 1993. "Tracking visitor circulation in museum settings". *Environment and Behavior*, 25(6), pp. 782-800.

Kohlstedt (S. G.). 1988. "Curiosities and cabinets: natural history museums and Education on the Antebellum Campus". *Isis*, 79, pp. 405-426.

Koran (J. J.) & Ellis (J.). 1991. "Research in informal settings: Some reflections on designs and methodology". *ILVS Review*, 2(1), pp. 67-86.

Koran (J. J.) *et al.*, 1988. "Using modeling to direct attention". *Curator*, 31(1), pp. 36-42.

Koster (E. H.). 1995. "The human journey and the evolving museum", pp. 81-98 in *Museums: Where Knowledge Is Shared*, directed by M. Côté & A. Viel. Montréal/Québec: Société des musées québécois/Musée de la civilisation.

Koster (E. H.). 1996. "Science culture and cultural tourism", pp. 226- 238 in *Tourism and Culture towards the 21st Century: Culture as a Tourism Product*, directed by M. Robinson, N. Evans, P. Callaghan. Newcastle: University of Northumbria.

Koster (E. H.). 1999. "In Search of Relevance: Science Centers as Innovators in the Evolution of Museum". *Daedalus*, 128(3), pp. 277-296

Kotter (J. P.). 1996. *Leading Change*. Harvard: Harvard Business School Press.

Krol (E.). 1994. *The Whole Internet User's Guide & Catalog*. Spec. ed. , August. Sebastopol (CA): O'Reilly & Ass.

Kuritz (H.). 1981. "The popularization of science in nineteenth century America". *History of Education Quarterly*, 21, Fall, pp. 259-274.

Lacroix (L.). 1989. "Le musée des sciences, un musée au second degré", pp. 23-24 in *Faire voir, faire savoir: La muséologie scientifique au présent*, directed by B. Schiele.

Laetsch (W. M.). 1979. "Conservation and communication: A tale of two cultures". *Southeastern Museums Conference Journal*, pp. 1-8.

Laetsch (W. M.) *et al.*, 1980. "Children and family groups in science centres". *Science and Children*, March, pp. 14-17.

Lafon (F.). 1996. *Rapport d'évaluation Technocité phase* 2. Paris: cité des Sciences et de l'Industrie, Direction Jeunesse Formation.

Lakota (R. A.). 1975. *The National Museum of Natural History as a Behavioral Environment: An Environmental Analysis of Behavioral Performance*. Washington (DC): Office of Museum Programs, Smithsonian Institution.

Lamy (Y.). 1992. "Le patrimoine culturel au regard des sciences sociales", *Les Papiers*: (Économie, société, communication), 9, Patrimoines en débat: Construction de la mémoire et valorisation du symbolique, Spring, pp. 17-35.

Landry (J.). 1992. "Une histoire... d'amour". *Quatre-temps*, 16(2), pp. 30-33.

Latour (B.). 1990. "Quand les anges deviennent de bien mauvais messagers". *Terrain*: Carnet du patrimoine ethnologique, 14, pp. 76-91.

Lawrence (G.). 1991. "Rats, street gangs and culture: Evaluation in museums", pp. 11-32 in *Museum Languages: Objects and Texts*, directed by G. Kavanagh. Leicester: Leicester University Press.

Lawrence (G.). 1993. "Remembering rats, considering culture: Perspectives on museum evaluation", pp. 117-124 in *Museum visitor studies in the* 90s, directed by S. Bicknell & G. Farmelo. London: Science Museum.

Le Marec (J.). 1990. *Le Public et l'Environnement*. Study paper. Paris: cité des Sciences et de l'Industrie, Direction des expositions (Cellule évaluation).

Le Marec (J.). 1992. "Les évaluations préalables: une aide à la conception des expositions". *La Lettre de l'OCIM*, 22 pp. 21-26

Le Marec (J.) 1993. " L'interactivité rencontre entre visiteurs et concepteurs". *Publics & Musées*, 3, pp. 91-110.

Le Marec (J.). 1994. "Méthodes d'accès au savoir dans l'exposition scientifique: anticipation des intentions et représentations des visiteurs", in *Quand la science se fait culture*, *Actes II*, directed by B. Schiele (diskettes). International symposium, Montreal, April 10-13, 1994. Sainte-Foy (QC): Éditions MultiMondes.

Le Marec (J.). 1996. *Le gisiteur en représentations: Les enjeux des études préalables en muséologie*. Ph. D. Thesis Information and Documentation Sciences: Université de Saint-Étienne.

Légaré (B.). 1991. *Le Marketing en milieu muséal : une bibliographie analytique et sélective.* Montréal: École des Hautes Éudes commerciales.

Leopoldseder (H.), Stocker (G.). 1996. *Ars Electronica Centre : Museum of the Future.* Linz: Ars Electronica Centrum.

Lerat (P.). 1995. *Les Langues de spécialité.* Paris: Presses universitaires de France.

Levasseur (M.) & Veron (E.). 1984. In Blanquart, P. & Carrier C. (eds), *Histoire d'Expo.* Centre de création Industrielle, Centre George Pompidou: Paris, pp. 29-32.

Leverette (W. -E.)Jr. 1965. "E. L. Youmans' crusade for scientific autonomy and respectability". *American Quarterly*, 12, Spring, pp. 12-32.

Lévy (M.). 1986. "La cité des Sciences et de l'Industrie à la Villette". *Musées*, 9(2), pp. 24-28.

Lévy-Leblond (J. -M.). 1984. *L'Esprit de sel.* Paris: Éd. du Seuil.

Lewenstein (B. V.). 1992. "Industrial life insurance, public health campaigns, and public communication of science, 1908-1951". *Public Understanding of Science*, 1(4), pp. 347-366.

Lewenstein (B. V.). 1992. "The meaning of public understanding of science in the United States after World War II". Public *Understanding of Science*, 1(1), pp. 45-68.

Lew. enstein (B. V.). 1994. "A survey of public communication of science and technology activities in the United States", pp. 119-178 in *When Science Becomes Culture*, directed by B. Schiele. Boucherville (QC): University of Ottawa Press.

Lewenstein (B. V). 1995. "Advocacy vs. objective reporting: a historical perspective", pp. 195-207 in *Robert Bosch Colloquium on Risk Communication and Science Reporting, June 1992*, directed by W. Gopfert & R. Bader. Berlin: Robert Bosch Foundation/Free University of Berlin.

Lewis (B. N.). 1979. "Fancy ideas". *The Guardian*, March 6.

Lewis (B. N.). 1980. "The museum as an educational facility". *Museums Journal*, 80(3), pp. 151-155.

Limoges (C.). 1995. *L'Université entre la gestion du passé et l'invention de l'avenir.* Communication given at the Symposium de la commission de Planification. Université du Québec à Montréal.

Livingston (J. R.). 1994. *Rogue Primate : An Exploration of Human Domestication.* Toronto: Key Porter Books.

Locke (J.). 1693. *Quelques pensées sur l'éducation.* Paris: Vrin.

Loomis *et al.*, 1988. "The visitor survey: Frontend evaluation or basic research?", pp. 144-148 in *Visitor Studies : Theory, Research and Practice*, directed by S. Bitgood, J. Roper, A. Benefield. Jacksonville (AL): Center for Social Design.

Louvigné (C.). 1994. *Les Étiquettes dans les musées interactifs pour enfants.* Thesis of DESS: Sciences du jeu: Paris Nord.

Lubar (S.). 1993. *InfoCulture : The Smithsonian Book of Information Age Inventions.* Boston, New York: Houghton Mifflin.

Lucas (A. M.). 1986. "Tendencias en la investigación sobre la ensenanza apprendizaje de la biología". *Ensenanza de las Ciencias*, 4.

MacDonald (G. -F.), Alsford (S.). 1989. *Un musée pour le village global*. Hull: Canadian Museum of Civilization.

Macdonald (S.), Silverstone (R.). 1990. "Rewriting the Museum: Fictions, Taxinomies, Stories and Readers". *Cultural Studies*, 4(2), pp. 176-191.

Malécot (Y.). 1981. *Culture technique et aménagement du territoire*. Rapport remis à la DA-TAR. Paris: Documentation française.

Mallein (Ph.), Toussaint (Y.). 1990. *Apport pour la prospective de l'analyse micro-sociale de la diffusion des N. T. C.* CERAT, IRIS, Université Paris-Dauphine.

Martin (N. -V.). 1990. *Le Musée des sciences et technologie*. SECOR Report of May 28.

Martinand (J. -L.). 1982. *Contribution à la caractérisation des objectifs de l'initiation aux sciences physiques*. State Thesis: Paris 11.

Martinand (J. -L.). 1989. "Pratiques de référence, transposition didactique et savoirs professionnels en sciences et techniques" *Les Sciences de l'éducation*, 2, pp. 23-29.

Mattelard (A.). 1992. *La Communication-monde*. Paris: La Découverte.

Maturana (H.). 1974. "Stratégies cognitives", pp. 418-442 in *L'Unité de l'homme: Le cerveau humain*, directed by E. Morin. Paris: Éd. du Seuil.

Maury (J. -P.). 1996. *Le Palais de la Découverte*. Paris: Découvertes Gallimard.

McGucken (W.). 1984. *Scientists, Society and State: The Social Relations of Science Movement in Great Britain*, 1931-1947. Columbus: Ohio State University Press.

McManus (P. M.). 1987. "It's the company you keep... The social determination of learning-related behaviour in a science museum". *Museum Management and Curatorship*, 6, pp. 263-270.

McManus (P. M.). 1989. "Oh Yes they do: How museum visitors read labels and interact with exhibit texts". *Curator*, 32(3), pp. 174-189.

McManus (P. M.). 1991. "Making sense of exhibits", pp. 35-46 in *Museum Languages: Objects and Texts*, directed by G. Kavanagh. Leicester/London/New York: Leicester University Press.

McManus (P. M.). 1994. "Families in museums", pp. 81-97 *in Towards the Museum of the Future: New European Perspectives*, directed by R. S. Miles & L. Zavala. London: Routledge.

McManus (P. M.). 1994. "Memories as indicators of the impact of museum visits". *Museum Management and Curatorship*, 12, pp. 367-380.

McPartland (G.). 1994. "Evaluating Internet resources". *NSF Network News*, Sept. -Oct, 1 (4). Madison (WI): The InterNIC.

McQuail (D.). 1994. *Mass Communication Theory: An introduction*. London: Sage Publications, 3rd edition.

Meadows (J.). 1986. "Histoire succincte de la vulgarisation scientifique". *Impact: science et société*, 144, pp. 395-401.

Melman (G.), Chemin (J.-P.). 1990. *Choix d'objet pour techniques pour communiquer*. Paris: cité des Sciences et de l'Industrie, Direction de la Jeunesse et de la Formation.

Melton (A. W.). 1935. *Problems of installation in museums of art*. Washington (DC): American Association of Museums. (New series, 14).

Melton (A. W.). 1936. "Distribution of attention in galleries in a museum of science and industry." *Museum News*, 14(3), pp. 6-8.

Merlin (H.). 1994. *Public et Littérature en France au XVIIe siècle*. Paris: Éd. Les Belles Lettres.

Merriman (N.). 1991. *Beyond the Glass Case: The Past, the Heritage and the Public in Britain*. Leicester: Leicester University Press.

Miège (B.). 1989. *La Société conquise par la communication*. Grenoble: Presses universitaires de Grenoble.

Miles (R. S.). 1987. "Museums and the communication of science", pp. 114-130 in *Communicating Science to the Public*, directed by D. Evered & M. O'Connor. London: Wiley Ciba Foundation Conference.

Miles (R. S.). 1988. "Exhibit evaluation". *ILVS Review*, 1(1), pp. 24-33.

Miles (R. S.). 1989. *Evaluation in its communications context*. Technical report, 89(10). Jacksonville (AL): Center for Social Design.

Miles (R. S.). 1993. "Grasping the greased pig: Evaluation of educational exhibits", pp. 24-33 in *Museum visitor studies in the 90s*, directed by S. Bicknell & G. Farmelo. London: Science Museum.

Miles (R. S.), Lewis (B. N.). 1983. "Science museums on the move." *New Scientist*, 98 (1357), pp. 379-381.

Miles (R. S.), Tout (A. F.). 1979. "Outline of a technology for effective science exhibits". *Special Papers in Palaeontology*, 22, pp. 209-224.

Miles (R. S.), Tout (A. F.). 1991. "Holding power: To choose time is to save time". *ASTC Newsletter*, 19(3), pp. 7-9.

Miles (R. S.), Tout (A. F.). 1993. "Exhibitions and the public under standing of science", pp. 27-33 in *Museums and the public understanding of science*, directed by J. Durant. London: Science Museum, pp. 27-33.

Miles (R. S.), Zavala (L.). 1994. *Towards the Museum of Future: New European Perspectives*. London & New York: Routledge.

Miles (R. S.) *et al.*, 1988. *The Design of Educational Exhibits*. London: Unwin Hyman, 2nd edition.

Miller (J. D.). 1983. *The American People and Science Policy*. New York: Pergamon Press.

Miller (J. D.). 1983. "Scientific literacy: A conceptual and empirical review". *Daedalus*, 112(2), pp. 29-48.

Miller (J. D.). 1987. "Scientific literacy in the United States", in *Communicating Science to* the Public, directed by E. D. & M. O'Connor. London: Wiley.

Miller (J. D.). 1989. *Scientific Literacy*. Communication given at the annual meeting of the American Association for the Advancement of Science.

Miller (J. D.). 1991. "Public Scientific Literacy and Attitudes Towards Science and Technology", pp. 98-105 in *Science & Engineering Indicators-1991*, directed by the National Science Board. Washington (DC): US Government Printing Office.

Miller (J. D.). 1998. "The measurement of civic scientific literacy". *Public Understanding of Science*, 7, pp. 1-21.

Miller (J. D.). 2000. "The development of civic scientific literacy in the United States", in *Science, Technology and Society: A Sourcebook on Research and Practice*, directed by D. Kumar & D. Chubin. New York: Kluwer Academic/Plenum Publishers.

Miller (J. D.), Prewitt (K.), Pearson (R.). 1980. "The attitudes of the U. S. public toward science and technology". Report to the National Science Foundation. Dekalb (IL): Public Opinion Laboratory.

Miller (J. D.), Pardo (R.), Niwa (F.). 1997. Public Perception of Science and Technology. Bilbao: Fundación BBV.

Ministère de la Culture, Direction Régionale à l'Action Culturelle (Department for Cultural Action). 1984. *Le développement de la CSTI en région Lorraine*. Report.

Mintz (M.). 1965. *The Therapeutic Nightmare*. New York: Houghton Mifflin.

Mintzberg (H.). 1979. *The Structuring of Organizations*. Prentice- Hall: Englewood Cliffs.

Mironer (L.), Mengin (Aymard de), Suillerot (Agnès). 1995. *Fréquentation, notoriété et attraction de sept établissements culturels parisiens*. Paris: cité des Sciences et de l'Industrie/Mission Musées.

Mitman (G.). 1993. "Cinematic nature". Isis, 84, pp. 637-661.

Mitman (G.). 1996. "When nature is the zoo: vision and power in the art and science of natural history". Osiris, 11 (2nd series), pp. 117-143.

Moeglin (P.). 1995. "L'espace public à l'école de la société pédagogique", pp. 99-116 in *L'Espace public et l'emprise de la communication*, directed by Isabelle Paillart. Grenoble: ELLUG.

Moles (A. -A.), Oulif (J. -M.). 1967. "Le troisième homme, vulgarisation scientifique et radio". *Diogène*, 58, pp. 29-40.

Montpetit (R.). 1995. "De l'exposition d'objets à l'exposition expérience: la muséologie multimédia", pp. 7-14 in Proceedings of the 62nd Convention of ACFAS *Les muséographies multimédias: métamorphose du musée*, May 17, 1994, Université du Québecà Montréal. Québec City: Musée de la civilisation.

Mortureux (M. -F.). 1973. "À propos du vocabulaire scientifique dans la seconde moitié du XVIIe siècle". *Langue française*, 17, pp. 72-80.

Mortureux (M. -F.). 1983. "Linguistique et vulgarisation scientifique" *Information sur les sciences sociales*, 24(4), pp. 825-845.

Moscovici (S.). 1976. *La Psychanalyse, son image et son public*. Paris: Presses universitaires de France, 1st edition. 1961.

Moscovoci (S.), Hewstone (M.). 1984. "De la science au sens commun", pp. 539-566 in *Psychologie sociale*, directed by S. Moscovoci. Paris: Presses universitaires de France.

Moulin (C.). 1989. "Cultural tourism theory", pp. 43-62 in *Planning for Cultural Tourism*, directed by W. Jamieson. Calgary: University of Calgary.

Murphy (P.). 1994. *Quality Management in Urban Tourism: Balancing Business and Environment*. Victoria: University of Victoria.

Muséologie selon Georges Henri Rivière: Cours de muséologie / Textes et témoignages (La). 1989. Paris: Dunod-Bordas.

NAEP (National Assessment of Educational Progress). 1988. *The Science Report Card*. Princeton (NJ): Educational Testing Service.

Nanus (B.). 1990. *Visionary Leadership: Creating a Compelling Sense of Direction for your Organization*. San Francisco: Jossey-Bass.

Natali (J. -P.), Martinand (J. -L.). 1987. "Une exposition scientifique thématique... Est-ce bien concevable?". *Éducation permanente*, 90, Nov. , pp. 115-129.

Neale (E. R. W.), Horne (L.). 1995. *The Past is the Key to the Future: A Geoscientist's Guide to the Public Awareness of Science and Technology*. St. John's (NF): Geological Association of Canada.

Nelson (T.). 1987. *Computer Lib, Dream Machines*. Revised edition. Redmond/Washington: Microsoft Press.

Niquette (M.). 1994. "Quand les visiteurs communiquent entre eux: la sociabilité au musée". *La Lettre de L'OCIM*, 36, pp. 20-28.

Niquette (M.). 1994. *La Sociabilité dans les musées*. Ph. D. Thesis: Communications: Université du Québec à Montréal.

Noll (V H.). 1935. "Measuring the scientific attitude". *Journal of Abnormal and Social Psychology*, 30, pp. 145-154.

Norman (D. A.), Rumelhart (D. E.). 1975. *Exploration in cognition*. San Francisco: Fraedman.

Novak (J. D.). 1984. "Can metalearning and metaknowledge strategies help students learn how to learn?", in *Learning how To Learn*, directed by J. D. Novak & D. B. Gowin. Cambridge: Cambridge University Press.

Novak (J. D.). 1985. "Metalearning and metaknowledge strategies to help students learn how to learn", pp. 189-209 in *Cognitive Structure and Conceptual Change*, directed by Leo H. T. & A. Leon Pines. London: Academic Press.

NTIA. 1993. *The National Information Infrastructure: Agenda for Action*. Washington (DC): Department of Commerce.

OERI (Office of Educational Research and Improvement). 1993. *Using Technology to Support Education Reform*. Washington (DC): Office of Educational Research and Improvement.

Ogborn (J.). 1995. *Learning science from museums*. Notes for a round table organized for the School of Education, King's College, London, March 17, 1995.

OLF (Office de la langue française). 1984. "Interprétation du patrimoine." *Néologie en marche*, pp. 38-39. Québec City: Publi-cations du Quebec.

Oppenheimer (F.). 1968. "The role of sciences museum", pp. 167-178 in *Museum and Education*, directed by M. Larrabee. Washington(DC): Smithsonian Institution Press.

Ormerod (P.). 1994. *The Death of Economics*. London: Faber.

Osborne (R.) *et al.*, 1980. "A method of investigating concept understanding in science". *European Journal of Science Education*, 2(3), pp. 311-321.

Ovenell (R. F.). 1986. *The Ashmolean Museum*, 1683-1894. Oxford: Oxford University Press.

Pailliart (I.) (directed by). 1995. *L'Espace public et l'emprise de la communication*. Grenoble: Éd. Ellug.

PANYNJ (Port Authority of New York and New Jersey). 1993. *The Arts as an Industry: Their Economic Importance to the New York-New Jersey Metropolitan Region*. New York: Port Authority of New York and New Jersey.

Paradeise (C.). 1992. "Usagers et marché", pp. 191-205 in *Les Usagers entre marché et citoyenneté*, directed by M. Chauvière and J. T. Godbout. Paris: L'Harmattan.

Park (I.), Hannfin (M. J.). 1993. "Interactive multimedia design". *Educational Technology Research and Development*, 41(3), pp. 67-81.

Parr (A. E.). 1943. *Address Delivered at the Fiftieth Anniversary Celebration of Field Museum of Natural History*. Chicago, Sept. 15.

Parr (A. E.). 1946. "Trends and conflicts in museum development". *The Museum News*, Nov. 15.

Parr (A. E,). 1950. "Museums of Nature and Man". *The Museological Journal*, 50.

Parr (A. E.). 1953. "Thoughts on museum policy in regard to research". *Board of Trustees, American Museum of Natural History*, April.

Passeron (J.-C.). 1991. *Le Raisonnement sociologique: L'espace non-poppérien du raisonnement naturel*. Paris: Nathan. Ch. 12 "L'usage faible des images: Enquêtes sur la réception de la peinture".

Pearce (S.) (directed by). 1989. *Museum Studies in Material Culture*. Leicester/London/New York: Leicester University Press.

Pearce (S.). 1989. "Museum Studies in Material Culture", pp. 1-10 in *Museum Studies in Material Culture*, directed by S. Pearce. Leicester/ London/New York: Leicester University Press.

Peart (B.). 1984. "Impact of exhibit type on knowledge gain, attitude and behavior". *Curator*, 27(3), pp. 220-237.

Peart (B.), Kool (R.). 1988. "Analysis of a natural history exhibit: Are dioramas the answer?" *Museum Management and Curatorship*, 7, pp. 117-128.

Pekarik (A. J.), Doering (Z. D.), Bickford (B.). 1995. *An assessment of the "Science in American Life" exhibition at the National Museum of American History*. Washington (DC): Smithsonian Institution, Institutional Studies Office.

Perret-Clermont (A. N.). 1979. *La Construction de l'intelligence dans l'interaction sociale*. Berne: Peter Lang.

Perret-Clermont (A. N.). 1980. *Social Interaction and Cognitive Development in Children*. London: Academic Press.

Perriault (J.). 1989. *La Logique de l'usage: Essai sur les machines à communiquer*. Paris: Flammarion.

Phillips (D. P.) *et al.*, 1991. "Importance of the lay press in the transmission of medical knowledge to the scientific community". *New England Journal of Medicine*, 325, pp. 1180-1183.

Piaget (J.). 1926. *La Représentation du monde chez l'enfant*. Paris: Alcan.

Piaget (J.). 1967. *La Psychologie de l'intelligence*. Paris: Armand Colin.

Piaget (J.). 1976. *Psychologie et Pédagogie*. Paris: Denoël.

Piaget (J.), Inhelder (B.). 1966. *La Psychologie de l'enfant*. Paris: Presses universitaires de France.

Piani (J.), Weil-Barais (A.). 1993. *Les Échanges adultes-enfants à la Cité des enfants*. Research paper. Paris: cité des Sciences et de l'Industrie.

Piganiol (P.). 1989. *Le Musée du Conservatoire national des arts et métiers, sa renaissance, pourquoi? comment?* Report. Paris: Conservatoire national des Arts et Métiers.

Pitts (M.-E.). 1985. *Popularization and Science: Informing Metaphors in Loren Eiseley*. Michigan: University Microfilms Int.

Poli (M.-S.). 1992. "Le parti pris des mots dans l'étiquette: Une approche linguistique". *Publics & Musées*, 1(1), pp. 91-103.

Pomian (K.). 1991. "Musée et patrimoine", pp. 85-108 in *Vers une transition culturelle*, directed by M.-J. Choffel-Mailfert & J. Ramono. Nancy: Presses universitaires de Nancy.

Popkin (S. L.). 1994. *The Reasoning Voter*. Chicago: University of Chicago Press.

Port Authority of New York & New Jersey. 1993. *The arts as an industry-their economic importance to the New York-New Jersey metropolitan region*. New York, 12 p.

·Porter (M. C. B.). 1938. *Behavior of the average visitor in the Peabody Museum of Natural History Yale University*. Washington (DC): American Association of Museums. (New series, 16).

Postman (N.). 1989. Élargissement de la notion de Musée. Communication à ICOM 1989, *Quinzième conférence générale de l'ICOM*, The Hague, Aug. 27-Sept. 5.

Prince (D. R.). 1990. "Factors influencing museum visits: An empirical evaluation of audience selection". *Museum Management and Curatorship*, 9, pp. 149-168.

Proulx (S.). "Les différentes problématiques de l'usage et de l'usager", pp. 149-159 in *Médias et Nouvelles Technologies: Pour une socio- politique des usages*, directed by A. Vitalis. Rennes: Éd. Apogée.

Quéré (L.). 1989. "Communication sociale: les effets d'un changement de paradigme". *Réseaux: Communication, technologie, société*, 34, March, pp. 19-48.

Quéré (L.). 1991. "D'un modèle épistémologique de la communicationà un modèle praxéologique". *Réseaux Communication*, technologie, société, 46-47, March-June, pp. 69-90.

Quin (M.). 1993. "Clones, hybrides ou mutants?: L' évolution des grands musées scientifiques européens". *Alliage: Culture*, science, technique, 16-17, Spec. No. Science et culture en Europe, Summer- Fall, pp. 264-272. English version in spec. no. of *Public Understanding of Science*, directed by J. Durant and J. Gregory.

Quin (M.). 1994. "Aims, strengths and weaknesses of the European science centre movement", pp. 39-55, in *Towards the Museum of Future: New European Perspectives*, directed by R. Miles & L. Zavala. London & New York:Routledge.

Rae(B.). 1994. *The Premier's Council: Working Together for Change*. Brochure.

Raichvarg (D.). 1993. *Science et Spectacle: Figures d'une rencontre*. Nice: Z'Editions.

Rainger (R.). 1991. *An Agenda for Antiquity: Henry Fairfield Osborn and Vertebrate Paleontology at the American Museum of Natural History*, 1890-1935. Tuscaloosa, (AL): University of Alabama Press.

REMUS (Recherche en Muséologie des Sciences et des Techniques). 1991. REMUS: *La muséologie des sciences et des techniques*. Proceedings from the symposium held in Dec. 12-13, 1991, Palais de la Découverte, Paris. Dijon: Office de coopération et d'information muséographiques.

Réseaux: Communication, technologie, socété, 34. Autour d'Habermas, March 1991.

Reserve Collection in Museums (The). 1994. Proceedings from international symposium, Paris, September 19-20, 1994. Paris: Musée national des Techniques.

Resnick (L.). 1982. *A New Conception of Mathematic and Science Learning*. Pittsburg: Learning Research and Development Center.

Rhees (D. J.). 1979. "A new voice for science:science service under Edwin E. Slosson, 1921-1929". Chapel Hill: University of North Carolina.

Rhees (D. J.). 1985. "The Chemical Foundation and popular chemistry between the wars". *CHOC News*, Spring, pp. 2-3.

Richard (E.). 1995. "Anatomy of the World-Wide Web". *Internet World*, Mecklermedia, April, pp. 28-30.

Rieu (A. -M.). 1988. *Les Visiteurs et leurs musées. Le cas des musées de Mulhouse*. Paris: La Documentation française.

Riley (S.). 1996. "Why are our museums so bland?". *The Ottawa Citizen Newspaper*, Dec. 7, pp. D1-D2.

Risher (C. A.) & Gasaway (L. N.). 1994. "The Great Copyright Debate". *Library Journal*, 119(15), Sept. , pp. 34-37.

Rivière (G. -H.). 1989. *La muséologie*. Paris: Dunod.

Roberts (L.). 1992. "Affective learning, affective experience: What does it have to do with museum education?", pp. 162-168 in *Visitor Studies: Theory, Research and Practice*, Vol. 4, directed by A. Benefield, S. Bitgood, H. Shettel.

Robin (J.). 1989. *Changer d'ère*. Paris: Éd. du Seuil.

Robinson (E. S.). 1928. *The Behavior of the Museum Visitor*. Washington (DC): American Association of Museums. (New series, 5).

Robinson (E. S.). 1931. "Exit the typical visitor". *Journal of Adult Education*, 3(4), pp. 418-423.

Roqueplo (P.). 1974. *Le Partage du savoir*, Paris: Éd. du Seuil.

Rosa (J.). 1982. "La responsabilité sociale du scientifique", pp. 101-108 in *Recherche et Technologie*. Proceedings from national symposium, Jan. 13-16, Paris Éd. du Seuil.

Rose (A. -J.). 1967. "Le Palais de la Découvert". Museum, 20(3), pp. 206-208.

Rosenau (J.). 1961. *Public Opinion and Foreign Policy: An Operational Formulation*. New York: Random House.

Rosenau (J.). 1963. *National Leadership and Foreign Policy: The Mobilization of Public Support*. Princeton (NJ): Princeton University Press.

Rosenau (J.). 1974. *Citizenship Between Elections*. New York: Free Press.

Rossiter (M.). 1971. "Benjamin Silliman and the Lowell Institute: the popularization of science". *New England Qtly*, 44, pp. 602-626.

Roush (W.). 1996. "Putting museum-goers in scientists' shoes". *Science*, 271(8), March, pp. 1356.

Roussel (M.). 1979. *Le Public adulte au Palais de la Découverte: d'après les principaux résultats d'une enquête sociopédagogique, 1970-1978*. Paris: Palais de la Découverte. Ronéoté.

Royal Commission on Learning. 1995. *For the love of learning*. Publications Ontario, Canada. 83 p.

Ruopp (R.). 1993. "LAbNet toward a community of practice" *Journal of Science Education and Technology*, 2(1), pp. 305-319.

Sadavage (G.). 1994. "A framework for analyzing the alternative methodologies for investigating the effectiveness of hypermedia". *The Arachnet Electronic Journal on Virtual Culture*, 2(4), Sept. , pp. 1-16.

Sainsaulieu (René de). 1977. *Identité au travail*. Paris: Presses de la Fondation nationale des Sciences politiques.

Schiele (B.). 1984. "Note pour une analyse de la coupure épistémologique. "*Communication Information*, 6(2-3), pp. 43-98.

Schiele (B.). 1986. "Vulgarisation et télévision", *Social Science Information*, 25(1), pp. 189-206.

Schiele (B.). 1987. "Notes pour une analyse de la compétence communicationnelle de l'exposition scientifique". *Loisir et Société/ Society and Leisure*, 10(1), pp. 45-67.

Schiele (B.). 1989. "Le musée des sciences est-il un genre à part?", pp. 7-18 in *Faire voir, faire savoir: la muséologie scientifique au présent*, directed by B. Schiele. Québec City: Musée de la civilisation.

Schiele (B.). 1992. "L'invention simultanée du visiteur et de l'exposition". *Publics & Musées*,

2, pp. 71-98.

Schiele (B.) (directed by). 1994. *Quand la science se fait culture*. Québec: Université du Québec à Montréal/Centre Jacques-Cartier/ Éditions MultiMondes.

Schiele (B.) (directed by). 1994. *Quand la science se fait culture*. Actes I and Acres II, International Symposium, Montreal, April 10-13, 1994. Sainte-Foy (Québec): Éditions Multi-Mondes.

Schiele (B.). 1997. "Les musées scientifiques: tendances actuelles", pp. 15-19 in *Musées & Médias*. Rencontres culturelles de Genève, 1996. Ville de Genève: Département des affaires culturelles.

Schiele (B.), Boucher (L.). 1987. "Une exposition peut en cacher une autre: Approche de l'exposition scientifique et technique: La mise en scène de la science au Palais de la Découverte", pp. 65-214 in *Cahier Expo Média*, 3, Ciel une expo! Approche de l'exposition scientifique.

Schiele (B.), Larocque (J.). 1981. "Le message vulgarisateur". *Communications*, 33. pp. 165-183.

Schiele (B.), Tarpin (C.). 1992. "La recomposition du champ muséal au Québec", pp. 253-269 in La Société industrielle et ses musées: *Demande sociale et choix politiques*: 1890-1990, directed by Schroeder- Gudehus. Paris: Éd. des Archives contemporaines.

Schwirian (P. M.). 1968. "On measuring attitudes toward science". *Science Education*, 52, pp. 172-179.

Screven (C. G.). 1976. *The Measurement and Facilitation of Learning in the Museum Environnement: An Experimental Analysis*. Washington (DC): Smithsonian Institution Press.

Screven (C. G.). 1976. "Exhibit evaluation, a goal referenced approach", *Curator*, 19(4), pp. 271-290.

Screven (C. G.). 1983. "Evaluation and the exhibit design process: pretesting audience as a design tool". Iconographie, 2(2). pp. 5-7.

Serrell (B.). 1983. *Labels: A Step-by-Step Guide*. Nashville: American Association for State & Local History.

Serrell (B.), Raphling (B.). 1992. "Computers on the Exhibit Floor". *Curator*: American Museum of Natural History, Sept., pp. 181-188.

Shapin (S.), Barnes (B.). 1977. "Science, nature and control: interpreting mechanics institutes". *Social Studies of Science*, 7, pp. 31-74.

Shaughnessy (D. F.). 1957. *The Story of the American Cancer Society*. Ph. D. dissertation: Columbia University.

Sheets-Pyenson (S.). 1985. "Popular science periodicals in Paris and London: the emergence of a low scientific culture, 1820- 1875". *Annals of Science*, 42(6), pp. 549-572.

Sheets-Pyenson (S.). 1988. *Cathedrals of Science: The Development of Colonial Natural History Museums During the Late Nineteenth Century*. Kingston (ON): McGill-Queen's University Press.

Shettel (H.). 1968. *Strategies for Determining Exhibit Effectiveness*. Washington (DC):

Educational Resources Information Center.

Shettel(H.). 1990. *An Evaluation of Visitor Response to Man in His Environment*. Technical report(90-10). Jacksonville(AL): Center for Social Design.

Shettel(H.). 1996. *Exhibit Controversy*: A Role for Visitor Studies? Estes Park(CO): Visitor Studies Association Conference.

Shettel(H.). 1996. *Policy and Exhibitions: A Comparison of German and American Experiences*. Seattle(WA): German Studies Association Conference.

Shettel(H.), Bitgood(S.). 1994. "Les pratiques de l'évaluation des expositions". *Publics & Musées*,4,May,PP. 9-25.

Shettel(H.)et al., 1968. *Strategies for determining exhibit effectiveness*. Washington(DC): American Institutes for Research.

Shortland(M.). 1987. "No business like show business". *Nature*, 328,PP. 213-214.

Simonneaux (L.). 1995. *Production en action et evaluation formative d'éléments de préfiguration d'une exposition*. Ph. D. Thesis: Didactique des disciplines scientifiques: Lyon 1.

Simpson(M.), Arnold(B.). 1982. "Availability of prerequisite concepts for learning biology at certificate level". *Journal of Biological Education*,16(1). pp. 65-72.

Sinclair(B.). 1974. *Philadelphia's Philosopher Mechanics: A History of the Franklin Institute, 1824-1865*. Baltimore: Johns Hopkins University Press.

Skinner(F). 1968. *The Technology of Teaching*. New York: Appleton Century Crofts.

Sless(D.), Wiseman(R.)(directed by). 1996. *Readings Towards Science Communication*. Canberra: Communication ResearCh Press.

Stevenson(J.). 1991. "The long-term impact of interactive exhibits". *International Journal of Science Education*,13(5), pp. 521-531.

Stewart(J.). 1990. *Heritage Attractions and Tourism: Myths and Issues*. Victoria: The Travel and Tourism Research Association.

St. John(M.), Grinell(S.). 1993. *Vision to Reality: Critical Dimensions in Science Center Development*. Washington(DC): Association of Science-Technology Centers.

Strom(R.), Bernard(H.), Strom(S.). 1987. *Human Development and Learning*. New York: Human Sciences Press.

Sutton(C. R.). 1982. "The origins of pupils'ideas",pp. 33-50 in *Investigation Childrens Exising Ideas about Sciences*,directed by C. Sutton & L. West. Leicester: University of Leicester.

Suzuki(D.). 1988. *Metamorphosis: Stages in a Life*. Toronto: New Data Enterprises.

Suzuki(D.). 1993. "Intersect: Japan and the World". *Intersect Magazine*, April,P. 34.

Teller(M. E.). 1988. *The Tuberculosis Movement: A Public Health Campaign in the Progressive Era*. New York: Greenwood Press.

Templeton(M.). 1 988. "The science museum object lessons in informal education",pp. 83-88 in *Science for the Fun of It: A Guide to Informal Science Education*,directed by M. Druger. Washington(DC): National Science Teachers Association.

Tighe(A. J.). 1990. *Cultural Tourism in 1989 : A Reflection of the Past , an Image of the Future*. 4th Annual Travel Review Conference, Washington, Feb. 4,1990.

Tilden(F.). 1977. *Interpreting our Heritage*. Chapel Hill: University of North Carolina Press.

Tobelem(J. M.). 1993. "De l'approche marketing dans les musées", *Publics & Musées* 2(2), pp. 71-98.

Touraine(A.). 1966. *La Conscience ouvriére*. Paris: Éd. du Seuil.

Treinen(H.). 1993. "What does the visitor want from a museum? Mass-media aspects of museology", pp. 86-93 in *Museum visitor studies in the 90s*, directed by S. Bicknell & G. Farmelo. London: Science Museum.

Triquet(É.). 1993. *Analyse de la genèse d'une exposition de science : Pour une approche de Ia transposition mediatique*. Ph. D. Thesis: Didactique des disciplines scientifiques: Lyon 1.

Tuckey(C.). 1992. "Children's reaction to an interactive Sciences Center". *Curator*, 35 (1), 1992, Jan. , pp. 28-38.

Tulving(E.). 1972. "Episodic and semantic memory", pp. 381- 403 in *Organisation of memory*, directed by E. Tulving & W Donaldson. London: Academic Press.

Turner(F. M.). 1980. "Public science in Britain, 1880-1919". *Isis*, 71, pp. 589-608.

Uzzell(D.)et al. , 1997. *Children as Catalysts of Environmental Change*. Lisbon: Portugese Institute for the Promotion of the Environment.

Vagues : Une anthologie de la nouvelle museologie, V. ol. 1. Mâcon/ Savigny-le-Temple: Éd. W/ MNES. , M. N. E. S. , Mâcon, 1992.

Van Praët(M.). 1989. "Contradictions des musées d'histoire naturelle et évolution de leurs expositions", pp. 25-34 in *Faire voir , faire savoir : La muséologie scientifique au present*, directed by B. Schiele. Québec City: Musée de la civilisation.

Van Praët(M.). 1991. "Évolution des musées d'Histoire naturelle: de l'accumulation des objets à la responsabilisation des publics", pp. 19-28 in *La Galerie de l'Évolution : Concept et evaluation*. International Conference, Nov. 22-23, 1990, Paris: Muséum national d'histoire naturelle.

Van Praët(M.). 1994. "Une rénovation muséographique à la convergence d'un lieu, de publics et d'idées scientifiques". *La Lettre de l'OCIM*, 33, pp. 13-21.

Varela(E. -J.). 1989. *Connaître les sciences cognitives : tendances et perspectives*. Paris: Éd. du Seuil.

Vecchi(G. de). 1993. *Aider les éléves à apprendre*. Paris: Hachette.

Vecchi(G. de), Giordan (A.). 1989. *L'Enseignement scientifique , comment faire pour que ça marche?* Nice: Z' Editions.

Verges(P.). 1976. *Les Formes de connaissances écono miques : Élements pour une analyse des raisonnements et connaissances pratiques*. State Ph. D. Thesis: Lyons: Lyon II.

Veverka(J. A). 1994. *Interpretive Master Planning*. Helena(MT): Falcon Press Publishing.

Weiss(R. S.), Boutourline(S.). 1963. "The communication value of exhibits". *Museum News*, 42(3), pp. 23-27.

Whalen(M. D.). 1981. "Science, the public, and American culture: a preface to the study of popular science". *Journal of American Culture*, 4(4), pp. 14-26.

Whalen(M. D.), Tobin(M. F). 1980. "Periodicals and the popularization ofscience in America. 1860-1910". *Journal of American Culture*, 3(1), pp. 195-203.

Wiggins(R. W). 1995. "Webolution". *Internet World*, *Mecklermedia*, April, pp. 32-38.

Winnykamen(F). 1992. "Les interactions de guidage: la médiation par le tutorat". *Psychologie de l'éeducation*, 1.

Winsor(M.). 1991. *Reading the Shape of Nature: Comparative Zoology at the Agassiz Museum*. Chicago: University of Chicago Press.

Wiseman(R.)(directed by). 1996. *Science Communication: Possibilities for the Future*. Canberra: Communication Research Press.

Withey(S. B.). 1959. "Public opinion about science and the scientist". *Public Opinion Quarterly*, 23, pp. 382-388.

Wolf(R. L.), Tymitz(B. L.). 1978. *A Preliminary Guide for Conducting Naturalistic Evaluation in Studying Museum Environments*. Washington(DC): Office of Museum Programs, Smithsonian Institution.

Wonders(K.). 1993. *Habitat Dioramas*. Uppsala: Acta Universitatis Upsaliensis.

Yoshioka(J. G.). 1942. "A direction-orientation study with visitors at the New York World's Fair". *The Journal of General Psychology*, 27, pp. 3-33.

Zeeuw(G. de). 1991. "Introduction", p. 8 in *Collective Support Systems and their Users*, directed by G. de Zeeuw & R. Glanville. Amsterdam: OOC/Thesis.

Ziporyn(T.). 1988. *Diseases in the Popular American Press: The Case of Diptheria, Typhoid Fever, and Syphilis, 1870-1920*. New York: Greenwood Press.

作者介绍

史蒂文·艾里森-布内尔(STEVEN ALLISON-BUNNELL),博士,1995年毕业于康奈尔大学,密苏拉蒙大拿大学,环境研究项目研究人员。其博士论文论及自然博物馆的知识创造,题为《移植热带雨林:史密斯森宁研究院的博物学研究和公共展览,1960～1975》。该论文在《作为文化的科学》上发表以后,他成了科学与环境的自由撰稿作家和新媒体的制作人,曾在史密斯森宁研究院和美国科学促进协会进行有关博物馆学术讲演。

詹姆斯·布拉德伯恩(JAMES M. BRADBURNE),建筑师和博物馆专家,曾参与世界博览会展场、科学中心和国际艺术展览的设计工作。职业生涯涉及建筑学和展览设计、戏剧和影像制品,以及项目管理和项目策划。承担过多方面的研究项目,组织过若干国际组织(如联合国教科文组织、联合国儿童基金会及欧洲科学中心和博物馆网络)的研讨会,以及各种国家级和私人基金会的研讨会。目前在许多国际顾问委员会和科学中心理事会中担任委员或理事。1994～1998年,任阿姆斯特丹新大都市科学技术中心设计主任,负责展览设计、项目规划、新式教育项目开发。1997年6月布拉格鲁道夫二世科学艺术展览期间被聘为高级博物馆研究员。现任法兰克福应用艺术博物馆馆长。

克里斯托·布赖恩特(CHRISTOPHER BRYANT),澳大利亚国立大学名誉教授。曾先后任动物学教授、理学院院长、生物化学和分子生物学学部主任。专业研究领域为生物化学寄生物学,在该领域撰写过150多篇科学论文、评论、文章和书评。1987年开始参与堪培拉国家科技中心外延项目。项目实施过程中,率先开创澳大利亚国立大学科学传播研究生课程,并创建公众科学意识国家中心,任第一届主任。1994年从澳大利亚国立大学提前退休,以便全力投入国家中心的工作。1979年撰写《呼吸生物学》(第二版),由阿诺德公司在伦敦出版;随后与C. A. 贝姆(C. A. Behm)合著《寄生物生物化学适应》,由查普曼霍尔公司在伦敦和纽约出版。与他人合作编辑过两本关于寄生物生物化学的书,一本关于科学传播的书。

让·达瓦隆(JEAN DAVALLON),国家博士,现任圣埃第安让-莫奈大学社会学教授,负责展览与博物馆研究中心的领导工作和博物馆学博士生的培训。定期到国内外的各种专业培训中心授课,讲授传统博物馆机构、展览中介及展品等方面的内容,并组织相关会议。

曾参与或指导过若干科技博物馆学的研究项目(如为法国博物馆的管理和国家博物馆联盟的管理开展 CD-ROM 和博物馆调研;为遗产管理组织文化人类学遗产任务开展农村遗产保护办法研究;为国家技术博物馆高等教育研究部评估《人与机器》展览;参与国家技术博物馆部门间大工程任务的改造工作等)。

现为若干科学委员会的委员(如罗讷-阿尔卑斯地区自然遗产保护地区委员会;鲁昂国家教育博物馆;国家城乡艺术与历史委员会),并负责指导里昂新闻大学的“博物馆学”藏品收集工作。与阿纳·戈第斯迪安纳联手创办了国际刊物《公众与博物馆》,并任副总编,该刊现由里昂新闻大学出版发行;负责乔治·蓬皮杜中心《包容宇宙如是说:经办展览》读物的领导工作;与 G. 戈朗蒙(G. Grandmont)和伯纳德·希尔合著了《博物馆环境主义的兴起》(里昂新闻大学和魁北克市文明博物馆);独自发表了《展览运筹:传播策略与象征性中介》,拉马丹出版社出版。另有若干关于影像工具、展览和博物馆的文章被收入各种文集(如《社团精神》,马达加出版社出版;《制高点》,国家科学研究中心(CNRS)出版,等等);在期刊上发表若干评论(如在《公众与博物馆》上发表《符号学研究中心的工作》;《艺术与工艺博物馆:回顾》;《博物馆:魁北克博物馆学会回顾》,等等),有若干文章被收入各种科学研讨会会议文集(如国际博物馆理事会,法国-加拿大科学促进协会,加拿大-法国合作协议等)。

戈里·德拉科特(GOÉRY DELACÔTE),博士,法国著名科学家、科学教育家、公务员,1991 年 2 月到旧金山“探索馆”工作,任执行主任。现为巴黎大学物理学教授。曾在巴黎高级师范学校获得固体物理学博士学位,毕业后一直从事科学和科学教育工作。1982~1991 年,任国家科学研究中心科学技术信息部主任。在国家科学研究中心负责 INIST 集团的创造、设计和实施工作。1979 年他组建了一支科学工作队,创建了拉维莱特,即新的法国国家科技馆,该馆于 1986 年正式开馆。最近发表了《了解学习》,是他在“探索馆”5年工作经验的成果。

多米尼奎·费里奥特(DOMINIQUE FERRIOT),大学教授,1988 年始任巴黎工艺和技术行业博物馆馆长。曾发起并一直领导一项改造工程,该工程系法国公共服务设施“大工程”项目的组成部分。历任克柔索生态博物馆馆长助理(1976~1979),拉维莱特未来博物馆工作队的伙伴合作和地区行动项目负责人(1980~1984),研究和技术部科技文化司司长(1985~1987)。早先工作重点为工业考古学,后来转向技术博物馆学,组织过各类学术研讨会并创办了《评论》杂志,该刊系专门探索技术历史和博物馆学的季刊。现为许多国际权威组织的成员。

艾伦·弗里德曼(ALAN J. FRIEDMAN),物理学博士,现任纽约市科技馆纽约科学厅主任。曾任伯克利加利福尼亚大学劳伦斯科学厅天文学和物理学主任,巴黎科学与工业城高级规划顾问。与他人合著出版了《爱因斯坦:神话与缪斯》(剑桥大学出版社,1985)。专业兴趣:博物馆、科学教育、科学与大文化的关系。1996年获美国科学促进会颁发的公众理解科学技术奖。

安德烈·乔丹(ANDRÉ GIORDAN),1946年生于尼斯,调节机制生理学专家,曾获教育和生物学博士学位;现为日内瓦大学教授,领导科学教学法与认识论实验室,开发了一系列传播工作方法并将其运用于科学认识论方面,以及科学、技术和医学知识方面;被多个国际组织和企业聘为顾问,撰写了20余本专著。目前在与他人合作撰写有关理论研究和大众普及方面的论著或文章,正在参与拟定有关教学法的文件,研制开发展品、电视节目和多媒体展览。

最近开发出面向一般大众的散页传单《生物之"我"奇遇记,解放》,每月印发一期。曾帮助设计卢森堡科学博物馆,参与创办欧洲科学周。为巴黎儿童城研发互动游戏,为 Arte 和 RAI 公司制作电视节目;为法国英特、法国文化和 RSR 公司制作无线电广播节目。主要作品有《试验科学教育》(1978);《什么样的科学教育适用于什么样的社会?》(1978);《环境教育:教学与学习原理》(1986);《生物学史》(共2卷,1987);《科学知识的起源》(1987);《科学教育:如何发挥效用?》(1989);《科学之先天及后天心理学》(1989);《掌握科学知识》(1990);《金鱼与人》(1995);《新式学习模型》(1996);《环境问题十二问》(1996);《关于学习的几点思考》(1996);《学龄前科学教育》(1996);《学习》(1998);《人体,万物之奇观》(1991);《实验科学教学法》(1999)。其中一些作品被翻译成多种语言。

迈克尔·戈尔(MICHAEL GORE),博士,生于英国兰开夏郡博尔顿。1957年获电力工程学士学位,1961年在里兹大学获应用物理学博士学位。毕业后在美国罗德岛布朗大学电力工程系任职一年,1962年转入澳大利亚国立大学任教,从事物理学教学25年。在后期教育生涯中,专注于面向学生和一般公众的教育工作,由此激发了热情,于1980年在澳大利亚国立大学的支持下创办了澳大利亚第一个互动科学中心——国家科技中心,其后的 10 年中,曾一度任澳大利亚广播公司电视系列节目《迈向 2000 年》的科学顾问。1982年被评为年度"堪培拉人",获丘吉尔奖学金,得以出访调研国外的科学中心。1986 年,因对科学教育所作出的贡献被选为澳大利亚勋位成员。1983 年,被《跨越 2000 年》电视节目工作组授予特别奖,以表彰他在促进公众科学教育方面所发挥的作用。1987 年离开澳大利亚国立大学,到国家科技中心任基金会主任。

目前,GORE 博士在主持澳大利亚科学技术展览工作者网络工作,他曾协助创建该组织。该组织将澳大利亚和新西兰的科学中心联系在一起并促进它们之间的相互合作。1992 年 GORE 博士和澳大利亚国家科技中心同时被授予赋有盛誉的澳大利亚广播公司公众促进科学发展的尤里卡奖;同年他被澳大利亚国立大学科学系聘为副教授。

杰克·基查德(JACK GUICHARD),教育科学博士并具生物学学衔,创办儿童"动手作"博物馆展览的欧洲先驱人物之一。先期职业生涯为教授和研究员,后为法国国家学校体系培训教师和巡视员,继而被巴黎教师培训学院大学聘为教授/研究员。受科普感染,博士也编写科普图书,编制相关软件和互动声像辅助教具。1981~1996 年,以科学家和教育家身份负责创办青少年展览,特别是为巴黎科学与工业城研制开发了著名的"儿童城"项目。所做工作还包括创建并领导一个研究班子开展科学教育和展览研究,研究过程中曾为比利时、意大利和日本设计过儿童展览项目。

保罗·海尔弗利奇(PAUL M. HELFRICH),博士,近十年来一直致力于探究式学习与先进教育技术的结合,使之应用于多种博物馆的项目,现为美国费城富兰克林学会科学博物馆高级培训技术协作技术项目主任。科学博物馆高级培训技术协作是一项为期三年的研究工程,旨在探索正在出现的新的学习技术。海尔弗利奇博士负责管理该项工程 4 个研究班组的技术设计、开发和评估工作。该技术协作的研究人员目前正在积极探索三维多用户虚拟学习环境、网络代理资源搜索和显示系统,以及自动分配联网算法等的教育功效和技术功效。

在其早期博物馆生涯中,海尔弗利奇博士参与了一系列尖端的教育远程计算项目,最为显要的任职为科学学习网项目主任(1993)和 Unisystem 项目主任(1993)。1987 年以来,开发了三个大型动手操作互动性展览,展示了最先进的用于学习方面的教育方法和技术,依次为:《音乐是什么?》(1988),《未来的计算机》(1990)和《你的无所不包的大脑:一次讲述人脑的展览》(1992)。

丹尼奥·雅各比(DANIEL JACOBI),国家博士,传播学教授,现任阿维尼翁大学文化机构与公众研究中心主任,其研究兴趣为非正规科学教育(科普和博物馆展览)。他是《公众理解科学》副总编,与伯纳德·希尔合作发表了《普及科学》。

布鲁诺·雅各米(BRUNO JACOMY),工程师,毕业于艺术与工艺高级师范学校。1976~1983年,作为事业的起始点,在克柔索生态博物馆工作,任图书保管员,完成了引导注意力技术的社会心理学论文;1984~1988年,负责协调国家级"活的百科全书"展览活动(表现从狄德罗时代到当今时代的技术);著有《技术史》(初级读物,1990);1990年至今,在贡比涅技术大学讲授"技术文化"课程。1989年始任艺术与工艺博物馆助理馆长,并负责协调博物馆创新工程指导委员会工作。

埃姆林·科斯特(EMLYN H. KOSTER),理科硕士,地质学博士,职业生涯始于加拿大,先后从事地质技术咨询、大学教学和研究等工作。20世纪80年代初期,参与了联合国教科文组织的一项世界遗产实地考察项目,研究兴趣转向公众科学意识和博物馆的作用。历任艾伯塔皇家蒂雷尔古生物学博物馆馆长(1986~1991),多伦多安达略科学中心馆长(1991~1996),位于曼哈顿对面、投资6800万美元新建的自由科学中心主席兼总执行官。目前在其中任职的各种理事会包括:科学技术中心协会,巨幕剧院协会,挑战者号空间科学教育中心和盖尔泰领导学院。1995年,被吸纳为法国学术荣誉勋位成员。近年来的写作和国际研讨主要集中在科学文化、博物馆动态运行和博物馆社会化等方面。

乔勒·勒·马雷克(JOËLLE LE MAREC),博物馆学博士,1989~1995年负责巴黎科学与工业城展览指导委员会评估小组管理工作,任法国圣埃第安大学展览与博物馆研究中心成员。调研对象及著述内容涉及参观者解读展览的方式,公众作为博物馆之一部系的社团的地位,以及新式传播技术在文化领域中的社会应用。1997年始任3夏尔·戴高乐大学讲师(跨学科传播研究小组集团)。

布鲁斯·莱文斯坦(BRUCE LEWENSTEIN),博士,1987年毕业于美国宾夕法尼亚大学,现为美国纽约州伊萨卡康奈尔大学传播系和科技研究系副教授。他是《当科学与公众见面的时候》主编(华盛顿哥伦比亚特区:美国科学促进协会,1992),现任《公众理解科学》杂志主编。曾撰写若干关于科学普及和科学传播史方面的文章,在各种学术期刊上发表,其中包括《博物馆教育学报》《非正规教育评论》《科学的社会研究》和《科学、技术与人类价值》。曾任美国科学促进协会公众理解科学技术委员会委员,现任美国纽约州伊萨卡科学中心(互动科学博物馆)顾问委员会委员。曾在北美、南美、欧洲、亚洲等许多国家和澳大利亚讲授科学传播课程。

玛丽-珍妮・乔菲尔-梅尔费特(MARIE-JEANNE CHOFFEL-MAIL-FERT),信息与传播学博士,现为南锡一大学教授研究员,在经济与社会合作大学中心讲授成人高等教育课程,并在南锡两大学亨利-普安卡雷学习与研究中心档案馆从事研究工作。近十年的研究领域为信息科学、传播科学,及科学、技术和工业文化,发表了十余篇作品,包括论文《科学、技术和工业文化,洛林地区开展活动的参与角色与投入的必然结果(1980~1995)》(格勒诺布尔斯汤达大学,1996年6月);与J.罗马诺(J. Romano)合作,由本人指导撰写了《迈向文化转型期,科技传播,遗产探查,文化危机》,南锡新闻大学出版社出版(1991)。此外,独立发表了《走近地方的文化政治:洛林地区的科学、技术和工业文化,1980~1995》,拉马丹出版社出版(1999),和《跨边界文化纵横观览》,拉马丹出版社出版(1999)。

罗杰・迈尔斯(ROGER MILES),古生物学家,现为自由职业博物馆顾问,伦敦皇家学院教育研究生院客座讲师,伦敦大学学院考古研究院荣誉研究员。1975~1994年任伦敦自然博物馆展览教育部主任,负责一系列创新性多媒体展览开发。发表过诸多关于博物馆和展览设计的文章。系《教育展览设计》(第二版,1988年)资深作者;与劳罗・扎瓦拉联合编辑了《走向未来博物馆:新欧洲视点》(1994)。

乔恩・米勒(JON D. MILLER),芝加哥科学院副院长,美国伊利诺伊大学政治科学教授,兼任芝加哥科学院促进科学素养国际中心主任和美国青少年纵向研究主任。从事公众理解科学技术研究20余年,发表了两本专著和40余篇论文和文章。对开发初高中和大学学生的兴趣和科学数学能力亦有所研究。现为国家科学基金会两项资助项目的主要负责人,被美国国家科学基金会、国家航空和宇宙航行局、国立卫生研究所聘为顾问,为公众科学传播事务提供咨询。

雷蒙德·蒙佩蒂(RAYMOND MONTPETIT),哲学硕士,现代文学硕士,美学博士,主要研究领域为博物馆学(历史、展览、解读、传播),艺术史和19、20世纪魁北克文化史。1972年始任蒙特利尔魁北克大学教授,历任艺术史系主任,艺术学院副院长,博物馆学硕士专业首届主任。1976年以来,以博物馆学顾问的身份设计制作了若干面向一般大众的展览,实施目标在于增加历史、文化和传统韵味,以增强观众对各种展览主题的解读。曾就博物馆和展览有争议的问题以及艺术文化传播发表过若干文章。现为博览会历史和理论研究团体副主任。

伯纳德·希尔(BERNARD SCHIELE),博士,1979年毕业于蒙特利尔大学,现为蒙特利尔魁北克大学博物馆研究研究生项目负责人,蒙特利尔魁北克大学传播系教授,蒙特利尔魁北克大学、蒙特利尔大学和肯考迪娅大学传播学博士生联合培训项目教授,蒙特利尔魁北克大学和 UDM 博物馆学联合项目教授。大学间科学技术研究中心创始人和前任主任。目前研究对象为科学技术的社会传播,已发表若干有关该论题的文章,多次出席并参加有关的国际会议。

除上述职务外,还在加拿大境内外从事多方面的工作,曾主持过加拿大、美国和法国科学博物馆组织和传播的国际比较研究项目[与埃莱娜·德尼(Hélène Denis)合作,1984～1986],高等教育部组织机构行动科学博物馆学部类的科学技术研究项目(1985～1986),法国政府大工程改造秘书处的巴黎国家自然历史博物馆进化论展厅的博物馆评估项目[与法国国家科学研究中心的雅克林·艾德曼(Jacqueline Eidelman)合作,1988～1993]。现在多家理事会任理事,经常接受各种组织以及政府部门关于科学素养问题的咨询。

近年来发表了《博物馆环境主义的兴起》[与让·达瓦隆和热拉尔·戈朗蒙(Gérald Grandmont)合著,1993]和《当科学成为文化的时候》(1994),后者系希尔在蒙特利尔组织的一次关于科学技术文化发展的国际会议的文集。目前正在准备撰写一部关于公众科技传播方面的著作。

石顺科 译

译后记

历时半年多,《当代科学中心》一书终于付梓印刷,让所有参与此书翻译出版的人员为之感到欣慰。特别是我们高兴地看到,本书出版适逢我国各类科普场馆快速发展的重要历史时期,科学普及在我国日渐受到社会关注。《当代科学中心》一书中所介绍的国外先进理念正是体现了科学博物馆领域的前沿探索。希望本书的译介出版能对科学博物馆领域的实践者和研究者有所帮助和启迪。

《当代科学中心》得以在较短的时间内面世,归因于多家单位的支持和各方人员的努力协作。本书的翻译出版由中国科普研究所立项,被列入中国科协科普资助项目,同时得到中国科技馆的专项资助。中国人民政治协商会议教科文卫体委员会副主任、中国自然科学博物馆协会理事长徐善衍教授牵头翻译此书,中国科技馆徐延豪馆长、黄体茂副馆长和中国科普研究所雷绮虹副所长为组织本单位人员投入此书的翻译工作付出了极大心力。本书的翻译人员及其分工如下:徐善衍:前言、总序和第一部分1~5章;欧建成:第二部分6~12章;李曦:第三部分13、14章;尹霖:第三部分15、16章;石顺科:17章和后记。参与翻译的人员还有陈虔和秦久怡。全书审校由俞启宇完成。

集众人之力合译一书,固然可以集中精力、扬长避短,然而行文风格上的差异也在所难免。再者,术业有专攻,个人学识有限,误译之处实所难免。谨希望读者们掩卷之后能够觉得瑕不掩瑜,这就是全体译校人员的最大愿望。

译校者
2007 年 8 月 20 日

责任编辑　单　亭
封面设计　福瑞来书装
责任校对　林　华
责任印制　李春利